水电厂动力设备

SHUIDIANCHANG DONGLI SHEBEI

彭学虎　方勇耕　主编

中国水利水电出版社
www.waterpub.com.cn
·北京·

内 容 提 要

本教材简要介绍了水力发电的基本原理，重点介绍了水电厂水轮机、调速器、主阀和油气水系统等水电厂动力设备的原理、结构，对现代水电厂常见的几种微机调速器进行了详细的介绍，对近几年河流中下游广泛应用的贯流式机组进行了详细的介绍，系统介绍了水电厂动力设备运行规程和安全运行管理。书中大部分设备配有视图和实物照片，便于读者对视图的读图和识图。

本教材既适合作为高等院校和职业技术学院教材，也适合作为水电厂职工培训、上岗证培训和行业职业技能等级考试教材，还适合作为水电设计人员和水电行业工作人员自学教材。

图书在版编目（CIP）数据

水电厂动力设备 / 彭学虎，方勇耕主编. -- 北京 ：中国水利水电出版社，2025. 3. -- ISBN 978-7-5226-3023-6

Ⅰ. TV734

中国国家版本馆CIP数据核字第2025UE0928号

书　　名	**水电厂动力设备** SHUIDIANCHANG DONGLI SHEBEI
作　　者	彭学虎　方勇耕　主编
出版发行	中国水利水电出版社 （北京市海淀区玉渊潭南路 1 号 D 座　100038） 网址：www. waterpub. com. cn E－mail：sales@mwr. gov. cn 电话：（010）68545888（营销中心）
经　　售	北京科水图书销售有限公司 电话：（010）68545874、63202643 全国各地新华书店和相关出版物销售网点
排　　版	中国水利水电出版社微机排版中心
印　　刷	清淞永业（天津）印刷有限公司
规　　格	184mm×260mm　16 开本　21.5 印张　550 千字
版　　次	2025 年 3 月第 1 版　2025 年 3 月第 1 次印刷
定　　价	**72. 00** 元

前　言

为实现我国在联合国大会上承诺的2030年前碳排放达到峰值和2060年前实现碳中和的“双碳”庄重宣言，大力发展可再生能源的水力发电、风力发电和太阳能发电势在必行。截至2024年年底，我国可再生能源装机容量达到18.89亿kW，连续两年可再生能源装机容量超越火电装机容量。其中水电装机容量4.36亿kW，风电装机容量5.21亿kW，太阳能发电装机容量8.87亿kW，生物质发电装机容量0.45亿kW。水力发电作为最成熟、理想的可再生能源发电方式，不但单机容量和总装机容量大或特大，而且同步发电机的水力发电模式更适合电网频率和电压调整。水力发电将水能转换成电能的效率可达80%以上，几乎是风力发电、太阳能发电的2～3倍。我国水力发电技术已处于世界顶尖水平，墨脱水电站、白鹤滩水电站和三峡水电站等世界超大型水电站不断建成和投产，无论是机组单机容量还是总装机容量都是世界一流水平。

水电厂是通过水力生产电能的工厂，6.3kV～35kV，甚至是110kV、220kV等电气设备，压力油箱和高速旋转的水轮发电机组等动力设备，都属于水电厂高危重要设备。水力发电生产一旦发生事故，强大的高压电在极短时间内能将设备损坏或对人身造成伤害，因此扎实掌握水电厂电气设备和动力设备专业技术是每个水力发电从业人员必须具备的素质。

面对日益严峻的就业形势，对高等院校和职业技术学院的学生来讲，如何使学生尽量在学校就能掌握现场新设备新技术，使学生进入岗位能尽早适应，提高学校在社会和用人单位中的知名度和口碑，急需一套反映现行生产新设备新技术、理论联系实际的应用型专业技术教材。面对新设备新技术在新建水电厂投运和老电厂旧设备的更新改造，对水电厂职工培训、上岗证培训和行业考工来讲，也急需一套反映现行实际运行新设备新技术的应用型教材。编者自1970年开始从事水电工程建设，1978年开始从事水电专业教学，1996年在高校教学同时开始从事水电厂现场职工培训，前后近六十次现场职工培训和上岗证培训，在多年高校教学科研和现场职工培训的基础上，自2002年开始编写本教材，一边高校教学科研，一边现场培训收集资料，不断修改完善推敲充实书稿，历经二十二年的精雕细琢，潜心二十二年的精磨一剑，把五十三年职业在专业方面所有的心得、体会、感悟和经验都写进了教材，终于成就了这套集编者毕生专业精华的《水电厂电气设备》和《水电厂动力设备》水电厂机电设备教材。

本教材编写思路是以设备和技术为核心，理论介绍都是围绕设备和技术所需知识点展开，以通俗易懂的语言或比喻，点到为止，够用为度。本教材的最大特点是教材中许多设备照片都来自编者长期现场培训一路拍摄的现场设备，有的设备照片是编者在设备安装检修和调试打开时拍摄的，是运行时看不到的内部结构，有的设备照片是生产厂家随设备带来的产品说明书中精美彩色图片和非常难得见到又非常容易看懂的彩色立体剖视图片。所有技术规范来自最具有权威性的设备生产厂家产品说明书或设计院技术说明书。编者只是将几十年来收集到的水电厂、设备生产厂家和设计院的照片、图纸和文字资料整合成这套书，因此具有首创性、唯一性和权威性。一部分技术要领和专业诀窍是编者几十年工作经验的积累和总结。大部分照片、图纸和资料首次公开面市，特别珍贵实用。本教材是读者工作中能随时翻阅对照的专业技术手册和图册。

本教材在微机调速器方面全面介绍了现代水电厂实际在运行的类型，对微机调速器的一体化PLC控制原理进行了详细介绍，对不同的数字测频原理及优缺点进行了重点分析，并介绍了水电厂计算机控制系统对微机调速器的控制。微机调速器的电液随动装置从各种电/液转换原理介绍到液压随动装置原理图的建立，最后推出工程中常见的微机调速器液压系统原理图，培养读者识读液压系统工程图纸的能力。微机调速器与微机励磁调节系统、微机继电保护、机组PLC控制和公用PLC控制一起构成水电厂计算机控制系统。随着计算机控制和通信技术的发展，以及AI技术在水电厂的运用，很多水电厂将中央控制室搬到远离水电厂的城市中心，对水电厂进行长距离的远控，实现水电厂现场“无人值班，少人值守”的智能电厂。

教材每章最后配有四种题型的习题，每章习题所涉及的内容就是本章要求重点掌握的知识，读者可以用反复练习，每本书的最后配有所有习题的参考答案，可供教师试卷出题参考用及读者自己练习提升用。附赠的数字资源中有与正文匹配的彩色图库，延伸和扩展了书本知识面。

本教材由浙江水利水电学院彭学虎和方勇耕任主编，相互配合共同合作完成。感谢浙江水利水电学院的领导和同事的大力支持和帮助，感谢相关水电厂、设备生产厂家和设计院提供的大量照片、图纸、产品说明书和设计说明书。

由于编者水平有限，书中有不妥或错误之处，敬请读者批评指正。

编者

2025年1月

目　录

第一章　水力发电概述

自然界的河床高程总是沿程下降的，河床沿程下降的高程可用河床的坡降表示。有的河床在沿程几公里到几十公里范围内，坡降可达几十米甚至几百米。由于河床沿程有高程差，因此河床中的水流每时每刻都在从高处流向低处释放能量，将水能消耗在流动的路途中。山区的溪滩坡降大，溪流湍急，平原的河床坡降小，河流平缓。

水力发电的任务是采用筑坝或引水等最经济安全的方法，将本来消耗在河床路程上的水能收集储存在水库中；推动水电厂厂房内的水轮机转动，由水轮机将水能转换成旋转机械能，带动发电机转动，再由发电机将旋转机械能转换成电能；最后经主变压器升压后送入电网，由电网将电能送往工矿企业和千家万户。水力发电是人类改造大自然、利用大自然最成功的一个典范，是取之不尽、用之不竭的理想绿色可再生能源。

水电站由挡水建筑物、引水建筑物、泄洪建筑物和发电厂建筑物等组成。水电厂是水电站众多建筑物中占投资的很小的一部分，但是水电厂厂房内的水电机组发电必须有建造在厂房外工程浩大的水电站水工建筑物。

水电站的挡水建筑物就是大坝，用来形成水库，产生水电站的上下游水位差。引水建筑物有引水明渠、隧洞和压力管路三种形式，负责将水库足够压力和流量的水流引入水电厂厂房内。泄洪建筑物用来保证库区发生洪水时，及时有效地向下游排泄水库中的洪水，防止库水溢坝造成溃坝等灾难性事故。水电厂是将水能转换成电能的能量转换工厂，能量转换过程所需要的机电设备分电气设备和动力设备两大部分。

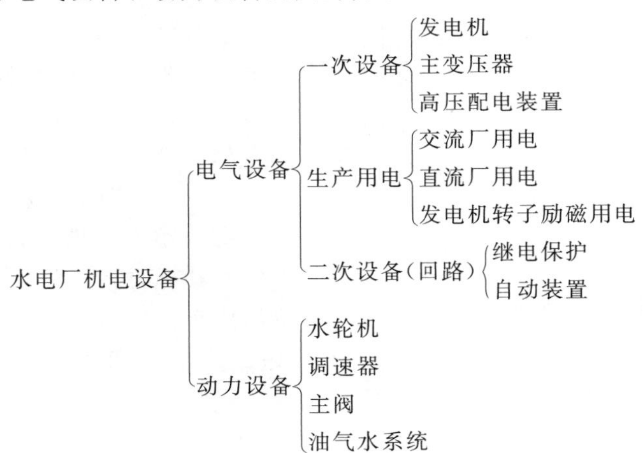

水电厂动力设备又称水电厂机械设备，由水轮机、调速器、主阀和油气水系统组成。水轮机和发电机组成水轮发电机组，简称水电厂的主机或机组，则其他机械设备称水电厂的辅机或辅助设备。调速器通过操作水轮机导水机构，自动调节水轮发电机组的转速，使发电机输出的交流电的频率符合国家规定要求。现代水电厂采用微机调速器。主阀的主要作用是在机组发生甩负荷事故同时又遇到导水机构拒动，机组由甩负荷事故转为飞车事故时，能紧急

关闭主阀切断水轮机的水流，使机组停下来，防止事故扩大。水电厂的油气水系统设备用来向机组提供润滑油、冷却水和机组制动用气等技术服务，保证机组的正常安全运行。

第一节　水力发电基本原理

水力发电的第一步是将水能转换成机械能，自然界的水能收集和转换遵循水力学的基本理论，因此可以用水力学的方法解释水力发电的基本原理。

一、水能与水头

水流作为流体的一种形态，具有位能、动能及压能三种能量形式，如图 1-1 所示，图中质量为 m 的水体其具有的三种能量为

$$位能 = mgz$$

$$动能 = \frac{1}{2}mv^2$$

$$压能 = mg\frac{p}{\gamma}$$

式中　g——重力加速度，$g=9.81\mathrm{m/s^2}$；

z——水体相对某一基准平面的位置高度［图 1-1（a）］，工程中常采用高程表示，m；

v——水流过水断面的平均流速，m/s；

p——水体内某一点的压力，Pa，$1\mathrm{Pa}=1\mathrm{N/m^2}$；

γ——水的比重，$\gamma=1000\mathrm{kg/m^3}=9810\mathrm{N/m^3}$。

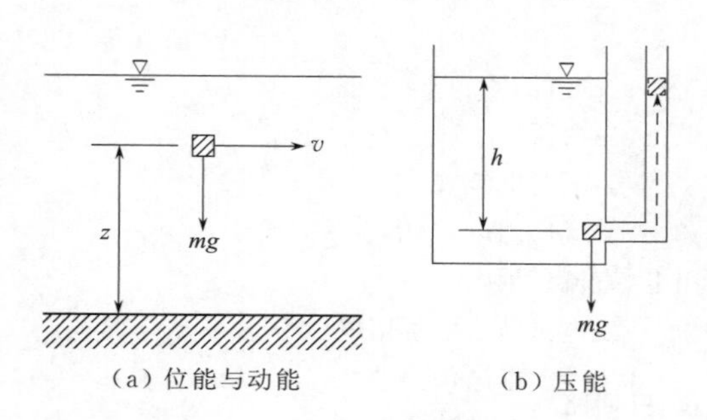

图 1-1　水体的三种能量形式

下面只对压能表达式进行推导：试想如果图 1-1（b）中杯子右壁面的玻璃管中原先是空气，则在水下 h 深处 m 质量的水体在压力 p 的作用下会克服地球引力 mg 沿着玻璃管上升（虚线所示）到 h 处，那么压力 p 所做的功为

$$W_p = mgh$$

根据物理学的功能原理，物体所做的功 W 等于物体所具有的能量 E，物体所具有的能量 E 等于物体所做的功 W。因此，压力 p 所做的功就等于 m 质量的水体在 h 深处所具有的能量——压能，即 m 质量的水体在 h 深处所具有的压能为

$$E_p = W_p = mgh$$

又因为 m 质量的水体在 h 水深处的压力 $p=h\gamma$，所以

$$h=\frac{p}{\gamma};\quad E_p = mg\frac{p}{\gamma}$$

单位重量水体的能量又称为水头 E，因为水体的能量形式有三种，所以单位重量水体的能量形式也有三种，即

$$单位位能=\frac{mgz}{mg}=z$$

$$单位压能=\frac{mg\dfrac{p}{\gamma}}{mg}=\frac{p}{\gamma}$$

$$单位动能=\frac{\dfrac{1}{2}mv^2}{mg}=\frac{\alpha v^2}{2g}$$

$$v=\frac{Q}{A}$$

式中　v——过水断面平均流速，m/s；

　　Q——过水断面水流量，m^3/s；

　　A——过水断面面积，m^2。

由于水有黏滞性，实际水流在同一过水断面上的水流速度分布很不均匀。对于河流，由于水的黏滞性使得与河床固体表面接触的水质点流速 $u=0$（图 1－2），离河床固体表面越远，河床固体表面对水流运动的影响越小，河床表面中心线上的水质点离河床固体表面最远，河床固体表面对水流运动的影响最小，因此流速 u 最快；对于管流，与管壁固体表面接触的水质点流速 u 为 0（图 1－3），离管壁固体表面越远，固体表面对水流运动的影响越小，因此管轴线上的水质点流速 u 最快。

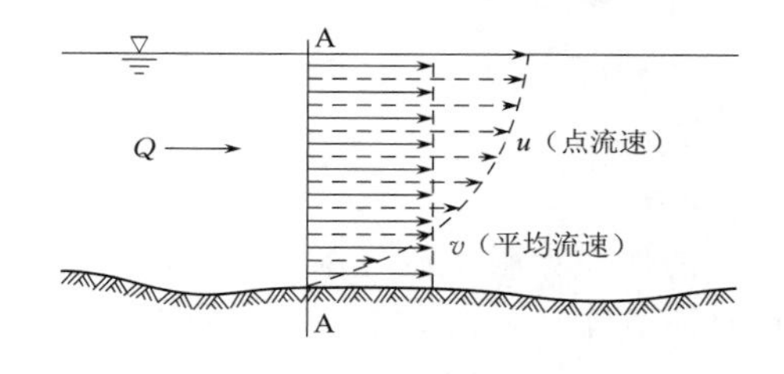

图 1－2　河流断面流速分布规律

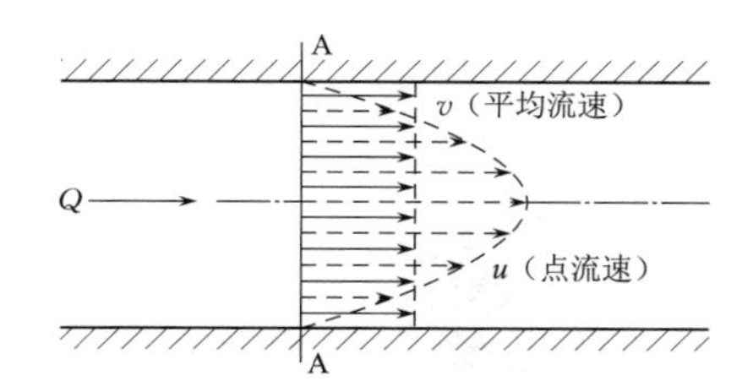

图 1－3　管流断面流速分布规律

用平均流速 v 表示的单位动能不能真实反映实际水流断面水质点的平均单位动能，因此用动能修正系数 α 来修正用断面平均流速 v 造成的单位动能计算误差，动能修正系数由水力学实验得到，即 $\alpha=1.05\sim1.1$。

单位位能又称位置水头，单位压能又称压力水头，单位动能又称流速水头，水头等于单位位能、单位压能、单位动能三者之和，即

$$E=z+\frac{p}{\gamma}+\frac{\alpha v^2}{2g}$$

水体的三种能量形式能够相互之间转换，例如，垂直向上喷射的水枪，水枪喷口处的射流动能最大、位能最小，当射流到达最高点由上升转为下落时，动能等于零，但位能最大。再例如，水库水面水质点从水库流到水轮机进口断面时，位能越来越小，但是压能和动能越来越大，将水质点的位能转换成压能和动能。由于水体的单位能量更能确切地反映水体的能量特征，因此如不做特殊说明，后面分析的水体能量都是指水体的单位能量。

二、河流的水流功率

自然界在流动的河流水流是具有能量的，在这种能量作用下，河流的水流日日夜夜、川流不息地在流动释放能量。图 1-4 为河流水流能量分析图，取河流某一河段进行分析，0—0 平面是单位重量水体位能 z 的参照平面，断面 A—A 单位重量水体的能量为

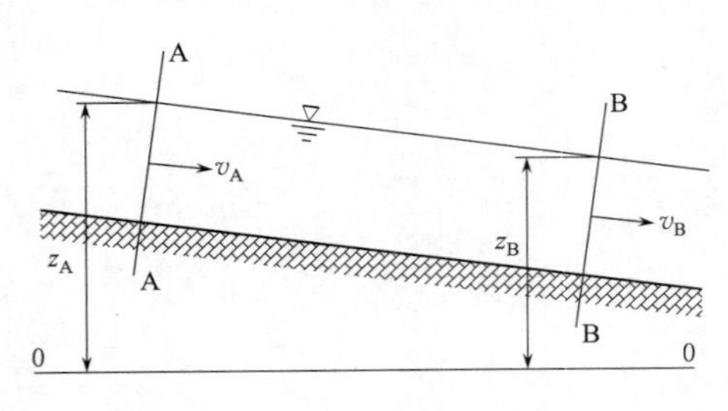

图 1-4　河流水流能量分析图

$$E_A = Z_A + \frac{p_A}{\gamma} + \frac{\alpha v_A^2}{2g}$$

断面 B—B 单位重量水体的能量为

$$E_B = Z_B + \frac{p_B}{\gamma} + \frac{\alpha v_B^2}{2g}$$

两断面之间单位重量水体的能量差值为

$$\Delta E = E_A - E_B$$

设单位时间流过两断面的水流量为 Q（m^3/s），则两断面之间每秒钟流过的水流重量为 γQ（kg/s），$\gamma Q \Delta E$ 三者相乘等于每秒钟 γQ 重的水流流过两断面的能量下降值，每秒钟的能量就是单位时间的能量，单位时间的能量称为功率，所以 A—B 断面之间河流的水流功率为

$$\begin{aligned} N_{hl} &= \gamma Q \Delta E \quad (\text{kg} \cdot \text{m/s}) \\ &= 9810 Q \Delta E \quad (\text{N} \cdot \text{m/s}) \\ &= 9810 Q \Delta E \quad (\text{W}) \\ &= 9.81 Q \Delta E \quad (\text{kW}) \end{aligned}$$

千百年来，没有被开发的河流的水流功率始终消耗在克服水流与水流、水流与河床的摩擦阻力上，消耗在对河床岩石的冲刷上，消耗在对河流泥沙的搬运上。因此这些水流能量损失都与水流的流速有关，而且与流速平方成正比。两断面之间河流的水能蕴藏量为

$$W_{hl} = N_{hl} t = 9.81 Q \Delta E t \quad (\text{kW} \cdot \text{h})$$

式中　t——时间，h。

图 1-5 为拦河大坝形成的水头示意图。如果在河流 B 处建造大坝挡水，抬高水位，形成水库和上下游的水位差，使水库中的水流流速大大降低，本来消耗在河流 A—B 两断面之间水流能量，绝大部分储存在水库中。在水电工程中经常以我国黄海入海口的零高程作为单位重量水体位能 z 的参照平面 0—0，这时单位重量水体的位能 z 用高程“▽”表示。上游水库中单位重量水体的能量为

$$E_{sy} = \nabla_{sy} + \frac{p_{sy}}{\gamma} + \frac{\alpha v_{sy}^2}{2g}$$

式中　∇_{sy}——上游水库水位高程，m；

v_{sy}——上游水库断面平均流速，m/s。

下游尾水单位重量水体的能量为

$$E_{xy} = \nabla_{xy} + \frac{p_{xy}}{\gamma} + \frac{\alpha v_{xy}^2}{2g}$$

式中　∇_{xy}——下游尾水高程，m；

v_{xy}——下游尾水断面平均流速，m/s。

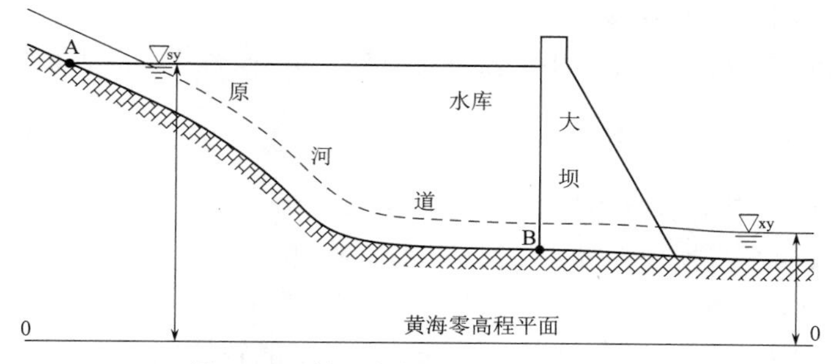

图 1-5　拦河大坝形成的水头示意图

上游水库与下游尾水之间单位重量水体能量的差值称水电站毛水头 H_m，即

$$H_m = E_{sy} - E_{xy}$$

$$= \left(\nabla_{sy} + \frac{p_{sy}}{\gamma} + \frac{\alpha v_{sy}^2}{2g}\right) - \left(\nabla_{xy} + \frac{p_{xy}}{\gamma} + \frac{\alpha v_{xy}^2}{2g}\right)$$

因为上、下游水面作用的都是大气压力，所以单位压能为

$$\frac{p_{sy}}{\gamma} = \frac{p_{xy}}{\gamma} = 0$$

因为上游水流流过的水库断面面积和下游水流流过的河床断面面积都较大，平均流速较低，所以单位动能为

$$\frac{\alpha v_{sy}^2}{2g} \approx \frac{\alpha v_{xy}^2}{2g} \approx 0$$

因此，对于反击式水轮机的水电站［图 1-6（a）］，水电站毛水头 H_m 约等于上游水位 ∇_{sy} 与下游水位 ∇_{xy} 之差，即

$$H_m \approx \nabla_{sy} - \nabla_{xy}$$

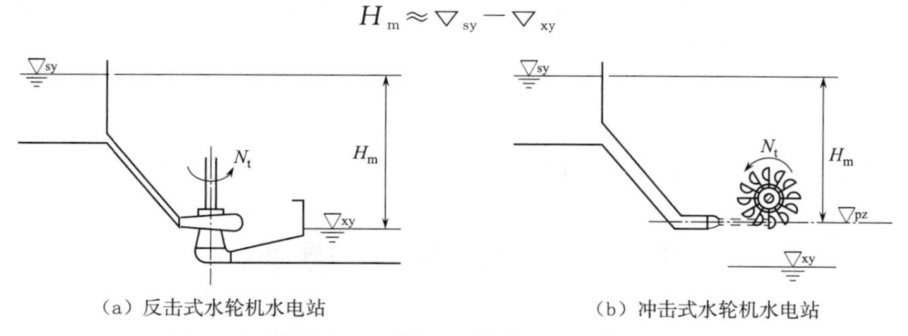

（a）反击式水轮机水电站　　（b）冲击式水轮机水电站

图 1-6　不同机型的水电站毛水头

对于冲击式水轮机的水电站［图 1-6（b）］，射流喷射离开喷嘴冲击转轮后下落到下游，下游水位与发电量没有关系，因此水电站毛水头 H_m 约等于上游水位 ∇_{sy} 与喷嘴中心线水位 ∇_{pz} 之差，即

$$H_m \approx \nabla_{sy} - \nabla_{pz}$$

水电厂发电量等于发电功率与发电时间的乘积，因此水电厂多年平均发电量为

$$W=\gamma\bar{Q}H_{m}\eta_{z}t=9.81\bar{Q}H_{m}\eta_{z}t \quad (kW \cdot h)$$

式中 $\bar{Q}$——水库的多年平均来水流量，m^3/s，与水库的集雨面积（流域面积）成正比；

η_z——水电站将水能转换成电能的总效率；

t——每年的发电时间，即每年的发电小时数，h，按每年365天计算，每年为8760h。

三、水力发电的基本原理

为克服水流运动所产生的摩擦阻力，消耗在河流沿A—B河段上的单位重量水体能量ΔE又称A—B河段的水头损失h_w，其正比于水流流速v的平方。采用筑坝或引水的方法形成水库，使水流流速降低，则h_w大大减小，将本来分散消耗在自然河流中的大部分水流能量集中在水库，推动水电厂厂房内的水轮机转动，将水能转换成机械能，再由水轮机带动发电机将机械能转换成电能。水电厂发电机总装机容量为

$$\sum N_g=W/T \quad (kW)$$

式中 T——水轮发电机组的设计年利用小时。

设计年利用小时是如果全厂所有机组满负荷每天24h不停运行，完成水电厂多年平均发电量所需要的小时数，实际运行不可能全厂所有机组满负荷24h不停运行，因此实际年利用小时数肯定大于设计年运行小时数。例如，某水电厂机组设计年利用小时$T=2400h$，表示如果该水电厂在理论上全部机组每天24h满负荷发电的话，则多年平均来水的发电量只需运行100天就能完成。设计年利用小时是评价水电站投资回报性价比的重要参数，设计年利用小时T越小，水电厂总装机容量越大，设备投资越大，设备利用率越低，但汛期为减少水库弃水抢发洪水的能力越大；设计年利用小时T越大，水电厂总装机容量越小，设备投资越小，设备利用率越高，但汛期为减少水库弃水抢发洪水的能力越小。设计年利用小时由水力资源条件、水库库容和投资情况由设计人员酌情决定。水电厂的设计年利用小时T一般建议为2000～4000h，可见相对一年为8760h，大部分水电厂的发电设备利用率比较低，设备空闲时间比较长，特别是中小型水电厂，由于水库库容较小，在冬季枯水期，机组基本停机不发电。因此水电厂发电的季节性强，这是水力发电的缺点。机组的单机容量由机组台数Z决定，即

$$N_g=\frac{\sum N_g}{Z} \quad (kW)$$

式中 Z——水电厂机组台数，一般$Z=2\sim4$。

第二节 水电站类型

水电厂厂房内的机组发电还需要建造在厂房外工程浩大的大坝和引水工程等水工建筑物，水电厂及厂外所有水工建筑物的总和称为水电站。

一、水电站的分类

1. 按发电机机端电压等级分类

按发电机机端电压的等级分类有高压机组水电站和低压机组水电站两大类。高压机组水电站的发电机机端电压又有6.3kV和10.5kV两种，单机容量大于8000kW时采用10.5kV

的高压机组；单机容量大于500kW、小于或等于8000kW时采用6.3kV的高压机组。低压机组水电站的发电机机端电压为0.4kV。单机容量在500kW及以下的机组都是低压机组水电站。作为特大型水电站，世界上单机容量最大的白鹤滩水电站，16台单机容量100万kW混流式机组，发电机机端电压为24kV。

2. 按水电站总装机容量分类

按水电站总装机容量的大小分类有大型水电站、中型水电站和小型水电站三类。大型水电站的总装机容量在25万kW及以上，其中：总装机容量在100万kW及以上的为特大型水电站；总装机容量在25万～5万kW之间的为中型水电站；总装机容量在5万kW及以下的为小型水电站（$1MW=10^6W=10^3kW=1000kW$）。三峡水电站是世界上总装机容量最大的超大型水电站，总装机容量为2250万kW，32台70万kW机组加两台5万kW机组（厂用电机组）。

3. 按形成上、下游水位差的方法分类

按形成上、下游水位差的方法不同分类有坝式水电站、引水式水电站和特殊电站三大类。其中：坝式水电站的上、下游水位差主要靠大坝形成；引水式水电站的上、下游水位差主要靠引水形成；特殊电站的上下游水位差是采用特殊的方法得到。

二、坝式水电站

坝式水电站根据水电厂厂房的布置位置不同又分为坝后式水电站和河床式水电站两种。

1. 坝后式水电站

坝后式水电站的厂房位于大坝后面，厂房不承受水压，厂房无论是紧靠大坝后面（图1-7）还是在坝后的山脚边（图1-8），厂房在结构上与大坝无关。坝后式水电站能形成200m以下的水位差。因为过高的水头必须建造更高的大坝，而高坝在建造和安全方面都存在难以解决的问题。

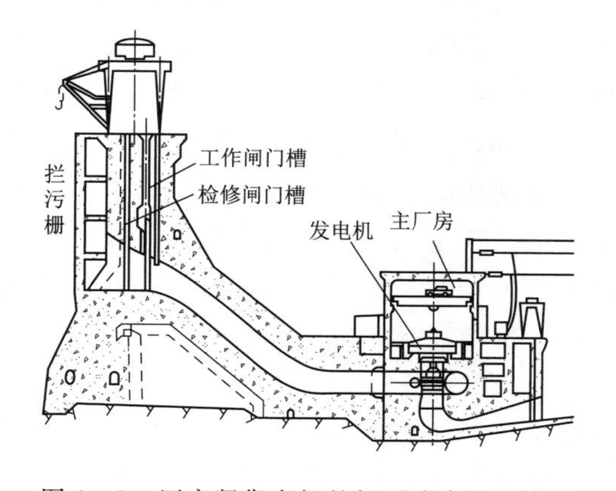

图1-7 厂房紧靠大坝的坝后式水电站布置

图1-8 厂房远离大坝的坝后式水电站布置

2. 河床式水电站

河床式水电站的水电厂厂房位于河床中作为挡水建筑物的一部分，与大坝布置在同一条线上（图1-9），厂房承受水库的水压力。如果水库水位过高的话，必将造成厂房上游侧挡水的混凝土墙增厚，厂房基础加深，厂房投资增加，因此只在50m左右及以下水位差的水电站中采用。图1-10为河床式水电站总体布置图。

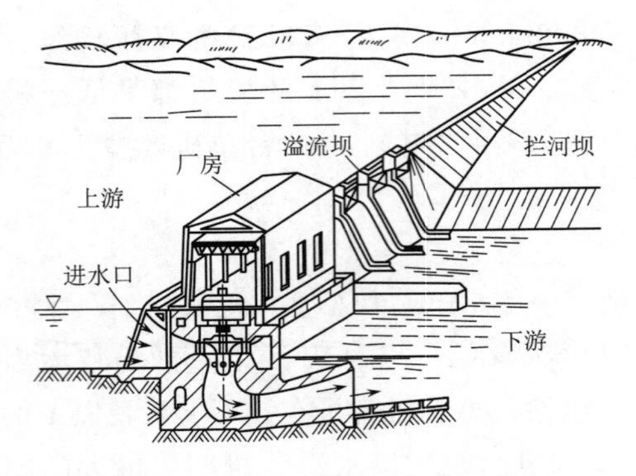

图 1-9 河床式水电站布置示意图

图 1-10 河床式水电站总体布置图

三、引水式水电站

引水式水电站根据发电取水方式的不同又分为无压引水式水电站和有压引水式水电站两种。

1. 无压引水式水电站

无压引水式水电站发电取水是从水库大坝中下部放水或河流截流得到的有自由表面的无压水流，用盘山引水明渠或穿山无压隧洞从上游长距离引水，引水明渠末端或无压隧洞出洞口接容积较大的压力前池，由于明渠或无压隧洞走捷径、坡降小，从上游到压力前池整个路程上的水流为有自由表面的无压水。曲折回转的自然河床的路径长、坡降大，因此能在压力前池水位和自然河床的下游河床水位之间产生较大的水位差，该水位差就是该水电站的毛水头。

显然无压引水明渠或穿山无压隧洞的坡降越大，输水能力越强，无压引水系统的土建投资越小，但压力前池水位高程越低，水电站毛水头越小；无压引水明渠或穿山无压隧洞的坡降越小，输水能力越弱，无压引水系统的土建投资越大，但压力前池水位越高，水电站毛水头越大。工程实践证明，一般取无压引水每前进 1000m，高程下降 1m 比较经济合理（坡降 1：1000）。因为无压引水式水电站坝后水流是用放水闸放出来的有自由水面的无压水，因此无压引水式水电站的毛水头与上游水库水位高低无关，这是无压引水式水电站的缺点。压力前池底部末端接高程急剧下降的压力管路，压力管路内全部都是压力水，将无压水转换成有压水。压力管路将压力水送入下游河流边上水电厂厂房内的水轮机。无压引水式水电站一般用在 200m 以下水位差的水电站中。

图 1-11 为全部采用引水明渠的无压引水式水电站，上游拦河低坝 1 将河流水流阻断，从大坝中下部的放水闸放出无压水进入盘山引水明渠 2，引水明渠将无压水输送到厂房 4 后山顶上的压力前池 3，由于引水明渠的坡降比自然河床的坡降小得多，因此在压力前池和下游河床之间形成了足以发电的水位差。压力前池紧接高度急剧下降的压力管路，将压力水送入水电厂厂房内的水轮机，经水轮机能量转换以后的低能水排入下游河床。盘山明渠的路径较走直线无压隧洞长，现在由于山林承包造成引水明渠所经之处土地征用烦琐，因此大部分无压引水式电站都采用走捷径的无压隧洞引水。

图 1-12 为无压隧洞无压引水式水电站，无压隧洞出来的无压水立即进入容积巨大的压

力前池1，压力前池底部的压力水经高度急剧下降的压力管路2进入水电厂厂房3。压力前池中巨大水体能稳定减小水位波动，利于水轮机稳定运行。压力前池的容积应保证哪怕上游不来水，开机3～5min压力前池水位下降，也能保证空气不进入压力管路，否则会引起水轮机震动。

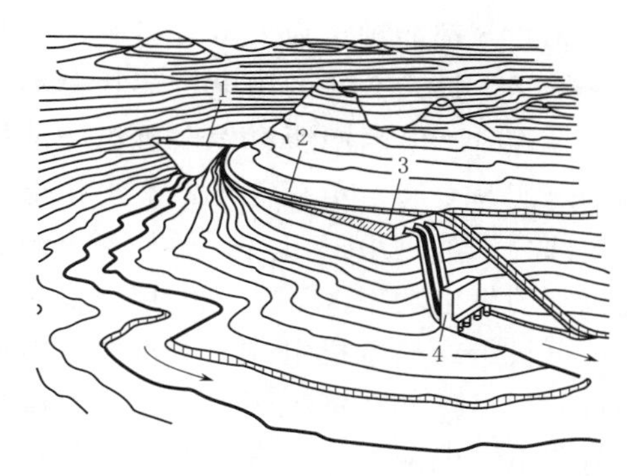

图1-11　引水明渠无压引水式水电站
1—拦河低坝；2—引水明渠；3—压力前池；4—厂房

图1-12　无压隧洞无压引水式水电站
1—压力前池；2—压力管路；3—厂房

2. 有压引水式水电站

有压引水式水电站发电取水在水库水面以下，用走捷径的穿山有压隧洞的办法从上游低坝水库长距离引水，整个压力隧洞内全部是无自由表面的压力水。穿出山体压力隧洞末端接高程急剧下降的压力管路，压力管路将压力水送入下游河流边上水电厂厂房内的水轮机（图1-13）。由于全程都是压力水，有压引水式水电站的毛水头约等于上游水库水位与下游河道水位之间的水位差，可见有压引水式水电站的毛水头与上游水库水位高低有关。由于全程都是压力水，有压隧洞的坡降不会影响水电站的毛水头。由于全程都是压力水，对有压隧洞路径山体岩石的抗渗漏性要求较高，有的岩石裂缝较大的洞段还得衬砌混凝土防止山体渗漏，使得有压隧洞的投资增加。世界上最高水头的有压引水式水电站为1883m。

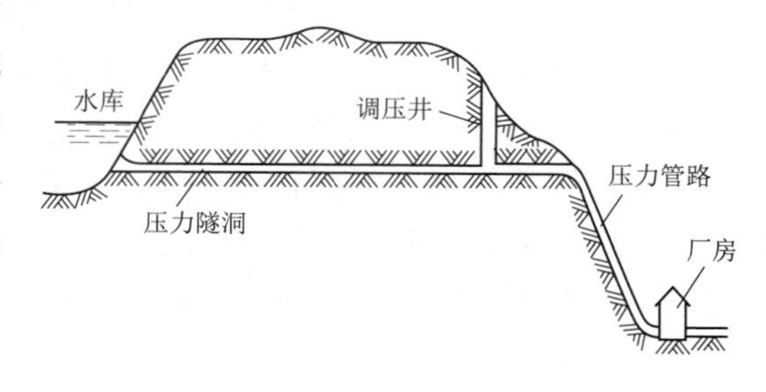

图1-13　有压引水式水电站示意图

无压引水式水电站和有压引水式水电站的压力管路根据材料分有高压水泥管和压力钢管两种；根据布置型式分有布置在山坡上的明管和布置在山体内的暗管两种。一般无压引水式水电站采用高压水泥管的明管布置较多，可以节省投资。有压引水式水电站采用压力钢管，压力钢管有位于山体内的暗管和布置在山坡上的明管两种。图1-14为有压引水式水电站采用明管布置的压力管路和厂房布置图，压力管路采用钢管。

四、特殊电站

特殊电站的特点是上、下游水位差采用特殊方法形成，特殊电站的机组都是可逆机组。当电网向机组的同步电机供电时，同步电机作为同步电动机运行，机组的水力机械作为水泵运行，机组正转，将水流从低处抽到高处；当水流从高处流到低处冲击机组的水力机械时，

图 1-14　有压引水式压力管路和厂房布置图

机组反转，水力机械作为水轮机运行，机组的同步电机作为发电机运行，将水能转换成电能。特殊电站又分为抽水蓄能电站和潮汐电站两种。

为了保证发电的经济性和安全性，火电机组和核电机组希望每天 24h 都能满负荷发电且尽量不参与电网负荷调节。但是，每天 24h 的用电负荷是极不平衡的，白天用电高峰时，电网中所有发电机组全部投入运行，也不一定能完全满足负荷需求；晚上用电低谷时，电网中大部分水电机组退出后，还是会出现火电机组和核电机组的发电功率大于负荷的用电需求，如果此时退出火电机组或核电机组或火电机组和核电机组带很低的负荷，显然不经济也不安全。为鼓励用户在电网低谷时用电，电网在后半夜的低谷电价比白天高峰电价便宜许多，正因为有峰谷电的差价，由此出现了具有削峰填谷功能的抽水蓄能电站和潮汐电站。

1. 抽水蓄能电站

在晚上用电低谷、电价便宜时，可逆机组正转作为电动机—水泵运行，用电网的电能把下水库或河的水抽到上水库（蓄能池）中，将电能以水能的形式储存起来，保证火电机组和核电机组所带负荷不至于太低，对电网起到填谷作用；在白天用电高峰时，可逆式机组反转作为发电机—水轮机运行，再从上水库向下水库放水发电，将上水库中的水能转为电能（图 1-15），对电网起到削峰作用。

抽水蓄能电站的可逆机组只有两个工况，即晚上正向抽水、白天反向发电。理论上分析上、下水库的库容均不需要很大，能满足一天的储水量即可。但是其中有一个水库必须要有一定的集雨面积，以便补充一定的来水量，否则随着水库的泄漏和水的蒸发等，上、下水库中的水会越来越少。

2. 潮汐电站

在海湾与大海的狭窄处筑坝布置电站厂房，隔离海湾与大海（图 1-16），可逆机组利用潮水涨落产生的坝内外的水位差发电。当大海涨潮到最高位时开机，海洋水经机组流入海湾，可逆机组正向发电。当大海退潮到最低位时开机，海湾水经机组流入海洋，可逆机组反向发电。当海洋与海湾水位接近时，机组不能发电，但如果正好是晚上电网用电低谷时，可逆机组还可以利用电网上廉价的谷电进行正向或反向抽水蓄能。由于每天 24h 电网廉价的谷电只有一次，因此，潮汐电站的可逆机组理论上每天 24h 有正向发电，正向抽水蓄能，反向发电，反向抽水蓄能四个工况。而

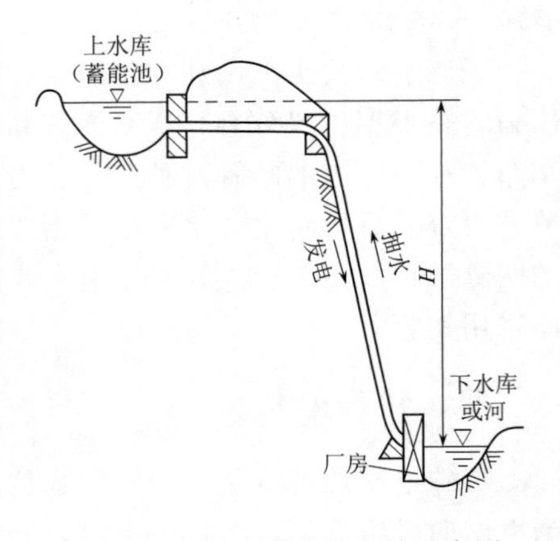

图 1-15　抽水蓄能水电站示意图

实际上每天 24h 只有正向发电、反向发电、正向或反向抽水蓄能三个工况（每天只有一次）。

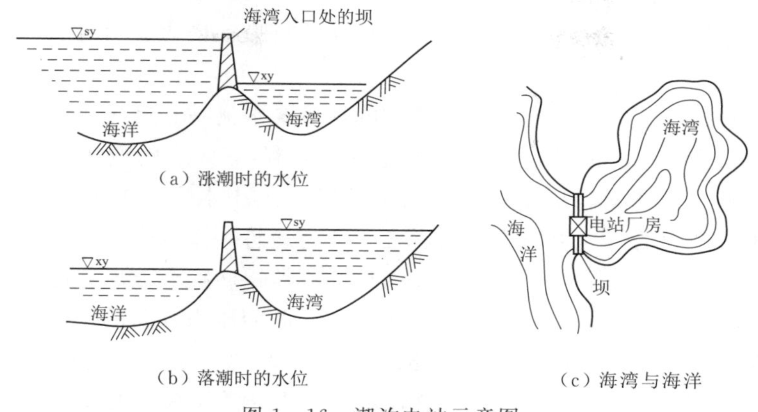

图 1－16　潮汐电站示意图

五、低压机组电站

对低水头大流量的低压机组电站，常采用河床式电站，或在河床中筑简易的低坝，然后用明渠（图 1－17）沿河岸无压引水到厂房中的水轮机。对高水头的低压机组电站常采用无压引水式电站。无压引水式电站坝后走明渠或无压隧洞（图 1－18）到压力前池，坝后经放水闸放出的是有自由表面的无压水。

由于低压机组电站装机容量较小，投资不大，而坝式水电站中的坝后式电站的上下游水位差主要靠大坝形成，大坝投资较大，所以在低压机组电站中很少采用坝式水电站。

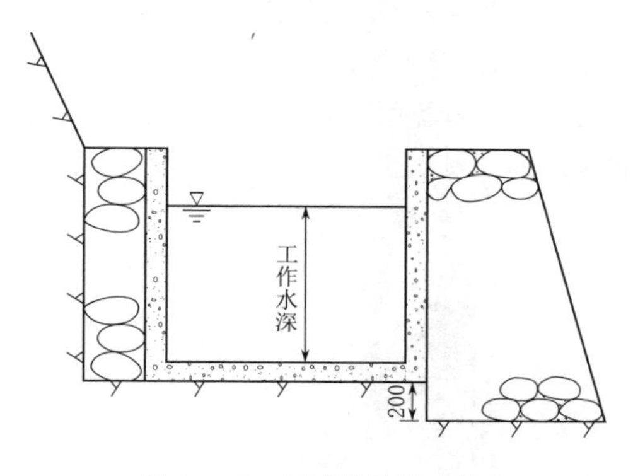

图 1－17　引水明渠断面图

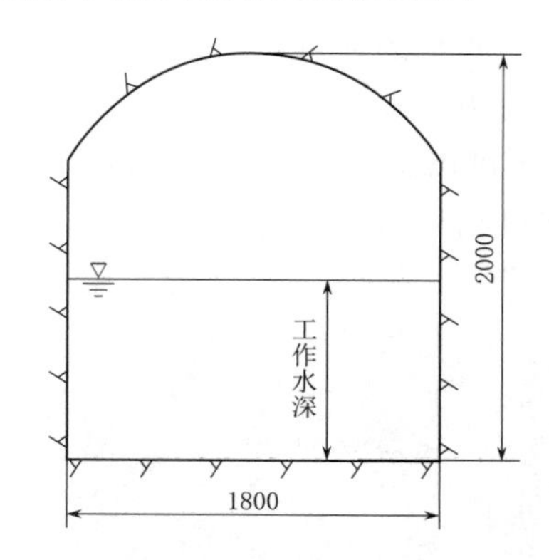

图 1－18　城门洞型无压隧洞断面图

六、水锤压力

当机组甩负荷紧急停机时，为防止机组飞车（飞逸）导叶或喷针必须以最快速度关闭，由于管内巨大水体的惯性会使得压力管路压力急剧上升，就像挤满乘客的公交车紧急刹车使得最前面人员受到挤压最厉害一样，使得压力管路末端的压力远远超过正常工作水头，这种压力称水锤压力或水击压力。水锤压力危及压力钢管的安全，最严重的后果是压力钢管爆裂，水淹厂房。

河床式水电站和潮汐电站由于没有压力管路，因此不会出现水锤压力。其他形式的水电站紧急停机时都有可能出现水锤压力，高水头的有压引水式水电站尤为严重。对水锤压力过高解决或减轻的办法有设调压井、调压阀和延长导叶或喷针最快关闭时间三种。

1. 设调压井

对压力管路直径比较大、发电流量比较大的坝后式水电站和有压引水式水电站，必须在靠近厂房背后的山上，对准压力管路垂直开挖一个直径3～6m的调压井，井口比上游水库最高水位还高，相当于在紧靠厂房后面的山上造了一个小水库（参见图1-13中调压井），使得调压井与水库之间的压力管路成为两者之间的连通管，真真作用管路末端的压力管路有效长度大大缩短。机组紧急停机时，连通管内的水流惯性转换成调压井内的水位大幅上下波动，释放水流惯性产生的压能，从而保证了调压井后面的压力管路的水锤压力不至于上升的过高。例如，AX水电站工作水头142m，机组甩负荷紧急停机时，调压井内实测水位最高上升了15m，最低下降了9m，然后上下波动逐渐衰减，释放水流惯性产生的能量。调压井一次性土建投资大，但终身免维护，运行安全可靠。

2. 设调压阀

对于无压引水式水电站，压力前池与厂房之间的压力管路为布置在山坡上的明管，地理条件无法建造调压井，因此采用在压力管路末端的钢管上按装一个调压阀。调压阀一次性投资小，但需经常维护保养。最怕正常运行时漏水，紧急停机时锈蚀拒动。调压阀有弹簧控制式和油压控制式两种。

（1）弹簧控制式调压阀。图1-19为用弹簧控制的调压阀，应用在压力钢管末端直径较小、发电流量较小的无压引水式低压机组水电站。阀盘靠阀盘后面弹簧盒2内的弹簧作用，垂直压紧在压力钢管末端管壁的圆孔上。正常运行时压力钢管内向上作用阀盘的水压力小于向下作用阀盘的弹簧力，阀盘不打开；紧急停机时向上作用阀盘的水锤压力大于向下作用阀盘的弹簧力，水锤压力顶开阀盘放水，从而限制了压力钢管内的压力上升最大值。转动调整螺钉1，可以调整弹簧向下对阀盘的压紧力，从而调整阀盘顶开冒水时的压力值。弹簧控制式调压阀结构简单价格便宜，但容易弹簧锈蚀拒动。

图1-19　用弹簧控制的调压阀

1—调整螺钉；2—弹簧盒

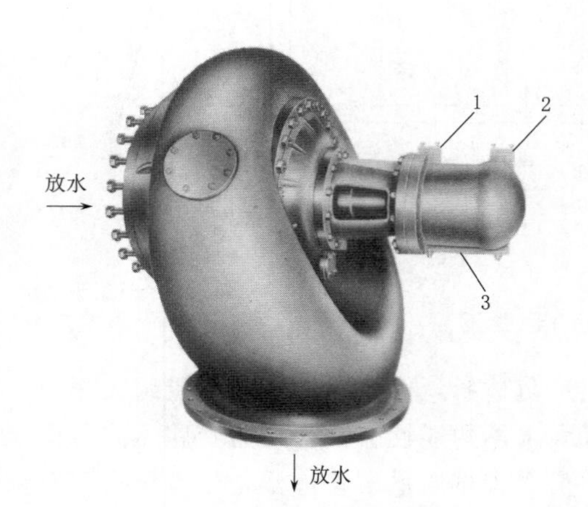

图1-20　用油压控制的调压阀

1—开启腔；2—关闭腔；3—接力器油缸

（2）油压控制式调压阀。图 1－20 为油压控制式调压阀。调压阀由阀盘、活塞杆和接力器油缸 3 内的活塞组成，当活塞右边关闭腔 2 接压力油，左边开启腔 1 接排油，阀盘在压力油作用下向左水平压紧在压力钢管末端管壁的圆孔上。机组紧急停机时，调速器在紧急关闭导叶或喷针的同时，将活塞左边开启腔接压力油，右边关闭腔接排油，在压力油作用下阀盘向右移动，打开阀盘紧急放水，本来从水轮机流过的部分水流经阀盘向下放水到下游，从而保证压力钢管的压力上升最大值不至于过高。顶开阀盘冒水比打开阀盘放水更能减小水锤压力上升值，所以，油压控制式调压阀应用在容量较大的引水式高压机组水电站。

3. 延长导叶或喷针最快关闭时间

延长机组紧急停机时的导叶或喷针最快关闭时间，可以降低管内水流速度变化幅度，减小压力管路内水流速度变化引起的惯性，从而减小水锤压力最大值。但是，延长机组紧急停机时的导叶或喷针最快关闭时间可能造成机组转动系统转速上升最大值过高，危及机组转动系统的安全，因此，在设计时需要进严格的调节保证计算才能确定合适的导叶或喷针最快关闭时间 T_s。

第三节　机组布置形式和连接方式

水轮发电机组根据机组主轴布置形式不同可分为立式机组布置和卧式机组布置两种。根据水轮机主轴与发电机主轴的连接方式不同可分为直接连接和间接连接两种。

一、机组布置形式

（一）立式机组

大部分立式机组的水轮机与发电机采用直接连接，少数低水头小容量立式机组的水轮机与发电机采用齿轮或皮带轮间接连接。直接连接的特点是发电机转速、转向与水轮机相同，优点是功率传递中没有摩擦损耗。直接连接立式机组按水轮机主轴与发电机主轴之间的连轴器不同分为刚性连接机组和弹性连接机组两种形式。其中：刚性连接机组的刚性连轴器可以传递较大的力矩，因此应用在装机容量比较大的立式机组中，一般为高压机组；弹性连接机组的弹性连轴器允许传递的力矩较小，常应用在装机容量 500kW 及以下的低压机组中。

1. 刚性连接立式机组

刚性连接立式机组采用承载能力比较大的滑动轴承，轴承受力均匀，机组运行稳定。单机容量 8000kW 以下的厂房分为发电机层和水轮机层两层，单机容量 8000kW 及以上的厂房分为发电机层、电缆层和水轮机层三层。厂房整洁美观，采光通风好，占地面积小，水轮机层的水轮机噪声对发电机层的运行人员干扰小。但发电机、水轮机安装检修吊装复杂，使得机组安装、运行、检修和维护不方便，油、气、水系统复杂。厂房高度尺寸大，基础开挖量大，因此厂房投资较大。

刚性连接立式机组的轴承布置特点是三个径向轴承和一个推力轴承（图 1－21）。三个径向轴承分别是上导径向轴承 2、下导径向轴承 7 和水导径向轴承 10。根据推力轴承 3 的布置位置不同，刚性连接立式机组又有悬挂式机组和伞式机组两种。水轮机主轴与发电机主轴采用刚性连接，使得机组安装对两轴的同心度要求较高，安装技术难度大。

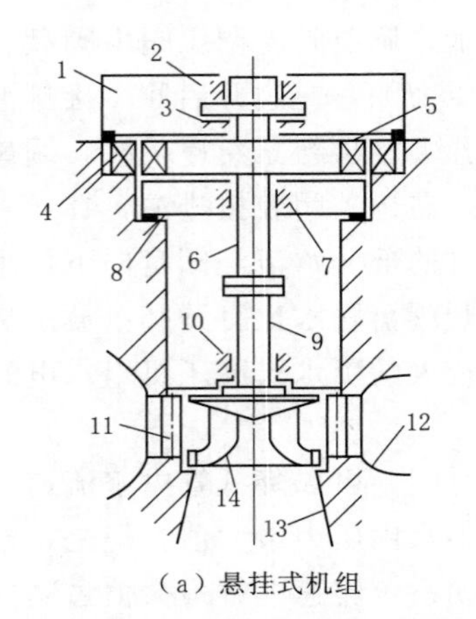

（a）悬挂式机组

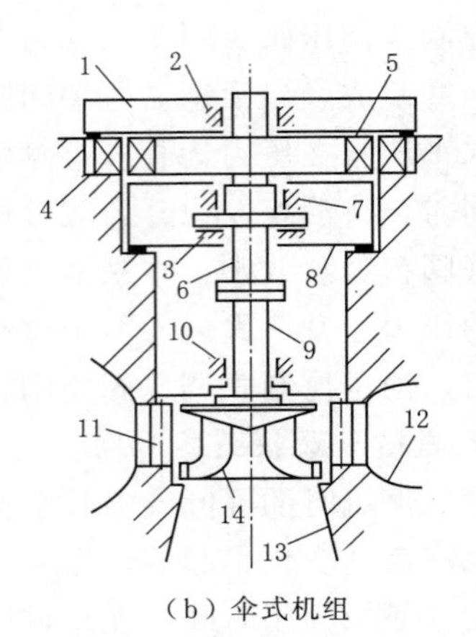

（b）伞式机组

图 1-21　两种刚性直接连接立式机组布置示意图

1—上机架；2—上导径向轴承；3—推力轴承；4—发电机定子；5—发电机转子；6—发电机主轴；7—下导径向轴承；8—下机架；9—水轮机主轴；10—水导径向轴承；11—水轮机导水部件；12—水轮机引水部件；13—水轮机尾水管；14—水轮机转轮

(1) 悬挂式机组：推力轴承布置在发电机转子上面［图 1-21 (a)］，推力轴承 3 与上导径向轴承 2 布置在同一只油盆中，上导轴承在结构上成为径向推力轴承。转动系统的重心相对推力轴承 3 的位置较低，使得机组运行稳定性好，但机组高度尺寸大，造成厂房高度大，厂房投资大。由于中小型立式机组高度尺寸本身不会很大，因此中小型立式机组普遍采用悬挂式布置。

(2) 伞式机组：推力轴承布置在发电机转子下面［图 1-21 (b)］，推力轴承 3 与下导径向轴承 7 布置在同一只油盆中，下导轴承在结构上成为径向推力轴承。转动系统的重心相对推力轴承 3 的位置较高，造成机组运行稳定性较差，但是由于推力轴承 3 躲在发电机转子 5 下面，使得机组高度尺寸小，对厂房高度要求降低，厂房投资节省，只在大型立式机组中采用。另外，由于悬挂式机组的上机架 1 是压在发电机定子 4 外壳上的，大型机组的转动系统比较重，轴向水推力比较大，定子外壳无法承受巨大压力，也必须采用伞式机组。

图 1-22 为刚性连接悬挂式立式机组立面布置图，发电机 4 埋藏在发电机机坑 5 里面，在发电机层 3 地面上只能看见有四条臂的上机架 2，上机架中间是一只大油盆，油盆内安装有上导径向轴承和推力轴承，上机架的四条臂安装固定在发电机定子外壳上，定子外壳安放在发电机机坑 5 的底部。发电机机坑与下面的水轮机机坑之间安装了有四条臂的下机架 6，中间是一只大油盆，油盆内安装有下导径向轴承，下机架 6 的四条臂安装固定在水轮机机坑顶部混凝土壁面上。发电机主轴与水轮机主轴 7 刚性连接。金属蜗壳引水室 9 下半部和尾水管 11 浇筑在水轮机层 10 的地面下的混凝土里，如果将金属蜗壳全部埋在混凝土里，由于金属蜗壳内的水流在冬季和夏季水温变化很大，会引起金属蜗壳热胀冷缩，造成混凝土开裂。金属蜗壳上的顶盖上面安装了水导径向轴承 8。来自水库的压力水经压力钢管 13、主阀 14 进入水轮机金属蜗壳，推动水轮机转轮转动，转轮将水能转换成机械能。转轮通过水轮机主轴、发电机主轴带动发电机转子旋转，发电机将机械能转换成电能。经过转轮能量转换后的低能水经尾水管排到下游。每次主阀打开前，必须先打开旁通阀 15 向蜗壳充水，只有主阀两侧压力一样时才允许打开主阀。发电机层的调速器 1 的调速轴 16 向下穿过发电机层的楼

板到达水轮机层 10，垂直布置的调速轴来回转动带动水平布置的推拉杆 12 来回移动，带动导叶开度变化，根据负荷调节进入转轮的水流量。转子上的风叶推动发电机层的空气进入发电机的定子铁芯和线圈，冷却发电机，从发电机定子外围流出的热风经发电机机坑 5 下游侧的开口排出厂外。这种开敞式发电机风冷方式适用单机容量较小的立式机组。

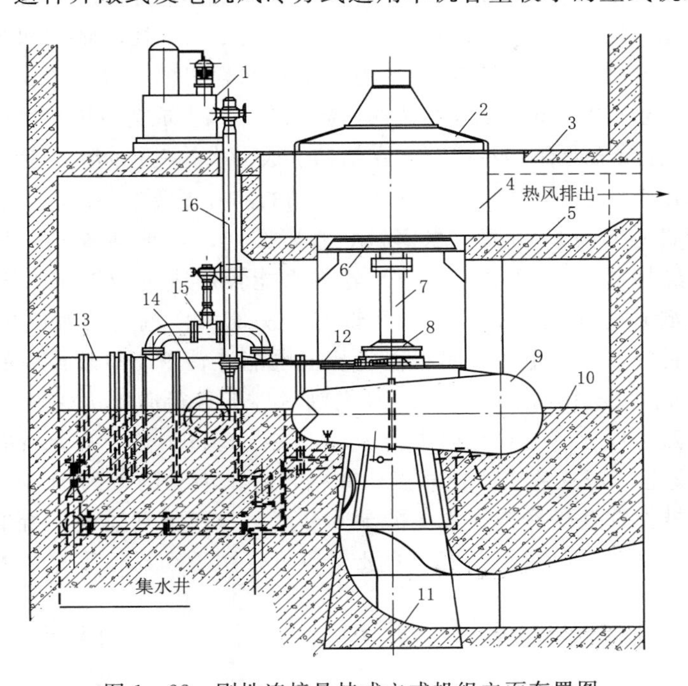

图 1-22　刚性连接悬挂式立式机组立面布置图

1—调速器；2—上机架；3—发电机层；4—发电机；5—发电机机坑；6—下机架；7—水轮机主轴；8—水导径向轴承；9—金属蜗壳引水室；10—水轮机层；11—尾水管；12—推拉杆；13—压力钢管；14—主阀；15—旁通阀；16—调速轴

图 1-23 为刚性连接立式悬挂式机组水电厂厂房立体剖视图。与图 1-22 对比后发现：图 1-22 的发电机采用开敞式发电机风冷方式；图 1-23 的发电机采用密闭循环风冷方式密闭在发电机机坑内。因为发电机埋藏在封闭的发电机机坑里，所以在发电机层 2 地面上只能看见发电机的上机架。如果将水轮机层 4 的水轮机金属蜗壳 3 全部预埋在混凝土内，由于金属蜗壳内的水温随冬夏季变化较大，金属热胀冷缩较大，会顶裂混凝土，所以特意将金属蜗壳的上半部分暴露在地面以上。来自水库的压力水经压力钢管 8、主阀、金属蜗壳、导叶到达转轮，转轮将水能转换成旋转机械能带动发电机旋转，经能量转换后的低能水经尾水管 6 排入下游。关闭主阀，落下尾水闸门 5，用检修排水泵排走积水，从进人孔进入尾水管，就可以对尾水管或转轮进行维护检修。发电机层的调速器 11 的调速轴 9 向下穿过发电机层的楼板到达水轮机层，调速轴通过水轮机导水机构调节进入水轮机转轮的水流量。位置比较低的主阀渗漏水、水轮机渗漏水和空压机排污水全部自流汇集到厂房位置最低处的集水井 7 内，再用渗漏排水泵排到下游。厂房顶部的桥式起重机 1 在机组检修时可以用来吊装发电机、水轮机等大型部件。

2. 弹性连接立式机组

弹性连接立式机组的轴承采用承载能力比较小的滚动轴承，常用在 500kW 以下的低压轴流定桨式立式机组中，发电机布置在厂房楼板上，厂房楼板下面是水轮机明槽引水室，水轮机所有部件全泡在明槽引水室的水中。

由于弹性连轴器连接的发电机主轴和水轮机主轴在轴向两者是没有连接力的，使得发电机主轴上必须要有一个推力轴承、两个径向轴承；水轮机主轴上也必须要有一个推力轴承、两个径向轴承，因此弹性连接立式机组的轴承布置特点是四个径向轴承和两个推力轴承。它们分别是发电机的上导轴承、下导轴承、推力轴承和水轮机的上导轴承、水导轴承、推力轴承。发电机推力轴承与发电机下导轴承组装在一起，在结构上成为发电机径向推力轴承；水轮机推力轴承与水轮机上导轴承组装在一起，在结构上成为水轮机径向推力轴承。由于水轮机主轴与发电机主轴采用弹性连接，使得机组安装对两轴的同心度要求不高，安装检修方便。

图1－24为弹性连接立式明槽引水室机组布置图。厂房地面楼板下是明槽引水室11，明槽引水室的水流经导叶10进入转轮，由转轮将水能转换成机械能，水轮机主轴7与中间轴4刚性连接，转轮通过水轮机主轴、中间轴与厂房地面楼板上的发电机1的主轴弹性连接，带动发电机转子旋转，发电机将机械能转换成电能。转轮能量转换后的低能水流经尾水管13排入尾水池14。发电机有自己的上导径向轴承、下导径向推力轴承。水轮机在中间轴的上端即发电厂地面楼板上有上导径向推力轴承，在水轮机顶盖上有水导径向轴承8。护座5固定在混凝土横梁上，用三片胶木板靠近中间轴，防止细长的轴的颤抖。调速器2的调速轴6穿过楼板通过推拉杆9操作泡在水中的导叶开度，从而根据发电机所带的负荷自动调节进入转轮的水流量，保证机组转速不变。必要时也可以用手动操作手轮3人工调节水轮机。

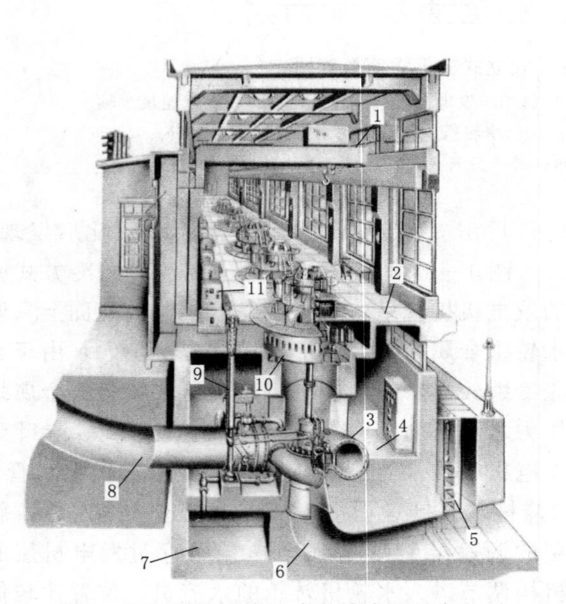

图1－23　刚性连接立式悬挂式机组水电厂厂房立体剖视图

1—桥式起重机；2—发电机层；3—金属蜗壳；4—水轮机层；5—尾水闸门；6—尾水管；7—集水井；8—压力钢管；9—调速轴；10—发电机；11—调速器

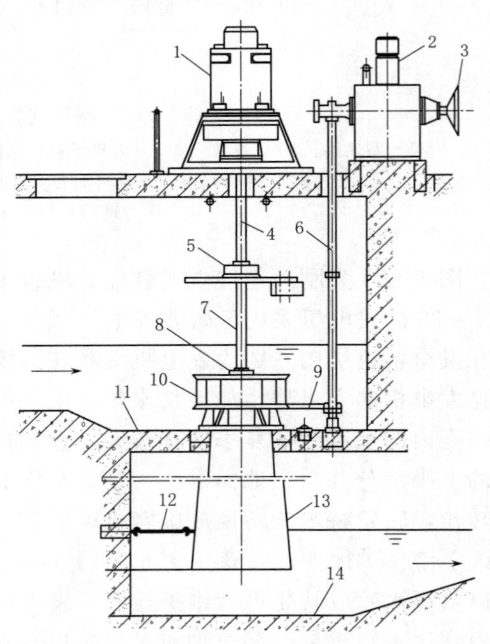

图1－24　弹性连接立式明槽引水室机组布置图

1—发电机；2—调速器；3—操作手轮；4—中间轴；5—护座；6—调速轴；7—水轮机主轴；8—水导径向轴承；9—推拉杆；10—导叶；11—明槽引水室；12—拉筋；13—尾水管；14—尾水池

（二）卧式机组

由电气知识可知，发电机转速越低，磁极对数越多，发电机转子径向尺寸越大，转子越笨重。转子过重造成的轴线挠度变形和径向尺寸过大造成的动不平衡越容易产生卧式机组的振动或瓦温过高，因此，卧式机组的转速一般在 500r/min 以上。

卧式机组布置结构紧凑，易配用国产系列发电机，大部分设备在同一个厂房平面上进行机组安装、运行、检修和维护方便，厂房投资较省。但是卧式机组的发电机和水轮机都在同一个厂房平面上，机组的噪声对运行人员干扰较大，夏天室温高。卧式机组的径向轴承下轴瓦受力，上轴瓦几乎不受力，因此下轴瓦工作负担较重，轴承受力不均匀。轴瓦温度过高是限制大容量卧式机组使用的主要原因。

卧式机组布置根据径向轴承的个数不同有四支点机组、三支点机组和二支点机组三种形式。图 1－25 为三种卧式机组布置示意图。其中：四支点机组［图 1－25 (a)］的特点是水轮

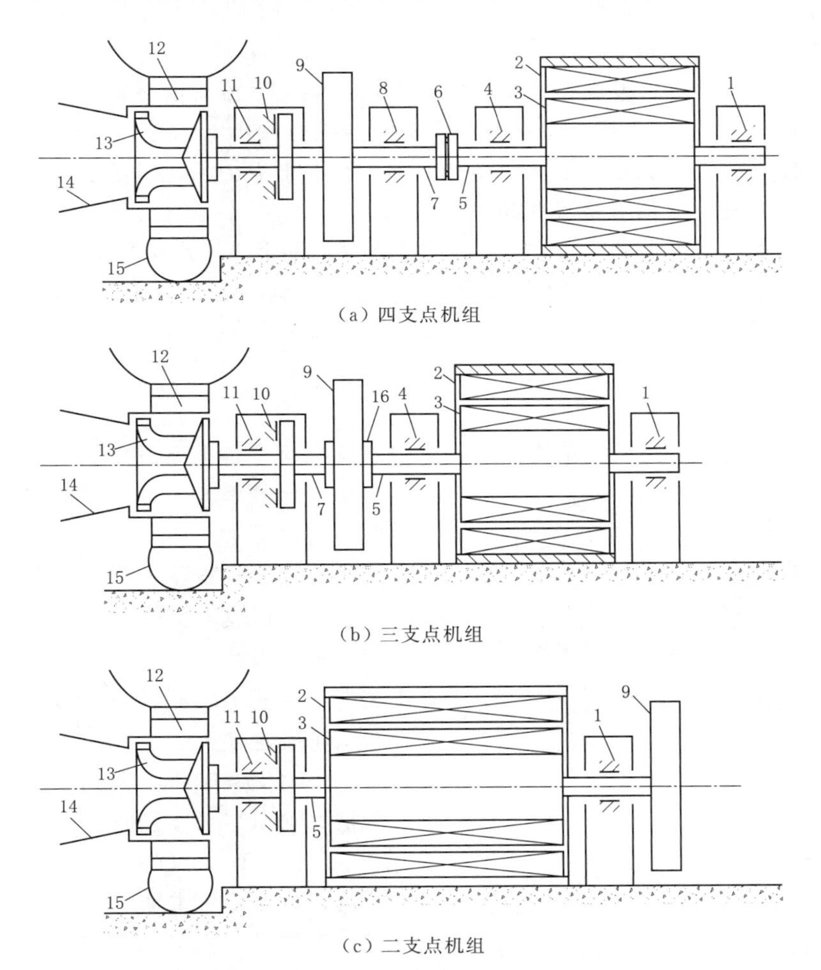

图 1－25　三种卧式机组布置示意图

1—发电机后导轴承；2—发电机定子；3—发电机转子；4—发电机前导轴承；5—发电机主轴；6—弹性连轴器；7—水轮机主轴；8—水轮机后导轴承；9—飞轮；10—推力轴承；11—水导径向轴承；12—活动导叶；13—转轮；14—尾水管；15—金属蜗壳引水室；16—刚性连轴器

机主轴7与发电机主轴5用弹性连轴器6连接，整个机组有发电机后导轴承1、发电机前导轴承4、水轮机后导轴承8、水导径向轴承11四个径向轴承和一个推力轴承10，其中推力轴承与水导径向轴承组装在一个轴承座内，飞轮9套装在水轮机主轴中间，弹性连接使得对两轴安装的同心度要求较低，从而对安装技术要求较低；三支点机组［图1-25（b）］的水轮机主轴与发电机主轴用刚性连轴器16连接，飞轮夹装在刚性连轴器的两个法兰盘的中间，安装技术难度较大。由于两轴是刚性连接，使得水轮机主轴上可以省去一个水轮机后导轴承而成为三支点机组。由于两轴是刚性连接，使得对两轴安装的同心度要求较高，安装技术要求较高。

二支点机组［图1-25（c）］的发电机主轴的左端装转轮，右端装飞轮，中间装发电机转子3，省去了水轮机主轴。由于只有一根发电机主轴，只需发电机后导径向轴承、水导径向轴承和推力轴承而成为二支点机组。二支点机组是简化结构、方便安装的好办法。

来自水库的压力水经金属蜗壳引水室15、活动导叶12流经转轮13，推动水轮机转轮旋转，转轮将水能转换成机械能，从转轮流出的低能水经尾水管14排入下游。转轮通过主轴带动发电机转子3旋转，由发电机将机械能转换成电能。水流流过转轮时对转动系统产生的轴向水推力由推力轴承10承担。通常，卧式机组的推力轴承与水导径向轴承布置在同一只轴承座内，因此卧式机组的水导轴承在结构上称为径向推力轴承。但对于二支点机组，有时将推力轴承与发电机后导轴承布置在同一只轴承座内，这时发电机后导轴承在结构上称为径向推力轴承，例如，MX水电厂5000kW二支点卧式机组和RX水电厂7500kW二支点卧式机组的推力轴承就是与后导径向轴承布置在同一只轴承座内，由于水导轴承结构上从径向推力轴承变成简单的径向轴承，这对减小转轮在水导轴承上的悬臂长度，减轻转轮振动有利。

1. 四支点卧式机组

图1-26为四支点卧式机组结构视图，其中：发电机主轴上有发电机前导轴承7、发电机后导轴承8两个径向轴承；水轮机主轴上有水导轴承4、水轮机后导轴承5两个径向轴承；飞轮3套装在水轮机主轴中间部位。该发电机的容量较小，外形类似电动机，因此发电机前、后导轴承采用类似电动机的端盖式滚柱轴承，用油脂润滑。水轮机主轴上的水导轴承和水轮机后导轴承采用支座式滑动轴承，用透平油润滑。推力轴承与水导径向轴承布置在同一只轴承座内。四支点卧式机组采用了弹性连轴器，对水轮机主轴与发电机主轴两轴的同心度要求不高，安装检修方便，适用于500kW及以下的卧式机组。

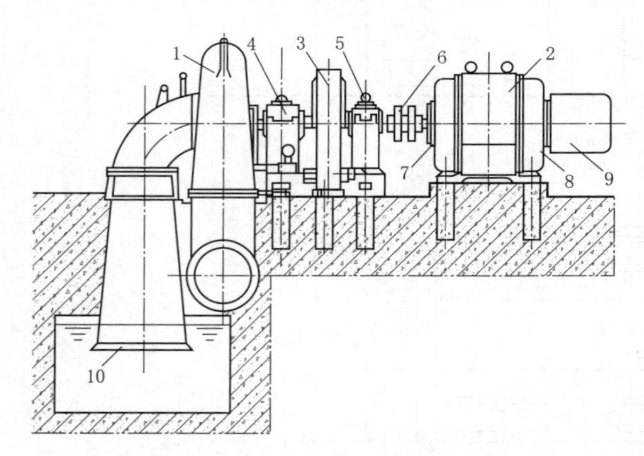

图1-26　四支点卧式机组结构视图

1—水轮机；2—发电机；3—飞轮；4—水导轴承；5—水轮机后导轴承；6—弹性连轴器；7—发电机前导轴承；8—发电机后导轴承；9—碳刷滑环机构；10—尾水管

图1-27为四支点卧式机组水轮机部分结构照片，建议与图1-26对照看图有利于掌握结构视图的识图诀窍。水轮机与发电机在同一个厂房平面上，飞轮5套装在水轮机

主轴中间部位，水轮机主轴上的水导轴承 4 内有一个水导径向轴承和一个推力轴承，其中的水导径向轴承与水轮机后导轴承 6 两个径向轴承支撑水轮机主轴，发电机主轴上发电机前导轴承 9 和发电机后导轴承（照片中没显示）两个径向轴承支撑发电机主轴，四个轴承全是支座式滑动轴承，用透平油润滑，支座式滑动轴承的承载能力比端盖式滚柱轴承承载能力大得多。手动转动手轮 3 或电动机 2 都通过蜗轮蜗杆机构操作水轮机导水机构调节进入水轮机的水流量。发电机主轴与水轮机主轴通过弹性连轴器 7 连接，弹性连轴器能够传递的转动力矩较小，但对机组安装时两轴同心度的技术要求较低。

图 1-28 为 500kW 以下的四支点卧式水斗式水轮发电机组照片。由于发电机 3 装机容量较小，因此发电机采用与电动机一样的两个端盖式滚柱轴承。水轮机 1 转轮两侧各一个径向滚柱轴承。水轮机主轴与发电机主轴为弹性连轴器连接，弹性连轴器的水轮机法兰盘外围做成飞轮形式的法兰盘式飞轮 2（参见图 2-57），同时起法兰盘和飞轮两个作用。

图 1-27　四支点卧式机组水轮机部分结构照片

1—金属蜗壳引水室；2—电动机；3—操作手轮；4—水导轴承；5—飞轮；6—水轮机后导轴承；7—弹性连轴器；8—轴瓦温度计；9—发电机前导轴承

图 1-28　四支点卧式水斗式水轮发电机组照片

1—水轮机；2—法兰盘式飞轮；3—发电机

2. 三支点卧式机组

当水轮机输出功率较大时，弹性连轴器中的橡胶垫圈无法承受机械力矩产生的较大的碾压力，因此采用将发电机主轴与水轮机主轴直接用螺栓连接的刚性连接，刚性连轴器能传递较大的功率，适用 500kW 以上的卧式高压机组。

图 1-29 为采用刚性连接的三支点卧式机组结构视图，水轮机主轴与发电机主轴用刚性连轴器连接，在连轴器的两个法兰盘之间夹装了一个在飞轮罩 4 内笨重的大飞轮，同时又要求两条轴线严格地在同一条水平线上，使得机组安装难度大，安装技术要求高。发电机主轴上有前导轴承 5、后导轴承 7 两个支座式径向轴承，水轮机主轴上只有一个支座式水导径向推力轴承。来自水库的压力水流经金属蜗壳引水室 2 进入转轮，推动转轮旋转，转轮通过主轴带动发电机转子旋转，由发电机 6 转换成电能，经转轮能量转换后的低能水经尾水管 1 排入下游。

图 1-30 为三支点卧式机组结构照片，建议与图 1-29 对照看图有利于掌握结构视图的识图诀窍。发电机后导轴承 10、前导轴承 6 和水导轴承 4 构成机组的三支点布置结构，由于机组容量较大使得轴承受力较大，因此三个轴承全采用支座式滑动轴承，用透平油润滑。为防止高速旋转的飞轮伤人，飞轮必须用飞轮罩 5 完全罩住，机旁调速器 2 能根据机组所带

的负荷，通过推拉杆 3 操作水轮机导水机构，自动调节进入水轮机转轮的水流量。通过碳刷滑环机构 8 能够向正在旋转的发电机 7 的转子送入励磁电流。

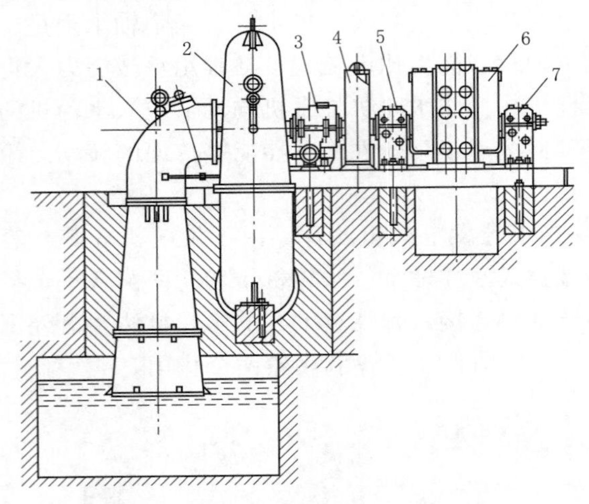

图 1-29　三支点卧式机组结构视图

1—尾水管；2—金属蜗壳引水室；3—水导轴承；4—飞轮罩；5—前导轴承；6—发电机；7—后导轴承

图 1-30　三支点卧式机组结构照片

1—金属蜗壳引水室；2—调速器；3—推拉杆；4—水导轴承；5—飞轮罩；6—前导轴承；7—发电机；8—碳刷滑环机构；9—温度信号器；10—后导轴承

3. 二支点卧式机组

图 1-31 为机组容量较大的二支点卧式机组结构视图，只有发电机主轴，没有水轮机主轴。发电机主轴中间装发电机 5 内的转子，左端悬挂装金属蜗壳引水室 2 内的转轮，右端悬挂装飞轮罩 7 内的飞轮。后导轴承 6 与水导轴承 4 构成二支点机组布置结构，推力轴承与水导径向轴承组装在同一个轴承支座内。由于装机容量较大，水导轴承和发电机后导轴承全部采用透平油润滑的支座式滑动轴承。发电机 5 的厂房地面下面机坑内装有空气冷却器 9，在发电机转子两侧的风叶驱动下，封闭式发电机内的空气流经发电机定子线圈和铁芯，冷却定子线圈和铁芯后的热风被强迫流经空气冷却器成为冷风，冷风按设计好的路径重新流回冷却定子线圈和铁芯。

图 1-32 为 MX 水电厂 5000kW 两支点卧式高压机组结构照片，高水头（380m）高转速（1500r/min）高压机组。建议与图 1-31 对照看图有利于掌握结构视图的识图诀窍。飞轮用飞轮罩 5 罩住以防伤人，发电机主轴上设置了水导轴承和后导轴承两个支座式滑动轴承，推力轴承与后导径向轴承组装在同一个轴承支座内。

发电机转速 1000r/min 时，转子三对磁极。发电机转速 1500r/min 时，转子两对磁极。发电机转速越高，转子磁极对数越少，转子径向尺寸越小，转子转动时稳定性越好。高水头大容量（4000kW 及以上）卧式机组多采用径向尺寸较小的高转速二支点机组。二支点机组没有水轮机主轴，也就没有两轴同心度安装要求高的技术难题。

对于 200kW 及以下的高转速低压机组，发电机容量小，因此发电机外形如同大电动机，图 1-33 为 200kW 卧式高转速低压机组，发电机主轴的中间装有发电机转子 2，左端装水轮机转轮 1，右端装飞轮 3，没有水轮机主轴。发电机左侧端盖内滚柱轴承为发电机前导轴承 4，右侧端盖内滚柱轴承为发电机后导轴承 5，这种发电机外形似电动机带飞轮的 200kW 及以下的低压机组，也是二支点机组。

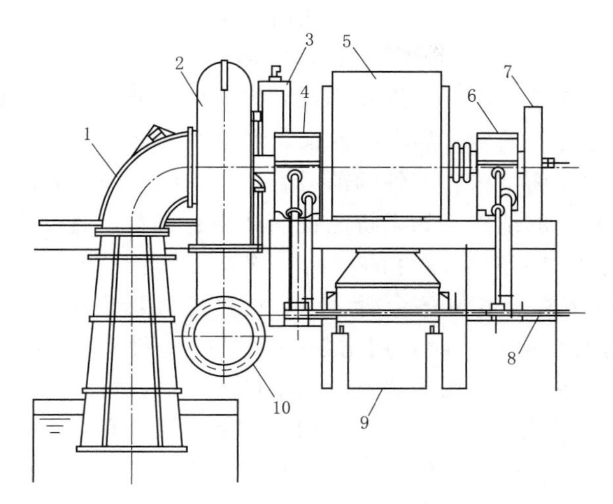

图 1-31　二支点卧式机组结构视图

1—尾水管；2—金属蜗壳引水室；3—调速器；4—水导轴承；5—发电机；6—后导轴承；7—飞轮罩；8—轴承冷却水管；9—空气冷却器；10—蜗壳进口

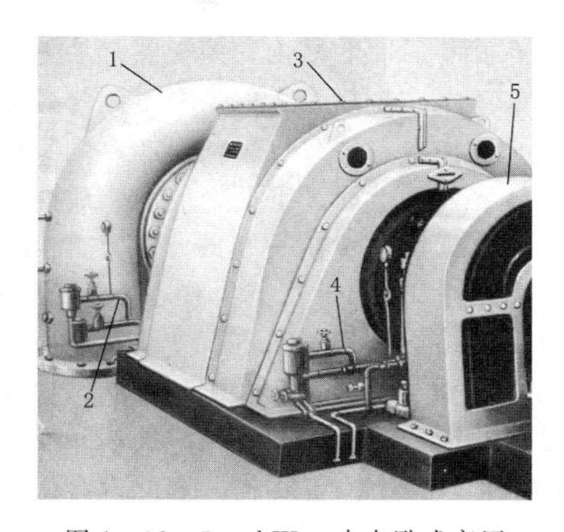

图 1-32　5000kW 二支点卧式高压机组结构照片

1—水轮机；2—水导轴承冷却水管；3—发电机；4—后导轴承冷却水管；5—飞轮罩

二、机械识图基础知识

在分析水轮机的零件和部件结构的过程中，需要首先掌握简单的机械识图基础知识，从而能看懂机械图纸，根据机械图纸理解实物的结构。

在机械零件或设备设计、制造和安装过程中，零件或设备形状尺寸及加工技术要求必须全部用机械图纸来表示，用机械图纸表示的图形制作过程称机械制图。其中：表示一个机械零件的图纸称零件图；多个机械零件装配在一起称机械部件；表示机械部件的图纸称装配图；将构成部件的多个零件图和装配图放在一张图纸中称部件分解图。

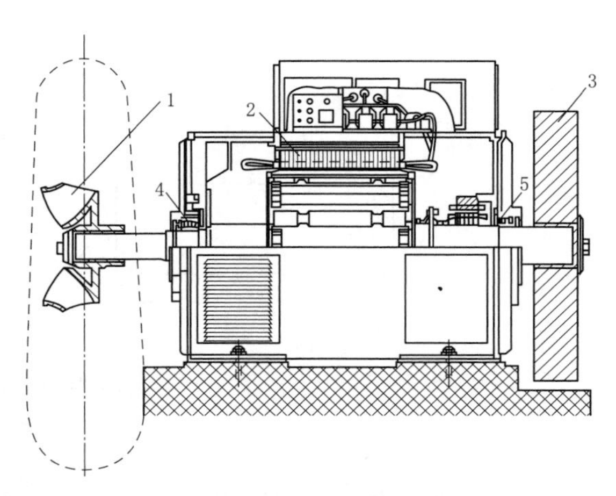

图 1-33　200kW 二支点卧式低压机组

1—水轮机转轮；2—发电机转子；3—飞轮；4—前导轴承；5—后导轴承

用图形来表示零件或部件时，从不同的方向观察投影同一个零件或部件可以得到：从前向后观察投影可得到主视图；从后向前观察投影可得到后视图；从左向右观察投影可得到左视图；从右向左观察投影可得到右视图；从上向下观察投影可得到俯视图；从下向上观察投影可得到仰视图。一般只需三视图（主视图、左视图和俯视图）再加上一些剖视手段足以把一个零件或部件的外部和内部结构表示得清清楚楚。典型的零件图有方形零件、圆柱形零件和圆盘形零件，结构上有实心结构和空心结构，有对称结构和不对称结构等特点。

1. 方形结构零件图

图 1-34 为长方体零件的三视图和立体图。其中：主视图是从前向后观察投影，只能看到长方体零件的前面结构和上下左右的轮毂线，但是看不到长方体零件的上面、下面、左面、右面和后面的结构；俯视图是从上向下观察投影，只能看到长方体零件的上面结构和零件的前后左右轮毂线，但是看不到长方体零件的前面、后面、左面、右面和下面的结构；左视图是从左向右观察投影，只能看到零件的左面结构和零件的前后上下轮毂线，但是看不到长方体零件的上面、下面、前面、后面和右面的结构。如果将三视图结合起来看，通过观察者将三个视图联想在一起的空间想象力就能知道整个零件的结构。该长方体长 60mm、宽 20mm、高 25mm，右上角有一个长 20mm 下降 10mm 的台阶。因为在左视图上看不到右面下降 10mm 的台阶，凡在投影背后看不到的结构，一般是用增加一个局部视图来专门显示该结构，如果投影背后看不到的结构比较简单，可以用虚线表示该结构，这样就可以少画一个视图。因此在左视图上用虚线表示零件右边有一个下降 10mm 的台阶。因为该长方体是实心结构，没有内部结构，因此没有必要采用剖视。零件加工制作时使用的图纸是不提供立体图的，零件加工制作人员必须根据几个视图的上下左右前后的关系，想象出最右边立体图的零件形状，这个过程称为识图。由立体图可知该长方体零件前后对称，但上下不对称，左右不对称。

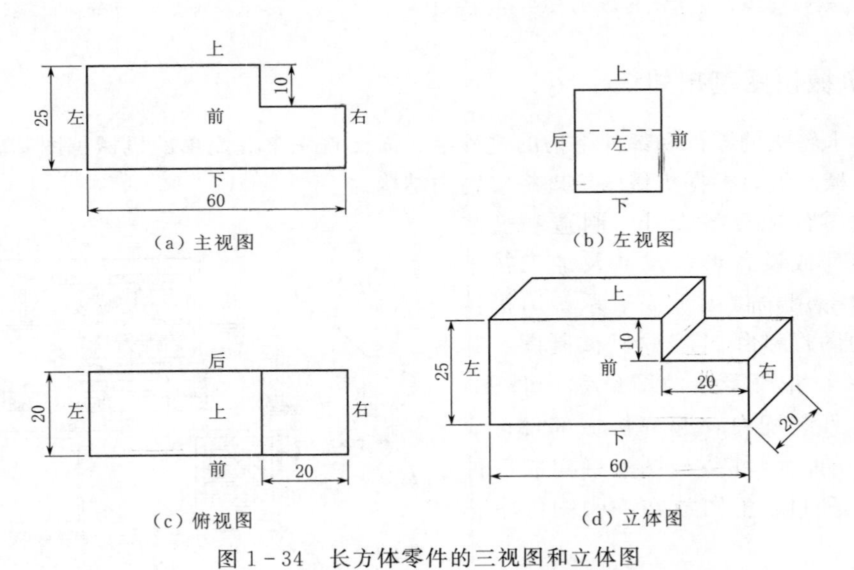

图 1-34 长方体零件的三视图和立体图

2. 圆柱形零件图

由于圆柱形零件的主视图与俯视图完全一样，因此只需主视图和左视图就能把零件结构表示得清清楚楚。图 1-35 为连轴螺栓零件图，因为是实心体，没有内部结构，所以没有必要采用剖视。螺栓总长 68.5mm，其中螺纹段的长度为 24mm，M12 中“M”表示是国家标准螺纹，“12”表示螺纹的直径为 12mm，用虚线表示这一段长度为 24mm 的圆柱段是螺纹。中间圆柱段的长度为 30mm，“$\phi14$”表示圆柱段直径为 14mm，螺帽厚度为 8mm。从左视图可知，螺栓尾部六角螺帽的六边形对角距离为 20mm，对边距离为 17.32mm，左视图上的一个圆是螺帽倒角加工自然形成的，因此不需要标注直径。

圆柱形、圆环形、圆盘形、圆台形、圆锥形等都属于回转体，水轮机中大部分零件是回转体。回转体都有一条轴线，又称中心线。中心线和对称线都用点划线表示，轴线肯定是对称线，但对称线不一定是轴线，只有回转体才有轴线，回转体整个零件相对轴线回转360°的范围内处处对称或基本对称。而正方体、长方体如果有对称结构的话，有的是左右对称，有的是上下对称，有的是前后对称，例如图1-34中的长方体前后对称，显然该对称线不符合轴线的定义，如果用点划线表示的话也只能称其为对称线或中心线，但不能称其为轴线，对有对称结构的正方体、长方体视图规定不画对称线或中心线。

根据轴线的定义，图1-35中主视图的点划线是轴线，但左视图两条相互垂直的点划线是对称线不是轴线。主视图中的这条轴线表示该零件相对轴线回转360°的范围内处处对称或基本对称。在左视图投影方向只能看到螺栓的六角螺帽，螺帽后面的结构看不到。左视图上两条垂直交叉的对称线表示这个投影方向不但上下对称而且左右也对称。因为是左视图，所以只能看到零件的左面和上下前后的轮毂线。

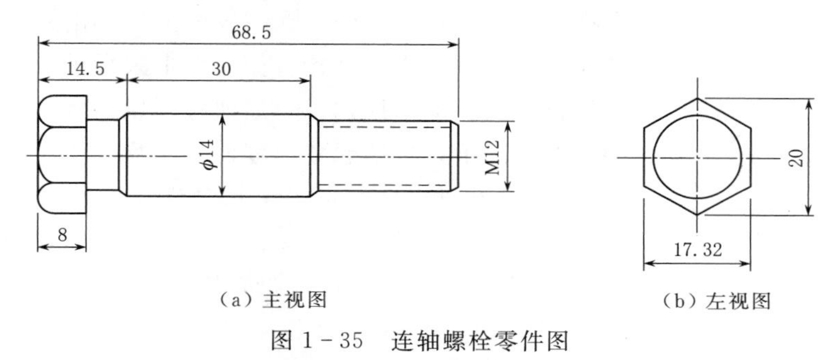

(a) 主视图　　(b) 左视图

图1-35　连轴螺栓零件图

图1-36为主轴零件图，由于是圆柱形零件，主视图与俯视图完全一样，因此只需主视图和左视图就能把零件结构表示得清清楚楚。该主轴的法兰盘直径为190mm，厚度为30mm。法兰盘端面上有一个深度为8mm、直径为80mm的浅孔。法兰盘上直径148mm的圆周线上均布了8个直径为14mm的小孔，如果插入8颗连轴螺栓就可以把两根主轴的法兰盘连接在一起。在主视图上采用一个局部剖视，把小孔右端有一个深度为9.5mm、直径为25mm的浅孔内部结构表示清楚。为了拆装方便，主轴与主轴连接、管路与管路连接常采用法兰盘加螺栓连接。主视图右侧的“S”形断折线表示主轴右侧直径为100mm（$\phi100$）的主轴很长，但结构基本不变的省略画法。

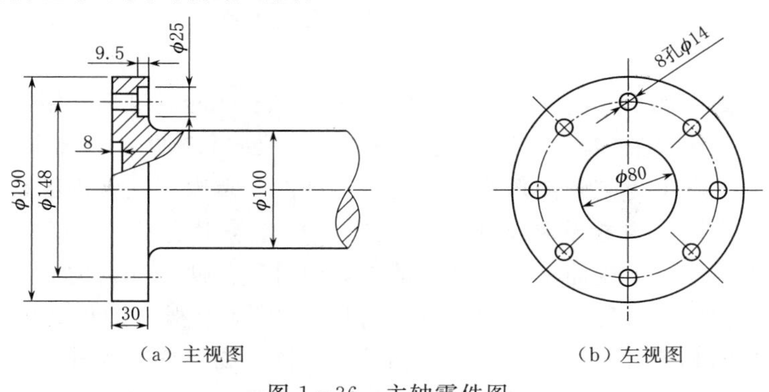

(a) 主视图　　(b) 左视图

图1-36　主轴零件图

主视图中出现了平行的长、短两种点划线，因为整个零件相对长点划线在回转360°的范围内处处对称，中间的长点划线是轴线。而最上面和最下面的短点划线只能说是小孔的中心线，不能称其为轴线。今后熟练了以后要学会在没有左视图配合的情况下也能想象出零件的实物立体模样，比如可以先根据直径符号“ϕ”就可以认定这是个圆柱体、圆孔或圆盘，再根据主视图的局部剖视，就应该想象出此处是一个如局部剖视图形的、相对主轴线360°的回转体，从而脑中想象出一个法兰盘的结构形状，在法兰盘端面上有一个深8mm的沉孔，在直径148mm的圆周线上均布了若干个小孔。

3. 圆盘形零件

图1-37为防护罩零件图，属于圆盘形内空薄壁形零件。由于是圆盘形零件的主视图与左视图完全一样，所以只需主视图和俯视图就能把零件结构表示得清清楚楚。该防护罩的外径为190mm，中心孔直径为100mm，防护罩的高度为20mm，壁厚为8mm。由于结构在主视图上左右对称，因此在主视图采用半剖视，左边显示外部结构，右边显示内部结构。俯视图上采用了一个局部剖视，表示防护罩圆柱形壁结构。今后熟练了以后要学会在没有俯视图配合的情况下，也能想象出零件的实物立体模样，可以先根据符号ϕ190就可以认定这是个短圆柱体零件，再根据主视图的半剖视，就应该想象出此零件是一个如半剖视图形的相对主轴线360°的薄壁回转体，从而脑中出现这是一个直径190mm、壁厚8mm的圆盘形零件。

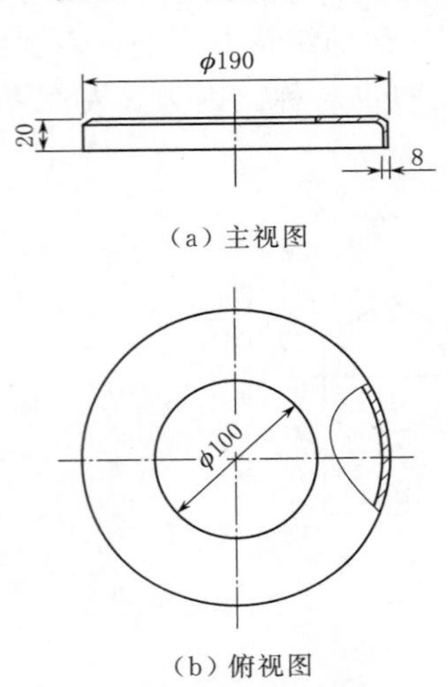

图1-37　防护罩零件图

4. 剖视图

为了看到零件的内部结构，必须采用剖视的方法，用一个假想的极薄剖切平面切割零件，将剖切平面的前面部分移去，对剖切平面后面部分的内部结构进行观察投影得到的图像称剖视图，剖视图上被剖切平面剖切到的剖面必须用打斜向的剖面线表示。剖视图又有局部剖、半剖、全剖和旋转剖等多种。对于只要看到局部内部结构，就可以知道全部内部结构的零件，可以采用简单灵活的局部剖，例如图1-36的主视图和图1-37的俯视图中就采用了局部剖，这两个图形的大部分反映了零件的外部结构，局部反映了零件的内部结构。对于相对对称线两侧完全对称或基本对称的零件，看到了左侧（或右侧）内部结构就可以知道右侧（或左侧）内部结构，可以采用半剖，例如图1-37的主视图采用了半剖，该图的右边反映了零件的内部结构，左边反映了零件的外部结构。

图1-38为拐臂主视图全剖视观察投影原理图，该零件前后对称，用一个剖切平面从对称线上切下去，将剖切平面前面的部分移去，对剖切平面后面的部分从前向后进观察投影，在垂直投影面的主视图上得到的图形称拐臂的全剖视图，反映了拐臂内部全部结构。在水平投影面上的拐臂俯视图是直接从上向下进行投影，没有采用剖视，只反映了拐臂的外部结构，没有反映内部结构。主视图上两根平行的点划线分别是两个孔的中心线，不能称其为轴线，俯视图长的一根点划线称为中心线（前后对称），其他两根短的点划线称其为局部对称线。结合观看主视图和俯视图，可以想象出拐臂的立体实物模样。当外部没有需要显示的特殊结构而内部结构比较复杂时，可以采用全剖视。像拐臂这种不是回转体的零件，光靠一个

视图是无法想象出立体结构的，所以采用了主视图全剖和俯视图两个视图。

如果用图 1-38 的剖切平面切割零件后，将剖切平面前面的部分零件移去，只画被剖切平面切割到的图形，没被剖切平面切割到的后面的图形不画，称剖面（如同盖公章得到的图形），剖面也必须打斜向的剖面线表示。

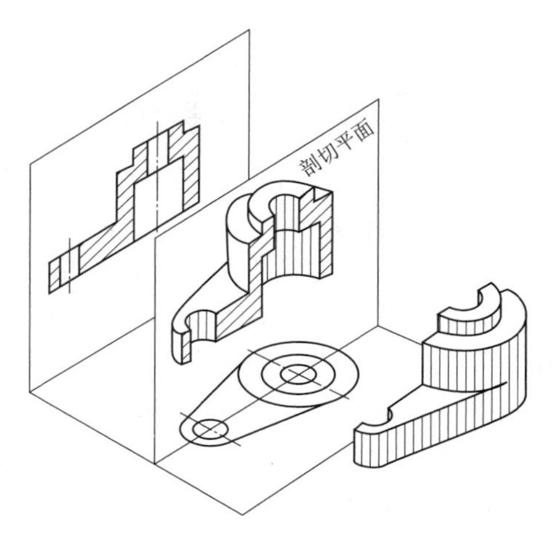

图 1-38　拐臂主视图全剖视观察投影原理图

当相对中心线两侧有两个想显示的内部结构不在同一个剖面上，按理应该画两个剖视图分别来显示内部结构，但是为了减少图形省时省力，常以中心线为界，中心线左边的半个剖视图来表示一个剖切平面的内部结构，中心线右边的半个剖视图来表示不在同一个剖面上的另一个剖切平面的内部结构，这种剖视方法称旋转剖视。

图 1-39 为筒状轴瓦结构图，也是一个回转体。从下面的俯视图可知，径向进油孔 4 与回油孔 2 不在过轴线的同一个剖切平面上，按理需要两个剖视图来显示内部结构，但是可以采用旋转剖视来减少图形。将过轴线和径向进油孔中心线的半个剖视图与过轴线和回油孔中心线的另外半个剖视图放在一起，就得到图 1-39（a）所示的主视图上的 B—B 旋转剖视图，即图 1-39（b），为了显示主视图中轴线两侧图形不在一个剖切平面上，必须在俯视图上用 B—B—B 的转折线来表示两个剖视图之间的方位，如果只看主视图不看俯视图，就会得出错误的结论。

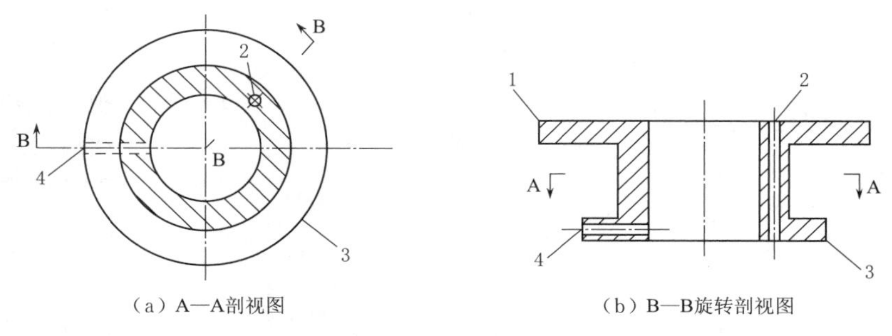

图 1-39　筒状轴瓦结构图

1—上法兰盘；2—回油孔；3—下法兰盘；4—径向进油孔

结合主视图和俯视图可以看出，这是有一个大内孔的筒状轴瓦，上面有一个上法兰盘 1，下面有一个下法兰盘 3，在上法兰盘与下法兰盘之间有一个轴向回油孔，在下法兰盘上有一个径向进油孔。轴向回油孔所在的剖面与径向进油孔所在的剖面不在同一个轴面上。

三、水轮机与发电机的连接方式

根据水轮机主轴和发电机主轴连接方式不同可分为直接连接和间接连接两种，其中直接连接又有刚性连接和弹性连接两种形式；间接连接又分齿轮传动和皮带传动两种形式。

(一) 直接连接

水轮机主轴与发电机主轴直接连接的特点是水轮机与发电机的转速高低和旋转方向全都一样，因此传动过程中没有摩擦损失，传动效率最高。

1. 刚性连接

图1-40为立式机组刚性连轴器分解装配图，其中图1-40（a）是组成装配的零件分解图，防护罩1采用了局部剖，左侧小部分没被剖切的图形显示外部结构，右侧较大部分的剖切图形显示内部的薄壁形结构，发电机法兰盘2和水轮机法兰盘3分别采用了局部剖，左侧没被剖切的图形显示外部结构，右侧被剖切的图形显示法兰盘上均布的通孔；图1-40（b）为发电机法兰盘与水轮机法兰盘连轴螺栓5、螺母4的放大图，主要显示螺栓与法兰盘孔单配的圆柱段；图1-40（c）是水轮机主轴与发电机主轴装配后的装配图，尽管螺母和连轴螺栓也被剖切到，但是机械制图中规定被剖切到螺母螺栓不画剖面线。现场安装机组时，当发电机主轴的垂直度调整完毕后，再用十颗连轴螺栓将水轮机主轴法兰盘与发电机主轴法兰盘紧紧连接在一起，发电机法兰盘端面凸出的圆台与水轮机法兰盘端面凹下的浅孔正好配合，保证了两根轴端的同心度。每颗螺栓不但要承受转动力矩产生的剪切力，还要承受水轮机转动部件的重量和水流对水轮机转轮的轴向水推力。为保证每颗螺栓承受转动力矩产生的剪切力均匀，要求每颗螺栓的圆柱面与螺孔的配合都是用铜棒轻轻打入的过渡配合，并且将螺栓与孔打上相同编号的钢印，保证永远单配。

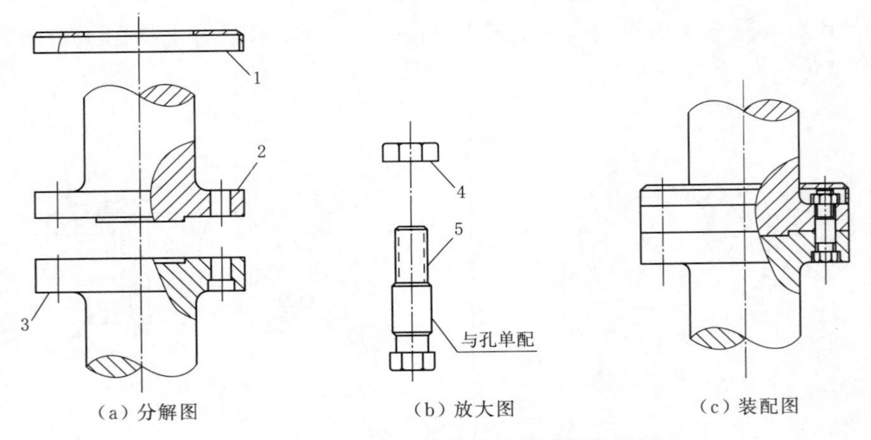

（a）分解图　（b）放大图　（c）装配图

图1-40　立式机组刚性连轴器分解装配图

1—防护罩；2—发电机法兰盘；3—水轮机法兰盘；4—螺母；5—连轴螺栓

图1-41为三支点卧式机组刚性连接装配图，整个图属于全剖视图，尽管水轮机主轴1、发电机主轴3和连轴螺栓4被剖切到，但机械制图中规定轴类零件在剖视图中不打剖面线。飞轮2装在水轮机主轴的法兰盘与发电机主轴的法兰盘之间。十颗连轴螺栓将水轮机主轴的法兰盘、飞轮和发电机主轴的法兰盘三者连接在一起，连轴后要求两轴轴线严格地在同一水平线上，可以想象安装时将如此笨重的飞轮夹装在两个法兰盘中间，而且要求两轴高度同心，安装难度较大，技术要求较高。与立式机组不同的是卧式机组的连轴螺栓只承受转动力矩对连轴螺栓产生的剪切力。同样要求每颗螺栓的圆柱面与孔的配合都是用铜棒轻轻打入

的过渡配合，并且将螺栓与孔打上相同编号的钢印，保证永远单配。

2. 弹性连接

图1-42为四支点卧式机组的弹性连轴器，图1-42（a）是组成装配的零件分解图，图1-42（b）是弹性连轴器装配图。法兰盘与主轴是分开制造的，全部采用全剖视图，由于规定轴类零件在剖视图中不打剖面线，所以图中轴类零件圆柱销3和水轮机主轴1、发电机主轴7尽管被剖切，但不画剖面线。为表示主轴上有安放平键5的键槽，两根主轴分别采用了局部剖。发电机法兰盘6的内孔与发电机主轴7为轻轻打入的过渡配合，便于今后法兰盘的拆卸。为防止传递转动力矩时法兰盘内孔与主轴在旋转方向滑动，将断面为正方形的一根长平键一半镶在法兰盘内孔壁面内的键槽里，另一半镶在主轴表面的键槽内。轴与孔过渡配合保证了法兰盘孔的中心线与轴的轴线完全同心，平键保证了传递转动力矩时孔与主轴在旋转方向不会滑动，这种拆装方便的装配方式称轴孔配合键连接。水轮机法兰盘2与水轮机主轴1也是轴孔配合键连接。图1-42（c）为弹性连轴器照片，反复对照图1-42（a）～图1-42（c），可以提高初学者机械识图能力。

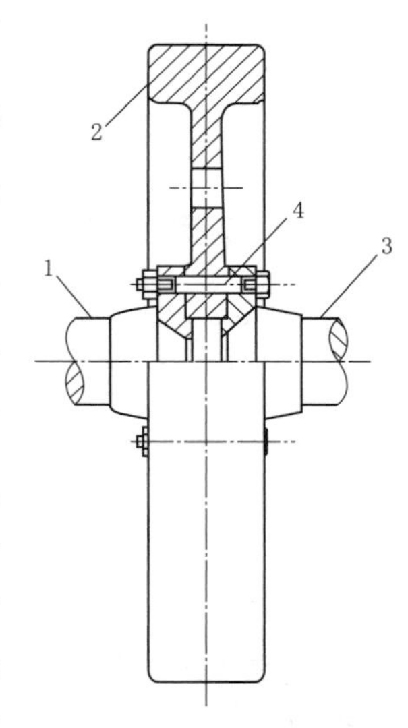

图1-41　三支点卧式机组刚性连接装配图

1—水轮机主轴；2—飞轮；3—发电机主轴；4—连轴螺栓

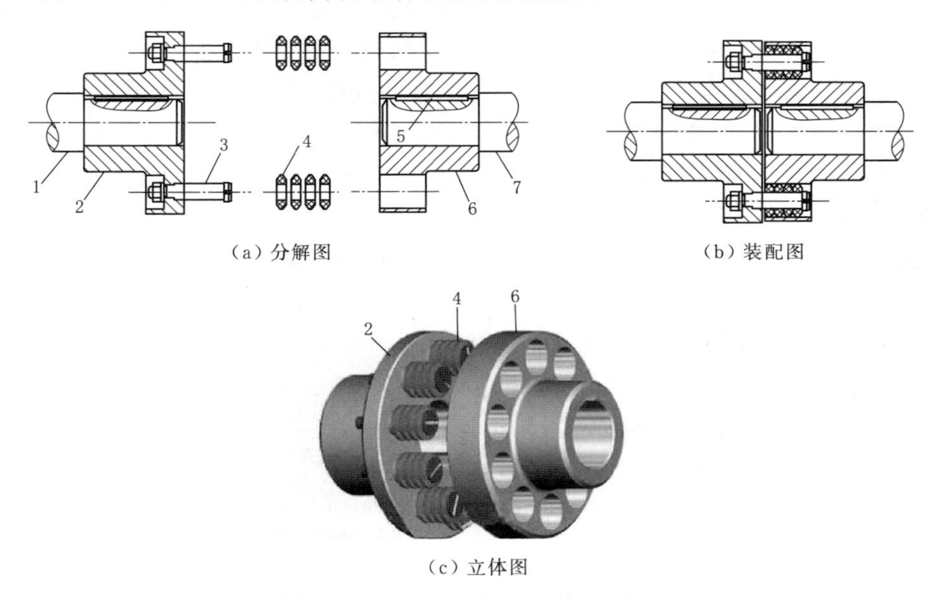

（a）分解图

（b）装配图

（c）立体图

图1-42　四支点卧式机组的弹性连轴器

1—水轮机主轴；2—水轮机法兰盘；3—圆柱销；4—橡胶垫圈；5—平键；6—发电机法兰盘；7—发电机主轴

在水轮机法兰盘上均布10只圆锥孔，圆柱销3与水轮机法兰盘圆锥孔的配合段是圆锥体，圆锥体配圆锥孔使得圆柱销在法兰盘上拆装方便，用螺母将10根圆柱销固定在水轮机法兰盘上。在发电机法兰盘上有10个孔，发电机法兰盘上孔的直径比水轮机法兰盘上圆柱销的直径大得多，机组安装时水轮机法兰盘上10根圆柱销很方便地插入发电机法兰盘上的

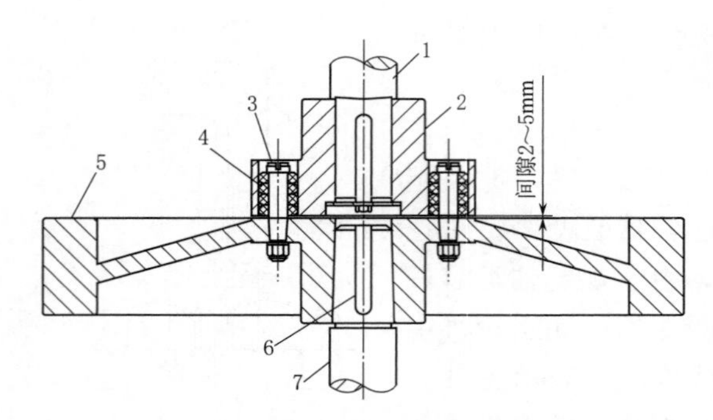

图 1-43 立式机组弹性连轴器装配图
1—发电机主轴；2—发电机法兰盘；3—圆柱销；4—弹性垫圈；5—法兰盘式飞轮；6—平键；7—水轮机主轴

10个孔内，再在每只孔与圆柱销之间塞入4只硬橡胶垫圈4，当水轮机法兰盘转动时，通过10根圆柱销经硬橡胶垫圈带动发电机法兰盘转动，从而将水轮机的机械力矩传送给发电机。由于硬橡胶垫圈有弹性，因此这种连接方式称为弹性连接。因为两根主轴是通过有弹性的橡胶垫圈传递转动力矩的，所以对两根主轴的安装同心度要求不高，两轴有少量的不同心或倾斜不会影响机组的正常转动，因此适用在运行检修技术力量比较单薄的500kW及以下机组。

图1-43为应用在立式轴流定桨式低压机组中的弹性连轴器，人为将水轮机法兰盘的直径做得比较大，使它既有法兰盘的作用，又有飞轮的作用，称这种法兰盘为法兰盘式飞轮5。

（二）间接连接

同样容量的发电机转速越低，磁极对数就越多，耗铜耗铁越多，发电机造价就越高。在小容量低水头的低压机组中，水轮机转速常常较低，通过增速器将转速升高后再带动发电机发电，可以减少发电机的投资。这种水轮机与发电机的连接方式称间接连接或间接传动。间接连接在水轮机主轴与发电机主轴之间增设了增速装置，而增速装置自身有机械摩擦损失，因此间接连接的传动效率比较低，一般在75%左右（直接连接的传动效率为100%）。间接传动装置有齿轮传动和皮带传动两种装置，由于皮带传动不可避免地存在打滑现象，因此齿轮传动的传递功率和效率都比皮带传动高。

1. 齿轮传动

齿轮传动能承受较大的冲击负荷，由于没有打滑现象，增速比能够有效保证。水轮发电机组中的齿轮传动又分为圆柱斜齿轮传动和行星齿轮传动两种。

图1-44为立式机组采用圆柱斜齿轮传动的发电机与水轮机的连接方法，水轮机主轴轴端装有大斜齿轮4，与发电机轴端的小斜齿轮3啮合，水轮机主轴上的齿轮为主动齿轮，发电机主轴上的齿轮为从动齿轮。水轮机主轴上的大齿轮转1圈，发电机主轴上的小齿轮转 n 圈，增速比为1∶n。增速比等于大齿轮与小齿轮的齿数比。因为圆柱斜齿轮的传递功率比圆柱直齿轮大，所以在大功率齿轮传递中多采用圆柱斜齿轮。圆柱齿轮传动的特点是水轮机主轴与发电机主轴平行但不同心，使得传动装置的齿轮箱体积较大。可以采用国家系列生产的行星增速齿轮箱对水轮机转速进行增速，

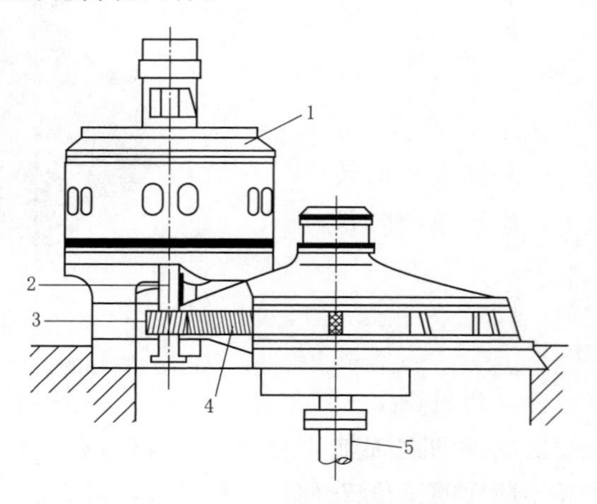

图 1-44 圆柱斜齿轮传动
1—发电机；2—发电机主轴；3—小斜齿轮；4—大斜齿轮；5—水轮机主轴

行星齿轮箱（增速器）结构紧凑，安装简单方便。

图 1-45 为行星齿轮组装图。齿轮架 2 与主动轴 6 刚性连接，齿轮架上均布 3 个行星轮 4，每只行星轮在齿轮架上有各自的齿轮轴。3 个行星轮 4 外侧同时与固定不动的内齿圈 5 啮合，内侧同时与从动轴 1 上的太阳轮 3 啮合，如果转速较低的主动轴带动齿轮架逆时针方向转动，3 个行星轮被迫在内齿圈上绕各自的齿轮轴顺钟向转动，因为内齿圈的齿数比行星轮的齿数多，因此主动轴和齿轮架逆钟向转一圈，行星轮顺时针方向要转好几圈，实现了第一级增速。3 个行星轮内侧同时带动太阳轮逆时针方向转动，因为行星轮的齿数比太阳轮的齿数多，所以太阳轮的转速高于行星轮的转速，实现第二级增速。因为行星轮就像行星地球一边自转，一边绕着太阳公转，所以"行星轮""太阳轮"由此得名。行星齿轮传动的特点是主动轴与从动轴同轴心、同转向，但不同转速。因为主动轴与从动轴同轴心就使得齿轮箱体积小。

图 1-46 为行星齿轮增速的轴伸贯流式机组。因为轴伸贯流式水轮机 1 转速比较低，所以通过体积小、速比大的行星齿轮增速箱 3 增速后，带动高转速发电机 4 转动发电。水轮机轴上的水导轴承 2 为径向推力轴承，另一个径向轴承布置在水轮机流道内。发电机容量较小，外形与大的电动机一样，采用两个端盖式滚柱轴承。适用小容量的低压机组。

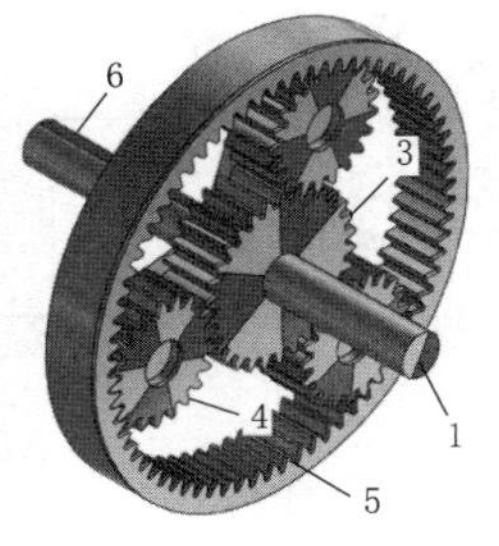

图 1-45　行星齿轮组装图

1—从动轴；2—齿轮架；3—太阳轮；4—行星轮；5—内齿圈；6—主动轴

图 1-46　行星齿轮增速的轴伸贯流式机组

1—水轮机；2—水导轴承；3—增速箱；4—发电机；5—飞轮

2. 皮带传动

在 400kW 以下的低压机组中有时采用皮带传动来提高发电机的转速，降低发电机的投资。机组采用皮带传动时较多地采用三角皮带传动，与平皮带相比，三角皮带的传递功率大，抗打滑能力强。图 1-47 为三角皮带传动装置，大直径的五槽皮带轮 3 与水轮机主轴 2 的轴端为轴孔配合键连接（参见图 2-17），小直径的五槽皮带轮 5 与发电机 1 的主轴轴端也是轴孔配合键连接。五根梯形断面的三角皮带 4 将大小皮带轮连在一起，由于水轮机皮带轮直径大于发电机皮带轮直径，所以发电机转速高于水轮机转速。

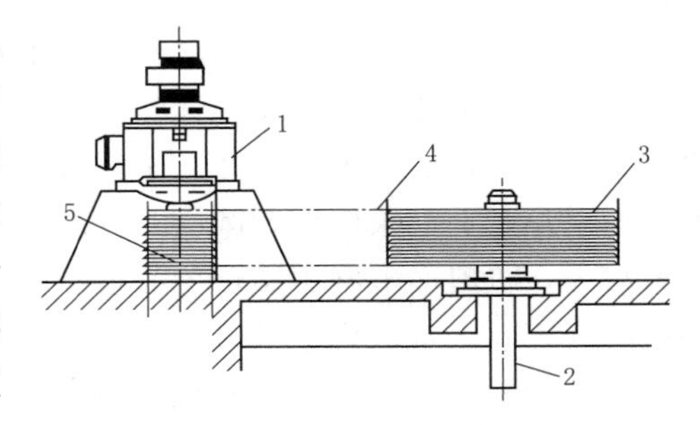

图 1-47　三角皮带传动装置

1—发电机；2—水轮机主轴；3—大皮带轮；4—三角皮带；5—小皮带轮

第四节　水轮机主要工作参数

一、水轮机工作水头

水轮机工作水头是水轮机对单位重量水体的能量利用值，从能量守恒的角度来看，水轮机工作水头近似值等于水电站毛水头 H_m 减去引水管道的水头损失 h_{wy}。图 1-48 为水轮机工作水头示意图，水头为

$$H \approx H_m - h_{wy}$$

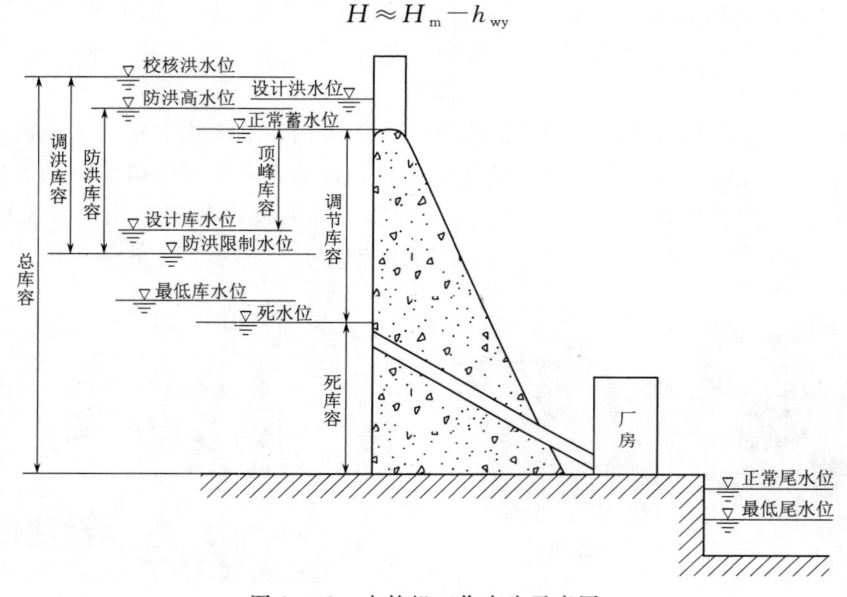

图 1-48　水轮机工作水头示意图

由于实际水电站的上下游水位高程是在变化的，因此实际工作的水轮机工作水头也会变化。在变化的水轮机实际工作水头中有最大工作水头 H_{max}、设计工作水头 H_r、最小工作水头 H_{min} 三个特征水头。

水电站上游水库有正常蓄水位、设计库水位和最低库水位三个特征库水位。正常蓄水位是由水库溢洪堰顶高程决定的，每个水库都有泄洪时的泄洪道，当库水位高于泄洪道的堰顶高程时，水库开始泄洪。设计库水位是水轮机工况设计重要数据，是保证水轮发电机组发出额定出力的最低库水位。在设计库水位以上机组额定出力是能保证的，在设计库水位以下时机组无法发出额定出力。因此，正常蓄水位与设计库水位的高程差称水库的工作水深，水库的工作水深越大，水库面积越大，可以用来额定出力的发电水体越大。发电水体越大，顶峰库容越大，机组在电网中满负荷的顶峰能力越强。正常蓄水位是水轮机运行的最高库水位。保证空气不卷入水轮机进水口的最低水位为死水位，水轮机禁止在该水位附近运行，以免空气卷入水轮机进水口，引起水轮机震动。最低库水位是水轮发电机组发出最小出力的库水位，最低库水位与死水位之间的高程差越小，机组在最小出力时的运行时间越短，因此最低库水位与死水位之间的高程差称水轮发电机组最小出力的工作水深，对中高水头的水电站，最低出力的工作水深一般在 1m 左右。

水电站下游尾水位随发电时的下泄水流量变化而变化的，发电下泄水流量越大，下游尾水位越高，发电下泄水流量越小，下游尾水位越低。水电站下游有正常尾水位和最低尾水位两个特征尾水位。正常尾水位是水电厂所有机组100%出力时对应的下游尾水位；最低尾水位是一台机组50%出力时对应的下游尾水位。

水轮机最大工作水头 H_{max} 约等于水电站上游正常蓄水位 ∇_{szc} 与下游最低尾水位 ∇_{xzd} 之差，再减去此时的引水管道水头损失 h_{wy}，即

$$H_{max} \approx \nabla_{szc} - \nabla_{xzd} - h_{wy}$$

水轮机设计工作水头 H_r 约等于水电站上游设计库水位 ∇_{ssj} 与下游正常尾水位 ∇_{xzc} 之差，再减去此时的引水管道水头损失 h_{wy}。水轮机设计工作水头应该是水轮机效率较高、汽蚀较轻时的工作水头，也是发出额定功率的最低水头。

$$H_r \approx \nabla_{ssj} - \nabla_{xzc} - h_{wy}$$

水轮机最低工作水头 H_{min} 约等于水电站上游最低库水位 ∇_{szd} 与下游正常尾水位 ∇_{xzc} 之差，再减去此时引水管道水头损失 h_{wy}。

$$H_{min} \approx \nabla_{szd} - \nabla_{xzc} - h_{wy}$$

二、水轮机的出力

因为 Q 为单位时间流过水轮机的水流的体积，所以 γQ 为单位时间流过水轮机的水流的重量，γQH 为单位时间水流输入给水轮机的水流功率。水轮机将水流功率转换成水轮机转动的机械功率时有能量损失，用水轮机效率 η_t 表示，水轮机转动的机械功率又称水轮机出力，因此水轮机出力为

$$N_t = \gamma QH\eta_t = 9810\ QH\eta_t$$
$$= 9.81QH\eta_t \quad (\text{kW})$$

发电机将水轮机出力转换成发电机出力时也有能量损失，用发电机效率 η_g 表示，发电机出力又称机组出力，因此机组出力

$$N_g = N_t\eta_g = 9.81QH\eta_t\eta_g \quad (\text{kW})$$

设计水头 H_r、设计流量 Q_r 时的机组出力称机组额定出力。

三、水轮机效率

因为水轮机在将水能转换成旋转机械能的过程中不可避免地存在能量损失，因此水轮机的输出机械功率总是小于输入水轮机的水流功率，即水轮机效率总是小于1，现代水轮机效率在90%～94%之间。引起水轮机效率下降的原因有水力效率、容积效率和机械效率三方面。

1. *水力效率*

从水轮机进口断面到出口断面，单位重量水体为克服水流与水流、水流与流道表面的摩擦阻力而消耗的水流能量称水轮机的水头损失 Δh_w。真正作用水轮机的有效水头 H_e 等于水轮机工作水头 H 减去水轮机的水头损失 Δh_w，所以水轮机的水力效率

$$\eta_s = \frac{H - \Delta h_w}{H} \times 100\% = \frac{H_e}{H} \times 100\%$$

2. 容积效率

只有流过水轮机转轮叶片的水流才对水轮机做功。水轮机转动部件与固定部件之间必定有间隙，在这些间隙处必定存在漏水，这些漏水量对水轮机不做功，称水轮机的容积损失 Δq。真正作用水轮机的有效流量 Q_e 等于水轮机工作流量 Q 减去水轮机的容积损失 Δq，所以水轮机的容积效率为

$$\eta_0=\frac{Q-\Delta q}{Q}\times 100\%=\frac{Q_e}{Q}\times 100\%$$

3. 机械效率

输入水轮机的有效水头 H_e 和有效流量 Q_e 构成的真正转换成水轮机旋转机械功率的水流有效功率为

$$N_e=9.81H_eQ_e$$

这部分机械功率 N_e 一部分需消耗在克服水轮发电机组转动系统的轴承和空气的摩擦阻力上，这部分消耗的能量称机组的机械功率损失 ΔN_j。真正从水轮机轴上输出给发电机的水轮机输出功率 N_t 等于水流有效功率 N_e 减去机械功率损失 ΔN_j，所以水轮机的机械效率为

$$\eta_j=\frac{N_e-\Delta N_j}{N_e}\times 100\%=\frac{N_t}{N_e}\times 100\%$$

水轮机效率为

$$\eta_t=\eta_s\eta_0\eta_j$$

现代水轮机的容积效率和机械效率都比较高，即

$$\eta_0\approx 1;\ \eta_j\approx 1$$

因此有时取

$$\eta_t\approx\eta_s$$

在转轮叶型一定的条件下，保持水轮机流道、导叶和转轮叶片的流线型及表面光洁度；减小转动部件与固定部件的间隙，减小漏水量；提高机组轴承的润滑冷却性能，减小机械摩擦阻力，都可以提高水轮机的效率。

四、提高水轮机工作水头的途径

水电站一旦建设完成，一成不变的坝高和集雨面积决定了水轮机的工作水头和流量范围基本定了，那么在现有的条件下如何提高水轮机实际运行时的工作水头，增加水电厂的全年发电量，这是运行人员必须时时考虑、努力争取的事。因为水轮机工作水头为

$$H\approx H_m-h_{wy}=(\nabla_{sy}-\nabla_{xy})-h_{wy}$$

从公式可以看出，提高上游库水位 ∇_{sy}、降低下游尾水位 ∇_{xy} 和减小压力管路水头损失 h_{wy} 都可以增大水轮机工作水头 H，从而增加水电厂的全年发电量。

1. 提高上游库水位

在水库设计允许范围内，对水库水位的合理控制，由机组出力公式为

$$N_g=N_t\eta_g=9.81QH\eta_t\eta_g=9.81Q(\nabla_{sy}-\nabla_{xy}-h_{wy})\eta_t\eta_g$$

可知，同样的耗水量 Q，上游库水位越高，则水轮机工作水头 H 越高，发电量越多。在枯水期应尽量使水库运行在高水位，这样可以用同样的水发更多的电或用较少的水发较多

的电。但是，大中型水电站的水库还担任抗洪防汛的社会责任，因此在丰水期，库水位应满足防洪要求。

设水轮机分别运行在最大工作水头 H_{max} 和设计工作水头 H_r 之间，假定两种工况的流量 Q、水轮机效率 η_t、发电机效率 η_g 相同，则同样的耗水量 Q 可以发更多的电 ΔN，即

$$\Delta N=\frac{9.81QH_{max}\eta_t\eta_g-9.81QH_r\eta_t\eta_g}{9.81QH_r\eta_t\eta_g}\times 100\%$$

$$=\frac{H_{max}-H_r}{H_r}\times 100\%$$

在枯水期如果库水位很低，干脆停机放假，电站运行费用减少。等到库水位上升后再发电，由于每立方米水的发电量增加了，总的发电量反而会增加。

2. 降低下游尾水位

对反击式水轮机的水电厂，如果长期运行发现水轮机气蚀不十分严重，可考虑在不发电时用挖土机挖深下游河床，可降低发电时的下游尾水位，提高水轮机工作水头，增加发电量。一般的反击式机组的水电站在尾水池挡水堰高程不变的情况下，开挖尾水池后面的自然河床，都能增加水轮机工作水头，增大发电量。建议山区坡降比较大的水电站，在枯水期不发电时下游下泄流道底部会露出鹅卵石的水电站，在枯水期用推土机推深下游发电下泄流道，可降低发电时尾水池挡水堰水位高程，也就降低发电时的下游水位高程。例如，DX 水电站在坡降较大的下游几百米处的河床活生生推出了一个没有库容的径流式小水电站，只要上游大水电站一发电，下游小水电站就立即跟着发电，3 台 600kW 贯流定桨式机组，收益不可小觑。

3. 减小压力管路的水头损失

从水库的水轮机进水口到厂房水轮机进口断面，水流流动需经历拦污栅水头损失、管路沿程水头损失、流速变化水头损失、水流转弯水头损失、分叉管水头损失。应尽量减少以下问题造成的水头损失：

(1) 及时打捞、清除拦污栅前的污物，保持水流畅通流过拦污栅，可以减小拦污栅水头损失。

(2) 提高流道平整度和光滑度，特别是没衬砌的隧洞，应在停机检修时派人进入隧洞，检查是否有塌方或洞底石渣堆积，清除隧洞底部沉积物，可以减小管路沿程水头损失。

(3) 减小沿程水流速度变化的幅度，减小水流沿程转弯的角度或圆弧转弯，减小分叉管的分叉角度都可以减小水流流动的局部损失。

五、水轮机转速

机组运行中，水轮机转速有额定转速、转速上升最大值和飞逸转速三个特征转速。

1. 额定转速 n_r

水轮机额定工况时的稳定转速称水轮机额定转速。为保证发电机输出国家规定的 50Hz 交流电，发电机的额定转速 n_r 与磁极对数 P 必须满足

$$n_r=\frac{3000}{P}\quad (r/min)$$

式中　P——发电机磁极对数。

满足等式的转速 n_r 称同步转速，水电厂发电机最高转速为 $n_r=1500\text{r/min}$，磁极对数 $P=2$。如果水轮机与发电机采用直接连接，发电机是同步转速，水轮机也必须是同步转速。如果水轮机与发电机采用间接连接，发电机是同步转速，水轮机转速低于发电机转速，水轮机转速不一定是同步转速，发电机转速与水轮机转速之比就是增速装置的增速比。

2. 转速上升最大值 n_{max}

当发电机出口断路器甩负荷跳闸时，导叶或喷针在调速器的操作下会以最快关闭时间 T_s 自动关闭。但是在导叶或喷针自动关闭初始，本来用来发电的水流现在全部用来加速机组，机组转速不是下降而是上升，只有导叶或喷针关小到小于空载开度时，机组转速才会从最大值开始下降，这个转速称机组甩负荷时的转速上升最大值 n_{max}。显然，导叶或喷针最快关闭时间 T_s 越短，转速上升最大值 n_{max} 越小；导叶或喷针最快关闭时间 T_s 越长，转速上升最大值 n_{max} 越大。虽然转速上升最大值比飞逸转速低，但是由于机械和电气事故都会引起的机组甩负荷，机组经常过速对转动系统非常不利，因此在水轮机的设计规程中规定机组甩负荷时的转速上升最大值必须满足

$$n_{max} \leqslant 1.5 n_r$$

3. 飞逸转速 n_R

当机组断路器甩负荷跳闸时，如果又遇到导叶或喷针拒动，本来用来发电的水流功率全用来加速机组转动系统，随着机组转速不断上升，转动系统的空气阻力和轴承摩擦阻力也不断上升，直到机组转速上升到一个新的平衡值飞逸转速 n_R，这时称机组发生了飞逸或飞车。机组在最大水头、额定出力时发生飞逸的转速称最大飞逸转速 n_{Rmax}。不同的机型、不同的工作水头，发生飞逸时的最大飞逸转速也不同，一般

$$n_{Rmax} = (1.7 \sim 2.6) n_r$$

机组是很少发生飞逸的，但是一旦发生飞逸，对机组转动系统是很危险的，因为转动部件的离心力与转速平方成正比，也就是说，机组转速上升到原来的两倍，则转动部件的离心力增大到原来的四倍，强大的离心力对发电机转子的机械强度构成极大的威胁。水电厂运行规程规定飞逸时间不得超过 90s，因此水电厂都有防飞逸的后备保护，水电厂常用的防飞逸后备保护为：

（1）水轮机主阀：当机组发生飞逸时，在动水条件下 90s 内紧急关闭主阀。

（2）上游进水闸门：在没有主阀的水电厂，当机组发生飞逸时，在动水条件下 90s 内紧急关闭上游大坝处的进水闸门。

第五节　水轮机类型

一、水轮机分类

根据水轮机能量转换的特征不同分反击式水轮机和冲击式水轮机两大类，其中：反击式水轮机的转轮能量转换是在有压管流中进行；冲击式水轮机的转轮能量转换是在无压大气中进行。反击式水轮机有混流式、轴流式、斜流式、贯流式四种机型。冲击式水轮机有水斗式、斜击式、双击式三种机型。

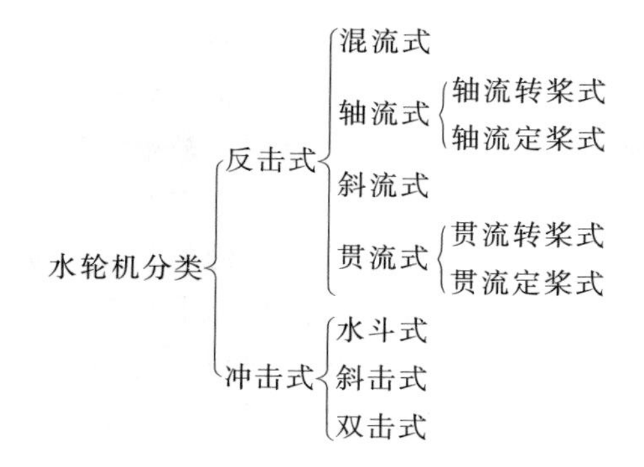

1. 混流式水轮机

混流式水轮机的水流进入转轮前是沿主轴半径方向，在转轮内转为斜向，之后沿主轴轴线方向流出转轮（图 1－49）。水流在转轮内一边旋转运动，一边径向运动，一边轴向运动，所以称为“混流式”。混流式水轮机适用 30～500m 水头的水电站，属于中等水头、中等流量机型。混流式水轮机运行稳定效率高，目前转轮的最高效率已达 94%，是应用最广泛的水轮机。

2. 轴流式水轮机

轴流式水轮机的水流进入转轮前已经转过 90°弯角，水流沿主轴轴线方向进入转轮，又沿主轴轴线方向流出转轮（图 1－50）。水流在转轮内一边旋转运动，一边轴向运动，没有径向运动，所以称为“轴流式”。轴流式水轮机适用 3～80m 水头的水电站，属于低水头、大流量机型。

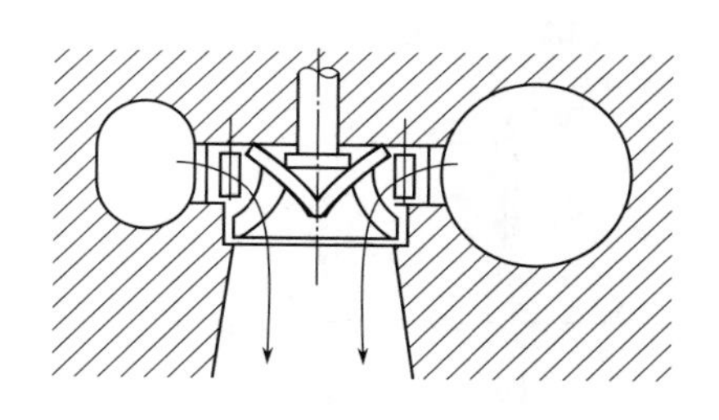

图 1－49　混流式水轮机示意图

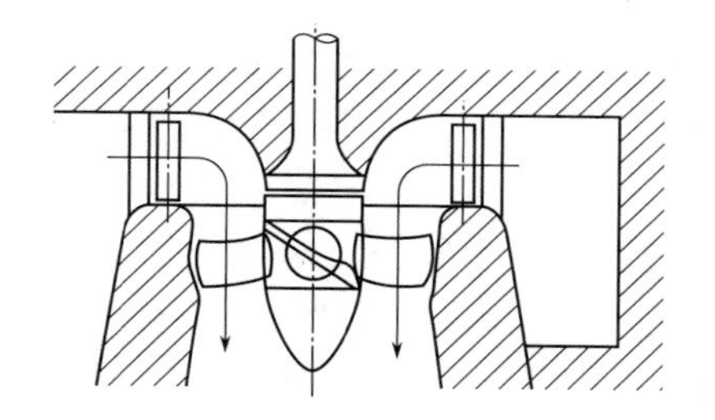

图 1－50　轴流式水轮机示意图

轴流式水轮机根据运行中转轮叶片（又称桨叶）角度能否调节又分轴流定桨式水轮机和轴流转桨式水轮机两种，轴流转桨式水轮机转轮旋转运行中转轮叶片能根据水库库水位和导叶开度的变化自动调节转轮叶片角度，使水流进入转轮时对叶片头部的冲角较小，使水轮机在很大出力变化范围内的效率比较高，但设备投资较大，在大中型机组中采用。

轴流定桨式水轮机由于运行中转轮叶片角度不能调整，使得水轮机的高效区很窄，但设备投资省，在小型低水头机组中广泛采用。

3. 斜流式水轮机

斜流式水轮机转轮内的水流运动与混流式转轮一样，但转轮叶片又与轴流转桨式转轮一样（图 1－51）。因此性能吸取了轴流式定桨式和轴流式两种水轮机的优点。适用 40～200m 水头的水电站，属于中等水头、中等流量机型。由于转轮叶片轴线斜向布置，使得转轮内部的叶片转动机构相当复杂，制造、检修技术要求高，现在已经很少采用这种机型。

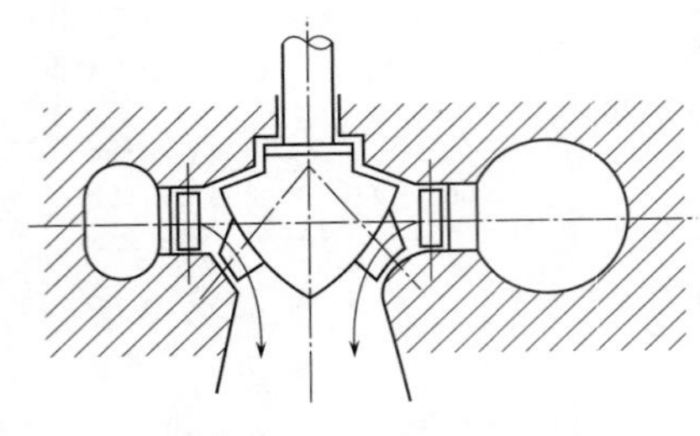

图 1-51　斜流式水轮机

4. 贯流式水轮机

贯流式水轮机的转轮结构及转轮内的水流运动与轴流式转轮相同，根据运行中叶片轴线能否调节转角来分类，有贯流定桨式和贯流转桨式两种。与轴流式水轮机不同之处是贯流式水轮机的水流从进入水轮机到流出水轮机几乎始终与主轴线平行贯通，“贯流式”的名称由此而得。由于水流进出水轮机几乎贯通，因此水轮机的过流能力很大，只要有 0.3m 的水位差就能发电。适用 30m 水头以下的水电站，特别是潮汐电站，属于超低水头、超大流量机型。

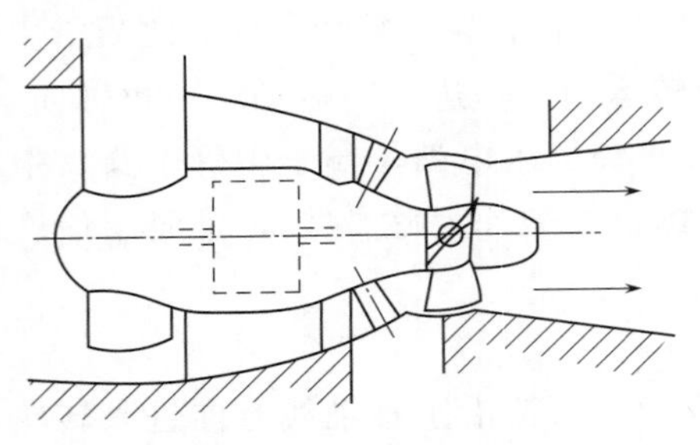

图 1-52　灯泡贯流式水轮机

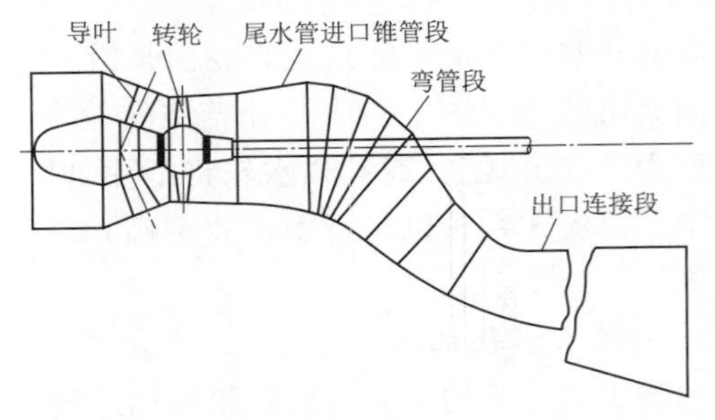

图 1-53　轴伸贯流式水轮机

贯流式水轮机的结构型式又有灯泡贯流式（图 1-52)、轴伸贯流式（图 1-53)、竖井贯流式（图 1-54）和虹吸贯流式（图 1-55）四种。其中灯泡贯流式水轮机水流流态合理，水轮机效率较高，但因机组全部布置在水轮机流道中间的灯泡体内，使得结构复杂，投资较大，只应用在大中型机组中。轴伸贯流式水轮机因主轴从尾水管弯管段穿出，使得水轮机效率较低，但因机组大部分布置在水轮机流道外面（参见图 1-46)，投资较少，维护运行方便，应用在农村低水头大流量低压机组中。竖井式贯流式水轮机因为竖井进入水轮机流道，使得水流流态很差，水轮机效率低下，应用在装机很小的农村低压机组中。虹吸贯流式水轮机开机时必须在流道驼峰上用抽气泵抽气形成真空，使驼峰两侧水位上升直到形成水流流动。停机时只需打开驼峰顶部的阀门补入大气破坏真空，水流自然中断，因此取消了上游进水闸门。但是因灯泡体内的机组主轴倾斜布置，使得运行维护极不方便，很少应用。

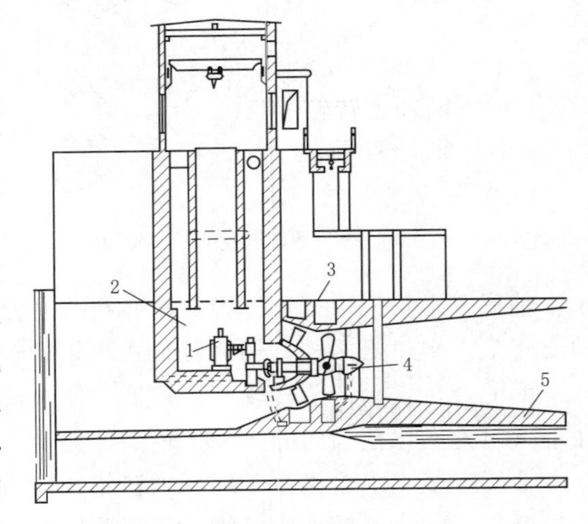

图 1-54　竖井贯流式水轮机

1—发电机；2—竖井；3—盖板；4—转轮；5—尾水管

随着水力资源的开发，投资回报率较高的河流上游中、高水头水力资源越来越少，人们不得不把目光转向开发河流中下游低水头水力资源，因此，近几年河床中下游贯流式水轮机的水电站应用日益增多。

5. 水斗式水轮机

水斗式水轮机的水流由喷嘴形成高速运动的射流，射流沿着转轮旋转平面的切线方向冲击转轮斗叶，因此又称为“切击式”（图 1 - 56）。适用 100～1900m 水头的水电站，属于高水头、小流量机型。世界上应用水头最高的水斗式水轮机为瑞士毕奥德隆水电站，工作水头为 1883m。水斗式水轮机由于结构简单，维护方便，汽蚀较轻，在高水头的水电站中广泛应用。

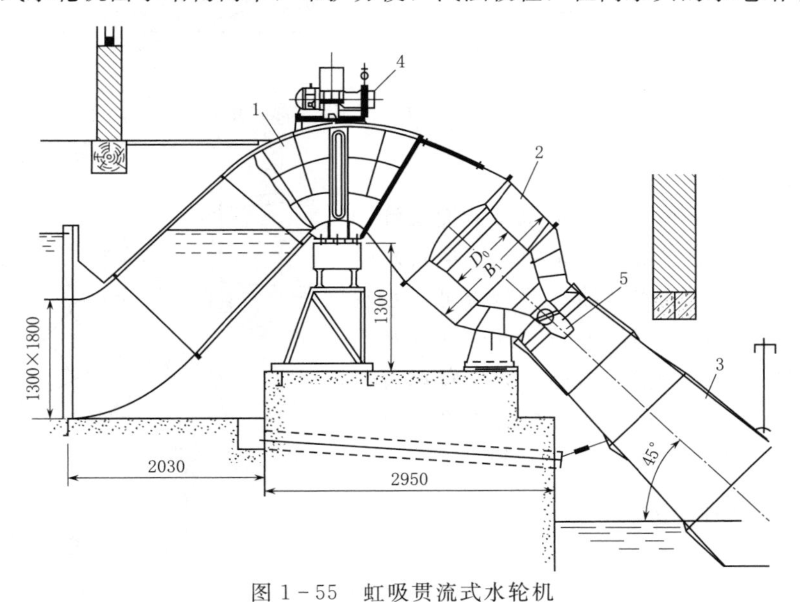

图 1 - 55　虹吸贯流式水轮机

1—驼峰；2—灯泡体；3—尾水管；4—抽气泵；5—转轮

6. 斜击式水轮机

斜击式水轮机的喷嘴与水斗式水轮机相同，不同的是射流沿着转轮旋转平面的正面约 22.5°的方向冲击转轮叶片，再从转轮旋转平面的背面流出转轮（图 1 - 57）。斜击式水轮机的效率较低，目前最高也只有 85.7%。适用 25～400m 水头的水电站。由于价格比水斗式便宜得多，因此斜击式水轮机被广泛应用在单机 500kW 以下的低压机组电站。

图 1 - 56　水斗式水轮机

7. 双击式水轮机

双击式水轮机的应用水头较低，没有水斗式和斜击式水轮机中的喷嘴，而是在压力管道末端接了一段与转轮宽度相等的矩形断面的喷管（图 1 - 58），形成的水流流速比较小，水流流出喷管后，首先从转轮外圆的顶部向心地进入转轮流过叶片，将大约 70%～80%的水能转换成机械能；然后从转轮内腔下落绕过主轴从转轮的内圆离心地第二次进入转轮流过叶片，将余下的 20%～30%的水能转换成机械能；最后水流从转轮外圆的底部离心地离开转轮，所谓的“双击”就表示水流两次流过转轮叶片。双击式水轮机的结构简单但效率最低，适用水头 5～100m 的乡村小水电站的低压机组，现在基本淘汰很少使用。因此现代水轮机常用的只有混流式、轴流式、贯流式、水斗式、斜击式五种。

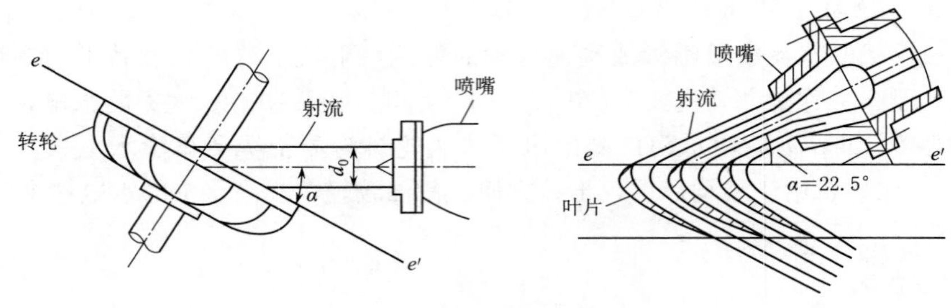

图 1-57 斜击式水轮机射流与转轮的相对位置

8. 可逆式水轮机

可逆式水轮机是一种为满足抽水蓄能而设计的新型水轮机，应用在抽水蓄能电站中的可逆式水轮机正转时可作水泵运行抽水蓄能，反转时可作水轮机运行放水发电；应用在潮汐电站中的可逆式水轮机正反转都可作水泵运行抽水蓄能，正反转都可作水轮机运行放水发电。可逆式水轮机的机型有可逆混流式、可逆轴流式和可逆贯流式三种。

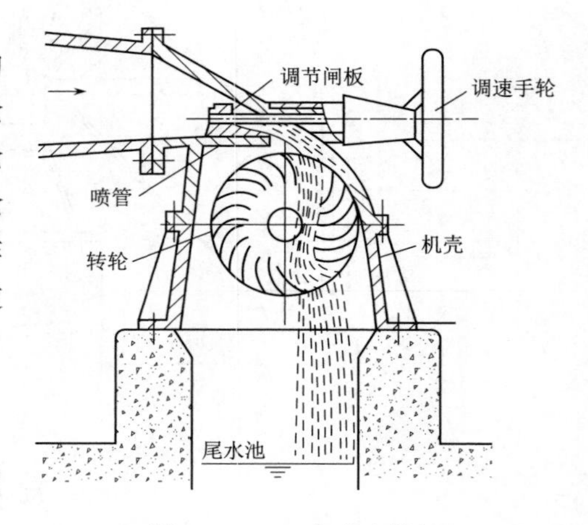

图 1-58 双击式水轮机

二、水轮机的牌号

水轮机的牌号由三个部分组成，每部分之间用一条粗实线隔开，即

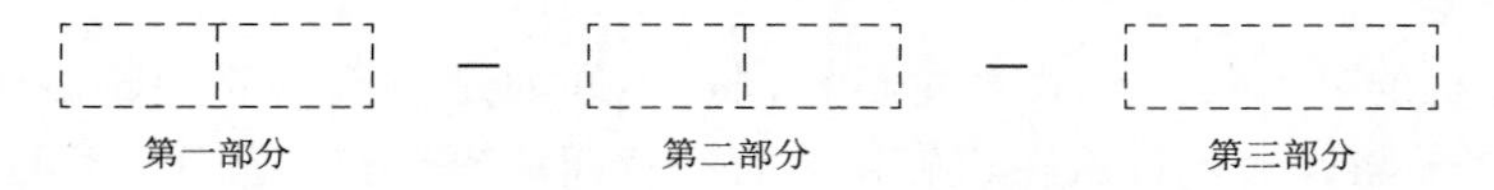

(1) 第一部分。其又分前、后两部分，前面部分是用汉语拼音字母表示的水轮机机型，后面部分是用数字表示的转轮型号（表 1-1）。由于早期的水斗式水轮机称为冲击式水轮机，因此水斗式机型“CJ”沿用至今。

表 1-1　水轮机机型代号

水轮机机型	代　号	水轮机机型	代　号
混流式	HL	双击式	SJ
轴流转桨式	ZZ	斜击式	XJ
轴流定桨式	ZD	贯流转桨式	GZ
斜流式	XL	贯流定桨式	GD
水斗式	CJ		

应该指出，现在许多科研单位和高校自己开发研究了不少效率高、抗汽蚀性能好的新转轮，出于技术保密的原因，对外不公开主要技术参数，也不申报国家系列定型产品，而是自己命名一个转轮型号，例如 HLDT09 混流式转轮、JF2001A 混流式转轮、ZDJP502 轴流定

桨式转轮等。

(2) 第二部分。其又分前、后两部分，前面部分是用汉语拼音字母表示的水轮机主轴布置形式，后面部分是用汉语拼音字母表示的水轮机引水室特征，冲击式水轮机没有这部分内容（表1-2、表1-3）。

表1-2　主轴布置代号

主轴布置型式	代　号	主轴布置型式	代　号
立式	L	卧式	W

(3) 第三部分。对于反击式水轮机，第三部分是用数字表示的水轮机转轮直径 D_1。对于水斗式水轮机来说，第三部分是一个分数式，其中分子表示水斗式转轮直径 D_1，分母表示作用每一个转轮的喷嘴数目和额定工况时的射流直径 d_0，即

表1-3　引水室特征代号

引水室特征	代　号	引水室特征	代　号
金属蜗壳	J	罐式	G
混凝土蜗壳	H	竖井式	S
灯泡式	P	虹吸式	X
明槽式	M	轴伸式	Z

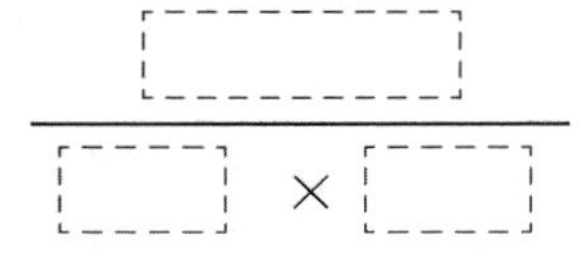

水轮机牌号举例：

HL220—LJ—120，表示水轮机机型为混流式水轮机，转轮型号为220，主轴布置为立式，引水室为金属蜗壳引水室，转轮直径为120cm。

ZZ560—LH—300，表示水轮机机型为轴流转桨式水轮机，转轮型号为560，主轴布置为立式，引水室为混凝土蜗壳引水室，转轮直径为300cm。

XLN200—LJ—240，表示水轮机机型为既可以作水轮机运行，也可以作水泵运行的可逆斜流式水轮机，转轮型号为200，主轴布置为立式，引水室为金属蜗壳引水室，转轮直径为240cm。

2CJ26—W—$\frac{100}{2\times 9}$，表示水轮机机型为水斗式水轮机，一根主轴上装有两只转轮，转轮型号为26，主轴布置为卧式，转轮直径为100cm，作用每个转轮有两个喷嘴（整台水轮机有4个喷嘴），额定工况时的射流直径为9cm。

第六节　水轮机汽蚀

一、水轮机的汽蚀现象

在水电厂的水轮机机械设备、自来水厂的水泵机械设备和所有的金属输水管路中，都会

出现一种不是由于锈蚀引起的，是由水流高速流动造成的金属表面蜂窝或剥落，这种现象称汽蚀。水电厂的水轮机汽蚀不但破坏金属表面的形状和结构性能，还会破坏流道表面的流线型和光滑性，引起水轮机效率下降甚至无法运行，因此必须对水轮机汽蚀进行认真分析，采取相应的减轻措施。

（一）汽蚀的成因

地球上的水有一个固有特性，就是水的汽化压力与汽化温度一一对应，例如，在0.024个大气压力下，20℃的水就汽化沸腾了；在日常生活的一个大气压力下，水必须加热到100℃时才开始汽化沸腾；而在225.58个大气压下的极端高压下，水必须加热到极端高温374.14℃才开始汽化沸腾。

在水库一个大气压力下不沸腾的水流经水轮机流道，当水轮机流道内局部压力低于该水温所对应的汽化压力时，水就汽化沸腾产生蒸汽。另外水中是含有空气的，否则鱼类无法生存。水中的空气含量与作用水表面的空气压力有关。来自水库含有正常空气含量的水，到达流道低压区，本来溶解在水中的空气就纷纷逸出。蒸汽与空气的混合物形成一个个低压汽泡（图1-59）。当这些低压汽泡随水流进入相对“高压”区后，蒸汽迅速凝结成水，空气重新溶入水中，汽泡迅速消失。汽泡周围的水质点纷纷向汽泡中心高速运动，企图占据汽泡破灭后出现的空间，相互发生猛烈的碰撞，这种低压汽泡的产生与破灭的现象称为汽蚀现象。由此可见，产生汽蚀的根本原因是水轮机流道内局部压力低于该水温对应的汽化压力。

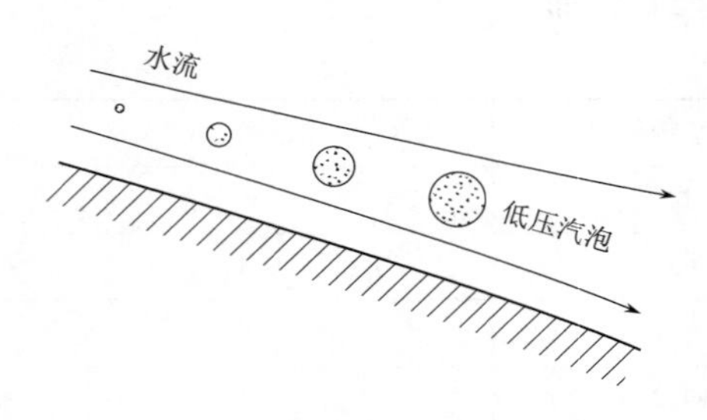

图1-59　低压区水流中的汽泡

（二）汽蚀的破坏

当汽泡依附在流道表面破灭时，高速运动的水质点面向流道表面产生猛烈的撞击（图1-60），在极短时间内（约0.003s）水质点的动能转化为压能，被撞击点的局部压力急剧上升（可达几百个大气压），在这么高的压力下，水体表现出一定的弹性。在被撞击点的局部区域水体被压缩，由于水的弹性，汽泡破灭后水质点由局部高压区向周围低压区膨胀，水质点运动反向背向流道表面，被撞击点局部压力反而下降，压能重新转化为动能。任何光滑的金属表面在高倍放大镜下，仍是有加工留下的高低不平的毛刺及裂缝（图1-61）。汽泡破灭时水的压缩作用对流道表面材料毛刺产生强大的挤压力并挤进裂缝中，汽泡破灭后水的膨胀作用又对流道表面材料产生强大的拉伸力并把挤进裂缝的水分子拉出。随后局部压力周期性的上升、下降，周而复始，直至汽泡破灭的能量衰减耗尽。

汽蚀破坏是由于汽泡破灭产生的对流道表面周而复始的挤压、拉伸作用，使材料表面发生疲劳破坏，而化学氧化和泥沙磨损加速了破坏的进程。发生汽蚀破坏时，首先材料表面出现暗褐色，继而出现麻点，表面金属剥落，出现凹坑，直至出现海绵状蜂窝，严重时甚至发生材料穿孔，使流道表面流线型遭到破坏，甚至设备报废。

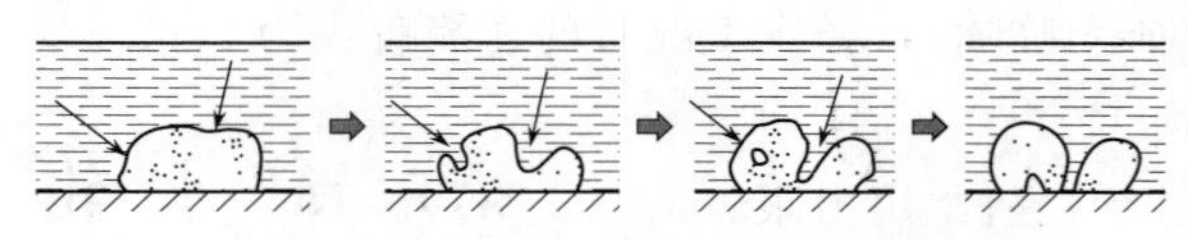

图1-60　汽泡在固体表面的破灭过程

（三）汽蚀的种类及危害

水轮机的汽蚀根据发生的部位不同分为翼型汽蚀、空腔汽蚀和间隙汽蚀三种，所造成的危害也各不相同。

1. 翼型汽蚀

发生在转轮内的汽蚀称翼型汽蚀。反击式水轮机转轮叶片正面与背面压力差很大，正因为转轮叶片正面与背面的压力差才能推动转轮旋转将水能转换成旋转机械能。转轮内压力最低点一般在叶片背面近出口处，极易产生翼型汽蚀。水斗式水轮机的转轮尽管完全处于大气中，但是斗叶进口分水刃处的射流流速极高，斗叶表面压力极低，极易产生翼型汽蚀。翼型汽蚀使叶片表面金属剥落，流线型破坏，转轮效率下降，寿命减短。水轮机的翼型汽蚀最普遍。图 1-62 为发生在混流式转轮和轴流式转轮中的翼型汽蚀。

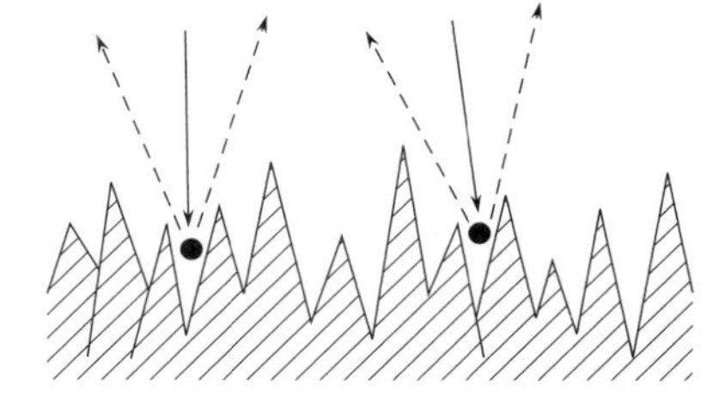

图 1-61 水分子的撞击

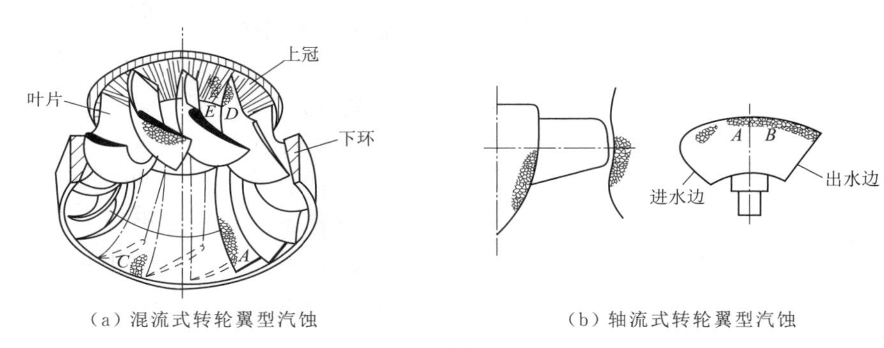

（a）混流式转轮翼型汽蚀 （b）轴流式转轮翼型汽蚀

图 1-62 转轮翼型汽蚀

2. 空腔汽蚀

发生在反击式水轮机转轮出口与尾水管进口处的汽蚀称空腔汽蚀。当水轮机偏移最优工况时，每个叶片翼型汽蚀产生的大量低压汽泡在叶片出口形成一个个低压小涡带，这些小涡带离开转轮进入尾水管后，汇集成一个低速转动高度真空的漏斗状大涡带［图 1-63（a）］，大涡带的中心压力很低，在水流不平衡力作用下，大涡带一边低速转动，一边沿水流方向来回摆动［图 1-63（b）］，周期性地扫射尾水管壁，使尾水管产生径向振动。机组出力小于最优工况时，大涡带低速转动方向与转轮旋转方向相同；机组出力大于最优工况时，大涡带低速转动方向与转轮旋转方向相反。当大涡带扫射到尾水管底板时［图 1-63（c）］，将引起机组轴向振动，甚至整个厂房振动，严重时能使机组无法运行。漏斗状大涡带的末梢在随水流流向下游时，由于压力的回升而逐渐消失，但大涡带的长度很不稳定，从而造成转轮出口压力脉动，机组出力跟着摆动。空腔汽蚀危害最大。

3. 间隙汽蚀

间隙汽蚀发生在转动部件与固定部件之间的间隙处，例如混流式转轮的上下密封环的间隙，转桨式转轮叶片外圆头部与转轮室的间隙（图 1-64）；导叶端面间隙、立面间隙，水斗式喷嘴口等。这些部位往往间隙小流速高，造成压力低，很容易产生汽蚀。由于间隙小可以减小漏水量，因此间隙汽蚀与减小间隙漏水量是一对矛盾。

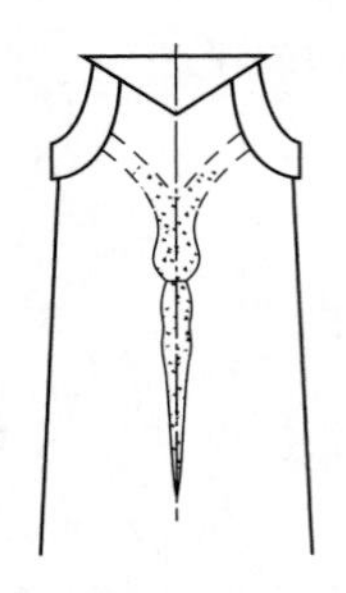

(a) 漏斗状大涡带

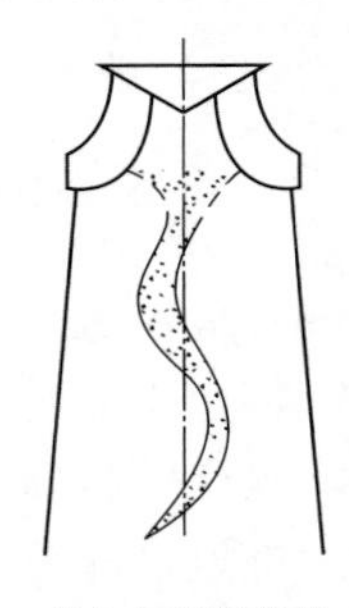

(b) 大涡带摆动

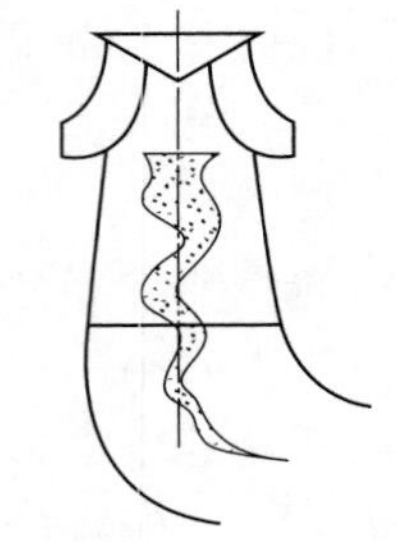

(c) 大涡带扫射到尾水管

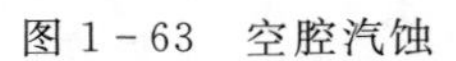

图1-63　空腔汽蚀

二、减轻汽蚀的措施

对于冲击式水轮机的汽蚀目前几乎没有很好的解决方案，只是采用抗汽蚀性能较好的不锈钢材料来制造过流部件。对反击式水轮机的汽蚀常有以下措施：

1. 在运行中

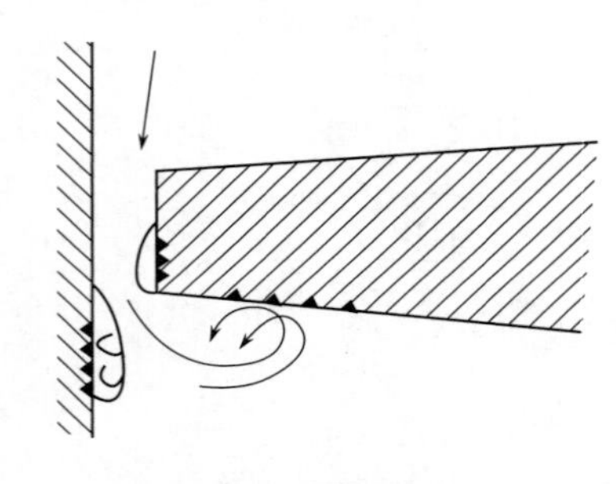

图1-64　间隙汽蚀

(1) 尾水管十字架或短管补气。当水轮机汽蚀严重时，噪声增大，振动严重，这时打开补气阀通过十字架或短管向转轮出口补入大气，使转轮出口压力回升，汽蚀减轻。但是补气造成转轮出口真空度的下降，将引起机组出力下降。汽蚀发生时的汽包产生与破灭需消耗水流的能量，补气后使这部分能量消耗减小，因此成功的补气应该是机组出力下降不多。

(2) 避开水轮机汽蚀严重的区域。水轮机有时在某一运行区域汽蚀引起的噪声、振动特别严重，这时应该尽量避开在这一区域运行。

(3) 尽量不在低水头、低负荷工况下运行。水轮机在低水头、低负荷工况下运行时效率低下，汽蚀严重，得不偿失。一般混流式机组出力不宜低于50%额定出力，轴流（或贯流）转桨式机组出力不宜低于40%额定出力，轴流（或贯流）定桨式机组出力不宜低40%额定出力，水斗式机组出力不宜低于20%额定出力。一般反击式水轮机的水轮机工作水头不宜低于60%设计水头。

2. 在检修中

无论是反击式水轮机还是冲击式水轮机，对汽蚀部位的检修都采用抗汽蚀性能较好的不锈钢补焊的方法。即将汽蚀严重的部位用砂轮打磨干净，用不锈钢焊条堆焊，然后用砂轮打磨出原来的流线型表面。现在许多水电厂的水轮机转轮采用全不锈钢制造，抗汽蚀性能较好，但转轮的成本较高。

三、转轮的效率特性与汽蚀特性

转轮的汽蚀特性用汽蚀系数 σ 表示，不同的工况汽蚀的轻重不一样，因此不同的工况汽蚀系数 σ 也不同。应该明确，对反击式水轮机，转轮对能量利用越彻底，转轮出口压力越低，越容易汽蚀，也就是说，转轮的效率特性与汽蚀特性是一对矛盾。另外，水轮机流道形状、导叶的叶型、转轮叶片的叶型不符合实际水流的流态或表面不平整，也会加重水轮机的汽蚀。

因为在同样的水头条件下，转轮出口压力越低，水轮机出力越大，所以说并不是转轮没有汽蚀就一定很好，应该从两个方面来看水轮机的汽蚀问题。对新转轮，希望在同样的出口压力下汽蚀越轻越好，这样的转轮抗汽蚀性能强；但是对已运行的转轮，在保证轻微的翼型汽蚀条件下，希望转轮出口压力越低越好，维持转轮出口较大的真空度，每年可多发电。而在检修中对轻微的翼型汽蚀破坏用不锈钢补焊是很方便的。例如，JX 水电厂三台单机额定容量为 400kW 的立式轴流定桨式机组，工作水头 4.2m，某天在导叶开度和库水位不变的条件下做试验，其中 1 号机补气阀全关时出力为 370kW，将尾水管补气阀打到全开位置，机组出力下降到 325kW，下降达 12.2%；2 号机补气阀全关时出力为 335kW，将尾水管补气阀打到全开位置，机组出力下降到 295kW，下降达 11.9%。又例如 LX 水电厂，补气阀全开运行时出力为 12560kW，将补气阀全关后出力增加到 12960kW，净增加 400kW。

因此，应坚持尾水管补气能不补尽量不补。即使补气也应该适量。有的水电厂将尾水管补气阀常开，这是很不合理的，每年的电量损失相当可观。水轮机在设计工况时尾水管不应该补气，只有在偏移设计工况较多时才考虑进行尾水管补气，因此在采用自动补气阀的水电厂，应将补气阀的弹簧压力起码应调整到水轮机在设计工况运行时尾水管不补气。

四、机组的额定出力与最优出力

机组的额定出力是设计水头设计流量时的出力，机组的最优出力是效率最高时的出力。机组额定出力时的效率不是最高，效率最高时的出力不是最大（额定出力）。在设计水头下，一般机组的最优出力约为额定出力的 83%～87%。在丰水期雨水丰沛，应尽量使机组运行在额定出力运行，以防水库弃水；在枯水期雨水较少，应尽量使机组运行在 83%～87%额定出力，保证最优出力运行。

习　题

一、判断题（在括号中打√或×，每题 2 分，共 10 分）

1-1. 冲击式水电站毛水头约等于上游水位高程与下游水位高程之差。（　　）

1-2. 直接连接的特点是发电机与水轮机转速、转向相同。（　　）

1-3. 间接连接的优点是功率传递中没有摩擦损失。（　　）

1-4. 卧式弹性连轴器连接的水轮机主轴和发电机主轴都必须有各自的两个径向轴承。（　　）

1-5. 水电站毛水头 H_m 约等于水轮机工作水头减去引水管道的水头损失 h_{wy}。（　　）

二、选择题（将正确答案填入括号内，每题 2 分，共 30 分）

1-6. 上游水库与下游尾水之间单位重量水体能量的差值称水电站（　　）。

A. 毛水头　　B. 工作水头　　C. 静水头　　D. 动水头

1-7. 刚性连接立式机组的轴承布置特点是（　　）。

A. 四个径向轴承和一个推力轴承　　B. 三个径向轴承和一个推力轴承

C. 四个径向轴承和两个推力轴承　　D. 三个径向轴承和两个推力轴承

1-8. 弹性连接立式机组的轴承布置特点是（　　）。

A. 四个径向轴承和一个推力轴承　　B. 三个径向轴承和一个推力轴承

C. 四个径向轴承和两个推力轴承　　D. 三个径向轴承和两个推力轴承

1-9.（　　）卧式机组的飞轮夹装在水轮机法兰盘与发电机法兰盘的中间。

A. 四支点　　B. 三支点　　C. 二支点　　D. 一支点

1-10. 卧式水轮机主轴与发电机主轴用弹性连轴器连接时属于（　　）机组。

A. 四支点　　B. 三支点　　C. 二支点　　D. 一支点

1-11. 卧式机组中（　　）机组是没有水轮机主轴的。

A. 四支点　　B. 三支点　　C. 二支点　　D. 一支点

1-12.（　　）卧式机组对两轴安装的同心度要求较高，安装技术要求较高。

A. 二支点　　B. 三支点　　C. 四支点　　D. 三种

1-13.（　　）卧式机组的飞轮装在水轮机主轴的中间。

A. 二支点　　B. 三支点　　C. 四支点　　D. 三种

1-14. 立式弹性连轴器连接的水轮机主轴和发电机主轴都必须（　　）。

A. 各自有一个推力轴承　　B. 各自有两个推力轴承

C. 各自有一个径向轴承　　D. 各自有一个径向轴承一个推力轴承

1-15. 立式刚性连轴器连轴螺栓要承受（　　）。

A. 拉力　　B. 推力　　C. 剪切力和拉力　　D. 剪切力和推力

1-16. 水轮机工作水头是（　　）。

A. 水轮机对能量的利用值

B. 水轮机对单位能量利用值

C. 水轮机对单位重量的能量利用值

D. 水轮机对单位重量水体的能量利用值

1-17.（　　）不能提高水轮机工作水头。

A. 提高上游库水位　　B. 降低下游尾水位

C. 增加水轮机进水流量　　D. 减小压力管路的水头损失

1-18. 产生汽蚀的根本原因是水轮机流道内局部压力（　　）该水温对应的汽化压力。

A. 低于　　B. 等于　　C. 高于　　D. 大于

1-19. 尾水管补气的原则应坚持（　　）。

A. 能补尽量补　　B. 能不补尽量不补

C. 能补尽量补，补气时应该适量

D. 能不补尽量不补，即使补气也应该适量

1-20. 以下（　　）述说是正确的。

A. 在丰水期应尽量使机组运行在最优出力；在枯水期尽量使机组运行在额定出力

B. 在丰水期应尽量使机组运行在额定出力；在枯水期尽量使机组运行在最优出力

C. 在丰水期应尽量使机组运行在最优出力；在枯水期尽量使机组运行在最优出力

D. 在丰水期应尽量使机组运行在额定出力；在枯水期尽量使机组运行在额定出力

三、填空题（每空1分，共31分）

1-21. 按形成上下游水位差的方法不同分有______式水电站、________式水电站和

________水电站。

1-22. 厂房位于大坝后面，厂房不承受水压的水电站称________式水电站。厂房位于河床中作为挡水建筑物的一部分，厂房承受水库的水压力的水电站称________式水电站。

1-23. 发电取水是从水库大坝中下部放水或河流截流得到水流的水电站称__________式水电站，发电取水在水库水面以下，整个隧洞内全部是无自由表面的水的水电站称__________式水电站。

1-24. 对水锤压力过高解决或减轻的办法有设__________、设__________和延长导叶或喷针__________时间三种。

1-25. 水轮发电机组根据机组主轴布置形式不同分为________机组布置和________机组布置两种。根据水轮机主轴与发电机主轴的连接方式不同可分为________连接和________连接两种。

1-26. 现代水轮机实际的只有________式、________式、________式、________式、________式五种。

1-27. 直接连接机组按水轮机主轴与发电机主轴之间的连轴器不同分为________连接机组和________连接机组两种形式。

1-28. 刚性连轴器的连轴螺栓要求每颗螺栓与孔一对一________配合，螺栓入孔后用钢印将孔与螺栓打上同一________，保证连轴螺栓与螺栓孔________。

1-29. 卧式机组分__________机组、__________机组和__________机组三种形式。

1-30. 水轮机主轴和发电机主轴间接连接（传动）分________传动和________传动两种形式。

1-31. 轴孔配合键连接的键保证了孔与轴在旋转方向不会________。

四、简答题（5 题，共 29 分）

1-32. 什么是水锤压力？（5 分）

1-33. 提高水轮机效率有哪三个方面？（6 分）

1-34. 水电厂常用的防飞逸后备保护措施有哪些？（6 分）

1-35. 什么汽蚀危害最普遍并说明原因？什么汽蚀危害最大并说明原因？（6 分）

1-36. 运行中减轻气蚀的措施有哪些？（6 分）

第二章　水轮机非过流部件

水轮机结构上由四大过流部件和四大非过流部件组成。四大过流部件为引水部件、导水部件、工作部件和泄水部件，四大非过流部件为主轴、轴承、密封和飞轮，本章介绍水轮机的四大非过流部件。由于冲击式水轮机转轮在大气中进行能量转换，不需要密封，因此冲击式水轮机非过流部件只有主轴、轴承、飞轮三大部件。水轮机非过流部件的特点是与水流不直接打交道，水轮机非过流部件的性能好坏不影响水轮机的水力性能，但直接影响机组的运行性能。

第一节　主　　轴

在直接连接的机组中，水轮机主轴一端与水轮机转轮连接，另一端与发电机主轴连接。在间接连接的机组中，水轮机主轴一端与水轮机转轮连接，另一端轴孔配合键连接与齿轮或皮带轮连接。主轴的作用是将转轮输出的转动力矩传递给发电机或通过增速装置将转轮输出的转动力矩传递给发电机，带动发电机转子旋转。在卧式机组中，水轮机主轴的主要承受转动力矩在主轴断面上产生的剪切力；在立式机组中，水轮机主轴不但要承受转动力矩在主轴断面上产生的剪切力；而且还要承受转轮重量产生的轴向拉力和水流流过转轮时轴向水推力产生的拉力。

一、主轴与转轮的连接方法

水轮机主轴与发电机的连接方法在第一章已经介绍，这里介绍水轮机主轴与转轮的连接方法。由于水流在反击式水轮机转轮内能量转换后，需要用尾水管平稳引向下游，因此反击式水轮机的转轮只能安装在水轮机主轴的轴端。由于水流在冲击式水轮机转轮内能量转换后，水流自由下落到下游，所以冲击式水轮机的转轮在水轮机主轴上的安装位置可以在轴端，也可以在主轴中间。

(一) 反击式水轮机主轴与转轮的连接方法

反击式水轮机主轴轴端与转轮的连接方法有轴孔配合键连接和法兰盘螺栓连接两种。

1. 轴孔配合键连接

转轮与水轮机主轴轴端采用轴孔配合键连接的形式使得转轮拆装方便，因此广泛应用在转轮较轻、尺寸较小的卧式反击式水轮机和小型立式轴流定桨式水轮机中。

转轮与主轴的轴孔配合键连接包括圆锥面轴孔配合键连接和圆柱面轴孔配合键连接两种，图 2-1 为转轮与主轴为圆锥面配合键连接图，因为主要为了显示转轮 2 内孔与水轮机主轴 1 的装配，而且转轮相对水轮机主轴的轴线对称，所以转轮的剖视图只显示了上半部，下半部省略不画了。锥度 1∶15 表示主轴由左向右的轴向上每 15mm 长度，主轴半径增大 1mm。主轴轴端圆锥体左边直径小，右边直径大。同样锥度的转轮内孔也是左边直径小，右边直径大，因此转轮在主轴轴端上拆装很方便。转轮锥度为1∶15的转轮圆锥孔套在主轴锥度为1∶15的圆柱段上，然后用并紧大螺母旋入轴端大螺纹4，将转轮2并紧在水轮机主轴上，并紧大螺母的外形做成流线型较好的泄水锥形状，可以减小水流流出转轮时在大螺母处的水流阻力。显然轴或孔的直径微小的机械加工误差，就会使得转轮在主轴上的轴向位置发生偏移，这是圆锥面轴孔配合键连接的缺点。轴向布置的矩形断面的平键3，一半埋在主轴的键槽内，一半镶在转轮内孔的键槽内，用来承受转动力矩产生的剪切力，防止转轮内孔与主轴圆锥面打滑。

如果将主轴锥度为1∶15的圆锥段改成等直径的圆柱段，锥度为1∶15的转轮内孔也改成等直径的圆柱孔，就成为圆柱面轴孔配合键连接。如果机械加工误差造成圆柱孔的直径比圆柱段的直径偏大了一点，转轮套在主轴上就会松动；如果机械加工误差造成圆柱孔的直径比圆柱段的直径偏小了一点，转轮就无法套在主轴上。一般要求是通过千斤顶把转轮顶套在主轴上的过渡配合，因此圆柱面轴孔配合键连接对机械加工要求较高。但是转轮在主轴上的轴向位置非常精确，这是圆柱面轴孔配合键连接的优点。

2. 法兰盘螺栓连接

转轮与水轮机主轴轴端采用法兰盘螺栓连接能传递较大的力矩，大部分高压立式机组采用法兰盘螺栓连接。图2-2为法兰盘螺栓连接剖视图。法兰盘端面上加工一个大直径高出端面10mm长的圆柱段，转轮上加工一个同样大直径的通孔，要求法兰盘端面的圆柱段与转轮通孔为过渡配合，当10mm长的圆柱段紧紧压进转轮通孔后，保证了转轮与主轴严格的同心度。水轮机主轴1的法兰盘与转轮6用十颗连接螺栓3刚性连接。在转轮将转动力矩传递给主轴时，转动力矩对连接螺栓作用剪切力。为了使每一根连接螺栓承受剪切力均匀，要求螺栓圆柱段与孔的配合为铜棒轻轻打进去的过渡配合，每颗螺栓和对应的孔用打钢印打同一编号，保证永远单配。小螺栓4将泄水锥5固定在转轮叶片出口处，可以使水流流出叶片后平稳转弯，减少水流相互碰撞造成的水流损失，大多数反击式水轮机转轮的泄水锥是采用这种方式装配在转轮出口中心部位。

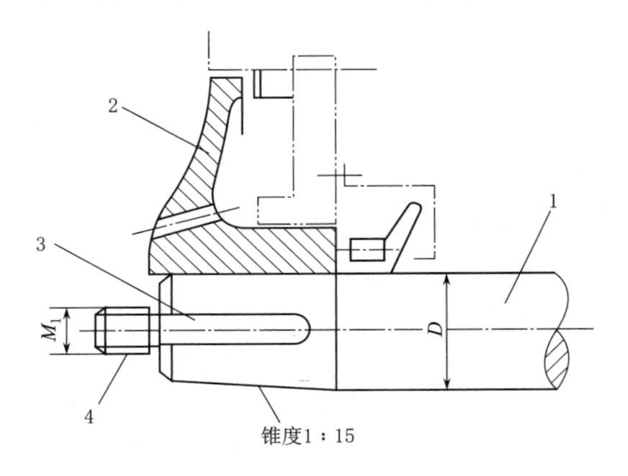

图2-1 圆锥面配合键连接图

1—水轮机主轴；2—转轮；3—平键；4—大螺纹

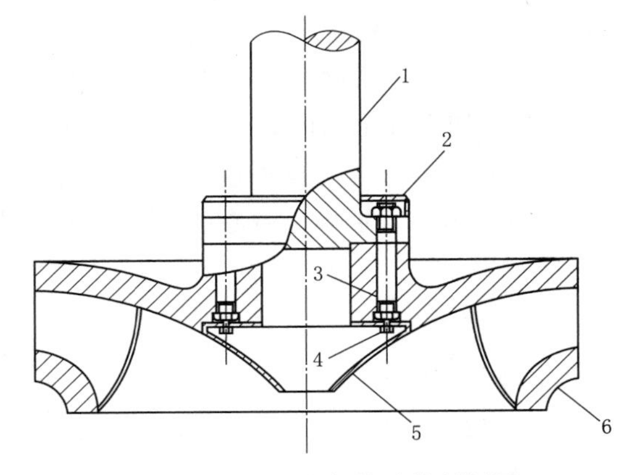

图2-2 法兰盘螺栓连接剖视图

1—水轮机主轴；2—防护罩；3—连接螺栓；4—小螺栓；5—泄水锥；6—转轮

（二）冲击式水轮机主轴与转轮的连接方法

中小型冲击式水轮机都是卧式布置，只有大型多喷嘴的水斗式水轮机采用立式布置。冲击式水轮机主轴轴端布置有轴孔配合键连接和法兰盘螺栓连接两种形式。

1. 主轴轴端布置转轮

高压机组卧式冲击式水轮机的转轮常以悬臂结构型式悬挂在主轴的轴端。与反击式水轮机相同，根据主轴与转轮的连接方法不同有轴孔配合键连接和法兰盘螺栓连接两种。

转轮与主轴法兰盘螺栓连接能传递较大的转动力矩，但对安装技术要求较高，一般在5000kW以上的卧式水斗式水轮机和大型立式水斗式水轮机转轮与主轴采用法兰盘螺栓连接。在5000kW以下的冲击式水轮机中，转轮与主轴常采用安装、检修方便的轴孔配合键连接。与反击式水轮机一样，转轮与主轴采用法兰盘螺栓连接的方式与图2-2相同，转轮与主轴的轴孔配合键连接也同样包括圆柱面轴孔配合键连接和圆锥面轴孔配合键连接两种，而圆轴面轴孔配合键的连接方式与图2-1相同。

2. 主轴中间布置转轮

在500kW及以下的冲击式低压机组中，转轮布置在水轮机主轴的中间（图2-3），转轮两侧的水轮机主轴上布置两个径向轴承，转轮4与主轴1采用平键2实现圆柱面轴孔配合键连接，用并紧螺母3限制转轮的轴向移动。圆柱面轴孔配合要求转轮的内孔在轻轻地打击下才能套在轴上，称轴孔为过渡配合，这对轴孔机械加工的技术要求较高，但转轮在主轴上的轴向定位非常精确。

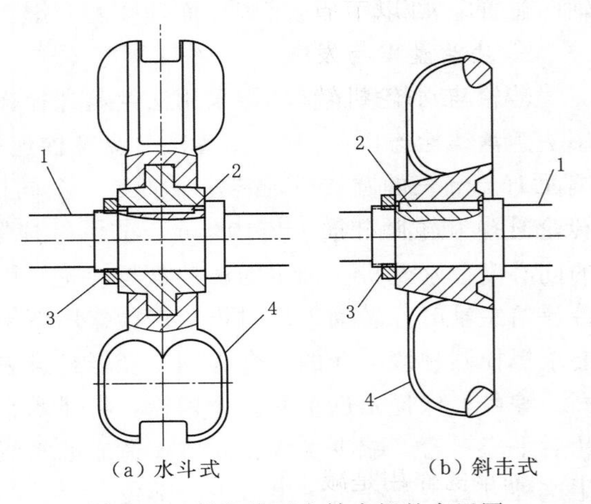

(a) 水斗式　　(b) 斜击式

图2-3　转轮位于主轴中间的布置图

1—主轴；2—平键；3—并紧螺母；4—转轮

二、主轴的断面结构类型

主轴断面结构与剪切力分布如图2-4所示。水轮机主轴按断面结构分有实心主轴、空心主轴两大类，在装机容量较小的水轮机中，需要传递的转动力矩较小，主轴直径也比较小，故采用实心主轴。其转动力矩在主轴断面上对主轴产生剪切力分布不均匀。由图2-4（a）可知，主轴断面上离圆心点越远的材料承受的剪切力越最大，离圆心点越近的材料承受的剪切力越小，位于圆心点上的材料承受的剪切力为零，因此实心主轴靠近中心的材料对承受转动力矩产生的剪切力来讲作用不大。

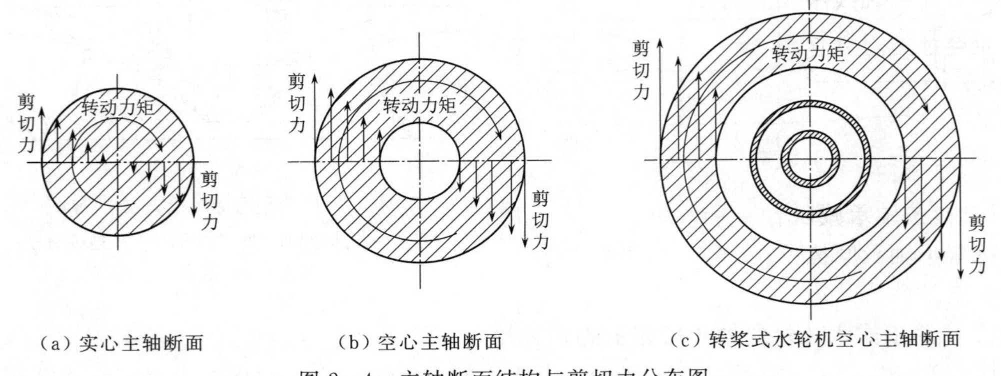

(a) 实心主轴断面　　(b) 空心主轴断面　　(c) 转桨式水轮机空心主轴断面

图2-4　主轴断面结构与剪切力分布图

在装机容量较大的水轮机中，需要传递的转动力矩较大，采用的主轴直径较大，考虑到靠近中心的材料对承受转动力矩产生的剪切力作用不大，因此将直径较大的水轮机主轴做成空心结构，使得主轴承受剪切力的能力下降不多，但主轴材料节省重量减轻。

反击式水轮机中的轴流转桨式水轮机和贯流转桨式水轮机的主轴和发电机主轴必须采用空心结构。因为在主轴孔内需要布置输送油压调节信号的转轮接力器粗信号油管和细信号油管。

图 2-5 为 AX 水电厂 5000kW 机组正在吊装的空心结构的水轮机主轴与转轮。这里的水轮机主轴为空心的，可以节省金属材料，减轻主轴重量。其中，上法兰盘 1 与发电机主轴法兰盘刚性连接，下法兰盘 4 与水轮机转轮 5 用十颗连接螺栓 3 刚性连接，与水导轴承径向瓦接触的轴颈段 2 用不锈钢堆焊后加工得特别光滑，以减小与径向瓦的摩擦系数及防止轴颈段圆柱面生锈。

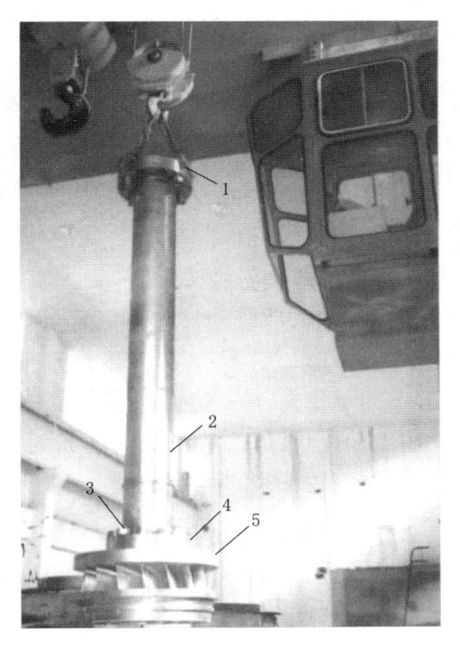

图 2-5　空心结构的水轮机主轴与转轮

1—上法兰盘；2—轴承轴颈段；3—连接螺栓；4—下法兰盘；5—转轮

第二节　轴　　承

因为机组转动系统是一个整体，所以这里讨论的轴承包括水轮机和发电机整台机组的轴承。轴承的作用是减少转动部件与固定部件之间的摩擦力。

一、轴承的分类

（一）按轴承受力分类

按轴承受力不同分有径向轴承和推力轴承两大类。在立式机组中径向轴承承受转动系统的电磁不平衡力、水力不平衡力、质量分布不平衡力等径向不平衡力，决定机组转动系统轴线水平方向的轴线中心位置；在卧式机组中径向轴承承受电磁不平衡力、水力不平衡力、质量分布不平衡力等径向不平衡力，决定机组转动系统轴线水平和垂直方向的轴线中心位置及轴线的水平度，轴承下半部分的轴瓦还得承受转动系统的重量。在立式机组中推力轴承承受转动系统的重量及水流对转轮的轴向水推力，决定转动系统的垂直位置和轴线垂直度；在卧式机组中推力轴承承受水流对转轮的轴向水推力，决定转动系统的轴向位置。

（二）按轴承减阻方法分类

按减小轴承摩擦面阻力的方法不同分为滚动轴承和滑动轴承两大类。滚动轴承为国家定型批量产品整体结构，易于配套；滑动轴承一般为单一定制产品，由于结构上的原因和为了安装检修时拆装方便，滑动轴承中零件都采用分半结构，在安装时将两个分半结构组合成一个整体。

二、滚动轴承类型

滚动轴承按滚动元件不同分有滚珠轴承和滚柱轴承两大类，滚柱轴承的滚动元件又有圆柱体、圆锥体和圆鼓体三种。工作时的承载力较小的滚动轴承采用油脂润滑，工作时的承载力较大的滚动轴承采用机油（稀油）润滑，循环流动的机油不但起润滑作用，还可以带走轴承摩擦产生的热量。

（一）滚动推力轴承

由于在推力轴承磨擦圆平面上滚动元件的运动轨迹是扇形面，因此滚动元件必须采用圆锥形或圆珠形。图 2-6 为圆锥滚柱推力轴承，如果将圆锥体更换成滚珠，就成为滚珠推力轴承。轴承下环 1 安装在机座上固定不动，上环 3 安装在转动系统上跟着转动系统一起转动，中间的圆锥体 2 或滚珠滚动起到减小转动部件与固定部件的摩擦力的作用。常用在低压机组的推力轴承中，承受转动系统的重量和水流对转轮的轴向水推力。

（二）自调心滚动径向轴承

图 2-7 为自整位双列滚柱径向轴承。径向轴承的内圈 3 用铜棒轻轻打击过渡配合套装在水轮机主轴上或推力头上，外圈 1 也用铜棒轻轻打击过渡配合镶入水轮机机壳上的轴承座内。过渡配合的轴承在安装检修时拆装比较方便。自调心轴承的滚动元件必须是双列圆鼓形，为了滚动元件很好地跟外圈内孔吻合，自整位轴承外圈的内孔必须是圆球面，这样当水轮机主轴中心线稍微有一点倾斜，轴承才能自动作出调整，不影响水轮机正常工作，使得设备安装的技术要求也大大降低。如果将图中双列圆鼓形滚柱更换成双列圆球形滚珠，就成为自整位双列滚珠轴承。

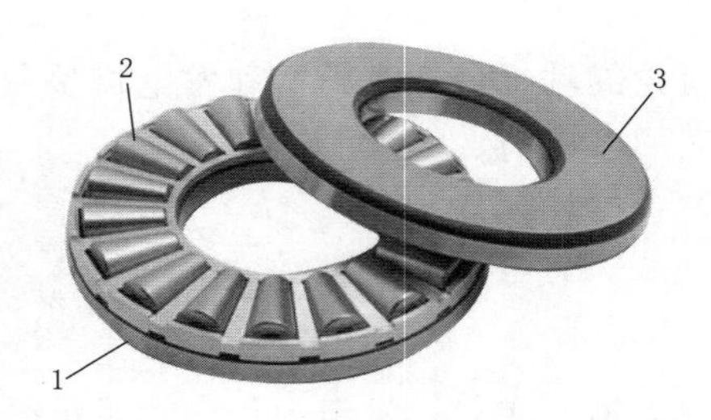

图 2-6　圆锥滚柱推力轴承

1—下环；2—圆锥体；3—上环

图 2-7　自整位双列滚柱径向轴承

1—外圈；2—圆鼓体；3—内圈

滚珠轴承的滚动元件是钢珠，摩擦受力为点接触，承载能力小。滚柱轴承的滚动元件的圆柱体、圆锥体或圆鼓体，摩擦受力为线接触，承载能力比点接触的滚珠轴承大。

（三）自整位径向推力滚珠轴承

图 2-8 为立式径向推力滚珠轴承结构图。推力头 8 内上部是一个圆柱孔，用平键 9 与水轮机主轴 3 实现轴孔紧配合键连接，推力头必须加热后热套在主轴上，实现紧配合，卡入水轮机主轴槽内的分半卡环 4 限制了推力头受力后发生向上的轴向位移，从而使得推力头与水轮机主轴在结构上成为一个一起旋转的整体。推力头下部内孔做成直径下小上大的倒喇叭形内孔，在倒喇叭形内孔顶部开四个斜油孔。双列自调心滚珠径向轴承 11 的内圈过渡配合套入旋转的推力头外圆柱面上，外圈过渡配合镶入安装在轴承油箱 12 顶部固定不动的径向

轴承座5内。滚珠推力轴承6的上环过渡配合镶入旋转的推力头的下端面上，下环镶入固定不动的自整位块13上。安放在轴承油箱底板上的自整位座16上端的球形凹座与下端为球形头自整位块吻合。水轮机主轴安装稍有倾斜时，上面的双列自整位滚珠径向轴承11自动会作出调整，径向轴承正常工作。下面的自整位块13在球形自整位座内自动会作出调整，推力轴承正常工作，从而降低了对机组安装的技术要求。轴承油箱中间用螺栓14固定了挡油筒15，挡油筒进入推力头下部的倒喇叭形内孔里，只要油箱内的油位不高于挡油筒的孔口就不会漏油，挡油筒与推力头配合巧妙地解决了立式轴承的漏油问题。滚珠推力轴承永远浸泡在润滑油中，润滑条件良好。由于推力头下部是一个倒喇叭形内孔，当推力头随主轴一起旋转时，推力头倒喇叭形内孔中的润滑油也跟着一起旋转，在离心力作用下，倒喇叭形内孔内的油面成为抛物面，抛物面顶部的润滑油会沿着喇叭形的顶部四只斜油孔向上流动，源源不断地润滑位于油面之上的双列滚珠径向轴承。从双列滚珠径向轴承上面流出的热油通过径向轴承座的回油孔10自由下落到轴承油箱里。固定不动的径向轴承座与转动的推力头之间的圆周上布置的“O”形密封橡皮圈7迫使润滑径向轴承的润滑油不得不从回油孔10跌落到轴承油箱。

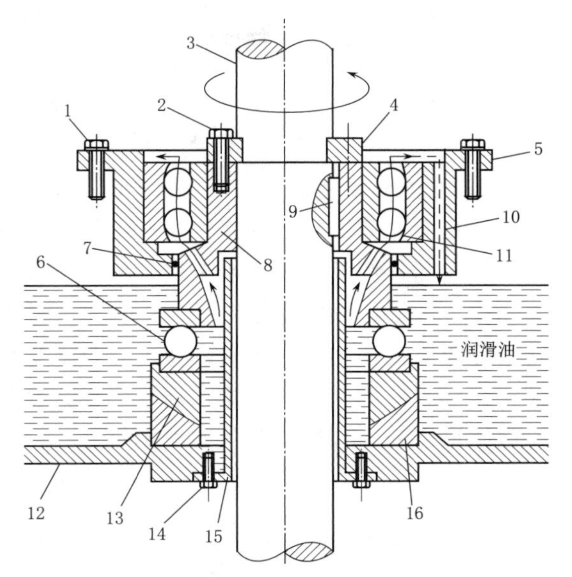

图2-8　立式径向推力滚珠轴承结构图

1、2、14—螺栓；3—水轮机主轴；4—卡环；5—轴承座；6—滚珠推力轴承；7—“O”形橡皮圈；8—推力头；9—平键；10—回油孔；11—滚珠径向轴承；12—油箱；13—自整位块；15—挡油筒；16—自整位座

三、滑动轴承轴瓦类型

高压机组转动系统的重量较大，转动时产生的不平衡力也较大，必须采用面接触的滑动轴承，用透平油（汽轮机油）润滑，面接触的滑动轴承承载力比线接触的滚柱轴承还要大，广泛应用在大中型机组的径向轴承和推力轴承中。滑动轴承按瓦面材料分有巴氏合金瓦面、氟塑料瓦面和橡胶瓦面三种形式。按轴瓦结构分有分块瓦、分半瓦和四瓣瓦三种形式。按轴瓦受力不同分有推力瓦和径向瓦两种形式，推力瓦只有也必须是扇形分块瓦，而径向瓦有圆弧分块瓦、圆弧分半瓦和圆弧四瓣瓦三种形式。径向瓦中的圆弧分半瓦和圆弧四瓣瓦组装后是一个圆柱内孔的圆筒，所以也称筒式瓦。

（一）分块推力瓦

推力瓦可以是整块圆环形，也可以分块扇形。由于扇形分块瓦轴瓦调整方便，受力均匀，因此绝大部分场合都采用扇形分块瓦，图2-9为立式机组巴氏合金扇形分块推力瓦。在扇形瓦衬2金属瓦面上面浇注了一层耐磨的巴氏合金瓦面4，推力瓦两侧有沟槽1、3，瓦背有一个顶孔5。垂直布置的抗重螺钉顶在推力瓦瓦背的顶孔内，转动抗重螺钉总能使八块推力瓦在同一个水平面上，这是保证发电机轴线垂直的重要手段。安装或检修时，巴氏合金瓦面需要研磨刮瓦，使推力瓦接触面受力点分布尽量均匀，刮瓦的技术要求较高。

现代立式机组推力瓦普遍采用瓦面浇注氟塑料的推力瓦，氟塑料推力瓦面不需刮瓦，使安装检修工艺大大简化。氟塑料瓦摩擦系数小，是近几年出现的新型推力瓦，其摩擦系数仅为巴氏合金瓦的1/2～1/3，耐磨性却比巴氏合金瓦高2.5～3倍。

（二）立式分块径向瓦

分块径向瓦只能用在立式机组中，图2-10为立式机组分块径向瓦，一个径向轴承用八块分块径向瓦，在弧形轴瓦4金属表面上面浇注了一层耐磨的巴氏合金1，条块瓦托2与轴瓦之间垫了一块绝缘胶木板，用两颗倒吊螺栓3将轴瓦与条块瓦托连为一体，螺栓尾部的六角螺帽与条块瓦托之间也用胶木垫片，从而保证轴瓦与条块瓦托之间完全绝缘，切断轴电流从径向瓦形成电流回路。分块径向瓦的巴氏合金瓦面也需要研磨刮瓦，使径向瓦接触面受力点分布尽量均匀，安装检修技术要求较高。

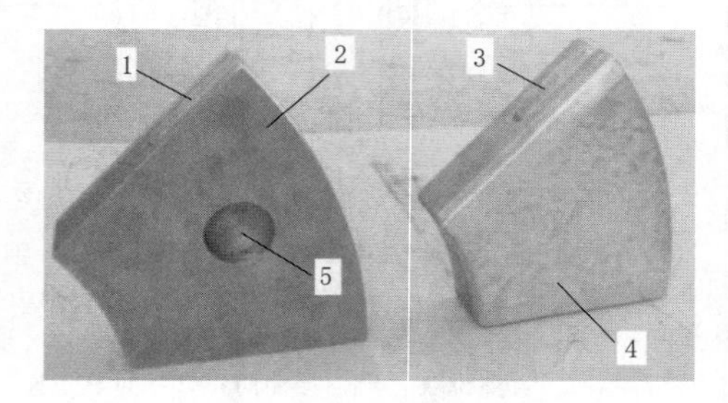

图2-9　立式机组巴氏合金扇形分块推力瓦
1、3—沟槽；2—扇形瓦衬；
4—巴氏合金瓦面；5—顶孔

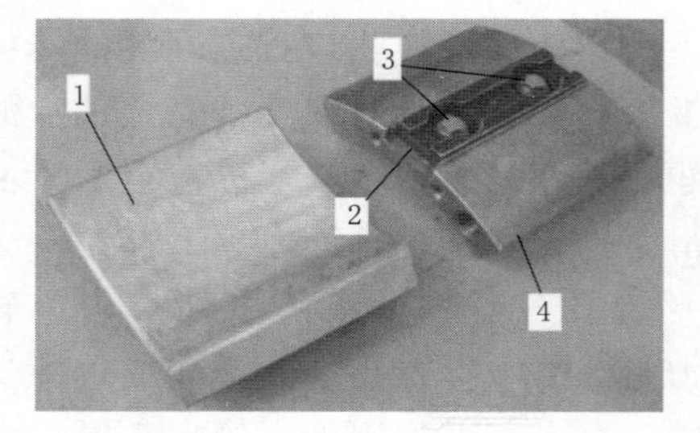

图2-10　立式机组分块径向瓦
1—巴氏合金瓦面；2—条块瓦托；
3—倒吊螺栓；4—弧形轴瓦

（三）立式分半径向瓦

八块分块瓦在圆周线上是断续分布，润滑油比较容易进入瓦面润滑冷却摩擦面，而分半瓦属于筒式瓦，在圆周线上是连续分布，使得润滑油比较难以进入瓦面，因此必须采取一定的供油措施使润滑油尽可能多地进入瓦面润滑冷却摩擦面。

1. 油润滑立式分半径向瓦

根据供油方式不同，油润滑立式分半径向瓦分为斜沟槽供油和毕托管供油两种方式，图2-11为斜沟槽供油的立式直冷式分半径向瓦。耐磨的巴氏合金直接浇注在分半轴承体的金属内表面上，因此这种分半轴承体又称分半瓦。回油孔5与径向进油孔9不在同一个轴面上，图2-11（a）采用了旋转剖视把不在同一个轴面的结构画在同一个剖视图上（参见图1-39）。将两个完全相同的分半瓦用螺栓连接组合一个筒式径向瓦，常用作立式机组转动油盆的水导轴承，通过对分半组合面上的铜片抽垫或加垫可以调整轴瓦间隙。轴瓦的上法兰盘1用螺栓固定在机架或顶盖上的轴承座上，润滑油从下法兰盘7上的四个径向孔向心流动，进入巴氏合金瓦面4底部环状油沟8和斜油沟3下部。斜沟槽断面形状为沿着主轴旋转方向楔形圆弧[参见图2-12（b）]，由于筒式径向瓦内壁与主轴表面间隙极小，主轴在轴瓦内孔转动时，斜沟槽内的润滑油在油的黏滞力作用下一边进入轴瓦间隙润滑冷却轴承摩擦面，一边沿着斜沟槽上行到达分半瓦的顶部。到达轴瓦顶部的热油经回油孔自由下落回到转动油盆内。

两个分半瓦背后分别设置冷却水箱6，每个冷却水箱内分隔成四个贯通的小室，冷却水从第一个小室进，“M”形迂回后从第四个小室流出，直接冷却轴瓦瓦背，冷却效果特好。温度传感器的探头插入温度探测孔 2 内可以测量轴瓦的温度。巴氏合金瓦面需要研磨刮瓦，安装检修技术要求较高。

2. 水润滑立式分半径向瓦

水润滑立式分半径向瓦由轴瓦和轴承体组成，图 2－12 为水润滑橡胶轴瓦结构图，在轴瓦金属表面上浇注一层耐磨材料硬橡胶［图 2－12（a)］，因为橡胶遇到油会变形老化，所以橡胶轴瓦必须用水作为润滑剂，水润滑时橡胶的摩擦系数很小。要求在机组停止转动之前，任何时候不能断水，否则橡胶发热膨胀，抱死主轴发生烧瓦事故。六块橡胶瓦用螺栓分别固定在两个分半轴承体内壁上，瓦面轴向沟槽断面形状为沿着主轴旋转方向的楔形圆弧［图 2－12（b)］，使得沟槽内的含水比较容易进入轴瓦摩擦面，轴流定桨式水轮机水导轴承位置较低，比较容易进水，因此在容量较小的轴流定桨式水轮机中常采用不怕水的橡胶轴承作为水导轴承。

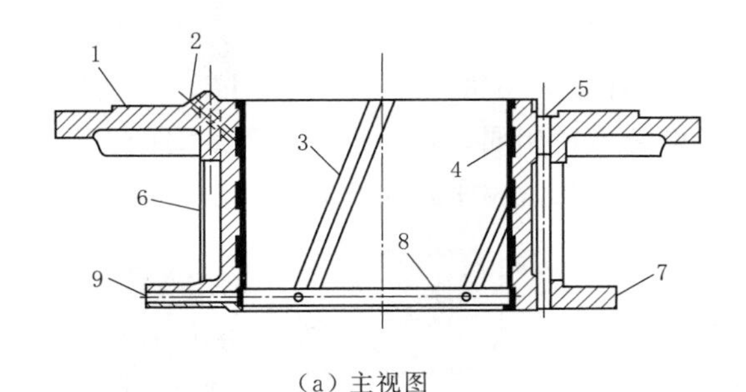

（a）主视图　　　　（b）实物照片

图 2－11　斜沟槽供油的立式直冷式分半径向瓦

1—上法兰盘；2—温度探测孔；3—斜油沟；4—巴氏合金瓦面；5—回油孔；6—冷却水箱；7—下法兰盘；8—环状油沟；9—径向进油孔

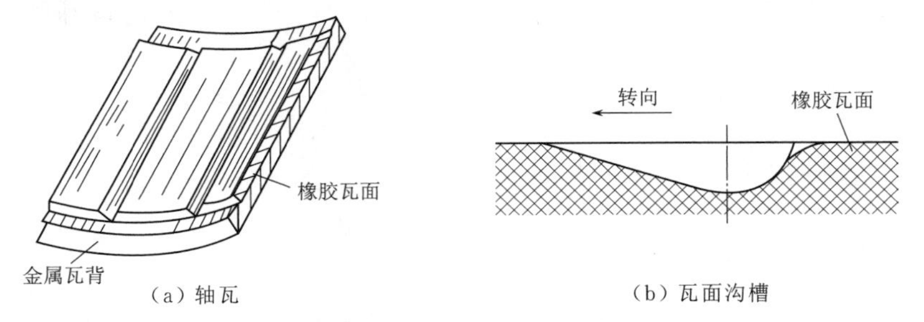

（a）轴瓦　　　　（b）瓦面沟槽

图 2－12　水润滑橡胶轴瓦结构图

（四）立式四瓣径向瓦

图 2－13 为立式四瓣径向瓦，由四个完全相同的 1/4 瓦用组合螺栓 1 组成一个立式筒式径向瓦，通过对组合面上的铜片抽垫或加垫，可以调整轴瓦间隙，组合后的筒式瓦断面由四条抛物线瓦面 3 组成，因此又称“抛物线瓦”。主轴在筒状瓦内旋转时，轴瓦与主轴表面只有 a、b、c、d 四条垂线接触，瓦面大部分面积与主轴表面不接触。因此立式四瓣径向瓦的瓦面没有必要浇注巴氏合金，也不需要开油沟槽刮瓦，使安装检修工艺大大简化。瓦面与主轴表面之间饱含四片楔形油膜 4，在轴线方向四片楔形油膜呵护下，轴瓦的摩擦系数小，润

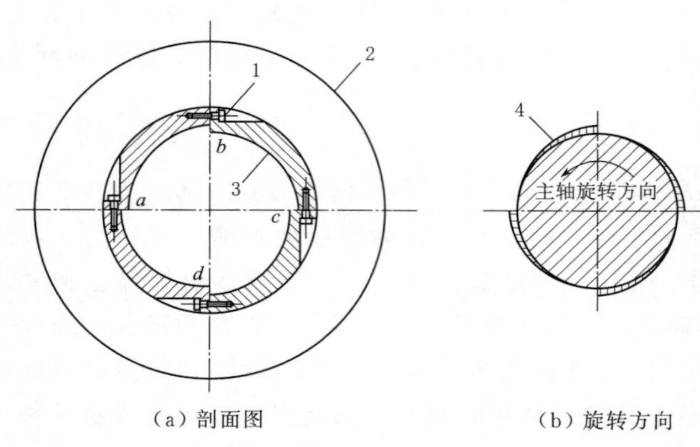

（a）剖面图　　（b）旋转方向

图 2-13　立式四瓣径向瓦

1—螺栓；2—法兰盘；3—抛物线瓦面；4—楔形油膜

滑性能好，瓦温低，四片楔形油还具有一定吸收主轴振动的作用，是一种新型立式水导轴承径向瓦。

（五）卧式分半瓦

图 2-14 为卧式径向分半瓦，分半径向瓦的金属表面上浇注了一层耐磨的巴氏合金，需要技术要求较高的研磨刮瓦。上半瓦 2 盖在下半瓦 1 上，下半瓦上四颗定位销 6 正好插入上半瓦的四个定位孔 5 内。通过对分半组合面上的铜片抽垫或加垫可以调整轴瓦间隙。下半瓦受转动系统重力作用，主轴对下半瓦瓦面有轴承摩擦力，上半瓦几乎不受力，所以主轴对上半瓦瓦面没有摩擦力。上轴瓦瓦面在轴向两侧各开一条带油环槽 3、4。图 2-15 为卧式径向推力分半瓦，径向瓦部分 1 的上下分半瓦与径向分半瓦相同，瓦面也浇注了耐磨的巴氏合金，推力瓦盒部分 2 的上半瓦与下半瓦组合后的环状推力瓦盒内垂直均布有八块扇形推力瓦。

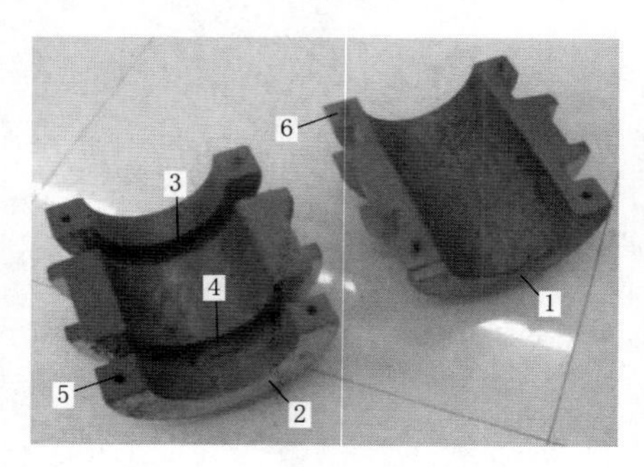

图 2-14　卧式径向分半瓦

1—下半瓦；2—上半瓦；3、4—带油环槽；5—定位孔；6—定位销

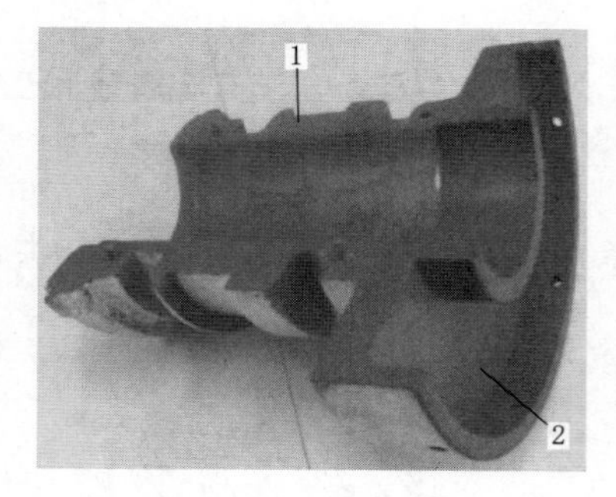

图 2-15　卧式径向推力分半瓦

1—径向瓦部分；2—推力瓦盒部分

四、机组滚动轴承结构

在介绍了水轮机中常见的滚动轴承后，进一步介绍滚动轴承在机组轴承中的应用。图 2-16 为 HL110—WJ—35 混流式低压机组卧式水导径向滚柱轴承，混流式转轮 1 与水轮机主轴 4 为轴孔配合键连接，在轴承座 3 内安装了两个自调心双列滚柱径向轴承 5，定期从两个轴承中间的注油杯 2 注入润滑脂润滑左右两个轴承。从转轮侧沿主轴表面进入轴承座左侧的渗漏水用排水管 6 排走。自调心双列滚柱径向轴承的圆鼓形滚柱布置在球面轴承外圈内，圆鼓形滚柱还能承受少量的轴向推力，因此不再设置专门的推力轴承。由于安装了两个自调心径向轴承，相互制约后不再有自调心功能，应用在 100kW 以下的低压混流式机组中。图 2-17 为 ZD760—LM—60 立式明槽引水室轴流定桨式水轮机的径向推力滚珠轴承（参见图 2-8），大皮带轮 14 与水轮机主轴 9 为轴孔配合键连接，推力头 13 与水轮机主轴 9 也是轴

孔配合（热套紧配合）键连接，分半卡环12卡在主轴的槽内，防止推力头受转动系统自重和轴向水推力作用发生向上轴向位移。安装在轴承油箱2底部固定不动的自整位座3的球形座与自整位块4的球形头吻合，自整位块的轴线可以前后左右自由倾斜。推力头13下端面与自整位块4之间安装了一个滚珠推力轴承15。在轴承油箱顶部固定不动的径向轴承座6与推力头外柱面之间安装了双列滚珠径向轴承7。自整位块4和自调心轴承使得对机组轴线稍有倾斜，但不影响正常运行，使得安装的技术要求大大降低，适合农村小水电站的低压机组。

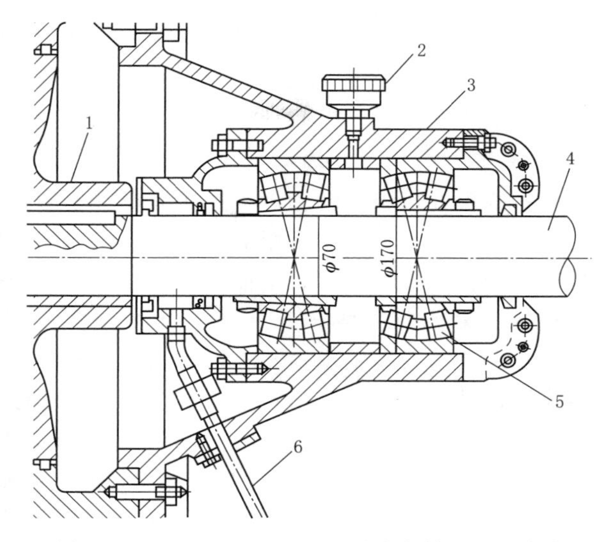

图2-16　HL110—WJ—35混流式低压机组卧式水导径向滚柱轴承

1—转轮；2—注油杯；3—轴承座；4—水轮机主轴；5—双列滚柱径向轴承；6—排水管

五、机组滑动轴承结构

前面介绍了水轮机中常见的滑动轴承轴瓦，下面介绍滑动轴承轴瓦在机组轴承中的应用，

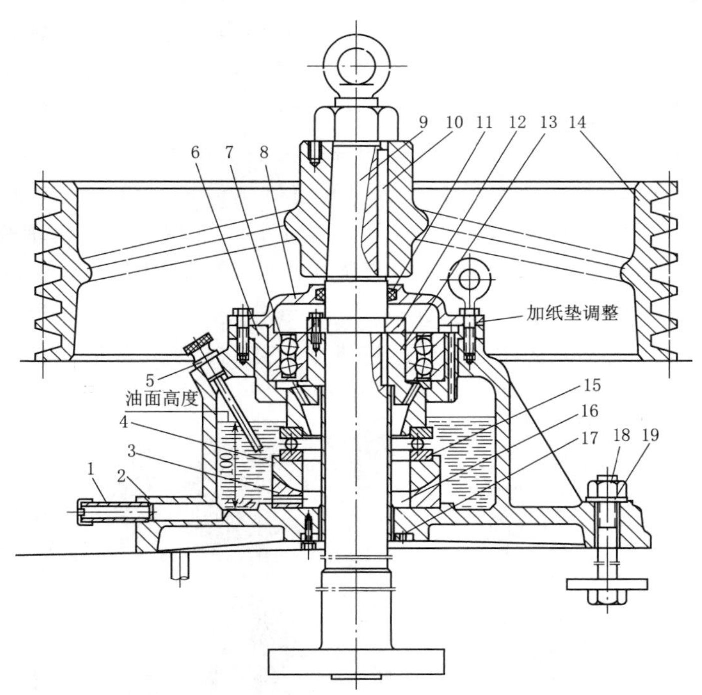

图2-17　ZD760—LM—60明槽引水室水轮机径向推力滚珠轴承

1—放油管；2—轴承油箱；3—自整位座；4—自整位块；5—油尺；6—径向轴承座；7—双列滚珠径向轴承；8—轴承盖；9—水轮机主轴；10—平键；11—毡圈；12—卡环；13—推力头；14—大皮带轮；15—滚珠推力轴承；16—挡油筒；17—螺钉；18—螺母；19—螺栓

讨论滑动轴承结构时应从轴瓦结构、轴瓦间隙调整、润滑油供油方法、润滑油冷却和轴承漏油问题等五个方面进行分析。滑动轴承的摩擦面受力为面接触，承载能力比较大，因此装机容量较大的机组都采用滑动轴承。

（一）立式机组滑动轴承

悬挂式立式机组滑动轴承根据布置位置不同有上导径向推力轴承、下导径向轴承和水导径向轴承三种，大型机组采用的伞式立式机组的上导轴承为径向轴承［参见图 1-21（b）］，下导轴承为径向推力轴承。下面只介绍常见的悬挂式立式机组的滑动轴承。

1. 上导径向推力轴承

图 2-18 为滑动轴承推力头，滑动轴承推力头与图 2-8 中径向推力滚动轴承的推力头作用相同，结构相似，只不过滑动轴承推力头比滚动轴承推力头在下面增加了一个法兰盘结构。法兰盘圆环面用倒吊螺栓将圆环状镜板吊装在推力头下，镜板跟推力头一起旋转，镜板下面均布八块推力瓦。推力头上部内孔与发电机主轴为轴孔配合（热套紧配合）键联接，下部内孔比发电机直径大得多，以便在发电机主轴与推力头内孔之间形成一个环状空间，可以插入挡油筒解决立式轴承的漏油问题。推力头外圆柱面四周布置八块径向分块瓦。

图 2-19 为 AX 水电厂立式推力瓦布置图，均布于推力头镜板下面八块推力瓦的瓦面，采用不需要刮瓦的氟塑料。位于上机架中心的上导轴承油盆 3 内的挡油筒 2 与油盆整体制造，发电机定子和转子安装到位后吊入上机架，上导轴承油盆从上向下套在发电机转子上部的主轴 1 上，上机架的四条臂压在发电机定子外壳上，发电机主轴从挡油筒中伸出，只要油盆中的润滑油的油位不高于挡油筒的孔口，上导径向推力轴承就不会漏油。每一块扇形推力瓦 4 下面是一颗垂直的抗重螺钉，每一块推力瓦就靠一颗抗重螺钉支撑，可能会造成推力瓦在抗重螺钉上的自由转动，为此在每块瓦两侧的油盆上有四个螺孔 5，旋入四颗螺栓以便阻止推力瓦在抗重螺钉上自由转动。推力瓦均布在推力头的镜板下面，转动系统的重量和轴向水推力通过推力头、镜板压在推力瓦上。转动调整抗重螺钉，可以调整推力瓦上下高低位置，总能使八块推力瓦的瓦面调整在同一个水平面上，从而保证发电机轴线垂直。每块推力瓦内开了“M”形水道，冷却水从“M”形水道头部流进，尾部流出，水的迂回流动直接冷却推力瓦，冷却效果很好。由于推力瓦靠一颗抗重螺钉支撑，有一定的转动自由度，因此油箱内的冷却水管与直冷式推力瓦“M”形水道进出口之间必须用软管连接。

图 2-18　推力头

图 2-19　立式推力瓦布置图

1—发电机主轴；2—挡油筒；3—油盆；4—推力瓦；5—螺孔

图 2－20 为立式推力瓦限位示意图。当机组由于事故紧急停机时，导叶在极短的时间内紧急关闭，由于水流的惯性，导叶后转轮内已经中断的水流企图继续向前流动，使得转轮空间出现极大的真空，真空度的吸力大到一定程度时，尾水管中的水流突然出现强烈的反方向倒流，对转轮作用强大的瞬间产生反向轴向水推力；另外，由于机组转动系统的惯性使得转轮在中断的尾水管水体中继续转动，水体对叶片背面产生反向轴向水推力。两个反向轴向水推力叠加严重时，机组整个转动系统会向上飘，称发生抬机现象。发生抬机现象时，推力瓦可能吸附在镜板上跟着转动系统上移，造成推力瓦 1 背顶孔与抗重螺钉脱离而发生严重事故。为此在每一块推力瓦两侧有四颗旋入油盆上的“T”形螺钉 2，螺钉尾部的“T”形嵌入两侧两块推力瓦侧面的沟槽内（参见图 2－9 中 3），既能阻止推力瓦在抗重螺钉上自由转动，又能在发生抬机现象时“T”形部分能钩住推力瓦，防止推力瓦吸附在镜板上。推力瓦瓦背的抗重螺钉孔在瓦的弧形宽度对称线上向顺着推力头转动方向有一个偏移距，使得推力头和镜板旋转时，由于偏移距使得推力瓦面迎着推力头旋转方向微微倾斜，利于润滑油进入推力瓦摩擦面，在瓦面形成楔形油膜。

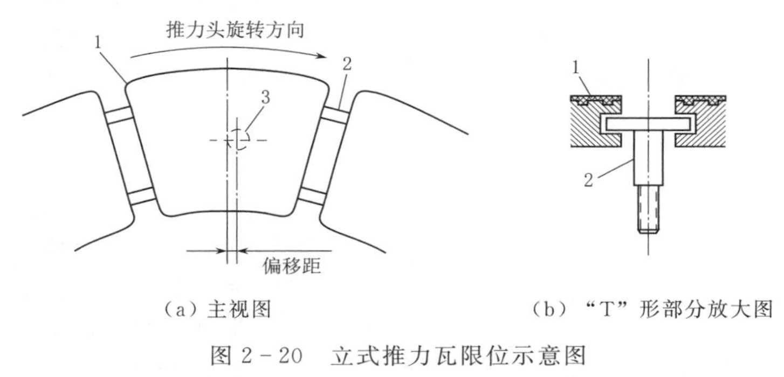

（a）主视图　　（b）“T”形部分放大图

图 2－20　立式推力瓦限位示意图

1—推力瓦；2—“T”形螺钉；3—瓦背顶孔

图 2－21 左边为上导径向推力轴承径向分块瓦布置图，右边为还没有安装入座的轴瓦架。推力头 3 与发电机主轴 1 为轴孔配合（热套紧配合）键连接，并用分半卡环 2 限制推力头 3 承受转动系统轴向力时发生向上的轴向位移。立式滑动轴承机组的上导轴承径向瓦既要调整机组轴线中心位置，又要调整轴瓦间隙。每一块径向分块瓦 4 的背后都有一颗水平方向旋入轴瓦架 6 上的调整螺钉 5，当八颗调整螺钉中 x、y 方向的四颗调整螺钉使四块分块径向瓦同时抱紧推力头外圆柱面时，转动 x 方向相对的两颗调整螺钉一颗进、另一颗退或一颗退、另一颗进就可以调整机组轴线在 x 方向的中心位置。转动 y 方向相对的两颗调整螺钉一颗进、另一颗退或一颗退、另一颗进就可以调整机组轴线在 y 方向的中心位置。对 x、y 方向四块分块径向瓦的调整，总能将机组轴线中心调整到发电机理想的轴线位置。然后用约 20cm 长并且长度可调的螺栓顶柱（安装队称小千斤顶），每块径向瓦背水平放置两颗螺栓顶柱并调整螺栓顶柱的长度，十六颗螺栓顶柱将八块分块径向瓦在不移动发电机理想轴线位置的前提下同时抱紧推力头（又要抱紧，又不能移动已经调整好的理想轴线，技术上有点难度），然后将八颗调整螺钉同时后退 0.05mm，这就是上导径向瓦的轴瓦单侧间隙 0.05mm。调整完毕后松开取出十六个螺栓顶柱（小千斤顶），再用并紧螺母将调整螺钉并紧，并锁扣片将并紧螺母锁定，防止调整螺钉松动造成机组轴线中心偏移和轴瓦间隙变化。径向分块瓦的重量完全靠下托板 7 托住，下托板采用胶木保证径向分块瓦与轴瓦架绝缘，切断轴电流从径向瓦形成电流回路。

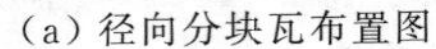
(a) 径向分块瓦布置图

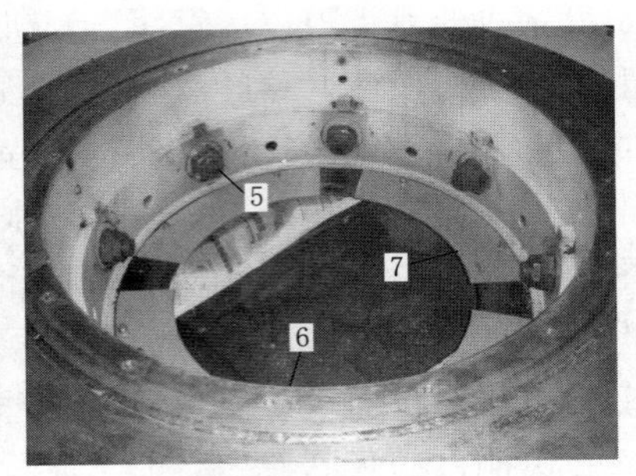

(b) 径向轴瓦架

图 2-21　上导径向推力轴承径向分块瓦布置图

1—发电机主轴；2—分半卡环；3—推力头；4—径向分块瓦；5—调整螺钉；6—轴瓦架；7—下托板

图 2-22 为立式机组上导径向推力轴承，用透平油润滑。推力头 3 上部与发电机主轴 1 为轴孔配合（热套紧配合）平键 22 连接，分半卡环 2 限制了推力头在主轴上向上的轴向位移。八块径向分块瓦 13 均布在推力头 3 的外柱面上，构成径向轴承。转动径向分块瓦 13 背后的调整螺钉 14，可以调整机组中心位置和径向瓦与主轴之间的轴瓦间隙。

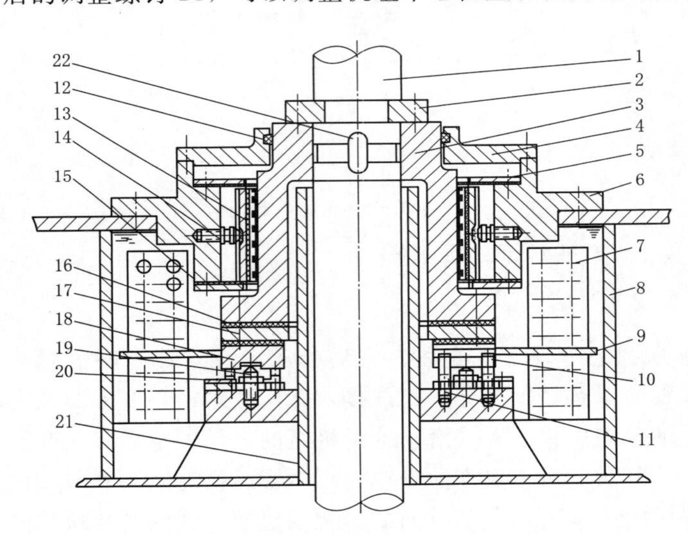

图 2-22　立式机组滑动径向推力轴承结构图

1—发电机主轴；2—卡环；3—推力头；4—盖板；5—上压板；6—轴瓦架；7—油冷却器；8—轴承油盆；9—分隔板；10、11—T 形螺钉；12—“O”形橡皮条；13—径向分块瓦；14—调整螺钉；15—下托板；16—胶木板；17—镜板；18—推力瓦；19—抗重螺钉；20—锁定板；21—挡油筒；22—平键

径向分块瓦 13 由下面胶木板制成的下托板 15 托住，上面由胶木板制成的上压板 5 压住，径向分块瓦瓦面与瓦背之间用胶木板绝缘，这三道胶木板绝缘切断了轴电流在上导径向分块瓦处的转动部件与固定部件之间的轴电流回路。镜板 17 用倒吊螺栓吊装在推力头法兰下圆环面下方，并与推力头一起旋转，镜板 17 与推力头 3 之间有胶木板 16 绝缘，倒吊螺栓的螺栓垫片也是胶木制成，这样就切断了轴电流在推力瓦处的转动部件与固定部件之间的轴电流回路。

轴承油盆 8 与挡油筒 21 整体制造，挡油筒插入推力头大圆柱孔内，只要轴承油盆的油位不高于挡油筒的孔口，轴承就不会漏油，推力头 3 与挡油筒 21 配合巧妙解决了立式轴承的漏油问题。镜板下平面下均布八块推力瓦 18，每一块推力瓦放在各自的抗重螺钉 19 上，转动抗重螺钉可以调整转动系统的高程和发电机轴线的垂直度。抗重螺钉调整完毕必须用并紧螺母并紧并用锁定板 20 将并紧螺母锁定，防止抗重螺钉松动造成主轴轴线倾斜。

分隔板 9 将润滑油的循环油路进行人为设计的分隔，强迫热油必须流经油冷却器 7（参见图 6-63）充分冷却后才能再次进入轴瓦摩擦面。运行中由于润滑油旋转时的离心力和油温上升，都会造成油位上升，所以停机时的油位才是正确油位。正常的轴承油面应该是停机时在调整螺钉中心线位置附近。

2. 下导径向轴承

下导轴承位于立式发电机转子下面，图 2-23 为立式径向分块瓦下导轴承，左边为下导轴承半剖图，右边是还没安装入座的下导轴承轴令和挡油筒。由于大部分部件是圆环形，相对水轮机主轴对称，所以左边视图只显示对称部件的左半部分。如果将去掉法兰盘的推力头（参见图 2-18）与主轴整体制造，就成为图中的轴令 1，由于发电机下段主轴需要与水轮机主轴用法兰盘刚性连接，而发电机主轴位于转子以下部分轴端的法兰盘直径比挡油筒 3 的直径大得多，因此在制造焊接发电机法兰盘之前就必须将挡油筒套在发电机主轴上永不分离，这就造成下导轴承的油盆 9 必须在现场与挡油筒 3 组装成为一体。下导轴承油盆四周的四条下机架的横臂 10 安装在混凝土圆筒状的水轮机机坑的顶部。由于机组轴线的中心位置是由上导径向分块瓦决定的，因此，下导径向轴承只需调整轴瓦间隙达到要求即可。

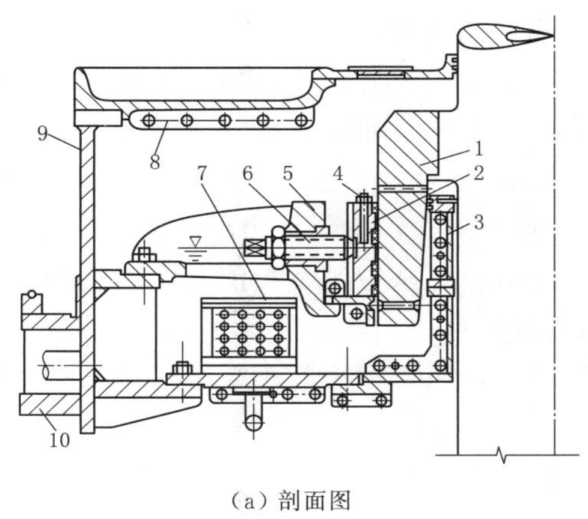

（a）剖面图

（b）外形图

图 2-23　立式径向分块瓦下导轴承

1—轴令；2—分块径向瓦；3—挡油筒；4—温度传感器探头；5—轴瓦架；6—调整螺钉；7—油冷却器；8—油盆盖；9—油盆；10—下机架

挡油筒位于轴令内孔与发电机主轴之间，只要轴承油盆中润滑油的油位不高于挡油筒的孔口就不会漏油，轴令与挡油筒配合巧妙解决了立式机组轴承的漏油问题。下导轴承径向分块瓦的结构与上导轴承径向分块瓦完全一样。下导轴承径向分块瓦的三道胶木板绝缘措施也与上导轴承径向分块瓦完全一样。结合上导轴承径向瓦、推力瓦的绝缘措施，说明整个发电机转动系统与固定部件之间是完全绝缘的，轴电流是无法流通的。

转动分块径向瓦背后的调整螺钉 6，可以调整下导轴承的轴瓦间隙，调整完毕必须用并紧螺母将调整螺钉并紧，再用锁扣片将并紧螺母锁定，防止调整螺钉松动造成轴瓦间隙变化。正常油位时，分块瓦下部起码有 1/2 高度泡在润滑油里。轴令内孔与挡油筒之间的润滑油会跟着轴令一起旋转，在离心力的作用下从轴令筒壁上六个斜油孔向上冒油，对位于分块瓦上部 1/2 高度的瓦面进行润滑。

3. 水导径向轴承

最靠近水轮机转轮的轴承称水导轴承，立式机组的水导轴承是径向轴承。按润滑剂不同分有油润滑水导轴承和水润滑水导轴承两种。油润滑水导轴承按油盆不同分有转动油盆和固定油盆两种。转动油盆的水导轴又有筒式分半瓦和筒式四瓣瓦两种结构形式，转动油盆水导轴承采用与水轮机主轴一起旋转的油盆来解决轴承漏油问题。固定油盆的水导轴承又有分块瓦和筒式分半瓦两种结构形式，固定油盆的水导轴承采用挡油筒与轴令配合解决轴承漏油问题。水润滑水导轴承采用的是筒式分半瓦。

（1）转动油盆筒式分半瓦水导轴承。图 2-24 为转动油盆筒式分半瓦水导轴承图。两个完全一样的分半瓦 2（参见图 2-11）由组合螺栓连接组合成一个筒式瓦，筒式瓦内孔与水轮机主轴 10 间隙很小（单侧轴瓦间隙为 0.1～0.15mm）。转动油盆 1 固定在水轮机主轴上与水轮机主轴一起旋转，不再需要轴令和挡油筒，既简化了主轴结构，又解决了轴承的漏油问题。筒式分半瓦 2 的上法兰盘安装在水轮机顶盖上的轴承座 11 的顶部，下法兰盘和筒式分半瓦的下面小部分泡在转动油盆的润滑油中。因此，必须采取可靠的供油方法，保证油位以上分半瓦瓦面提供源源不断的润滑油。转动油盆筒式分半瓦 2 的水导轴承润滑油供油方法有斜油沟供油和毕托管供油两种方法。

1）斜油沟供油。图 2-24 就是采用斜油沟供油的筒式分半瓦，当转动油盆跟着水轮机主轴旋转时，油盆内的润滑油在离心力作用下油面成为抛物面，而且转速越高，抛物面越陡，下法兰盘上四个直径 18mm 的径向进油孔 9 孔口的油压越高，润滑油沿着径向进油孔进入轴瓦表面底部的环状油沟和下半部分斜油沟，在油的黏滞力作用下，下半部分斜油沟内的润滑油沿着斜油沟一边进入摩擦面润滑摩擦面，一边沿着斜油沟缓慢上升，最后到达轴承体顶部固定不动的上油箱 5，润滑油漫过溢油环 7，再从分半瓦上的轴向回油管 3 自由跌落回到转动油盆内。每一个分半瓦背后用薄钢板各焊接一个有四个互通小室的水箱，冷却水从进水管 8 进入水箱的第一个小室，“M”形迂回流过四个相通的小室，对轴瓦瓦背进行充分

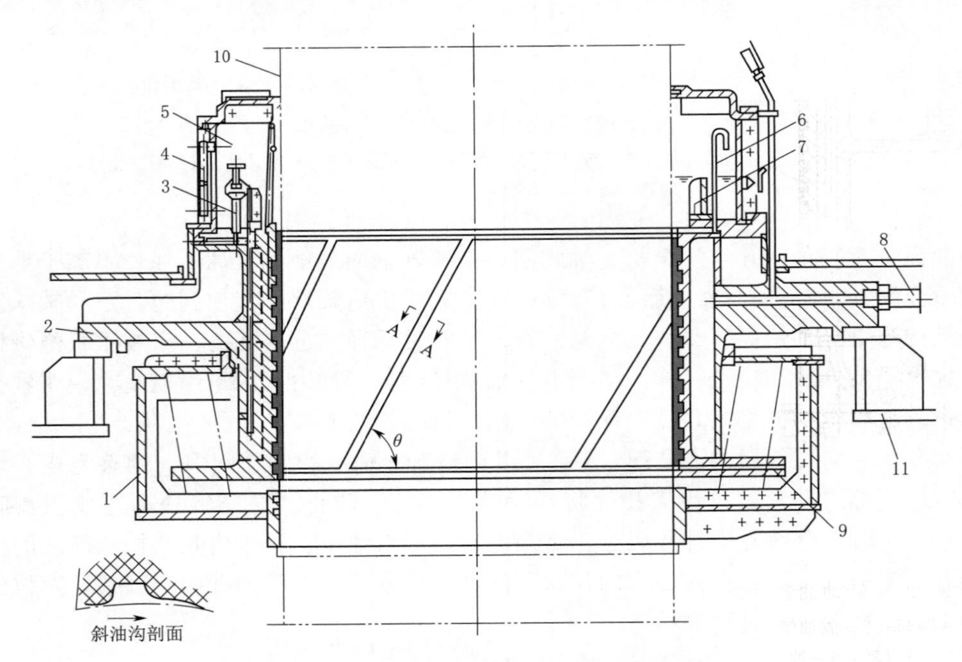

图 2-24　转动油盆筒式分半瓦水导轴承图

1—转动油盆；2—筒式分半瓦；3—回油管；4—观察孔；5—上油箱；6—油管；7—溢油环；8—冷却水管；9—径向进油孔；10—主轴；11—轴承座

冷却，最后从第四个小室流出。由于是直接冷却轴瓦背面，所以冷却效果特好。有的分半瓦背后没有冷却水箱，则必须在上油箱设油冷却器（参见图6-64），热油经油冷却器冷却后再从回油管自流跌落回到转动油盆内。在分半瓦的组合面上有0.02～0.05mm不等的铜垫片，通过对铜垫片的加垫或抽垫可以调整轴瓦间隙。

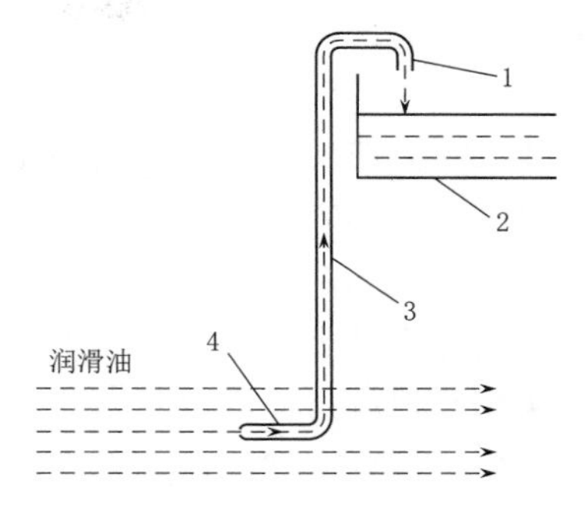

图2-25　毕托管供油原理图

1—出油管；2—上油箱；
3—垂直管；4—进油管

2）毕托管供油的转动油盆水导轴承。从水力学基础知识可知，流体的三种能量形式相互之间可以转换。图2-25为毕托管供油原理图，毕托管由进油管4、垂直管3和出油管1三部分组成。将不动的毕托管进油管正对着油流方向垂直插入位置较低具有一定流速的润滑油流中，油流受到进油口的阻碍，进油管孔口压力上升，在压力的作用下，润滑油沿着垂直管3上升经出油管1流入上油箱2，将低位润滑油油流的动能转换成高位油箱润滑油的位能。

图2-26为转动油盆毕托管供油的筒式分半瓦水导轴承，取消了巴氏合金瓦面的环状油沟和斜油沟，在巴氏合金瓦面加工四条轴向油沟14。用四颗顶丝1将转动油盆固定在水轮机主轴10上，转动油盆随水轮机主轴一起旋转，保证了立式机组轴承不会漏油。转动油盆跟着主轴一起旋转时，油盆内的润滑油呈抛物面，转动油盆底部直径最大处受抛物油面产生的油压最高，而且润滑油的旋转圆周速度最大，将毕托管进油管4的管口正对着油压最高、流速最大处的润滑油流，转动油盆中的润滑油就会沿着毕托管到达轴瓦的顶部，沿着出油管8进入上油箱11，然后经四条轴向油沟，一边润滑冷却轴瓦摩擦面，一边向下流回转动油盆。油位计6可以显示上油箱的油位，如果上油箱的油位过高，润滑油会从回油孔12流回到转动油盆。如果油温过高造成润滑冷却效果下降，可以在上油箱内设置油冷却器，使润滑油经过冷却以后再进入轴向油沟。如果没有出油管上的进气孔7，在停机时出油管驼峰的真空虹吸作用会把上油箱的润滑油全部吸回到转动油盆，不利于下次开机初始的轴瓦润滑。转动油盆检修时旋出放油螺栓2，可以手动放空转动

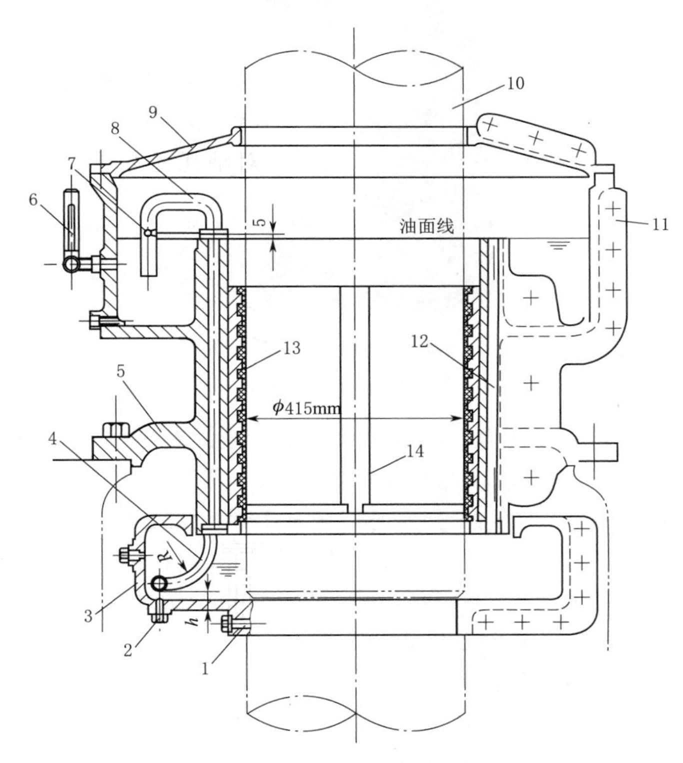

图2-26　转动油盆毕托管供油的筒式分半瓦水导轴承

1—顶丝；2—放油螺栓；3—转动油盆；4—毕托管进油管；
5—分半瓦；6—油位计；7—进气孔；8—毕托管出油管；
9—轴承盖；10—水轮机主轴；11—上油箱；
12—回油孔；13—巴氏合金瓦面；14—轴向油沟

油盆内的润滑油。

（2）转动油盆筒式四瓣瓦水导轴承。筒式四瓣瓦是由四个完全一样的1/4瓦组合而成。图2-27为四瓣瓦下法兰盘断面剖视图，每一个瓦的瓦面为抛物面，四个抛物面围成的筒式瓦内孔与主轴表面只有四条垂线接触，轴瓦表面大部分与主轴表面不接触，由此只能采用毕托管供油，无法采用斜油沟供油，并且不需要技术要求较高的刮瓦。当上油箱的润滑油自上而下流过主轴表面时，在筒式瓦内孔与主轴圆柱面之间形成呵护主轴的四片轴向楔形油膜，既能良好地润滑冷却轴瓦，又能对主轴震动吸收减轻。通过对四瓣瓦组合面上铜垫片的加垫或抽垫，可以方便地调整四瓣瓦水导轴承的轴瓦间隙。所以，新式筒式四瓣瓦安装调试方便，运行性能良好，具有较多优点。

图2-28为位于水轮机机坑内的转动油盆水导轴承，只能看到不转动的上油箱2，跟着水轮机主轴1一起旋转的转动油盆位置很低，在上面是看不到的（参见图2-26中的3）。在机组发生事故导叶紧急关闭顶盖下面出现较大真空吸力时，水轮机顶盖上左右两个真空破坏阀3自动打开，向导叶后面的转轮空间补入空气破坏真空，防止转动系统出现抬机现象。

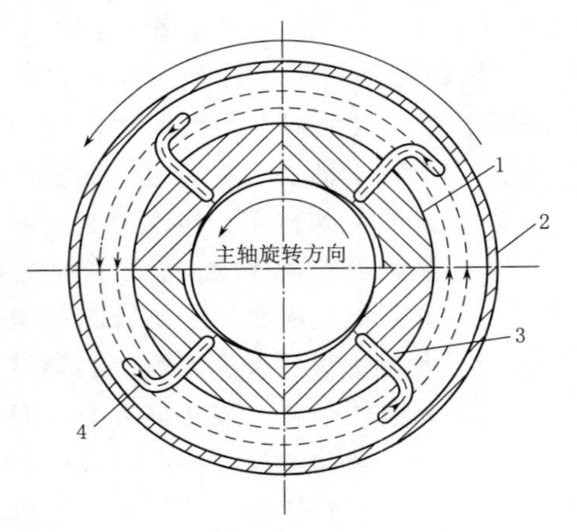

图2-27　四瓣瓦下法兰盘断面剖视图

1—下法兰盘；2—转动油盆；3—进油管；4—毕托管

图2-28　转动油盆水导轴承

1—水轮机主轴；2—上油箱；3—真空破坏阀

（3）固定油盆筒式分半瓦水导轴承。图2-29为固定油盆筒式分半瓦水导轴承，采用挡油筒和轴令配合解决立式轴承的漏油问题，挡油筒12与固定油盆11必须分体制造。由于水轮机主轴下端与转轮用法兰盘螺栓连接，所以挡油筒套在水轮机主轴上永远无法取下来（参见图2-23中的3），必须在现场将挡油筒与油盆组装成一体。为了保证瓦面的润滑，要求起码有1/2高度的瓦面浸泡在固定油盆的油面以下，所以又称浸油式筒式分半瓦水导轴承。由瓦面斜油沟向油面以上的1/2高度的瓦面供油，到达轴瓦顶部的润滑油经回油孔自由下落回到固定油盆内。每个分半瓦背后的冷却水箱都有一对进出水管4，流进冷却水箱的是冷水，流出冷却水箱的是热水。用水直接冷却轴瓦瓦背，冷却效果较好。温度传感器的探头9垂直插入温度探测孔内，可以测量轴瓦的温度，管状油标8可以供运行人员观察轴承油位。

（4）固定油盆分块瓦水导轴承。固定油盆分块瓦水导轴承的结构与下导分块瓦轴承完全一样，也是采用挡油筒与轴令配合解决立式轴承的漏油问题，因为远离发电机转子旋转磁场，所以取消了三道胶木板绝缘切断轴电流的措施。

（5）水润滑橡胶瓦水导轴承。由于立式轴流定桨式水轮机的水导轴承位于支撑盖的底部，位置较低，如果采用油润滑轴承很容易发生轴承进水事故，因此在小型轴流定桨式水轮机中常采用水润滑橡胶轴承作为水导轴承。图 2-30 为水润滑橡胶瓦水导轴承，是立式轴流定桨式机组中常见的结构。安装在支撑盖 4 上的筒式分半轴承体 1 内壁用螺栓了固定了 6 片橡胶瓦 2（参见图 2-12）。橡胶瓦对水质要求较高，如果润滑冷却水有油污，油污会使橡胶老化变形，如果润滑冷却水含砂量大，砂粒会陷入筒式橡胶瓦表面，对水轮机主轴 3 的表面产生长期磨损。因此在水质较差的水电厂用冷却水管 5 引城市自来水或山上专门引来较洁净的水作为润滑冷却水，用过的水在余压作用下从支撑盖 4 与转轮的间隙处排入转轮室。由于橡胶的导热性能较差，因此在机组停止转动之前不得断水，为保证润滑冷却水的供水可靠，必须设两个独立的供水源互为备用。

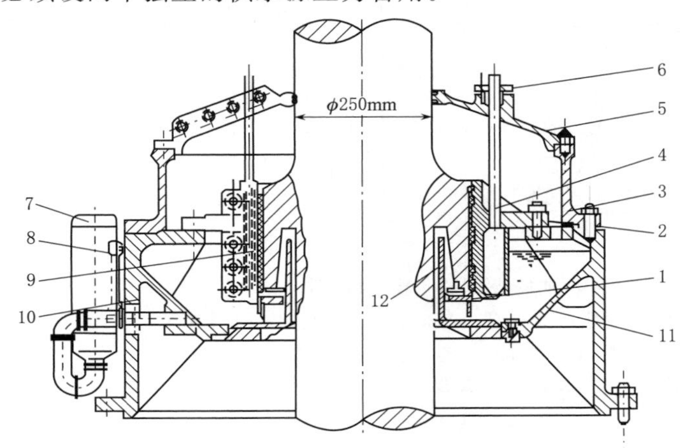

图 2-29　固定油盆筒式分半瓦水导轴承

1—密封圈；2—分半瓦；3—上油箱；4—冷却水管；5—油盆盖；6—水管压盖；7—油位器；8—油标；9—温度传感器探头；10—轴承座；11—固定油盆；12—挡油筒

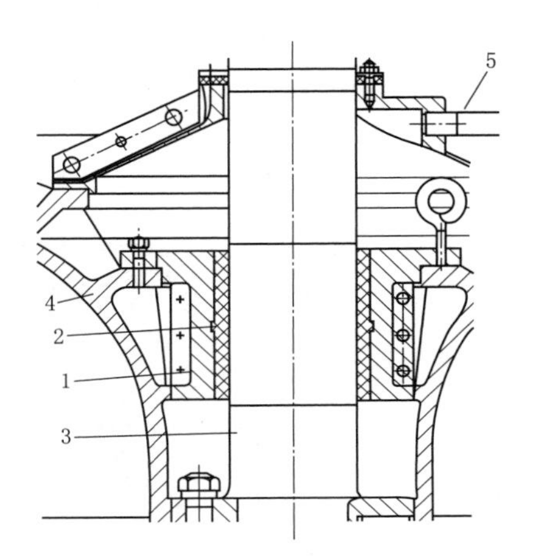

图 2-30　水润滑橡胶瓦水导轴承

1—轴承体；2—橡胶瓦；3—水轮机主轴；4—支撑盖；5—润滑冷却水管

（二）卧式机组滑动轴承

卧式机组滑动轴承有卧式径向轴承和卧式径向推力轴承两种结构形式，径向轴承采用径向分半瓦，推力轴承采用分块瓦。卧式径向轴承常用作发电机前导轴承、后导轴承和四支点机组中的水轮机后导轴承。每台卧式机组只有一个推力轴承，而且推力轴承必定跟机组其中一个径向轴承组装在一个轴承座内，结构上称径向推力轴承。最靠近水轮机转轮的轴承称水导轴承，大多数卧式机组的水导轴承是径向推力轴承，少数高转速大容量两支点卧式机组的发电机后导轴承采用径向推力轴承，这时的机组水导轴承就采用径向轴承，水导轴承采用径向轴承可以适当缩短转轮在水轮机主轴轴端的悬臂长度，利于减少转轮震动。

1. 卧式径向滑动轴承

图 2-31 为滚动式带油环供油的卧式径向轴承装配图，其中图 2-31（a）是沿主轴水平轴线方向从前向后投影的主视图，采用半剖视图，图 2-31（b）是垂直水平主轴轴线方向从左向右投影的左视图，采用了局部剖视。下轴瓦（瓦衬）5 安放在下轴承体上，下轴承体安放在轴承座 8 上，吊入直径 180mm 的主轴压在下轴瓦上后再盖上上轴瓦 16 和上轴承体，最后盖上轴承盖 3 并用螺栓 20 压紧，运行中上轴瓦不受力，转动系统的重量全部压在下轴瓦上，因此下轴瓦需要润滑油充分冷却润滑。但轴承座内的最高油位不得高于直径 180mm 的筒

式分半瓦下轴瓦瓦面的最低点，否则轴承座内的润滑油会沿主轴表面向外漏油。如何将轴承座内位置较低的润滑油提升，源源不断地向高高在上的筒式分半瓦供油是保证卧式径向滑动轴承正常工作的必要条件。卧式径向滑动轴承采用滚动式带油环或转动式带油环两种供油方式。

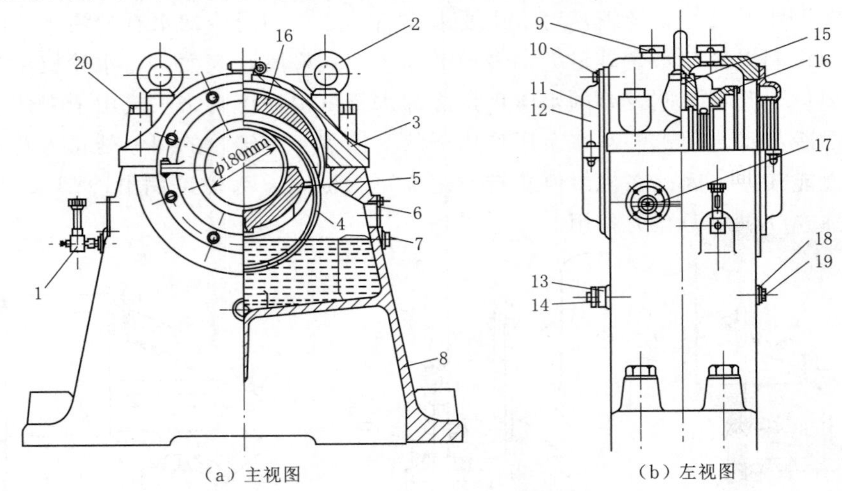

(a) 主视图　　(b) 左视图

图 2-31　滚动式带油环供油的卧式径向轴承装配图

1—油标；2—吊环；3—轴承盖；4—滚动式带油环；5—下轴瓦；6—观察窗；7—溢油塞；8—轴承座；9—注油孔；10、20—螺栓；11—垫圈；12—轴承端盖；13、18—铝垫圈；14—油导管；15—定位销；16—上轴瓦；17—温度变送器；19—放油塞

(1) 滚动式带油环供油。在主轴轴线方向的轴瓦长度范围内前后两端的主轴上各套一个滚动式带油环 4，由于带油环的直径比主轴直径大得多，使得滚动式带油环的底部弧段永远泡在轴承座的油面以下。当主轴旋转时，挂在主轴上的滚动式带油环以慢得多的转速跟着主轴滚动，因为带油环的断面为“U”形，可以将轴承座内低处的润滑油不断带到主轴直径最高处表面，然后自流进入轴瓦表面冷却润滑摩擦面，从摩擦面流出的热油自由下落到轴承座内。透过有机玻璃的观察窗 6 可以观察滚动式带油环供油量的状况，通过有机玻璃的管状油标 1，可以观察轴承座内润滑油的油位，如果不慎加油使得油位过高的话，可以打开溢油塞 7 放出多余的润滑油，当发现油位过低时，可以打开注油孔 9 加油。长杆式温度变送器 17 的探头直接插入下轴瓦体内，在机组测温制动屏柜上用温度巡检仪监视并显示轴瓦温度。图 2-32 为形同高压锅密封圈的滚动式带油环。作为小诀窍，增加带油环内环的粗糙度，可以增加带油环的滚动速度，增加供油量，降低瓦温。

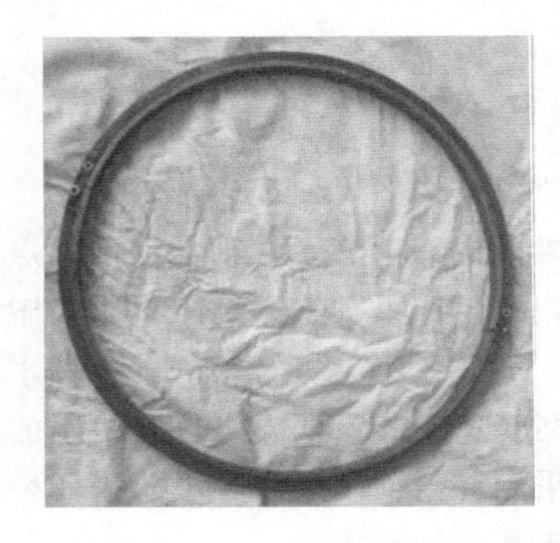

图 2-32　滚动式带油环

图 2-33 为轴承盖没盖上时的滚动式带油环的径向轴承，轴瓦前后缺口 2、3 中的滚动式带油环还没有套上。下半瓦 1（参见图 2-14 中 1）瓦背的中间直接安放在轴承座 4 上面，因此下半瓦两侧下面是悬空的。然后将水轮机主轴 5 安放在下半瓦 1 上面，将两根分半组合结构的滚动式带油环套住主轴 5 和下半瓦 1 两侧，两根组合后的滚动式带油环上部分悬挂在主轴上而下部分悬空泡在轴承座的油面以下。最后盖上上半瓦 6（参见图 2-14 中的 2）。由

于上半瓦瓦面开了两条带油环槽（参见图 2－14 中的 3、4），下半瓦两侧开了两个缺口 2、3，因此盖上上半瓦 6 后不影响带油环跟随主轴慢慢滚动，最后盖上轴承盖。

（2）转动式带油环供油。图 2－34 为转动式带油环的卧式筒式分半瓦。与滚动式带油环的卧式筒式分半瓦不同的是，转动式带油环的卧式筒式分半瓦的上半瓦 4 与下半瓦 6 完全一样，只是在上半瓦 4 上需要开一个 1/2 轴瓦长的轴向进油孔 2，在轴向进油孔的末端再开一个与上半瓦 4 瓦面连通的径向进油孔 3。转动系统重量全部压在下半瓦 6 上，轴瓦间隙全部集中在主轴 1 与上半瓦 4 瓦面之间，通过对分半瓦组合面上铜垫片 5 的加垫或抽垫，可以调整上半瓦与主轴表面之间的轴瓦间隙。

图 2－33　滚动式带油环的径向轴承

1—下半瓦；2—后缺口；3—前缺口；4—轴承座；5—水轮机主轴；6—上半瓦；7—螺栓；8—飞轮

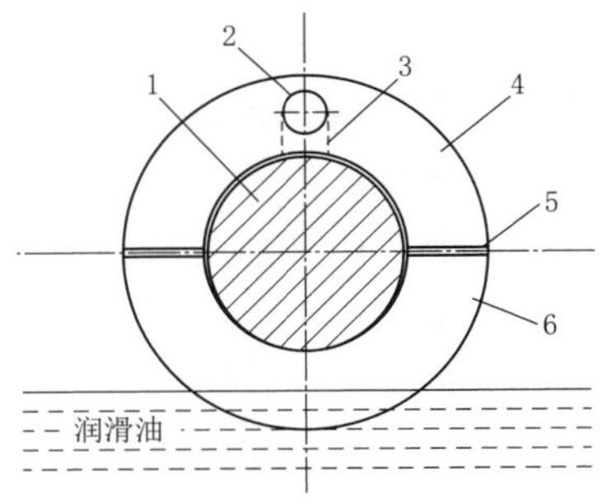

图 2－34　转动式带油环的卧式筒式分半瓦

1—主轴；2—轴向进油孔；3—径向进油孔；4—上半瓦；5—铜垫片；6—下半瓦

图 2－35 为转动式带油环。分半结构的转动式带油环正面有六片刮板。分半结构可以方便地将转动式带油环固定在主轴上跟着主轴一起旋转。图 2－36 为转动式带油环供油原理图。将分半组合结构的转动式带油环 3 有六片刮板的正面紧贴着轴瓦端面固定安装在主轴 4 上，转动式带油环跟着主轴一起旋转。固定不转的进油罩 1 形状就像中间开一个大孔的圆形大烟灰缸，完全罩住带油环，带油环位于进油罩与轴瓦端面之间的环状空间里的径向间隙和轴向间隙都很小，转动式带油环的直径足够大，保证转动式带油环底部和进油罩底部全部泡在轴承座润滑油油面以下，当带油环跟着主轴一起旋转时，进油罩内带油环的刮板相当于一个叶轮泵，不断把进油罩底部的润滑油带到顶部，经上半瓦的轴向进油孔 2、径向进油孔进入轴承摩擦面，从摩擦面出来的热油自由下落到轴承座内进入再次循环。作为小诀窍，用厚铜板弯成 90°的角钢形状，固定在两个刮板之间，相当于增加了刮板，可增加供油量，降低瓦温。

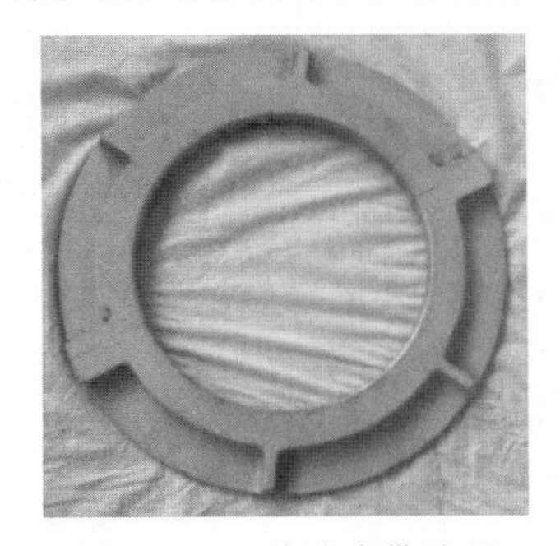

图 2－35　转动式带油环

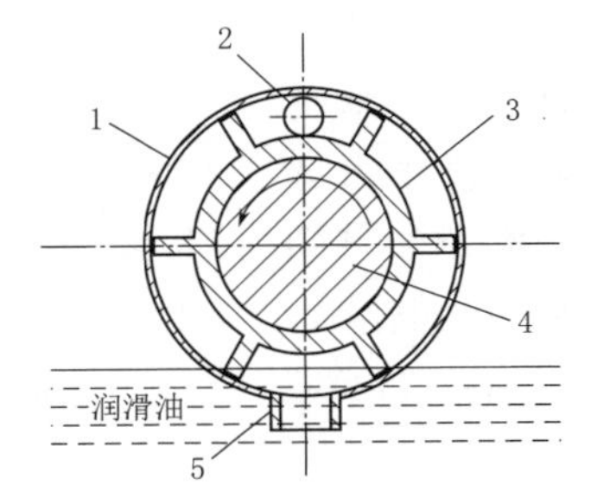

图 2－36　转动式带油环供油原理图

1—进油罩；2—轴向进油孔；3—转动式带油环；4—主轴；5—进油管

2. 卧式径向推力滑动轴承

在大部分卧式机组中，径向推力轴承布置在最靠近转轮处作为水导轴承。与卧式径向轴承一样存在轴瓦润滑和轴承漏油的矛盾，解决办法有滚动式带油环供油、推力盘缺口供油和推力盘刮板供油三种供油方法。

(1) 滚动式带油环供油的径向推力轴承。图2-37为滚动式带油环供油的卧式径向推力轴承，下轴瓦与图2-15的相同，也有径向瓦部分4和推力瓦盒部分3。径向瓦部分4的上下瓦结构与图2-14的相同，瓦面也浇注了巴氏合金，并在上瓦瓦面也开有两条带油环槽，以便主轴旋转时，套在主轴上的两根滚动式带油环可以自由跟着滚动。上下轴瓦组合后形成的推力瓦盒内与大推力盘1之间均布了八块扇形推力瓦2，由于机组容量较小，推力瓦背后没有调整螺钉，完全靠安装来保证八块推力瓦在同一个垂直面上，使得每块推力瓦所受的轴向水推力均等。当机组旋转时，套在主轴上的滚动式带油环不断将轴承座内的润滑油带到位置较高的主轴表面，然后分成两路：一路向径向瓦供油，一路向推力瓦盒内的推力瓦供油。这种供油方法的供油量不会很大，适用500kW的四支点卧式低压机组。

(2) 推力盘缺口供油。图2-38为缺口供油的大推力盘，大推力盘3与主轴2整体制造，在大推力盘圆柱面上加工了四个带油的缺口4，大推力盘3与小推力盘1之间的主轴表面布置径向推力轴承的径向部分。大推力盘4的左侧圆环面上均布有八块扇形推力瓦，进油罩由右向左将大推力盘的右圆环面和外圆柱面完全罩住。

图2-37 滚动式带油环径向推力轴承

1—大推力盘；2—推力瓦；3—推力瓦盒部分；4—径向瓦部分；5—水轮机主轴

图2-38 缺口供油的大推力盘

1—小推力盘；2—主轴；3—大推力盘；4—缺口

图2-39为推力盘缺口的供油原理图，大推力盘5的直径足够大，保证大推力盘底部、进油罩6底部全部泡在轴承座润滑油的油面以下，进油罩内的大推力盘5的圆环面和外圆柱面的间隙都很小，当大推力盘5和主轴8一起顺钟向旋转时，进油罩6中大推力盘缺口7不断把进油罩底部的润滑油带到顶部，饱含在缺口中的润滑油到达进油罩顶部时空间突然变大，在离心力作用下，润滑油沿着圆周旋转切线方向甩出，越过固定在进油罩上的拾油板2进入专门的轴向进油孔3，到达推力瓦与径向瓦中间部位，然后分兵两路，一路自上而下地润滑推力瓦、一路自上而下地润滑径向瓦。分半结构的进油罩用螺栓4组合成一个整体，分半结构拆装方便。透过有机玻璃板的观察孔1，可以观察缺口供油的情况，这种供油方式比滚动式带油环供油量大，适用较大容量的卧式高压机组。

(3) 推力盘刮板供油。图2-40为刮板供油的大推力盘，大推力盘2左侧圆环面上均布八块扇形推力瓦，右侧圆环面上固定了六片刮板3。图2-41为刮板带油的供油结构图，大推力盘9右侧的圆环面上均布了六片刮板10，进油罩11将大推力盘完全罩住，此时的大推力盘9与刮板10的带油方法跟图2-36的原理完全相同。大推力盘的直径足够大，保证大推力盘底部刮板、进油罩底部全部泡在轴承座润滑油油面以下。经过油冷却器冷却后出来的冷油从进油罩的进油管12进入进油罩底部。当大推力盘9和主轴1一起旋转时，进油罩中大推力盘圆环面上的刮板相当于一个叶轮泵，不断把进油罩底部的润滑油带到顶部。作为小诀窍，用厚铜板弯成90°的角钢形状，固定在两个刮板之间，相当于增加了刮板，可增加供油量，降低瓦温。

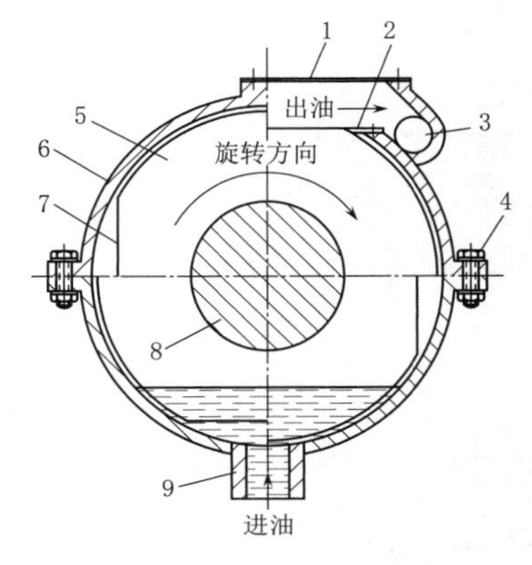

图2-39　推力盘缺口供油原理图

1—观察孔；2—拾油板；3—轴向进油孔；4—螺栓；5—大推力盘；6—进油罩；7—缺口；8—主轴；9—进油管

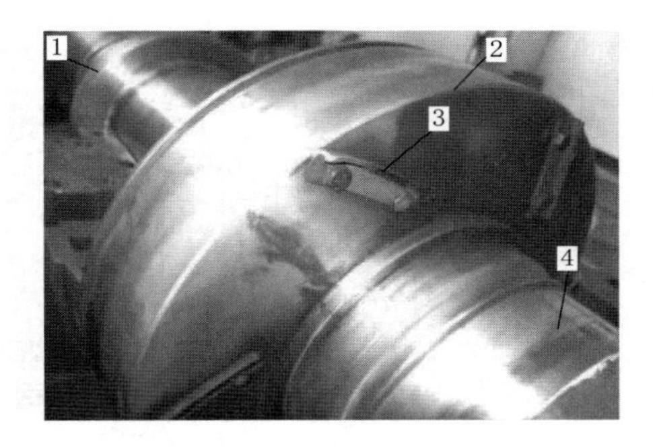

图2-40　刮板供油的大推力盘

1—小推力盘；2—大推力盘；3—刮板；4—主轴

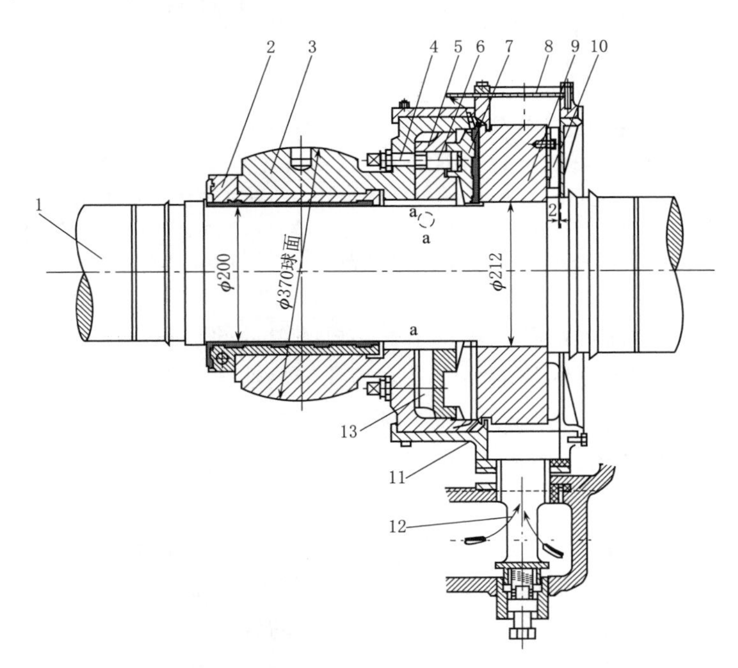

图2-41　刮板带油的供油结构图

1—主轴；2—径向分半瓦；3—轴承体；4—调整螺钉螺纹；5—托架；6—调整螺钉头部；7—推力瓦；8—观察窗；9—大推力盘；10—刮板；11—进油罩；12—进油管；13—径向出油孔

图 2-42 为刮油板供油的卧式滑动径向推力轴承结构图，采用推力盘刮板供油比推力盘缺口供油的供油量大，适用高转速的卧式高压机组。饱含在刮板 10 间的润滑油到达进油罩顶部时，空间突然变大，离心力作用下，润滑油沿着旋转切线方向越过固定在进油罩上的拾油板进入专门的轴向进油孔，到达推力瓦 8 与径向瓦 2 的中间部位，从与径向瓦端面 290mm 处的径向出油孔 17 流出到达主轴表面 a 腔然后兵分两路，一路润滑冷却推力瓦摩擦面，另一路润滑冷却径向瓦摩擦面。

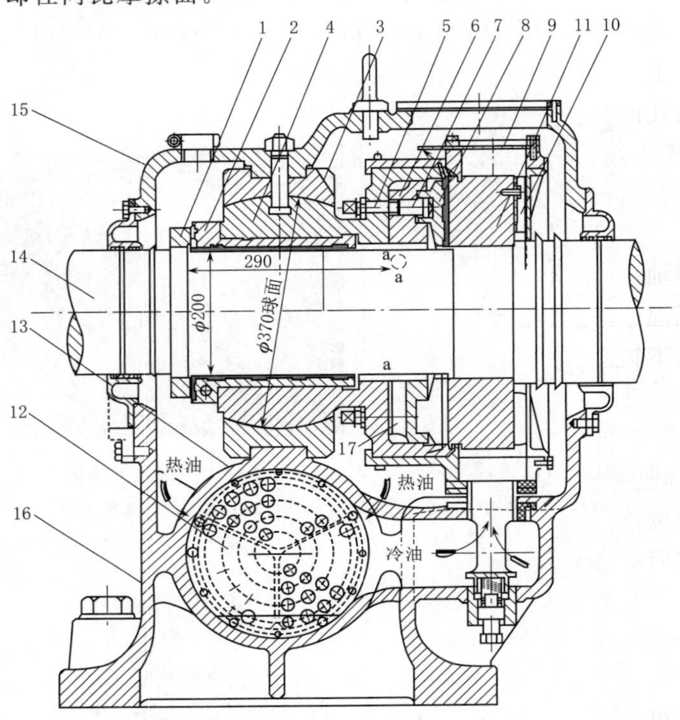

图 2-42　刮油板供油的卧式滑动径向推力轴承结构图

1—小推力盘；2—径向分半瓦；3—轴承体支座；4—轴承体；5—调整螺钉；6—托架；7—调整螺钉头部；8—推力瓦；9—观察孔；10—刮板；11—大推力盘；12—油冷却器；13—冷油桶；14—主轴；15—轴承盖；16—轴承座；17—径向出油孔

卧式滑动轴承的轴承座内部容积比较小，存放润滑油的空间远没有固定油盆的立式滑动轴承大，因此确保从轴瓦流出的热油能充分冷却并使热油与冷却后的冷油可靠分流是保证卧式滑动轴承连续稳定工作的必备条件。轴承座下部的圆柱形冷油桶 13 的轴线与上部的主轴线相互垂直，油冷却器 12 由许多并联的铜管排组成（参见图 6-59），油冷却器安放在冷油桶内。冷油桶在轴线方向的两侧上方 45°的桶壁上开了两个长方形的热油进油孔；冷油桶在轴线方向的中间右侧水平方向开了一个矩形的冷油出油孔，冷油出油孔与进油罩底部的进油管连接。从径向瓦和推力瓦摩擦面出来的热油自由下落到冷油桶上面，不得不从两个热油进油孔进入冷油桶，在冷油桶内用隔板设计好热油流动的路径，使热油迂回穿过油冷却器的铜管排，铜管内流动的冷却水对铜管外流动的热油进行充分冷却后，冷油不得不从冷油桶的冷油出油孔流出，直接进入进油罩底部，进行再次对轴瓦的润滑冷却循环。进入冷油桶的是热油，流出冷油桶的是冷油。流进油冷却器铜管排的是冷水，流出油冷却器铜管排的是热水。

所以，用冷油桶将从轴瓦流出的热油与冷却后的冷油可靠分流，用冷油桶内的油冷却器对热油进行充分冷却。透过有机玻璃板的观察孔 9，可以观察刮板供油的情况。

因为机组容量较大，瓦面为巴氏合金的径向分半瓦是单独制成后安放在上下分半轴承体 4 孔内。上半轴承体与下半轴承体组合后形成的环状推力瓦盒内布置了分半的托架 6，托架圆环面上有八个凹槽，推力瓦凸出的瓦背正好镶入凹槽内。每块推力瓦的瓦背都有一颗调整螺钉 5，推力瓦盒右圆环面上布置了八块扇形推力分块瓦，调整螺钉的头部 7 顶在推力瓦瓦背的顶孔内，转动调整螺钉总能使八块推力瓦在同一个垂直面上。上、下轴承体左侧布置了筒式径向分半瓦，上、下轴承体组合后的外柱面是一个直径 370mm 的球面，分半制造的轴承体支座 3 球面内孔的直径也是 370mm，正好与轴承体球形柱面吻合，盖上并螺栓压紧轴承盖 15 后，轴承支座在轴承座 16 与轴承盖之间固定，当主轴稍微有点倾斜或轴承座稍微有点倾斜时，球形轴承体在球形轴承支座内能自己调整位置（如同图 2－8 的自整位功能），整个轴承照样能正常工作，所以该轴承具有自整位功能。

径向分半瓦下轴瓦与下轴承体之间垫有 0.02～0.05mm 不等的铜垫片，当三支点卧式机组某一个径向瓦温过高时，往往是该轴承分半瓦下轴瓦与下轴承体之间垫放的铜片太厚，使得该轴承分半瓦下轴瓦在三支点卧式机组的三个轴承的径向瓦中位置偏高，该下轴瓦承受转动系统的重量过重造成瓦温过高，通过抽垫可以降低瓦温。通过对筒式分半瓦上、下轴瓦组合面的铜垫片加垫或抽垫可以调整筒式径向瓦上轴瓦与主轴表面之间的轴瓦间隙。

与主轴 14 整体制造的大推力盘 11 和小推力盘 1 限制了主轴的轴向位移。当机组正常运行时，水流作用水轮机转轮的轴向水推力方向向左，大推力盘与推力瓦 8 接触摩擦，限制机组转动系统左移，此时小推力盘不起作用。当机组由于事故紧急停机时，导叶在极短的时间内紧急关闭，立式机组中的抬机现象出现在卧式机组中，使得作用在水轮机转轮的轴向推力瞬间反向向右，水流作用整个转动系统向右位移，小推力盘 1 与筒式径向分半瓦 2 的端面接触摩擦，限制机组转动系统右移，此时大推力盘 11 不起作用。分半径向瓦和分块推力瓦被大小推力盘夹在中间，从而限制了转动系统在轴向水推力作用下的左右轴向位移。图 2－43 为大小推力盘照片。

图 2－43　大小推力盘照片

1—小推力盘；2—主轴；3—大推力盘

三、贯流灯泡式机组滑动轴承

贯流灯泡式机组全都是卧式布置。为了给其他设备布置腾出灯泡体内有限宝贵的空间，贯流灯泡式机组的轴承润滑油全部采用外循环，轴承座内不再有存储润滑油的空间，使轴承座体积大大减小。位于厂房顶部的机组轴承高位油箱由高程差产生重力，润滑油在重力作用下自流进入轴承摩擦面。从轴承摩擦面流出的热油自流落入轴承座的底部，经轴承座底部的回油管自流到机组底部外面水轮机廊道内的回油箱。油泵进口接回油箱，油泵出口接油冷却器。回油箱的热油经油泵加压后流经油冷却器，冷却后的冷油被强行送往高处的机组轴承高位油箱，高位油箱的冷油再次循环冷却润滑轴承摩擦面。机组轴承高位油箱又称重力油箱。灯泡贯流式机组的轴承按结构分有径向轴承、双向推力轴承和径向双推力轴承三种类型。按轴承高位油箱送往轴承的进油方式分有上进油和下进油两种方式。

1. 径向轴承

灯泡贯流式机组的径向轴承跟卧式混流式机组的径向轴承结构基本相同，图 2-44 为 SX 水电厂灯泡贯流式机组的上进油径向轴承。所有部件都是上下分半结构。下轴承体支座 10 安放在轴承座 5 上，直径 740mm 的半圆球形下轴承体 3 安放在半圆球形凹面的下轴承体支座内，下轴瓦 2 安放在下轴承体上，水轮机主轴 1 安放在下轴瓦的瓦面上，再盖上与下轴瓦对称的上轴瓦，盖上与下轴承体对称的上轴承体，盖上与下轴承体支座对称的上轴承体支座 8，最后盖上轴承盖 11，并将轴承盖用螺栓压紧在轴承座上，使得组合后的上、下轴承体外面成为一个直径 740mm 的圆球，正好与上、下轴承体支座直径 740mm 球形内孔吻合。当由于安装造成水轮机主轴稍有倾斜时，圆球在圆球凹面内会自动调整位置，使得径向轴承照样能正常工作，因此该轴承具有自整位功能。由于润滑油采用外循环，由前轴承罩 4、后轴承罩 6、前端盖 9、后端盖 7 围成一个很小的轴承内空间，使得轴承的体积大大减小。来自高位油箱的润滑油经进油管、轴承盖上的进油孔，自上而下地穿过轴承盖、上轴承体支座、上轴承体和上轴瓦，进入轴承摩擦面。同时，从下轴瓦摩擦面出来的热油自由下落到前、后轴承罩的底部并经回油管流入水轮机廊道内的回油箱。

图 2-45 为下进油径向轴承。薄薄圆鼓形的球面轴承体 9 的球头直径 1115mm，球头在球面轴承座 10 内能自动调整位置，使得该径向轴承在主轴 1 的轴线稍有倾斜时有自调整功能。前轴承罩 5、后轴承罩 4、前端盖 6、后端盖 3 围成的轴承内空间使轴承体积大大减小。主轴是压在水平安放的下分半瓦 8 上，下分半瓦弧形瓦面开有两个油孔，水轮机正常运行时，来自 25m 高处的机组轴承高位油箱的润滑油经下进油管 12 在两个油孔产生约 0.2MPa 油压，在主轴转动和油的黏滞力作用下，在下径向瓦与主轴 1 之间形成润滑油膜，润滑冷却摩擦面。当较长时间停机时，转动系统的重量使得主轴 1 与下径向瓦之间的油膜被挤干，下轴瓦瓦面上的两个顶油孔正好被主轴压住，高位轴承油箱的润滑油一时无法形成润滑油膜，如果不顶主轴直接启动，会发生下径向瓦干摩擦烧瓦事故。因此在启动机组前，下进油管接高压顶油泵，高压顶油泵产生约 20MPa 的高压油顶起主轴，在主轴与下径向瓦面之间形成润滑油膜后再启动机组。从摩擦面出来的热油自流从回油管 13 流回到机组底部下面一层的水轮机廊道内的回油箱。转桨式水轮机主轴和发电机主轴布置了粗信号油管 14 和细信号油管 15，用来输送桨叶接力器的油压调节信号。前甩油环 7 和后甩油环 2 将沿主轴表面企图渗漏出来的油甩到前后端盖内。

2. 双向推力轴承

卧式混流式机组利用大推力盘和小推力盘来限制卧式机组转动系统的轴向位移，贯流式机组利用正向推力瓦和反向推力瓦来限制转动系统的轴向位移。双向推力轴承按轴瓦间隙调整方式不同分单侧调整和双侧调整两种方式，按轴承进油方式不同分上进油和下进油两种方式。

图 2-46 为下进油单侧调整双向推力轴承，发电机法兰盘 3 与水轮机主轴 10 的法兰盘用连轴螺栓 12 刚性连接。水轮机法兰盘直径比发电机法兰盘直径小，在水轮机法兰盘外柱面上用倒吊螺栓 16 将环状推力盘 6 固定在发电机法兰盘 3 上，推力盘 6 的直径比发电机法兰盘 3 的直径大，大出的环状端面与环状推力瓦 4 对应，环状推力瓦用螺栓固定在轴承座 18 和轴承盖 5 上。扇形分块推力瓦 7、推力瓦盒 9 和调整螺钉 11 的结构与卧式混流式机组

的推力轴承完全相同（参见图 2－42）。当机组正常运行时，水流作用水轮机转轮的轴向水推力方向向右，推力盘 6 与扇形分块推力瓦 7 接触摩擦，限制机组转动系统右移，此时环状推力瓦不起作用。当机组由于事故紧急停机，导叶紧急关闭导致水流突然中断时，作用水轮机转轮的轴向推力瞬间反向向左，推力盘 6 与环状推力瓦 4 接触摩擦，限制机组转动系统左移，此时扇形分块推力瓦不起作用。推力盘被分块推力瓦和环状推力瓦夹在中间，从而限制了转动系统在轴向水推力作用下的左右轴向位移。环状推力瓦固定不能进行轴向间隙调整，因此推力轴承的轴向间隙靠调整扇形分块推力瓦来保证的。

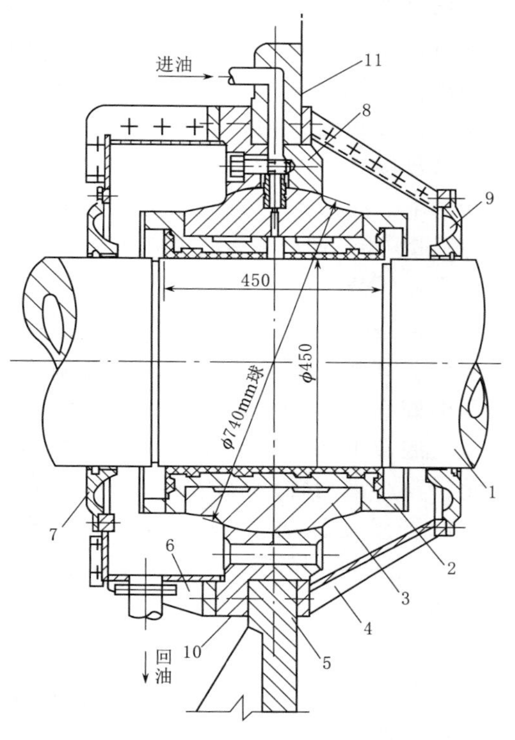

图 2－44　上进油径向轴承

1—主轴；2—下轴瓦；3—下轴承体；4—前轴承罩；
5—轴承座；6—后轴承罩；7—后端盖；
8—上轴承体支座；9—前端盖；
10—下轴承体支座；11—轴承盖

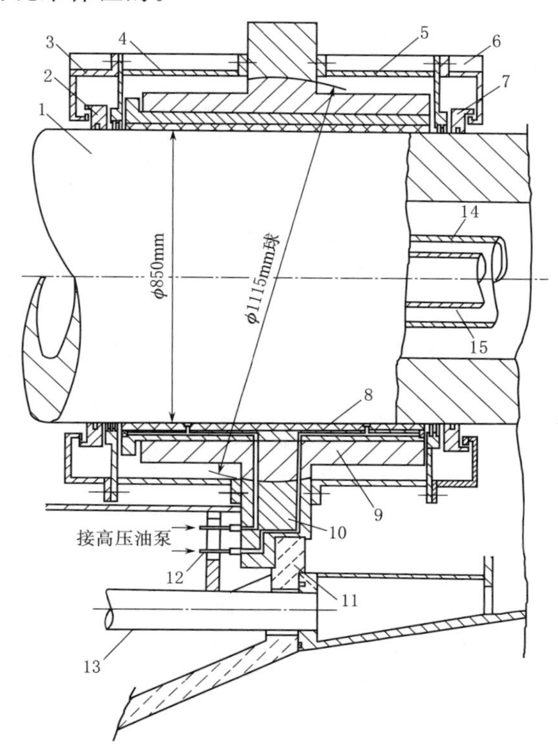

图 2－45　下进油径向轴承

1—主轴；2—后甩油环；3—后端盖；4—后轴承罩；
5—前轴承罩；6—前端盖；7—前甩油环；8—下分半瓦；
9—球面轴承体；10—球面轴承座；11—机壳；
12—下进油管；13—回油管；
14—粗信号油管；15—细信号油管

机组轴承高位油箱的润滑油靠重力经右边进油管到达水轮机法兰盘端面，在推力盘旋转时对润滑油产生的离心力的作用下，润滑油离心地流过分块推力瓦 7，润滑冷却分块推力瓦的摩擦面。从分块推力瓦摩擦面出来的热油经右边回油管流回到水轮机廊道的回油箱。机组轴承高位油箱的润滑油靠重力经左边进油管 17 到达发电机法兰盘 3 的外圆柱面，在推力盘旋转时对润滑油产生的离心力的作用下，润滑油离心地流过环状推力瓦 4，润滑冷却环状推力瓦的摩擦面。从环状推力瓦摩擦面出来的热油经左边回油管流回到水轮机廊道的回油箱。粗信号油管 13 套在细信号油管 15 外面，两者将水轮机主轴和发电机主轴内孔分隔成 a、b、c 三个腔，用来输送桨叶接力器油压调节信号。

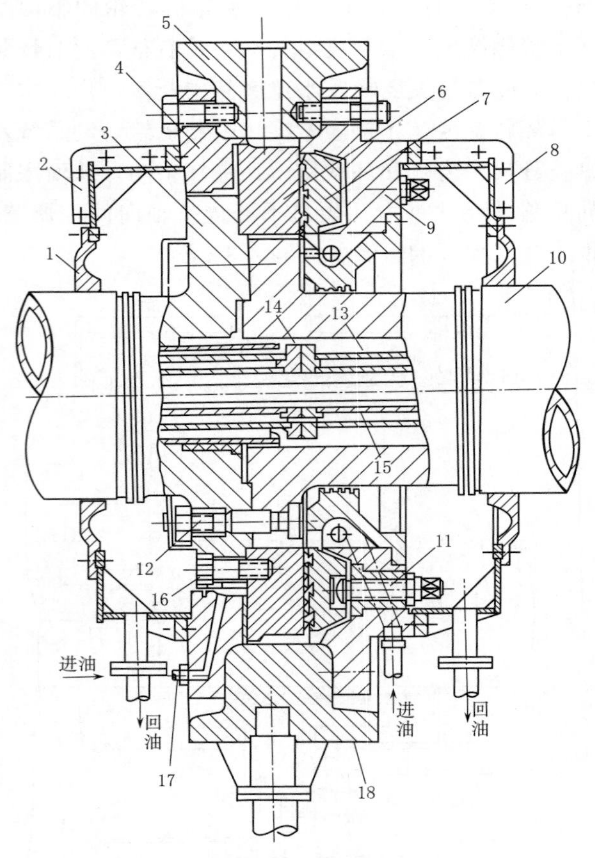

图 2－46　下进油单侧调整双向推力轴承

1—后端盖；2—后轴承罩；3—发电机法兰盘；4—环状推力瓦；5—轴承盖；6—推力盘；7—分块推力瓦；8—前轴承罩；9—推力瓦盒；10—水轮机主轴；11—调整螺钉；12—连轴螺栓；13—粗信号油管；14—油管法兰盘；15—细信号油管；16—倒吊螺栓；17—进油管；18—轴承座

图 2－47 为 SX 水电厂灯泡贯流式机组的上进油双侧调整双向推力轴承，推力盘 18 位于发电机主轴 1 的中间位置并与发电机主轴整体制造，上进油双向推力轴承的特点是在推力盘两侧布置了结构完全相同的扇形分块推力瓦，正向分块推力瓦 10 和反向分块推力瓦 17 都可以调整推力盘与推力瓦之间的轴瓦间隙。来自机组轴承高位油箱的润滑油经两根进油管分别自流到达正向推力瓦盒 6 和反向推力瓦盒 4 内的主轴表面，然后在推力盘旋转时对润滑油产生的离心力的作用下，润滑油离心地流过正向分块推力瓦 10 和反向分块推力瓦 17，润滑冷却推力瓦的摩擦面，从摩擦面离心甩出来的热油碰撞到直径最大处的环状回油腔上盖 5 和环状回油腔下盖 14 后汇集在回油腔底部，然后经回油腔管自流回到机组底部下面一层水轮机廊道内的回油箱。整个推力轴承靠固定在灯泡体内壁上的轴承支撑架 3、7 支撑。温度传感器 12 插入推力瓦体内，直接测量推力瓦的瓦温。

3. 径向双推力组合轴承

图 2－48 为上进油径向双推力组合轴承。由于其将径向轴承和双向推力轴承在结构上组合在一起，因此称组合轴承。反向推力盘 6 用螺栓固定在发电机主轴 2 上与主轴一起旋转，用倒吊螺栓将正向推力盘 3、发电机主轴法兰盘 17 和发电机转子轮辐 1 三者刚性连接在一起，正向推力盘 3 也与发电机主轴一起旋转。瓦背为球形的径向分半瓦 5 安装在球形轴承座 4 内，使得径向轴承具有自整位功能。增加或抽去径向分半瓦结合面上的铜片，可以调整径向轴承的轴瓦间隙。调整反向分块推力瓦 15 瓦背的调整螺钉可以调整反向分块推力瓦与反向推力盘的轴瓦间隙。调整正向分块推力瓦 16 瓦背的调整螺钉可以调整正向推力瓦与正向推力盘 3 的轴瓦间隙。

当机组正常运行时，水流作用水轮机转轮的轴向水推力方向向右，正向推力盘 3 与正向推力瓦接触摩擦，限制机组转动系统右移，此时反向分块推力瓦 15 不起作用。当机组由于事故紧急停机，导叶紧急关闭导致水流突然中断时，作用水轮机转轮轴向推力瞬间反向向左，反向推力盘 6 与反向推力瓦 15 接触摩擦，限制机组转动系统左移，此时正向推力瓦不起作用。正反向推力瓦被正反向推力盘夹在中间，从而限制了转动系统在轴向水推力作用下的左右轴向位移。轴承座安装在轴承支架 11 上，轴承支架安装在机座 9 上。来自机组位轴承高位油箱的润滑油经正推轴承进油管 12 向正向推力瓦摩擦面提供润滑冷却油，经反推轴承进油管 13 向反向推力瓦摩擦面提供润滑冷却油，经径向轴承进油管 14 向径向分半瓦摩擦面提供润滑冷却油。从摩擦面流出的热油自流下落经回油管 8 流回到机组底部下面一层水轮廊道内的回油箱，供油泵进口接回油箱，出口接油冷却器，供油泵将热油经过冷却后打入高位油箱，实现再次循环进入轴承，润滑冷却轴承轴瓦。

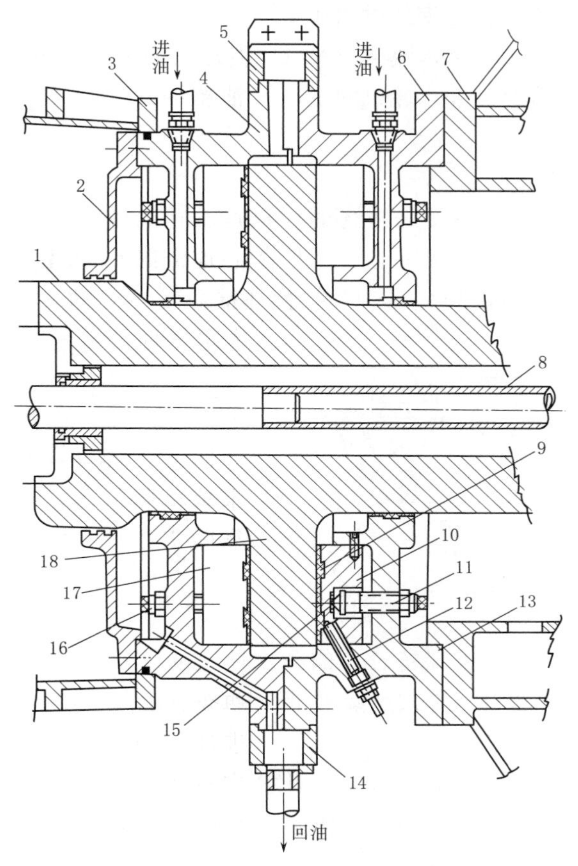

图 2-47　上进油双侧调整双向推力轴承

1—发电机主轴；2—后端盖；3、7—支撑架；4—反向推力瓦盒；5—环状回油腔上盖；6—正向推力瓦盒；8—细信号油管；9—氟塑料瓦面；10—正向分块推力瓦；11—正向调整螺钉；12—温度传感器；13—密封橡皮圈；14—环状回油腔下盖；15—合金垫块；16—反向调整螺钉；17—反向分块推力瓦；18—推力盘

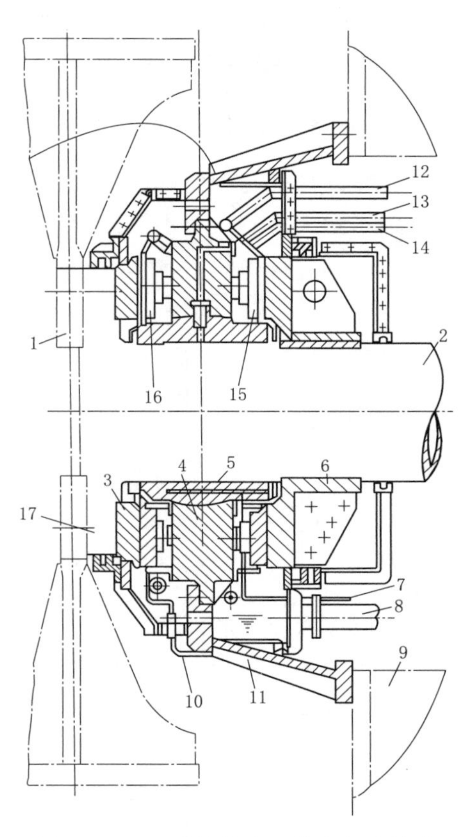

图 2-48　上进油径向双推力组合轴承

1—转子轮辐；2—发电机主轴；3—正向推力盘；4—球形轴承座；5—径向分半瓦；6—反向推力盘；7、10—高压油管；8—回油管；9—机座；11—轴承支架；12—正推轴承瓦进油管；13—反推轴承瓦进油管；14—径向瓦进油管；15—反向分块推力瓦；16—正向分块推力瓦；17—发电机主轴法兰盘

第三节　密　　封

密封的作用是在反击式水轮机中减小水轮机转动部件与固定部件之间的漏水量，提高水轮机容积效率。由于冲击式转轮在大气中进行能量转换，因此不需要密封装置。由于结构上

的原因和为了安装检修时拆装方便，密封中许多零件多采用分半组合结构。

一、密封类型

按密封部位分有主轴密封和转轮密封两种，按密封形式分有接触密封和不接触密封两种。接触密封的转动部件与固定部件之间经耐磨柔性密封件接触，靠耐磨柔性密封件将转动部件与固定部件之间的漏水间隙堵死，能做到点水不漏，但是有机械摩擦损失。实际中，必须保持少量漏水，以便润滑冷却接触密封摩擦面，接触密封适用在主轴的密封。不接触密封的转动部件与固定部件之间不接触，靠增加漏水流道上的水流阻力来减小漏水量，不能做到点水不漏，没有机械摩擦损失，适用在转轮的密封和高转速水轮机的主轴的密封。

二、不接触密封

由于转动部件与固定部件之间没有接触，因此不接触密封的优点是没有机械摩擦损失，缺点是漏水量大。每一对不接触密封都是由一个安装在转动部件上的转动环和一个安装在固定部件上的固定环组成。常见的不接触密封有间隙密封、迷宫密封、阶梯密封和梳齿密封四种类型，如图 2 - 49 所示。

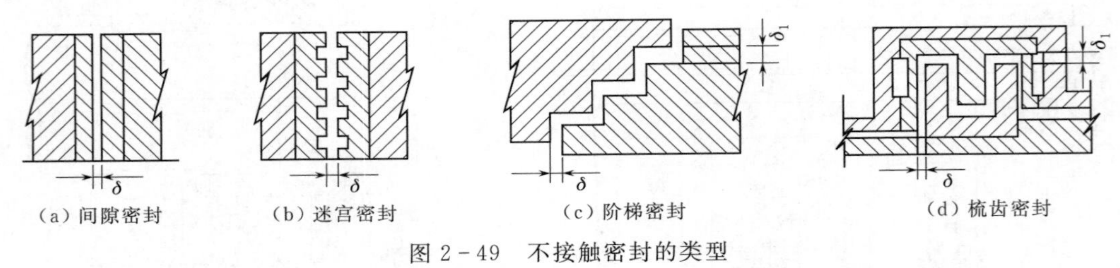

图 2 - 49　不接触密封的类型

(1) 间隙密封。间隙密封的转动环和固定环之间保持较小的漏水通道的间隙 δ，间隙 δ 越小，流水通道的阻力越大，靠增大漏水通道的阻力来减小漏水量，结构最简单，制造、安装、检修最方便，是四种形式中漏水量最大的一种。

(2) 迷宫密封。迷宫密封的转动环和固定环之间漏水通道的间隙 δ 大小多次变化，每次间隙 δ 的变化对应着漏水流速的变化，每次漏水流速的变化就增加一次水流阻力，靠多次流速变化增加漏水通道的阻力来减小漏水量。

(3) 阶梯密封。阶梯密封的转动环和固定环之间漏水通道间隙 δ 大小变化的多次 90°转弯，使漏水通道的水流流速大小、方向多次变化，每次漏水流速大小和方向的变化都会增加一次水流阻力，靠多次流速大小和方向变化增加漏水通道的阻力来减小漏水量，由于阶梯密封的漏水通道的始端（左端）所在位置的直径大，末端（右端）所在位置的直径小，水流在漏水通道中流动时所受的离心力是反抗漏水水流流动的，有利于减小漏水量。

(4) 梳齿密封。梳齿密封的转动环和固定环之间漏水通道的间隙 δ 大小多次变化和多次 90°迂回转弯，与阶梯密封的原理相同，也是靠多次流速大小和方向变化增加漏水通道的阻力来减小漏水量，也是漏水通道的始端（左端）所在位置的直径大、末端（右端）所在位置的直径小，水流在漏水通道中流动时所受的离心力反抗漏水水流流动，有利于减小漏水量。梳齿密封结构最复杂，制造、安装、检修最麻烦，但是梳齿密封是四种类型中漏水量最小的。

1. 转轮不接触密封

反击式水轮机转轮能量转换时，极大部分水流 Q_e（有效流量）从叶片流过（图 2-50），将水能转换成机械能。但是有一部分水流从转轮与顶盖的间隙处漏走，另一部分水流从转轮与底环的间隙处漏走，引起水轮机容积效率下降。因此，对转轮漏水必须采取密封止水措施。由于转轮直径较大，如果采用接触密封的话，接触密封对转轮的摩擦阻力矩很大（刹车效应）而消耗机械能，降低水轮机输出机械力矩，因此，转轮密封只能采用不接触密封。

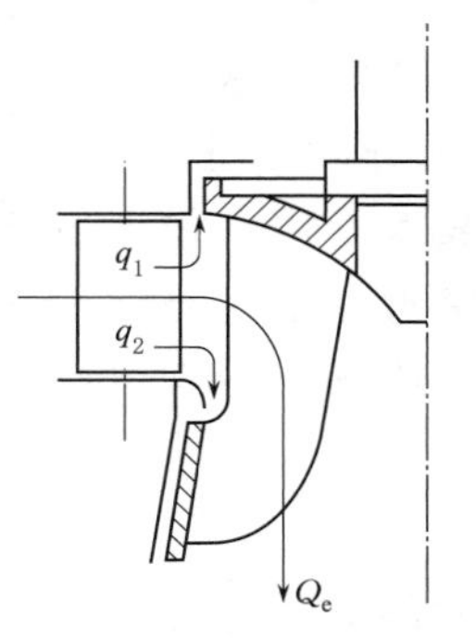

（a）混流式转轮漏水

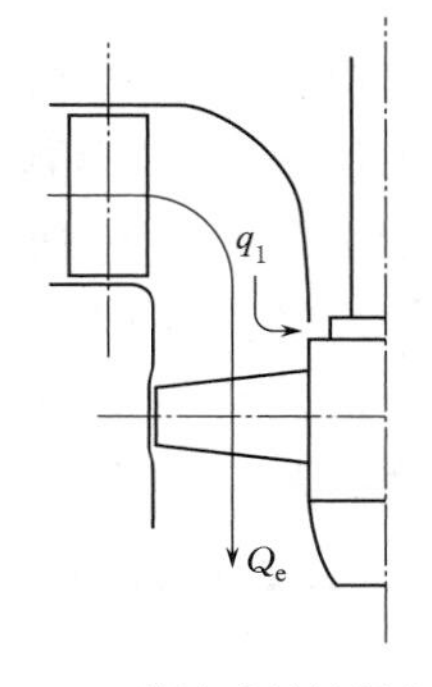

（b）轴流式转轮漏水

图 2-50　反击式水轮机的转轮漏水

图 2-51 为混流式水轮机的转轮密封，转轮 9 的上冠与顶盖 2 之间采用梳齿密封（也常用在轴流式水轮机的支撑盖与转轮之间），梳齿密封固定环 5 安装固定在顶盖上，转动环 6 直接加工在转轮上冠上。转轮的下环与底环 4 之间采用迷宫密封，迷宫密封固定环 7 安装固定在底环上，迷宫转动环 8 直接加工在转轮下环上。

梳齿密封结构最复杂、密封止水效果最好，但是因为转动环被固定环完全罩住，安装检修时密封间隙 δ 无法测量，常用的间接测量方法是将水导轴承径向瓦取出，使水轮机主轴处于悬挂状态，在垂直水轮机主轴 1 的方向顶一只千分表，在相隔 180°的对面用手推处于悬挂状态的水轮机主轴，根据千分表读数就可以知道这个方向的梳齿密封间隙。

图 2-51　混流式水轮机的转轮密封
1—水轮机主轴；2—顶盖；3—导叶；4—底环；5—梳齿固定环；6—梳齿转动环；7—迷宫固定环；8—迷宫转动环；9—转轮

2. 主轴不接触密封

转速在 1500r/min 的水轮机中，如果主轴还是采用接触密封的话，高转速下的密封件很容易摩擦发热烧毁，为此在 1500r/min 的水轮机中，主轴密封采用不接触密封（图 2-52）。由于转速较高，最后漏出的水可以用甩水环 1 产生的离心力将漏水甩到固定密封环 2 的内壁，再从排水管排走，就像在转动的雨伞上，在离心力的作用下伞面水珠总是沿伞面流到伞面直径最大处的伞边飞出。图 2-52（a）的迷宫间隙变化有 3 次，图 2-52（b）的迷宫间隙虽然只变化了 1 次，但是漏水通道是从圆锥体直径大的一端流向直径小的一端，离心力效应也是阻止漏水流动的阻力之一。

由于不接触主轴密封漏水量比较大，作为主轴密封时，需要大量排水，采用这种结构的水轮机从表面现象看起来主轴密封滴水不漏，其实以大量排水作为代价的，因此，不接触密封用作主轴密封不是很合适，在转速低于 1000r/min 的水轮机主轴密封中普遍还是采用接触密封。

三、主轴接触密封

主轴接触密封对水轮机转动系统会产生摩擦阻力矩，将消耗一定的机械能，由于水轮机主轴直径比转轮直径小得多，产生的摩擦阻力矩也小得多，因此，接触密封只应用在水轮机主轴密封中。

由于油润滑水导轴承不得进水，因此主轴密封位于顶盖与水导轴承之间，由于水润滑水导轴承本身就是用水作为润滑冷却剂，因此主轴密封位于水导轴承上面。常见的主轴接触接触密封有填料密封和端面密封两大类。

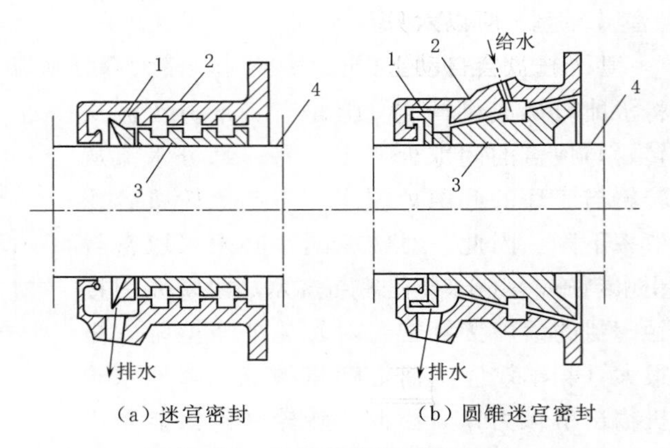

图 2-52　水轮机主轴不接触密封

1—甩水环；2—固定密封环；3—转动密封环；4—水轮机主轴

(一) 填料密封

图 2-53 为石棉盘根填料主轴密封结构图，水轮机主轴 12 的中心线两侧的双点划线表示实际的主轴更粗，因为这里主要为反映复杂的主轴密封结构，所以用双点划线表示主轴没有按实际比例画图。该水轮机的水导轴承是水润滑橡胶瓦面 3 轴承，所以主轴密封设在橡胶轴承体 1 的上面。在不动的填料盒 14 与转动的水轮机主轴表面之间形成一个环状圆柱空间，按环状空间的周长剪好 4～6 根石棉盘根 10 或炭精盘根，盘根形似断面为正方形粗麻绳，然后将每一根剪好的盘根弯成盘根圆圈放入盒内，上下两个盘根圆圈的搭迭缝应错开 180°，可以减少从盘根搭迭缝渗漏出来的漏水，再用压环 11 压紧，使石棉或炭精盘根压扁堵死漏水通道。盘根填料主轴密封的密封效果好，但缺点是石棉或炭精盘根对主轴表面有磨损，泥沙较多的水电站主轴表面磨损比较严重。运行中石棉或炭精盘根会产生正常的磨损，增加漏水量，这时需要将压环再次压紧。但是压环压紧度应允许盘根有少量漏水，以润滑冷却盘根摩擦面，密封渗漏水从排水管 7 排走。

(二) 主轴端面密封

接触密封的磨损是不可避免的，为消除接触密封对主轴的磨损，将接触密封的摩擦面从水轮机主轴表面转移到可方便拆卸更换的转动密封环的端面上，如果转动密封环出现磨损，可以方便地进行更换。常见的端面密封形式有机械式密封环端面密封、液压式密封环端面密封和液压式橡皮板端面密封三种。

1. 机械式密封环端面密封

图 2-54 为机械式密封环端面密封，因为机械式密封环端面密封相对于水轮机主轴 7 轴线基本对称，所以图中只画了半剖视图，除了引导柱 4 和弹簧 5 以外，所有部件都是圆环形的。

安装在顶盖 9 上的密封座 6 固定均布了六根引导柱 4，每根引导柱上套一只受压弹簧 5，托盘 3 周边的六只孔很宽松地套在六根引导柱上，整个托盘安放在六只受压的弹簧上。托盘上用圆环形压板固定了一个梯形断面的固定密封环 2，固定密封环用耐磨的尼龙或碳精制成。分半结构的转动密封环 1 安装在水轮机主轴 7 上与水轮机主轴一起旋转。转动密封环下平面为不锈钢环，由不锈钢环与固定密封环接触密封，构成端面密封。不锈钢环不会生锈且光滑摩擦系数小，可以减小对固定密封环的磨损。由于不锈钢环下平面紧紧压在不转动的固定密封环上，所以六只弹簧同时受压。当固定密封环出现磨损后，在六只受压的弹簧作用下，整个托盘会自动上升，从而使端面密封间隙永远为零。固定密封环对转动密封环的压紧力不能太大，应保证密封端面有少量的渗漏水，以便润滑冷却密封摩擦面，否则固定密封环会发热烧坏。当电站水质较差或需要调相运行时，可从外部专门引水经托盘径向孔、固定密封环轴向孔向端面密封的摩擦面提供润滑、冷却水。"O"形橡皮条 8 可以减少托盘向上移动时托盘与密封座之间的漏水。机械式密封环端面密封的弹簧容易生锈，生锈造成托盘与引导柱卡住或弹簧卡住是密封漏水的主要原因。

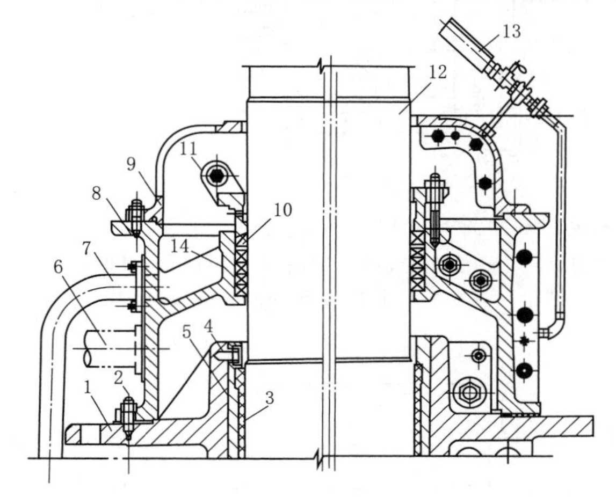

图 2-53　石棉盘根填料主轴密封结构图

1—轴承体；2—螺栓；3—橡胶瓦面；4—轴瓦紧固螺钉；5—轴瓦；6—轴承润滑水管；7—密封渗漏排水管；8—密封座；9—端盖；10—石棉盘根；11—压环；12—水轮机主轴；13—水压表；14—填料盒

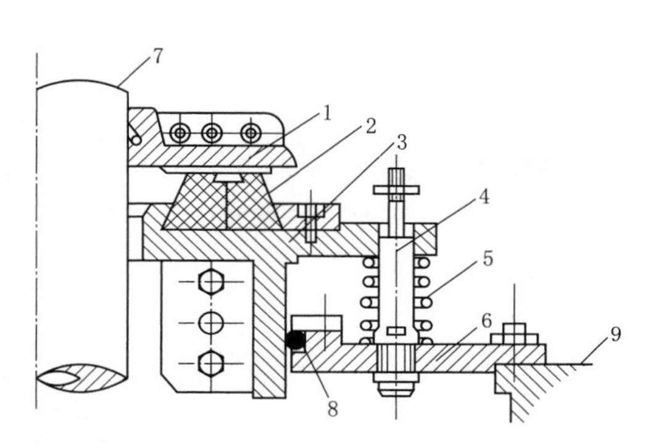

图 2-54　机械式密封环端面密封

1—转动密封环；2—固定密封环；3—托盘；4—引导柱；5—弹簧；6—密封座；7—水轮机主轴；8—"O"形橡皮条；9—顶盖

2. *液压式密封环端面密封*

图 2-55 为液压式密封环端面密封，水轮机主轴法兰盘 11 与转轮 12 用连接螺栓 10 刚性连接，连接螺栓上面本来就有一个防护罩 9（参见图 1-40 中 1），在防护罩上增加一个不锈钢转动密封环 3。固定在顶盖 2 上向下的活塞缸式密封座 8 的环形槽内布置了一个矩形断面的固定密封环 4，固定密封环用耐磨的尼龙或碳精制成。固定密封环 4 上面的密闭空腔接清洁的压力水，在水压作用下固定密封环 4 可以像活塞那样在槽内向下移动，将固定密封环下平面向下紧紧压在转动密封环上，由不锈钢环与固定密封环接触密封，构成端面密封。当固定密封环出现磨损后，在压力水作用下，整个固定密封环会自动下移，从而使端面密封间隙永远为零。固定密封环上均布四个轴向孔，使得压力水能从固定密封环的内部润滑冷却接触密封的摩擦面，防止端面摩擦发热。从端面密封渗漏出来的少量渗漏水从排水管 5 排走，密封座顶部由压环 6 和"O"形橡皮条 13 构成第二道主轴密封，使这种主轴密封装置的密封效果更好。由于结构简单，水压作用力均匀，不会出现机械式密封环端面密封中弹簧生锈发卡现象，因此近年来被广泛应用。

3. *液压式橡皮板端面密封*

图 2-56 为液压式橡皮板端面密封，适用在采用橡胶轴承的水轮机中。图中最右边的水轮机主轴没有画，因为液压式橡皮板端面密封相对水轮机主轴是基本对称的，所以图形只显

示对称部件的左半部分。除了螺栓和排水管 7，其他所有部件都是便于拆装的分半圆环形。

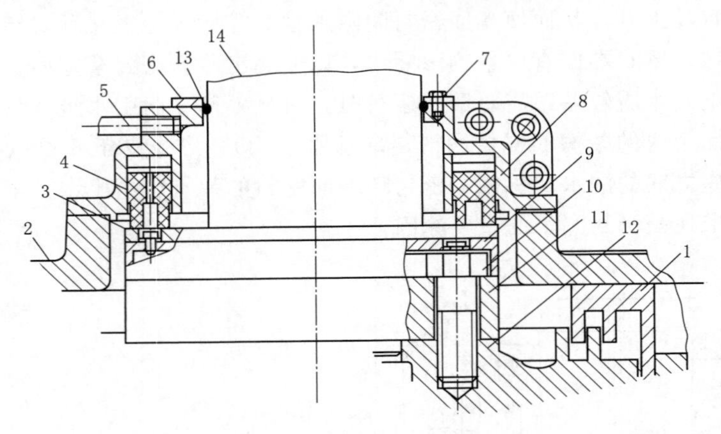

图 2-55　液压式密封环端面密封

1—转轮梳齿密封；2—顶盖；3—转动密封环；4—固定密封环；5—排水管；6—压环；7—螺钉；8—密封座；9—防护罩；10—连接螺栓；11—主轴法兰盘；12—转轮；13—“O”形橡皮条；14—水轮机主轴

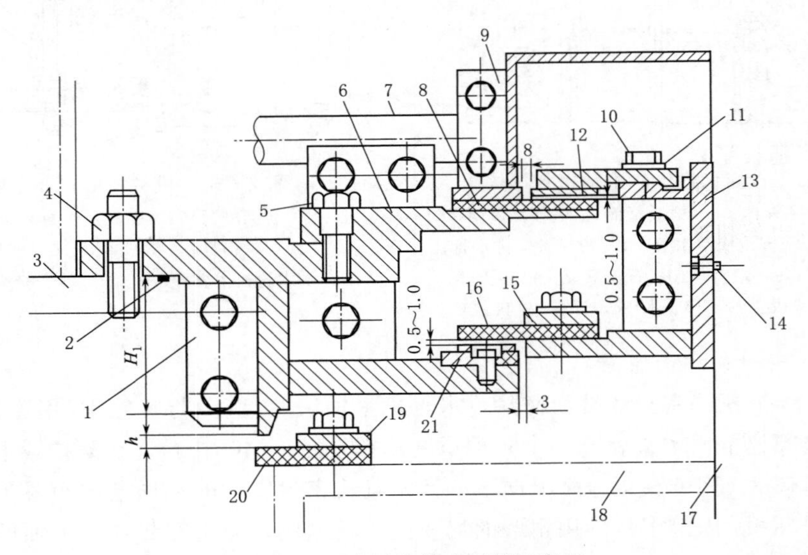

图 2-56　液压式橡皮板端面密封

1—密封座；2—“O”形橡皮条；3—顶盖；4、5、10—紧固螺钉；6—托盘；7—排水管；8—橡皮板固定环；9—密封盖；11—弹簧垫圈；12—不锈钢转动环；13—转动筒；14—止头螺钉；15、19—压板；16—橡皮板转动环；17—水轮机主轴；18—主轴法兰保护罩；20—检修密封橡皮板；21—不锈钢固定环

用止头螺钉 14 将转动筒 13 固定在水轮机主轴 17 上，转动筒随水轮机主轴一起旋转，转动筒带着上部的不锈钢转动环 12 和下部的橡胶板转动环 16 一起转动。固定在顶盖 3 上的密封座 1 上部有一个橡胶板固定环 8，下部有一个不锈钢固定环 21。当密封座内通入压力水后，上部的橡胶板固定环 8 在水压作用下发生挠曲变形，紧紧压在对应的不锈钢转动环上，达到止水密封的效果。下部的橡胶板转动环在水压作用下也发生挠曲变形，紧紧压在对应的不锈钢固定环上，达到止水密封的效果。应保证上下两个端面密封有少量的渗漏水，以便润滑冷却橡胶摩擦面。渗漏水可以从排水管 7 排走。当机组检修时，检

修密封橡皮板 20 上面是空气，下面是压力水，在水压作用下圆环状的检修密封橡胶向上发生挠曲变形，紧紧向上压在密封座的底部环形薄壁上，达到机组检修时的止水的目的。

第四节　飞　　轮

当机组断路器跳闸甩负荷时，导叶或喷针在调速器的操作下会以最快关闭时间 T_s 自动关闭。导叶最快关闭时间 T_s 越短，转速上升最大值 n_{max} 越低，离心力对机组转动系统威胁越小，但是压力管路水锤压力越高，压力上升最大值对压力管路威胁越大；导叶最快关闭时间 T_s 越长，转速上升最大值 n_{max} 越高，离心力对机组转动系统威胁越大，但是压力管路水锤压力越低，压力上升最大值对压力管路威胁越小。也就是说，甩负荷导叶紧急关闭时，转速上升最大值与压力上升最大值是一对矛盾。

立式机组的发电机转子径向尺寸往往比较大，整个机组转动系统的转动惯量（相当于直线运动的惯性）也比较大，当满足压力上升最大值对导叶最快关闭时间的要求时，转速上升最大值 n_{max} 一般不会超出允许值。卧式机组的发电机转子径向尺寸往往比较小，整个机组转动系统的转动惯量也比较小，当满足压力上升最大值对导叶最快关闭时间的要求时，转速上升最大值 n_{max} 往往会超出允许值。为此，卧式机组往往在机组转动系统上人为增设飞轮来增加转动系统的转动惯量，使得在同样的导叶最快关闭时间 T_s 下，机组转速上升最大值 n_{max} 不超过允许值。增设了飞轮后，机组正常运行时增加了微小的径向轴承的摩擦力，机组开机加速时间延长了，停机减速时间延长了。机组正常额定转速运行时既不增速也不减速，飞轮相当于不存在，没有任何其他不利影响。卧式机组增设的飞轮还提高了并网前的机组稳定性，又为机组停机时的制动刹车提供了刹车部位。

图 2-57 为法兰盘式飞轮，中间的法兰盘部分的作用和结构与图 1-42 中的法兰盘完全相同，将法兰盘的直径加大许多就既有法兰盘的作用又有飞轮的作用。法兰盘式飞轮与水轮机主轴也是轴孔配合键连接，广泛应用在 500kW 以下的弹性连接的低压卧式机组中（参见图 1-28 中的 2）。

图 2-58 为卧式三支点机组刚性连接的轮盘式飞轮，十颗螺栓将飞轮与左右两侧的水轮机主轴法兰盘和发电机主轴法兰盘三者刚性连接，又笨又重的飞轮夹在两个法兰盘中间（参见图 1-41），安装技术要求高。在卧式四支点弹性连接机组中，轮盘式飞轮安装卧式水轮机主轴中间（参见图 1-27 中的 5），跟水轮机主轴为轴孔配合键连接，安装技术要求相对简单方便。

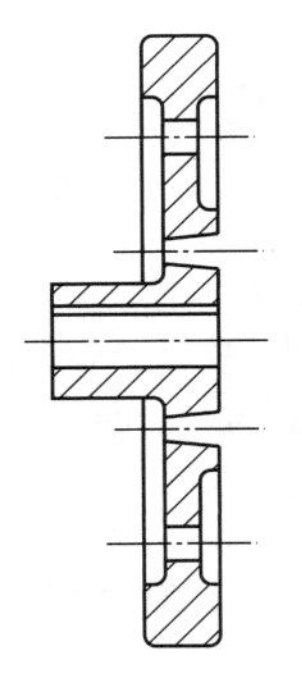

图 2-57　法兰盘式飞轮

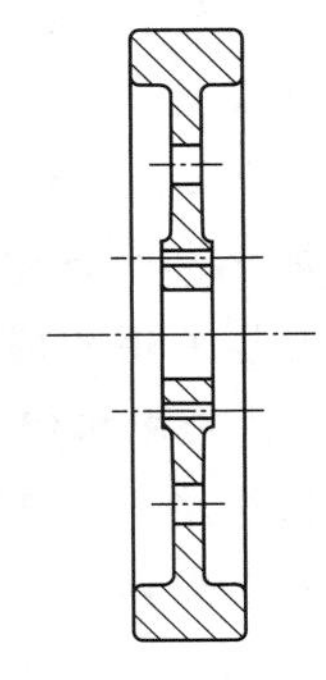

图 2-58　轮盘式飞轮

习 题

一、判断题（在括号中打√或×，每题2分，共10分）

2-1. 立式机组推力瓦承受轴向水推力的同时还得承受转动系统的重量。 （ ）

2-2. 在卧式径向滑动轴承中，转动系统重量全部压在下轴瓦上，上轴瓦不受力。（ ）

2-3. 通过对卧式径向滑动轴承分半瓦组合面上铜垫片的加垫或抽垫可以调整下轴瓦与主轴表面之间的轴瓦间隙。 （ ）

2-4. 密封的作用是在冲击式水轮机中减小水轮机转动部件与固定部件之间的漏水量。 （ ）

2-5. 橡胶轴承润滑冷却水只需一个独立的供水水源。 （ ）

二、选择题（将正确答案填入括号内，每题2分，共30分）

2-6. 水轮机非过流部件的性能好坏直接影响机组的（ ）性能。

A. 机械　B. 电气　C. 水力　D. 运行

2-7. 立式机组上导径向轴承决定机组转动系统轴线（ ）的轴线中心位置。

A. 轴线方向　B. 水平方向　C. 垂直方向　D. 水平和垂直方向

2-8. 卧式机组的推力轴承承受（ ）。

A. 转动系统的重量　B. 固定部件的重量

C. 水流对转轮的轴向水推力　D. 转动系统的重量及水流对转轮的轴向水推力

2-9. 立式机组上导径向推力滑动轴承采用（ ）配合巧妙解决了立式轴承的漏油问题。

A. 挡油筒与推力头　B. 挡油筒与轴令

C. 推力头与轴令　D. 转动油盆

2-10. 立式机组下导径向滑动轴承采用（ ）配合巧妙解决了立式轴承的漏油问题。

A. 挡油筒与推力头　B. 挡油筒与轴令

C. 推力头与轴令　D. 转动油盆

2-11. 立式机组（ ）不需要挡油筒与轴令就能巧妙解决了立式轴承的漏油问题。

A. 固定油盆水导轴承　B. 转动油盆水导轴承

C. 固定油盆下导轴承　D. 水润滑橡胶轴承

2-12. 所有立式和卧式滑动轴承承受正向轴向水推力的推力瓦只有一种（ ）形式。

A. 圆弧分块瓦　B. 扇形分块瓦　C. 筒式分半瓦　D. 筒式四瓣瓦

2-13. 转动立式机组下导滑动轴承径向分块瓦背后的调整螺钉，可以调整（ ）。

A. 机组轴线水平方向位置　B. 机组轴线垂直度

C. 径向瓦与主轴之间的轴瓦间隙　D. 机组轴线位置和径向瓦与主轴之间的轴瓦间

2-14. 转动立式机组径向推力滑动轴承推力瓦下面的抗重螺钉，可以调整（ ）。

A. 机组轴线水平方向位置　B. 机组轴线垂直度

C. 径向瓦与主轴之间的轴瓦间隙　D. 机组轴线位置和径向瓦与主轴之间的轴瓦间

2-15. 立式机组上导径向滑动轴承有（ ）结构形式。

A. 分块径向瓦一种　B. 分块扇形瓦一种

C. 分块径向瓦和分半径向瓦两种　　D. 分块径向瓦、分半径向瓦四瓣径向瓦三种

2-16. 立式机组转动油盆水导轴承的径向瓦有（　　）两种结构。

A. 分半瓦和四瓣瓦　　B. 四瓣瓦和分块瓦

C. 分块瓦和橡胶分半瓦　　D. 橡胶分半瓦和金属分半瓦

2-17. 卧式机组径向滑动轴承只能采用（　　）。

A. 分半瓦　　B. 四瓣瓦　　C. 径向分块瓦　　D. 扇形分块瓦

2-18. 以下（　　）述说是错误的。

A. 卧式机组轴承采用小推力盘来承受紧急停机时可能出现的反向轴向水推力

B. 立式机组轴承采用小推力盘来承受紧急停机时可能出现的反向轴向水推力

C. 贯流式机组轴承采用环状推力瓦来承受紧急停机时可能出现的反向轴向水推力

D. 贯流式机组轴承采用分块推力瓦来承受紧急停机时可能出现的反向轴向水推力

2-19. 大多数卧式机组的水导轴承是（　　）。

A. 径向推力轴承　B. 径向轴承　　C. 推力轴承　　D. 橡胶轴承

2-20. 冲击式水轮机非过流部件比反击式水轮机少一个（　　）。

A. 主轴　　B. 轴承　　C. 密封　　D. 飞轮

三、填空题（每空 1 分，共 30 分）

2-21. 按轴承受力不同分有________轴承和________轴承两大类。按减小轴承摩擦面阻力的方法不同分________轴承和________轴承两大类。

2-22. 直冷式__________瓦和________瓦的冷却效果特好，其中直冷式________瓦与冷却水管之间必须用软管连接。

2-23. 滑动轴承按瓦面材料分有__________瓦面、_________瓦面和________瓦面三种形式。

2-24. 立式机组水导轴承按润滑剂不同分有______润滑水导轴承和______润滑水导轴承。

2-25. 立式机组油润滑水导轴承按轴瓦结构不同分有________瓦水导轴承和________瓦水导轴承。

2-26. 卧式径向滑动轴承采用________式带油环或________式刮油板两种供油方式向位于油面以上的径向瓦提供源源不断的润滑油。

2-27. 卧式径向推力滑动轴承采用________式带油环供油、推力盘________供油和推力盘________供油三种方式向位于油面以上的径向瓦和推力瓦提供源源不断的润滑油。

2-28. 灯泡贯流式机组的轴承按结构分有__________轴承、____________轴承和__________轴承三种类型。按进油方式有______进油和______进油两种方式。

2-29. 按密封部位分有________密封和________密封两种，按密封形式分有________密封和__________密封两种。

2-30. 在卧式机组上人为增设飞轮来增加转动系统的__________，使得在同样的导叶最快关闭时间 T_s 下，机组转速上升________值不超过允许值。

四、简答题（5 题，共 25 分）

2-31. 立式水轮机径向推力滚珠轴承靠什么方法向在油面以上的双列滚珠径向轴承提供润滑油的？（6 分）

2－32. 橡胶水导滑动轴承润滑冷却水水质不好的后果。(4分)

2－33. 灯泡贯流式机组为什么要采用外循环润滑油？(4分)

2－34. 简述接触密封的优缺点及适用场合。(5分)

2－35. 简述接触密封和不接触密封的密封原理。(6分)

第三章　水轮机过流部件

水轮机结构上由四大过流部件和四大非过流部件组成。本章主要介绍水轮机的四大过流部件，包括引水部件、导水部件、工作部件和泄水部件。由于四大过流部件直接与水流打交道，因此四大过流部件的性能好坏直接影响水轮机的效率和汽蚀等水力性能。

第一节　引　水　部　件

引水部件的作用是以最小的水头损失将水流均匀、轴对称地引向工作部件（转轮），并形成水流一定的旋转量，可减小水流对转轮叶片头部进口的冲角，减小水头损失。引水部件有金属蜗壳引水室、混凝土蜗壳引水室、贯流引水室和明槽引水室四种类型。

一、金属蜗壳引水室

金属蜗壳引水室应用在混流式水轮机、斜流式水轮机和水头较高的轴流式水轮机中。金属蜗壳引水室在结构上由座环和蜗壳组成，图 3－1 为立式水轮机座环，由上环 1、下环 3 和若干个固定导叶 2 组成，固定导叶的个数一般为活动导叶个数的一半。座环的外围用薄壁型蜗壳团团围住，蜗壳断面形状为有开口的“C”形，“C”形断面面积沿程减小，因此外形如同蜗牛的壳，“C”形蜗壳断面的开口与上、下环连接。来自压力钢管的压力水一边圆周运动、一边径向运动，从蜗壳“C”形开口处流经固定导叶、活动导叶进入转轮。显然固定导叶对水流运动有一定的阻力，这是固定导叶不利之处，但是结构上必须用固定导叶撑住薄壁型蜗壳的“C”形的开口。圆环形上环里面的大孔安装顶盖，圆环形下环里面的大孔安装底环。

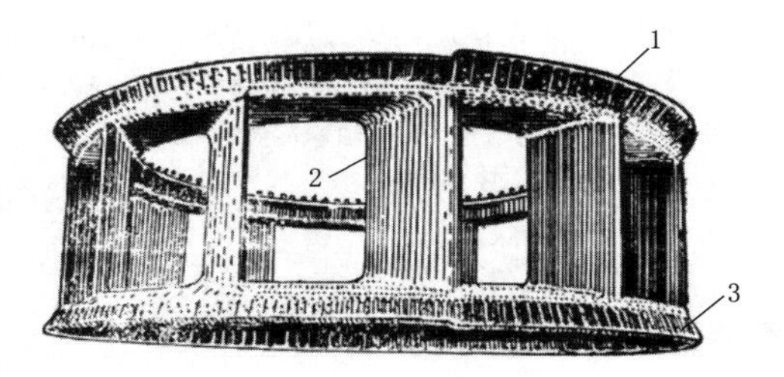

图 3－1　立式水轮机座环

1—上环；2—固定导叶；3—下环

图 3－2（a）为焊接结构的金属蜗壳引水室的外形。金属蜗壳引水室蜗形流道的包角 $\varphi_0=345°$ [图 3－2（b）]，进入转轮的大部分水流都是从蜗形流道流出，保证了水流进入转轮前有一定的旋转量，使得水流对转轮叶片头部的冲角较小，水流流态良好，水头损失小，水轮机效率高。金属蜗壳引水室对转轮来讲是水力性能最好的一种引水室，但是结构形状复杂，制造难度大，造价较高。图 3－3 为卧式整铸结构的金属蜗壳引水室，图 3－3（a）左半边除了压力表孔 4 和轴承冷却水取水孔 5 没有剖切外其余为全剖视，显示内部结构，图 3－3（b）右半边除了一个局部剖外其余没剖切，显示外部结构；采用了全剖视图，显示内部结构。座环和蜗壳一起用铸钢浇铸。放气阀孔 2 在机组开机前向蜗壳充水时，打开放气阀放气。在蜗壳检修时，打开放水阀孔 7 放尽蜗壳中剩余的积水。压力表孔 4 显示蜗壳进口压力。接机

组轴承冷却水取水孔 5，向机组轴承提供冷却水源。控制环座 6 用来安装导水机构控制环。

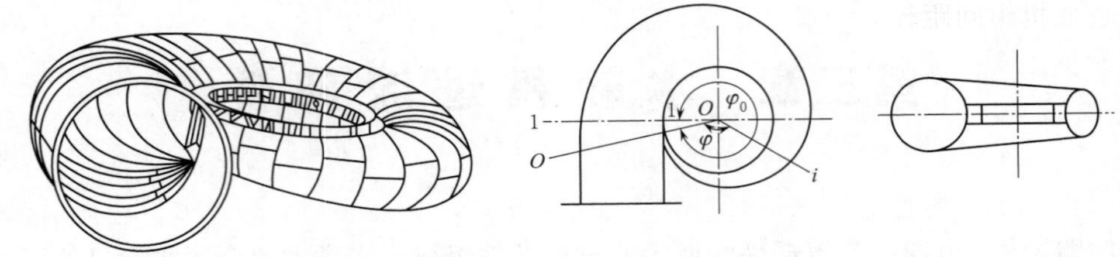

（a）立式焊接结构立体图　（b）俯视单线图　（c）剖视单线图

图 3-2　金属蜗壳引水室

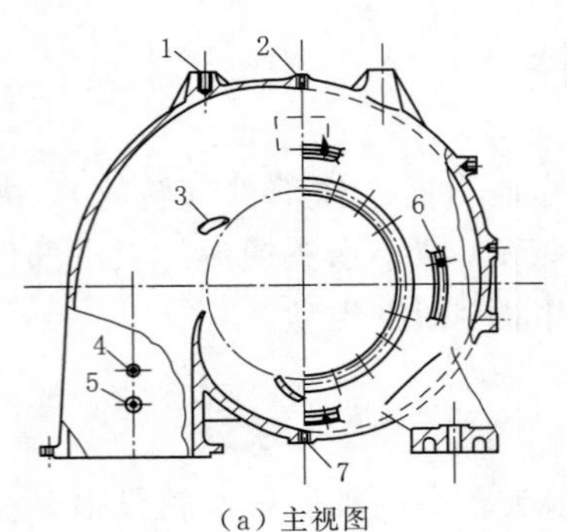

（a）主视图　（b）左视图

图 3-3　卧式整铸结构金属蜗壳引水室剖视图

1—起重吊耳孔；2—放气阀孔；3—固定导叶；4—压力表孔；5—轴承冷却水取水孔；6—控制环座；7—放水阀孔

卧式混流式机组布置的水轮机蜗壳进口段轴线垂直地面，使得来自水库和压力钢管水平段的水流进入蜗壳前必须转过 90°弯，使水流损失增加，因此卧式金属蜗壳引水室比立式金属蜗壳引水室的水流阻力大。有的低压机组水电厂将卧式水轮机的金属蜗壳转过 90°，使蜗壳进口段轴线与压力钢管水平段轴线重合（图 3-4），使水流进入蜗壳前不再需要转 90°，但是由此造成蜗壳进口段和压力钢管全都布置在厂房地面以上，蜗壳引水室布置受力不好，容易引起蜗壳振动，对于蜗壳小而轻、200kW 左右的低压小机组问题不大，但是在高压卧式机组中无法采用。

图 3-5 为水轮机制造厂家车间里的立式整铸结构金属蜗壳引水室照片，正在对金属蜗壳引水室 3 上进行顶盖、控制环 2、水导轴承 1 的预装。立式金属蜗壳引水室有两个固定导叶是空心结构，这样可以将顶盖主轴密封渗漏水经空心固定导叶排入厂房位置最低处的集水井中。

图 3-4　进口无转弯卧式金属蜗壳引水室布置图

图 3-5　立式整铸结构金属蜗壳引水室照片

1—水导轴承；2—控制环；3—金属蜗壳引水室

二、混凝土蜗壳引水室

在水头低、流量大的混流式或轴流式水轮机中，如果还是采用 345°包角的蜗形流道，将造成流过蜗壳进口断面的流量较大，使得蜗壳进口断面面积较大，蜗壳宽度较大，蜗壳宽度较大造成机组间距较大，最终造成厂房面积增大，厂房投资增加。为减小厂房投资，在水头较低的混流式或轴流式水轮机中，不得不采用部分蜗形流道的混凝土蜗壳引水室，混凝土蜗壳引水室的座环和金属蜗壳引水室的座环完全一样，用金属制成。混凝土蜗壳引水室金属座环的外围包角为 180°～225°范围内浇筑了混凝土蜗壳，蜗壳断面形状为有开口的梯形，断面面积沿程减小。混凝土蜗壳断面的开口与金属座环的上、下环连接。来自压力钢管的压力水一边圆周运动、一边径向运动，从混凝土蜗壳开口处流经固定导叶、活动导叶进入转轮。由于有将近一半的水流不再通过蜗形流道，而是从非蜗形流道直接经固定导叶、活动导叶进入转轮，这部分水流没有转轮所需要的进口旋转量，水流对转轮叶片头部的冲角较大，水流损失较大。因此，混凝土蜗壳引水室的水力性能比金属蜗壳引水室差。图 3－6（a）为混凝土蜗壳引水室的水平剖视图，蜗形流道包角 $\varphi_0=225°$；图 3－6（b）为帮助空间想象的混凝土蜗壳引水室的立体透视图，它的外面全部浇筑混凝土。

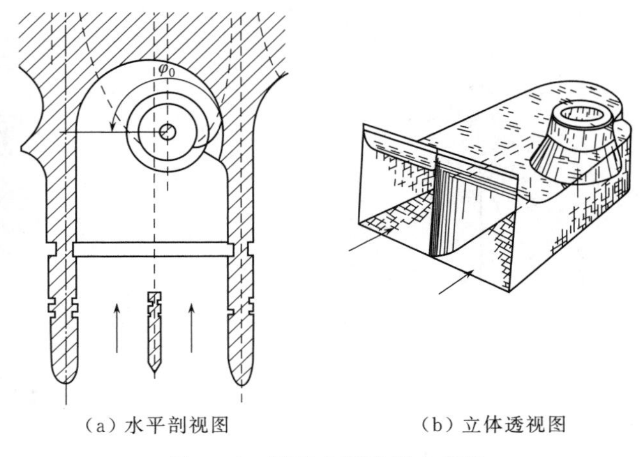

（a）水平剖视图　　（b）立体透视图

图 3－6　混凝土蜗壳引水室图

混凝土蜗壳引水室的蜗壳部分采用钢筋混凝土在现场浇注。由于混凝土浇注必须预先用木板立模，而矩形断面的立模要比圆形断面的立模方便得多，因此混凝土蜗壳引水室的蜗形流道断面形状采用矩形断面，以便能方便地立模浇注，图 3－7 是常见的几种混凝土蜗壳断面形状，其中形状二和形状四采用的较多。

三、贯流引水室

贯流引水室应用在贯流式水轮机中，贯流引水室由直通管和座环组成，直通管内的水流没有转轮所需要的进口旋转量，水流对转轮叶片头部的冲角较大，转轮进口水流损失较大。因此，贯流引水室的水力性能比混凝土蜗壳引水室还要差，但贯流引水室的过流能力很大，适用水头很低、流量很大的河床式电站和潮汐电站。

图 3－8 为贯流引水室进口端，贯流式引水室就是一根直通管 3，直通管的进口直接接上游水库的进水闸门，直通管的水流流道中央是巨大的灯泡体 2，灯泡体内安装水轮发电机组。灯泡体上下前后数个导流板 4 用来支撑流道中间沉重的灯泡体，最上面的一个导流板特别粗，运行人员可以通过垂直爬梯进出灯泡体，这个导流板称进人孔 1。水流从灯泡体和直通管之间的环形流道流过，再流过灯泡体后面的座环、活动导叶后进入转轮。显然直通管无法产生转轮进口对水流旋转量的要求，水流对转轮叶片头部冲角大，水头损失较大，造成水轮机效率较低。

四、明槽引水室

图 3－9 为两种不同形式的明槽引水室，明槽引水室其实是一个位于引水明渠末端面积

较大的正方形房间，房间内的水流来自引水明渠，房间顶部楼板的上面是发电厂厂房地面，房间楼板下面是下游尾水渠。如果厂房地面楼板下面的水是有自由表面的无压水时，称无压明槽引水室，水轮机主轴穿过厂房地面楼板处不需要设置主轴密封；如果厂房地面楼板下面的水是没有自由表面的有压水时，称有压明槽引水室，水轮机主轴穿过厂房地面楼板处时需要设置主轴密封。

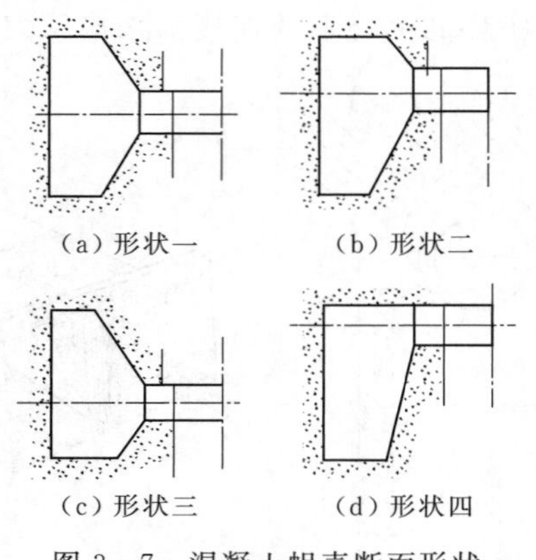

图 3-7 混凝土蜗壳断面形状

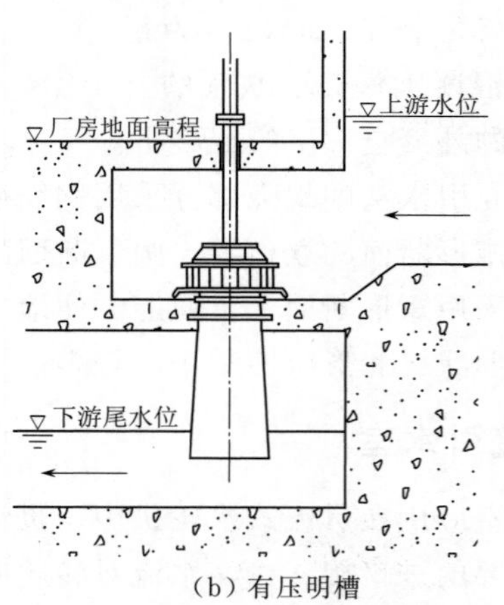

图 3-8 贯流引水室进口端

1—进人孔；2—灯泡体；3—直通管；4—导流板

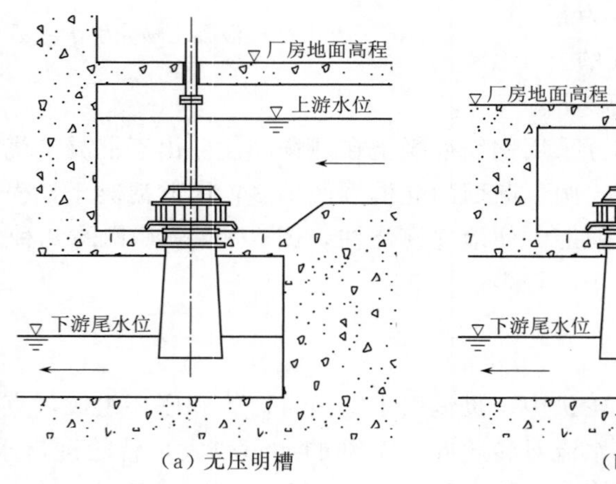

图 3-9 明槽引水室

明槽引水室的结构简单，但是水流进入转轮前没有转轮需要的水流旋转量，水流对转轮叶片头部冲角大，水轮机效率低，明槽引水室是四种引水室中水力性能最差的一种。适用500kW 以下、10m 水头以下的低水头轴流定桨式水轮机中。有的水电厂将水平面积为正方形的明槽引水室末端的两个 90°角用混凝土浇筑成两个圆弧形，可参见图 3-6 (a)，水流进入转轮的流态有所改进。

第二节 导 水 部 件

反击式水轮机导水部件位于引水部件与工作部件（转轮）之间水流的必经之路上，调节导水部件就可以调节从引水部件进入转轮的水流量，因此导水部件作用是根据负荷调节进入转轮的水流量及开机、停机。导水部件组成构件较多，因此又称导水机构。

一、导水机构的零件组成

导水机构一般由导叶、拐臂、连杆、剪断销、控制环、推拉杆、顶盖、底环和套筒九个部件组成，其中推拉杆、控制环、连杆、拐臂是带动导叶转动的导叶转动机构。

1. 导叶

导叶又称活动导叶，导叶的作用是根据机组负荷的变化，改变导叶叶片的转动的角度，调节进入转轮的水流量。根据导叶工作中导叶轴是否转动分转轴式导叶和定轴式导叶两种类型，大部分反击式水轮机采用转轴式导叶。图 3-10 为转轴式导叶照片，转轴式导叶的导叶轴与叶片 4 整体浇注。导叶长轴一端穿过顶盖伸出到外面的空气中，以便导叶转动机构可以从外面操作处于水流流道中的导叶叶片的角度，调节进入转轮的水流量。导叶转轴上布置了三个轴承，称三支点导叶，其中导叶长轴上有磨削光亮的导叶上轴径 1、中轴径 2 与装在套筒中的导叶上、中轴瓦（轴套）配合构成导叶的上、中轴承，导叶的短轴上有磨削光亮的导叶下轴径 3 与装在底环孔内的导叶下轴瓦（轴套）配合构成导叶的下轴承。高水头的混轮式水轮机转轮的进口高度往往很低，造成团团围住转轮进口的导叶叶片高度也很低，这时可以取消导叶短轴，省去底环上的导叶轴承，成为两支点导叶或悬臂式导叶。

2. 拐臂

拐臂的作用是在连杆带动下对导叶施加转动力矩，带动对应导叶转动。拐臂有单拐臂、开口拐臂和主副拐臂三种类型。

图 3-11 为单拐臂结构，其中图上半部分是全剖视的主视图，下半部分是俯视图。单拐臂 1 上的大孔与导叶轴 3 用圆柱分半键 2 轴孔配合键连接，为了安装检修拆装方便，采用圆柱分半键 2。单拐臂上的小孔与连杆用剪断销铰连接。单拐臂结构简单，但是当导叶被异物卡住剪断销剪断时，单拐臂与连杆脱离，在水流冲击下导叶带着失控的单拐臂自由摆动，由于单拐臂臂长较长，可能撞击相邻导叶的拐臂，引发相邻拐臂的剪断销剪断的事故连锁反应。

图 3-10　转轴式导叶照片

1—上轴径；2—中轴径；3—下轴径；4—导叶叶片

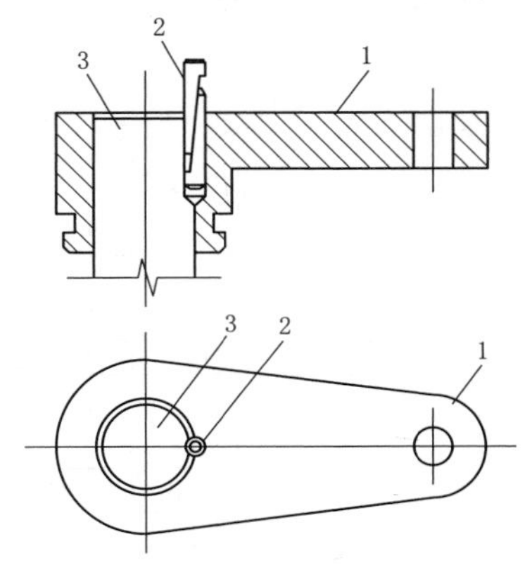

图 3-11　单拐臂结构

1—单拐臂；2—圆柱分半键；3—导叶轴

图 3-12 为开口拐臂结构。开口拐臂 1 上的大孔与导叶轴 3 也是用圆柱分半键 2 的轴孔配合键连接。大孔采用开口的优点是大孔与导叶轴可以采用加工要求较低的松动配合，在大

孔套在导叶轴上后靠夹紧螺栓 4 夹紧导叶轴，使得机械加工要求低，安装拆卸方便。采用开口拐臂的导水机构仅用在小型卧式混流式水轮机中。

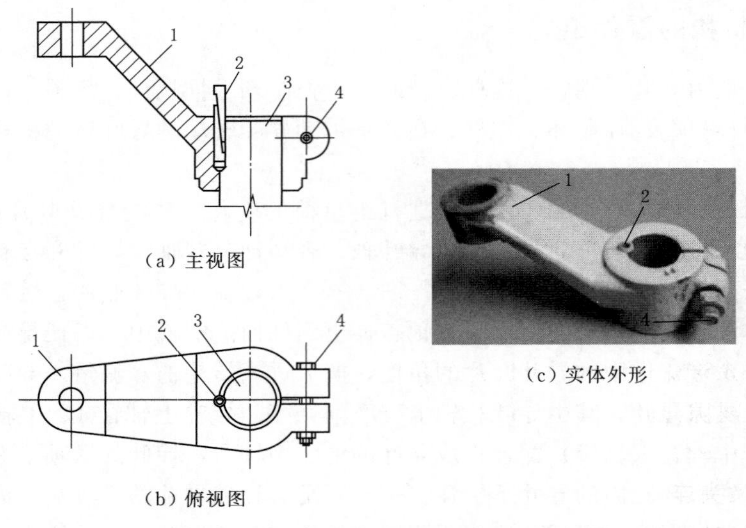

图 3-12 开口拐臂结构

1—开口拐臂；2—圆柱分半键；3—导叶轴；4—夹紧螺栓

图 3-13 为主副拐臂结构，其中图 3-13（a）为分解图，图 3-13（b）为全剖视的主视图，图 3-13（c）为俯视图。主拐臂 2 臂长较短，套在导叶轴 3 上，与导叶轴用圆柱分半键 4 轴孔配合键连接，副拐臂 1 是一块有三只孔的厚钢板，大孔套在主拐臂上，中间小孔用剪断销 5 将主拐臂和副拐臂锁定成一个整体，末端小孔与连杆用圆柱销铰连接。主副拐臂结构比较复杂，其优点是当导叶被异物卡住剪断销剪断时，主拐臂与副拐臂之间的锁定消失，在水流冲击下导叶带着失控主拐臂自由摆动，由于主拐臂臂长较短，不会撞击相邻导叶的拐臂，避免引发相邻拐臂的剪断销剪断的事故连锁反应。主副拐臂结构应用在大中型水轮机中。

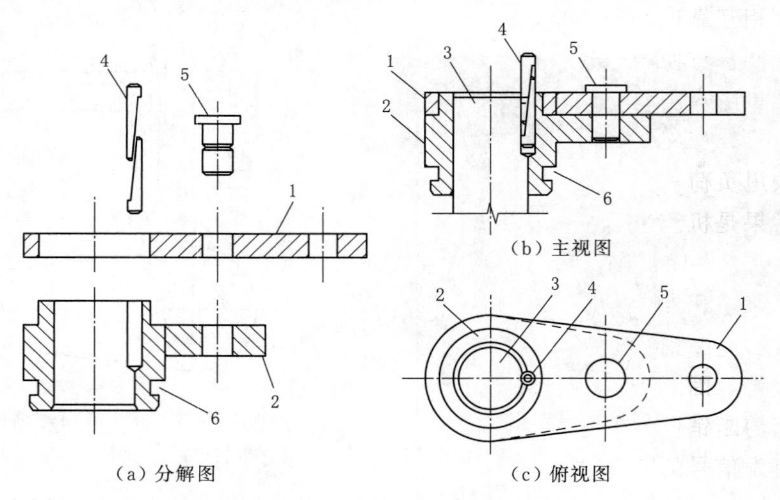

图 3-13 主副拐臂结构

1—副拐臂；2—主拐臂；3—导叶轴；4—分半键；5—剪断销；6—凹槽

三种拐臂与导叶轴全部采用安装、拆卸方便的圆柱分半键，两个圆柱分半键结合部为斜面，使得圆柱分半键与布置分半键的孔可以采用加工要求较低的松动配合。安装分半键时，先将一个分半键斜面向上轻松放入孔内，再将另一个分半键斜面向下轻松放入孔内，然后用铜棒轻轻敲打上面的分半键，在斜面的作用下分半键直径变大而变成紧配合，将拐臂与导叶轴轴孔配合键连接在一起。拆卸分半键时，只需利用杠杆原理用螺丝刀挑出上面的分半键，就可以轻松取出下面的分半键。

3. 连杆

连杆一头与控制环用圆柱销铰连接，另一头与拐臂用圆柱销或剪断销铰连接。连杆的作用是在控制环带动下对拐臂施加推拉力，带动拐臂绕导叶轴线转动。连杆有双孔连杆、叉头连杆和耳柄连杆三种类型。

图 3-14 为双孔连杆。双孔连杆就是在一块厚钢板上打两只孔，两只孔的孔距 L 就是连杆的长度，是结构最简单的连杆，但是连杆长度 L 无法调整，在检修时需要对导叶全关时的导叶立面间隙进行调整，由于连杆长度 L 无法调整，使得导叶立面间隙调整不方便。

图 3-15 为叉头连杆。中间的双头螺栓 3 的左端为左旋外螺纹，右端为右旋外螺纹，两个叉头螺母 1 中的左叉头螺母为左旋内螺纹，右叉头螺母为右旋内螺纹。用扳手正转或反转中间的双头螺栓，左右叉头螺母要么相互靠近，要么相互远离，从而可以方便地调整连杆的长度 L，使得检修时的导叶立面间隙调整方便。当连杆长度调整完毕后必须用并紧螺母 2 分别将左右叉头螺母并紧，防止双头螺栓由于震动发生松动，使连杆的长度发生变化。

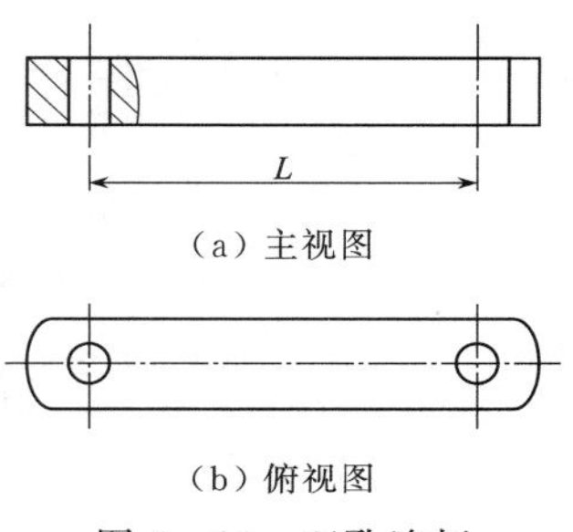

图 3-14　双孔连杆

图 3-16 为耳柄连杆。其结构与叉头连杆正好相反，中间是一只双头螺母 3，双头螺母左端为左旋内螺纹，右端为右旋内螺纹，两个耳柄螺栓 1 的左耳柄螺栓为左旋外螺纹，右耳柄螺栓为右旋外螺纹。用扳手正转或反转中间的双头螺母，左右耳柄螺栓要么相互靠近，要么相互远离，从而可以方便地调整连杆的长度 L，使得检修时的导叶立面间隙调整方便。当连杆长度调整完毕后必须用并紧螺母 2 分别将左右耳柄螺栓并紧，防止双头螺母由于震动发生松动，使连杆的长度发生变化。

4. 剪断销

当机组事故甩负荷需要导叶紧急关闭时，如果某个导叶被异物卡住拒动，那么所有导叶就无法关闭，后果是机组发生飞车的严重事故。因此，剪断销的作用是当被卡导叶的操作力大于正常操作力 1.3～1.4 倍时，该导叶的剪断销被剪断，被卡导叶退出导叶转动机构，其他导叶继续关闭，避免发生机组飞车事故。

剪断销有实心剪断销和空心剪断销两种类型，空心剪断销孔内装有信号器，剪断销被剪断时会发信号报警，因此又称剪断销信号器。图 3-17 为剪断销信号器。信号器 1 插入空心剪断销 2 内，当剪断销被剪断时，信号器也被剪断，信号器立即发出剪断销剪断信号，而实心剪断销不具有发信号的功能。

两个零件用圆柱销连接后各自可以自由转动，这种连接称铰连接。两个零件用圆柱销连接后一个不能转动，另一个可以自由转动，称不能转动的零件是可以自由转动零件的铰支座（参见图 6－25 中 5）。图 3－18 为单拐臂实心剪断销连接照片，单拐臂 3 与导叶轴为轴孔配合分半键连接，双头连杆 1 的一端与单拐臂用实心剪断销 2 铰连接，另一端与控制环也是用圆柱销铰连接。采用主副拐臂时，剪断销布置在主副拐臂锁定处。采用单拐臂式时，剪断销布置在拐臂与连杆铰连接处。采用开口拐臂时，剪断销布置在开口拐臂与控制环铰连接处。

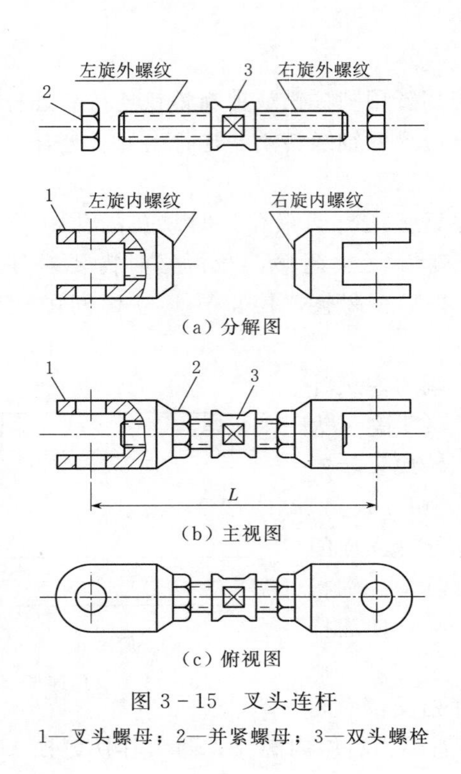

图 3－15　叉头连杆

1—叉头螺母；2—并紧螺母；3—双头螺栓

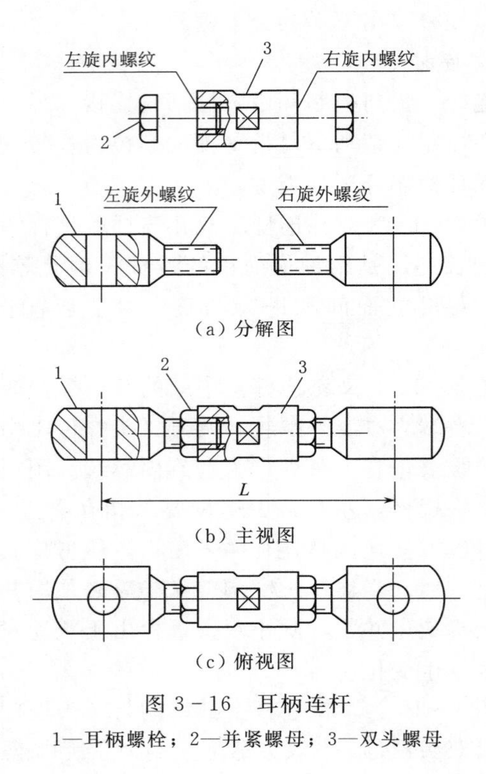

图 3－16　耳柄连杆

1—耳柄螺栓；2—并紧螺母；3—双头螺母

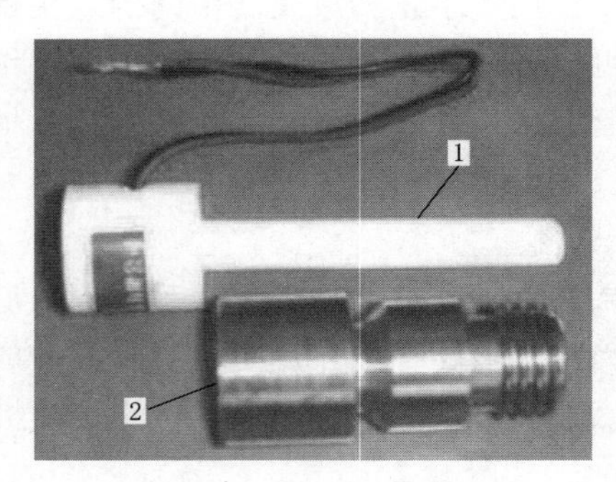

图 3－17　剪断销信号器

1—信号器；2—空心剪断销

图 3－18　单拐臂实心剪断销连接照片

1—双孔连杆；2—实心剪断销；3—单拐臂

5. 控制环

控制环有转环式控制环和挂环式控制环两种类型，图 3－19 为转环式控制环，转环式控制环的中心与水轮机主轴中心重合。转环式控制环上面的大法兰盘上两只大耳朵各有一只大销孔 2，两根推拉杆分别用圆柱销经大销孔与控制环铰连接。下面小法兰盘上与导叶数目相同的小销孔1，每一根连杆用圆柱销经小销孔与控制环铰连接。转环式控制环的作用是在两根推拉杆的带动下来回转动，对所有连杆同时施加推拉力，使所有拐臂和导叶同步转动。

图3-20为挂环式控制环，挂环式控制环的中心与水轮机主轴中心不重合。挂环式控制环经剪断销分别与开口拐臂铰连接，整个控制环挂在所有拐臂上，取消了连杆。因此挂环式控制环的中心与水轮机主轴中心偏移一个拐臂的臂长。挂环式控制环的作用是在一根推拉杆的带动下，挂在拐臂上来回摆动（如同荡秋千那样），对所有拐臂同时施加转动力矩，使所有拐臂和导叶同步转动。

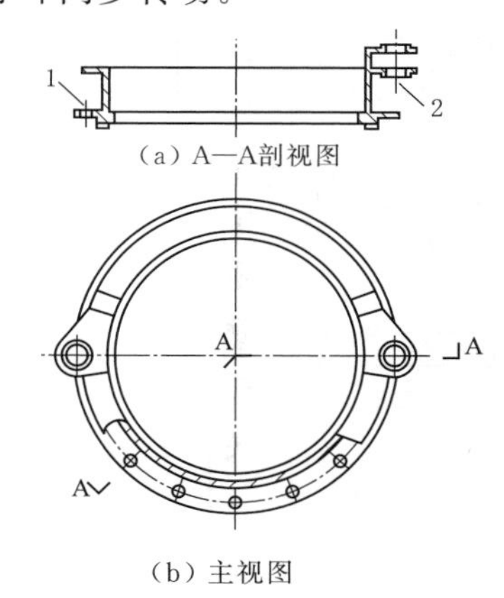

(b) 主视图

(c) 实物照片

图3-19　转环式控制环

1—小销孔；2—大销孔

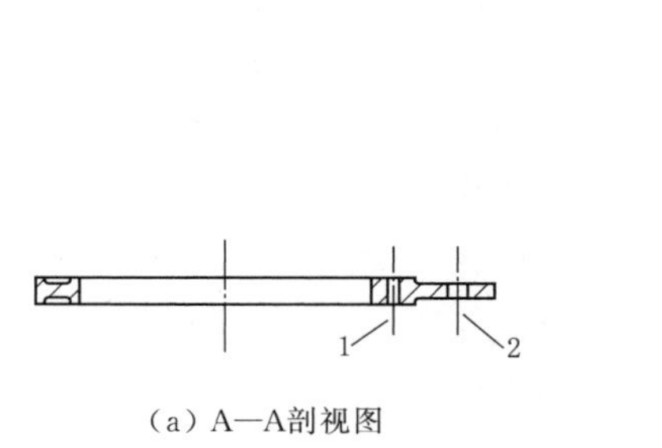

(a) A—A剖视图

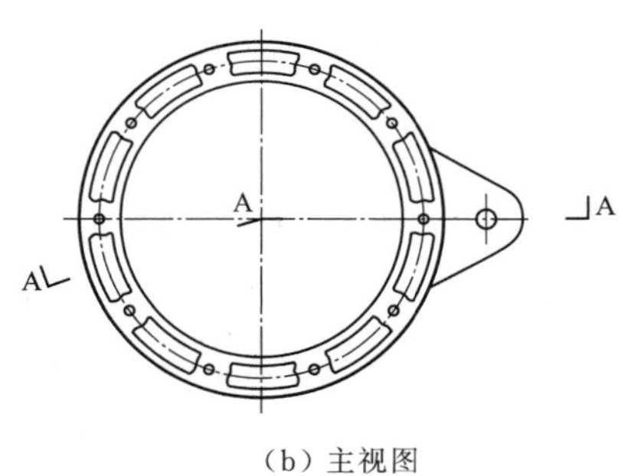

(b) 主视图

图3-20　挂环式控制环

1—小圆柱销孔；2—大圆柱销孔

6. 推拉杆

推拉杆的作用是在推拉臂的带动下对控制环施加推拉力，使转环式控制环转动或挂环式控制环摆动，带动所有拐臂和导叶同步转动。推拉杆有耳柄推拉杆和叉头推拉杆两种类型。图3-21(a)为耳柄推拉杆，其中上面的是主视图，下面的是局部剖视的俯视图。其结构与耳柄连杆相同，只不过双头螺母2的中间实心杆部分特别长，正转或反转双头螺母，左右耳柄螺栓1要么相互靠近，要么相互远离，从而可以方便地调整推拉杆的长度L。图3-21(b)为叉头推拉杆，其中上面的是主视图，下面的是局部剖视的俯视图。其结构与叉头连杆的相同，只不过是双头螺栓5中间实心部分特别长，正转或反转双头螺栓，左右叉头螺母4要么相互靠近，要么相互远离，从而可以方便地调整推拉杆的长度L。

7. 顶盖

顶盖的作用是防止流道内压力水外溢，给导叶提供中、上轴瓦布置位置，给导叶转动机构和主轴密封提供布置位置。在立式水轮机中，顶盖上还布置水导轴承。顶盖在制造工艺上又分实心结构和框箱式结构两种，当机组容量较小，顶盖结构较小时，顶盖做成实心结构。在卧式机组中顶盖也可称为后环，多采用实心结构。当机组容量较大、工作水头较高时，将顶盖做成既节省钢材又抗高水压的框箱式结构，立式水轮机顶盖多采用框箱式结构。

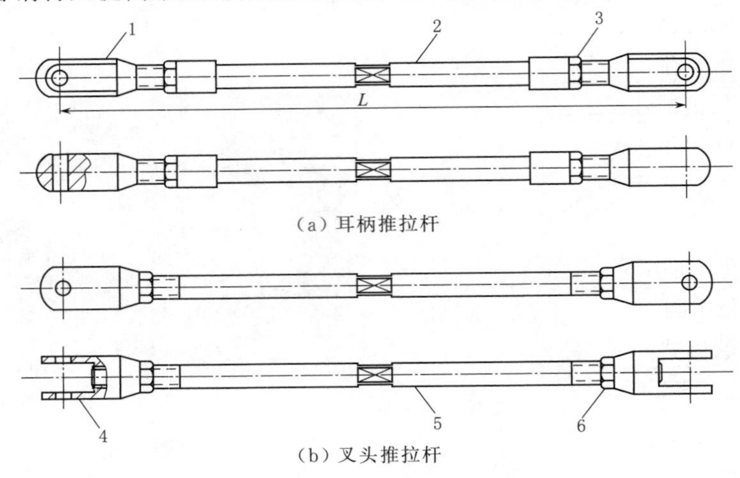

（a）耳柄推拉杆

（b）叉头推拉杆

图 3-21　推拉杆

1—耳柄螺栓；2—双头螺母；3、6—并紧螺母；4—叉头螺母；5—双头螺栓

图 3-22 为混流式水轮机框的箱式顶盖。水轮机主轴从图 3-22（a）圆盘形顶盖中心的主轴穿出孔 1 穿出，由于顶盖下面是压力水，因此在主轴穿出顶盖的部位必须设置主轴密封，防止压力水从顶盖与主轴间隙处漏出，螺栓孔 8 是用来固定主轴密封装置的。十六只导叶的长轴分别从顶盖外围一圈十六个导叶轴穿出孔 3 中穿出，二十八颗螺栓分别穿过二十八只顶盖固定孔 5 旋入座环上环对应位置的螺栓孔内，将顶盖固定在座环的上环上。螺栓拧紧前应在四只定位销孔 4 内分别打入四只定位销，使顶盖与座环的位置精确到位。对称分布的四只顶丝螺孔 6 在顶盖上有内螺纹，但是在座环上环对应位置是没有孔的。顶丝孔的作用是

（a）顶盖正面

（b）顶盖反面

图 3-22　混流式水轮机框的箱式顶盖

1—主轴穿出孔；2—减压孔；3—导叶轴穿出孔；4—定位销孔；5—顶盖固定孔；6—顶丝螺孔；7—轴承座固定螺孔；8—主轴密封固定螺栓孔；9—套筒固定螺孔；10—梳齿密封固定环

当机组检修需要打开顶盖时，先将固定顶盖的二十八颗螺栓退出，然后在四只顶丝孔内分别强行旋入四颗螺栓，由于顶丝孔下面没有孔，顶盖就会被慢慢顶起，这样使得顶盖拆出方便。在导叶长轴伸出的孔内插入套筒，导叶长轴就从套筒内穿出，用螺栓旋入套筒固定螺孔9将套筒固定在顶盖上。

作用混流式水轮机转动系统的轴向水推力由水流流过转轮叶片时产生的轴向水推力和转轮上冠圆环面与顶盖之间的压力水产生的轴向水推力两部分组成（轴流式水轮机只有前者，没有后者），由于混流式转轮上冠圆环面较大，转轮渗漏水进入顶盖下圆环面与转轮上冠圆环面之间的压力水产生的轴向水推力也较大，使机组推力轴承瓦温上升，因此，有的混流式水轮机采用两只顶盖减压孔2将顶盖下圆环面与转轮上冠上圆环面之间的压力水排走，减小轴向水推力，降低机组推力轴承的瓦温。

立式混流式水轮机顶盖部位的主轴段已经布置了主轴密封，水导轴承不得不布置在主轴密封的上方，采用在顶盖上立一个轴承座的方法，将水导轴承布置在轴承座的上部，顶盖上的轴承座固定螺孔7是用来将轴承座固定在顶盖上。由于该水轮机转轮直径（60cm）较小，控制环布置在导叶分布圆外面的座环上，因此该顶盖上没有安放控制环的控制环座。

图3-23为轴流式水轮机的框箱式顶盖剖视图。轴流式顶盖由顶环1和支撑盖2组成，顶环用螺栓压紧在座环上，支撑盖用螺栓压紧在顶环上，两者组合成一个倒喇叭形。倒喇叭形可以强迫水流进入转轮前平稳地转过90°弯。水轮机主轴从支撑盖中心的大孔穿出，大中型轴流式水轮机的水导轴承多采用油润滑轴承。油润滑轴承不得进水，因此与混流式水轮机一样，水导轴承不得不布置在主轴密封上方。小型轴流式水轮机的水导轴承多采用不怕水的水润滑的橡胶轴承，这时主轴密封必须安装在橡胶水导轴承的上方（参见图2-53），橡胶轴承可以安装在尽量低的支撑盖底部，有利于减轻转轮震动。在支撑盖的顶部圆环面上还布置导叶转动机构。导叶长轴从顶环上的一圈中孔中穿出，导叶转动机构可以从外面操作处于水流流道中的导叶叶片同步转动。

8. 底环

底环的作用是给导叶提供下轴瓦布置位置。在卧式机组中底环也可称为前环。混流式水轮机的底环和轴流式水轮机的底环结构基本相同。图3-24为有十六个导叶的立式水轮机底环。底环上有与导叶个数相等的孔，孔内镶入导叶下轴瓦2。孔底部为通孔3，用十六颗螺栓穿过十六个通孔，将底环固定在座环下环上。立式水轮机运行时间较长后，由于磨损使得导叶在自重作用下位置下移，导叶下端面间隙越来越小，严重时导叶下端面与底环上平面会发生接触摩擦损坏底环。为此，在底环上平面上用埋头螺栓固定铺了一层抗磨板1，使得抗磨板磨损后更换很方便，卧式水轮机不存在这个问题，因此，卧式水轮机前环不设抗磨板。

图3-25为立式混流式水轮机底环安装图，底环4中间大孔与尾水管5进口对接，从转轮流出的低压低能水直接经尾水管排入下游河床。汽蚀严重时，可以打开补气阀，通过三根短管补气管3向转轮出口及尾水管进口补入空气。周边十六个孔内分别镶入十六个下轴瓦2作为导叶的下轴承，每个孔底部用螺栓将底环固定在座环1的下环上。转轮维护检查时，可以在不吊出转轮的情况下，打开尾水管进人孔6，检修人员爬入尾水管，对转轮出口或尾水管进行检查。图3-26为轴流式水轮机的顶环、底环和导叶立体图，顶环1压在座环的上环上，底环2压在座环下环上，顶环和底环之间布置导叶3，顶环内的大孔布置倒喇叭形的支撑盖。

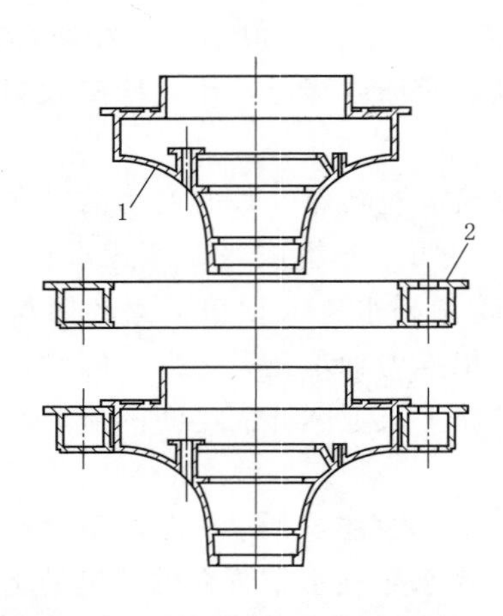

图 3-23　轴流式水轮机顶盖剖视图

1—顶环；2—支撑盖

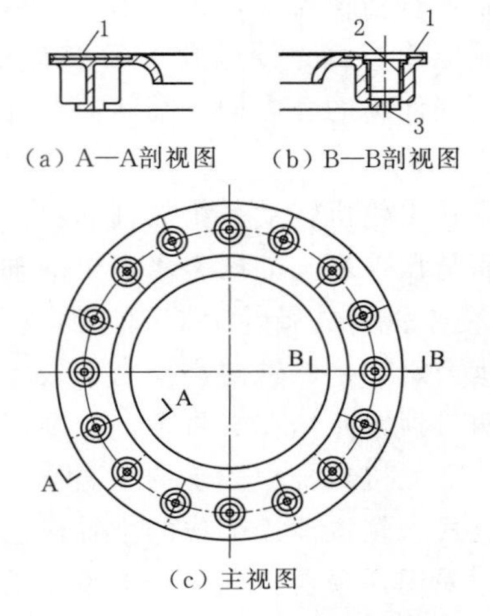

图 3-24　立式水轮机底环

1—抗磨板；2—导叶下轴瓦；3—通孔

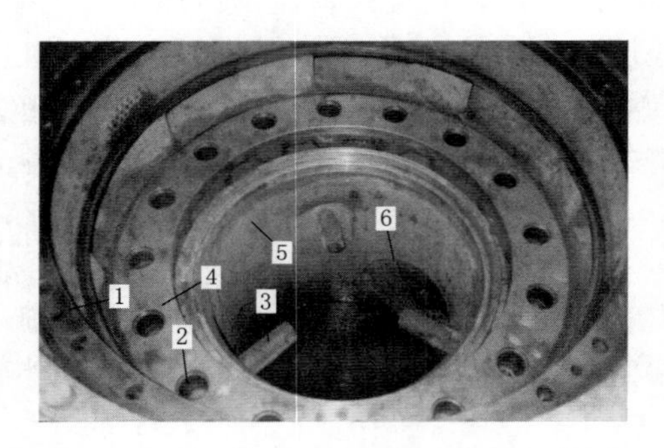

图 3-25　立式混流式水轮机底环安装图

1—座环；2—下轴瓦；3—补气管；4—底环；5—尾水管；6—进人孔

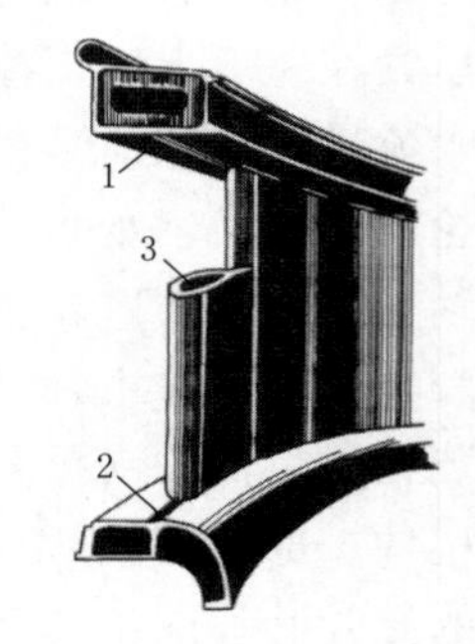

图 3-26　轴流式水轮机顶环、底环和导叶立体图

1—顶环；2—底环；3—导叶

图 3-27 为正在安装中的导叶在底环上的布置照片，转轮直径较小时，可能布置十二个导叶，转轮直径较大时，可能布置二十四个导叶或更多，图中转轮直径 60cm 布置了十六个导叶。十六个导叶短轴插入底环 5 上的十六个导叶下轴瓦中，图中导叶叶片 4 头尾相接处于关闭状态。位于导叶布置圆外面的控制环 1 安放在座环 3 上环上面的控制环座内。按照安装顺序，接下去应该用桥式起重机吊入跟主轴连接在一起的转轮（参见图 2-5），然后吊入顶盖，导叶长轴 2 就会从顶盖的导叶轴孔伸出外面，在孔与导叶轴之间还得套入镶有导叶中轴瓦和上轴瓦的套筒。

9. 套筒

十六个导叶在顶盖上需要布置十六个导叶上轴瓦和中轴瓦，因为加工和安装很难做到安装后顶盖上十六个轴瓦中心与底环上对应的十六个下轴瓦中心个个同心，导叶上下轴瓦不同心会造成导叶转动时卡死。为此镶入轴瓦的套筒固定在顶盖上之前位置可以小范围调整，当调整套筒位置到导叶转动自如时，就把这个导叶的套筒在顶盖上打定位销定位，再用螺栓将该套筒固定在顶盖上，保证上、中、下三个轴瓦在同一条中心线上。图 3-28 为立式水轮机的套筒安装照片，顶盖4用螺栓固定在座环的上环上，导叶长轴3伸出顶盖，在导叶长轴上再滑动配合套入镶有导叶上轴瓦6和中轴瓦的套筒5，用螺栓将位置调整合适后的套筒固定在顶盖上。每一个拐臂与相应的导叶头部轴孔配合分半键连接，导叶转动机构能够从外面操作泡在水中的水轮机转轮进口四周的导叶，每个导叶绕自己的轴线转动就可调节进入转轮的水流量。立式机组水导轴承安装在越下面靠近转轮的顶盖上，越有利于减轻转轮震动，但是水轮机主轴与顶盖之间的间隙漏水不可避免，而油润滑水导轴承绝对不允许进水，为了能在水导轴承与顶盖之间安装主轴密封，不得而已，在油润滑水导轴承的立式混流式水轮机顶盖上人为安装一个轴承座1，轴承座上安装水导轴承，腾出下面空间用来安装主轴密封。

图3-27　导叶在底环上的布置照片

1—控制环；2—导叶长轴；3—座环；4—导叶叶片；5—底环

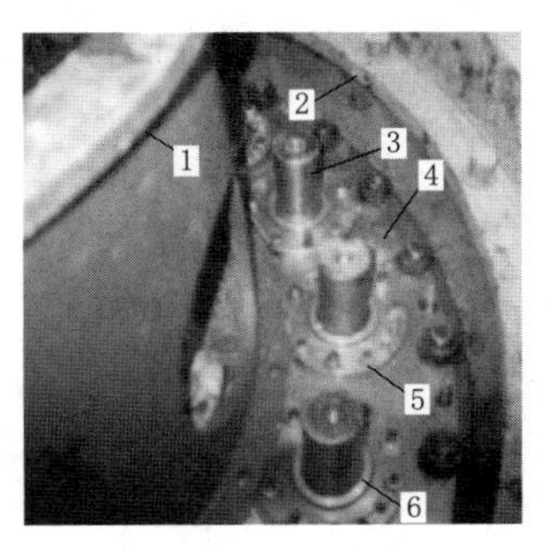

图3-28　立式水轮机的套筒安装照片

1—轴承座；2—控制环；3—导叶长轴；4—顶盖；5—套筒；6—上轴瓦

图3-29为正在水轮机生产厂里完成制造的套筒照片，导叶上轴瓦和中轴瓦已经镶入套筒的内孔内（照片中只能看到上轴瓦）。由于运行中的导叶不断地来回转动，调节进入转轮的水流量，因此压力水会从导叶轴瓦间隙处漏出，必须采用密封装置对导叶轴的漏水进行止水。导叶的轴瓦有用油脂润滑的铜轴瓦（铜轴套）和用水润滑的尼龙轴瓦（尼龙轴套）两种。因此导叶轴密封止水也有两种不同的布置位置。

图3-29　套筒照片

图3-30为采用铜轴瓦油脂润滑导叶轴承的套筒装配图。顶盖2用螺栓压紧在座环1上，套筒3用螺栓压紧在顶盖上。套筒内镶入导叶中轴瓦12和上轴瓦10，导叶轴11从套筒中伸出外面，向注油管22注入润滑脂（黄油），可以对中轴瓦、上轴瓦摩擦面进行油润滑。对于采用油脂润滑的铜轴瓦，不允许导叶渗漏水进入铜轴瓦摩擦面，因此油润滑导叶轴止水密封必须布置在中轴瓦的底部，图3-30（b）为中轴瓦底部的导叶密封局部放大图，在导叶轴圆柱面与套筒内壁面的环状空间里放入一个开口向下的“U”形断面的耐油橡皮圈13，在“U”形断面的橡皮圈的凹槽内放入一个“O”形断面的橡皮圈14，再用金属压环15压紧“O”形断面的橡皮圈，迫使“U”形断面的橡皮圈的开口张开，使得“U”形橡皮圈的内圈紧紧压在导叶轴圆柱面上，外圈紧紧压在套筒内壁面上，达到止水的目的，而且压力水的压力越高，“U”形断面的橡皮圈的开口张开越大，止水密封效果越好。保护环17用埋头螺钉18固定在套筒的下端面，调节保护环上的顶紧螺钉16，可以调整压环对“O”形断面的橡皮圈的压紧力。对于采用尼龙轴瓦的套筒，因为尼龙轴瓦采用水润滑冷却，所以导

叶轴的止水装置必须布置在上轴瓦的上部，止水装置的止水原理也是采用倒置向下的“U”形断面的橡皮圈。端盖 7 压在副拐臂 6 上，副拐臂压在主拐臂 5 上，主拐臂压在套筒上轴瓦端面上，导叶端面间隙调整螺钉 8 穿过端盖旋入导叶轴内。顺时针方向转动调整螺钉，整个导叶上移，泡在水中的导叶叶片上端面与顶盖下平面的间隙变小，导叶叶片下端面与底环上平面的间隙变大；逆时针转动调整螺钉，整个导叶在自重作用下下移，泡在水中的导叶叶片上端面与顶盖下平面的间隙变大，导叶叶片下端面与底环上平面的间隙变小。导叶端面总间隙是由顶盖下平面与底环上平面之间的间距决定的，导叶端面总间隙过大，导叶全关后的导叶漏水量过大，导叶端面总间隙过小，导叶转动过程中端面容易与顶盖或底环接触摩擦。一般要求导叶上部端面间隙占总间隙的 45%，导叶下部端面间隙占总间隙的 55%。

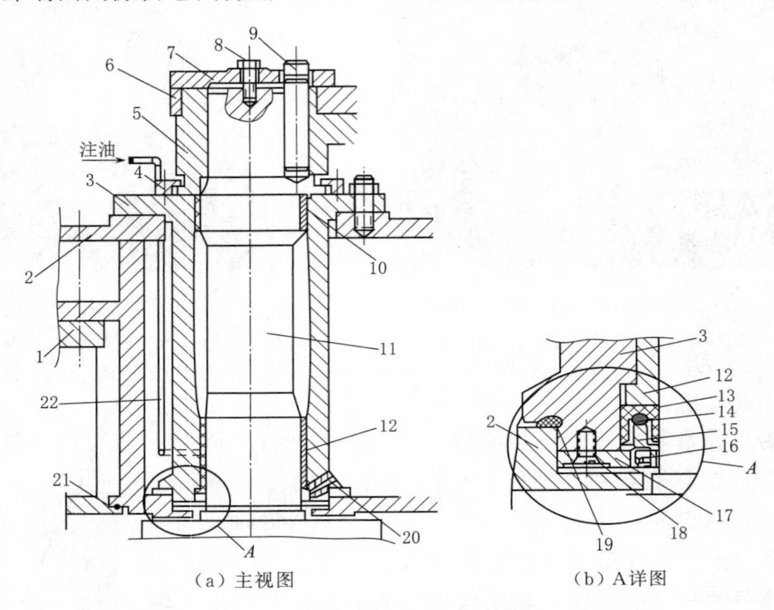

(a) 主视图　　(b) A详图

图 3-30　油脂润滑导叶轴承的套筒装配图

1—座环；2—顶盖；3—套筒；4—止推压板；5—主拐臂；6—副拐臂；7—端盖；8—调整螺钉；9—分半键；10—上轴瓦；11—导叶轴；12—中轴瓦；13—“U”形橡皮圈；14、19、21—“O”形橡皮圈；15—金属压环；16—顶紧螺钉；17—保护环；18—埋头螺钉；20—排水孔；22—注油管

10. *导叶转动机构*

导叶转动机构由推拉杆、控制环、连杆和拐臂四个零件组成，其任务是接受调速器接力器输出的机械位移调节信号，对导叶开度进行调节，改变进入转轮的水流量。图 3-31 为转环式控制环导叶转动机构照片。控制环 2 的中心线与水轮机中心线重合，耳柄推拉杆 1 与控制环用圆柱销 5 铰连接，控制环 2 与连杆 4 用圆柱销铰连接，连杆 4 与拐臂 3 用剪断销铰连接，拐臂 3 与导叶头部为轴孔配合分半键连接。控制环安放在顶盖上的控制环座内，当推拉杆 1 来回移动时，控制环 2 来回转动，控制环经连杆 4、拐臂 3 带动

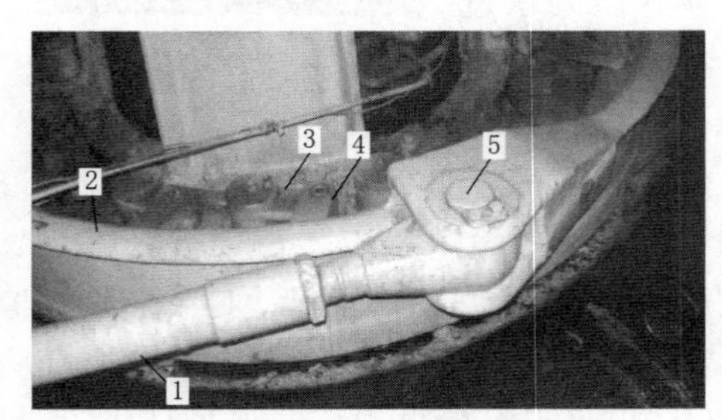

图 3-31　转环式控制环导叶转动机构照片

1—耳柄推拉杆；2—控制环；3—拐臂；4—连杆；5—圆柱销

所有导叶同步动作。

二、导水机构的类型

（一）按水流流过导叶的方向分类

反击式水轮机导水部件按水流流过导叶的方向不同分类有径向式导水机构、轴向式导水机构和斜向式导水机构三种类型（图 3－32）。

1. 径向式导水机构

图 3－32（a）为径向式导水机构，水流沿着水轮机主轴线垂直的方向（径向）流过活动导叶 1。其结构特点是拐臂 2 的转动平面与控制环 4 的转动平面两者相互平行，使得两个转动平面中间的连杆 3 与拐臂和控制环可以用简单的圆柱销或剪断销铰连接，导叶转动机构在结构上简单易行，应用在大部分反击式水轮机中。

2. 轴向式导水机构

图 3－32（b）为轴向式导水机构，水流沿着水轮机主轴线平行的方向（轴向）流过导叶 1。其结构特点是拐臂 2 的转动平面与控制环 4 的转动平面两者相互垂直，使得两个转动平面中间的连杆 3 与拐臂和控制环不能采用简单的圆柱销或剪断销铰连接，必须用万向功能的球铰连接，从而造成导叶转动机构在结构上比较复杂，只应用在轴伸贯流式水轮机中。

3. 斜向式导水机构

图 3－32（c）为斜向式导水机构，水流沿着水轮机主轴线倾斜的方向（斜向）流过导叶 1。其结构特点是拐臂 2 的转动平面与控制环 4 的转动平面两者相互倾斜，使得两个转动平面中间的连杆 3 与拐臂和控制环不能采用简单的圆柱销或剪断销铰连接，必须用万向功能的球铰连接，从而造成导叶转动机构在结构上比较复杂，只应用在灯泡贯流式水轮机中。

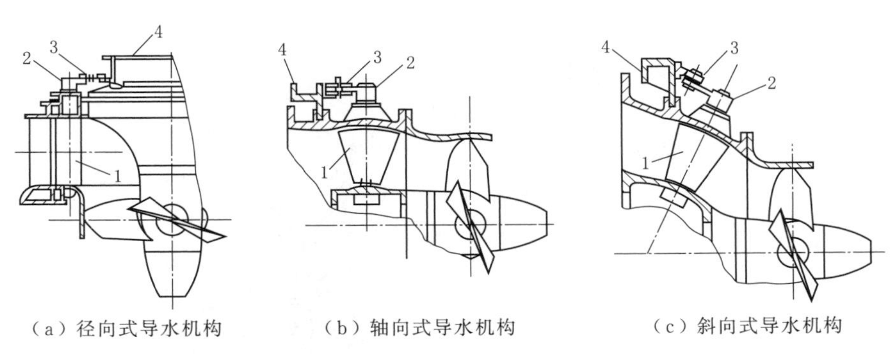

（a）径向式导水机构　（b）轴向式导水机构　（c）斜向式导水机构

图 3－32　按水流流过导叶的方向分类的导水机构的三种形式

1—活动导叶；2—拐臂；3—连杆；4—控制环

总结三种形式的导水机构可知，径向式导水机构导叶全关时在转轮进口形成一个切断水流的圆柱面，因此每个导叶叶形是矩形（参见图 3－10）。轴向式导水机构导叶全关时在转轮进口形成一个切断水流的圆环面，因此每个导叶叶面是扇形。斜向式导水机构导叶全关时在转轮进口形成一个切断水流的圆台面，因此每个导叶叶面也是扇形。

（二）按导叶轴能否转动分类

径向式导水机构按导叶工作时导叶轴是否转动分转轴式导叶导水机构和定轴式导叶导水

机构两种形式。

1. 转轴式导叶导水机构

转轴式导叶导水机构的特点是导叶轴与导叶叶片是整体制造的（图 3-10），因此工作时导叶轴与导叶叶片是一起转动，大部分导水机构采用转轴式导叶。

图 3-33 为立式水轮机的转轴式导叶径向式导水机构。底环 14 用螺栓 17 固定在座环下环上，顶盖 1 用螺栓 16 固定在座环上环上，套筒 2 用螺栓固定在顶盖上，转轴式导叶的长轴穿出套筒与主拐臂 5 轴孔配合分半键 8 连接。导叶在底环上的下轴瓦和套筒内的中轴瓦、上轴瓦构成导叶的三个轴承。顶盖下平面与底环上平面之间的间距为 1100mm，泡在压力水中的导叶叶片高度比（1100mm）小 0.6～1.2mm，因此 0.6～1.2mm 的导叶端面总间隙保证了导叶上、下端面不会与顶盖、底环摩擦。转动端盖 6 中间的调整螺钉 7 可以调整到导叶上端面间隙为总间隙的 45%，下端面间隙为总间隙的 55%。渗入到导叶短轴轴端圆平面下面的压力水会对导叶产生一个向上的轴向水推力，当轴向水推力大于导叶自重时导叶会上移，固定在套筒上的止推压板 3 侧面的舌头伸入拐臂外圆柱面上的凹槽内，可以限制导叶向上的轴向位移，当然这种作用导叶向上的轴向水推力大于导叶自重的现象很少出现。套在主拐臂上的副拐臂 4 用剪断销 9 将两者锁定为一体，与水轮机轴线同心的转环式控制环 12 安装在顶盖上的控制环座 13 内，副拐臂与叉头连杆 10 用圆柱销铰连接，叉头连杆的另一个叉头与控制环也用圆柱销铰连接。控制环两侧的大耳朵分别与两根耳柄推拉杆 11 用圆柱销铰连接。当左边的推拉杆作用控制环拉力，右边推拉杆作用控制环为推力时，控制环逆时针方向转动，使得每个导叶绕自己轴向顺轴向转动，导叶打开。当左边的推拉杆作用控制环推力，右边推拉杆作用控制环为拉力时，控制环顺时针方向转动，使得每个导叶绕自己轴向逆轴向转动，导叶关小。当每个导叶逆时针方向转动到与相邻导叶头尾相碰后，导叶关闭，水

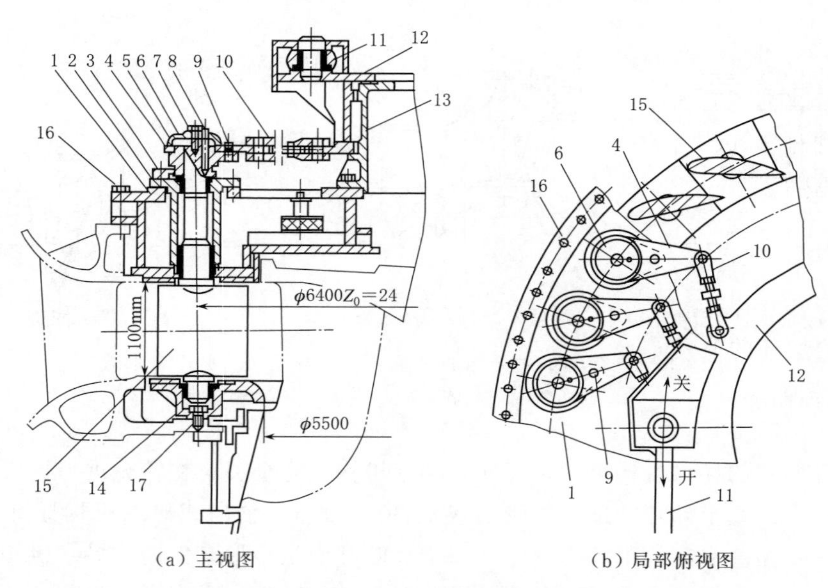

（a）主视图　　（b）局部俯视图

图 3-33　立式水轮机的转轴式导叶径向式导水机构（单位：mm）

1—顶盖；2—套筒；3—止推压板；4—副拐臂；5—主拐臂；6—端盖；7—调整螺钉；8—分半键；9—剪断销；10—叉头连杆；11—耳柄推拉杆；12—控制环；13—控制环座；14—底环；15—导叶；16、17—螺栓

流中断。该水轮机的转轮直径为 5500mm，布置在转轮进口四周的 24 个导叶所在的导叶布置圆直径为 6400mm，由于该水轮机的导叶布置圆直径比较大，因此控制环可以布置在导叶布置圆内侧的顶盖上。如果转轮直径较小，那么导叶布置圆直径也比较小，控制环不得不布置在导叶布置圆外侧的座环上了（参见图 3-26 中 2）。

2. 定轴式导叶导水机构

图 3-34 为应用在明槽引水室水轮机中的定轴式导叶导水机构。导叶轴 4 与导叶叶片 3 是分体制造的，在工作时导叶叶片转动，导叶轴不转动。导叶转动机构全泡在水轮机引水室中。定轴式导叶只应用在低水头、小容量的明槽引水室水轮机和混凝土蜗壳引水室轴流定桨式水轮机中。

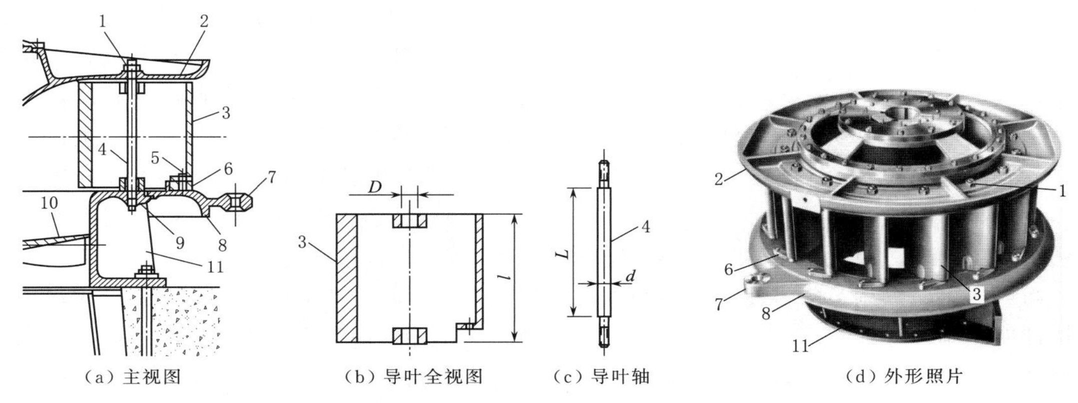

图 3-34　明槽引水室水轮机中的定轴式导叶导水机构

1—螺母；2—顶盖；3—导叶叶片；4—导叶轴；5—圆柱销；6—双孔连杆；7—大耳朵；8—控制环；9—底环；10—转轮叶片；11—转轮室

导叶轴的两端加工螺纹，顶盖 2 与底环 9 由十六根导叶轴支撑并连接为一体，因此导叶轴无法转动且取消了套筒。顶盖与底环之间的距离由导叶轴直径为 d 的长度 L 决定，L 比导叶叶片高度 l 大 2mm，导叶叶片上的孔直径 D 比导叶轴直径 d 大 0.2mm，因此套在固定不动的导叶轴上的导叶叶片可以自由转动。底环 9 与转轮室 11 整体制造，控制环 8 直接安放在底环的控制环座上，控制环与双孔连杆 6 用圆柱销铰连接，双孔连杆的另一端与导叶叶片头部（取消了拐臂）用圆柱销 5 铰连接。当推拉杆带动控制环来回转动时，控制环通过连杆带动所有导叶叶片头部分别绕自己固定不动的导叶轴转动，从而调节进入转轮的水流量。由于连杆高出底环的上平面，使得水流流过连杆时有水流阻力和漩涡。

（三）按控制环运动方式分类

径向式导水机构按控制环的运动方式不同分转环式控制环导水机构和挂环式控制环导水机构两种形式。

1. 转环式控制环导水机构

转环式控制环导水机构的控制环中心与水轮机中心同心，需两根推拉杆带动控制环。大部分导水机构是转环式控制环导水机构。

图 3-35 为转环式控制环导水机构动作原理图。导叶布置圆上布置了十六个导叶，左边部分显示导叶转动机构，右边部分显示水流流道中的导叶开度。

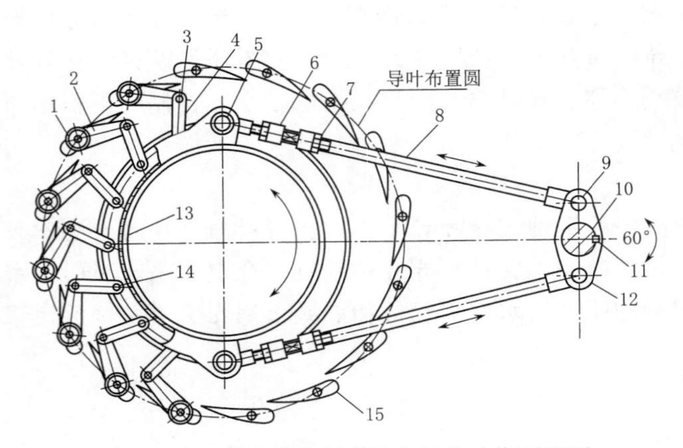

图 3-35 转环式控制环导水机构动作原理图

1—端盖；2—拐臂；3—剪断销；4—双孔连杆；5、9、14—圆柱销；6—双头螺母；7—并紧螺母；8—推拉杆；10—调速轴；11—平键；12—双头推拉臂；13—控制环；15—导叶

安装在顶盖上的控制环座内的控制环 13 中心与水轮机中心同心，控制环与每根连杆 4 用圆柱销 14 铰连接，连杆另一头与拐臂 2 用剪断销 3 铰连接，拐臂与导叶 15 头部轴孔配合键连接。控制环分别与两根推拉杆圆柱销 5 铰连接，推拉杆另一端分别与双头推拉臂 12 用圆柱销 9 铰连接，双头推拉臂与调速轴 10 轴孔配合键 11 连接。由于转轮直径比较大，使得导叶布置圆直径也比较大，导叶布置圆内的空间足够能布置控制环，因此将控制环布置在导叶布置圆里面。如果转轮直径比较小，使得导叶布置圆直径也比较小，导叶布置圆内的空间无法布置控制环，因此只得将控制环布置在导叶布置圆外面。

当调速器输出调节信号使调速轴和双头推拉臂逆时针方向转动时，双头推拉臂带动两根推拉杆使控制环在控制环座内也逆时针方向转动，控制环带动十六根连杆同时逆时针方向圆弧移动，每根连杆通过拐臂带动对应导叶绕自己的轴线同步顺时针方向转动，调节导叶开度开大，进入转轮的水流量增大。当调速器输出调节信号使调速轴和双头推拉臂顺时针方向转动时，双头推拉臂带动两根推拉杆使控制环在控制环座内也顺时针方向转动，控制环带动十六根连杆同时顺时针方向圆弧移动，每根连杆通过拐臂带动对应导叶绕自己的轴线同步逆时针方向转动，调节导叶开度关小，进入转轮的水流量减少。当每个导叶的开度关小到与相邻导叶头尾相碰时，导叶关闭水流中断。调速轴转动 60°就能够将导叶从全关位置打到全开位置或从全开位置打到全关位置。

安装或检修调试时，应将导叶打到全关位置，上面的转动推拉杆的双头螺母 6，把上面一根推拉杆 8 长度调得尽量短，对控制环施加足够的拉力。同理，下面的转动推拉杆的双头螺母及下面的推拉杆长度调得尽量长，对控制环施加足够的推力。推拉杆长度调整完毕，应该用并紧螺母 7 分别将双头螺母并紧固定，防止运行时震动使得双头螺栓松动自由转动，造成推拉杆长度变化。

图 3-36 卧式混流式水轮机

1—金属蜗壳引水室；2—控制环；3—主轴密封

图 3-36 为卧式混流式水轮机。其在水轮机生产车间组装完毕，准备运送到水电厂现场安装，采用金属蜗壳引水室 1，控制环 2 布置在导叶布置圆外面，主轴密封 3 布置在顶盖（后环）上，但是水导轴承布置在机架上（参见图 3-38 中 9）。图 3-37 为立式水轮机转环式控制环导水机构照片。其座环由上环 4、固定导叶 5 和下环 6 构成，支撑上环和下环的固定导叶数为活动导叶 7 的一半。顶盖 2 用螺栓固定在座环上，底环用螺栓固定在座环下环上。由于该座环外围没有蜗壳部分，该导水机构在生产厂家装配完成

后运送到水电厂现场，在现场定位固定后再立模板，浇注钢筋混凝土，因此该水轮机采用的是混凝土蜗壳引水室。图 3-38 为卧式水轮机转环式控制环导水机构照片。其实心后环 7（顶盖）用螺栓压紧在座环上，转环式控制环 2 布置在导叶布置圆内侧与推拉杆 1 用圆柱销铰连接。双孔连杆 6 两端分别与控制环和副拐臂 4 用圆柱销铰连接，主拐臂 5 与导叶轴孔配合分半键连接，主拐臂 5 与副拐臂 4 用剪断销 3 锁定为一体，止动螺丝 8 是在导叶立面间隙调整过程中用来临时将套在导叶轴上的拐臂与导叶轴固定在一起的，水导轴承 9 安装在离开顶盖（后环）的机架上。

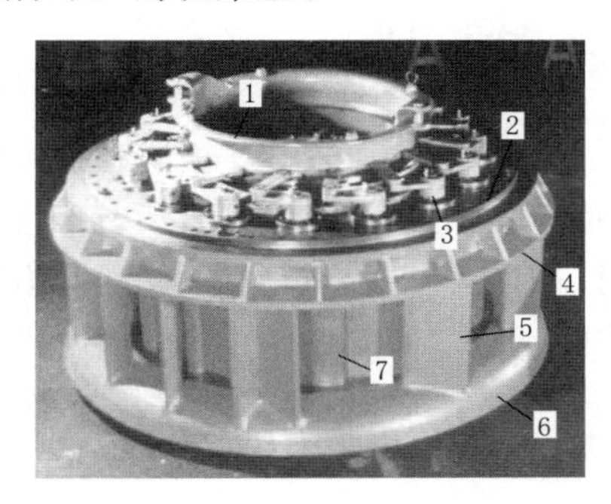

图 3-37 立式水轮机转环式控制环导水机构照片

1—转环式控制环；2—顶盖；3—单拐臂；4—上环；5—固定导叶；6—下环；7—活动导叶

图 3-38 卧式水轮机转环式控制环导水机构图片

1—推拉杆；2—转环式控制环；3—剪断销；4—副拐臂；5—主拐臂；6—双孔连杆；7—后环；8—止动螺丝；9—水导轴承

2. 挂环式控制环导水机构

挂环式控制环导水机构的控制环中心线与水轮机中心线偏心一个拐臂长，只需一根推拉杆带动控制环。应用在 500kW 以下开口拐臂的卧式混流式水轮机中。图 3-39 为挂环式控制环导叶转动机构动作原理图。开口拐臂 1 与导叶轴为轴孔松动配合分半键连接，用夹紧螺栓 3 夹紧导叶轴将松动配合变为紧配合。挂环式控制环 4 通过与拐臂数量相等的剪断销 5 挂在所有的拐臂上，因此控制环中心线与水轮机主轴线的偏心距等于拐臂的臂长。调速轴 9 用平键 10 与单头推拉臂 8 轴孔配合键连接，单头推拉臂与叉头推拉杆 7 用圆柱销 11 铰连接，推拉杆与控制环也用圆柱销 6 铰连接。当调速器输出调节信号使调速轴来回转动时，通过单

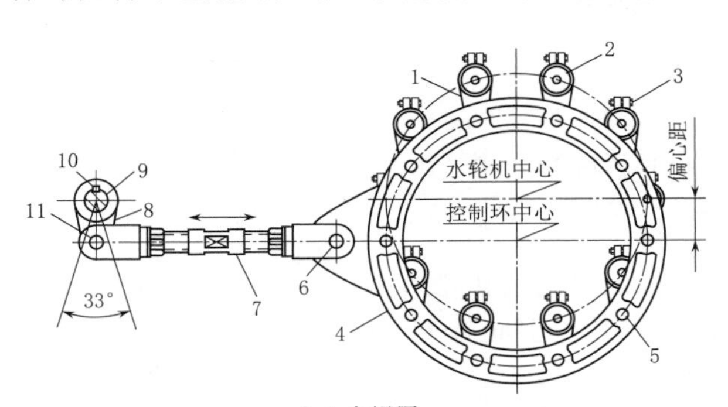

(a) 主视图

(b) 实物照片

图 3-39 挂环式控制环导叶转动机构动作原理图

1—开口拐臂；2—端盖；3—夹紧螺栓；4—挂环式控制环；5—剪断销；6、11—圆柱销；7—叉头推拉杆；8—单头推拉臂；9—调速轴；10—平键

头推拉臂带动推拉杆来回移动，但是挂在拐臂上的控制环在推拉杆带动下只能像荡秋千那样作圆弧形来回摆动，从而控制环通过拐臂带动所有导叶绕自己轴线同步转动，调节进入转轮的水流量。调速轴转动33°就能够将导叶从全关位置打到全开位置或从全开位置打到全关位置。挂环式控制环导水机构取消了连杆，推拉杆只需一根。其实单头推拉臂与单拐臂的结构相同，不同的是单头推拉臂在调速轴的带动下转动向外输出推拉力，而拐臂是在外部推拉力的作用下带动导叶轴转动。

第三节　工　作　部　件

水轮机的工作部件就是转轮，转轮的作用是将水能转换成转轮旋转的机械能，转轮是水轮机的核心部件，水轮机的水力性能主要由转轮决定。反击式水轮机的机型有四种，但是由于轴流式水轮机的转轮与贯流式水轮机的转轮相同，因此反击式水轮机的转轮只有混流式转轮、轴流式（贯流式）转轮和斜流式转轮三种形式。

一、混流式转轮

图3-40为混流式转轮结构外形。工作水头越低，水流量越大，为了满足转轮对转轮进口流速的要求，要求转轮进口边越高，转轮进口直径 D_1 小于出口直径 D_2，见图3-40（a），转轮型号HL240；工作水头越高，水流量越小，为了满足转轮对转轮进口流速的要求，要求转轮进口边越低，转轮进口直径 D_1 大于出口直径 D_2，见图3-40（c），转轮型号HL110。中等水头，中等流量，转轮进口直径 D_1 等于出口直径 D_2，见图3-40（b），转轮型号HL230。三峡水电厂的混流式转轮是根据特定的水力资源参数专门唯一设计的，70万kW的转轮直径为10.56m（非标），重473t。

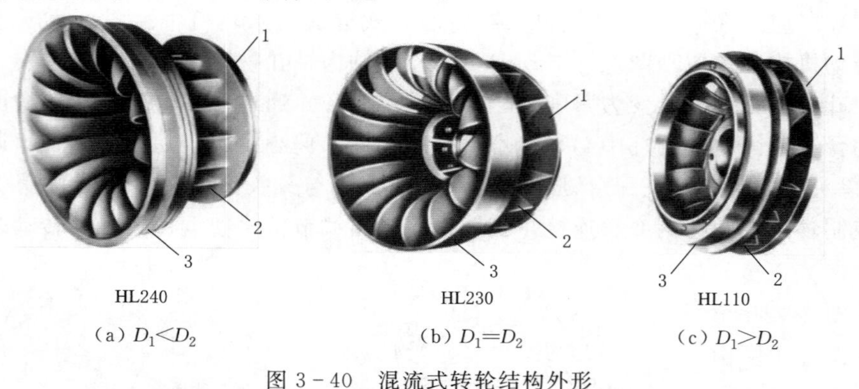

（a）$D_1<D_2$　（b）$D_1=D_2$　（c）$D_1>D_2$

图3-40　混流式转轮结构外形

1—上冠；2—叶片；3—下环

图3-41为混流式转轮剖视图，在结构上混流式转轮由上冠3、下环7、叶片4和泄水锥5四部分组成。上冠下面均布14～17片叶片，上面与水轮机主轴连接。下环将所有叶片的末端连成一体，增加了叶片的刚度，防止叶片振动。叶片利用扭曲的叶型强迫水流改变运动方向，将水能转换成转轮旋转的机械能。泄水锥的作用是将流出叶片的水流平稳转为轴向，减小水流在叶片出口处碰撞造成的水头损失。为减少转动部件与固定部件间隙处的漏水，让尽量多的水流经叶片进行能量转换，在转轮上冠外柱面与顶盖之间设置上冠转轮密封

2，减少压力水沿主轴表面漏出顶盖外面。在转轮下环 7 的外柱面与底环之间设置下环转轮密封 6，减少压力水沿底环与下环之间的间隙漏入尾水管。

二、轴流式（贯流式）转轮

轴流式转轮和贯流式转轮完全一样，都有转桨式和定桨式两种形式。不同的是轴流式水轮机为立式布置，贯流式水轮机为卧式布置。

轴流式转轮和贯流式转轮主要由转轮体、桨叶和泄水锥组成。图 3－42 为轴流式转轮，转轮体 2 是一个大圆柱体，在外圆柱面上均布了四片桨叶 1，转轮体上端面与水轮机主轴法兰盘刚性连接，转轮体下端面吊装了一个钢板焊接制成的泄水锥 3。水流流过桨叶时在桨叶正、背面产生压力差，在压力差作用下桨叶带动转轮体转动，转轮体带动水轮机主轴转动，从而将水流的水能转换成转轮旋转的机械能。转轮体受力巨大，必须用铸钢浇注厚壁形结构。如果转轮体内有自动调节的桨叶角度转动机构，就成为转桨式转轮。如果转轮体内没有自动调节的桨叶角度转动机构，就成为定桨式转轮。

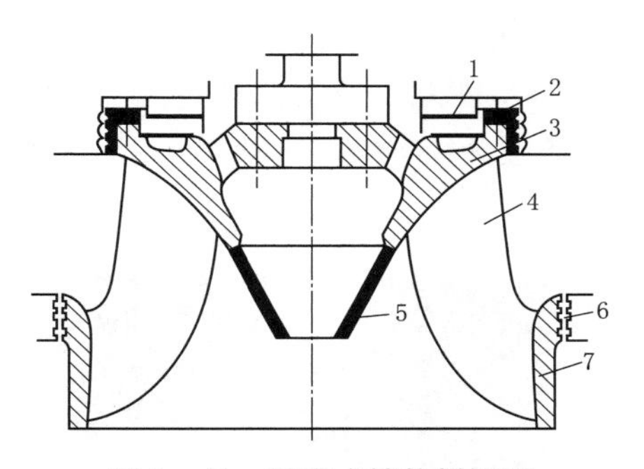

图 3－41 混流式转轮剖视图
1—减压装置；2、6—转轮密封；3—上冠；4—叶片；5—泄水锥；7—下环

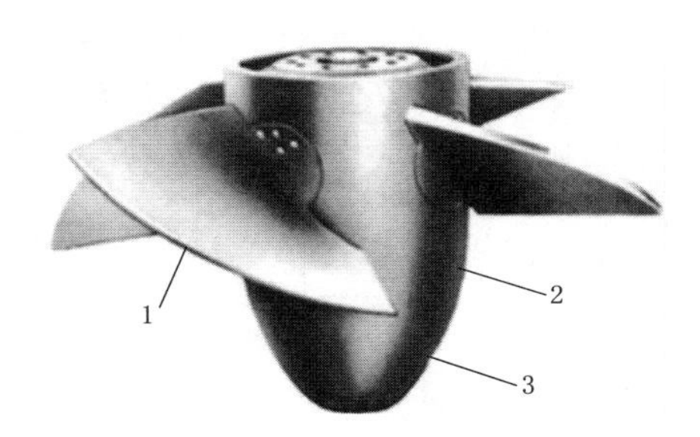

图 3－42 轴流式转轮
1—桨叶；2—转轮体；3—泄水锥

（一）定桨式转轮

定桨式转轮运行时叶片角度不能调整，结构简单，价格便宜，但运行高效区很窄，稍有偏移设计工况，效率下降较大。定桨式转轮又有调桨式转轮、组合式转轮和整铸式转轮三种形式。尽管运行中定桨式转轮不能像转桨式转轮那样一边运行一边自动调节桨叶角度，但是还是希望在定桨式转轮停机后，通过人工手动能够调整桨叶角度。例如枯水期来水量较小时，可以手动将桨叶角度调小，使得在枯水期水轮机效率相对增高。丰水期来水量较大时，可以手动将桨叶角度调大，使得在丰水期水轮机效率相对增高。调桨式转轮和组合式转轮在停机后可以人工手动调整桨叶角度，而整铸式转轮的桨叶永远不能调整。

1. 调桨式转轮

在水轮机主轴和发电机主轴两个法兰盘中间形成的空腔安装蜗轮蜗杆机构，就可以停机后在水轮机层手动调整桨叶角度。图 3－43 为常见的蜗轮蜗杆啮合照片，蜗杆头部一小段是正方形断面的方形光杆，用手柄套在方形光杆上转动手柄，蜗杆绕水平轴线转动，蜗杆带动蜗轮绕垂直轴线转动。由此可见，蜗轮蜗杆机构可以将转动方向变换 90°。蜗杆转好几圈，蜗轮才转一圈，因此蜗轮蜗杆机构是减速机构。

图 3－44 为 TX 水电厂调桨式转轮的主轴法兰盘连接图。因为需要布置实心操作杆 11，

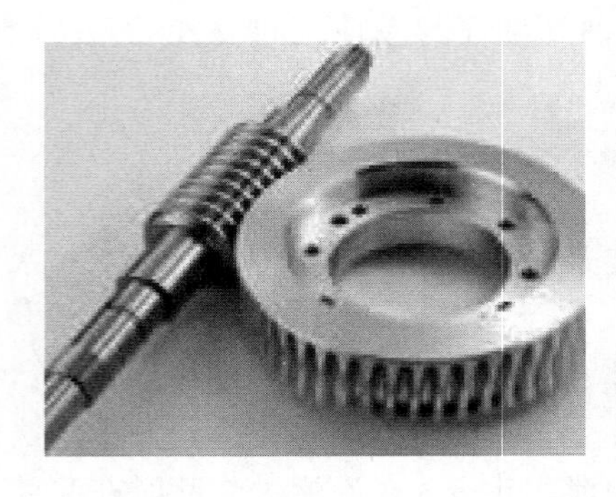

图 3-43　蜗轮蜗杆啮合照片

所以整根水轮机主轴 10 是空心的，因为需要布置桨叶角度指示的指针 3，所以发电机主轴 1 下面一部分也是空心的。在水轮机法兰盘 8 与发电机法兰盘 6 之间夹装了一个厚圆环 7，圆环内孔在两个法兰盘之间形成一个能安装蜗轮蜗杆的空间，蜗杆 9 头部的方形光杆穿出厚圆环。蜗轮 4 内孔与大螺母为轴孔配合键连接，操作杆在法兰盘这一段加工了外螺纹，相当于螺杆，大螺母位于螺杆上，如同农村引水渠上手动启闭闸门上的螺母、螺杆，当停机后需要调整桨叶角度时，运行人员在水轮机层将手柄套在蜗杆的方形光杆上，然后用手柄带动蜗杆转动，蜗杆带动蜗轮转动，蜗轮带动大螺母转动，大螺母带动有外螺纹的操作杆上下移动，操作杆带动转轮体内的操作架、连杆上下移动，连杆带动拐臂、桨叶转动（参见图 3-52，取消活塞 9 和活塞缸 10，将细信号油管 8 更换成操作杆），从而在停机期间不用进入转轮室就可以调整桨叶角度。由于操作杆上下移动的位置与桨叶角度是对应的，因此指针能在刻度板上指示桨叶的实际角度。规定设计工况时的桨叶角度为 0°，桨叶角度开大使过流能力增大的桨叶角度为“+”，桨叶角度关小使过流能力减小的桨叶角度为“-”，停机时人工手动桨叶角度在 -15°～+25°范围内可调。每次调整结束，必须将手柄卸下，防止运行时主轴转动伤人。

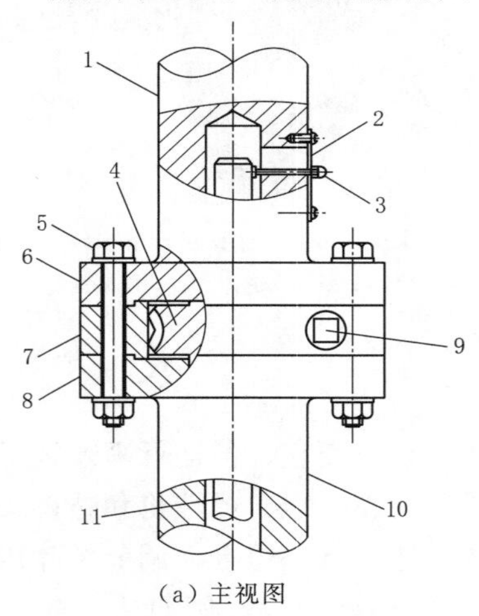

（a）主视图

（b）实物照片

图 3-44　调桨式转轮的主轴法兰盘连接图

1—发电机主轴；2—刻度板；3—指针；4—蜗轮；5—连轴螺栓；6—发电机法兰盘；7—厚圆环；8—水轮机法兰盘；9—蜗杆；10—水轮机主轴；11—操作杆

2. 组合式转轮

图 3-45 为组合结构的定桨式转轮结构图。转轮由转轮体 2、桨叶 4、卡环 5 和泄水锥 6 组成。在转轮体外柱面均布 3～5 个桨叶，桨叶处于转轮室与转轮体之间环形水流流道中，将水能转换成转轮体旋转的机械能。转轮体上面与水轮机主轴 1 螺栓连接，下面挂装泄水锥，卡环承受桨叶旋转时的离心力，将桨叶固定在转轮体上。泄水锥保证了水流流过转轮体后的过流面积逐步变大，防止因过流面积突然变大而出现的脱流漩涡，产生不必要的水头损失。每个桨叶根部的法兰盘有一个定位销孔，与每个桨叶根部的法兰盘在对应部位的转轮体

孔上有五个定位销孔，在主阀关闭断流条件下，排出尾水管积水，运行人员从尾水管进人孔进入转轮室，退出桨叶定位销3，人工手动转动桨叶，将定位销分别插入转轮体上不同的五个定位销孔内，桨叶的角度分别是－15°～25°之间的五个角度可调。例如，快进入春夏季丰水期时，汛期流量较大、流速较高，应该提前将桨叶角度调大到5°～25°，保证在整个丰水期水轮机效率相对较高；快进入秋冬季枯水期时，流量较小，流速较低，应该提前将桨叶角度调小到－15°～－5°，保证在整个枯水期水轮机效率相对较高。由于螺栓和定位销锈蚀和尾水管内工作环境狭窄，显然这种调整很不方便。

3. 整铸式转轮

图3-46为整铸式转轮，整个转轮用铸钢整体铸造，桨叶角度永远不能调整，跟水上乐园快艇后面的螺旋桨十分相似。

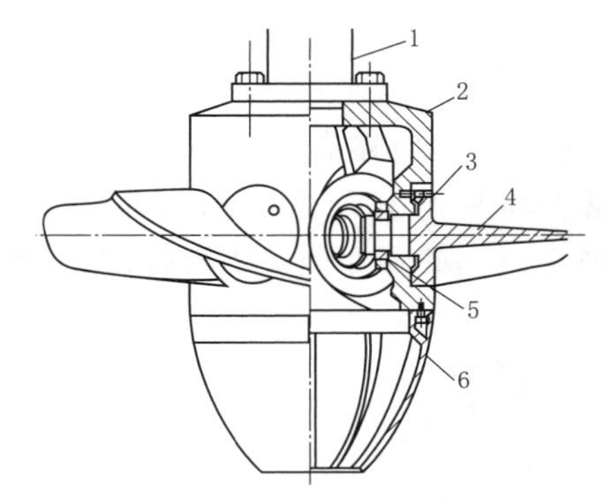

图3-45 组合结构的定桨式转轮结构图
1—水轮机主轴；2—转轮体；3—定位销；
4—桨叶；5—卡环；6—泄水锥

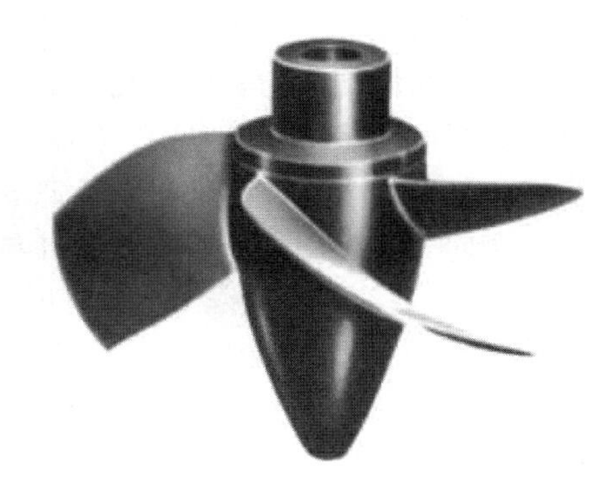

图3-46 整铸式转轮

（二）转桨式转轮

在机组运行中负荷发生变化时，调速器能自动及时调节导叶开度，改变进入转轮的水流量，但是导叶开度变化或水库水位变化都会引起进入转轮的水流方向和大小发生变化，使水流对桨叶头部的冲角增大，水轮机效率下降，这就是混流式水轮机和轴流定桨式水轮机高效区比较窄的原因。转桨式水轮机转轮的优点是双重调节调速器通过导叶接力器调节导叶开度满足负荷变化要求的同时，还能根据导叶开度变化和水库水位变化，通过桨叶接力器及时调节转轮的桨叶角度，使桨叶的角度迎合变化的水流方向，使水流进入转轮时对桨叶头部的冲角始终较小，保证水轮机在较大的出力变化范围内和较大的库水位变化范围内水轮机效率都比较高，即转轮的高效区比较宽。但是，转轮体内必须设置桨叶接力器和桨叶转动结构，造成转轮结构复杂；水轮机主轴和发电机主轴内孔需要布置进行桨叶角度调整的油压信号的信号油管，造成主轴结构复杂；双重调节调速器既要根据负荷调节导叶开度又要根据导叶开度和库水位调节桨叶角度，造成调速器结构复杂，调节难度增大。调速器输送给桨叶接力器的两根静止不动的信号油管与接收信号油的转动的信号油管对接的受油器结构复杂。因此转桨式机组和双重调节调速器结构复杂，技术难度大，造价较高，应用在大中型轴流式和贯流式机组中。

转桨式转轮体内的桨叶接力器主要由活塞和活塞缸组成，根据桨叶接力器的动作原理分有活塞缸轴向移动活塞不移动和活塞轴向移动活塞缸不移动两大类型，简称缸动塞不动和塞动缸不动两大类。

1. 缸动塞不动转桨式转轮

缸动塞不动转桨式转轮按活塞缸外的转轮体内有无油压又分无压渗漏和有压轮毂油两种类型。

（1）无压渗漏油的缸动塞不动转轮。图 3-47 为无压渗漏油的缸动塞不动桨叶接力器结构图，应用在贯流转桨式水轮机中，所有零件全部位于转轮体内。轴套 4 用螺栓 3 固定在转轮体 2 上不能轴向移动，压环 18 用螺栓 6 将活塞 5 和粗信号油管 22 固定在轴套上也不能轴向移动，轴承体 12 用螺栓 11 固定在泄水锥 9 上不能轴向移动。螺栓 7 将缸盖固定在活塞缸上，螺栓 8 将导向管 14 固定在缸盖上，细信号油管 1 的末端是一段有螺纹的实心杆 15，用螺母 13 将细信号油管 1 与缸盖 16 连接在一起。活塞缸 20、缸盖 16、导向管 14 和细信号油管 1 四者组成一个可以轴向移动的组合体。组合体轴向移动时的轴瓦分别是镶在轴承体内孔不移动的轴瓦 10 和镶在活塞缸上移动的轴瓦 21。粗信号油管 22 与细信号油管 1 之间的 b 腔经轴套和粗信号油管 22 上的管壁通孔与活塞 5 左腔的 b 腔接通，细信号油管 1 内为 a 腔，穿过活塞 5 的细信号油管 1 经管壁通孔与活塞 5 右腔的 a 腔接通。密封环 17、19 可以减少活塞缸 20 和细信号油管 1 轴向移动时，活塞 5 两侧 a 腔与 b 腔相互之间的渗漏油。接力器活塞缸 20 唯一会向外渗漏油的部位是活塞缸与轴套之间的轴瓦处，活塞缸 20 外面整个转轮体内腔是接纳无压渗漏油的 c 腔。

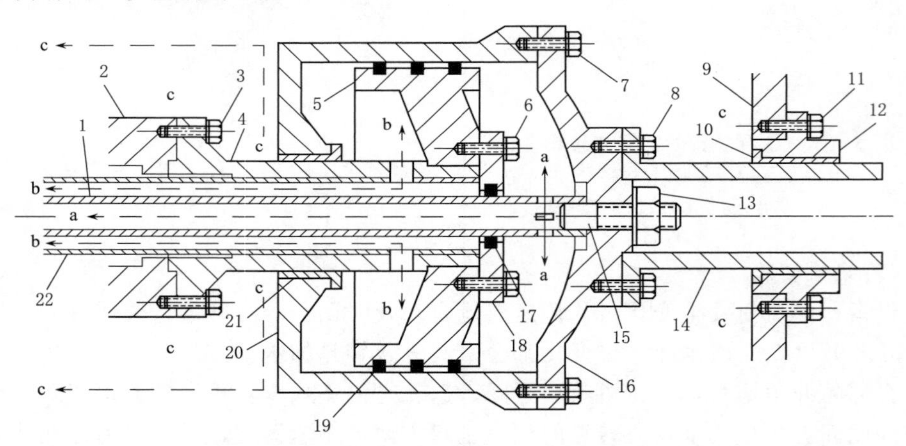

图 3-47　无压渗漏油的缸动塞不动桨叶接力器结构图

1—细信号油管；2—转轮体；3、6、7、8、11—螺栓；4—轴套；5—活塞；9—泄水锥；10、21—轴瓦；12—轴承体；13—螺母；14—导向管；15—实心杆；16—缸盖；17、19—密封环；18—压环；20—活塞缸；22—粗信号油管

图 3-48 为无压渗漏油缸动塞不动的贯流转桨式转轮结构图，桨叶调节时活塞缸轴向移动。每一个桨叶的转轴与开口拐臂 3 为轴孔配合键连接，连杆 2 一端与开口拐臂 3 圆柱销铰连接，另一端与活塞缸 13 外圆柱面用圆柱销连接，为连杆 2 另一端提供铰支座，用活塞缸替代了图 3-52 中的操作架。水轮机主轴法兰盘 19 与转轮体 1 用螺栓连接，轴套 16 用螺栓固定在转轮体上，泄水锥 7 也用螺栓固定在转轮体上。

当双重调节调速器输出的两根信号油管给机组静止不转的受油器 a 腔为压力油，b 腔为排油时，则跟转轮一起旋转的活塞 6 右腔 a 腔接压力油，活塞右腔压力上升，活塞左腔 b 腔为接排油（受油器后面专门介绍），活塞左腔压力下降，活塞缸在压力油作用下向右移动（活塞不动），活塞缸、缸盖、导向管和细信号油管四者组体同时右移，活塞缸带动连杆、开口拐臂作用桨叶角度变大；当双重调节调速器输出的两根信号油管给机组静止不转的受油器 b 腔为压力油，a 腔为排油时，则跟转轮一起旋转的活塞右腔 a 腔接排油，活塞右腔压力下降，活塞左腔 b 腔接压力油，活塞左腔压力上升，活塞缸在压力油作用下向左移动（活塞不动），活塞缸、缸盖、导向管和细信号油管四者组合体同时左移，活塞缸带动连杆、开口拐臂作用桨叶角度变小。当双重调节调速器输出的两根信号油管给受油器使 a 腔和 b 腔同时既不是压力油也不是排油时，则跟转轮一起旋转的活塞左右两腔压力相等，活塞缸在原来位置不动，桨叶角度不变。由于 a 腔和 b 腔有的时候是压力油，有的时候是排油，有的时候既不是压力油也不是排油，油压信号代表调速器对桨叶角度调节的方向和大小，所以称 a 腔和 b 腔的油为信号油，双重调节调速器到机组受油器之间对应的两根油管称为信号油管（红色）。

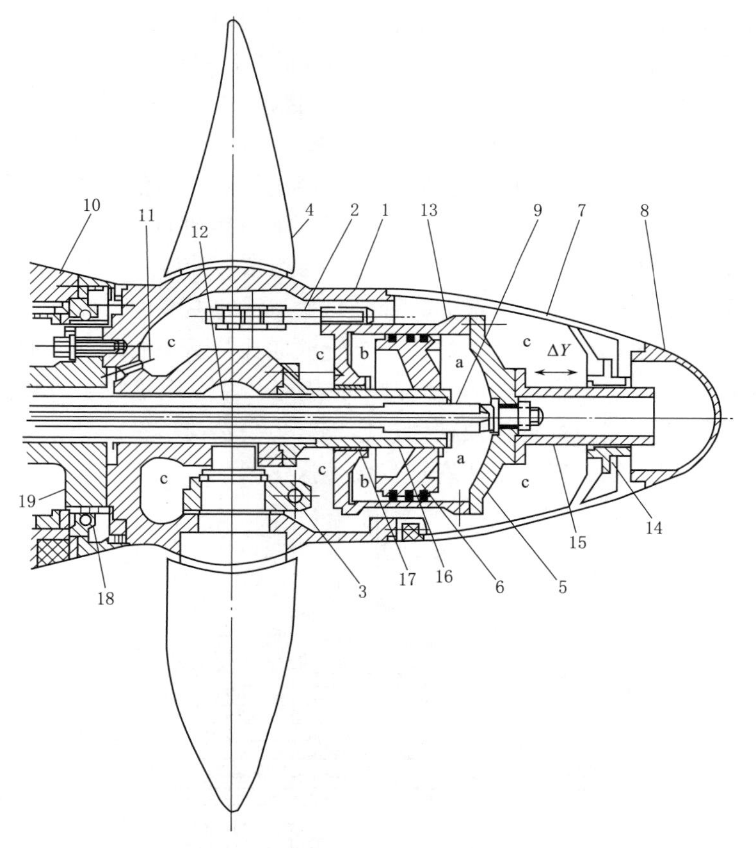

图 3-48 无压渗漏油缸动塞不动的贯流转桨式转轮结构图

1—转轮体；2—连杆；3—开口拐臂；4—桨叶；5—缸盖；6—活塞；7—泄水锥；8—泄水锥头；9—细信号油管；10—密封座；11—泄油孔；12—粗信号油管；13—活塞缸；14—导向轴承；15—导向管；16—轴套；17—缸轴瓦；18—转轮密封；19—主轴法兰盘

在活塞缸轴向移动过程中，缸轴瓦 17 与轴套 16 之间的轴承间隙不可避免地会从活塞缸内冒出渗漏油，整个转轮体内部空间就是接纳渗漏油的 c 腔，转轮体内的渗漏油经泄油孔 11 进入粗信号油管 12 与主轴内孔之间的 c 腔，主轴内最外围 c 腔渗漏油采用密闭方式进入静止不转的受油器 c 腔内，经受油器的回流管流回调速器回油箱，双重调节调速器到机组受油器之间对应的一根油管称回油管（黄色）。转轮体内为无压渗漏油的缸动塞不动转轮适用工作水头比较低的贯流转桨式机组，因为水压较低，不用担心流道内的水渗透进入转轮体内。

任何自动调节系统必须从调节系统的末端向首端送回反应调节结果的负反馈信号，构成闭环系统，否则调节系统成为开环的不稳定系统。就像一个营运良好的企业必须不断从市场送回反映产品质量和销量的反馈信息。由于活塞缸的轴向位移 ΔY 与桨叶角度变化是一一对应的，将细信号油管人为与活塞缸缸盖连接，纯粹是为了向双重调节调速器送回桨叶角度调节后的负反馈信号 ΔY。设置导向管纯粹是为了给活塞缸提供另一个轴承支点。

（2）有压轮毂油的缸动塞不动转轮。图 3-49 为 SX 水电厂有压轮毂油的缸动塞不动贯流转桨式转轮结构图。桨叶调节时活塞缸轴向移动活塞不动。水轮机主轴 1 与转轮体 2 用螺栓 21 刚性连接，油管法兰盘 22 将转轮内的细信号油管 20、粗信号油管 19 与水轮机主轴孔内的细信号油管、粗信号油管连接，由于油管法兰盘上对应 a 腔、b 腔和 c 腔都有油孔，因此油管法兰盘不影响两侧细信号油管、粗信号油管 a 腔、b 腔和 c 腔的油路流通。轴套 17 用螺栓 18 固定在转轮体上，泄水锥 8 内的压板用螺栓将衬套 13、活塞 15 一起固定在轴套上，使活塞不能轴向移动。缸盖 9 用螺栓 14 固定在活塞缸 16 上，反馈架 11 周边与 3 根固定在缸盖上的反馈杆 10 连接，反馈架中心用螺母 12 与穿出轴套的细信号油管连接。活塞缸、缸盖、反馈杆、反馈架和细信号油管五个构成一个可以轴向移动的组合体。水轮机主轴内孔与粗信号油管之间的 a 腔通过油管法兰盘跟轴套内孔与粗信号油管之间的 a 腔连通，轴套内孔与粗信号油管之间的 a 腔通过轴套管壁上的管壁通孔与活塞左侧的 a 腔连通，粗信号油管与细信号油管之间的 b 腔通过轴套管壁上的另一个管壁通孔与活塞右侧的 b 腔连通，细信号油管的内孔 c 腔穿过反馈架与转轮体内部空间的 c 腔连通。每一个桨叶 4 的转轴与拐臂 5 为轴孔配合键连接，连杆 6 一端与拐臂用圆柱销铰连接，另一端与活塞缸外左侧圆端面用圆柱销连接，为连杆另一端提供铰支座，用活塞缸替代了操作架。

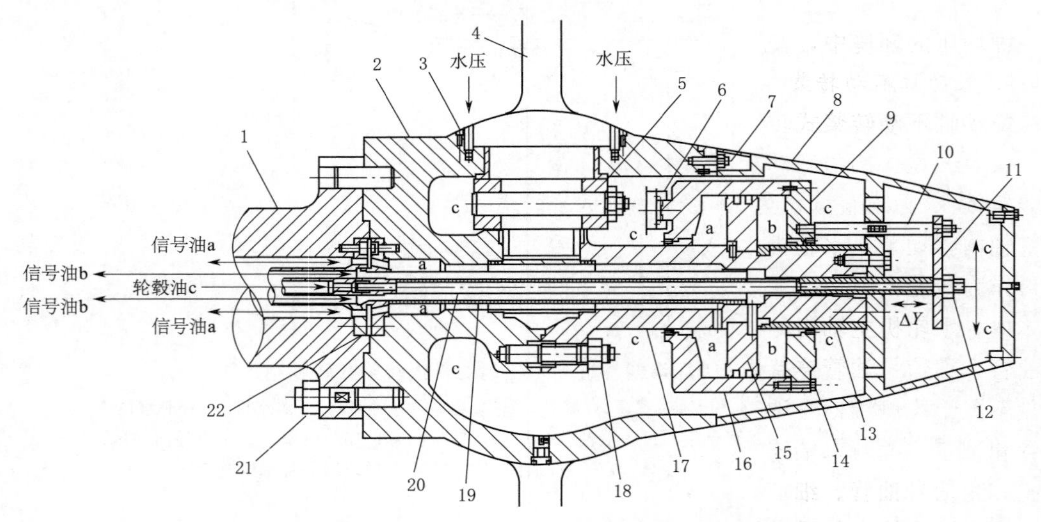

图 3-49　有压轮毂油的缸动塞不动贯流转桨式转轮结构图

1—水轮机主轴；2—转轮体；3—桨叶密封；4—桨叶；5—拐臂；6—连杆；7、14、18、21—螺栓；8—泄水锥；9—缸盖；10—反馈杆；11—反馈架；12—螺母；13—衬套；15—活塞；16—活塞缸；17—轴套；19—粗信号油管；20—细信号油管；22—油管法兰盘当双重调节调速器输出的两根信号油管给机组静止不转的受油器 a 腔为压力油，b 腔为排油时，则跟转轮一起旋转的活塞左腔 a 腔接压力油，活塞左腔压力上升，活塞右腔 b 腔接排油，活塞右腔压力下降，活塞缸在压力油作用下向左移动（活塞不动），活塞缸、缸盖、反馈杆、反馈架和细信号油管五个同时左移，活塞缸带动连杆、拐臂作用桨叶角度变小；当双重调节调速器输出的两根信号油管给机组静止不转的受油器 b 腔为压力油，a 腔为排油时，则跟转轮一起旋转的活塞左腔 a 腔接排油，活塞左腔压力下降，活塞右腔 b 腔接压力油，活塞右腔压力上升，活塞缸在压力油作用下向右移动（活塞不动），活塞缸、缸盖、反馈杆、反馈架和细信号油管五个同时右移，活塞缸带动连杆、拐臂作用桨叶角度变大。当双重调节调速器输出的两根信号油管给受油器使 a 腔和 b 腔同时既不是压力油也不是排油时，则跟转轮一起旋转的活塞左右两腔压力相等，活塞缸在原来位置不动，桨叶角度不变。需要说明的是由于活塞缸的轴向位移 ΔY 与桨叶角度变化是一一对应的，将细信号油管经反馈架、反馈杆人为与活塞缸的缸盖连接，纯粹是为了向双重调节调速器送回桨叶角度调节后的负反馈信号 ΔY。

转轮体又称轮毂，转轮体内为有压轮毂油的缸动塞不动转轮适用工作水头比较高的贯流转桨式机组，由于水头较高水压较大，在桨叶角度调节过程中，压力水难免会从桨叶转轴密封 3 处渗透进入转轮体内，渗漏水随转轮体内的渗漏油一起从受油器排出主轴，进入调速器的油压系统，对管路、接力器等金属部件产生锈蚀破坏。在活塞缸轴向移动过程中，不可避免地会从活塞缸两侧的轴瓦向外冒出渗漏油，采取不但不排出渗漏油反而通过细信号油管的 c 腔向转轮体内注入转轮轮毂高位油箱产生恒定压力的轮毂油，使整个转轮体内的 c 腔充满有压轮毂油，轮毂油油压始终稍微大于转轮体外的水压，可以有效防止转轮室的压力水从桨叶密封进入转轮体内部。位于厂房顶部的转轮轮毂高位油箱经过受油器向转轮注入轮毂油的压力不能比转轮室水压高得太多，否则会出现转轮体向外面的转轮室渗漏油，污染河流水质。值得说明的是无论转轮体内是无压渗漏油还是有压轮毂油，对桨叶接力器外面来讲都处于一种均压的环境中，丝毫不影响桨叶活塞缸的轴向移动。

2. 塞动缸不动转桨式转轮

塞动缸不动转桨式转轮按有无操作架分无操作架和有操作架两种类型。

（1）无操作架的塞动缸不动转轮。图 3－50 为无操作架塞动缸不动贯流转桨式转轮，整个转轮体 24 内部全部作为桨叶接力器的活塞缸，因此肯定是活塞缸（转轮体）轴向不移动，活塞轴向移动了。水轮机主轴 31 的法兰盘用螺栓 29 与转轮体连接，密封座 5 内的转轮梳齿密封作为转轮密封 28，密封座内的主轴填料密封作为主轴密封 30，保证压力水不能进入灯泡体内。水轮机主轴内的粗信号油管 1、细信号油管 2 通过油管法兰盘 3 与转轮体内的粗信号油管、细信号油管连接，由于油管法兰盘上对应 a 腔、b 腔和 c 腔都有油孔，因此油管法兰盘不影响两侧细信号油管、粗信号油管 a 腔、b 腔和 c 腔的油路流通。连接套 19 将粗信号油管和细信号油管末端连接在一起，螺栓 16、17 通过压环 18 再把连接套与活塞 12 连接在一起，粗信号油管、细信号油管和活塞三者组成一个可以轴向移动的组合体。细信号油管内的 a 腔穿过连接套与活塞右侧 a 腔连通，粗信号油管与细信号油管之间的 b 腔通过连接套上的小孔与活塞左侧的 b 腔连通。桨叶 9 的转轴在转轮体上有外轴瓦 10 和内轴瓦 15，拐臂 11 与桨叶转轴为轴孔配合圆柱键 8 连接，拐臂的另一端 26 与连杆 27 的一端用圆柱销 25 铰连接。螺母 21 将吊耳 22 固定在活塞上，连杆的另一端用圆柱销 23 与吊耳圆柱销连接，吊耳为连杆的另一端提供铰支座，用活塞替代了操作架。桨叶转轴、拐臂、连杆、吊耳全部泡在活塞左侧的 b 腔。由于桨叶比较重，转轮旋转时的离心力比较大，用卡环 14 来承受桨叶的离心力。桨叶双向密封 7 即可防止压力水向内进入转轮体内，也可以防止活塞 b 腔压力油向外进入水流流道，污染水质。泄水锥 20 用螺栓 13 固定在转轮体上，同时作为活塞缸的缸盖。

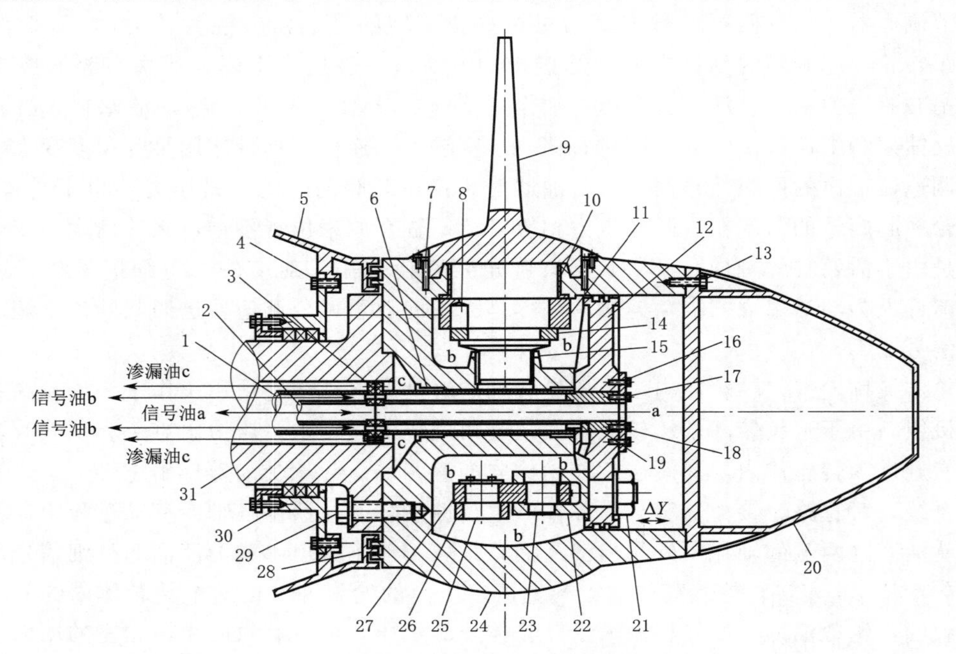

图 3-50　无操作架塞动缸不动贯流转桨式转轮

1—粗信号油管；2—细信号油管；3—油管法兰盘；4、13、16、17、29—螺栓；5—密封座；6—轴瓦；7—桨叶双向密封；8—圆柱键；9—桨叶；10—外轴瓦；11、26—拐臂；12—活塞；14—卡环；15—内轴瓦；18—压环；19—连接套；20—泄水锥；21—螺母；22—吊耳；23、25—圆柱销；24—转轮体；27—连杆；28—转轮密封；30—主轴密封；31—水轮机主轴

当双重调节调速器输出的两根信号油管给机组静止不转的受油器 a 腔为压力油，b 腔为排油时，则跟转轮一起旋转的活塞右腔 a 腔接压力油，活塞右腔压力上升，活塞左腔 b 腔接排油，活塞左腔压力下降，活塞在压力油作用下向左移动，粗信号油管、细信号油管和活塞三者组合体同时左移，活塞带动吊耳、连杆、拐臂作用桨叶角度变小；当双重调节调速器输出的两根信号油管给机组静止不转的受油器 b 腔为压力油，a 腔为排油时，则跟转轮一起旋转的活塞右腔 a 腔接排油，活塞右腔压力下降，活塞左腔 b 腔接压力油，活塞左腔压力上升，活塞在压力油作用下向右移动，粗信号油管、细信号油管和活塞三者组合体同时右移，活塞带动吊耳、连杆、拐臂作用桨叶角度变大。当双重调节调速器输出的两根信号油管给受油器使 a 腔和 b 腔同时既不是压力油也不是排油时，则跟转轮一起旋转的活塞左右两腔压力相等，活塞在原来位置不动，桨叶角度不变。由于活塞位移 ΔY 与桨叶角度变化是一一对应的，利用细信号油管或粗信号油管的轴向机械位移 ΔY 可以向双重调节调速器送回桨叶角度调节后的负反馈信号。在粗信号油管轴向移动过程中，粗信号油管 1 与轴向移动瓦 6 之间的轴瓦间隙不可避免地会从活塞缸内冒出渗漏油，渗漏油可以直接进入粗信号油管 1 与水轮机主轴内孔之间的 c 腔，并且沿 c 腔到达受油器后，以密闭方式进入静止不转的受油器 c

腔内，经受油器的回油管（黄色）流回调速器回油箱。

（2）有操作架的塞动缸不动转轮。图 3－51 为有操作架的塞动缸不动轴流转桨式转轮结构图，应用在大中型立式轴流转桨式水轮机中。桨叶调节时活塞轴向移动。桨叶 15 处于转轮室 11 与转轮体 8 之间环形水流流道中，转轮直径 1800mm，每个桨叶在转轮体上有外轴瓦 19 和内轴瓦 14 两个轴瓦，拐臂 13 与桨叶转轴 12 为轴孔配合键连接，水轮机主轴 2 通过主轴法兰盘 3 与转轮体用连接螺栓 6 刚性连接，主轴法兰盘与转轮体上部形成的大圆柱孔作为桨叶接力器的活塞缸，活塞缸内的活塞 9 与粗信号油管 4、细信号油管 10 及操作架四者组成一个可以轴向移动的组合体，粗信号油管与水轮机主轴内孔之间的 a 腔直接接活塞的上腔，穿过活塞的粗信号油管管壁上的四个管壁通孔将粗信号油管与细信号油管之间的 b 腔与活塞下腔接通。细信号油管继续向下穿出活塞缸缸底，到达活塞缸外的转轮体内的底部与操作架连接。

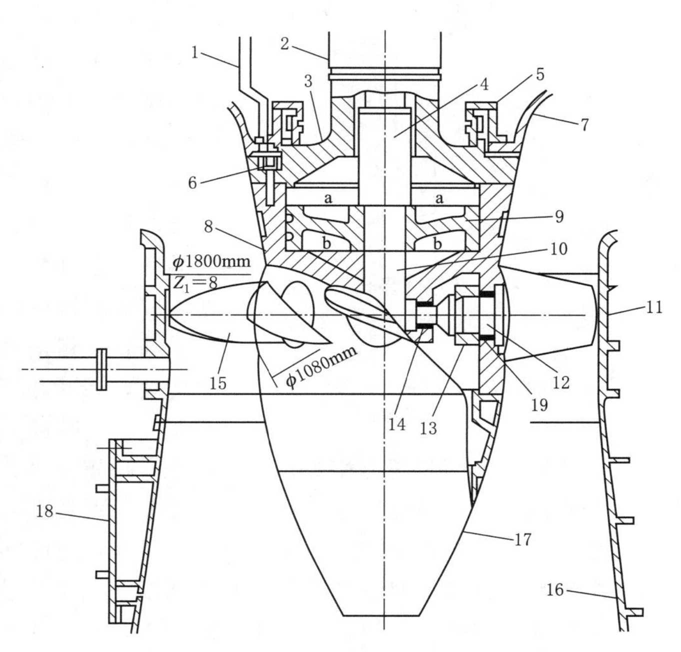

图 3－51　有操作架塞动缸不动轴流转桨式转轮结构图

1—排水管；2—水轮机主轴；3—主轴法兰盘；4—粗信号油管；5—主轴密封；6—连接螺栓；7—支撑盖；8—转轮体；9—活塞；10—细信号油管；11—转轮室；12—桨叶转轴；13—拐臂；14—内轴瓦；15—桨叶；16—尾水管；17—泄水锥；18—进人孔；19—外轴瓦

当双重调节调速器输出的两根信号油（红色）给发电机主轴轴端静止不转的轴端受油器 a 腔为压力油，b 腔为排油时，则跟转轮一起旋转的活塞上腔 a 腔接压力油，活塞上腔压力上升，活塞下腔 b 腔接排油，活塞下腔压力下降，活塞在压力油作用下向下移动，活塞、粗信号油管和细信号油管三者组合体同时下移，细信号油管带动操作架下移，作用桨叶角度变大；当双重调节调速器输出的两根信号油管给发电机主轴轴端静止不转的轴端受油器 b 腔为压力油，a 腔为排油时，则跟转轮一起旋转的活塞上腔 a 腔接排油，活塞上腔压力下降，活塞下腔 b 腔接压力油，活塞下腔压力上升，活塞在压力油作用下向上移动，活塞、粗信号油管和细信号油管三者组合体同时上移，细信号油管带动操作架作用桨叶角度变小。当双重调节调速器输出的两根信号油管给发电机主轴轴端静止不转的轴端受油器 a 腔和 b 腔同时既不是压力油也不是排油时，跟转轮一起旋转的活塞上下两腔压力相等，活塞在原来位置不动，桨叶角度不变。

图 3－52 为操作架桨叶操作原理图。桨叶 1 处于转轮室与转轮体之间的环形水流流道中，桨叶转轴 2 在转轮体上有外轴瓦 3 和内轴瓦 4，拐臂 5 与桨叶转轴为轴孔配合键连接，连杆 6 一端与拐臂用圆柱销铰连接，另一端与操作架 7 用圆柱销连接，操作架为连杆另一端提供铰支座。水轮机主轴法兰盘与转轮体上部形成的大圆孔作为桨叶接力器的活塞缸 10，

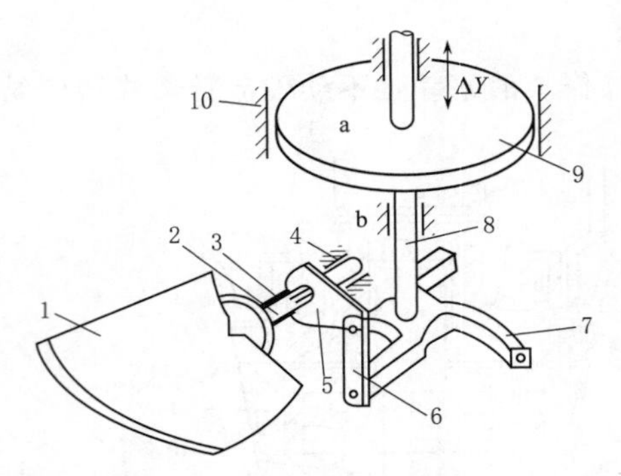

图 3-52 操作架桨叶操作原理图

1—桨叶；2—桨叶转轴；3—外轴瓦；4—内轴瓦；5—拐臂；6—连杆；7—操作架；8—细信号油管；9—活塞；10—活塞缸

细信号油管 8 穿过活塞 9 和活塞缸到达转轮体的底部与操作架 7 连接，粗信号油管、细信号油管、活塞和操作架四个组成一个可以轴向移动的组合体，细信号油管相当于带动操作架轴向移动的活塞杆，设计工况时的桨叶角度为 0°。当活塞上腔 a 腔接压力油、下腔 b 腔接排油时，活塞带动细信号油管、粗信号油管一起下移 ΔY，细信号油管带动操作架、连杆下移，连杆带动拐臂顺时针方向转动，拐臂带动桨叶顺时针方向转动，桨叶角度开大，最大可以开大到 25°；当活塞上腔 a 腔接排油、下腔 b 腔接压力油时，活塞与细信号油管、粗信号油管一起上移 ΔY，桨叶逆时针方向转动，桨叶角度关小，最小可以关小到 −15°。当活塞上腔 a 腔和下腔接 b 腔同时既不接压力油也不接排油时，活塞上下两腔压力相等，活塞在原来位置不动，桨叶角度不变。由于细信号油管或粗信号油管位移 ΔY 与桨叶角度变化一一对应，利用细信号油管或粗信号油管的轴向机械位移 ΔY 可以向双重调节调速器送回桨叶角度调节后的负反馈信号。向下穿出活塞缸底部轴向移动的细信号油管与活塞缸之间难免有渗漏油，活塞缸外转轮体内 c 腔的无压渗漏油从最中心的细信号油管内排出。但是，由于立式机组结构上的原因，在无压渗漏油向上到达发电机主轴顶部受油器之前，必须利用油管法兰盘（参见图 3-49 中的 22）将最中心的细信号油管内的 c 腔无压渗漏油转换到最外围的主轴内孔与粗信号油管之间，将主轴内孔与粗信号油管之间的 a 腔信号油转换到最中心的细信号油管内，然后在受油器内利用甩油盆（参见图 3-100 中的 4）离心地将主轴内孔与粗信号油管之间的无压渗漏油甩出。

三、斜流式转轮

图 3-53 为斜流式转轮，叶片布置与高水头的混流式转轮相似，叶片调节与转桨式转轮相似，因此具有混流式转轮和转桨式转轮两者的优点。但是由于斜流式转轮的桨叶转轴线与水轮机主轴线既不垂直也不平行，跟斜向式导水机构一样，使得桨叶操作机构很复杂，斜流式转轮也属于转桨式转轮，但是由于结构复杂，造价昂贵，技术要求高，现在已经很少应用。

图 3-53 斜流式转轮

新研制的转轮由于转轮叶片的设计理论日趋成熟，设计手段采用了成熟的计算机软件和计算机仿真技术，数控机床的大量采用，使得叶片设计要求的三维叶形容易得到保证，提高了转轮效率，最高的转轮效率可达 94%。转桨式转轮在结构形状上基本与原来相同，而混流式转轮在结构上出现了变异。例如进水边与出水边成“X”状交叉的“X”形叶片的混流式转轮（图 3-54），使得机组运行时转轮振动减小。长短叶片间隔布置的混轮式转轮（图 3-55），长叶片称主叶片，短叶片称副叶片。这种转轮效率高、抗汽蚀性能好，现在在混流式机型中应用较多。

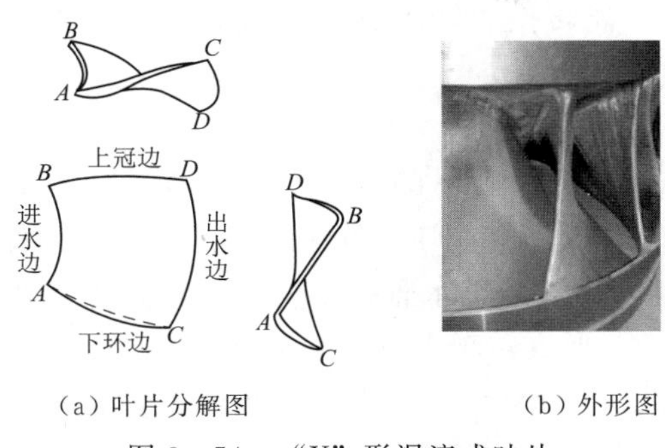

（a）叶片分解图　　（b）外形图

图 3-54　“X”形混流式叶片

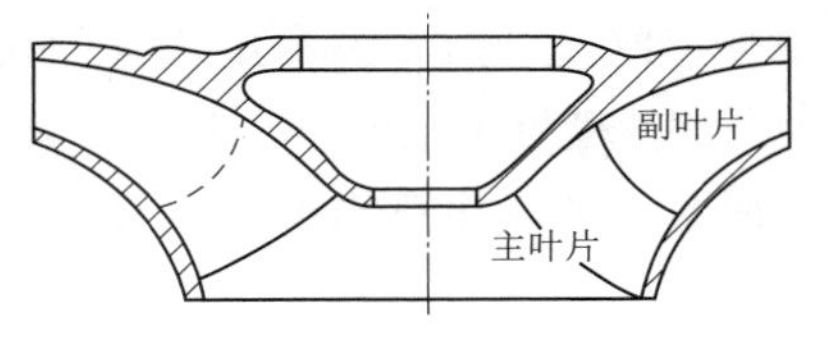

图 3-55　主副叶片结构混流式转轮

第四节 泄 水 部 件

反击式水轮机的泄水部件就是尾水管，处于水轮机水流流道的最后一段，水轮机的工作水流由尾水管排入下游。在转轮中经过能量转换后的低能水直接进入尾水管，尽管进入尾水管的水流已经是低能水了，但是反击式水轮机流道中的水流是一个连续流动的整体，最后一段的水流的流动状态对前面水流的流动还是有一定影响的。

一、尾水管的作用

1. 将水流平稳地引向下游

图 3-56 是尾水管作用示意图，试想如果没有尾水管，水流离开转轮后是杂乱无章地自由下落到下游河床，有了尾水管，水流可以平稳地流向下游。

2. 回收转轮出口水流的位能

静止水体中等高的两个水质点必定水压相等，运动水体由于运动需要消耗水能，因此等高的两个水质点不一定水压相等。由图 3-56 可知，下游河床表面作用大气压力 $p_{大气}$，尾水管靠近出口的管内 a 点与下游水面等高且相距很近，a 点到下游水面水流运动的水能损失很小可以忽略不计。因此可认为与下游水面等高的尾水管内 a 点的压力为近似大气压力。

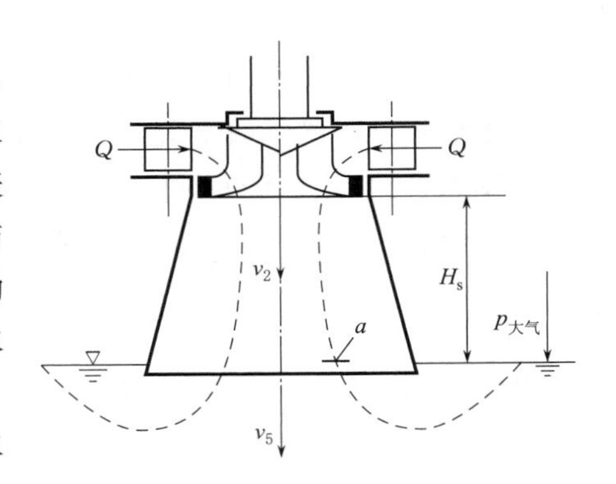

图 3-56　尾水管作用示意图

没有尾水管时转轮出口是大气压力，装了尾水管后，因为 a 点的压力为近似大气压力。已知在水中位置越高，水压越低，那么比 a 点位置高 H_s 的转轮出口处的压力应该比大气压力近似低 H_s 水柱。比大气压力低的数值称真空度，由位置高度造成的转轮出口真空称静力真空 H_s。静力真空 H_s 在数值上等于转轮出口到下游水位的垂直高度，又称水轮机吸出高度。

由此可见，装了尾水管后转轮出口压力比没有安装尾水管时的压力下降了 H_s，相当于转轮出口出现了真空吸力，使转轮叶片正背面的压差增大，转轮的转动力矩增大，转轮输出机械功率增大。从能量守恒的角度来看，尾水管将转轮出口水流相对下游水面的位置水头

H_s 转换了压能（负压），再由转轮将这部分压能转换成转轮旋转的机械能，回收了转轮出口水流相对下游水位的单位位能 H_s。

3. 部分回收转轮出口水流的动能

没装尾水管时，离开转轮的水流流速是 v_2，离开转轮的单位动能较大，排入下游白白浪费。安装了尾水管后，离开尾水管的水流流速是 v_5，喇叭形的尾水管出口面积大于进口面积，因此尾水管出口流速 v_5 小于进口流速 v_2，离开尾水管排入下游的单位动能较小，尾水管部分回收了转轮出口水流的部分单位动能，形成转轮出口处的动力真空 h_v。

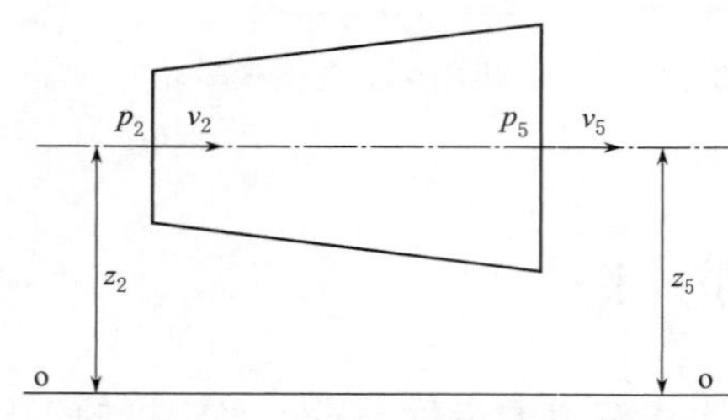

图 3-57 尾水管部分动能回收原理图

为了突出尾水管部分将回收的动能的原理，将尾水管按图 3-57 所示水平放置，使得尾水管水流进口单位位能 z_2 等于出口单位位能 z_5，保证尾水管中水质点的位能没有参与能量转换，只有动能与压能进行了能量转换。根据能量守恒定律，尾水管进口水体的单位位能、单位压能和单位动能三者能量之和应该等于尾水管出口水体的单位位能、单位压能和单位动能三者能量之和再加上水流从进口流到出口的水头损失 h_{w2-5}。即尾水管进出口水流的能量守恒方程为

$$z_2+\frac{p_2}{\gamma}+\frac{\alpha_2 v_2^2}{2g}=z_5+\frac{p_5}{\gamma}+\frac{\alpha_5 v_5^2}{2g}+h_{w2-5}$$

因为 $z_2=z_5$，再忽略不计水头损失 h_{w2-5} 尾水管进出口水流简化后的能量守恒方程为

$$\frac{p_2}{\gamma}+\frac{\alpha_2 v_2^2}{2g}=\frac{p_5}{\gamma}+\frac{\alpha_5 v_5^2}{2g}$$

已知 $v_2>v_5$，那么必定 $p_2<p_5$。说明同一段流体，流速高的地方压力肯定低，流速低的地方压力肯定高。例如高速运动的高铁进入隧洞后，带动洞内的空气也高速运动，洞内空气压力急剧降低，乘客的耳膜会向外鼓出而感到难受。

由于喇叭形尾水管内水流的沿程减速，部分回收了转轮出口的动能，转轮出口（尾水管进口）压力在静力真空 H_s 的基础上进一步下降，形成新增加的动力真空 h_v。根据能量方程可得部分回收的单位动能转换成的动力真空在数值上为

$$h_v=\frac{\alpha_2 v_2^2-\alpha_5 v_5^2}{2g}-h_{w2-5}$$

由此可见，在转轮进口压力不变的条件下，装了尾水管后转轮出口压力比没有安装尾水管时的压力下降了 H_s+h_v，相当于转轮出口真空吸力进一步增大，使转轮叶片正背面的压差进一步增大，转轮的转动力矩进一步增大，转轮输出机械功率进一步增大。从能量守恒的角度来看，尾水管将转轮出口水流的部分动能转换了压能（负压），再由转轮将这部分压能转换成转轮旋转的机械能，部分回收了转轮出口水流动能。

转轮出口及尾水管进口的真空度由静力真空 H_s 和动力真空 h_v 两部分组成，运行中要求尾水管出口必须在下游最低水位向下 0.3m 以下，否则空气容易进入尾水管，造成转轮出口真空不稳定，引起水轮机运行不稳定。下游尾水池的堰顶高能保证了既是机组不发电，没有下泄流量的情况下，尾水管出口也淹没在下游水位以下 0.3m。一旦机组发电，有了下泄流量，下游水位上涨，尾水管出口肯定淹没在大于下游水位以下 0.3m 处。

二、尾水管的类型

尾水管的类型有直锥形尾水管、屈膝形尾水管和弯肘形尾水管三种。直锥形尾水管如图3-58所示，是一个圆锥形的直通喇叭形管道，结构最简单，水力性能最好，适用在小型立式水轮机和灯泡贯流式水轮机中。

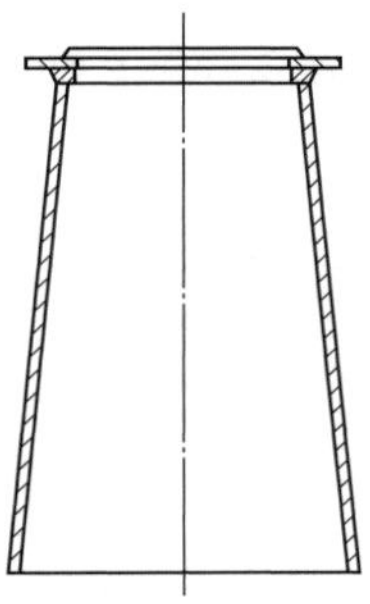

图3-58　直锥形尾水管

卧式反击式水轮机都是安装在下游水位以上，水流沿水平方向流出转轮进入尾水管，而尾水管又要求出口必须淹没在下游水位向下0.3m以下，因此，卧式水轮机的尾水管不得不采用屈膝形尾水管。因为，屈膝形尾水管（图3-59）的水流流出转轮后未经减速就在弯管段2转过90°，在弯管段的水流损失较大，水力性能很差，沿程减速部分的动能主要在直锥段3中完成回收。

在大中型立式水轮机中，如果还采用性能最好的直锥形尾水管，势必造成厂房开挖量增大，投资增加，因此不得不采用弯肘形尾水管（图3-60），弯肘形尾水管的矩形扩散段3为矩形断面，为的是混凝土浇筑立模方便。水流流出转轮后，在直锥段1稍作减速后就经肘管段2转过90°弯，断面由圆形变为矩形，部分动能回收主要在矩形扩散段完成，肘管段中的水流在速度还比较高的情况下，一边转弯一边断面由圆形变成矩形，水流运动比较混乱，因此肘管段的水头损失较大，弯肘形尾水管的水力性能介于直锥形尾水管和屈膝形尾水管两者之间。

三、水轮机允许吸出高度

1. 吸出高度对汽蚀和投资的影响

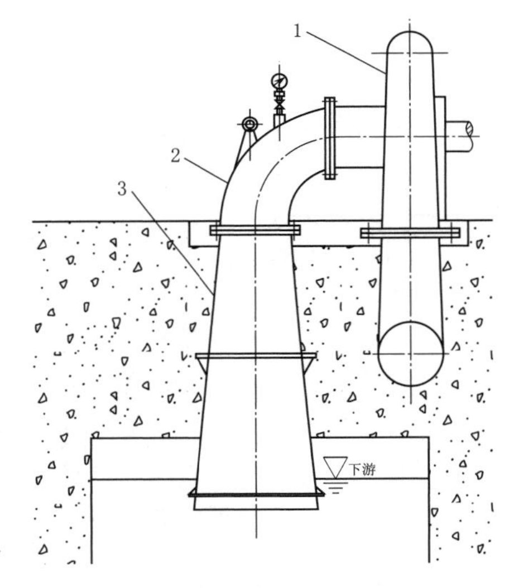

图3-59　屈膝形尾水管

1—金属蜗壳引水室；2—弯管段；3—直锥段

图3-61为上、下游水位差相同但水轮机安装高程不同的布置A、B两台水轮机示意图。反击式水机的出力只与上下游水位差有关，与水轮机安装高程无关。但是水轮机安装高程不同对水轮机的汽蚀和厂房投资影响很大。例如，水轮机B安装在离下游水位以上越高，水轮机吸出高度H_s为正值，H_s正值越大则下游水位对转轮出口作用负压越大，位置高度造成的静力真空（负压）越大，加上与位置高度无关的动力真空（负压），使得转轮出口真空增大，水轮机转轮汽蚀加重，但是厂房开挖量减小，投资节省；水轮机A安装在离下游水位以下越低，水轮机吸出高度H_s为负值，H_s负值越大则下游水位对转轮出口作用正压越大（没有静力真空），但是还是有与位置高度无关的动力真空（负压），正压与负压相加，使得转轮出口真空减小，水轮机汽蚀减轻，但是厂房开挖量增大，投资增加。实际中大部分高压立式机组的水轮机转轮都安装在下游水位以下，为的就是减轻水轮机汽蚀。由此可以联想，水轮机一旦安装完毕，发电功率越小，下泄水流量越少，下游水位越低，吸出高度H_s正值越大或负值越小，转轮汽蚀越严重。

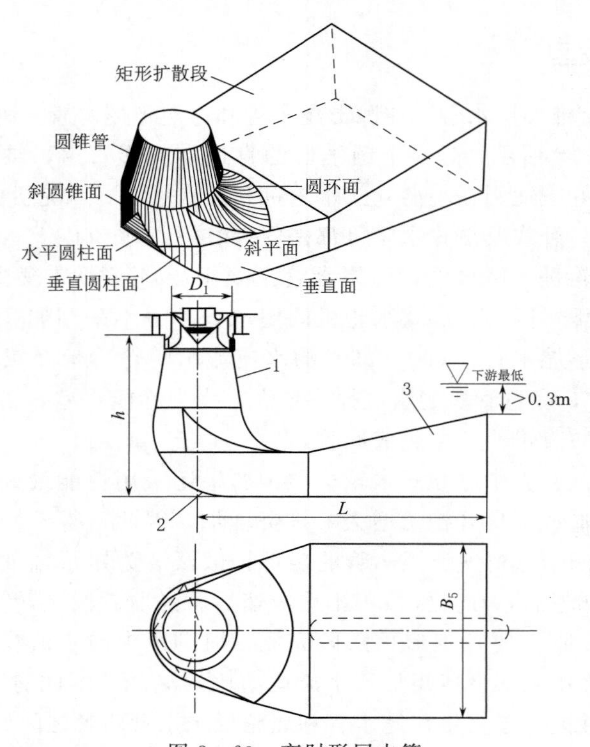

图 3-60　弯肘形尾水管

1—直锥段；2—肘管段；3—矩形扩散段

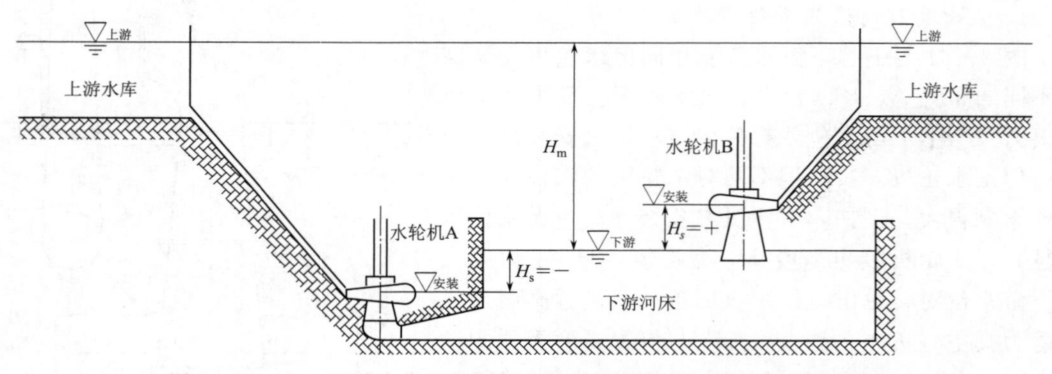

图 3-61　上、下游水位差相同但水轮机安装高程不同的布置示意图

2. 水轮机安装高程的确定

理论上讲，水轮机应该安装在相对下游水位保证不发生汽蚀的最高处，使得厂房开挖量最少，转轮汽蚀又最轻，这时的转轮出口到下游水位的垂直距离称水轮机允许吸出高度。为了安装时测量水轮机安装高程方便，设计人员将立式水轮机允许吸出高度的测量点从转轮出口到下游水位垂直距离折算到 1/2 导叶高度处到下游水位垂直距离，卧式水轮机允许吸出高度从转轮出口最高点到下游水位垂直距离折算卧式主轴线到下游水位的垂直距离，这种吸出高度称安装用允许吸出高度。水轮机安装高程应该等于下游水位高程加上安装用允许吸出高度 H_s。

麻烦的是，转轮一个工况就有一个汽蚀系数 σ 和一个下泄流量对应的下游水位，一个汽蚀系数 σ 和下游水位就有一个保证不发生汽蚀安装用允许吸出高度 H_s，显然在众多工况下的安装用允许吸出高度和下游水位中，必须按照最不利的安装用允许吸出高度 H_s 最小值和下游最低水位来确定水轮机安装高程，那么其他工况肯定能保证不发生转轮汽蚀，这个数值最小的安装用允许吸出高度称为安装用最大允许吸出高度 H_s。所以，实际的水轮机安装高程应该等于下游最低尾水位高程加上安装用最大允许吸出高度 $H_{s最大}$。尽管所有的水轮机都是按下游最低尾水位和不发生汽蚀的安装用最大允许吸出高度来确定安装高程，但是由于人们对水流运动认识的局限性和对汽蚀成因认识的不足，实际运行中的水轮机几乎或多或少都存在汽蚀。

四、水轮机运转特性曲线

生产厂家或设计院对每一台水轮机都会提供一张该水轮机的运转特性曲线。图 3－62 为某水轮机的运转特性曲线，该水轮机最大工作水头 $H_{最大}=80m$，最小工作水头 $H_{最小}=57.5m$，发电机额定出力为 7000kW。实际运行中水轮发电机组最容易得到的参数是水轮机的工作水头 H 和发电机的出力 N 两个参数，每一对参数 H、N 决定了水轮机的一个运行工况。以水轮机工作水头 H 为纵坐标、发电机出力 N 为横坐标建立水轮机运转特性曲线坐标系。

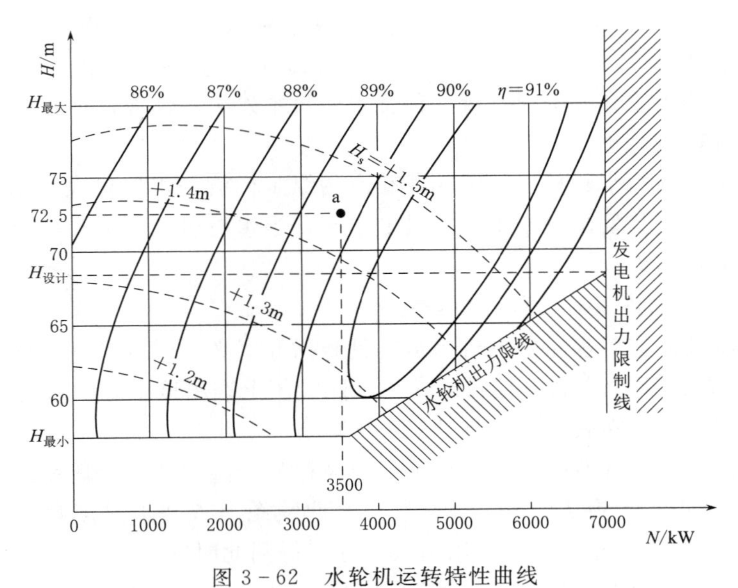

图 3－62　水轮机运转特性曲线

1. 水轮机运行工况点范围

水轮机工作水头 H 从最小工作水头到最大工作水头，发电机出力 N 从零到额定出力，可以组合成众多对参数，也就有众多运行工况点，由于水轮机运行中最好不要超过最大水头，否则可能危及水轮机的机械强度，因此水轮机的运行工况点必定在最大水头线 $H_{最大}$ 的下方。由于水轮机运行中最好不要低于最小水头，否则汽蚀严重、效率低下，因此水轮机的运行工况点必定在最小水头线 $H_{最小}$ 的上方。由于发电机出力不宜超过发电机额定出力，否则造成发电机过载，因此水轮机的运行工况点必定在发电机出力限制线的左边。由于水轮机在每一个水头下都有一个不稳定区域，实际水轮机不允许进入该区域，因此水轮机的运行工况点必定在水轮机出力限制线的左上方。因此，水轮机在运转特性曲线图上的运行工况点是由最大水头线、最小水头线、发电机出力限制线和水轮机出力限制线四条线围成的区域。

2. 等效率线

在四条线围成的区域内，每一个工况点都有一个水轮机效率 η，将水头、出力不同但效率相同的工况点连成线，得到等效率线。例如，图 3-62 中效率为 86%的等效率线上每一个工况点的纵坐标（水头）和横坐标（出力）处处不同，但这些工况点的效率全部是 86%；效率为 87%的等效率线上每一个工况点的纵坐标（水头）和横坐标（出力）处处不同，但这些工况点的效率全部是 87%。效率为 91%的椭圆弧等效率线上每一个工况点的纵坐标（水头）和横坐标（出力）处处不同，但这些工况点的效率全部是 91%；由椭圆弧曲线围成的中心区域的效率处处是 91%；称水轮机的高效区，应该尽量让水轮机运行在高效区。

3. 等允许吸出高度线

在四条线围成的区域内，每一个工况点都有一个安装用允许吸出高度 H_s，将水头、出力不同但安装用允许吸出高度相同的工况点连成线，得到等允许吸出高度线。例如，图 3-62 中允许吸出高度为+1.50m 的等允许吸出高度线上每一个工况点的纵坐标（水头）和横坐标（出力）处处不同，但这些工况点的允许吸出高度全部是+1.5m；允许吸出高度为+1.4m 的等允许吸出高度线上每一个工况点的纵坐标（水头）和横坐标（出力）处处不同，但这些工况点的允许吸出高度全部是+1.4m。运行中应该尽量让水轮机安装高程到下游水位的垂直距离不大于允许吸出高度，保证水轮机不发生汽蚀或汽蚀较轻，否则意味着水轮机当前工况汽蚀比较严重。

发电机出力限制线与水轮机出力限制线交点的纵坐标就是水轮机设计水头，由图 3-62 可知，水轮机设计水头是发出额定出力的最低水头，当水轮机工作水头小于设计水头后，发电机就无法发足额定出力。

4. 水轮机运转特性曲线对运行的指导意义

水轮机运转特性曲线对水轮发电机组运行具有指导意义，运行中可以根据水轮机工作水头 H 和发电机出力 N 两个参数直接在运转特性曲线图上查出该工况的水轮机效率和汽蚀情况，指导水轮机尽量运行在效率高、汽蚀轻的区域。

例如，假设图 3-62 特性曲线的水轮机安装高程为$\nabla_{安装}$ 382.2，现在已知发电机出力为 3500kW，水轮机工作水头为 72.5m，在运转特性曲线图上查到工况点为 a 点，工况点 a 点的水轮机效率比 90%低，比 89%高，用插入法近似得到此时的水轮机效率约为 89.7%。工况点 a 点保证不发生汽蚀的安装用允许吸出高度比+1.5m 低、比+1.4m 高，用插入法近似得到允许吸出高度约为+1.44m。

（1）对实时汽蚀状况的指导。如果此时下游水位高程为$\nabla_{下游}$ 380.6，水轮机安装高程$\nabla_{安装}$ 382.2 到下游水位的垂直距离为 1.6m，大于允许吸出高度+1.44m，可以认为现在水轮机运行汽蚀比较严重，此时可以适当增加发电功率和下泄水流量，在增大下泄水流量抬高下游水位的同时转移了工况点，使水轮机运行在汽蚀比较轻的工况点。如果此时下游水位高程为$\nabla_{下游}$ 380.9，水轮机安装高程$\nabla_{安装}$ 382.2 到下游水位的垂直距离为 1.3m，小于允许吸出高度+1.44m，可以认为现在水轮机运行汽蚀比较轻微。

（2）对实时效率状况的指导。根据运转特性曲线得到现在水轮机效率约为 89.7%，而水轮机最高效率为 91%，可以适当增加发电功率，使水轮机尽量运行在 91%的高效区。

第五节　水轮机附属装置

为保证反击式水轮机的正常运行，反击式水轮机还需配备一些附属装置，常见的反击式水轮机附属装置有真空破坏阀、放气阀和尾水管补气阀。

一、真空破坏阀

反击式水轮机转轮工作在有压管流中，当机组由于事故紧急停机时，导叶在极短的时间内紧急关闭。这时由于水流的惯性，导叶后转轮内已经中断的水流企图继续向前流动，使得转轮空间出现极大的真空，严重时会出现转动系统抬机现象。立式反击式水轮机采取在顶盖上设置自动真空破坏阀（参见图 2-28 中的 3），在机组紧急停机时，自动打开真空破坏阀，补入大气，破坏紧急停机时转轮空间的真空。

图 3-63 为应用在立式水轮机顶盖上的真空破坏阀。正常运行时，预先压紧的弹簧 6 通过阀轴 9 将阀盘 11 向上提，紧紧向上压在铜密封环 2 上，使真空破坏阀可靠关闭。机组紧急停机导叶紧急关闭时造成顶盖下腔出现真空，当阀盘下腔真空吸力大于弹簧力时，阀盘下移，真空破坏阀打开向转轮室补入大气，减轻抬机现象。

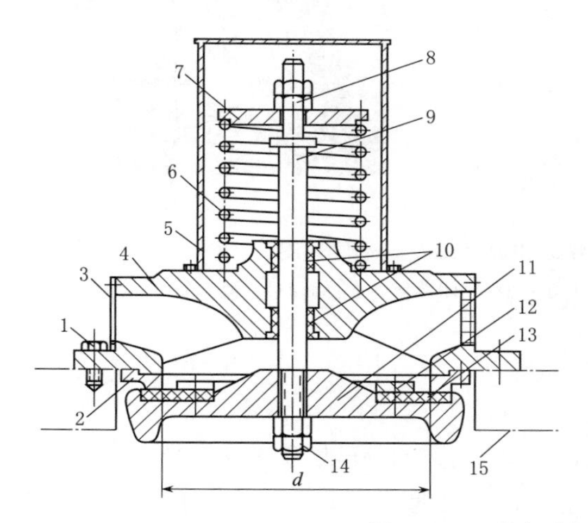

图 3-63　真空破坏阀

1—螺栓；2—铜密封环；3—防护网；4—阀座；5—弹簧罩；6—弹簧；7—上弹簧座；8—调整螺母；9—阀轴；10—尼龙轴瓦；11—阀盘；12—压环；13—橡胶密封环；14—螺母；15—顶盖

顺时针方向转动调整螺母 8，螺母下移，弹簧被预压较紧，弹簧上提阀盘的弹簧力较大，导叶紧急关闭时顶盖下腔的真空值较大时阀盘才下移打开补气。逆钟向转动调整螺母 14，螺母上移，弹簧被预压较松，弹簧上提阀盘的弹簧力减小，导叶紧急关闭时顶盖下腔的真空较大时阀盘就下移打开补气。应根据转轮室允许的真空值进行调整，一般要求顶盖下面的转轮空间出现 0.15～0.2MPa 真空时，真空破坏阀自动打开。每次调整完毕，必须将调整螺母后面的并紧螺母并紧，防止调整螺母松动。

二、放气阀

主阀关闭时间较长后，蜗壳中的水都从导叶间隙漏尽，蜗壳内全部是空气。水轮机主阀打开前必须向主阀后的下游侧的蜗壳充水，在主阀前后压力相等时才能打开主阀，在充水过程中必须设专门的放气阀，一边充水一边放气。

图3-64（a）为应用在立式蜗壳引水室上的浮筒式放气阀及工作原理图，图3-64（b）为浮筒式放气阀照片。当主阀关闭或机组检修时，蜗壳内没有水，放气阀在密封浮筒3的自重作用下打开。当旁通阀向蜗壳充水时，蜗壳内水位上升，浮筒在水的浮力作用下上升，放气阀放气。当蜗壳内空气放尽水充满时，浮筒上的阀盘正好紧紧压住放气阀的阀座，放气阀关闭。

对于卧式反击式水轮机，在蜗壳顶部设一个放气阀（参见图3-3中的2），向蜗壳充水时，手动将放气阀打开，当放气阀冒水时，表明蜗壳充水完成，手动关闭放气阀。对于中小型冲击式水轮机，由于是高水头小流量，主阀后面的喷嘴容积较小，不设专门的放气阀。

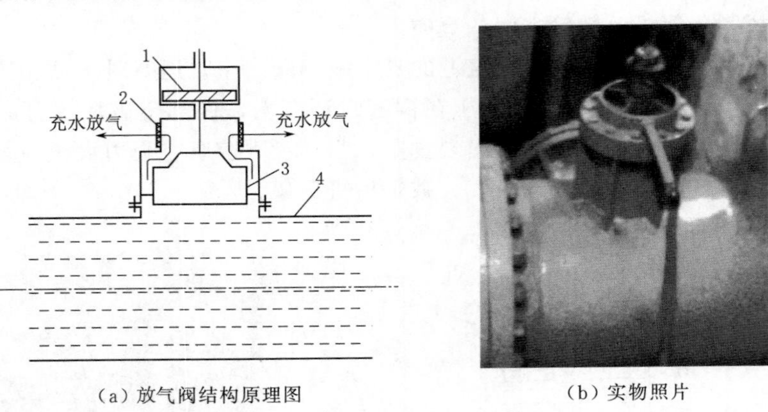

（a）放气阀结构原理图　　（b）实物照片

图3-64　浮筒式放气阀及工作原理图

1—导向活塞；2—金属网罩；3—密闭浮筒；4—蜗壳进口段钢管

三、尾水管补气阀

反击式水轮机正常运行时，转轮出口和尾水管进口压力为真空，当真空度较大时会发生汽蚀，危及水轮机的稳定运行和破坏流道表面流线型。减轻汽蚀危害的主要措施是当尾水管进口压力过低时，通过补气装置向尾水管进口补入大气，使压力适当回升，减轻汽蚀。补气装置由补气阀和补气管组成。

1. 补气阀

在立式反击式水轮机中常采用自动补气阀。图3-65为立式水轮机尾水管自动补气阀，其原理与真空破坏阀基本一样，只不过阀盘的直径较小。当机组所带负荷较大或偏移最优工况较多时，转轮出口压力较低，引起汽蚀破坏严重，水轮机震动加剧，此时在真空吸力作用下阀盘自动打开补气。因此自动补气阀在运行中自动打开、关闭频繁操作，而真空破坏阀只在机组甩负荷导叶紧急关闭真空较大时才自动打开。自动补气阀调整弹簧的预压力，应保证机组在额定工况运行时不打开。图3-66为立式水轮机尾水管补气装置，由于自动补气阀补气时噪声较大，因此立式反击式水轮机自动补气阀 4 安装在厂房下游侧的墙外面。

图 3-65　自动补气阀

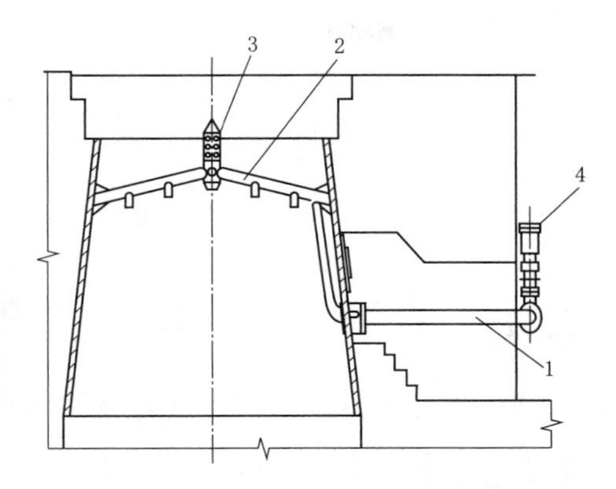

图 3-66　立式水轮机尾水管补气装置

1—进气管；2—十字补气架；3—导流锥；4—自动补气阀

在卧式反击式水轮机中常采用手动补气闸阀，补气闸阀就装在尾水管 90°弯管前，图 3-67 为卧式水轮机尾水管补气装置，补气阀 2 采用厂房室内手动闸阀，由运行人员决定何时补气及补多少气。少数卧式水轮机也有采用自动补气阀的，但由于尾水管进口位于厂房室内地面以上的中央，不宜将自动补气阀布置到厂房外面，只能将自动补气阀布置在尾水管旁边。补气阀布置在厂房室内，补气时噪声较大，对运行管理有一定的不利影响。

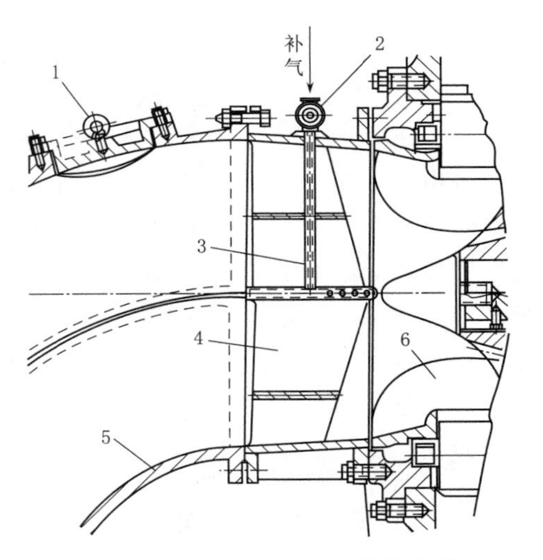

图 3-67　卧式水轮机尾水管补气装置

1—检修孔；2—补气阀；3—十字补气架；4—十字隔板；5—尾水管 90°弯管；6—转轮

2. 补气管

补气管的作用是将从补气阀送入的大气均匀地补入尾水管进口处，按尾水管进口处的补气管结构类型不同分十字架补气和短管补气两种类型。

图 3-68 中的 3 就是立式反击式水轮机常见的十字架补气管，在尾水管进口流道布置一个十字架补气管，在水管背水的下游侧开许多 5～6mm 的小孔，水轮机运行中当汽蚀严重时，可以手动或自动打开尾水管外的补气阀，大气进入十字架补气管，再从管上的小孔流出，向尾水管进口中心区域补入大气，使尾水管的进口压力回升，汽蚀减轻。十字架补气管的布置有利于扰乱尾水管进口中心处的低压大涡带，减轻空腔汽蚀，但处于流道正中的十字架补气管会增加水头损失。有的卧式反击式水轮机在尾水管进口处采用十字架补气管的同时用十字隔板（参见图 3-67 中的 4）将尾水管进口流道分割成四个流道或用一块隔板将尾水管进口流道分割成两个流道，这样完全破坏了空腔汽蚀的低压大涡带，但增大了尾水管的水头损失。立式反击式水轮机由于装机容量较大，由此产生的水头损失也较大，因此一般不采用十字隔板。

图 3-69 为尾水管短管补气装置，在尾水管进口处均布三根短管（参见图 3-26 中的

3)，当空腔汽蚀比较严重时，自动或手动打开补气阀，向尾水管进口中心区域补入大气，使尾水管的进口压力回升，汽蚀减轻。短管补气效果好，水头损失小，但不能破坏尾水管进口处空腔汽蚀的低压大涡带。

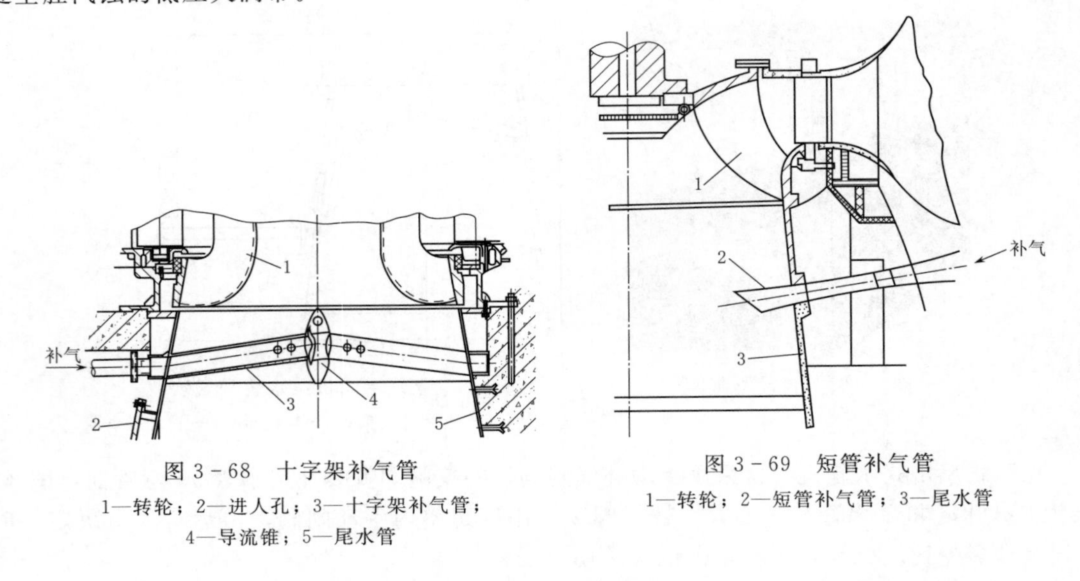

图 3-68　十字架补气管

1—转轮；2—进人孔；3—十字架补气管；4—导流锥；5—尾水管

图 3-69　短管补气管

1—转轮；2—短管补气管；3—尾水管

第六节　反击式水轮机整机结构

水电厂最常见的反击式水轮机有立式混流式水轮机、卧式混流式水轮机、立式轴流转桨式水轮机和卧式贯流转桨式水轮机。由于立式轴流转桨式水轮机和卧式贯流转桨式水轮机设备投资较大，运行检修技术要求较高，只有大中型水电厂才采用。立式混流式水轮机是应用最广泛的水轮机。随着水力资源的大量开发，大落差、高水头的水力资源越来越少，人们逐步把水电开发的目光投向河流中下游低水头、大流量的河床式水电站，而低水头、大流量的河床式水电站最适合贯流式水轮机，机组容量较大的高压机组采用灯泡贯流转桨式水轮机。

一、立式混流式水轮机

世界上单机容量最大的白鹤滩水电站 100 万 kW 机组和总装机容量最大的三峡水电站单机 70 万 kW 机组等超大型机组都是立式混流式水轮机。图 3-70 为立式混流式水轮机剖视图。金属蜗壳引水室由“C”形断面的金属蜗壳 12 和座环 13 组成，顶盖 14 压在座环的上环上，底环 9 安装在座环的下环上，座环的上下环之间由 8～10 个固定导叶 11 支撑“C”形断面的蜗壳，固定导叶处于水流流道中，为减少水头损失，将固定导叶的断面做成流线型，其中有一个固定导叶是空心的，内设渗漏排水孔 5，将顶盖上导叶轴和主轴密封的渗漏水排入集水井。来自水库的压力水经蜗壳、固定导叶和活动导叶 10 进入水轮机转轮 6，推动转轮旋转，将水能转换成机械能。经能量转换后的水流通过尾水管 8 排入下游。反击式水轮机的转轮出口压力很低，过低的压力使能量转换彻底，但容易产生汽蚀破坏，位于尾水管进口正中的十字架补气管 7 能在汽蚀严重时对转轮出口补气，使压力回升，减轻汽蚀破坏。

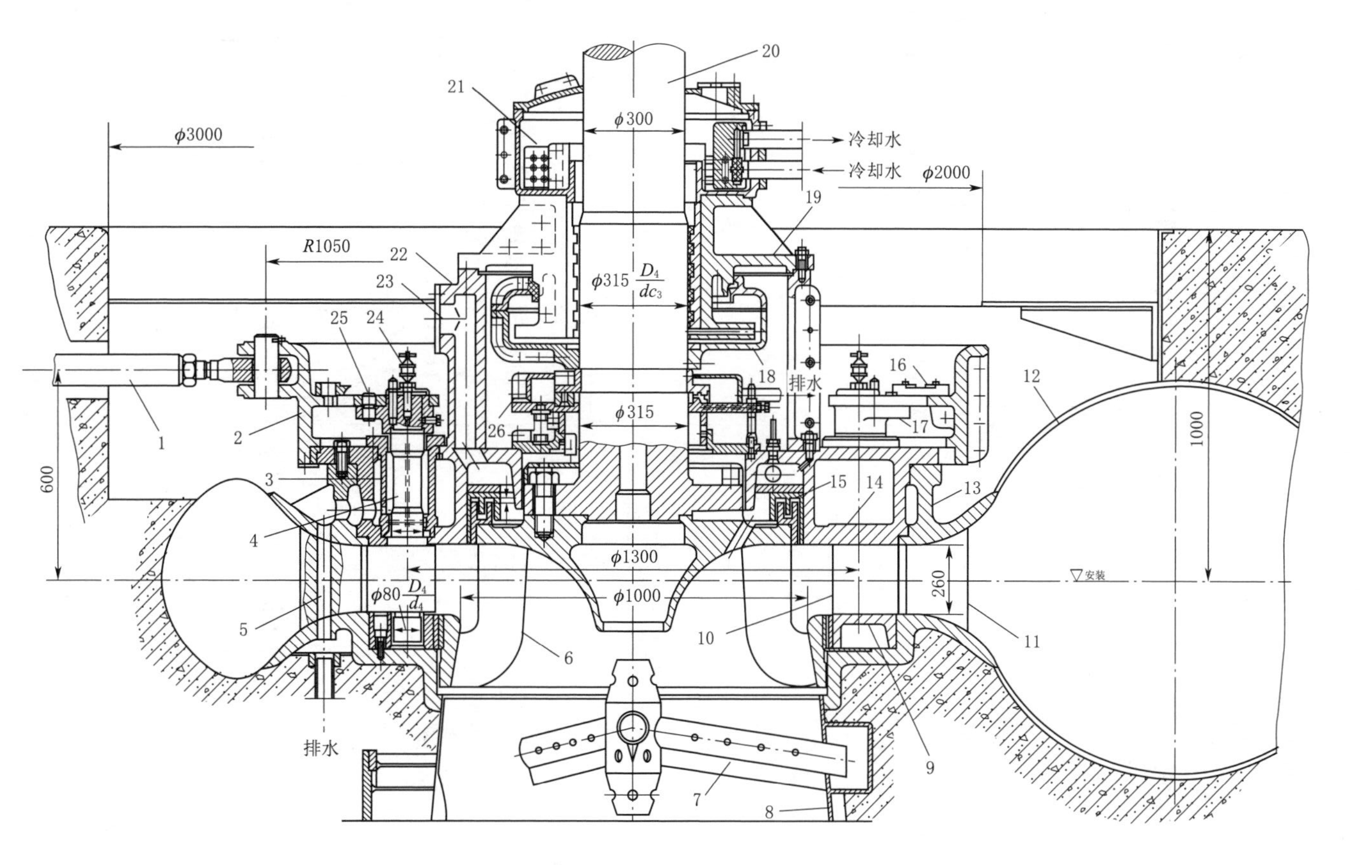

图 3-70　立式混流式水轮机剖视图

1—推拉杆；2—控制环；3—套筒；4—导叶轴；5—渗漏排水孔；6—转轮；7—十字架补气管；8—尾水管；9—底环；10—活动导叶；11—固定导叶；12—金属蜗壳；13—座环；14—顶盖；15—转轮密封；16—连杆；17—主拐臂；18—转动油盆；19—筒式分半径向瓦；20—水轮机主轴；21—油冷却器；22—轴承座；23—减压排水管；24—注油杯；25—剪断销；26—主轴密封

泡在水中的导叶轴 4 从套筒 3 中穿出顶盖，控制环 2 安放在顶盖上的控制环座内，调速器通过调速轴带动推拉杆 1 来回移动，推拉杆带动控制环在控制环座内来回转动，控制环通过连杆 16、副拐臂、主拐臂 17 带动所有导叶同步转动，从而改变进入转轮的水流量。每隔一段时间用黄油枪用力将润滑黄油注入注油杯 24，分别润滑导叶上轴承、中轴承和下轴承的摩擦面。锁定主副拐臂的剪断销 25 在紧急关闭导叶时，如果被异物卡住时剪断，使被卡导叶退出导水机构，不影响其他导叶继续关闭。水轮机主轴 20 从顶盖中心穿出，水轮机主轴与顶盖之间的漏水不可避免，安装在水导轴承下面的主轴密封 26 采用端面密封（参见图 2－54）。水导轴承采用转动油盆 18 和筒式分半径向瓦 19 结构，与主轴一起旋转的转动油盆产生向轴瓦提供润滑油的动力，润滑油从转动油盆经轴瓦摩擦面到达轴瓦顶部，经油冷却器 21 冷却后自流下落回到转动油盆。转动油盆和筒式分半瓦配合，解决了立式轴承的漏油问题。轴承座 22（参见图 3－29 中的 1）将怕水的油润滑水导轴承高高举起，以便在水导轴承下方布置主轴密封。为减少从转轮漏水，在转轮上部设转轮密封 15，但仍有压力水进入转轮上冠与顶盖下平面之间的空间，该压力水产生向下作用的轴向水推力，加重机组推力轴承的工作负担，当机组推力轴承瓦温较高时，可以打开减压阀，将上冠与顶盖之间的压力水从减压排水管 23 排走。规定立式反击式水轮机导叶 1/2 处的高程为水轮机安装高程$\nabla_{安装}$，运行中安装高程到下游最低尾水位的垂直距离称水轮机实际吸出高度。机组一旦安装完毕，水轮机安装高程永远不变，但不同的发电下泄流量，下游水位高程也不一样，所以不同的发电下泄流量，运行中水轮机实际吸出高度也不一样，汽蚀程度也不一样。

二、卧式混流式水轮机

图 3－71 为卧式混流式水轮机剖视图，与立式混流式水轮机不同之处为整个金属蜗壳引水室竖立在厂房地面上，水流由下向上进入蜗壳进口 21，因此来自压力钢管的水流必须转 90°弯，使水头损失增大，这是卧式反击式机组的缺点。水导轴承 10 不再安放在顶盖上而是与发电机和其他导轴承一起安放在地面的机架上，水导轴承内的油冷却器 17 铜管内的水用来冷却铜管外面的润滑油，润滑油再润滑冷却轴承摩擦面。该机组为三支点机组的卧式水轮机，飞轮 12 夹装在水轮机主轴 11 法兰盘与发电机主轴 15 法兰盘之间，用 8～10 颗连轴螺栓 14 将三者连为一体，连轴前要求两根轴线严格地在同一条水平线上，因此三支点机组对安装技术要求高。机组停机过程中，转速下降到 30%左右，卧式机组采用飞轮底部两侧相向布置的两个风闸 16，在压缩空气作用下相向夹紧飞轮进行刹车制动，防止长时间低速转动轴瓦烧毁。为防止飞轮伤人，用防护罩 13 将飞轮的大部分罩住。立式水轮机中的底环在卧式水轮机中称前环 23，立式水轮机中的顶盖在卧式水轮机中称后环 9，前环和后环都用螺栓压紧在座环 6 上。该水轮机是高水头水轮机，转轮下环圆平面较大［参见图 3－40（c）］，当机组推力轴承瓦温偏高时可以打开反向充水阀 3，从蜗壳引压力水向转轮下环圆平面充水，产生一个与转轮上冠轴向水推力方向相反的力，从而减轻推力轴承的工作负担。水轮机检修时，打开放水阀 20，将蜗壳内靠自流无法排走的积水排入尾水池。来自金属蜗壳 5 的压力水经固定导叶 4、活动导叶 22 进入转轮 24，调速器通过推拉杆 19、控制环 7、连杆、拐臂 8 带动所有导叶同步转动，根据负荷调节进入转轮的水流量，经转轮能量转换后的低能水通过尾水管 1 排入下游。当水轮机转轮汽蚀严重时，可以手动打开补气阀 2 经尾水管进口处的十字架补气管 25 向转轮出口补气，减轻水轮机汽蚀。后环（顶盖）上的主轴密封 18 能

防止压力水从主轴与后环之间的间隙出漏出。规定卧式反击式水轮机主轴轴线的高程为水轮机安装高程。

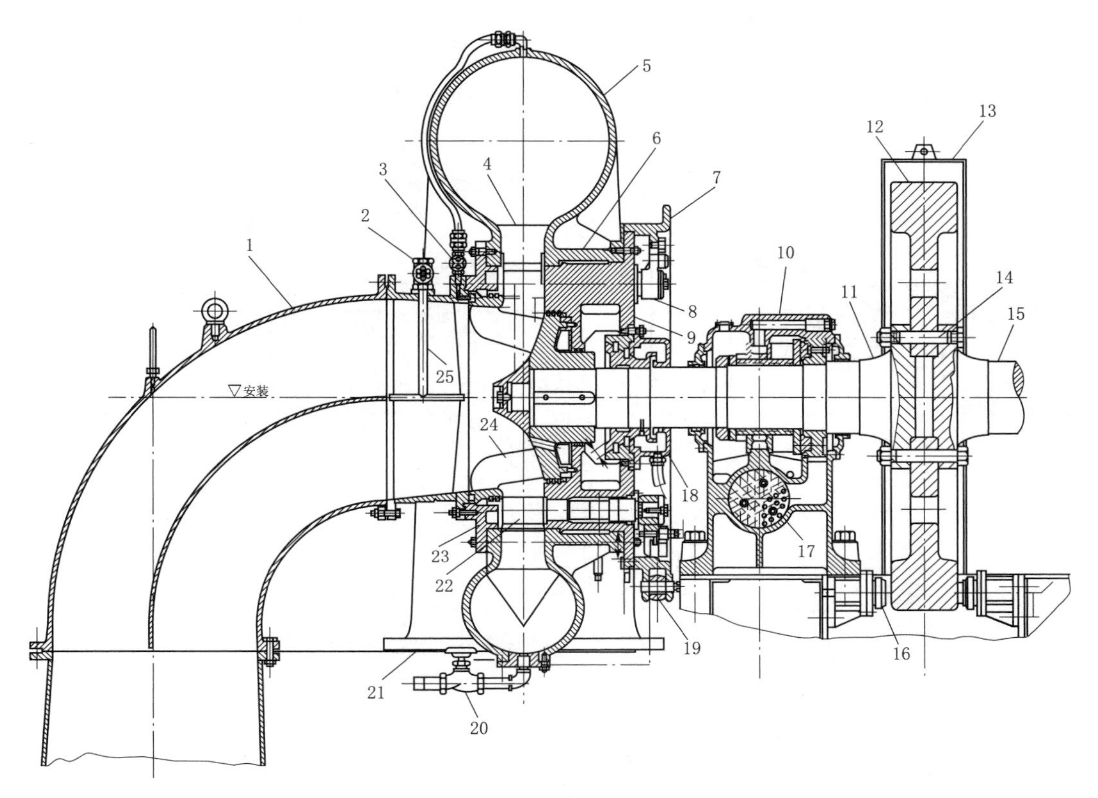

图 3-71　卧式混流式水轮机剖视图

1—尾水管；2—补气阀；3—反向充水阀；4—固定导叶；5—金属蜗壳；6—座环；7—控制环；8—拐臂；9—后环（顶盖）；10—水导轴承；11—水轮机主轴；12—飞轮；13—防护罩；14—连轴螺栓；15—发电机主轴；16—风闸；17—油冷却器；18—主轴密封；19—推拉杆；20—放水阀；21—蜗壳进口；22—活动导叶；23—前环（底环）；24—转轮；25—十字架补气管

三、混凝土蜗壳轴流定桨式水轮机

轴流式水轮机只有立式布置，没有卧式布置。图 3-72 为轴流定桨式水轮机剖视图，座环 9 用铸钢浇铸而成（参见图 3-37 中的 4、5、6），在现场安装就位后，四周浇筑梯形断面的混凝土蜗壳 10。底环 8 用螺栓压紧在座环的下环上，顶环 25 用螺栓压紧在座环上，倒喇叭形的支撑盖 23 用螺栓压紧在顶环上。来自水库的压力水经蜗壳、固定导叶 24，沿着与水轮机主轴线垂直的径向流过活动导叶 7，在倒喇叭形的支撑盖的作用下一边旋转一边转过 90°弯，然后沿着与水轮机主轴线平行的轴向流过位于转轮室 15 流道内的定桨式转轮 16，转轮将水能转换成机械能，经能量转换后的低能水通过尾水管 14 排入下游。汽蚀严重时手动或自动打开尾水管外部的补气阀，从外部补气管 12 向位于尾水管进口正中的十字架补气管 13 送入大气，对转轮出口进行补气，使压力回升减轻汽蚀破坏。在机组停机及尾水管排尽积水条件下，打开尾水管进人孔 11，能对转轮和尾水管进行检查和简单维修。支撑盖靠近转轮处与转轮结合部设转轮密封 17，减少漏入支撑盖的漏水。主轴密封 18 对转轮密封的漏水进行第二道密封止水。采用固定油盆19分块瓦的水导轴承（与图2-23相似），水轮机主轴28上设轴令20，轴令与固定油盆中间的挡油筒29巧妙配合解决了立式轴承的漏油问题，轴令圆柱面上均布8块径向分块瓦21，转动每一块分块瓦背后的调整螺钉22，可以调整水导轴承的轴瓦间隙。轴流式水轮机水导轴承的位置特别低，轴瓦间隙调整很不方便。由于水导轴承采用怕水的油润滑轴承，因此主轴密封必须设置在水导轴承的下方。

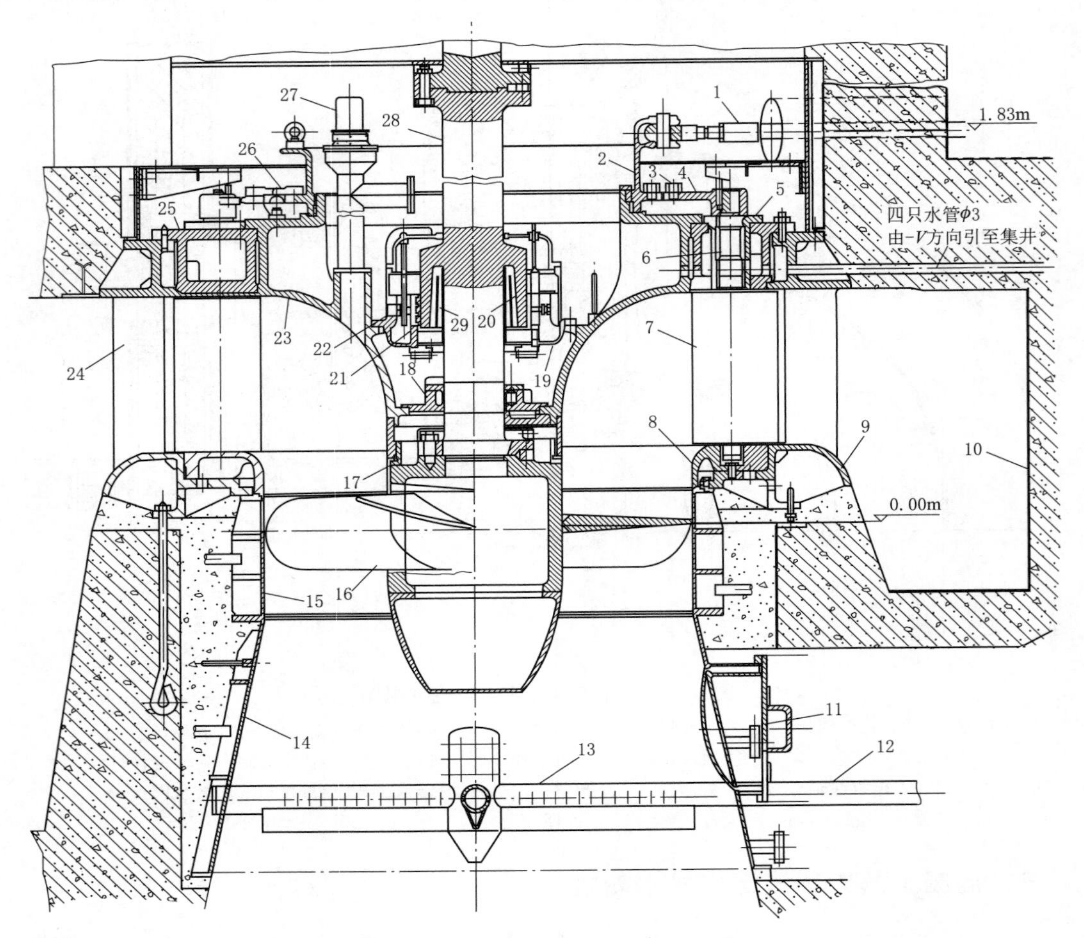

图3-72　混凝土蜗壳轴流定桨式水轮机剖视图

1—推拉杆；2—控制环；3—剪断销；4—单拐臂；5—套筒；6—导叶轴；7—活动导叶；8—底环；9—座环；10—混凝土蜗壳；11—进人孔；12—补气管；13—十字架补气管；14—尾水管；15—转轮室；16—定桨式转轮；17—转轮密封；18—主轴密封；19—固定油盆；20—轴令；21—径向分块瓦；22—调整螺钉；23—支撑盖；24—固定导叶；25—顶环；26—连杆；27—真空破坏阀；28—水轮机主轴；29—挡油筒

从套筒5伸出外面的导叶轴6与单拐臂4为轴孔配合分半键连接，单拐臂与连杆26用剪断销3铰连接。调速器通过调速轴带动推拉杆1来回移动，推拉杆带动控制环2在顶环上的控制环座内来回转动，控制环通过连杆、单拐臂带动所有导叶同步转动，从而调节进入转轮的水流量。

轴流式转轮的桨叶面积较大，当机组紧急停机导叶全关水流突然中断时，水体瞬间出现的反向轴向水推力作用面积较大的桨叶，比较容易发生抬机现象，这是绝对不允许的。真空破坏阀 27 能在紧急停机转轮室压力低于某一值时自动打开，补入大气破坏真空，防止发生抬机。

四、明槽引水室轴流定桨式水轮机

明槽引水室轴流定桨式水轮机只有立式布置，没有卧式布置。明槽引水室水轮机的引水室是一个充满了水的大房间，整台水轮机全部都泡在明槽引水室的水面以下，图 3-73 为明槽引水室水放空后看到的轴流定桨式水轮机外形照片。大房间的顶部楼板上面就是安装了发电机的水电厂厂房地面，大房间的地面楼板下面是下游尾水池，地面楼板上开一个大圆孔，转轮室 12 下面的大法兰盘正好套在大圆孔上并用预埋螺栓将转轮室固定引水室地面楼板上，转轮室内安装了轴流定桨式转轮，引水室地面楼板下面的直锥形尾水管由下向上穿过楼板与转轮室对口连接。来自无压隧洞或引水明渠的无压水流进入引水室后从四面八方流经定轴式导叶 10 进入转轮，经转轮能量转换后通过尾水管排入下游尾水池。转轮将水能转换成旋转机械能，并通过水轮机主轴 5、中间轴 1，穿过厂房地面楼板带动发电机厂房地面上的发电机旋转，由发电机将机械能转换成电能。转轮室上部大法兰盘与顶盖 9 之间用 12 根定轴式导叶轴固定，不过在固定之前应该将 12 个定轴式导叶分别套在 12 根导叶轴上（参见图 3-34），当顶盖、导叶轴和转轮室三者连接成一个固定构件后（取消了底环和套筒），每个导叶还是可以绕自己的导叶轴自由转动。转轮室上部大法兰盘外周上还布置了控制环 11，双孔连杆一头与控制环用圆柱销铰连接，另一头与导叶头部用圆柱销铰连接（取消了拐臂）。从上向下穿过发电厂地面楼板的调速轴 4 经单头推拉臂与推拉杆 13 用圆柱销铰连接，另一头与控制环上的大耳朵也用圆柱销铰连接。在发电机厂房地面上手动或调速器自动调节调速轴来回转动，调速轴经推拉杆带动控制环来回转动，控制环带动所有导叶同步转动（导叶轴不转动），调节进入转轮的水流量。中间轴下部与水轮机主轴刚性连接，中间轴上部穿过厂房楼板后经飞轮式法兰盘与发电机主轴弹性连接。中间轴、水轮机主轴和转轮构成的水轮机转动系统上有两个径向轴承和一个推力轴承：一个位于顶盖上装在水轮机主轴上的水润滑水导径向橡胶轴承 7，另一个位于厂房楼板地面上装在中间轴上的径向推力轴承，水轮机转动部件的重量和轴向水推力由该推力轴承承担。由于中间轴和水轮机主轴连接后比较细长，运行时容易颤抖，安装在混凝土横梁 3 上的护座 2 内有相隔 120°三个方向的三片胶木板，宽松靠近中间轴，防止中间轴颤抖，近似起到径向轴承的作用。水导径向橡胶轴承的润滑水不得有油污和沙粒，因此用专门的润滑冷却水管 8 从城市自来水管网取水。由于顶盖仅仅靠 12 根定轴式导叶轴固定在转轮室的上方，很容易发生扭转，一旦发生扭转，所有导叶被卡无法转动或转动困难，因此用 3 根固定在引水室壁面上相隔 120°三个方向的拉筋 6 来防止顶盖相对转轮室扭转。

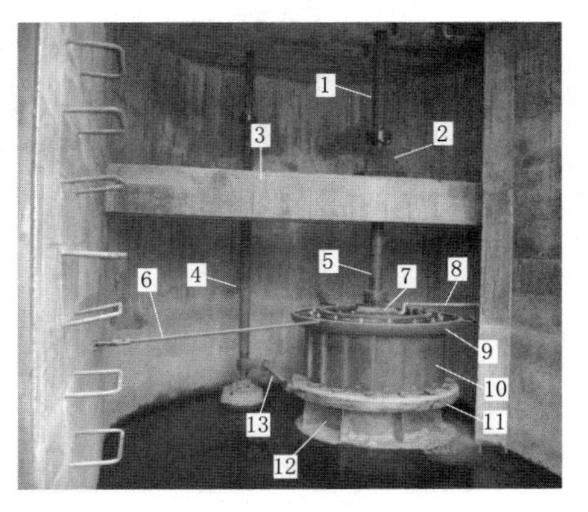

图 3-73　明槽引水室轴流定桨式水轮机外形照片

1—中间轴；2—护座；3—混凝土横梁；4—调速轴；5—水轮机主轴；6—拉筋；7—水导径向轴承；8—润滑冷却水管；9—顶盖；10—定轴式导叶；11—控制环；12—转轮室；13—推拉杆

图 3-74 为明槽引水室轴流定桨式水轮机剖视图，与图 3-73 有对应关系。明槽引水室

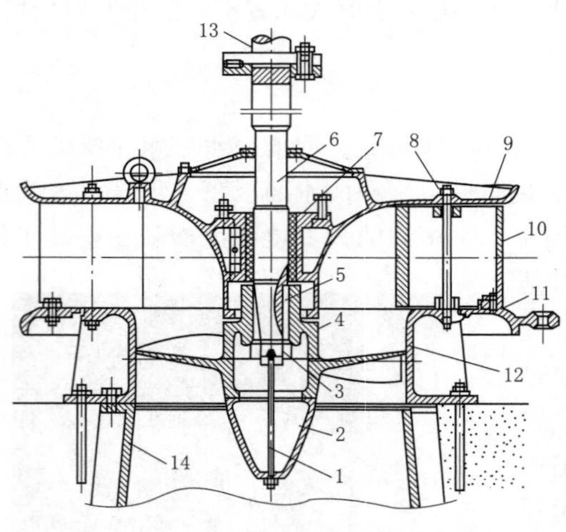

图 3-74　明槽引水室轴流定桨式水轮机剖视图

1—吊杆；2—泄水锥；3—大螺母；4—定桨式转轮；5—平键；6—水轮机主轴；7—水导径向橡胶轴承；8—定轴式导叶轴；9—顶盖；10—定轴式导叶；11—控制环；12—转轮室；13—中间轴；14—尾水管

地面楼板下面是下游尾水池，地面楼板上开一个大圆孔，转轮室 12 下面的大法兰盘正好套在大圆孔上并用预埋螺栓将转轮室固定引水室地面楼板上，转轮室内安装了定桨式转轮 4，引水室地面楼板下面的直锥形尾水管 14 由下向上穿过楼板与转轮室对口连接。来自无压隧洞或引水明渠的无压水流进入引水室后从四面八方流经定轴式导叶 10 进入转轮，经转轮能量转换后通过尾水管排入下游尾水池。转轮室上部大法兰盘与倒喇叭形的顶盖 9 之间用十二根定轴式导叶轴 8 固定，在固定之前应该将十二根定轴式导叶 10 分别套在十二根导叶轴上，当顶盖、导叶轴和转轮室三者连接成一个固定构件后（取消了底环和套筒），由于十二根定轴式导叶轴保证了顶盖下平面与转轮室上平面之间的距离比定轴式导叶高 2mm，因此每一只导叶还是可以绕自己的导叶轴自由转动。转轮室上部大法兰盘外环面上还布置了控制环 11，双孔连杆一头与控制环用圆柱销铰连接，另一头与导叶头部用圆柱销铰连接（取消了拐臂）。当推拉杆带动控制环来回转动时，控制环带动所有导叶同步转动（导叶轴不转动），调节进入转轮的水流量。水轮机主轴 6 在顶盖布置有一个用水润滑的水导径向橡胶轴承 7，水轮机主轴上面通过中间轴 13 与厂房地面上的发电机主轴弹性连接。转轮中间有一个圆锥孔，水轮机主轴下部轴端是一段圆锥面，转轮中心的圆锥孔套在主轴圆锥面上拆装很方便，大螺母 3 将转轮紧紧压紧在圆锥面上，用平键 5 承受转动力矩产生的剪切力，防止圆锥孔与圆锥面打滑。泄水锥 2 用吊杆 1 吊装在水轮机主轴轴端，使水流流过转轮后过流面积逐步增大，防止水流通过转轮后由于面积突然变大而出现漩涡，造成不必要的水流损失。顶盖仅仅靠十二根定轴式导叶轴固定在转轮室的上方，很容易发生整体扭转，使导叶转动受阻，这一点是定轴式导水机构在结构上的缺陷。

五、灯泡贯流转桨式机组

我国四川攀枝花银江水电站贯流转桨式水轮机转轮直径 7.95m，居世界第一；单机容量 6.5 万 kW，居亚洲第一。根据灯泡贯流式机组流道中间灯泡体的支撑方式不同分金属导流板支撑和混凝土导流墩支撑两种形式，根据径向轴承的个数可分有两支点机组和三支点机组两种形式。与卧式两支点混流式机组不同的是，灯泡贯流式机组两支点机组只有水轮机主轴，没有发电机主轴。两支点机组的水轮机主轴上游侧与发电机转子轮辐悬臂刚性连接，下游侧与水轮机转轮体悬臂刚性连接。靠近发电机转子的径向推力轴承称发导轴承，靠近水轮机转轮的径向轴承称水导轴承。三支点机组的水轮机主轴与发电机主轴刚性连接，发电机主轴上只有一个发导轴承，发导轴承结构上为径向推力轴承，水轮机主轴上有两个径向轴承，其中靠近转轮的轴承为水导轴承。由于贯流转桨式水轮机结构比较特殊，与混流式水轮机和轴流式水轮机差异很大，因此在介绍贯流转桨式水轮机整体结构前，先介绍各部分结构。

（一）斜向式导水机构结构

贯流式水轮机的导水机构用得最多的是斜向式导水机构。贯流式水轮机水流流道部分金属部件需要在厂房浇筑混凝土前提前进行预埋，图 3-75 为灯泡贯流式水轮机埋设部分。灯泡体外围贯流引水室的直通管 10 和尾水管混凝土段 11 是用钢筋混凝土在现场浇筑的圆筒形管路，在直通管出口处需要预埋金属制造的出口环 1，以便能与后面流道的金属部件进行法兰盘螺栓连接。尾水管出口侧大部分是用钢筋混凝土现场浇筑的，只是在尾水管进口处需要预埋金属制造的尾水管钢管段 7，以便能与前面流道的金属部件进行法兰盘螺栓连接。直通管出口处的出口环与尾水管进口处的钢管段之间的座环外环 3、导水外环 5 和转轮室 6 必须裸露在外面，不能埋设在混凝土中，因为这段流道需要安装机构复杂的导水机构、接力器和转桨式转轮。这一段裸露流道金属部件下面就是供运行检修人员走动的水轮机廊道，长长的水轮机廊道与水轮机流道方向垂直。这一段裸露流道金属部件的上面是检修井 12。在机组安装或检修过程中，还得把导水机构、接力器和转桨式转轮用桥式起重机从检修井 12 底部向上吊出到地面的检修场或从检修场吊入到检修井底部的水轮机廊道。

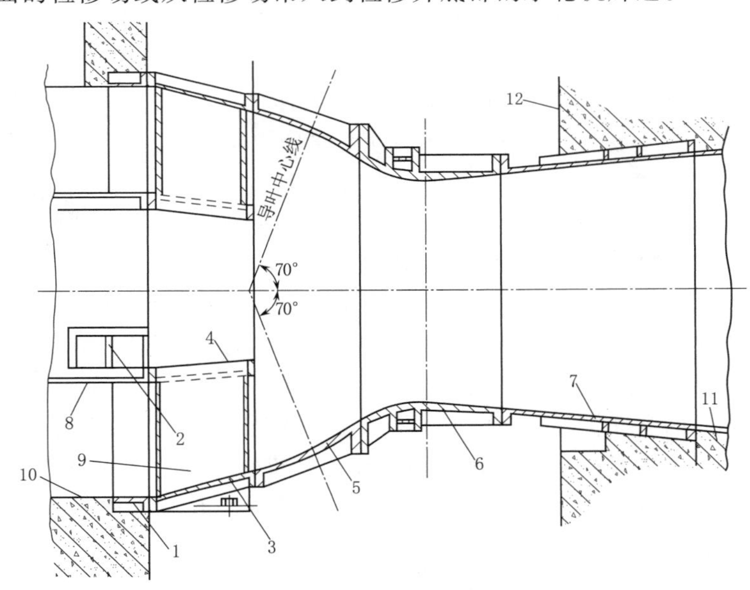

图 3-75　灯泡贯流式水轮机埋设部分

1—出口环；2—机座；3—座环外环；4—座环内环；5—导水外环；6—转轮室；7—尾水管钢管段；8—灯泡本体；9—固定导叶；10—直通管；11—尾水管混凝土段；12—检修井

已知混流式水轮机金属蜗壳引水室座环是圆环形，由座环上环、座环下环和若干个固定导叶三者焊接或整体铸造而成（参见图 3-1），来自蜗壳的水流沿着主轴半径方向流过固定导叶。而贯流式水轮机座环是直径沿程变小的圆台形，由座环外环 3（相当于混流式座环的上环）、座环内环 4（相当于混流式座环的下环）和若干个固定导叶 9 三者焊接或整体铸造而成，来自直通管引水室的水流沿着主轴轴线倾斜的方向流过固定导叶。直通管出口预埋的出口环 1 法兰盘与座环外环 3 进口法兰盘用螺栓连接，座环外环 3 出口法兰盘与导水外环 5 进口法兰盘用螺栓连接，导水外环 5 出口法兰盘与转轮室 6 进口法兰盘用螺栓连接，转轮室 6

出口法兰盘与预埋的尾水管钢管 7 法兰盘用螺栓连接。由此在水轮机廊道人行通道的头顶形成一段金属部件构成的水轮机流道。所有法兰盘连接端面必用橡皮板或橡皮条密封，防止金属部件流道内向外渗漏水。

图 3-76 为斜向式导水机构布置图。导叶转轴线与水轮机轴线夹角为 60°，水流沿与水轮机主轴线斜向流过活动导叶 3，因此称其为斜向式导水机构。圆台形的导水外环 7 相当于轴流式导水机构中的顶环（参见图 3-26 中 1），圆台形导水内环 4 相当于轴流式导水机构中的顶环（参见图 3-26 中 2）。导水外环进口连接法兰盘 1 与座环外环出口法兰盘用螺栓连接，导水外环出口法兰盘与转轮室进口法兰盘用螺栓连接。导水内环 4 进口法兰盘与座环内环出口法兰盘用螺栓连接。导水内环出口法兰盘与密封座 8 进口法兰盘螺栓连接，其中座环内环、导水内环和密封座构成灯泡体的一部分。拐臂 2 与导叶长轴为轴孔配合键连接，由于拐臂转动平面与主轴线倾斜，而控制环转动平面与主轴线垂直，显然处于控制环 6 与拐臂中间的连杆 5 无法使用圆柱销铰连接，必须使用具有万向功能的圆鼓形或圆球铰连接。

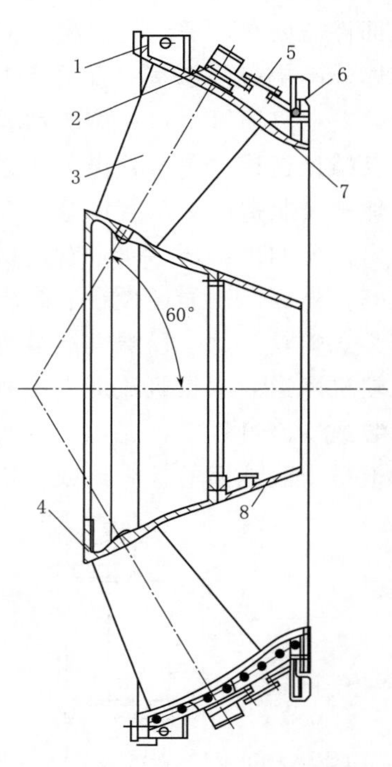

图 3-76　斜向式导水机构布置图

1—法兰盘；2—拐臂；3—活动导叶；4—导水内环；5—连杆；6—控制环；7—导水外环；8—密封座

图 3-77 为圆鼓铰连接导叶转动机构。与大部分主副拐臂结构不同的是副拐臂 6 由下向上套在主拐臂 4 上。与圆柱销 11 紧配合的圆鼓套 7 的轴线永远与副拐臂倾斜转动面垂直，与圆柱销 12 紧配合的圆鼓套 9 的轴线永远与垂直转动面的控制环 10 外圆柱面垂直，两个圆鼓套外球面分别与双耳柄连杆 8 的两个内球面滑动配合。双耳柄连杆相对控制环上的圆鼓套在小范围内上下左右转动自如，具有一定的万向功能；双耳柄连杆相对副拐臂上的圆鼓套在小范围内上下左右转动自如，也具有一定的万向功能。从而解决了控制环垂直平面转动时带动副拐臂倾斜平面转动的推拉力的传递。圆鼓铰连接的抓攥力比较大，广泛应用在大中型贯流式水轮机中。

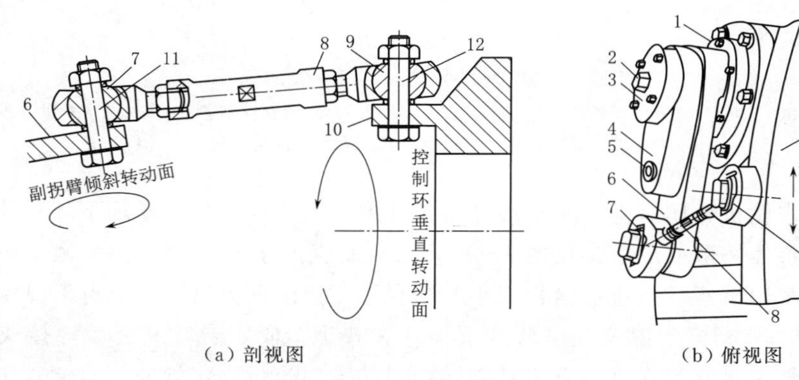

(a) 剖视图　　(b) 俯视图

图 3-77　圆鼓铰连接导叶转动机构

1—套筒；2—调整螺钉；3—端盖；4—主拐臂；5—剪断销；6—副拐臂；7、9—圆鼓套；8—双耳柄连杆；10—控制环；11、12—圆柱销

图 3-78 为圆球铰连接结构图。叉头推拉杆 1 与控制环 2 用圆柱销铰连接，圆球头螺栓 7 的轴线永远与开口拐臂 4 倾斜转动面垂直，圆球头螺栓 6 的轴线永远与控制环圆柱面垂直，控制环为垂直转动面，两个圆球头螺栓的圆球分别放入双球窝连杆 3 的两个球窝内，并分别用窝盖 5 封住。双球窝连杆相对控制环上的圆球头螺栓在小范围内上下左右转动自如，具有一定的万向功能；双球窝连杆相对拐臂上的圆球头螺栓在小范围内，上下左右转动自如，也具有一定的万向功能。从而解决了控制环垂直平面转动时带动拐臂倾斜平面转动的推拉力的传递。圆球铰连接的抓攥力比较小，应用在小型低压机组轴伸贯流式水轮机中。

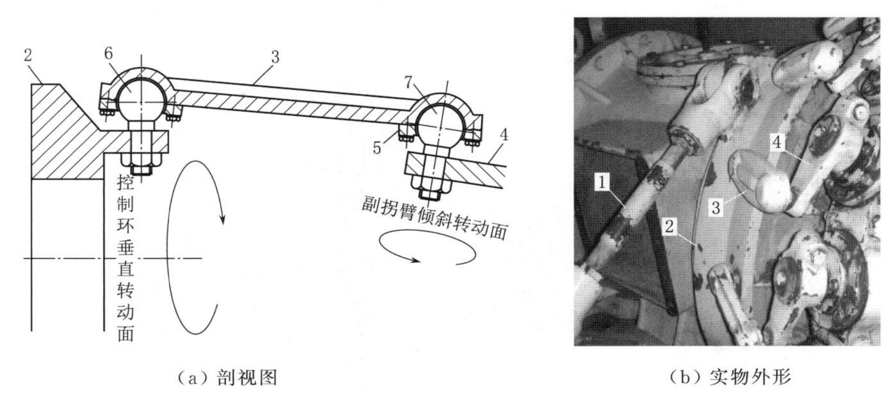

(a) 剖视图　　(b) 实物外形

图 3-78　圆球铰连接结构图

1—叉头推拉杆；2—控制环；3—双球窝连杆；4—开口拐臂；5—窝盖；6、7—圆球头螺栓

图 3-79 为应用在灯泡贯流式水轮机中的斜向式导水机构装配图。导水外环 23 的进口法兰盘与座环外环 24 的出口法兰盘用螺栓连接，导水外环的出口法盘与转轮室 21 的进口法兰盘用螺栓连接，转轮室的出口法兰盘与尾水管 22 进口法兰盘用螺栓连接，转轮室内的转桨式转轮直径 $D_1=3000\text{mm}$。导水内环 2 的进口法兰盘与座环内环 1 的出口法兰盘用螺栓连接，导水内环的出口法兰盘与密封座 6 法兰盘用螺栓连接。所有法兰盘连接端面必须加橡皮条或橡皮板密封，以防连接端面渗漏水。

已知径向式导水机构转轴式导叶的下轴承是由导叶底部短轴和镶在底环孔内的下轴瓦构成。由于安装工艺上的原因，斜向式导水机构导叶的下轴承与径向式导水机构导叶的下轴承正好相反，斜向式导水机构导叶的下轴瓦 5 安装在导叶 3 底部，导叶短轴 4 单独制造以不转动的形式固定在导水内环上。导叶的长轴经套筒 8 穿出导水外环与空气中的主拐臂 15 轴孔配合分半键连接，套筒内装有导叶的中轴瓦 7 和上轴瓦 9。导叶接力器 20 经推拉杆带动控制环 19 在控制环座内垂直平面来回转动，带动所有导叶同步绕自己轴线转动改变导叶开度，从而调节进入水轮机转轮的水流量。由于控制环转动平面为垂直面，副拐臂 17 转动平面为倾斜面，两个转动平面相互不平行，必须用具有万向功能的圆鼓套 18 铰连接。

图 3-80 为斜向式导水机构全关状态的扇形叶面导叶，全关时叶形 3 与相邻导叶头尾相碰切断水流。与径向式导水机构矩形叶面导叶相比，除了叶面形状不同之外，还有是没有导叶短轴，导叶底部是镶有导叶下轴瓦 4 的孔。

图 3-81 为贯流转桨式水轮机导叶接力器布置图。由于导水机构下面是水轮机廊道，因此导叶接力器直接安装在位于水轮机流道下方的水轮机廊道地面上，控制环转动为垂直旋转

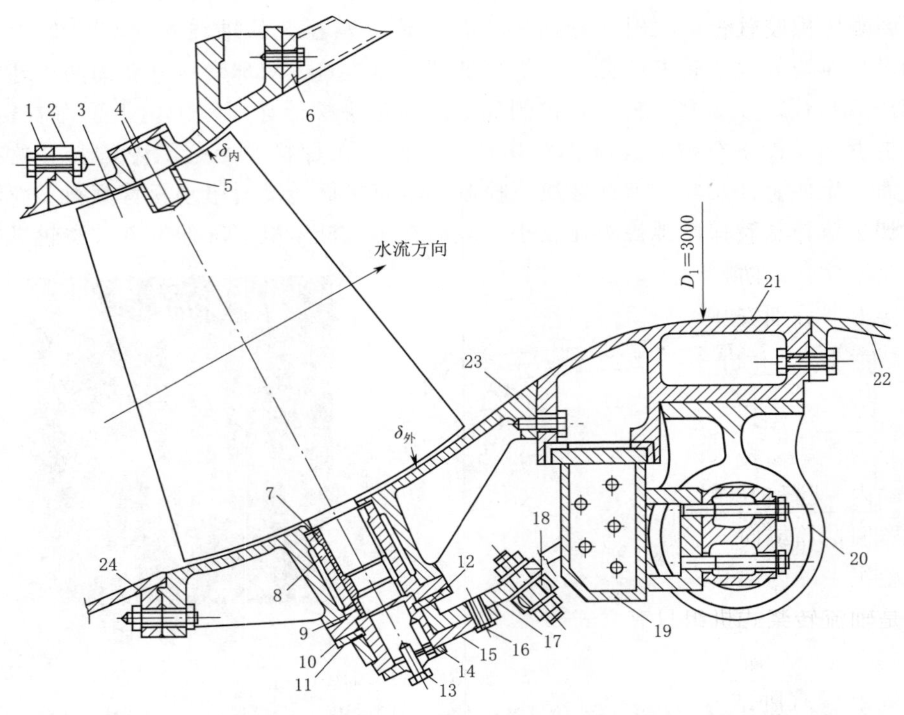

图 3-79　贯流式水轮机斜向式导水机构装配图

1—座环内环；2—导水内环；3—导叶；4—导叶短轴；5—下轴瓦；6—密封座；7—中轴瓦；8—套筒；9—上轴瓦；10—压圈；11—橡皮条；12—压板；13—调整螺钉；14—端盖；15—主拐臂；16—剪断销；17—副拐臂；18—圆鼓套；19—控制环；20—导叶接力器；21—转轮室；22—尾水管；23—导水外环；24—座环外环

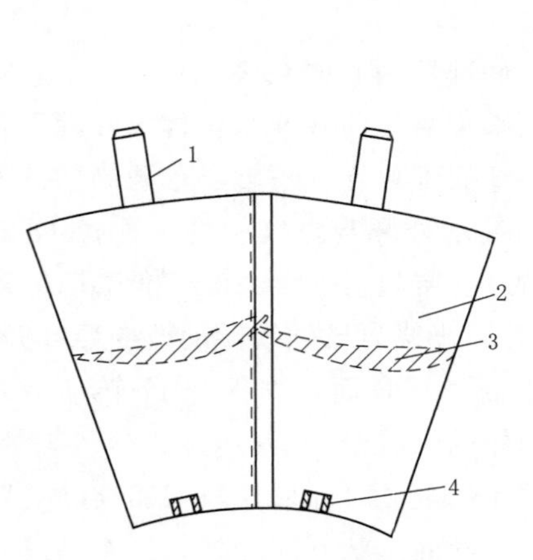

图 3-80　扇形叶面导叶

1—导叶长轴；2—扇形叶面；3—叶形；4—下轴瓦

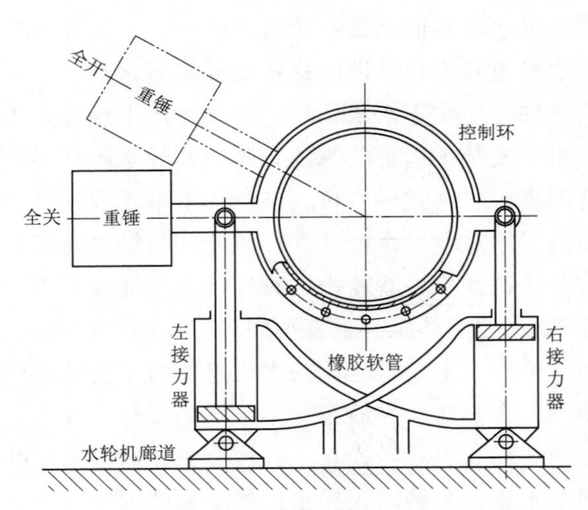

图 3-81　贯流转桨式水轮机导叶接力器布置图

面，左右摇摆式接力器分别用圆柱销与控制环铰连接。与接力器连接最近的约 2m 的信号油管必须采用高压橡胶软管，不阻碍接力器摇摆。当来自双重调节调速器的信号油管使左接力器活塞下腔和右接力器上腔接压力油，左接力器活塞上腔和右接力器下腔接排油时，左右接力器带动控制环顺时针方向转动，调节控制导叶开大，同时将重锤高高举起。当来自双重调节调速器的信号油管使左接力器活塞下腔和右接力器上腔接排油，左接力器活塞上腔和右接力器下腔接压力油时，左右接力器带动控制环逆钟向转动，调节控制导叶关小。当发生事故需要紧急关闭导叶又遇到调速器发生油压消失事故时，在重锤自重作用下，控制环逆钟向转动，紧急关闭导叶，防止事故扩大。由于重锤的作用，显然导叶关小比导叶开大省力多了。由于左右接力器分别安装在两个铰支座上，使得活塞杆直线位移可以带动控制环圆弧位移，不至于位移卡阻。

（二）受油器

受油器的作用是将双重调节调速器输出的两根静止的桨叶油压调节信号油管（红色）与旋转的主轴内 a 腔和 b 腔密闭对接，并将主轴内 c 腔的渗漏油排出，通过排油管（黄色）送回到调速器回油箱或向 c 腔注入高位油箱产生的恒定压力的轮毂油。灯泡贯流转桨式机组的转轮、水轮机主轴内部结构、发电机主轴内部结构、双重调节调速器与轴流转桨式机组基本相同。但是轴流转桨式机组只有立式布置没有卧式布置，因此轴流转桨式机组的受油器只能布置在发电机主轴的轴端，称轴端受油器，采用甩油盆的方式排出 c 腔无压渗漏油。灯泡贯流转桨式机组只有卧式布置没有立式布置，受油器可以是轴端受油器，也可以是轴承受油器。

1．轴承受油器

轴承受油器应用在无压渗漏油缸动塞不动转轮的三支点灯泡贯流转桨式机组中，灯泡贯流转桨式机组的轴承受油器是以径向轴承的形式布置在水轮机主轴上，这时的径向轴承既是受油器又是径向轴承，因此称轴承受油器。

图 3－82 为轴承受油器转动部分结构图，图中 a 腔、b 腔的箭头为双向箭头，表示信号油管 a 腔和 b 腔有时进压力油，有时出排油。而 c 腔的单向箭头表示永远是排出渗漏油。水轮机主轴 7、粗信号油管 6 和细信号油管 1 一起转动，其中细信号油管还跟桨叶接力器活塞

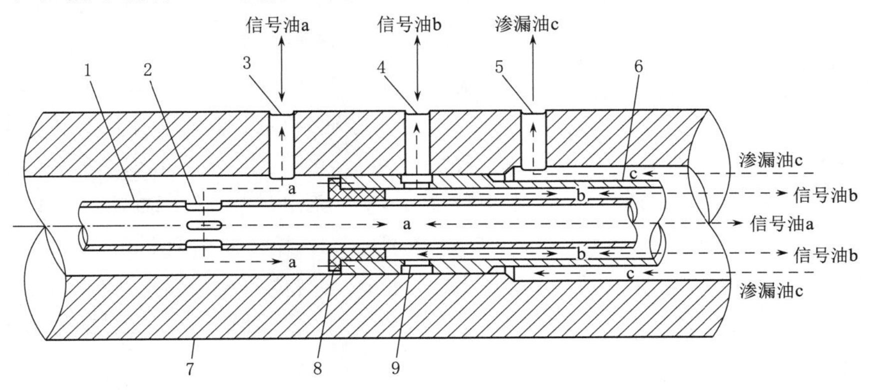

图 3－82　轴承受油器转动部分结构图

1—细信号油管；2、9—管壁通孔；3—a 腔主轴径向孔；4—b 腔主轴径向孔；5—c 腔主轴径向孔；6—粗信号油管；7—水轮机主轴；8—轴瓦

缸边转动边轴向位移（参见图 3－48 中的 9、13）。水轮机主轴内的轴瓦 8 既作为细信号油管轴向移动的轴承，又作为将主轴内 a 腔与 b 腔进行密闭隔离的密封。轴向不移动的粗信号油管靠与主轴内孔的过渡配合（铜棒轻轻打入）保证 b 腔同时与 a、c 两腔密闭隔离的密封。细信号油管的 a 腔通过四只管壁通孔 2 在轴向移动范围内始终能与 a 腔主轴径向孔 3 接通。细信号油管与粗信号油管之间的 b 腔通过粗信号油管四只管壁通孔 9 跟 b 腔主轴径向孔 4 接通，粗信号油管与主轴内孔之间的 c 腔直接跟 c 腔主轴径向孔 5 接通。

图 3－83 为轴承受油器静止部分结构图，在受油轴承体 1 表面浇注了一层巴氏合金，巴氏合金作为水轮机径向轴承的瓦面，在瓦面内壁环形开一条矩形断面的 a 腔沟槽 5，a 腔沟槽底部开一个径向孔与轴承体背后来自调速器的 a 腔信号油管 2（红色）连通。在瓦面内壁环形开一条矩形断面的 b 腔油槽 6，b 腔沟槽底部开一个径向孔与轴承体背后来自调速器的 b 腔信号油管 3（红色）连通，在瓦面内壁环形开一条矩形断面的 c 腔沟槽 7，c 腔沟槽底部开一个斜向孔与轴承体背后送往调速器回油箱的 c 腔渗漏油管 4（黄色）连通。

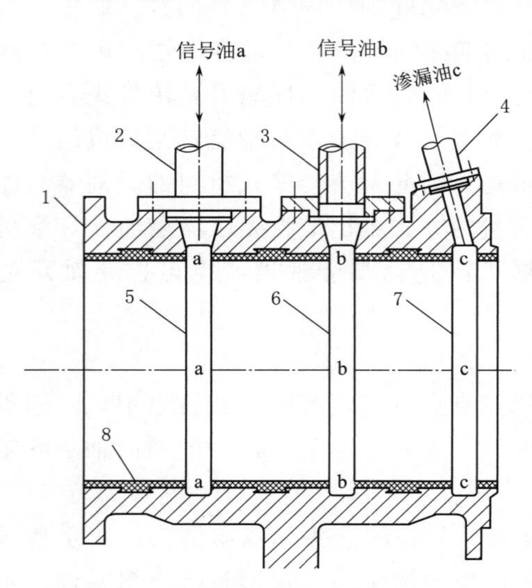

图 3－83　轴承受油器静止部分结构图

1—受油轴承体；2—a 腔信号油管；3—b 腔信号油管；4—c 腔渗漏油管；5—a 腔沟槽；6—b 腔沟槽；7—c 腔沟槽；8—巴氏合金瓦面

将图 3－82 和图 3－83 组装在一起就是图 3－84 所示的轴承受油器结构图。水轮机主轴 8、粗信号油管 12 和细信号油管 1 三者一起转动，其中细信号油管边转动边跟桨叶接力器活塞缸一起轴向移动。水轮机主轴在受油轴承体 19 的巴氏合金瓦面 17 内转动时，a 腔主轴径向孔 9 始终处于 a 腔沟槽 18 内，使得转动的 a 腔主轴径向孔与静止不转的受油器 a 腔信号油管 4（红色）对接成功；b 腔主轴径向孔 10 始终处于 b 腔沟槽 16 内，使得转动的 b 腔主轴径向孔与静止不转的受油器 b 腔信号油管 5（红色）对接成功；c 腔主轴径向孔 11 始终处于 c 腔沟槽 14 内，使得转动的 c 腔主轴径向孔与静止不转的受油器 c 腔渗漏油管 6 对接成功，c 腔渗漏油靠自流流回到调速器回油箱。在轴承端盖 7 内有一个跟主轴一起转动的甩油环 13，利用离心力将沿主轴表面企图向外渗漏的油甩到端盖内壁，减少轴承漏油。

粗信号油管到此在轴承受油器内已经完成对接任务，尽管细信号油管在轴承受油器内也已经完成对接任务，但是由于细信号油管的轴向位移 ΔY 与桨叶角度一一对应，必须将细信号油管向左延长穿出发电机主轴轴端，以便在发电机轴端获取反应桨叶实际角度的机械位移负反馈信号 ΔY，当然细信号油管向左延长部分只需实心杆，没有必要再用空心管。从发电机轴端实心杆轴向位移中获取反映桨叶实际角度的机械位移反馈信号的方法与图 3－87 从发电机轴端细信号油管轴向位移中获取反映桨叶实际角度的机械位移反馈信号的方法完全相同，不再为此专门介绍。

2．*轴端受油器*

轴端受油器的受油原理与轴承受油器完全一样，只是轴端受油器不再需要轴承功能了。轴端受油器根据获取反应桨叶角度的反馈信号部位不同分为从细信号油管获取反馈信号和从粗信号油管获取反馈信号两种形式。

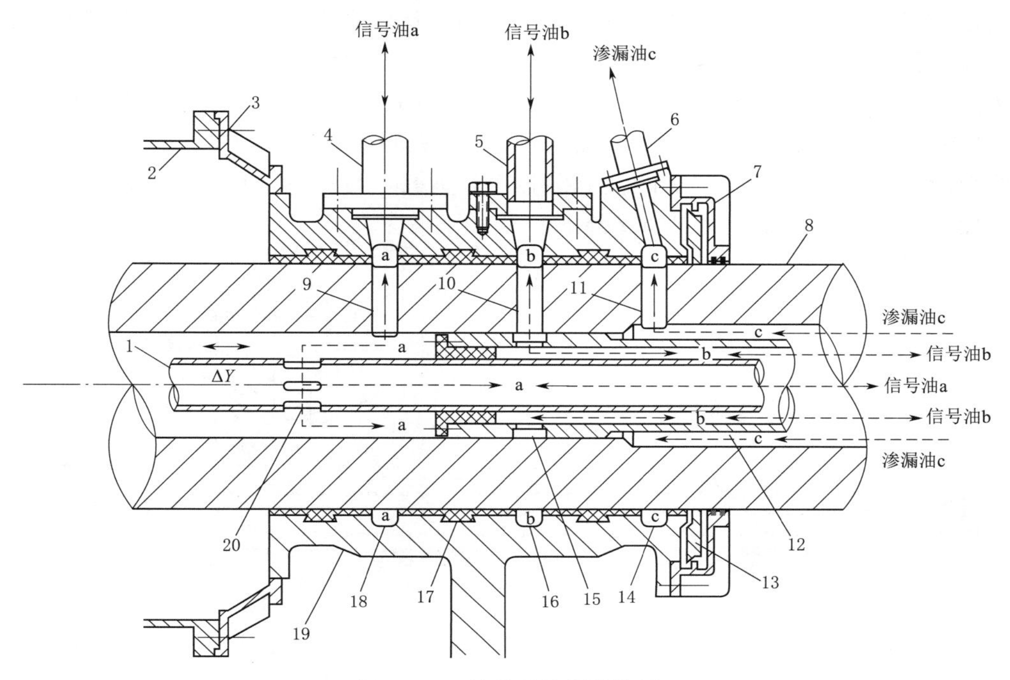

图 3－84　轴承受油器结构图

1—细信号油管；2—轴承支座；3—轴承支架；4—a 腔信号油管；5—b 腔信号油管；6—c 腔渗漏油管；7—轴承端盖；8—水轮机主轴；9—a 腔主轴径向孔；10—b 腔主轴径向孔；11—c 腔主轴径向孔；12—粗信号油管；13—甩油环；14—c 腔沟槽；15、20—管壁通孔；16—b 腔沟槽；17—巴氏合金瓦面；18—a 腔沟槽；19—受油轴承体

（1）从细信号油管获取反馈信号。从细信号油管获取反馈信号有从实心杆获取和从空心管获取两种，从实心杆获取反馈信号的受油器就是图 3－84 介绍的轴承受油器，不是这里讨论的范畴，这里只讨论从空心细信号油管获取反馈信号，当然两者获取反馈信号的方法完全一样。

图 3－85 为从细信号油管获取反馈信号的轴端受油器转动部分结构图，应用在只有水轮机主轴没有发电机主轴的两支点机组，采用的转轮是有压轮毂油的缸动塞不动贯流转桨式转轮。短油管 5、粗信号油管 13 和细信号油管 2 三者一起转动，其中细信号油管还跟桨叶接力器活塞缸边转动边轴向移动（参见图 3－49 中的 9、11）。水轮机主轴 9 的法兰盘与发电机转子轮辐 10 用螺栓 7 连接，套在粗信号油管外面的短油管和油管法兰盘 8 一起用螺栓 6 固定在水轮机主轴法兰盘上，粗信号油管右端通过油管法兰盘的小孔与水轮机主轴内的粗信号油管连通，细信号油管右端通过油管法兰盘的小孔与水轮机主轴内的细信号油管连通。粗信号油管左端靠与短油管紧配合将 a 腔与 b 腔进行密闭隔离密封。短油管与粗信号油管之间的 a 腔通过短油管四只管壁通孔 12 与静止部分 a 腔对接，粗信号油管与细信号油管之间的 b 腔通过粗信号油管四只管壁通孔 14 与静止部分 b 腔对接，细信号油管内的 c 腔直接与静止部分的 c 腔对接。

图 3－86 为与图 3－85 配套的细信号油管获取反馈信号的轴端受油器静止部分结构图，

螺栓23将轮毂油桶26固定在受油器基座左侧，埋头螺栓6通过压环20将b腔受油套8压紧在受油器基座孔内，b腔受油套表面浇注了一层巴氏合金作为粗信号油管旋转时的轴瓦，在巴氏合金瓦面环形开一条矩形断面的b腔沟槽13，b腔沟槽底部开两个径向孔，与受油器基座上的b腔信号油管7连通。螺栓11通过压环12将a腔受油套17压紧在受油器基座孔内，a腔受油套表面浇注了一层巴氏合金作为短油管旋转时的轴瓦，在巴氏合金瓦面环形开一条矩形断面a腔沟槽14，a腔油沟底部开两个径向孔，与受油器基座上的a腔信号油管9连通。轮毂油筒26与c腔轮毂油管2连通。

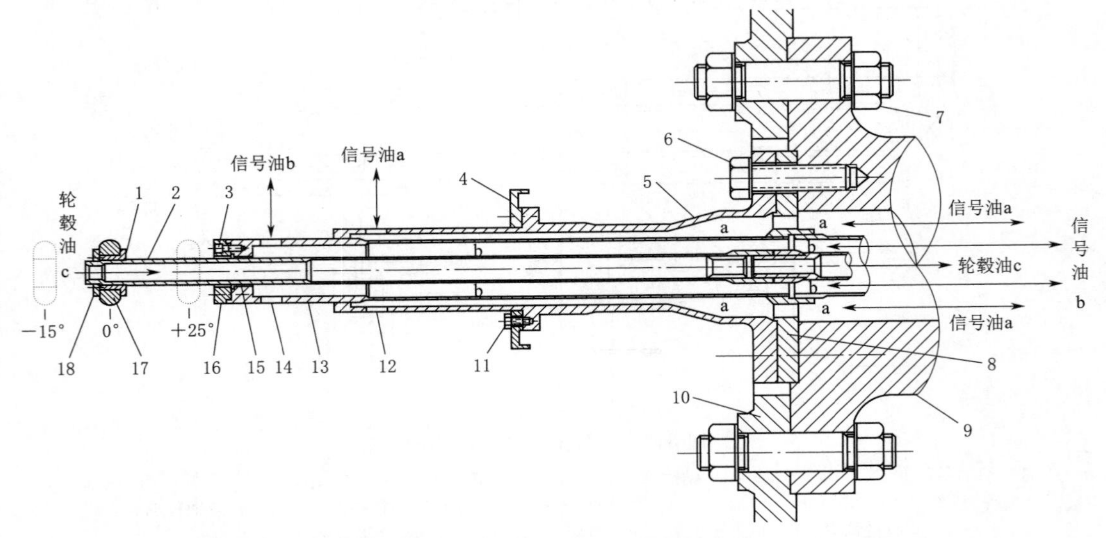

图3-85　从细信号油管获取反馈信号的轴端受油器转动部分结构图

1—转环；2—细信号油管；3—埋头螺栓；4—甩油环；5—短油管；6、7、11—螺栓；8—油管法兰盘；9—水轮机主轴；10—转子轮辐；12、14—管壁通孔；13—粗信号油管；15—轴瓦；16、18—压环；17—滑环

将图3-85和图3-86组装在一起就是图3-87为SX水电厂细信号油管获取反馈信号的轴端受油器结构图。因为受油器位于发电机转子磁场附近，所以将整个受油器基座29通过绝缘板28安装在机架上，为的是切断轴电流的回路。a腔受油套24作为短油管15的一个轴承支点，短油管在a腔受油套的巴氏合金瓦面内转动（没有轴向移动），短油管上旋转的4只管壁通孔始终处于静止的a腔沟槽内，使得短油管与粗信号油管21之间转动的a腔与静止的a腔信号油管9（红色）对接成功；b腔受油套8作为粗信号油管的一个轴承支点，粗信号油管在b腔受油套的巴氏合金瓦面内转动（没有轴向移动），粗信号油管上旋转的四只管壁通孔始终处于静止的b腔沟槽内，使得粗信号油管与细信号油管14之间旋转的b腔与静止的b腔信号油管7（红色）对接成功。镶套在粗信号油管孔口的轴瓦31作为细信号油管轴向移动的一个轴承支点，细信号油管孔口始终泡在轮毂油筒36的轮毂油里，使得边转动边轴向移动的细信号油管内的c腔与静止的c腔轮毂油管2（黄色）对接成功。检修前应打开检修放油塞25放净a腔的油，打开检修放油塞26放净b腔的油，打开检修放油塞33放净c腔的油。固定在短油管上转动的甩油环4，利用转动时产生的离心力将沿短油管表面的渗漏油甩回受油器端盖22内壁，再通过漏油管23自流回调速器回油箱，减小受油器向外

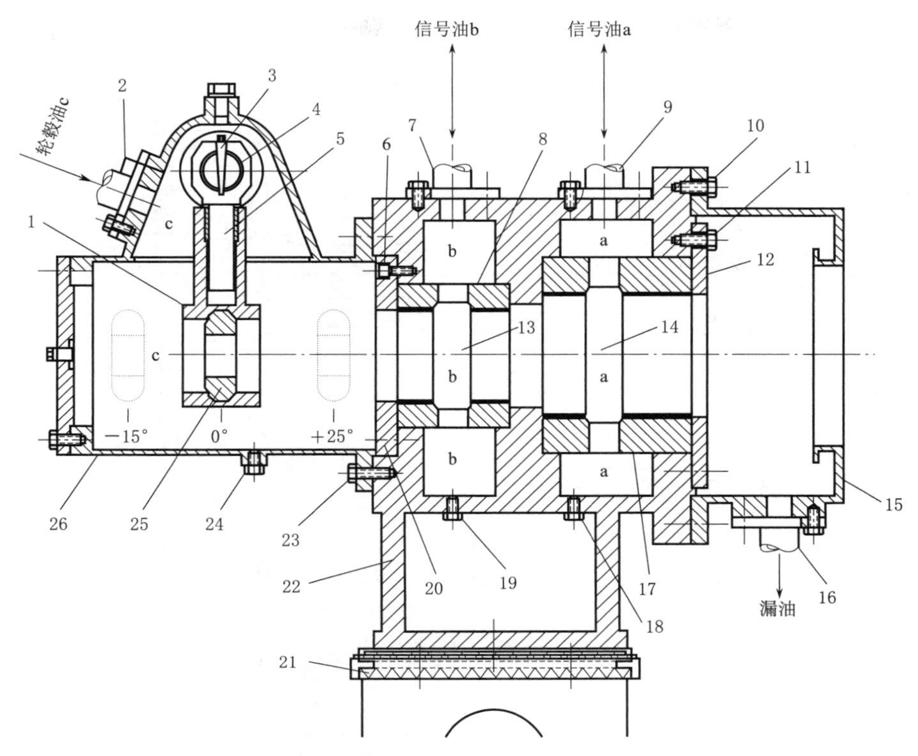

图 3-86　从细信号油管获取反馈信号的轴端受油器静止部分结构图

1—副拐臂；2—c 腔轮毂油管；3—圆锥销；4—反馈转轴；5—主拐臂；6—埋头螺栓；7—b 腔信号油管；8—b 腔受油套；9—a 腔信号油管；10、11、23—螺栓；12、20—压环；13—b 腔沟槽；14—a 腔沟槽；15—端盖；16—漏油管；17—a 腔受油套；18、19、24—放油塞；21—绝缘板；22—受油器基座；25—滑环；26—轮毂油桶

漏油，以免危及污染右侧的发电机转子。

圆锥销 3 将主拐臂 5 与反馈转轴 4 锁定为一体。滑环 34 的圆鼓形外柱面与副拐臂 1 圆鼓形内柱面为滑动配合。主拐臂的臂是一根圆柱形的实心杆，副拐臂的臂是一根圆柱形内孔的空心管，主拐臂的实心杆在副拐臂的空心管内两者可以相对自由滑动，使得主副拐臂两臂之间的长度可以根据滑环的轴向位移位置的变化自动变长或变短。当桨叶角度从 0°开大到＋25°时，转环和细信号油管一起边转动边轴向向右移动 ΔY，滑环在转环带动下不转动只有轴向向右移动，滑环再带动副拐臂和主拐臂一起绕反馈转轴逆钟向转过一个角度，主副拐臂两臂之间的长度自动由短变长，将桨叶角度开大的负反馈信号转换成反馈转轴逆钟向的转角位移反馈信号。当桨叶角度从＋25°关小到 0°时，转环和细信号油管一起边转动边轴向向左移动 ΔY，滑环在转环带动下不转动只有轴向向左移动，滑环再带动副拐臂和主拐臂一起绕反馈转轴顺钟向转过一个角度，主副拐臂两臂之间的长度自动由长变短，将桨叶角度开大的负反馈信号转换成反馈转轴顺钟向的转角位移反馈信号，当桨叶角度从 0°关小到－15°时，转环和细信号油管一起边转动边轴向向左移动 ΔY，滑环在转环带动下不转动只有轴向向左移动，滑环再带动副拐臂和主拐臂一起绕反馈转轴顺钟向转过一个角度，主副拐臂两臂之间的长度自动由短变长，将桨叶角度开大的负反馈信号转换成反馈转轴逆钟向的转角位移反馈信号。当桨叶角度从－15°开大到 0°时，转环和细信号油管一起边转动边轴向向右移动 ΔY，

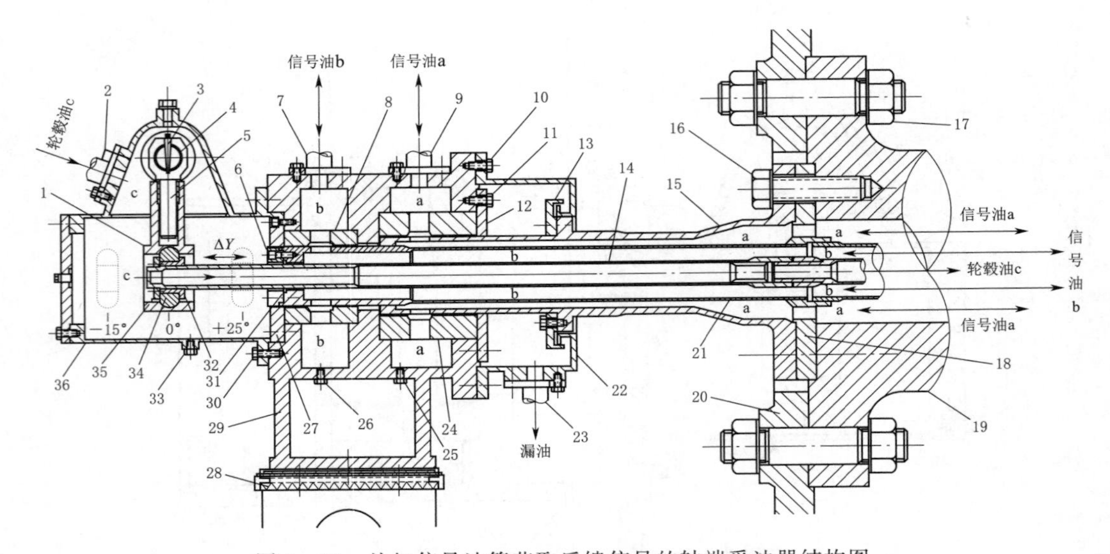

图 3-87 从细信号油管获取反馈信号的轴端受油器结构图

1—副拐臂；2—c 腔轮毂油管；3—圆锥销；4—反馈转轴；5—主拐臂；6、12、27、35—压环；7—b 腔信号油管；8—b 腔受油套；9—a 腔信号油管；10、11、16、30—螺栓；13—甩油环；14—细信号油管；15—短油管；17—转子连接螺栓；18—油管法兰盘；19—水轮机主轴；20—转子轮辐；21—粗信号油管；22—端盖；23—漏油管；24—a 腔受油套；25、26、33—放油塞；28—绝缘板；29—受油器基座；31—轴瓦；32—转环；34—滑环；36—轮毂油筒

滑环在转环带动下不转动只有轴向向右移动，滑环再带动副拐臂和主拐臂一起绕反馈转轴逆钟向转过一个角度，主副拐臂两臂之间的长度自动由长变短，将桨叶角度开大的负反馈信号转换成反馈转轴顺钟向的转角位移反馈信号。

图 3-88 为转角位移传感器，反馈转轴带动同轴转动的转角位移传感器转轴 1，由传感器 2 将反馈转轴的转角位移（取自 ΔY）反馈信号转换成−10～0V 的标准直流电压反馈信号，作为桨叶的负反馈电压信号 U_{φ} 用信号电缆 3 送往双重调节微机调速器的桨叶微机调节器。

图 3-88 转角位移传感器

1—转轴；2—传感器；3—电缆

(2) 从粗信号油管获取反馈信号的轴端受油器。图 3-89 为粗信号油管获取反馈信号的轴端受油器旋转部分结构图。应用在只有水轮机主轴没有发电机主轴的两支点机组，采用的转轮是无操作架塞动缸不动贯流转桨式转轮。短油管 7、粗信号油管 3 和细信号油管 8 三者一起转动，其中细信号油管、粗信号油管还跟桨叶接力器活塞一起边转动边轴向位移（参见图 3-50 中的 1、12），所以轴向位移反馈信号可以从一边转动一边轴向位移的细信号油管上取出，也可以从一边转动一边轴向位移的粗信号油管上取出，这里讨论的是粗信号油管获取反馈信号的轴端受油器。

由于粗信号油管与细信号油管一起轴向移动，因此将粗信号油管左端与细信号油管左端

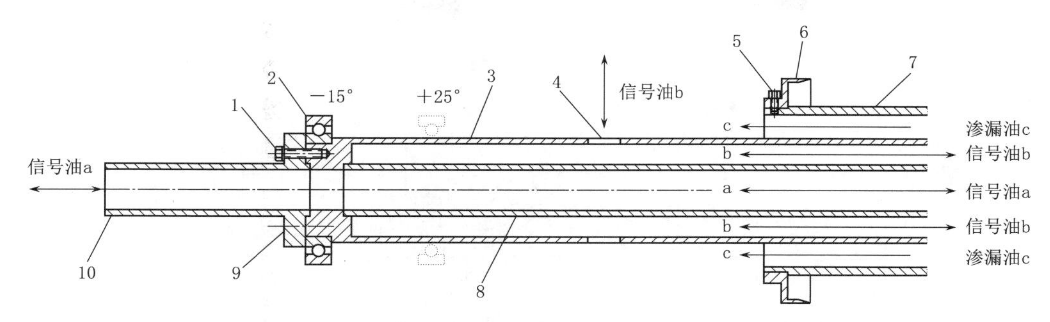

图 3-89　从粗信号油管获取反馈信号的轴端受油器旋转部分结构图

1—螺栓；2—滚珠轴承；3—粗信号油管；4—管壁通孔；5—止头螺丝；6—甩油环；
7—短油管；8—细信号油管；9—法兰盘；10—加长细油管

可以紧配合装配成一个整体，保证了细信号油管内的 a 腔跟细信号油管与粗信号油管之间的 b 腔密闭隔离密封。螺栓 1 通过加长细油管 10 的法兰盘 9 将滚珠轴承 2 内圈压紧在粗信号油管上，并且向左延长了细信号油管。由于粗信号油管的轴向移动与桨叶角度一一对应，当粗信号油管带着滚珠轴承边转动边轴向移动到最右侧时，对应的桨叶角度是开大到＋25°，当粗信号油管带着滚珠轴承边转动边轴向移动到最左侧时，对应的桨叶角度是关小到－15°。转动的短油管与粗信号油管之间的渗漏油 c 与受油器静止部分 c 腔接通，转动的粗信号油管与细操作油管之间的 b 腔通过粗信号油管上的四只管壁通孔 4 与受油器静止部分的 b 腔接通，浸泡在 a 腔油筒内的细信号油管内的 a 腔与受油器静止部分 a 腔接通。

图 3-90 为与图 3-89 配套的粗操作油管获取反馈信号的轴端受油器静止部分结构图。受油器本体 22 用螺栓 18 固定在受油器基座 17 上，螺栓 25 将反馈箱 28 固定在受油器本体左侧。螺栓 30 再将 a 腔油桶 33 固定在反馈箱左侧，两端有巴氏合金瓦面 11 的 b 腔受油套 21 为粗信号油管提供轴承支点。受油套两侧分别用压环 16、24 定位在受油器本体内，受油套中间的管壁通孔与 b 腔信号油管 10 连通。为防止受油套内的 b 腔压力油向两侧渗漏，在两侧的压环上分别设置了填料密封 12、23。螺栓 2 将轴承座 32 固定在反馈箱上，螺栓 31 通过压环 3 把轴瓦 4 压紧在轴承座内，轴瓦作为加长细油管的轴承支点，为防止 a 腔油桶的压力油向开敞的反馈箱渗漏油，在反馈箱上设置了填料密封 29。a 腔油桶与 a 腔信号油管 1 连通。螺栓 19 将渗漏油桶 13 固定在受油器本体右侧，从旋转的短油管出来的渗流油自流落入渗漏油桶内，渗漏油经 c 腔渗漏油管 15 送回到调速器回油箱内。密封油毛毡 14 可以减少沿短油管表面向外的渗漏油。检修前应打开检修放油阀 34 放净 a 腔的油，打开检修放油阀 20 放净 b 腔的油，漏油管 26 将渗漏进入开敞式反馈箱的漏油自流回到调速器回油箱。

将图 3-89 和图 3-90 组装在一起就是图 3-91 从粗信号油管获取反馈信号的轴端受油器结构图。短油管 14、粗信号油管 16 和细信号油管 15 三者一起转动，其中细信号油管、粗信号油管还跟桨叶接力器活塞一起边转动边轴向位移，反应桨叶角度的反馈信号从粗信号油管上取出。安装在水轮机法兰盘上的短油管以悬臂形式伸入渗漏油筒 13 内，使得短油管与粗信号油管之间旋转的 c 腔与静止的 c 腔渗漏油管 18 对接成功，c 腔渗漏油靠自流流回到调速器回油箱。用螺栓固定在短油管上的甩油环 12，利用转动时产生的离心力将沿短油管表面的渗漏油甩回渗漏油筒内，减小渗漏油筒向外漏油，以免危及污染右侧的发电机转子。两侧有巴氏合金瓦面的 b 腔受油套 24 为粗操作油管提供一个轴承支点，粗操作油管在 b 腔

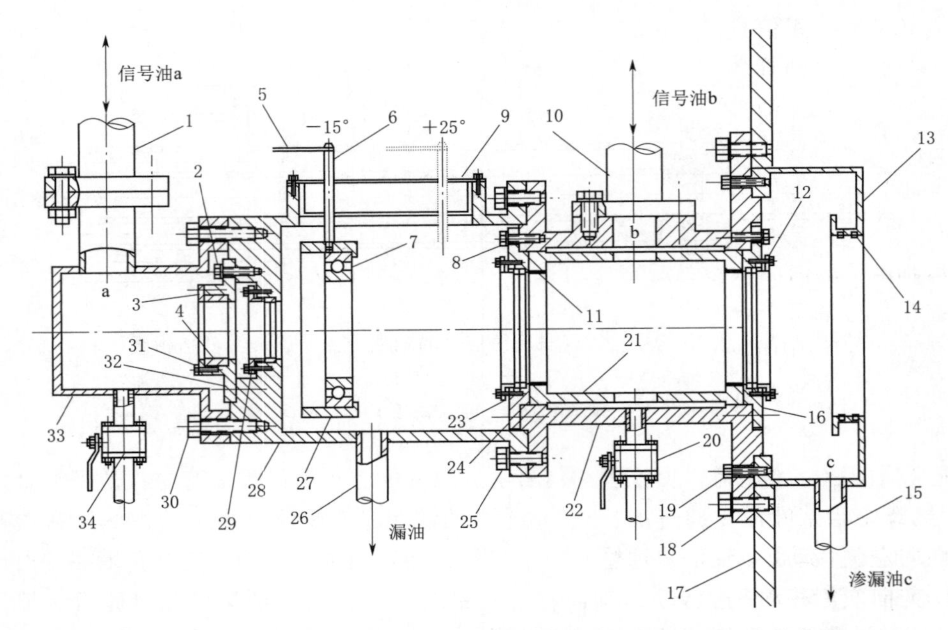

图 3-90　从粗信号油管获取反馈信号的轴端受油器静止部分结构图

1—a 腔信号油管；2、8、18、19、25、30、31—螺栓；3、16、24—压环；4—轴瓦；5—钢丝；6—反馈杆；7—滚珠轴承；9—刻度板；10—b 腔信号油管；11—巴氏合金瓦面；12、23、29—填料密封；13—渗漏油桶；14—密封油毛毡；15—c 腔渗漏油管；17—受油器基座；20、34—检修放油阀；21—b 腔受油套；22—受油器本体；26—漏油管；27—轴承套；28—反馈箱；32—轴承座；33—a 腔油桶

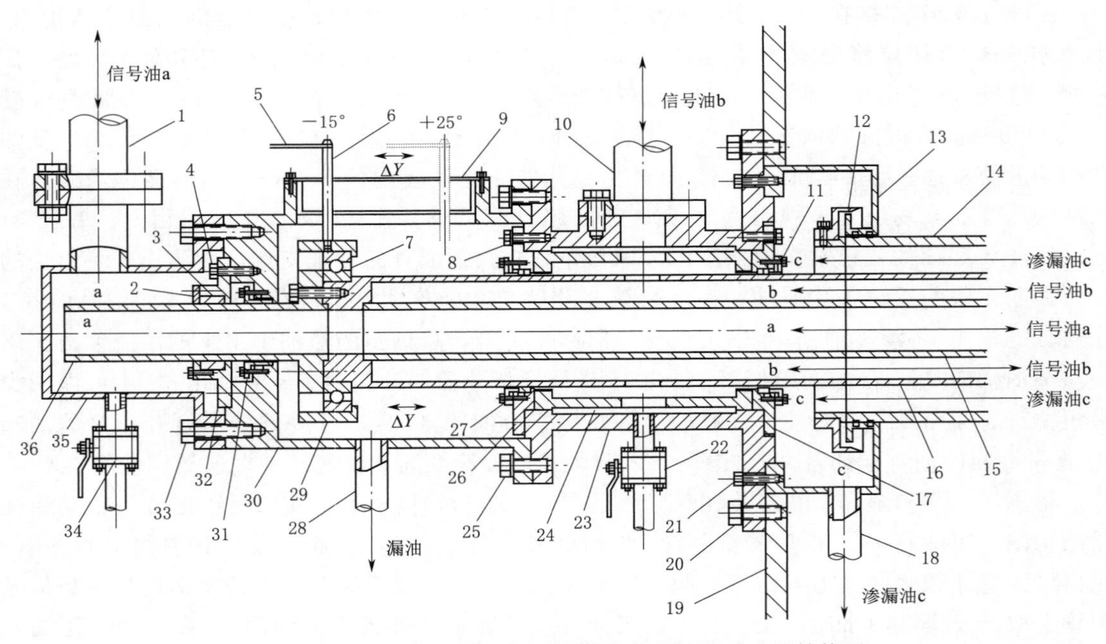

图 3-91　从粗信号油管获取反馈信号的轴端受油器结构图

1—a 腔信号油管；2、17、26—压环；3—轴瓦；4、8、20、21、25、33—螺栓；5—反馈推拉杆；6—反馈杆；7—滚珠轴承；9—刻度板；10—b 腔信号油管；11、27、31—填料密封；12—甩油环；13—渗漏油桶；14—短油管；15—细信号油管；16—粗信号油管；18—c 腔渗漏油管；19—受油器基座；22、34—检修放油阀；23—受油器本体；24—b 腔受油套；28—漏油管；29—轴承套；30—反馈箱；32—轴承座；35—a 腔油桶；36—加长细油管

受油套内转动时，粗信号油管的四只管壁通孔始终处于静止的 b 腔受油套内，使得旋转的粗信号油管与细信号油管之间的 b 腔与静止的 b 腔信号油管 10（红色）对接成功。轴承座 32 内的轴瓦 3 为加长细油管 36 提供一个轴承支点，加长细油管孔口始终泡在 a 腔油筒 35 的油里，使得边旋转边轴向移动的 a 腔与静止的 a 腔信号油管 1 对接成功。反馈箱 30 内是敞开的大气环境，从填料密封 27、31 渗漏出来的渗漏油从漏油管 28 自流回到调速器回油箱。检修前应打开检修放油阀 22 放净 b 腔的油，打开检修放油阀 34 放净 a 腔的油。

滚珠轴承 7 的内圈（参见图 2－7 中的 3）与粗信号油管紧配合并且被加长细油管的法兰盘压紧在粗信号油管上，因此内圈只能跟着粗信号油管边转动边轴向移动，但是滚珠轴承的外圈（参见图 2－7 中的 1）与轴承套 29 为紧配合，而轴承套与只能轴向移动不能转动的反馈杆 6 连在一起。当桨叶角度从－15°向＋25°增大时，粗信号油管带着滚珠轴承内圈一起边转动边轴向向右侧移动，转动的内圈通过滚珠带动不转动的外圈、轴承套、反馈杆和反馈推拉杆 5 一起轴向向右侧移动，将桨叶角度开大的负反馈信号转换成反馈推拉杆向右直线位移反馈信号 ΔY。当桨叶角度从＋25°向－15°减小时，粗信号油管带着滚珠轴承内圈一起边转动边轴向向左侧移动，转动的内圈通过滚珠带动不转动的外圈、轴承套、反馈杆和反馈推拉杆一起轴向向左侧移动，将桨叶角度关小的负反馈信号转换成反馈推拉杆向左直线位移反馈信号 ΔY。在刻度板 9 上能读出桨叶的具体角度，反馈杆只能在刻度板的槽内轴向移动。

图 3－92　滑杆式电位器
1—推拉杆；2—电位器

图 3－92 为滑杆式电位器，是直线位移传感器中应用最多的一种。反馈杆带动的反馈推拉杆与滑杆式电位器推拉杆 1 连接在一起，由滑杆式电位器 2 将反馈推拉杆的直线位移反馈信号 ΔY 转换成 0～－10V 的标准直流电压信号，作为桨叶的负反馈电压信号 U_φ 用信号电缆送往双重调节微机调速器的桨叶微机调节器。

（三）金属导流板支撑的灯泡贯流式机组

图 3－93 为金属导流板支撑的灯泡贯流转桨式机组立体剖视图，灯泡本体 1 上游侧由若干个金属导流板 17 支撑在水流流道正中，灯泡体下游侧由座环内的固定导叶 16 支撑。水流均匀地从灯泡体四周的环形流道流过导流板和灯泡体，斜向布置的导流板能使水流产生少量的旋转量，可以减小水流对桨叶头部的冲角。水轮发电机组安装在灯泡体内，直径较大的发电机转子 5 将灯泡体内腔分割成前舱和后舱，运行巡检人员可以从后进人孔 2 内的垂直爬梯进入后舱或从前进人孔 6 进入前舱，运行人员通过垂直爬梯进出前舱和后舱，巡查灯泡体内水轮发电机机组的运行情况。来自上游水库的水流进入上游闸门后，流过灯泡体和导流板，固定导叶、活动导叶 15 进入转轮室 9 内的贯流转桨式转轮 12，转轮将水能转换成旋转机械能，通过灯泡体内的水轮机主轴 10 带动发电机转子旋转，将机械能转换成电能。经转轮做功后的低能水流由尾水管 11 排至下游。灯泡体内是一个封闭空间，对发电机散热不利，发电机的冷却靠转子上的风叶驱动空气在空气管道内逆钟向闭环流动，从发电机出来的热风经过空气管道内的空气冷却器 3 冷却后成为冷风，再进入发电机，冷却发电机的定子和转子。个别导流板制作成空心结构，这些导流板内可以布置各种进出灯泡体的电力电缆和信号电缆，也可以将渗漏进入灯泡体内部的主轴密封渗漏水排出到水轮机廊道内的渗漏集水井中。

调速器通过流道外面的推拉杆、控制环 8、连杆 14、拐臂 7 调节处于水流流道中的活动

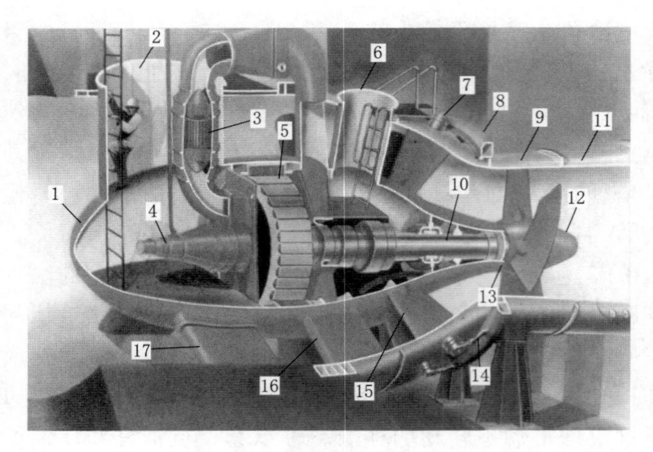

图 3-93 金属导流板支撑的灯泡贯流转桨式机组立体剖视图

1—灯泡本体；2—后进人孔；3—空气冷却器；4—轴端受油器；5—转子；6—前进人孔；7—拐臂；8—控制环；9—转轮室；10—水轮机主轴；11—尾水管；12—转轮；13—密封座；14—连杆；15—活动导叶；16—固定导叶；17—金属导流板

导叶的转角，从而调节进入转轮的水流量。轴端受油器 4 安装在发电机轴端，轴端受油器将调速器送来的两根信号油管（红色）的油压信号送入正在旋转的发电机主轴孔内的 a 腔和 b 腔，油压信号经主轴孔内的粗信号油管和细信号油管送到转轮体内的桨叶接力器活塞两腔，双重调节的调速器在根据负荷调节导叶开度的同时，还能根据导叶开度和库水位调节转轮的桨叶角度。

灯泡本体形同一个巨型的小开口的胶囊，处于水流中央的灯泡体由灯泡本体、座环内环、导水内环和密封座 13 相互之间用大法兰盘和螺栓连接成一个巨型的小开口的胶囊，水轮机主轴法兰盘在小开口处与水轮机流道内的转轮体刚性连接，转动的主轴法兰盘和静止的小开口处必定有渗漏水进入灯泡体，因此在密封座内设置转轮密封和主轴密封（相当于图 3-99 中 22、21），防止渗漏水进入灯泡体内。

图 3-94 为金属导流板支撑的灯泡贯流转桨式机组结构图。灯泡本体 2 靠金属导流板 3 支撑在水轮机流道中间（参见图 3-8 和图 3-93 中的 17）。进人孔 19 内部空间可以垂直布

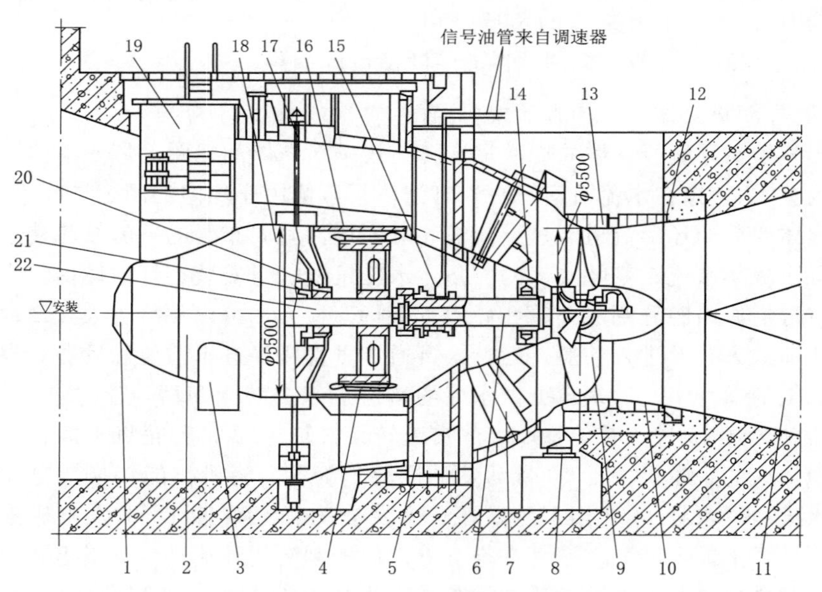

图 3-94 金属导流板支撑的灯泡贯流转桨式机组结构图

1—灯泡前盖；2—灯泡本体；3—金属导流板；4—转子；5—座环；6—水轮机主轴；7—导叶；8—导叶接力器；9—转轮；10—锥管；11—尾水管；12—预埋基础环；13—转轮室；14—水导轴承；15—轴承受油器；16—定子；17—拉杆；18—中环；19—进人孔；20—双向推力轴承；21—径向轴承；22—发电机主轴

置爬梯以便运行巡检人员进出灯泡体。发电机主轴 22 与水轮机主轴 6 刚性连接，水轮机主轴再跟灯泡体外水轮机流道内的转轮 9 刚性连接。机组为三支点布置形式，水轮机主轴上有水导轴承 14 和轴承受油器 15 两个径向轴承，发电机主轴上只有一个发导轴承，发导轴承由径向轴承 21 和双向推力轴承 20 组装在一起。安装在水轮机主轴上的轴承受油器既是受油器又是水轮机后导径向轴承。来自双重调节调速器的两根（红色）信号油管经轴承受油器向水轮机主轴内粗信号油管、细信号油管的 a 腔、b 腔输送信号油，粗信号油管与水轮机主轴内孔之间 c 腔的渗漏油也从轴承受油器排出。固定在转轮体内壁的发电机定子 16 和定子内的转子 4 将灯泡体内腔分割成前后两舱，因此灯泡体前舱也应该有一个进人孔，以便运行巡检人员利用爬梯进出灯泡体。水流从四周流过灯泡体、座环 5 的固定导叶和活动导叶 7 后，进入转轮室 13 内的转轮，推动转轮旋转，由转轮将水能转换成机械能，转轮带动灯泡体内的水轮机主轴、发电机主轴和发电机转子旋转，由发电机将机械能转换成电能。能量转换后的低能水流经锥管 10、尾水管 11 排入下游。双重调节的调速器在根据负荷通过导叶接力器 8 调节导叶开度，改变进入转轮的水流量的同时，还得经轴承受油器、水轮机主轴内的粗细信号油管和桨叶接力器，改变桨叶角度，使大小和方向都变化了的水流对桨叶头部冲角较小，水轮机效率较高。

（四）混凝土导流墩支撑的灯泡贯流式机组

图 3-95 为 SX 水电厂混凝土导流墩支撑的灯泡贯流转桨式两支点机组整机结构图，单机容量为 4500kW。与混流式两支点机组转动系统比较可以发现，混流式两支点机组的发电机主轴（没有水轮机主轴）一端悬挂水轮机转轮，另一端悬挂飞轮，两个轴承支点中间的主轴是发电机转子。灯泡贯流式两支点机组的水轮机主轴 28（没有发电机主轴）一端悬挂水轮机转轮 22，另一端悬挂发电机转子 31，两个轴承支点中间的主轴是没有安装转动体。机组轴线的高程就是水轮机安装高程$\nabla_{安装}$。对大容量贯流转桨式机组，将灯泡体体积特别庞大的灯泡本体 32 四平八稳地安放在混凝土浇筑的导流墩 38 上，也是一种不错的选择，但灯泡体下部水流被导流墩阻挡，只得绕道而行，显然处于水流流道中的导流墩对水流有不小的阻力。尽管可以将导流墩外形做成流线型以减小水流阻力，但是相比金属导流板支撑的贯流式机组来说，水力性能肯定较差，进入转轮的水流肯定不均匀。上游水库水流进入贯流式引水室 8、座环外环 2、导水外环 12、转轮室 10，转轮室内的转桨式转轮将水能转换成旋转机械能后，低能水流经尾水管 11 排入下游。灯泡体由灯泡前盖 33、灯泡本体、座环内环 1、导水内环 13 和密封座组成。水轮机主轴靠近发电机一侧的发导轴承 26 为既有径向轴承又有双向推力轴承的径向推力轴承，而靠近转轮一侧的水导轴承 27 为单纯的径向轴承。

发电机转子和定子 30 将灯泡体内分割成前舱和后舱，通过前进人孔 4 内的垂直爬梯可以下落到灯泡体内的前舱平台 14，站在前舱平台上可以对机组进行巡回检查。从前舱平台继续向下的爬梯可以进入水轮机流道下面与水轮机流道方向垂直的水轮机廊道，从机组轴承出来的热油汇总到水轮机廊道地面上的轴承回油箱 42。导水外环、转轮室和导水机构的主拐臂 17、副拐臂 18、连杆 19、控制环 20 等都位于水轮机廊道的顶部，可以方便运行检修人员进行检修维护，还能从水轮机廊道的检修井 46 中向上吊出需要检修或更换的导水机构和转轮。通过后进人孔 39 内的垂直爬梯可以下落到灯泡体内的后舱平台 34，站在后舱平台上可以对轴端受油器 29 和空气冷却器 40 进行巡回检查，轴端受油器桨叶角度反馈装置与图 3-86 相同，空气冷却器与图 3-93 中 3 相同。关闭上游闸门和下游闸门，在灯泡体内用长柄打开流道内的长柄排水阀 9，将贯流式引水室内的积水经排水管 43 排入位置更低处的检修排水廊道，然后打开灯泡体底部检修门 35，从垂直的检修爬梯 36 进入贯流式引水室流道内进行检修维护。在水轮机廊道 45 内打开短柄排水阀 44，将尾水管内的积水排入位置更低处的检修排水廊道，从尾水管进人孔进入尾水管流道内进行检修维护。检修井 46 从厂房内地面上的装配场一直深入几十米到水轮机廊道，安装或检修时，桥式起重机将水轮机的导水机构、转轮和转轮室等部件从检修井吊入，安放在水轮机廊道地面上再进行安装。操作层 47 比厂房地面装配场低 4～5m，操作层靠墙布置制动测温屏、励磁屏、机组 LCU 屏等机组的机旁盘，中间布置调速器的调速柜和油压装置（参见图 5－14）。

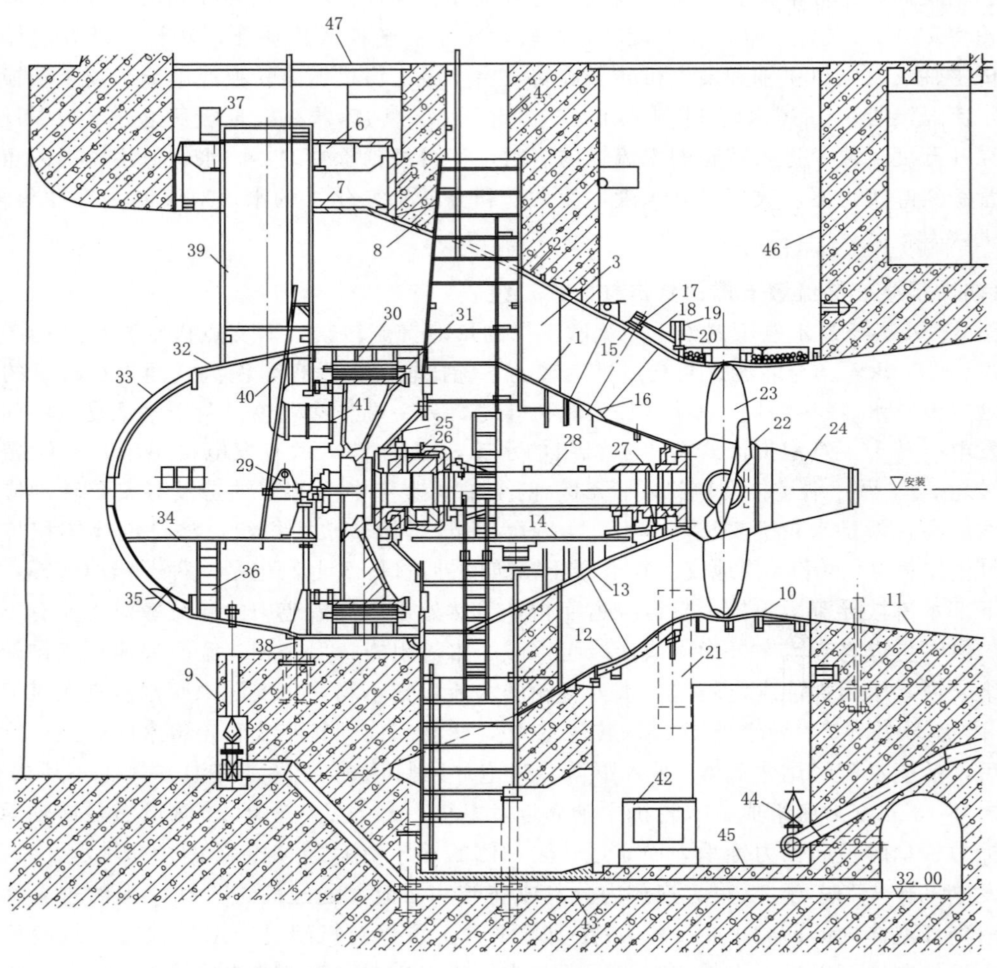

图 3－95　SX 水电厂混凝土导流墩支撑的灯泡贯流转桨式两支点机组整机结构图

1—座环内环；2—座环外环；3—固定导叶；4—前进人孔；5—框架；6—盖板；7—导水板；8—贯流式引水室；9—长柄排水阀；10—转轮室；11—尾水管；12—导水外环；13—导水内环；14—前舱平台；15—导叶上中轴承；16—导叶下轴承；17—主拐臂；18—副拐臂；19—连杆；20—控制环；21—关闭重锤；22—转轮；23—桨叶；24—泄水锥；25—轴承支架；26—发导轴承；27—水导轴承；28—水轮机主轴；29—轴端受油器；30—定子；31—转子；32—灯泡本体；33—灯泡前盖；34—后舱平台；35—检修门；36—检修爬梯；37—水箱；38—导流墩；39—后进人孔；40—空气冷却器；41—扇形隔板；42—轴承回油箱；43—排水管；44—短柄排水阀；45—水轮机廊道；46—检修井；47—操作层

六、轴伸贯流定桨式机组

图 3－96 为轴伸贯流定桨式机组剖视图，发电机 15 安装在流道外面，导流体 2 用四片固定导叶（筋板）4 固定在流道中心，导流体平稳地将来自直通式引水室 1 的均匀水流分开，减小水流流速和方向突变引起的水头损失，引导水流通过转轮室 18 内的定桨式转轮 7。该机组属于四支点卧式机组，其中发电机端盖上两个滚动轴承，导流体为水轮机主轴 9 在流道内提供一个径向水润滑橡胶滑动轴承，水轮机主轴从尾水管肘管段 11 管壁穿出流道外面，流道外面的水轮机主轴上有一个径向推力轴承构成的油润滑水导轴承 13，推力轴承用来承受水流流过转轮时的轴向水推力。在外部操作斜向式导水机构的导叶转动机构 6 可以改变位于转轮前面的活动导叶 5 的角度，从而调节进入转轮的水流量。水轮机主轴穿过尾水管肘管段与发电机主轴用弹性连轴器 14 连接，主轴密封 12 可以减少主轴与肘管段穿出孔间隙的漏水量。经转轮能量转换后的低能水通过尾水管直锥段 8、肘管段和尾水管扩散段 17 排入下游。落下上游闸门，转动底阀操作手轮 16，就可以打开流道内的底阀，放空流道内的积水，检修人员打开进人孔 3 进入流道内进行检查和维修。伸缩节 10 可以补偿金属管路热胀冷缩引起的管路少量位移。发电机安装在干燥明亮的厂房内，因此发电机工作环境比灯泡贯流式好（参见图 1－46），但是水流流过转轮后需绕过水轮机主轴，产生漩涡和水头损失。其较多地应用在小容量低水头大流量的低压机组中。

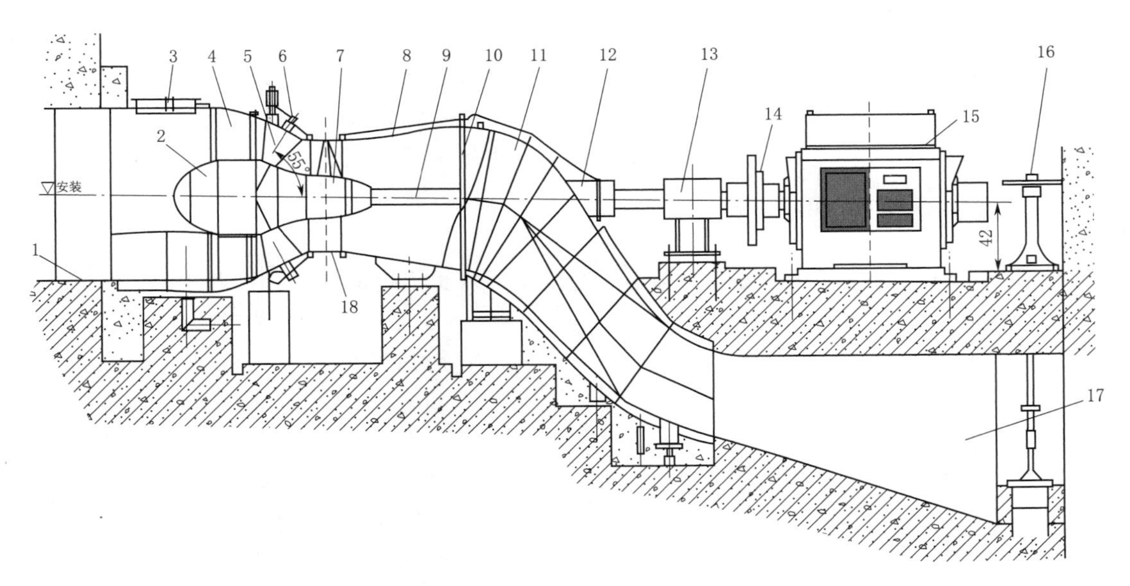

图 3－96　轴伸贯流定桨式机组剖视图

1—直通式引水室；2—导流体；3—进人孔；4—固定导叶（筋板）；5—活动导叶；6—导叶转动机构；7—定桨式转轮；8—尾水管直锥段；9—水轮机主轴；10—伸缩节；11—尾水管肘管段；12—主轴密封；13—水导轴承；14—弹性连轴器；15—发电机；16—底阀操作手轮；17—尾水管扩散段；18—转轮室

图 3－97 为 VX 水电厂轴伸贯流定桨式机组照片，将照片中所有设备水平方向转 180°，图 3－96 与图 3－97 两张图基本相同，但不同的是图 3－96 中发电机轴承是端盖式滚动轴承，而图 3－97 中发电机轴承是支座式滑动轴承。

七、竖井贯流定桨式机组

图 3-98 为竖井贯流式机组布置图。在流道中间悬挂一个混凝土竖井，竖井的两侧和下侧三面构成的直通式引水室都可以通过水流，但上侧被竖井挡住无法过水。水流流过竖井后在导叶前又汇集在一起，由于竖井上侧的阻挡，在竖井后重新汇集后的水流在上部会出现大量的漩涡并经过导叶 7 进入转轮 9，对转轮的振动影响很大。导叶转轴线与水轮机转轴线夹角为 60°（参见图 3-76）。属于斜向式导水机构。作为水轮机主轴的一个径向轴承的导向架轴承 11 由四片固定导叶（筋板）固定在流道中间，水轮机主轴上另一个轴承是位于井内底部的水导轴承 6，水导轴承内有一个径向轴承、一个推力轴承，推力轴承承担水流流过转轮的轴向水推力。转轮将水能转换成旋转机械能后通过大皮带轮 5 带动发电机 3 轴上的小皮带轮 4 转动，由增速后的发电机将旋转机械能转换成电能。能量转换后的低能水经直锥形尾水管 12 排入下游。泄水锥 10 可以使水流流过转轮后，过流面积逐步增大，防止水流脱流产生漩涡，造成不必要的水流损失。正常运行时，运行人员通过爬梯 2 进入井底进行巡回检查。机组检修时，落下上下游闸门，排尽流道内积水，打开盖板 1，进入检修井底部的水轮机廊道 8，可对导水机构进行检查和维护。因为水流流态较差，水头损失较大，应用在低水头低压小机组中。

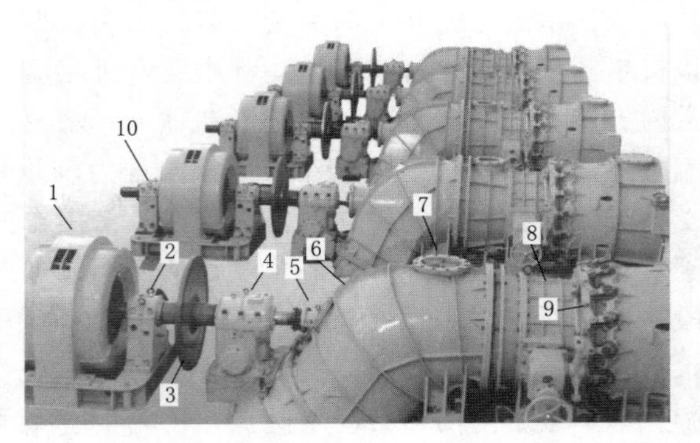

图 3-97　VX 水电厂轴伸贯流定桨式机组照片

1—发电机；2—前导轴承；3—飞轮；4—水导轴承；5—主轴密封；6—尾水管肘管段；7—进人孔；8—转轮室；9—导叶转动机构；10—后导轴承

八、立式轴流转桨式水轮机

轴流式水轮机的转轮叶片是悬臂结构，造成工作水头不可能很高，因此单机容量也不会很大，广西大藤峡水电厂 20 万 kW 轴流转桨式水轮机目前是世界上单机容量最大的轴流式水轮机（转轮直径 10.4m）。轴流式水轮机只有立式布置，没有卧式布置。中小型水电厂很少采用结构复杂价格昂贵的轴流转桨式水轮机。图 3-99 为轴流转桨式水轮机剖视图，在水电厂现场，1/2 导叶高度的高程就是水轮机安装高程测量点，保证所有工况都不发生转轮汽蚀条件下，该点到下游最低水位的垂直距离就是安装用最大允许吸出高度 H_s。由于该图纸是水轮机生产厂家的图纸，还不知道在哪家水电

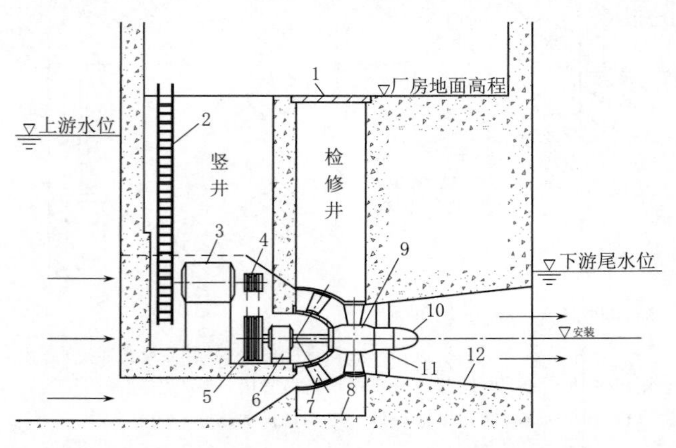

图 3-98　竖井贯流式机组布置图

1—盖板；2—爬梯；3—发电机；4—小皮带轮；5—大皮带轮；6—水导轴承；7—导叶；8—水轮机廊道；9—转轮；10—泄水锥；11—导向架轴承；12—直锥形尾水管

厂安装，更不知道具体水电厂水轮机的实际安装高程，因此图中水轮机 1/2 导叶高度的高程 0.685m 是相对桨叶转轴线高程 0m 的相对高程，也就是说 1/2 导叶高度到桨叶转轴线垂直的制造尺寸是 0.685m。同理，泄水锥 28 最底部的高程－1.30m 是相对桨叶转轴线高程 0m 的相对高程，表示泄水锥最底部到桨叶转轴线垂直的制造尺寸是 1.3m。

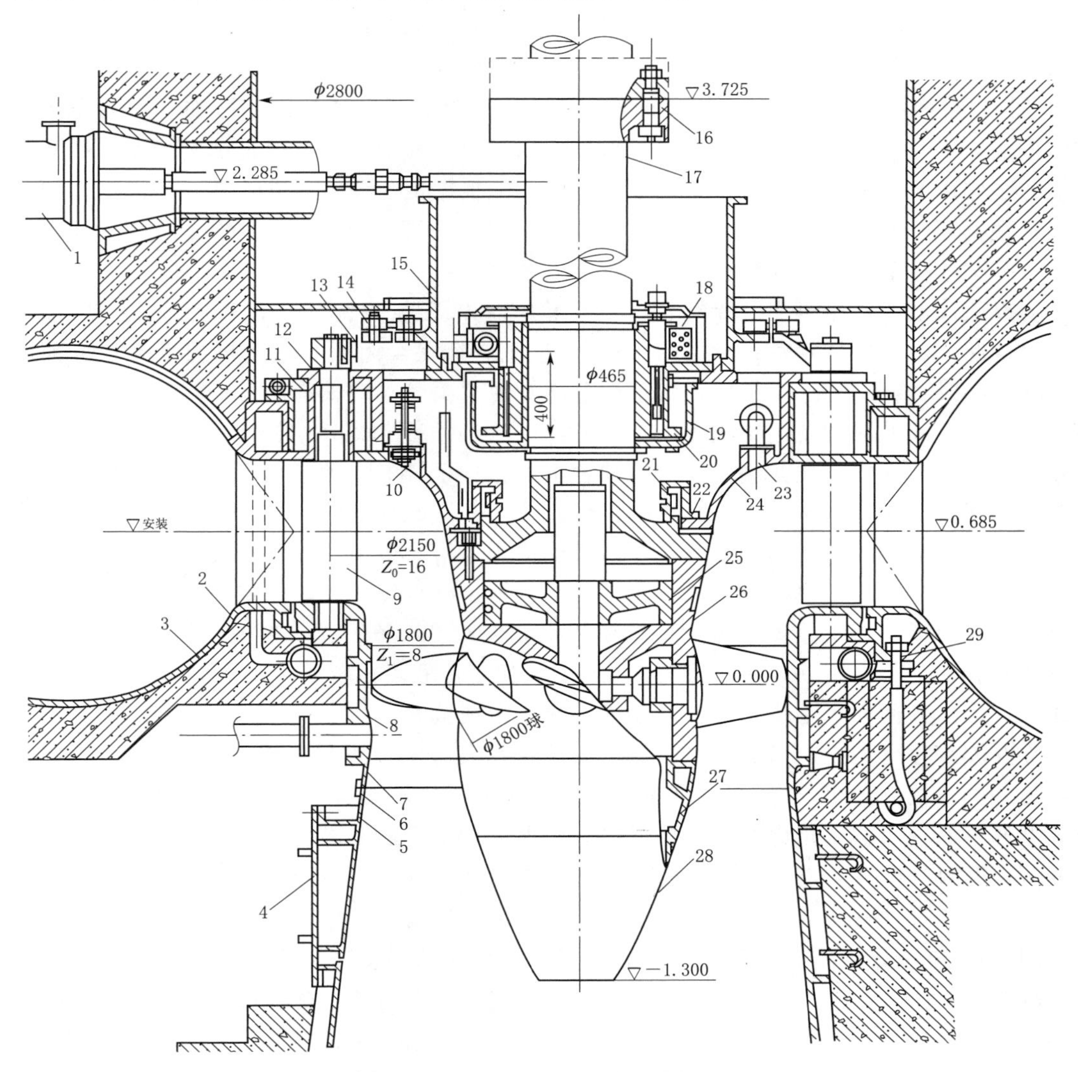

图 3－99　轴流转桨式水轮机剖视图

1—导叶接力器；2—座环；3—金属蜗壳；4—进人孔；5—尾水管；6—衬板；7—连接环；8—转轮室；9—活动导叶；10—真空破坏阀；11—顶环；12—套筒；13—拐臂；14—连杆；15—控制环；16—连轴螺栓；17—水轮机主轴；18—油冷却器；19—转动油盆；20—筒式分半瓦；21—主轴密封；22—转轮密封；23—调相压水充气管；24—支撑盖；25—桨叶接力器活塞；26—转轮体；27—连接体；28—泄水锥；29—预埋螺栓

由于该水轮机工作水头比较高，因此采用了金属蜗壳 3。座环 2 用预埋在混凝土基础中的预埋螺栓 29 固定在厂房基础上，顶环 11 压紧在座环上，倒喇叭形的支撑盖 24 压紧在顶环上。来自水库的压力水经金属蜗壳、固定导叶、活动导叶 9，在支撑盖的作用下一边旋转、一边转过 90°弯后进入转轮，位于转轮室 8 流道内的转轮将水能转换成机械能，该转桨式转轮的直径为1800mm。经能量转换后的水流通过尾水管5排入下游，衬板6和连接环7都属于转轮出口处的尾水管流道。在机组停机及尾水管排尽积水条件下，打开尾水管进人孔4，能对转轮和尾水管进行检查和维修。

水轮机主轴17上端法兰盘与发电机主轴法兰盘用螺栓16刚性连接，下端法兰盘与转轮体26用螺栓刚性连接，在法兰盘与转轮体内形成的大圆柱孔作为桨叶接力器的活塞缸（参见图3-51），当双重调节调速器经发电机主轴顶部受油器使活塞25上腔（a腔）接压力油，下腔（b腔）接排油时，活塞在压力油作用下向下移动，活塞通过细信号油管带动操作架上腔接排油，下腔接压力油时，活塞在压力油作用下向上移动，活塞通过细信号油管带动操作架上移，作用桨叶角度变小。双重调节的调速器能根据负荷调节导叶开度，保证机组频率不变，再根据导叶开度和库水位调节桨叶角度，使桨叶角度始终迎合水流方向和大小的变化，保证进入桨叶头部的水流冲角较小，水轮机效率较高。

支撑盖底部与水轮机法兰盘结合部设转轮密封22，减少漏入支撑盖的漏水。从转轮密封流出的漏水由紧靠转轮密封后面的主轴密封21进行完全阻断。水轮机的水导轴承采用转动油盆19和筒式分半瓦20组成，转动油盆巧妙地解决了立式轴承的漏油问题。从轴承摩擦面由下而上出来的热油到达筒式分半瓦的上部，流经油冷却器18冷却后的冷油下落流回到正在转动的转动油盆，在此进入润滑冷却轴承摩擦面的循环。真空破坏阀10能在紧急停机转轮室出现真空压力低于某一值时自动打开，补入大气破坏真空，防止发生抬机。水电厂在冬季缺水不发电时，电网调度有时会要求机组调相运行，机组在导叶全关条件下由电网供电空转，消耗少量有功功率，发出大量无功功率。为了减少转轮在转轮室水中转动的阻力，减少有功功率消耗，在支撑盖上布置了调相压水充气管23，充入压缩空气将转轮室的水面下降，让转轮在空气中转动。泄水锥与连接体27组合后吊装在转轮体下方，保证水流流过转轮体后，流道断面面积逐步变大，以免水流脱流出现漩涡。

导叶轴穿过套筒12与顶环上的拐臂13轴孔配合分半键连接，连杆14一端与拐臂铰连接，另一端与控制环15铰连接。轴流转桨式水轮机流量较大，导叶需要的操作力也比较大，中小型调速器输出的是接力器的机械位移，而大中型调速器输出的是两根到水轮机机坑的信号油管，两只导叶接力器1布置在圆桶状的水轮机机坑内壁左右两侧，两只导叶接力器的活塞杆（相当于推拉杆）分别与控制环的两只大耳朵铰连接（参见图5-11）。

图3-100为轴流转桨式机组轴端受油器。整个受油器安装在发电机主轴最顶端，发电机主轴1、粗信号油管2、细信号油管3、甩油盆4、密封环5、轴承内圈6、轴承压环7和实心杆8是旋转的，其余部件全部不旋转。密封环将细信号油管与粗信号油管之间分隔成上下两腔，上腔细信号油管内的a腔经细信号油管管壁通孔、粗信号油管管壁通孔与a信号油管对接成功。下腔粗信号油管与细信号油管之间的b腔经粗信号油管管壁通孔与b信号油管对接成功。受油对接原理与图3-86完全一样，在此不再展开。实心杆与粗信号油管、细信号油管焊接成一体，实心杆带着轴承内圈一边旋转一边上下移动ΔY反映了桨叶接力器的负反馈信号。将桨叶接力器直线位移负反馈信号ΔY转换成0～－10V的标准直流电压信号的机构原理与图3-91完全一样，在此不再展开。桨叶接力器工作过程中的无压渗漏油沿着主轴内孔与粗信号油管之间的c腔一直上升到甩油盆里。当无压渗漏油溢出甩油盆时，螺栓固定在发电机主轴轴端上的甩油盆产生的旋转离心力将渗漏油甩到最远处落入固定油盆10内，然后经回油管将渗漏油自流回到双重调节调速器的回油箱里。运行中透过有机玻璃的观察孔

9，可以观察甩油状况。从右向左方向观察，可以看到a信号油管和b信号油管的连接法兰盘。

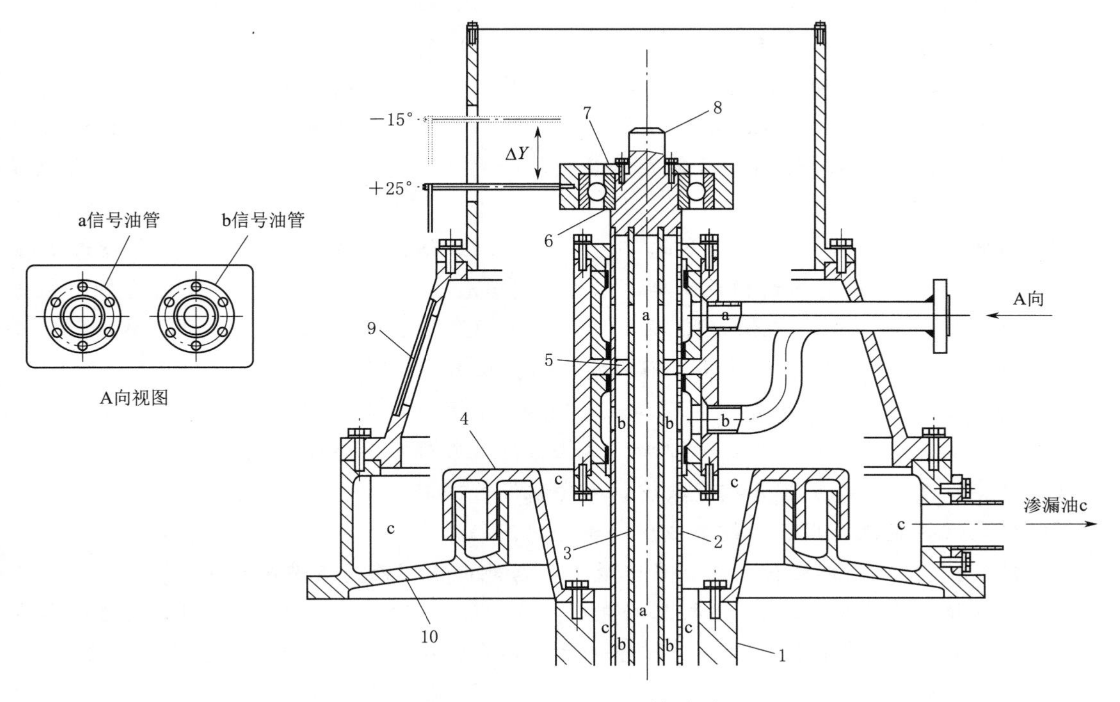

图3-100　轴流转桨式机组轴端受油器

1—发电机主轴；2—粗信号油管；3—细信号油管；4—甩油盆；5—密封环；6—轴承内圈；7—轴承压环；8—实心杆；9—观察孔；10—固定油盆

习　题

一、判断题（在括号中打√或×，每题2分，共10分）

3-1. 定轴式导叶转动机构全泡在水轮机的引水室中。（　）

3-2. 挂环式控制环导水机构的控制环中心线与水轮机中心线偏心一个拐臂长。（　）

3-3. 转环式控制环导水机构只需一根推拉杆就能带动控制环转动。（　）

3-4. 水轮机运行中在下游水位变化时实际吸出高度是不变的。（　）

3-5. 轴端受油器的受油原理与轴承受油器几乎完全一样。（　）

二、选择题（将正确答案填入括号内，每题2分，共30分）

3-6. 在（　）的水轮机中，导叶调节流量时导叶的轴是不转动的。

A. 金属蜗壳引水室　B. 混凝土蜗壳引水室　C. 直通式引水室　D. 明槽引水室

3-7. 在（　）的水轮机中，导水机构取消了拐臂。

A. 金属蜗壳引水室　B. 混凝土蜗壳引水室　C. 直通式引水室　D. 明槽引水室

3-8.（　）的水轮机中，导水机构取消了连杆。

A. 径向式导水机构　B. 斜向式导水机构

C. 挂环式控制环导水机构　D. 转环式控制环导水机构

3-9.（　　）的转轮型式完全一样。

A. 混流式与轴流式　　B. 轴流式与贯流式

C. 贯流式与斜流式　　D. 斜流式与混流式

3-10. 在缸动塞不动的两种转桨式转轮中，用（　　）替代了操作架。

A. 活塞　　B. 活塞缸　　C. 细信号油管　　D. 粗信号油管

3-11. 在塞动缸不动的两种转桨式转轮中：一种有操作架，另一种用（　　）替代了操作架。

A. 活塞　　B. 活塞缸　　C. 细信号油管　　D. 粗信号油管

3-12.（　　）尾水管结构最简单，水力性能最佳。

A. 直锥形　　B. 屈膝形　　C. 弯肘形　　D. 曲肘形

3-13. 虽然水轮机安装位置高低不影响水轮机出力，但是（　　）。

A. 安装位置越高，厂房开挖量增加，水轮机汽蚀加重

B. 安装位置越低，厂房开挖量增加，水轮机汽蚀减轻

C. 安装位置越高，厂房开挖量减少，水轮机汽蚀减轻

D. 安装位置越低，厂房开挖量减少，水轮机汽蚀加重

3-14.（　　）顶部楼板上面就是水电厂厂房地面，下面是下游尾水池。

A. 金属蜗壳引水室　　B. 混凝土蜗壳引水室　　C. 直通式引水室　　D. 明槽引水室

3-15. 轴流定桨式机组中（　　）停机后不需要进入转轮室就可以调整桨叶角度。

A. 整铸式转轮　　B. 组合式转轮

C. 调桨式转轮　　D. 上述三种都是

3-16. 轴伸贯流定桨式机组的水轮机主轴从（　　）穿出流道外面。

A. 蜗壳管壁　　B. 转轮室管壁

C. 尾水管肘管段管壁　　D. 尾水管扩散段管壁

3-17. 下列（　　）述说是错误的。

A. 混流式两支点机组只有发电机主轴，没有水轮机主轴

B. 贯流式两支点机组只有水轮机主轴，没有发电机主轴

C. 混流式三支点机组既有发电机主轴，又有水轮机主轴

D. 贯流式三支点机组只有水轮机主轴，没有发电机主轴

3-18. 轴承受油器从（　　）获取反映桨叶角度的反馈信号。

A. 信号油管　　B. 细信号油管

C. 粗信号油管　　D. 细信号油管或粗信号油管

3-19. 轴端受油器从（　　）获取反映桨叶角度的反馈信号。

A. 信号油管　　B. 细信号油管

C. 粗信号油管　　D. 细信号油管或粗信号油管

3-20.（　　）贯流转桨式转轮，整个转轮体内部全部作为桨叶接力器的活塞缸。

A. 无操作架塞动缸不动　　B. 有操作架塞动缸不动

C. 无压渗漏油缸动塞不动　　D. 有压轮毂油缸动塞不动

三、填空题（每空 1 分，共 30 分）

3-21. 反击式水轮机有________部件、________部件、________部件和________部件

四大过流部件。

3－22. 拐臂的类型有______拐臂、________拐臂和________拐臂三种。

3－23. ________连杆和________连杆的连杆长度可调，因此导叶____________调整比较方便。

3－24. 剪断销的类型有________剪断销和________剪断销两种。其中________剪断销被剪断时能发信号报警。

3－25. 反击式水轮机导水部件按水流流过导叶的方向不同分有________式导水机构、________式导水机构和________式导水机构三种类型。

3－26. 径向式导水机构按导叶工作时导叶轴是否转动分________式导叶导水机构和________式导叶导水机构两种形式。

3－27. 径向式导水机构按控制环的运动方式不同分________式控制环导水机构和________式控制环导水机构两种形式。

3－28. 缸动塞不动的转桨式转轮按活塞缸外的转轮体内有无油压又分______________缸动塞不动转轮和______________缸动塞不动两种类型。塞动缸不动的转桨式转轮又有____________塞动缸不动转轮和____________塞动缸不动两种类型。

3－29. 水轮机一旦安装完毕，水电厂发电量越大，下泄水流量越大，下游水位越高，实际吸出高度 H_s 的正值越______或负值越______，水轮机汽蚀越______。

3－30. 对立式反击式水轮机，采取在水轮机顶盖上设置____________阀来防止紧急停机时出现抬机现象。

3－31. 受油器有________受油器和________受油器两大类。

四、简答题（5 题，共 28 分）

3－32. 反击式水轮机导水部件一般由哪九个部件组成？其中哪些部件是带动导叶转动的？（6 分）

3－33. 叙述剪断销的作用。（6 分）

3－34. 水轮机运转特性曲线对机组运行具有什么指导意义？（6 分）

3－35. 叙述尾水管的作用。（6 分）

3－36. 哪些场合应采用转轮体内为有压轮毂油？（4 分）

第四章　冲 击 式 水 轮 机

冲击式水轮机的能量转换在大气中进行，冲击式水轮机优点是结构简单，运行方便，造价便宜，汽蚀较轻；缺点是射流中心到下游尾水的水流位能无法回收；射流冲击转轮斗叶的力为间断式的脉冲力，斗叶容易出现疲劳破坏，根部易出现裂缝。冲击式水轮机在中小型机组的高水头水电厂广泛应用。冲击式水轮机有水斗式、斜击式和双击式三种机型，其中双击式水轮机由于结构简陋、效率低下，基本上被淘汰。

第一节　水 斗 式 水 轮 机

当水头高于 300m 后，混流式水轮机汽蚀和振动问题突出，比较适合选用水斗式水轮机。水斗式水轮机在高水头区域运行稳定，汽蚀较轻，高效区宽广，在出力变化 20%～100% 范围内效率都比较平稳，因此调节性能良好。由于自然水力资源条件决定高水头大落差的水力资源只能出现在上游的深山老林，由此决定了流域面积和来水量不可能很大，世界上单机容量最大水斗式水轮机为我国生产的扎拉水电站 50 万 kW 立式六喷嘴水斗式水轮机。

图 4－1 为双喷嘴水斗式水轮机，从上喷嘴喷出的射流和从下喷嘴喷出的射流同时沿转轮逆钟向旋转平面的切线方向冲击转轮，将射流的动能转换成转轮旋转的机械能。每个喷嘴后面都有一个喷针接力器，调速器配压阀输出的油压调节信号经两根高压橡胶油管分别与每个喷针接力器的前后两腔连接，油压调节信号作用喷针接力器内的活塞位移，活塞再带动喷嘴内的喷针轴向位移，从而根据机组的负荷变化及时调节射流流量，保持机组转速不变。作用同一个转轮的喷嘴最多可达六个，中小型水斗式水轮机的喷嘴数目一般是 1～2 个。大中型水斗式水轮机作用同一个转轮的喷嘴数可达到三个及以上，为避免从斗叶中反射出来自由下落的水流撞击其他射流的正常工作，当作用同一个转轮的喷嘴数达到三个及以上时，水斗式水轮机必须采用立式布置。图 4－2 为安装过程中的六喷嘴立式大型水斗式水轮机。

一、水斗式水轮机主要组成部件

水斗式水轮机主要由转轮、喷嘴、折向器、喷针调节机构和机壳组成。其中转轮是水斗式水轮机的工作部件，喷嘴是水斗式水轮机的导水部件。

（一）转轮

转轮在机壳内的大气中将射流的动能转换成转轮旋转的机械能。转轮由轮辐和斗叶组成。有焊接结构、螺栓连接结构和整铸结构三种类型。

斗叶是水斗式水轮机核心部件，其作用是利用斗叶曲面形状，最大程度地改变射流运动速度的方向，从而获得射流对斗叶的最大冲击力，推动转轮旋转，将射流的动能转换成转轮旋转的机械能。图 4－3 为斗叶结构图，相当于两个形状完全一样的大半个椭圆形的汤勺结合在一起，结合部位形成一条分水刃 6，斗叶内曲面 1 形状是否合理及表面光洁度直接影响斗叶的效率特性和汽蚀特性。

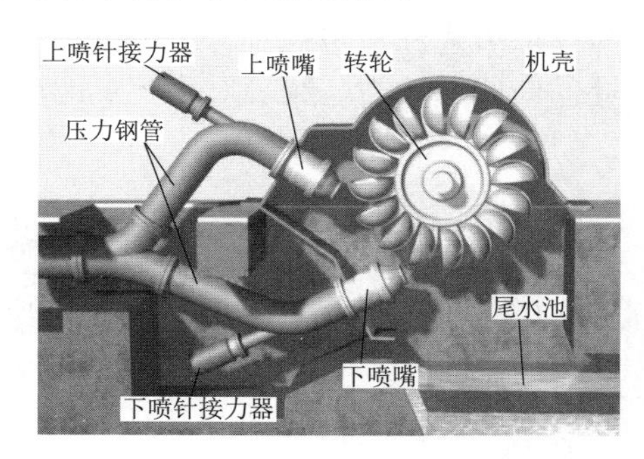

图 4-1　双喷嘴水斗式水轮机

图 4-2　安装过程中的六喷嘴立式大型水斗式水轮机

图 4-4 为射流在斗叶内曲面的流动状况图，三个分图表示的是同一个斗叶三个不同方向的剖视投影。圆柱形射流以速度 v_0 从分水刃进入斗叶后被分水刃均匀地分割成两股射流，一边推动转轮旋转，一边分别沿两个内曲面的表面流动，被迫大幅度地改变运动方向，最后几乎沿 180°相反方向从出水边流出斗叶，使射流的大部分动能转换成斗叶旋转的机械能。分水刃分割射流应该均匀，保证射流对斗叶冲击力的轴向分力为零或尽量的小，因此水斗式水轮机的转动系统不需要推力轴承。分水刃位置与射流中心线偏移，或检修中对分水刃补焊打磨不正确造成分水刃位置偏移，是引起斗叶震动或裂缝的主要原因。

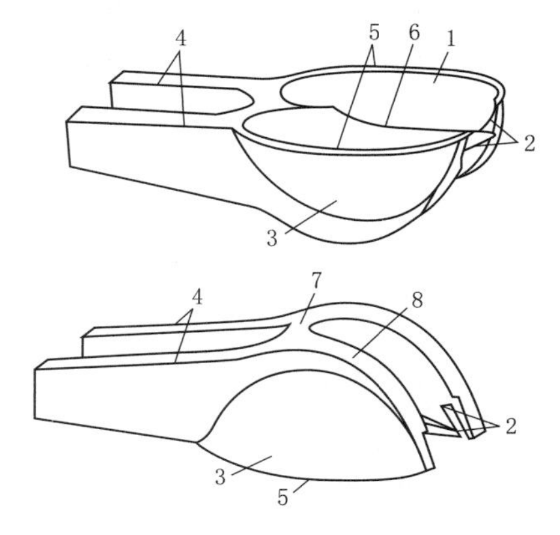

图 4-3　斗叶结构图

1—内曲面；2—缺口；3—背面；4—叶柄；5—出水边；6—分水刃；7、8—加强筋板

同一个转轮上的十几个斗叶轮流被同一股射流冲击，每一个斗叶旋转到从开始被射流冲击到脱离射流冲击转过的角度称斗叶工作圆心角。例如 20 个斗叶的转轮，则每一个斗叶旋转到从开始被射流冲击到脱离射流冲击转过圆心角 360°/20＝18°。如果以斗叶转到分水刃与射流垂直 90°时作为 0°基准角度，则每个斗叶从－9°开始被射流冲击，到＋9°脱离射流冲击。理论上认为，当射流与分水刃的夹角为 90°时，射流对斗叶的冲击产生的转动力矩最大，转轮从射流获得射流功率也最大。斗叶转到－9°位置时射流与分水刃的夹角为 99°，转动力矩不是最大。斗叶转到＋9°位置时射流与分水刃的夹角为 81°，转动力矩也不是最大。为了使斗叶在刚进入工作圆心角－9°位置就能获得较大的转动力矩，设计时人为把分水刃相对斗叶碗口平面后倾一个角度 ψ，根据转轮直径的不同和斗叶数目的不同，ψ 在 4°～12°之间。分水刃均匀将射流一分为二，分水刃的夹角 θ 越小，射流进入斗叶的进口水头损失越小，但分水刃夹角过小会引起分水刃强度不够。一般取 θ＝10°～18°。射流离开斗叶时相对斗叶的速度称相对速度 w_2，相对速度 w_2 与圆周切线方向的夹角 β_2＝0 时，射流在斗叶内运动方向改变 180°为最大，根据动量守恒原理，转轮从射流获得的动能最大，但是从工作斗叶中反射出来的射流会冲击相邻斗叶的背部，反而增加转轮的阻力，因此不得不取 β_2＝3°～4°。为了使每一个斗叶在未进入工作圆周角前，不妨碍还没有退出工作斗叶的正常工作，在每一个斗叶的头部都开了比射流直径大的

缺口，使得前面的斗叶未进入工作圆周角前，射流还能通过准备进入工作圆周角斗叶的缺口冲击还没有退出工作圆周角的斗叶，使得整个转轮所受的射流冲击力具有一定的连续性，保证整个转轮受到的冲击力尽量平稳，平缓射流对斗叶间断式脉冲力，减轻对斗叶可能产生疲劳或裂缝的不利影响。

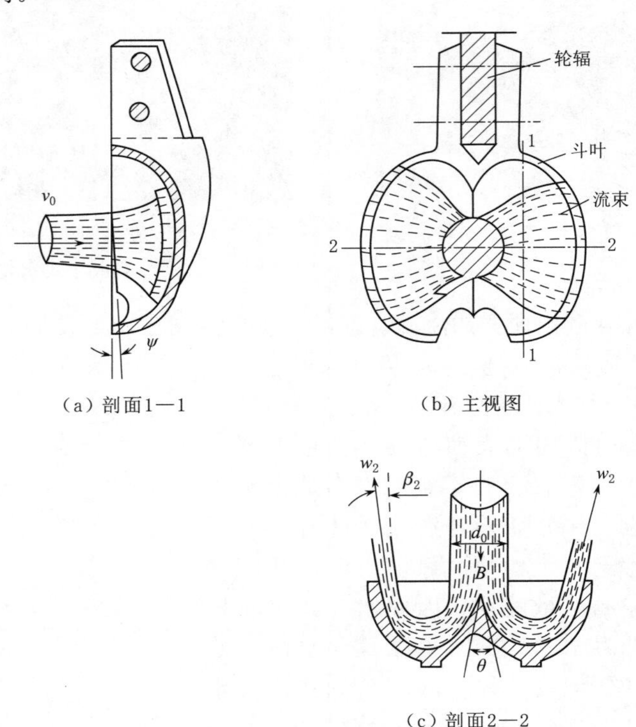

图 4-4　射流在斗叶内曲面的流动状况图

根据水轮机工作水头的不同和转轮直径的不同，转轮斗叶的数目在 18～24 之间，斗叶太多会使斗叶出水不畅，从斗叶中反射出来的水流碰撞相邻斗叶背面。斗叶太少会使射流对转轮的冲击力不连续，间断式脉冲力明显，转轮发生振动。图 4-5 为焊接结构的水斗式转轮，轮辐 2 是一个圆盘状部件。斗叶事先加工打磨光滑，并且使叶面形状符合设计要求，然后将均布斗叶用电焊焊在轮辐外柱面上。焊接结构的斗叶便于加工制作，叶型和几何尺寸容易保证，随着现代焊接技术和水平的提高，比较多地采用焊接转轮。

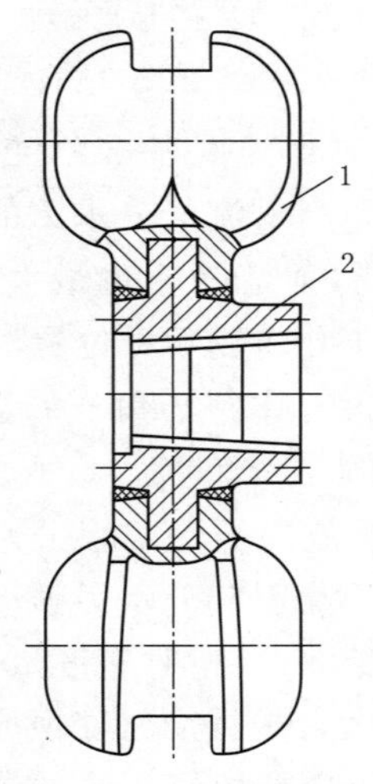

图 4-5　焊接结构水斗式转轮

1—斗叶；2—轮辐

图 4-6 为螺栓连接水斗式转轮，事先将加工打磨光滑及叶面形状符合设计要求的斗叶用螺栓固定在轮辐上。螺栓连接结构的斗叶更换、拆装方便，与焊接结构的斗叶一样，斗叶便于加工制作，叶型和几何尺寸容易保证。但由于斗叶根部的叶柄开了螺栓孔，不利于材料的受力和应力分布，因此斗叶根部比较容易出现裂缝，现在已不太采用。

图 4-7 为整铸结构水斗式转轮，整铸结构的转轮整体性好，材料受力均匀，转轮制造一次成形。但由于斗叶之间间距较小，斗叶表面

加工打磨不方便。随着现代精密铸造工艺的成熟，铸造后的加工量越来越少，因此，水斗式水轮机较多地采用整铸结构的转轮。

图 4-6 螺栓连接水斗式转轮

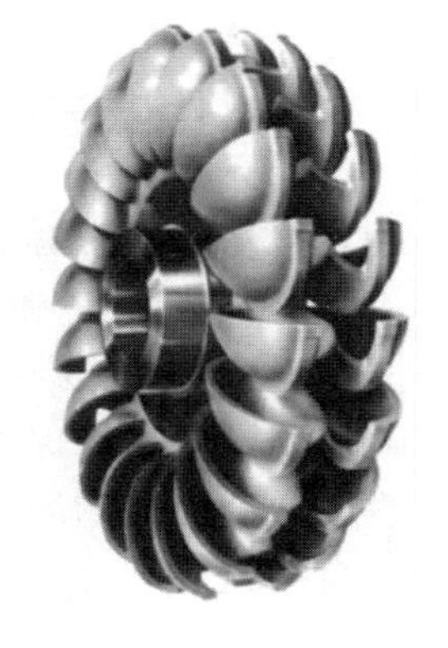

图 4-7 整铸结构水斗式转轮

（二）喷嘴

因为水斗式水轮机有专门用来停机刹车反向冲击转轮的制动喷嘴，所以推动转轮旋转的喷嘴称工作喷嘴，有时简称喷嘴，喷嘴的作用是将水流的压能转换成动能，使水流加速并形成坚实的射流冲击转轮。通过喷嘴内的喷针轴向位移，调节冲击转轮的射流流量及开机、停机。

图 4-8 为没有调速器单一手动调节喷嘴结构图，适用低压机组的水斗式水轮机和斜击式水轮机（两种机型，喷嘴相同）。喷嘴主要由喷针、导向架、喷嘴口、喷管组成。喷管又由弯管段 6 和收缩段 2 组成。喷嘴的喷针调节机构位于喷管的外面，称喷针外调节机构。喷针外调节机构结构简单，运行维护方便，但为了使喷针杆 5 穿出喷管外面，必须采用一段弯管段，增加了水流转弯时的水头损失，而且高速水流流过喷针杆后必定有旋涡，也增加了水头损失。水流进入收缩段 2 后，随着过水断面面积的变小，流速不断加快，最后从喷嘴口 3 喷出高速流动的射流。喷嘴流道中导向架 4 中心有一个尼龙轴瓦，给喷针杆轴向移动在流道内提供一个轴承支座。在喷针杆穿出弯管段的孔内也有一个尼龙轴瓦，给喷针杆在流道内提供另一个轴承支座。在喷针杆穿出弯管段外面的孔口必须设置喷针杆填料密封 7，防止压力水外溢。

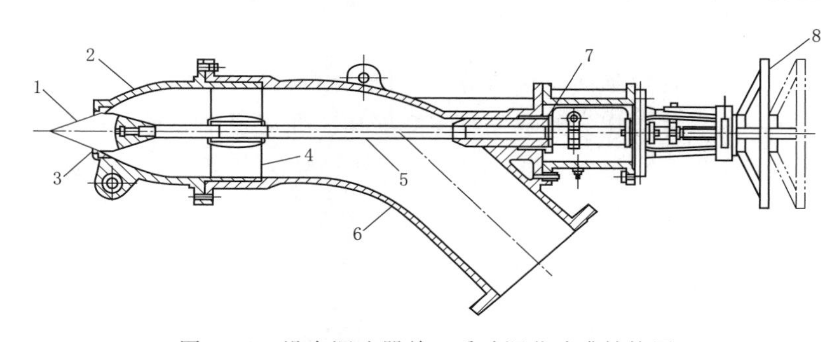

图 4-8 没有调速器单一手动调节喷嘴结构图

1—喷针头；2—收缩段；3—喷嘴口；4—导向架；5—喷针杆；6—弯管段；7—填料密封；8—手轮

喷针杆在喷管外面的末端加工有梯形螺纹的螺杆段，手轮 8 与大螺母为轴孔配合键连接。因为是纯机械手动，这里的大螺母被永远固定在机架上，因此螺杆上的大螺母只能转动不能轴向移动。当手动逆钟向转动手轮时，大螺母也逆钟向转动，迫使有梯形螺纹的喷针杆和喷针轴向右移，喷嘴孔口开大，射流直径变粗，射流流量增大；当手动顺钟向转动手轮时，大螺母也顺钟向转动，迫使有梯形螺纹的喷针杆和喷针轴向左移，喷嘴孔口关小，射流直径变细，射流流量减小。因此手动转动手轮可以调节射流的流量。

1. 喷针

喷针的控制有调速器自动控制、现地机械手动控制和远方电动控制三种方式。中小型水斗式水轮机的喷针采用调速器自动控制和现地机械手动控制，小型低压机组水斗式水轮机的喷针采用现地机械手动控制和远方电动控制，大中型水斗式水轮机的喷针采用调速器自动控制。喷针在手动、电动或调速器自动控制下在喷管内轴向移动，可以改变喷嘴的孔口过流面积，射流直径跟着变化，使冲击转轮的射流流量变化，并网前调机组转速，并网后调机组出力。

喷针由喷针头和喷针杆组成。由于喷针头处在流速最高的流段，因此要求流线型好，表面光洁度高，抗汽蚀性能好。喷针头外形采用流线型良好的圆锥形，表面镀铬硬化，光洁度极高，以提高耐冲刷和抗汽蚀性能，减小水头损失。图 4-9 为喷针头结构图，头部圆锥角度 45°，喷针头表面镀铬厚度 0.06mm，该喷针头最大直径为 124mm，总长 288mm。喷针头与直径为 40mm 的喷针杆用 M40×3 的螺纹连接，喷针杆头部的螺纹全部旋入喷针头后，在喷针头的半径方向用 M12 的止头螺丝顶住喷针杆，防止运行中喷针头螺纹松动。喷针杆调节射流流量时轴向缓慢位移，对喷针杆的两个尼龙轴瓦要求不高。

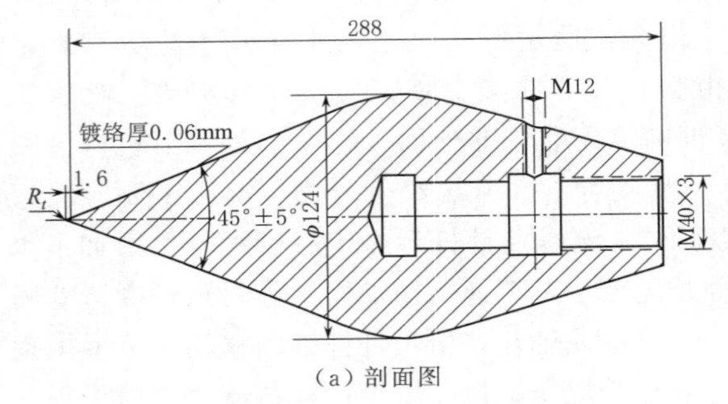

(a) 剖面图

(b) 实物照片

图 4-9　喷针头结构图

2. 导向架

导向架的作用是给喷针杆轴向位移调节时提供流道内的一个轴承支座，图 4-10 为喷针导向架装配图，在喷管 2 中心用 3 片或 4 片支撑筋板 4 在流道中心定位一个喷针杆在流道内轴向移动的支座，支座内镶有尼龙轴瓦 5。在喷管外的操作力作用下，喷针杆在尼龙轴瓦内缓慢轴向移动，带动喷针头 3 轴向移动，调节射流流量。

3. 喷嘴口

图 4-11 为喷嘴口装配图，该喷嘴口直径为 80mm，即从喷嘴口射出的射流最大直径为 80mm。在喷嘴收缩段 2 的射流出口处流速最高，是最容易发生汽蚀的部位，喷嘴口的作用是为了防止收缩段出口处遭受汽蚀破坏，采用抗汽蚀性能良好的不锈钢材料制成的环形状喷嘴口 1 作为收缩段的出口。喷嘴口由里向外与喷嘴口收缩段过渡配合，在射流冲击下喷嘴口紧紧靠在收缩段的出口上，这种装配方法使得喷嘴口调换拆卸很方便，需要更换喷嘴口时，只要用铜棒轻轻从外向里均匀打击喷嘴口，喷嘴口就会从收缩段的孔口上向收缩段内掉下来。

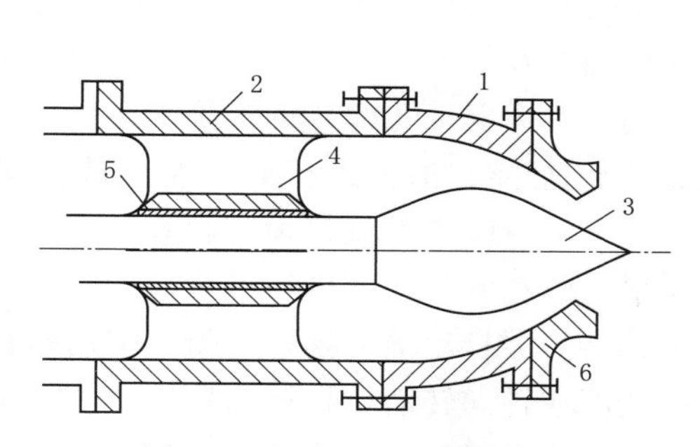

图 4-10　喷针导向架装配图

1—喷管收缩段；2—喷管；3—喷针头；4—支撑筋板；5—尼龙轴瓦；6—喷嘴口

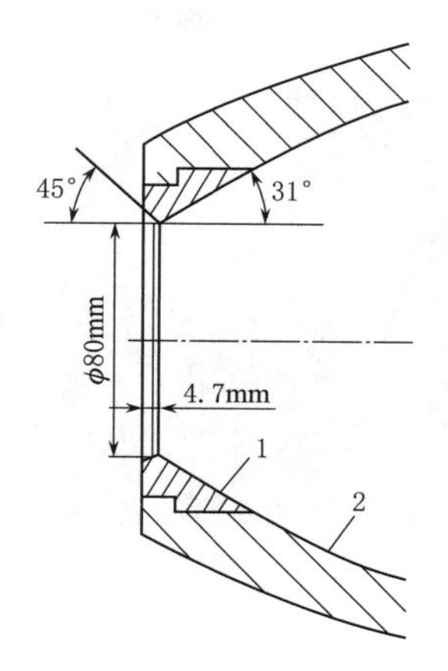

图 4-11　喷嘴口装配图

1—喷嘴口；2—收缩段

4. 喷管

喷管由弯管段和收缩段组成，弯管段的进口端面与压力钢管的末端连接，弯管段固定在机壳上。弯管段的出口端面与面积收缩变小的收缩段连接。弯管段使得管路发生转弯，保证喷针杆能伸出喷管外面能进行手动手轮调节或喷针接力器自动调节，水流在收缩段被加速形成坚实的射流。

（三）折向器

机组甩负荷时，机组转动系统希望喷针尽快关闭喷嘴，快速切断射流，防止机组转速上升过高，危及转动系统的安全。但是压力钢管引水系统希望喷针缓慢关闭喷嘴，防止压力钢管压力上升过高，危及压力钢管的安全。水斗式水轮机的电站一般水头较高，压力钢管较长，水斗式水轮机甩负荷时机组转速上升和压力钢管压力上升的矛盾更加突出，因此水斗式水轮机和斜击式水轮机都设置了折向器。折向器的作用是在机组甩负荷时，以最快的速度切断射流，将射流偏引到下游不再冲击转轮，限制了机组的上升转速，而喷针可以缓慢关闭喷嘴，保证了压力钢管压力上升不至于过高。

图 4-12 为折向器结构图。该折向器与直径 60mm 的转轴为轴孔配合键连接，由于折向器头部切断射流时射流的冲击力很大，很容易发生汽蚀，在折向器切板切口宽 55mm、180°范围内的表面堆焊厚 3mm 的不锈钢，减轻高速射流冲击时产生汽蚀破坏。

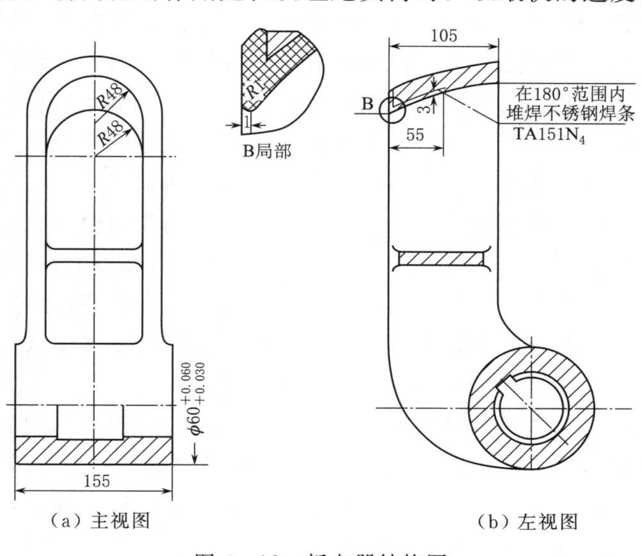

（a）主视图　（b）左视图

图 4-12　折向器结构图

图 4-13 为折向器安装图（注意，在折向器操作机构装配完成

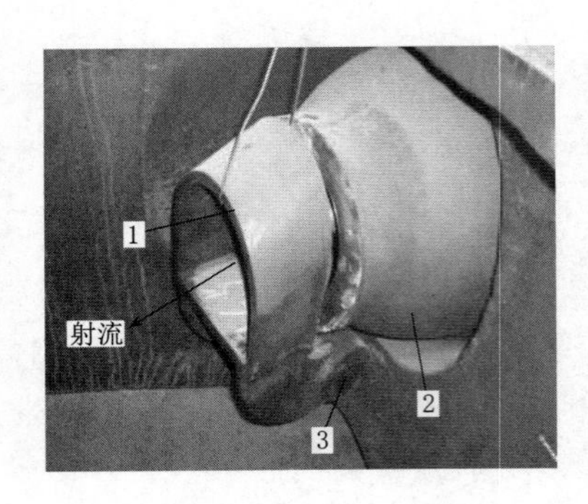

图 4－13　折向器安装图
1—折向器；2—喷嘴；3—转轴

后，应将临时吊在折向器 1 上的铁丝拆除）。转轴 3 有两个轴承支座，其中：一个轴承支座位于机座内喷嘴收缩段 2 下面（参见图 4－16 中 22）；另一个轴承支座位于转轴穿出机座壁面时在机座壁面孔内。安装在两个轴承内的转轴在机座内与折向器轴孔配合键连接，在机座外与拐臂也是轴孔配合键连接。正常运行时，射流从折向器中间穿过，折向器下沿口距离射流最大直径表面 2～4mm，折向器不影响射流的正常工作。机组甩负荷时，在机座外面手动或折向器接力器自动推动拐臂，拐臂带动转轴和折向器以最快的速度逆钟向转动，将折向器迅速切入射流，将射流偏引到下游尾水，射流不再冲击转轮，使得机组转速上升不至于太高，保证喷针可以缓慢关闭，使压力钢管压力上升不至于太高。

（四）折向器和喷针调节机构

折向器与喷针机构有两种形式：一种是折向器与喷针有协联关系；另一种是折向器与喷针无协联关系。现在广泛应用的是折向器与喷针无协联关系。

1. 折向器与喷针有协联关系

早期生产的水斗式机组自动调节时，调速器输出的调速轴转角位移调节信号通过连杆机构，兵分两路同时对喷针和折向器进行调节控制，保证无论射流直径如何变化，折向器与射流表面的距离始终是 2～4mm。图 4－14 为折向器与喷针动作关系示意图，安放在轴承座内的转轴 3 分别与折向器 2 和拐臂 4 轴孔配合键连接。推拉杆 5 与拐臂用圆柱销铰连接。正常运行时如果机组负荷增大，调速器输出的调速轴调节控制喷针向左移，喷嘴口过流面积增大，射流直径变大，射流流量增大，调速轴同时调节控制连杆对拐臂作用推力，带动拐臂、转轴逆钟向转动，转轴再带动折向器逆钟向转动后退，使折向器与直径变大以后的射流表面还是保持 2～4mm 的距离；正常运行时如果机组负荷减小，调速器输出的调速轴调节控制喷针向右移，喷嘴口过流面积减小，射流直径变小，射流流量减小，调速轴同时调节控制连杆对拐臂作用拉力，带动拐臂、转轴顺钟向转动，转轴再带动折向器顺钟向转动，使折向器与直径变小以后的射流表面还是保持 2～4mm 的距离。由此可见，折向器与喷针有一一对应的协联关系。一旦发生机组甩负荷事故停机，折向器与喷针不再保持一一对应的协联关系了，而是调速轴通过连杆、拐臂带动折向器在 2～4s 内迅速切断射流，转轮立即脱离射流冲击，保证机组转速不至于过高。而调速轴作用喷针在 15～30s 内缓慢关闭喷嘴，保证压力钢管压力不至于上升过大。由此可见，机组正常运行中的折向器与喷针两者执行的都是调节控制，调速器一方面要根据负荷调节喷针轴向位移，同时还需根据喷针轴向位移（射流直径变化）调节折向器转角。调节控制是比操作控制难度大得多的控制，使得折向器与喷针有协联关系的喷针与折向器协联机构比较复杂。

（1）喷针调节控制原理。图 4－15 为折向器与喷针有协联的喷针自动调节系统原理图，有调速器自动控制和现地机械手动控制两种方法。喷针推拉臂 2 与调速轴 1 为轴孔配合键连接，喷针推拉臂与喷针推拉杆 4 用圆柱销 3 铰连接，喷针推拉杆与反馈杆 18 用圆柱销 5 铰连接，反馈杆与安装在喷针杆上的反馈支座 16 用圆柱销 19 连接，反馈支座作为反馈杆可移动的铰支座。反馈杆中间与过渡杆 6 用圆柱销 17 铰连接，过渡杆与配压阀活塞 7 的活塞杆用圆柱销15铰连接。配压阀是一个受调速轴调节作用的三位四通调节阀。喷针接力器活塞13接受配压阀输出的油压调节信号，对喷针执行调节控制。喷针接力器活塞的活塞杆就是喷针杆。配压阀最左和最右两腔永远接通排油，配压阀中间腔永远接通压力油，配压阀与接力器之间有两根装有节流孔10的信号油管9。

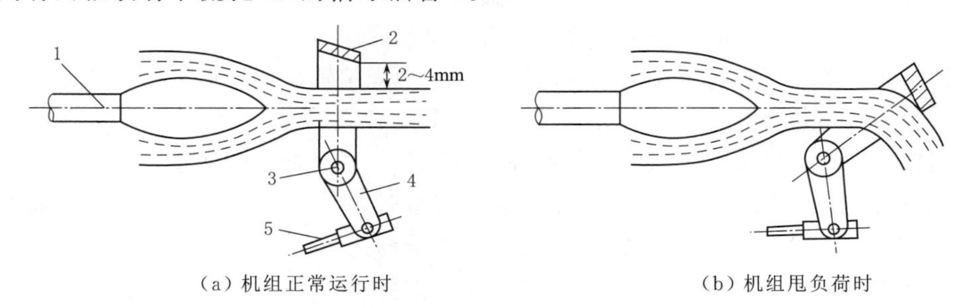

（a）机组正常运行时　　（b）机组甩负荷时

图4-14　折向器与喷针动作关系示意图

1—喷针；2—折向器；3—转轴；4—拐臂；5—推拉杆

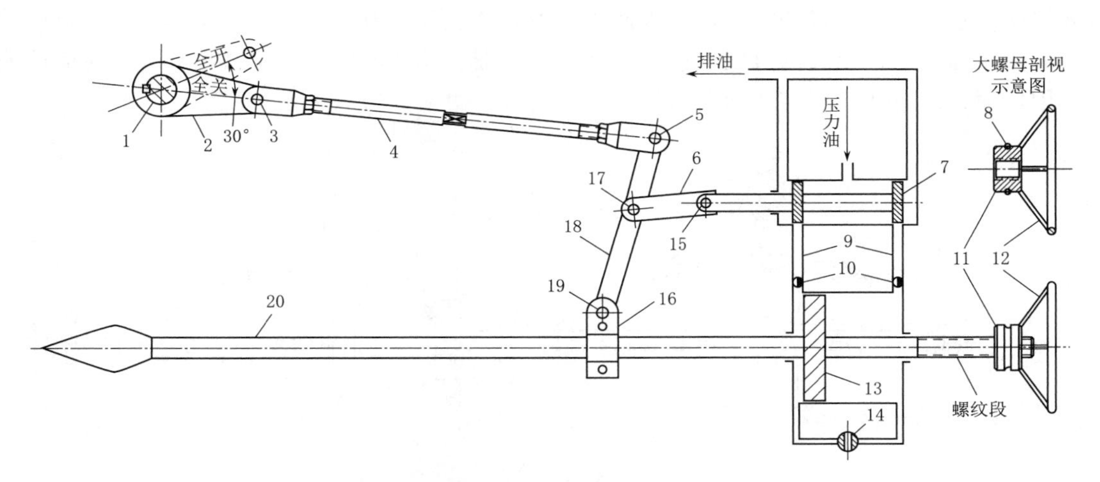

图4-15　折向器与喷针有协联的喷针自动调节系统原理图

1—调速轴；2—喷针推拉臂；3、5、15、17、19—圆柱销；4—喷针推拉杆；6—过渡杆；7—配压阀活塞；8—锁定插销；9—信号油管；10—节流孔；11—大螺母及滑环；12—手轮；13—接力器活塞；14—旋阀；16—反馈支座；18—反馈杆；20—喷针

图4-15为所有元件为喷针20在最左端的全关位置，当调速轴1逆钟向转60°后喷针到达最右端的全开位置。假设调速轴在全关与全开中间30°位置时（注意，图示为全关位置）负荷增加要求开大喷嘴增加射流量，调速器输出的调节信号是调速轴逆钟向转动，调速轴带动喷针推拉臂也逆时针方向转动，喷针推拉臂通过喷针推拉杆、反馈杆、过渡杆带动配压阀活塞左移偏移中间位置，使得喷针接力器活塞左腔接压力油、右腔接排油，在油压的作用下喷针接力器活塞右移，活塞带动喷针也右移，喷嘴开度增大，射流量增加。与此同时，安装在喷针杆上的反馈支座也右移，慢慢将左移的配压阀活塞向右推回到中间位置，当喷针开大到配压阀活塞回到中间位置时，喷针接力器活塞左右两腔同时既不接压力油也不接排油，喷针接力器活塞和喷针在新的位置重新稳定下来。调节结束后，调速轴、喷针推拉杆、反馈杆等所有元件都在新的位置，只有配压阀活塞回到中间原来位置。假设调速轴在全关与全开中间30°

位置时（注意，图示为全关位置）负荷减小要求关小喷嘴减少射流流量，调速器输出的调节信号是调速轴顺时针方向转动，调速轴带动喷针推拉臂也顺时针方向转动，喷针推拉臂通过喷针推拉杆、反馈杆、过渡杆带动配压阀活塞右移偏移中间位置，使得喷针接力器活塞右腔接压力油、左腔接排油，在压力差的作用下喷针接力器活塞左移，活塞带动喷针也左移，喷嘴开度减小，射流流量减少。与此同时，安装在喷针杆上的反馈支座也左移，慢慢将右移的配压阀活塞向左推回到中间位置，当喷针关小到配压阀活塞回到中间位置时，喷针接力器活塞左右两腔同时既不接压力油也不接排油，喷针接力器活塞和喷针在新的位置重新稳定下来。调节结束后，调速轴、喷针推拉杆、反馈杆等所有元件都在新的位置，只有配压阀活塞回到中间原来位置。

（2）折向器与喷针协联机构。折向器与喷针有协联关系的水斗式水轮机必须采用自动调速器控制。图 4 - 16 为折向器与喷针有协联的喷嘴结构图，同时设有机械手动操作机构，应用在单喷嘴水斗式水轮机中。调速轴 4 同时与喷针推拉臂 14 和折向器推拉臂 13 轴孔配合键连接。安装在喷嘴收缩段 21 下面轴承座内的转轴 22 同时与拐臂 23、折向器 8 轴孔配合键连接。折向器推拉杆 12 的一头与折向器推拉臂圆柱销铰连接，另一头与拐臂圆柱销铰连接。折向器受调速轴的连续式调节控制，因此折向器转角位移与调速轴的转角位移有一一对应的关系。正常运行时，喷针的直线位移经过液压放大器与调速轴的转角位移也有一一对应的关系，因此喷针的直线位移与折向器的转角位移有一一对应的协联关系。

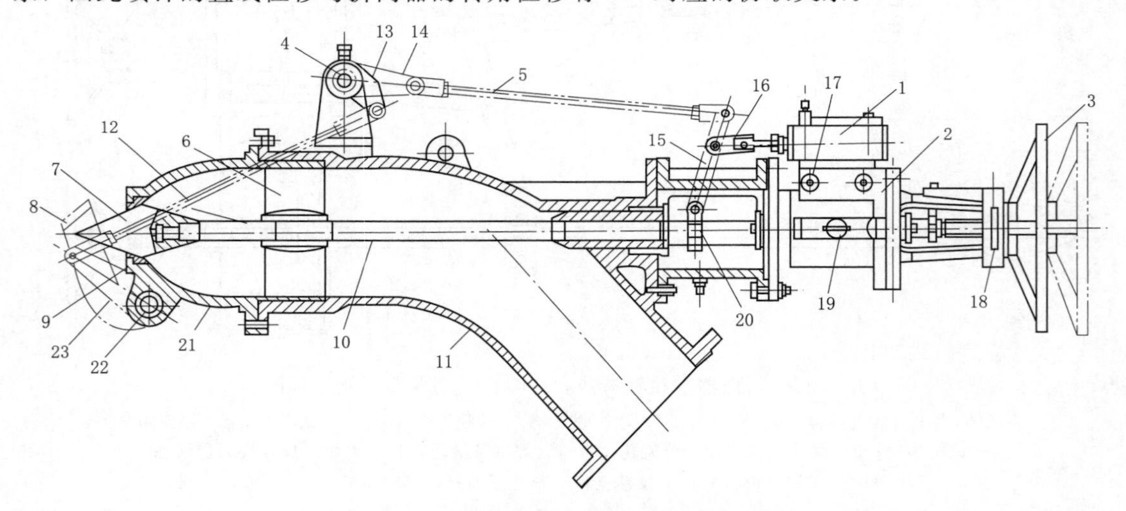

图 4 - 16 折向器与喷针有协联的喷嘴结构图

1—喷针配压阀；2—喷针接力器；3—手轮；4—调速轴；5—喷针推拉杆；6—导向架；7—喷针头；8—折向器；9—喷嘴口；10—喷针杆；11—弯管段；12—折向器推拉杆；13—折向器推拉臂；14—喷针推拉臂；15—反馈杆；16—过渡杆；17—节流孔；18—锁定插销；19—旋阀；20—反馈支座；21—收缩段；22—转轴；23—拐臂

机组正常运行中由于负荷变化需要调节射流流量时，调速器输出调速轴转动，调速轴带动喷针推拉臂和折向器推拉臂同时转动，其中：一路经喷针推拉杆 5 作用喷针配压阀 1、喷针接力器 2 对喷针杆 10 的轴向位移进行调节，使喷嘴射出的射流流量满足负荷要求；另一路经折向器推拉杆、拐臂对折向器进行调节，使折向器与直径不断变化的射流表面始终 2～4mm。

由于正常调节过程中负荷是缓慢变化的，调速轴的转角也是小幅度变化的，配压阀活塞偏移中间位置的幅度不大，进出接力器活塞左右两腔的油的流速不高，节流孔 17 的节流产生阻力不明显，节流孔几乎不影响喷针接力器活塞的移动速度，因此喷针的轴向位移与调速轴的转角位移是一一对应的，折向器的转角位移与调速轴的转角位移也是一一对应的，正常调节过程中折向器转角位移与喷针轴向位移也是一一对应的，从而保证了无论射流直径如何变化，折向器距离射流表面的始终是 2～4mm。

当机组甩负荷紧急停机时，调速轴的转角迅速大幅度顺钟向转动，因为折向器与调速轴之间是推拉臂、推拉杆、拐臂和圆柱销的刚性构件铰连接，所以折向器不等射流直径变小就在 2～4s 内迅速切入射流，将射流偏引到下游，转轮立即脱离射流，保证机组转速不至于过高；与此同时，配压阀活塞右移大幅度偏移中间位置，使得进出接力器活塞左右两腔的油的流速很高，压力油流过节流孔时受到的节流阻力作用明显，保证喷针接力器活塞无法快速移动关闭喷嘴，人为调整节流孔的开度，改变节流孔的节流阻力，能将机组甩负荷紧急停机时喷针从全开位置左移到全关位置的时间整定为 15～30s，从而保证压力钢管的压力上升值在允许范围内。

自动切换机械手动操作时，顺时针方向转动手轮 3，位于梯形螺纹最尾部的大螺母在梯形螺纹段上一边转动一边向左轴向移动（参见图 5－17），当大螺母向左轴向移动进入机架上的大孔内无法前进时，用手从左向右推进大孔上的锁定插销 18，将大螺母及滑环与机架锁定在一起（参见图 4－15 中的 8），此时大螺母只能转动不能轴向移动。然后将压力油总油阀关闭，将旋阀 19 转 90°，使接力器活塞左右两腔连通，就可以手动转动手轮操作喷针轴向移动调节射流流量：顺时针方向转动手轮，喷针向右移动，喷嘴开度开大，射流流量增大；逆时针方向转动手轮，喷针向左移动，喷嘴开度关小，射流流量减小。机械手动操作切换自动时，必须将旋阀转回 90°使喷针接力器活塞左右两腔隔绝（参见图 4－15 中的 14 和图 4－17 中的 10），打开压力油总油阀，再退出锁定插销解除对大螺母轴向位移的锁定，然后逆时针方向转动手轮，将大螺母后退到梯形螺纹的最尾部（图中手轮虚线位置）。否则在自动调节过程中如果喷针逐步左移喷嘴关小，有可能出现喷针还没有到需要关小位置时，大螺母的已经进入机架上的大孔内碰到孔底，使喷针无法继续关小的现象。

图 4－17　水斗式水轮机折向器与喷针协联机构图

1—调速轴；2—喷针推拉杆；3—喷针推拉臂；4—反馈杆；5—过渡杆；6—喷针配压阀；7—手轮；8—锁定插销；9—喷针接力器；10—手自动切换阀；11—反馈支座；12—弯管段

图 4－17 为水斗式水轮机折向器与喷针协联机构图，与图 4－16 完全对应。图中所有机构处于喷针全关状态，锁定插销 8 向左处于退出位置，手轮 7 与大螺母位于喷针螺杆的最右侧的尾部。当调速轴 1 逆时针方向转动时，同时带动折向器推拉臂和喷针推拉臂 3 逆时针方向转动，折向器推拉臂通过折向器推拉杆、拐臂带动折向器顺时针方向远离射流的方向转动的同时，喷针推拉臂通过喷针推拉杆 2 带动反馈杆 4 以反馈支座 11 为铰支座逆时针方向转动，反馈杆带动过渡杆 5 和喷针配压阀 6 内的活塞左移，喷针接力器 9 内的活塞左腔接压力油，右腔接排油，喷针右移，射流流量增大，射流直径增大。与此同时，反馈支座跟着喷针右移，带动反馈杆、过渡杆将配压阀活塞右移到原来的中间位置，喷针接力器左右腔既不接压力油也不接排油，喷针在新的位置重新稳定。由于折向器已经远离射流方向

转动，因此直径变大以后的射流表面与折向器间隔还是2～4mm。调速轴顺时针方向转动的调节过程与上述相反，不再重述。

2. 折向器与喷针无协联关系

人们在生产实践中发现在正常机组运行中，折向器没有必要跟着喷针一起参与调节，没有必要始终保持折向器与不断变化的射流直径表面2～4mm。因此现代水斗式机组普遍采用折向器与喷针无协联关系的形式。正常运行时，喷针接力器接受调速器连续式调节控制，根据负荷调节射流流量。而折向器接受微机调速器开关式操作控制，始终停留在射流直径最大时的射流表面2～4mm处不动。一旦发生机组甩负荷事故停机，折向器开关阀作用折向器接力器在2～4s内迅速切断射流，转轮立即脱离射流，保证机组转速不至于过高，而喷针调节阀缓慢关闭喷嘴，保证压力钢管压力不至于过高，喷针接力器的最快关闭时间在15～30s内可调。取消了喷针与折向器的协联关系，使得喷针调节大大简化。

（1）喷针调节控制原理。图4-18为折向器与喷针无协联的喷嘴结构图，因调节功较大，就不设置机械手动操作机构。喷针接力器6安装在弯管段4的喷针杆尾部，喷针接力器的活塞杆就是喷针杆12，由喷针接力器直接调节控制喷针的轴向位移。假设采用比例阀微机调速器（参见图5-77），调速器液压柜内的比例阀两根输出信号油管与水轮机喷嘴上的喷针接力器之间用高压橡胶软管连接。当机组负荷增大时，微机调速器液压柜内的比例阀信号油管输出油压信号，使得喷针接力器开腔信号油管（高压橡胶软管）8接压力油，关腔信号油管（高压橡胶软管）7接排油，喷针接力器活塞带动喷针杆、喷针头13右移，射流直径变大，射流流量增大，与此同时，位移传感器9送回负反馈电压信号U_a，送入一体化PLC模拟量输入回路，削弱开大喷嘴的调节信号U_y，直到差值电压调节信号$\Delta U=0$，比例阀活塞重新回到中间位置，比例阀两根输出信号油管重新既不接压力油，也不接排油，喷针接力器活塞和喷针在新的位置重新稳定。当机组负荷减小时，微机调速器液压柜内的比例阀信号油管输出油压信号，使得喷针接力器关腔信号油管接压力油，开腔信号油管接排油，喷针接力器活塞带动喷针杆、喷针头左移，射流直径变小，射流流量减小。与此同时，位移传感器送回负反馈电压信号U_a，送入一体化PLC模拟量输入回路，削弱关小喷嘴的调节信号

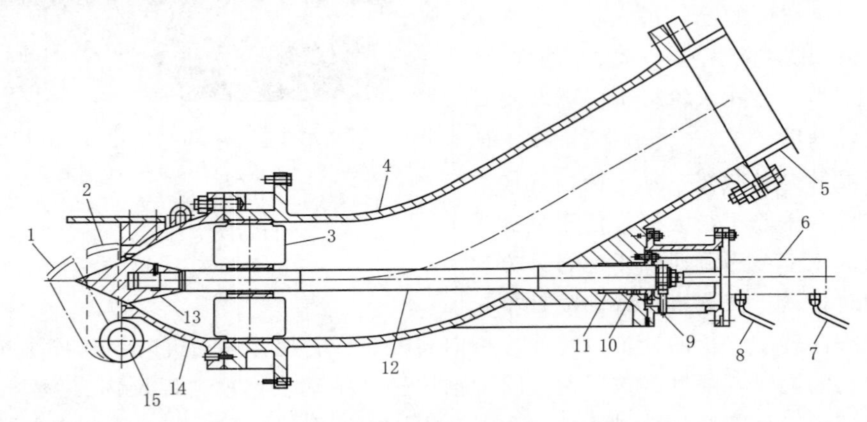

图4-18　折向器与喷针无协联的喷嘴结构图

1—折向器投入位；2—折向器退出位；3—导向架；4—弯管段；5—压力钢管；6—喷针接力器；7—关腔信号油管；8—开腔信号油管；9—位移传感器；10—填料密封；11—轴套；12—喷针杆；13—喷针头；14—收缩段；15—转轴

U_y，直到差值电压调节信号 $\Delta U=0$，比例阀活塞重新回到中间位置，比例阀两根输出信号油管重新既不接压力油，也不接排油，喷针接力器活塞和喷针在新的位置重新稳定。

当机组甩负荷紧急停机时，喷针接力器不再接受比例阀的调节控制，切换成接受喷针开关阀的操作控制（参见图 5-77 上部虚线框）。调整开关阀最快关闭时间在 15～30s 内可调，保证关闭喷嘴时压力钢管压力不至于过高。

（2）折向器操作控制原理。在折向器与喷针无协联的水斗式水轮机中，折向器受折向器接力器开关式操作控制，折向器要么在退出位置，要么在投入位置。图 4-19 为折向器与喷针无协联的折向器操作机构，来自微机调速器的折向器开关阀输出的两根操作油管通过两根高压橡胶软管分别接到折向器接力器 4 的前后两腔。机组正常运行时，调速器的折向器开关阀输出操作油管使得退出腔操作油管 3 接压力油，投入腔操作油管 5 接排油，折向器接力器的摇摆式活塞杆 2 水平向右移动，带动拐臂 1 操作机壳内的折向器顺时针方向转动到射流直径最大时的射流表面 2～4mm 处始终不动。当机组甩负荷紧急停机时，调速器的折向器开关阀输出操作油管使得投入腔操作油管接压力油，退出腔操作油管接排油，折向器接力器的活塞杆水平向左移动，带动拐臂操作机壳内的折向器快速逆时针方向转动，折向器不等射流直径变小就在 2～4s 内迅速切入射流，将射流偏引到下游，转轮立即脱离射流，保证机组转速不至于过高。在这里折向器执行的是投入和退出的开关式操作，因此不需要像调节控制那样用位移传感器提供负反馈信号。从调速器到水轮机边上的接力器之间的操作油管可以是固定的高压钢管，也可以是悬挂的高压橡胶软管。

图 4-20 为折向器与喷针无协联的喷针操作机构，是有机械手动操作机构的单喷嘴水斗式水轮机。调速器 1 输出的四根高压橡胶软管，其中两根喷针调节软管 3 将油压调节信号送往水轮机边上的喷针接力器 6，执行对喷针的调节控制；另外两根高压橡胶软管 2 在机组甩负荷时将油压操作信号送往水轮机边上的折向器接力器（参见图 4-19），执行对折向器执行开关式操作控制。喷针杆 7 从喷嘴弯管段内穿出，喷针杆在喷针接力器内装有活塞，喷针杆左侧最左端加工了梯形螺纹的螺纹段，在螺纹段上旋入带有手轮 4 的大螺母。机械手动操

图 4-19　折向器与喷针无协联的折向器操作机构

1—拐臂；2—摇摆式活塞杆；3—退出腔操作油管；4—接力器；5—投入腔操作油管

图 4-20　折向器与喷针无协联的喷针操作机构

1—调速器；2—折向器操作软管；3—喷针调节软管；4—手轮；5—锁定插销；6—喷针接力器；7—喷针杆

作时：首先，运行人员站在手轮前面，面对喷嘴方向并逆时针方向转动手轮，位于梯形螺纹最左端的大螺母在梯形螺纹段上一边转动一边向右轴向移动，当大螺母向右轴向移动进入机架上的大孔内碰到孔底无法前进时，用手从右向左推进大孔上的锁定插销 5，将大螺母与机架锁定在一起，此时大螺母只能转动不能轴向移动；然后将压力油总油阀关闭，旋阀转 90°将喷针接力器活塞左右两腔连通，就可以手动转动手轮操作喷针了。顺时针方向转动手轮，喷针向右移动，喷嘴孔口关小，射流流量减小；逆时针方向转动手轮，喷针向左移动，喷嘴孔口开大，射流流量增大。每次手动操作完毕切换自动时，都必须将旋阀转回 90°使接力器活塞左右两腔隔绝，再打开压力油总油阀，退出锁定插销解除对大螺母轴向位移的锁定，然后顺时针方向转动手轮，将大螺母后退到梯形螺纹的最左端。

（五）机壳

机壳的作用是将斗叶中甩出来的水流平稳地引向下游尾水，给水轮机主轴和喷嘴提供安装支座。机壳的尺寸应尽量小，以减小水轮机的外形结构。为了便于维修、拆装，卧式水斗式水轮机的机壳以水轮机轴线所在水平面为分隔面，将机壳分机盖和机座两部分制造，转轮安装完毕后用螺栓将机盖固定在机座上。在机壳上装有制动喷嘴，停机时，当机组转速下降到额定转速 30%左右时，自动或手动打开制动喷嘴，制动喷嘴的射流从斗叶的背部冲击转轮，使机组很快停止转动，防止长时间低速转动造成轴承烧瓦事故。由于尾水流出机壳时会席卷空气排入下游，造成机壳内空气压力下降，尾水上抬，涌浪波及转轮，产生对转轮的阻力。同时当机壳两侧轴承采用稀油润滑时，机壳内空气压力下降还会将轴承内的稀油吸干，发生烧瓦事故。因此，应对机壳补入空气，保持机壳内的正常大气压力。

图 4-21 为大中型单喷嘴水斗式水轮机机壳，采用喷针内调节机构，喷嘴安装孔 1 用来安装内调节喷嘴，垂直安装的折向器接力器 2 在调速器送来的开关式压力油信号作用下，接力器内的活塞杆上下运动，活塞杆操作拐臂 3 对机壳内的折向器进行投入或退出的操作控制。图 4-22 为大中型双喷嘴水斗式水轮机机壳，上下两个喷嘴进口 1 与来自水库的压力钢管连接，上下两个喷针接力器安装孔 2 用来安装喷针接力器，对喷嘴内的喷针进行调节控制。由于有一个喷嘴离地面很高，安装检修和运行维护不太方便。

图 4-21　大中型单喷嘴水斗式水轮机机壳

1—喷嘴安装孔；2—折向器接力器；3—拐臂

图 4-22　大中型双喷嘴水斗式水轮机机壳

1—喷嘴进口；2—喷针接力器安装孔

二、水斗式水轮机整机结构

1. 单喷嘴有协联水斗式机组

图 4-23 为折向器与喷针协联的单喷嘴水斗式机组。来自压力钢管的压力水经工作喷嘴

11冲击机壳3内的转轮转动，转轮将水能转换成旋转机械能，转轮经主轴带动发电机2的转子转动，发电机将旋转机械能转换成电能。调速器1输出的是调速轴6的转角位移，调速轴同时带动喷针推拉臂8和折向器推拉臂7转动，一路喷针推拉臂带动喷针推拉杆9、反馈杆10使配压阀14的活塞偏移中间，使接力器活塞移动带动喷针轴向移动，开大或关小工作喷嘴的开度，根据负荷调节射流流量。喷针杆上的反馈支座12又将负反馈信号送回给配压阀活塞，使配压阀活塞重新回到中间位置，喷针在新的位置重新稳定下来。配压阀中间腔永远接压力油管13，最左和最右两侧永远接排油管15。另一路折向器推拉臂带动折向器推拉杆、拐臂调节控制折向器位置，使折向器始终位于射流表面2～4mm。当工作喷嘴关闭后，手动打开闸阀5，用制动喷嘴4反方向冲击转轮斗叶背部，使转轮转速尽快降为零。转轮转速快下降到零时，应及时关闭手动闸阀，防止转轮反转。

图4-23　折向器与喷针协联的单喷嘴水斗式机组

1—调速器；2—发电机；3—机壳；4—制动喷嘴；5—手动闸阀；6—调速轴；7—折向器推拉臂；8—喷针推拉臂；9—喷针推拉杆；10—反馈杆；11—工作喷嘴；12—反馈支座；13—压力油管；14—配压阀；15—排油管

2. 双喷嘴水斗式水轮机

现在生产的水斗式水轮机的喷针与折向器都是没有协联关系的。图4-24为大中型双喷嘴无协联水斗式水轮机，两个喷嘴的射流轴线同时与机壳内的转轮5的旋转圆相切，与射流相切圆的直径就是水斗式水轮机转轮直径。上压力钢管1与上喷嘴的上弯管段3连接，下压力钢管12与下喷嘴的下弯管段11连接。来自调速器的四根高压橡胶软管分别与上喷针接力器2和下喷针接力器13连接，连续式同时调节控制上喷针和下喷针的轴向位移，根据负荷调节射流冲击转轮的流量。来自调速器的四根高压橡胶软管，分别与上折向器接力器和下折向器接力器连接，开关式操作控制上折向器和下折向器10的转角位移，投入或退出折向器。

来自压力钢管的压力水分成两路：上面一路经上压力钢管、上弯管段后从上喷嘴以射流形式喷出；下面一路经下压力钢管、下弯管段、下喷管15和下收缩段16后从下喷嘴以射流形式喷出。为防止上喷嘴的射流工作后自由下落的水流干扰下喷嘴射流的正常工作，在下喷嘴口的上方设置了挡水板18。机座和机盖4组成的机壳结构和形状与图4-22基本相同。机座用来安装固定喷嘴和给转轮提供轴承支座。导流板6将甩出转轮的水流平稳引导到下游，下游水面的稳水栅9可以减小水面波动，防止浪花给转轮增加阻力。由于水轮机比较大，在机座上开了一个进人门8，停机后检修人员可以进入转轮下方，站在稳水栅上对转轮和喷嘴进行检查和维护。当两个工作喷嘴射流关闭后，分别打开两个反方向的制动喷嘴7，反向射流冲击斗叶背部，使转轮转速很快下降为零，防止发生烧轴瓦事故。

图4-25为高压机组单喷嘴水斗式水轮机照片，折向器与喷针没协联关系，无机械手动操作机构。来自调速器调节阀的油压调节信号经两根高压橡胶软管连接喷针接力器5的活塞

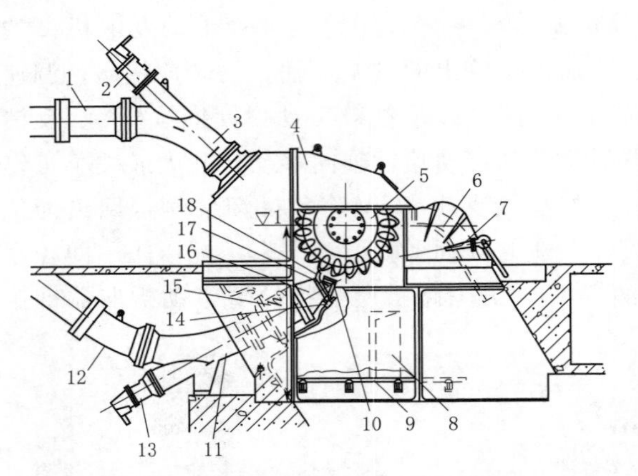

图 4-24　双喷嘴无协联水斗式水轮机

1—上压力钢管；2—上喷针接力器；3—上弯管段；4—机盖；5—转轮；6—导流板；7—制动喷嘴；8—进人门；9—稳水栅；10—下折向器；11—下弯管段；12—下压力钢管；13—下喷针接力器；14—冷却喷嘴；15—下喷管；16—下收缩段；17—喷针头；18—挡水板

前后两腔，正常运行时，喷针接力器接受调速器调节控制，使工作喷嘴 4 内的喷针轴向位移，根据机组负荷调节冲击转轮的射流流量，射流冲击转轮逆钟向转动。来自调速器开关阀的油压操作信号经两根高压橡胶软管连接折向器接力器 3 的活塞前后两腔，机组甩负荷紧急停机时，不等喷针关小射流，折向器接力器就在 2～4s 内通过拐臂操作机壳内的折向器顺时针向转动切入射流，将射流偏引到下游，使射流不再冲击转轮，防止机组转动系统转速上升过高。然后喷针接力器在 15～30s 内缓慢关闭喷嘴，防止压力钢管压力上升过高。机组停机时，当转速下降到额定转速 30%左右时，制动喷嘴 1 反方向冲击转轮，使转轮转速很快降为零。图 4-26 为大中型高压机组双喷嘴水斗式机组照片。喷针接力器 4 调节控制工作喷嘴 3 内的喷针轴向位移，根据机组负荷调节冲击转轮的射流流量，射流倾斜向下沿着转轮旋转平面的切向方向冲击转轮顺时针方向转动。机壳 2 内的水斗式转轮将水能转换成旋转机械能，带动发电机 1 将旋转机械能转换成电能。机组停机时，当转速下降到额定转速 30%左右时自动打开制动喷嘴 6，反方向冲击转轮，使转轮转速很快降为零。常开的补气管 5 长期向机壳内补入大气，维持机壳内为大气压力，防止机壳内出现轻微真空，使下游水面上抬，波浪波及转轮产生阻力。

图 4-25　高压机组单喷嘴水斗式水轮机照片

1—制动喷嘴；2—机座；3—折向器接力器；4—工作喷嘴；5—喷针接力器

图 4-26　大中型高压机组双喷嘴水斗式机组照片

1—发电机；2—机壳；3—工作喷嘴；4—喷针接力器；5—补气管；6—制动喷嘴

3. 低压机组水斗式水轮机

图 4-27 为 200kW 低压机组水斗式水轮机照片。喷针采用单一机械手动操作（参见图 4-8），手轮 7 与大螺母轴孔配合键连接，大螺母永远被锁定在机架上只能转动不能轴向移动，人工手动转动手轮就可以轴向移动螺杆和喷针，打开或关闭喷嘴或调节射流流量。转轮在机座 10 的两侧各有一个径向轴承 2，来自压力钢管的压力水经工作喷嘴 6 沿转轮旋转平

面下方的水平方向冲击转轮，将水能转换成机械能，转轮经水轮机主轴1带动发电机转子旋转，发电机将机械能转换成电能。机组甩负荷紧急停机时，先手动快速向前推折向器手柄8，折向器手柄带动折向器推拉杆9对机座内的拐臂施加转矩，拐臂带动机座内的折向器转动切入射流，防止机组转速过高。然后缓慢转动手轮关闭喷嘴，防止压力钢管压力过高。当工作喷嘴关闭以后，手动打开闸阀5，用安装在机盖3上的制动喷嘴4反方向冲击转轮，当转轮转速为零前，及时关闭制动喷嘴，防止转轮反转。

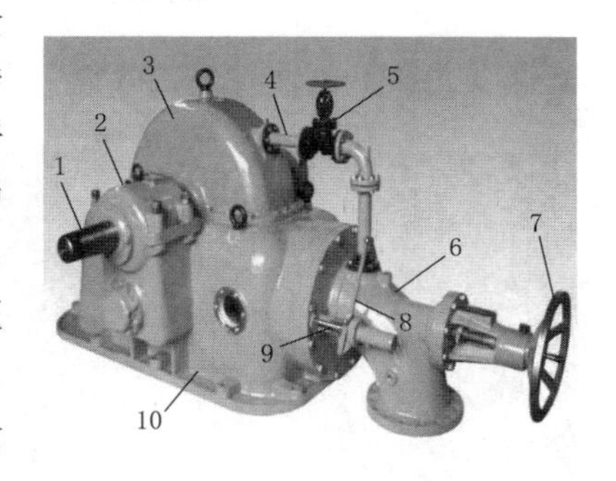

图4-27　200kW低压机组水斗式水轮机照片

1—水轮机主轴；2—径向轴承；3—机盖；4—制动喷嘴；5—闸阀；6—工作喷嘴；7—手轮；8—折向器手柄；9—折向器推拉杆；10—机座

图4-28为CJ22—W—70/1×9低压机组水斗式水轮机结构图（参见图1-28中水轮机部分），转轮型号为22，转轮直径70cm，单喷嘴，射流最大直径为9cm。机壳由机盖1和机座6组成，喷嘴2安装在机座的下部，射流沿转轮旋转圆的水平切线方向冲击机座内的转轮5下部。折向器的转轴3安装在喷嘴下面的轴承座内，喷嘴中的喷针处于关闭状态，折向器4处于切入状态。因为是全手动操作，所以开机时，先手动操作机座外的折向器手柄、折向器推拉杆，使拐臂带动转轴逆钟向转动，转轴再带动折向器逆钟向转动，折向器退出切入状态到达距离射流最大直径2～4mm处。然后手动操作喷针手轮，慢慢打开喷嘴，射流冲击转轮转动，增速、并网及带上负荷。当机组甩负荷紧急停机时，人工手动投入折向器，瞬间切断冲击转轮的射流。转轮安装在水轮机主轴12的中间，转轮与主轴为轴孔配合键连接。水轮机主轴在机座两侧各有一个径向轴承11、13，水轮机主轴与发电机主轴用弹性连轴器9连接，弹性连轴器的水轮机法兰盘外径做得特别大成为飞轮，称法兰盘式飞轮10，沿主轴表面渗漏到机壳外的水必须经过甩水环8，跟着主轴一起的甩水环将沿着主轴表面企图渗漏出机壳的渗漏水甩得远远的，最后从排水管7排入下游。

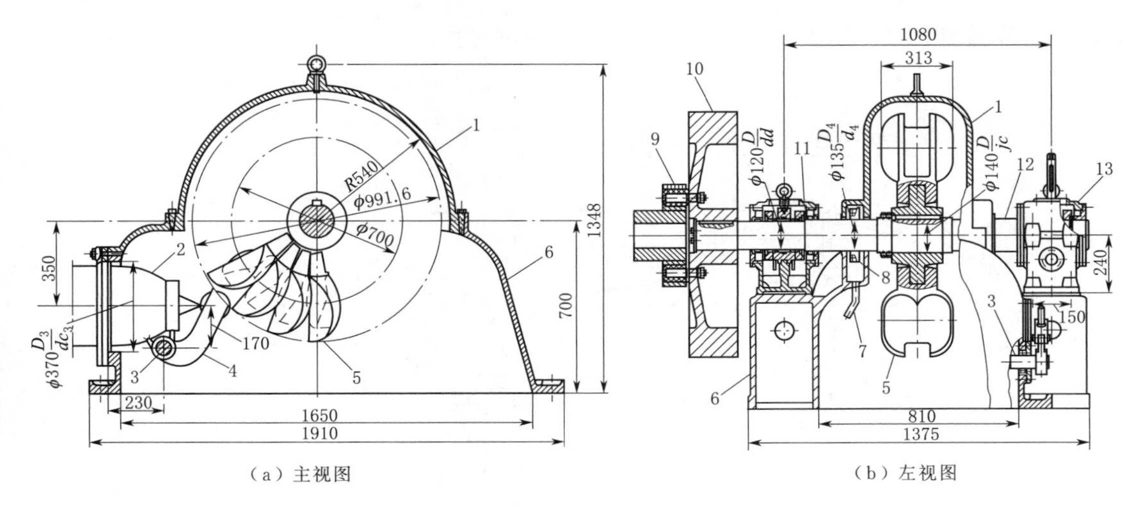

（a）主视图　　（b）左视图

图4-28　低压机组水斗式水轮机结构图照片

1—机盖；2—喷嘴；3—转轴；4—折向器；5—转轮；6—机座；7—排水管；8—甩水环；9—弹性连轴器；10—法兰盘式飞轮；11、13—径向轴承；12—水轮机主轴

4. 喷针内调节水斗式水轮机

为了消除高速水流流过弯管段和喷针杆时的水流损失和漩涡，有的大中型水斗式水轮机将喷针操作机构布置在喷嘴流道中心的灯泡体内，这种喷针调节机构称喷针内调节机构。图 4-29 为喷针内调节的大中型水斗式水轮机照片。图中机壳已打开，机盖 5 放在一旁的地上，所有喷针操作机构全部安装在灯泡体 8 中，进水孔 7 与压力钢管直接连接，不再有弯管段和喷针杆。水斗式转轮 1 与水轮机主轴 2 为轴孔配合键连接，主轴由机座 6 两侧的两个径向轴承 4 支撑。每个轴承都有一个温度信号器 3 监视轴承温度。

图 4-29 喷针内调节的大中型水斗式水轮机照片

1—转轮；2—水轮机主轴；3—温度信号器；4—径向轴承；5—机盖；6—机座；7—进水孔；8—灯泡体

图 4-30 为喷针内调节的喷嘴内部结构图。中心线以上部分为喷针活塞在全关位 4，中心线以下部分为喷针活塞在全开位 13。灯泡体上下左右用 4 片筋板支撑在水流流道正中，其中上面的一片筋板比较厚，将灯泡体内接力器信号油管 6 和反馈杆 7 引出直喷管 5 的外面。水流从灯泡体的上下前后流过流线型良好光滑的灯泡体，取消了弯管段和喷针杆，水流损失比较小。喷针活塞右端露出外面部分是喷针，喷针活塞左端接力器缸 14 内部分是活塞，因此称其为喷针活塞。来自调速器的信号油管 6 只有一根，随着油压调节信号从零连续变化到最大，压力油在活塞上产生的压力克服弹簧力，作用喷针活塞向右位移，逐步关小喷嘴孔口，调节射流流量变小，直到喷针活塞到达全关位 4 关闭喷嘴口。随着油压调节信号从最大连续变化到零，弹簧力克服压力油在活塞上产生的压力，作用喷针活塞向左位移，逐步开大喷嘴孔口，调节射流流量变大，直到喷针活塞到达全开位 13 喷嘴口全开。在喷针活塞左右移动过程中，喷针活塞杆最左端的圆锥体通过反馈锥体 8、反馈杆 7 向调速器送回机械位移负反馈信号。虽然这种调速器信号油

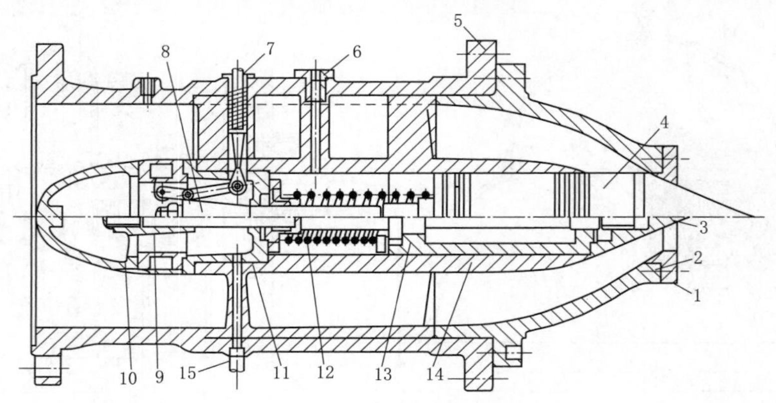

图 4-30 喷针内调节的喷嘴内部结构图

1—喷嘴口；2—收缩段；3—喷针头；4—喷针活塞全关位；5—直喷管；6—信号油管；7—反馈杆；8—反馈锥体；9—锥套；10—导流罩；11—接力器缸盖；12—弹簧；13—喷针活塞全开位；14—接力器缸；15—渗漏油管

压增大喷针右移喷嘴关小，信号油压减小喷针左移喷嘴开大的喷针调节方式会在调速器故障油压突然消失时造成喷嘴自动开到最大，由于折向器的紧急切入射流，不会造成严重后果。反过来假如调速器故障造成油压突然消失喷嘴会自动关闭，那才是危险的，这是由于对于工作在高水头的水斗式水轮机，喷嘴紧急关闭对压力钢管威胁是很大的。由于喷针调节机构全部处于流道内的灯泡体内，机构复杂，维护检修不便。

第二节 斜击式水轮机

斜击式水轮机的造价比水斗式水轮机便宜得多，但斜击式水轮机的效率比水斗式水轮机略低，目前最高效率只能达到86.9%。斜击式水轮机使用范围已经扩大到30～400m水头。广泛应用在装机容量较小的低压机组中。

一、斜击式转轮

图4－31为斜击式转轮，整体形状如同蘑菇伞，转轮由中心轮辐四周均布许多辐射状的长条状叶片，外环将所有叶片末端连为一整体。转轮旋转平面的前面是射流进水面，背后是射流出水面。

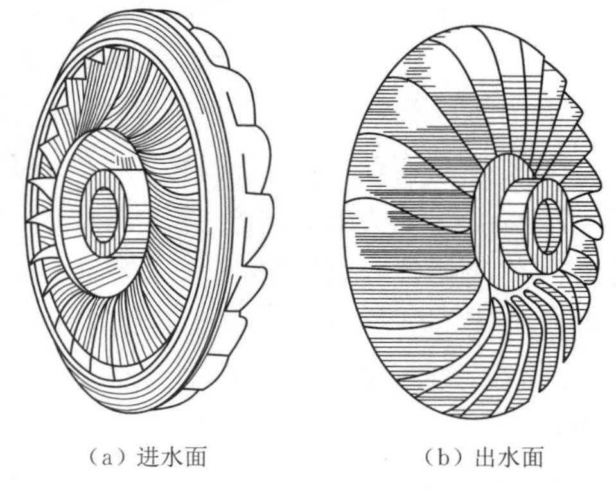

(a) 进水面　　(b) 出水面

图4－31　斜击式转轮

图4－32为安装在机座上的斜击式转轮。转轮轮辐5与水轮机主轴轴孔配合键连接，轮辐上均布辐射状长条叶片，所有叶片末端用外环2连接成一个整体，使叶片的刚度大大增加。水轮机主轴由机座上的两个轴承1、4支撑，射流从叶片进水边3进入转轮，从几乎反方向的出水边6流出转轮。该低压小机组轴承为滚动轴承，需要定时从注油杯7注入润滑脂润滑轴承。

图4－32　安装在机座上的斜击式转轮

1、4—轴承；2—外环；3—进水边；5—轮辐；6—出水边；7—注油杯

二、斜击式喷嘴与折向器

斜击式水轮机喷嘴与折向器的结构型式与水斗式的完全相同，但水斗式水轮机喷嘴的射流是沿着转轮旋转圆的切线方向冲击转轮，斜击式水轮机喷嘴的射流是从与转轮旋转平面夹

角为22.5°方向从正面进水面进入转轮叶片，叶片强迫射流改变运动方向后，射流再从背面出水面几乎反方向离开转轮，射流将大部分动能转换成转轮旋转的机械能，余下的部分动能和射流到下游水位的位能白白丢失。

三、喷针操作机构

由于斜击式水轮机都是容量较小的机组，因此机组不用调速器自动调节，几乎都是现地手动或远方电动操作。图4-33为手动/电动两用的斜击式水轮机。机壳内的转轮安装在水轮机主轴1上，水轮机主轴与发电机主轴弹性连接，水轮机主轴在机座7两侧有两个轴承，机盖2防止水流飞溅。喷嘴穿过机座壁面进入机座内，从转轮旋转平面22.5°的方向冲击斜击式转轮，流道内的喷针杆穿出喷嘴弯管段6，可以用手轮5手动操作喷针轴向位移，调节射流流量。也可以用电动机3减速箱4减速后电动操作喷针轴向位移，调节射流流量。

图4-34为斜击式水轮机喷针手动/电动操作机构，适用斜击式和水斗式低压机组。斜击式水轮机喷针手动/电动操作机构的大齿轮与大螺母轴孔配合键连接，大螺母永远被锁定在机架上只能转动不能轴向移动。在远方启动电动机7顺时针方向转动时，电动机通过两级齿轮减速后带动大螺母顺时针方向转动，大螺母带动螺杆向左轴向移动，喷嘴开大，射流流量增大。当喷针左移到喷嘴全开位置时，跟着螺杆一起左移的衔铁碰撞到全开行程开关4，电动机喷嘴开大回路中的接点断开，电动机停转。在远方启动电动机逆时针方向转动时，电动机通过两级齿轮减速后带动大螺母逆时针方向转动，大螺母带动螺杆向右轴向移动，喷嘴关小，射流流量减小。当喷针右移到喷嘴全关位置时，跟着螺杆一起右移的衔铁碰撞到全关行程开关5，电动机喷嘴关小回路中的接点断开，电动机停转。当需要现地机械手动操作时，必须将手轮上的十字键推入中间齿轮轴的十字槽内，然后就可以转动手轮，手轮通过中间齿轮带动下面的大齿轮（也是大螺母）转动，大螺母带动喷针的轴向位移，手动调节射流流量。

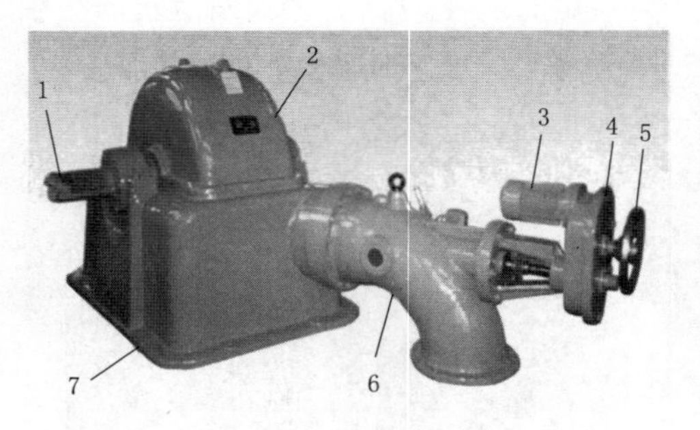

图4-33　手动/电动两用斜击式水轮机

1—水轮机主轴；2—机盖；3—电动机；4—减速箱；5—手轮；6—喷嘴弯管段；7—机座

图4-34　斜击式水轮机喷针手动/电动操作机构

1—手轮；2—大螺母；3—喷针螺杆；4—全开行程开关；5—全关行程开关；6—减速箱；7—电动机；8—十字键

四、折向器操作机构

在低压机组的斜击式水轮机折向器操作机构中，广泛采用电动/手动的折向器操作机构，即折向器手动退出，电磁铁撞击自动投入。图4-35为折向器电动/手动操作机构，折向器转轴7从机座8内部穿出机座壁面（机座内部参见图4-13），在机座壁面上设有转轴的另一个轴承座6。拐臂5与转轴为轴孔配合键连接，折向器推拉杆4的一端与拐臂圆柱销铰连接，另一端与操作杆3也是圆柱销铰连接。每次操作喷针打开喷嘴前都应该将手柄2逆时针方向转动，手柄通过操作杆上的横销带动操作杆、折向器推拉杆左移，弹簧盒10内的弹簧受压储能，折向器推拉杆再带动拐臂、转轴逆时针方向转动，使得机座内的折向器也逆时针方向转动到射流直径最大时的射流表面2～4mm处。手柄逆时针方向转到极限位置后被锁扣扣住。机组甩负荷事故停机时，电磁铁1的线圈立即得电，电磁力驱动电磁铁芯撞击锁扣耳柄使锁扣脱扣，弹簧盒内的弹簧瞬间释放，推动操作杆、折向器推拉杆快速右移，带动拐臂、转轴顺时针方向转动，使得机座内的折向器也顺时针方向转动瞬间切入射流，将射流偏引到下游，转轮脱离射流冲击，喷针可以缓慢关闭。

图4-35　折向器电动/手动操作机构

1—电磁铁；2—手柄；3—操作杆；4—折向器推拉杆；5—拐臂；6—轴承座；7—转轴；8—机座；9—喷嘴；10—弹簧盒

图4-36为折向器退出状态的电磁铁与锁扣机构照片。锁扣钩子2与锁扣耳柄11相互为90°角，锁扣钩子与锁扣耳柄是以手柄中部圆柱销5为铰支座的一个整体零件。手柄杆4在喷嘴弯管段7上有一个圆柱销8构成的铰支座，每次操作喷针打开喷嘴前都应该操作手柄杆绕铰支座逆时针方向转动，如图4-36（a）所示。手柄杆通过操作杆上的横销6带动操作杆9水平左移折向器退出，同时弹簧盒3内的弹簧受压储能。当手柄逆时针方向转到极限位置时，跟着手柄一起移动的锁扣钩子正好扣住弹簧盒法兰盘台阶，手柄杆被扣住固定在逆时针方向转动的图中极限位置。机组甩负荷事故停机断路器跳闸时，电磁铁1的线圈立即得电，电磁力驱动电磁铁铁芯10，图4-36（b）中由右向左［图4-36（a）中由左向右］猛烈撞击锁扣耳柄，使得锁扣钩子以圆柱销为中心顺时针方向转动，锁扣钩子脱扣，弹簧盒中的弹簧立即释放，推动图4-36（a）中操作杆快速右移，折向器快速切入射流。

（a）右侧面图

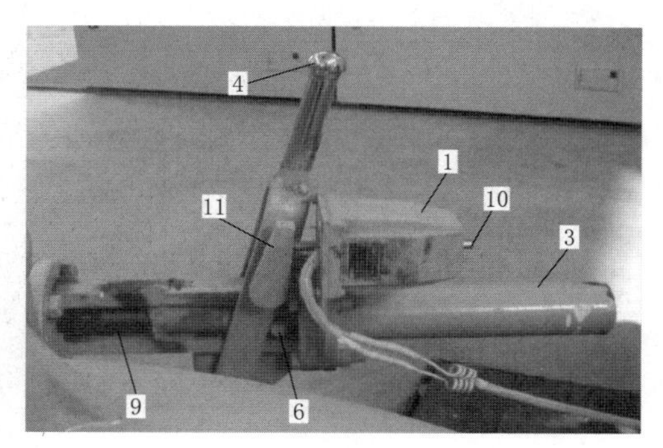

（b）左侧面图

图4-36　折向器退出状态的电磁铁与锁扣机构照片

1—电磁铁；2—锁扣钩子；3—弹簧盒；4—手柄杆；5、8—圆柱销；6—横销；7—弯管段；9—操作杆；10—铁芯；11—锁扣耳柄

五、斜击式水轮机整机结构

图 4-37 为 XJ02—W—40/1×9 低压机组斜击式水轮机三视图。由于图 4-37（a）主视图中采用了局部剖视，所以能够看到位于机座 4 内部的喷嘴 5 等部件；图 4-37（c）俯视图左前方也采用了一个局部剖视，因此能够看到位于机盖 1 下面的喷嘴等部件。由于内部结构远比外部结构复杂，因此在图 4-37（a）主视图上过水轮机主轴线的剖切，将左边部分移去，再从左向右观察得到的左视图为全剖视图［图 4-37（b）］。在俯视图上垂直喷嘴轴线 A—A 部位剖切，得到通过折向器转轴 7 轴线的图 4-37（d）。在机盖没有被剖视的条件下，位于机盖下面的转轮在俯视图中是看不到的，因此转轮用虚线表示。

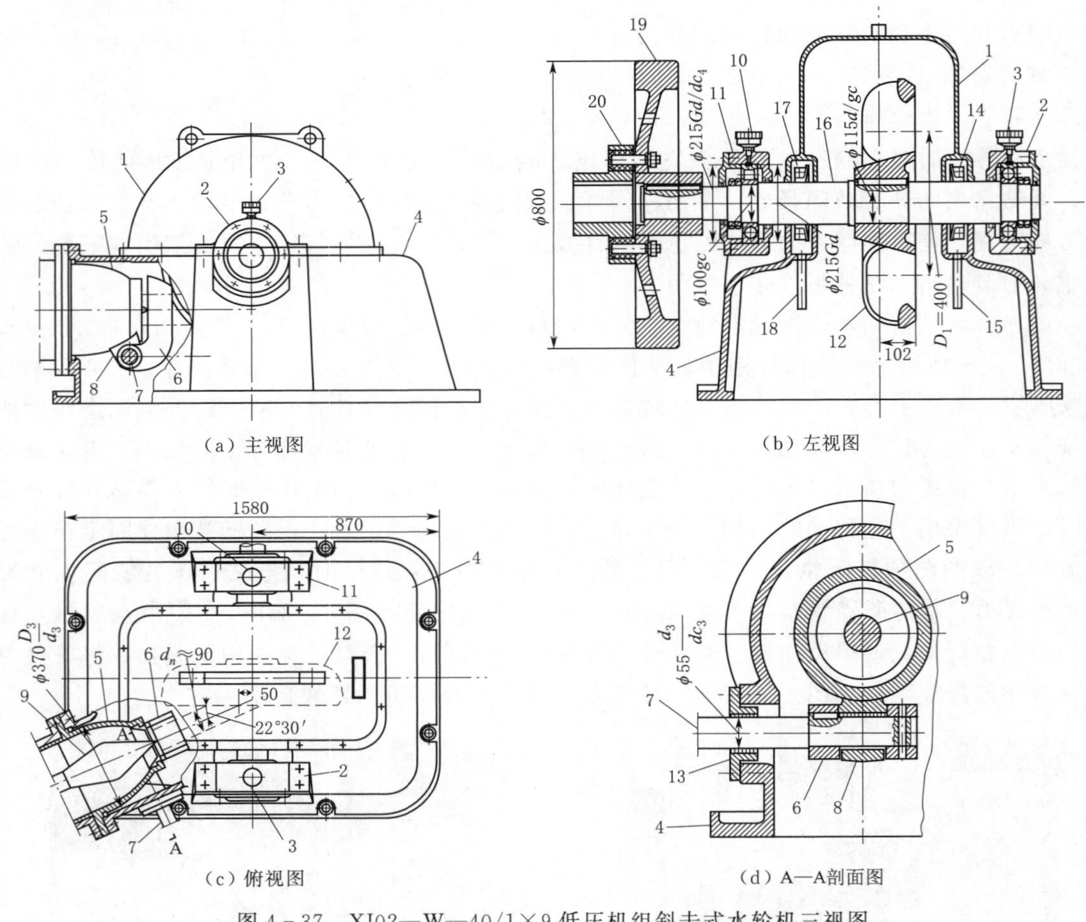

图 4-37　XJ02—W—40/1×9 低压机组斜击式水轮机三视图

1—机盖；2—径向滚珠轴承；3、10—注油杯；4—机座；5—喷嘴；6—折向器；7—转轴；8、13—折向器轴承座；9—喷针；11—径向滚柱轴承；12—转轮；14、17—甩水环；15、18—排水管；16—水轮机主轴；19—法兰盘式飞轮；20—发电机法兰盘

固定在机座上的喷嘴喷出的射流沿与转轮旋转平面 22.5°的方向冲击转轮 12，喷嘴内有一个可以轴线移动的喷针 9，运行人员手动或电动调节喷针轴向位移，就可以调节冲击转轮的射流流量，机组并网之前可以调整机组转速，机组并网以后可以调整发电机出力。折向器

转轴有两个轴承：一个是位于喷嘴口下方的折向器喷嘴轴承座 8 内（参见图 4 - 13），另一个是位于机座壁面上的折向器机座轴承座 13。折向器 6 与转轴为轴孔配合键连接，一旦机组发生事故甩负荷停机，转轴在机座外面的拐臂作用下迅速顺钟向转动，切入射流，将射流偏引的下游，转轮脱离射流，喷针缓慢关闭。

转轮与水轮机主轴 16 为轴孔配合键连接，水轮机主轴安装在机座两侧的轴承上，其中靠转轮正面侧的轴承为径向滚珠轴承 2，只承受水轮机转动系统的径向力。靠转轮背面的轴承为径向滚柱轴承 11，既能承受水轮机转动系统的径向力，还能承受射流冲击转轮产生的轴向力。通过注油杯 3、10 可以分别定期向两个轴承注入润滑油脂。水轮机主轴轴端的法兰盘式飞轮 19（参见图 1 - 28 中的 2）与发电机主轴轴端的法兰盘 20 构成弹性连接，法兰盘式飞轮既起法兰盘作用又起飞轮作用。为防止水流沿主轴表面渗漏出机壳外面，在位于两侧机壳部位的主轴段上分别安装了两个甩水环 14、17，利用离心力将渗漏水甩向远处，再从排水管 15、18 排入下游。

习　　题

一、判断题（在括号中打√或×，每题 2 分，共 10 分）

4 - 1. 斗叶内曲面形状是否合理及表面光洁度直接影响斗叶的效率特性和汽蚀特性。（　　）

4 - 2. 喷嘴的主要作用是将水流的动能转换成压能。（　　）

4 - 3. 现在广泛应用的是折向器与喷针无协联关系。（　　）

4 - 4. 有机械手动操作机构的水斗式水轮机肯定是单喷嘴水斗式水轮机。（　　）

4 - 5. 水斗式水轮机甩负荷跳闸时，折向器在 15～30s 时间内切断射流，喷针在 2～4s 时间内关闭射流。（　　）

二、选择题（将正确答案填入括号内，每题 2 分，共 30 分）

4 - 6. 水斗式水轮机的斗叶分水刃分割射流均匀，使得水斗式水轮机的转动系统不需要（　　）。

A. 径向轴承　B. 推力轴承　C. 径向推力轴承　D. 上述三种轴承

4 - 7. 转轮在机壳内的大气中将射流的（　　）转换成转轮旋转的机械能。

A. 位能　B. 压能　C. 动能　D. 上述三种能量

4 - 8.（　　）水斗式水轮机有机械手动操作机构和无机械手动操作机构两种形式。

A. 单喷嘴　B. 两喷嘴　C. 三喷嘴　D. 多喷嘴

4 - 9. 有调速器的反击式和冲击式水轮机的机械手动操作机构大螺母（　　）。

A. 靠投入锁定才能只转动不轴向移动　B. 靠投入锁定才能只轴向移动不转动

C. 永远被锁定在机架上只转动不轴向移动　D. 永远被锁定在机架上只轴向移动不转动

4 - 10. 无调速器的冲击式水轮机的机械手动操作机构大螺母（　　）。

A. 靠投入锁定才能只转动不轴向移动

B. 靠投入锁定才能只轴向移动不转动

C. 永远被锁定在机架上只能转动不能轴向移动

D. 永远被锁定在机架上只能轴向移动不能转动

4-11. 有机械手动的反击式水轮机的调速器投入插销锁定后，手轮带动大螺母转动，大螺母带动螺杆和活塞杆移动，活塞杆带动（　　）。

A. 调速轴转动　　B. 调速轴移动　　C. 喷针转动　　D. 喷针移动

4-12. 有机械手动的反击式水轮机的调速器投入插销锁定后，手轮带动大螺母转动，大螺母带动螺杆和活塞杆移动，活塞杆带动（　　）。

A. 调速轴转动　　B. 调速轴移动　　C. 喷针转动　　D. 喷针移动

4-13. 无调速器的反击式水轮机手动/电动操作机构，电动或手轮经中间齿轮带动大齿轮转动，（　　）。

A. 大齿轮带动蜗杆转动，蜗杆带动蜗轮和调速轴转动

B. 大齿轮带动蜗杆转动，蜗杆带动蜗轮和调速轴移动

C. 大齿轮带动大螺母转动，大螺母带动螺杆和喷针转动

D. 大齿轮带动大螺母转动，大螺母带动螺杆和喷针移动

4-14. 无调速器的冲击式水轮机手动/电动操作机构，电动或手轮经中间齿轮带动大齿轮转动，（　　）。

A. 大齿轮带动蜗杆转动，蜗杆带动蜗轮和调速轴转动

B. 大齿轮带动蜗杆转动，蜗杆带动蜗轮和调速轴移动

C. 大齿轮带动大螺母转动，大螺母带动螺杆和喷针转动

D. 大齿轮带动大螺母转动，大螺母带动螺杆和喷针移动

4-15. 无调速器的反击式和冲击式水轮机的手动/电动操作机构的手轮（　　）。

A. 与大螺母轴孔配合键连接　　B. 与蜗杆轴孔配合键连接

C. 与大螺母端面十字键槽配合　　D. 与中间齿轮轴端面十字键槽配合

4-16. 折向器与喷针有协联的水斗式水轮机正常运行时，调速轴通过协联机构同时（　　）。

A. 对喷针进行调节控制，对折向器进行调节控制

B. 对喷针进行调节控制，对折向器进行开关式操作控制

C. 对喷针进行开关式操作控制，对折向器进行调节控制

D. 对喷针进行开关式操作控制，对折向器进行开关式操作控制

4-17. 折向器与喷针无协联的水斗式水轮机正常运行时，微机调速器的（　　）。

A. 调节阀对喷针接力器进行调节控制，开关阀对折向器接力器进行调节控制

B. 调节阀对喷针接力器进行调节控制，开关阀对折向器接力器进行操作控制

C. 开关阀对喷针接力器进行操作控制，开关阀对折向器接力器进行调节控制

D. 开关阀对喷针接力器进行操作控制，开关阀对折向器接力器进行操作控制

4-18. 折向器与喷针无协联的水斗式水轮机甩负荷时，微机调速器（　　）。

A. 对喷针调节控制，对折向器调节控制　　B. 对喷针调节控制，对折向器操作控制

C. 对喷针操作控制，对折向器调节控制　　D. 对喷针操作控制，对折向器操作控制

4-19. 斜击式水轮机与水斗式水轮机的（　　）不一样，其他完全一样。

A. 喷嘴　　B. 折向器　　C. 转轮　　D. 喷针

4-20. 无调速器的斜击式水轮机电动操作时，电动机通过（　　）。

A. 蜗轮蜗杆机构带动调速轴转动　　B. 蜗轮蜗杆机构带动调速轴移动

C. 减速齿轮箱齿轮带动大螺母转动　　D. 减速齿轮箱齿轮带动大螺母移动

三、填空题（每空 1 分，共 30 分）

4-21. 当水头高于________米后，混流式水轮机________和________问题突出，比较适合________水轮机。

4-22. 水斗式水轮机主要由________、________、________、________、________和________操作机构组成。

4-23. 喷针杆轴向移动的两个尼龙轴瓦，一个位于喷嘴流道的________内，另一个位于喷针杆穿出________的孔内。

4-24. 在反击式水轮机的调速器中，调速轴通过________带动导水机构及导叶动作。在水斗式水轮机有协联关系的调速器中，调速轴通过新增加的一套________带动喷针动作，增加一套喷针液压放大器的目的是实现折向器与喷针的________，而不是为了力和行程的放大。

4-25. 水斗式水轮机无协联关系的调速器与有协联关系的调速器相比，取消了________、________液压放大器和________，大大简化了喷针调节机构。

4-26. 水斗式水轮机每次现地机械手动切换成调速器自动调节时，必须退出________，并且________钟向转动手轮到螺杆段的最末端，再将________转 90°，最后________压力油总阀。

4-27. 水斗式水轮机每次调速器自动切换成现地机械人工手动操作时，先手动________钟向转动手轮，将大螺母向前左移到机架上的大孔内，再投入________，然后将________转 90°，最后________压力油总阀，就可以机械手动操作。

4-28. 折向器与喷针无协联的水斗式水轮机的调速器输出的两根高压橡胶软管在机组正常运行时将油压调节信号送往________接力器，执行连续式________控制。另外两根高压橡胶软管在机组甩负荷时将油压操作信号送往________接力器，执行开关式________控制。

4-29. 由于斜击式水轮机都是容量较小的机组，几乎都是现地________或远方________操作。

四、简答题（5 题，共 25 分）

4-30. 简述冲击式水轮机的缺点。（5 分）

4-31. 简述折向器的作用。（5 分）

4-32. 水斗式高压机组折向器退出、投入有哪几种方式？（4 分）

4-33. 简述喷针内调节的优缺点。（5 分）

4-34. 为什么要向机壳内补入大气？（6 分）

第五章　水 轮 机 调 节

水轮机调节原理是自动控制原理在水轮发电机组自动控制中的一种应用，水轮机调节系统是自动控制系统在水轮发电机组自动控制中的一种形式。因此，水轮机调节涉及的调节原理和调节规律理论较深，本章以介绍设备为主，在理论上坚持用多少讲多少，力求用最通俗的语言把必须要用到的控制理论用最少的文字简要介绍。

第一节　控制的基本概念

在实际工程中对“操作”“调节”和“控制”三个专业词汇使用不是很严格，初学者在学习时很容易混淆概念，造成学习上的困惑。要正确掌握控制理论，必须严格区分操作、调节和控制的不同概念及三者之间的关系。根据控制性质不同分有操作控制和调节控制两种类型。

一、操作控制

操作控制是一种开关控制、顺序控制、逻辑控制的非智能的“傻瓜”式控制，操作控制的结果是两个截然不同的相反结果，例如要实现电动机自动“启动”或“停机”的操作控制，操作控制系统的输入信号可以是电压的“高”或“低”，也可以是电流的“有”或“无”，也可以是逻辑信号的“1”或“0”。操作控制系统对应的输出结果是电动机“旋转”或“停转”。水电厂的操作控制有断路器的“合闸”或“跳闸”，主阀的“打开”或“关闭”，风闸的“投入”或“退出”，水泵的“启动”或“停止”等。因为操作控制的结果是非常明确的两种截然相反的结果，所以是不需要从输出端向输入端送回负反馈信号的开环控制。

二、调节控制

调节控制是一种输出连续变化的对被调参数有严格要求的控制，是一种在外界干扰下仍能保持被调参数始终不变或在规定范围内变化的动态控制、过程控制，为了使调节输出严格达到调节输入的要求，必须从输出端向输入端送回负反馈信号，将反馈信号与输入信号进行比较，有差值的话继续调节，没有差值的话停止调节。因此调节控制是必须从输出端向输入端送回负反馈信号的闭环的智能控制。

三、发电机带负荷的运行方式

1. 单机运行

发电机单独向一片负荷供电时，在负荷不变的条件下，人为开大导叶开度，机组转速上升，发电机频率上升；人为关小导叶开度，机组转速下降，发电机频率下降。发电机单独向一片负荷供电时，发电机输出线路上的负荷需要用电就合闸用电，不需要用电就分闸断电，因此单机运行时发电机频率由本机组决定，负荷由用户决定。

2. 并网运行

发电机在电网中是与其他发电机一起并列向电网负荷供电的，每一个电网都有专门负责保证电网频率的调频机组。在电网负荷不变的条件下，人为开大机组的导叶开度，机组发电机带的有功负荷增大，电网中调频机组带的有功负荷自动减小，网频不变。人为关小机组的导叶开度，机组发电机带的有功负荷减小，电网中调频机组带的有功负荷自动增大，网频不变。因此并网运行时发电机负荷由本机组决定，频率由电网中的调频机组决定。

四、水轮发电机组的调节控制

1. 并网前

机组并网之前必须进行发电机频率的调节，使发电机频率等于电网频率。电网频率是频率给定值，发电机频率是频率实际值，输入调节系统的是给定频率和实际频率，如果给定频率与实际频率有差值，微机调速器通过调节导叶开度改变实际频率，使实际频率等于给定频率。如果给定频率与实际频率无差值，调节系统就停止调节。

机组并网之前必须进行发电机电压的调节，使发电机电压等于电网电压。电网电压是电压给定值，发电机电压是电压实际值，输入调节系统的是给定电压和实际电压，如果给定电压与实际电压有差值，微机励磁调节器通过调节励磁电流改变实际电压，使实际电压等于给定电压。如果给定电压与实际电压无差值，调节系统就停止调节。

2. 并网后

并网运行中如果需要调整机组输出有功功率时，运行人员键盘输入的是有功功率给定值，此时发电机带的是有功功率实际值。输入调节系统的是给定有功功率和实际有功功率，如果给定有功功率与实际有功功率有差值，微机调速器通过调节导叶开度改变实际有功功率，使实际有功功率等于给定有功功率。如果给定有功功率与实际有功功率无差值，调节系统就停止调节。

并网运行中如果需要调整机组输出无功功率时，运行人员键盘输入的是无功功率给定值，此时发电机带的是无功功率实际值。输入调节系统的是给定无功功率和实际无功功率，如果给定无功功率与实际无功功率有差值，微机励磁调节器通过调节励磁电流改变实际无功功率，使实际无功功率等于给定无功功率。如果给定无功功率与实际无功功率无差值，调节系统就停止调节。

第二节　水轮机调节原理

机组无论是单机运行还是并网运行，都会出现负荷的减小时，机组的转速（频率）上升；负荷增加时，机组的转速（频率）下降。电能质量指标为频率和电压，大电网频率规定值为 $f=(50\pm0.2)$Hz，小电网频率规定值为 $f=(50\pm0.5)$Hz，因此在运行中必须根据负荷的变化及时对机组转速（频率）进行调节。

一、机组转速与频率的关系

发电机转子一对磁极转一转，在定子线圈内产生一个正弦波，转速为 n 的转子每分钟转 n 转，在定子线圈中每分钟产生 n 个正弦波。对转子磁极对数为 P 转速为 n 的发电机，

每分钟在定子线圈产生 nP 个正弦波，每秒钟产生 f 个正弦波，即

$$f=\frac{nP}{60}$$

式中 f——发电机的频率，Hz。

我国规定所有的发电机发出的交流电频率必须是 50Hz。发电机一旦制造完毕，磁极对数 P 固定不变。当机组所带的有功负荷发生变化时，机组转速 n 也会发生变化，就会引起频率波动。因此为了保证发电机频率 f 不变，必须保证机组转速 n 不变，“调速器”由此得名。

二、水轮机调节原理

水轮机转轮将有一定水头 H 和一定流量 Q 的水能转换成水动力矩，推动机组转动系统以一定的转速旋转。机组转动系统的轴承摩擦和转子空气摩擦产生的摩擦阻力矩 M_n 是反抗转动系统旋转的。当发电机定子带上有功负荷后，定子电流产生对转子的电磁阻力矩 M_g 也是反抗机组转动系统旋转的。所以，水动力矩 M_t 必须克服阻力矩，保证机组转速不变或在规定的范围内变。当作用机组转动系统的水动力矩等于阻力矩时，机组转速不变，称力矩平衡。当作用机组转动系统的水动力矩不等于阻力矩时，力矩平衡遭到破坏，机组转速不是上升就是下降，造成发电机频率不是上升就是下降，这是不允许的。

（一）机组转动系统的力矩平衡

1. 机组空转与空载时转动系统的力矩平衡

机组额定转速，转子励电流没有投入时，发电机机端电压 $u=0$，定子电流 $i=0$，定子对转子的电磁阻力矩 $M_g=0$，这种工况称机组空转。机组额定转速，转子励磁电流投入时，断路器没有合闸或合闸后没带上负荷（图 5-1），发电机机端电压 u 为额定电压，定子电流 $i=0$，定子对转子的电磁阻力矩 $M_g=0$，这种工况称机组空载。

机组空转或空载时，水动力矩 M_t 的只需克服机组转动系统的摩擦阻力矩 M_n 就能维持机组转动系统的转速 n 恒定不变，保证发电机空载时机端频率 f 恒定不变。因此机组空转和空载时转动系统的力矩平衡为 $M_t=M_n$。这时水轮机的导叶或喷针开度称空载开度，流量称空载流量。这些水能消耗在机组转动系统的机械摩擦上。因此机组空转或空载时也要消耗水能的，将水能转换成摩擦热。空载工况是机组在开机或停机过程中必须经历的一个过程，而空转工况浪费水能，一般不允许停留在空转工况。

2. 机组负载时转动系统的力矩平衡

机组额定转速，转子励磁电流投入时，断路器合闸并带上有功负荷（图 5-2），发电机机端电压 u 为额定电压，定子电流 $i\neq0$，定子对转子的电磁阻力矩 $M_g\neq0$。机组负载时，水动力矩 M_t 必须同时克服机组转动系统的摩擦阻力矩 M_n 和定子对转子的电磁阻力矩 M_g，才能维持机组转动系统的转速 n 恒定不变，从而保证发电机机端频率 f 恒定不变。机组负载时的力矩平衡为 $M_t=M_n+M_g$，实际中作用机组转动系统的摩擦阻力矩 M_n 远远小于电磁阻力矩 M_g，因此 M_n 可以忽略不计，故发电机负载时的力矩平衡近似为 $M_t=M_g$。

机组从空载转为负载时，发电机定子向用户输出电能 u、i，负载电流 i 从零开始增大。与此同时，用户的负载电流 i 反过来在定子绕组中产生定子旋转磁场，定子旋转磁场对转子旋转磁场作用电磁阻力矩 M_g。当负载电流 i 从零开始增大时，电磁阻力矩 M_g 也从零开始

增大。使得机组转动系统的力矩平衡遭到破坏，为维持发电机输出频率 f 恒定不变，水轮机导水机构必须跟着开大导叶或喷针开度，水流量 Q 增加，增加输入水轮机的水能，水动力矩 M_t 增大，增大部分的水动力矩用来克服电磁阻力矩 M_g 做功，将新增加的水能转换成电能。

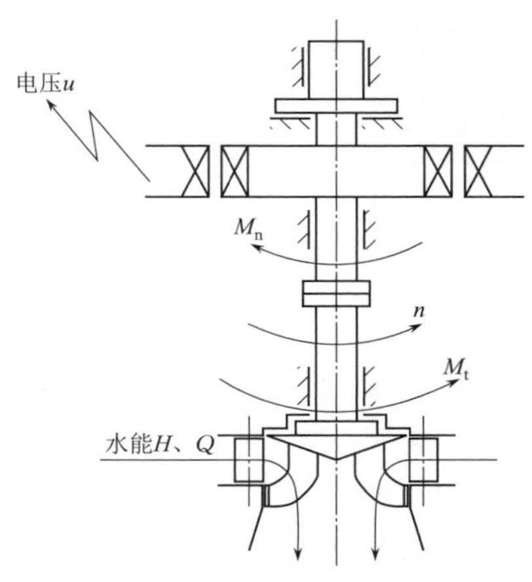

图 5-1　发电机空载时的转动系统力矩平衡

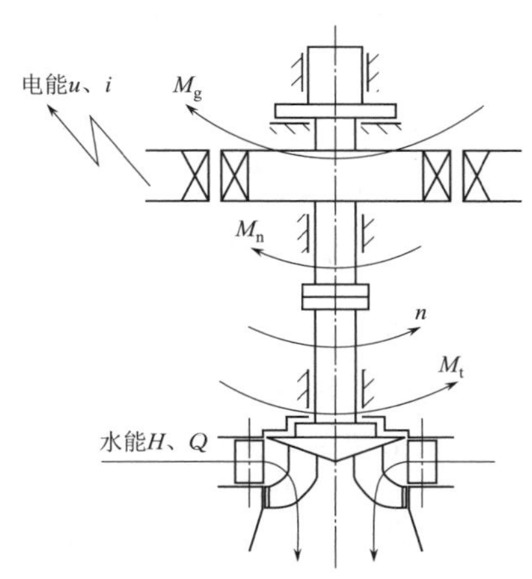

图 5-2　发电机负载时的转动系统力矩平衡

（二）水轮机调节的任务

图 5-3 为水轮机调节系统原理方框图。电磁阻力矩 M_g 正比于负载电流 i，并随着负载电流 i 的变化而变化，水动力矩 M_t 正比于水流量 Q，并随着水流量 Q 的变化而变化。负荷用电量变化是不可预测的，当用户负荷发生变化时，发电机定子电流 i 发生变化，使得定子对转子的电磁阻力矩 M_g 跟着发生变化，转动系统的力矩平衡破坏，造成机组转速 n 或发电机频率 f 发生变化。调速器根据发电机的频率 f 变化，输出机械位移 ΔY 作用水轮机导水机构，及时调节进入水轮机的水流量 Q，使水动力矩 M_t 跟着电磁阻力矩 M_g 的变化而变化，始终保持机组转动系统的力矩平衡 $M_t=M_g$。水轮机调节的任务是根据机组所带的负荷变化及时调节进入水轮机的水流量，使输入水轮机的水流功率与发电机所带的负荷功率保持一致，保证机组转速不变或在规定的范围内变化。

三、水轮机调速器分类

调速器按输出执行机构的数目分单一调节调速器和双重调节调速器。单一调节调速器适用在混流式机组、轴流定桨式机组和贯流定桨式机组中，根据负荷变化调节导叶开度。适用在水斗式机组中，根据负荷变化调节喷针开度。双重调节调速器适用在轴流转桨式机组和贯流转桨式机组中，根据负荷调节导叶开度，同时根据导叶开度和库水位调节桨叶角度。虽然双重调节调速器的导叶开度调节和桨叶角度调节两个调节对象不同，但是两路调节的原理相同，本章重点介绍单一调节调速器，对双重调节调速器只作简要介绍。

四、水轮机调速器的组成

图 5-4 为水轮机调速器结构原理框图。调速器在功能上由自动调节部分、操作部分和

油压装置三大部分组成。

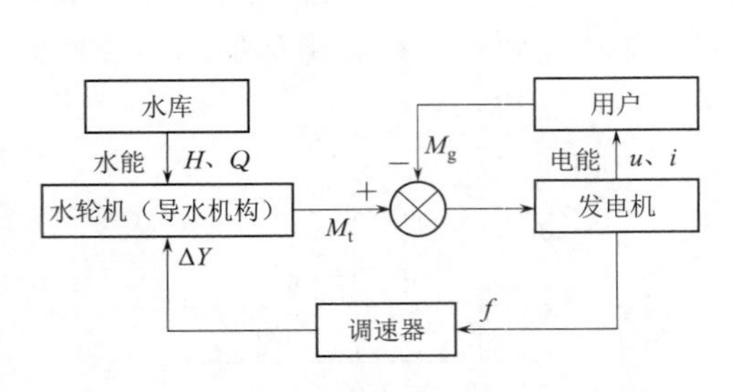

图 5-3 水轮机调节系统原理方框图

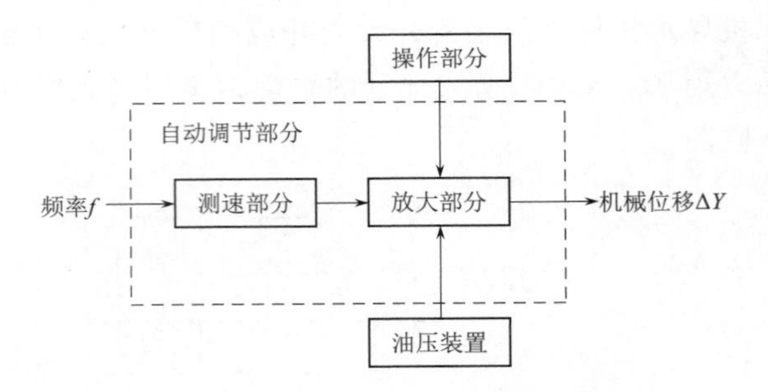

图 5-4 水轮机调速器结构原理框图

1. 自动调节部分

要实现对被调参数发电机的频率 f 进行调节，就要对被调参数 f 进行测量：如果被调参数 f 实际值与给定值有偏差，就需要进行调节；如果被调参数 f 实际值与给定值没有偏差，就不需要调节。当被调参数 f 实际值与给定值有偏差时，首先需要对偏差信号的物理量进行转换和放大，例如，将频率偏差信号转换成电压信号或者油压信号或者机械位移信号；然后将信号的功率放大到足以操作导水机构改变导叶开度，并按设定的调节规律进行调节。所以，自动调节部分由测速和放大两部分组成，完成对机组转速或发电机频率的测量、调节规律的设定和导叶开度的自动调节。功率放大是由液压放大器担任，液压放大器经主接力器输出有强大力和行程的直线机械位移 ΔY，机械位移 ΔY 调节作用水轮机导水机构，调节控制导叶开度和进入转轮的水流量。

2. 操作部分

任何自动化装置必须要有人工干涉的窗口，操作部分就是人机对话的窗口。例如人工进行调节参数修改或设定、频率给定、功率给定、频率调整、出力调整、手自动切换、手动调节控制等。

3. 油压装置

调速器的油压装置由油泵、压力油箱、补气装置、回油箱和压力信号器组成。现代中小型调速器油压装置普遍用储能器取代压力油箱，取消了补气阀和高压气系统，因此现代中小型调速器油压装置由油泵、储能器、回油箱和压力信号器组成。大中型调速器因为用油量大，储能器由于结构上的原因无法提供大油量，故还是采用传统的压力油箱。油压装置的作用是向液压放大器提供压力平稳、油量足够的压力油，压力油给接力器提供调节控制导水机构动作的压能。微机调速器的油压装置工作油压有 2.5MPa、4MPa、6.3MPa 和 16MPa 等多种，液压放大器的工作油压越高，接力器缸体直径越小。一个安全可靠的调速器要求能保证在全厂发生任何事故情况下也能关闭导叶，使机组安全停下来。为此，在油压装置内设置了压力油箱或储能器，压力油箱或储能器内始终保持 1/3 油、2/3 气，因为气体的压缩比极大，可以储存较大的压能，就是发生全厂停电，压力油箱或储能器内剩下的压力和油量也能将导叶从全开打到全关，保证机组安全可靠停机。

五、调速器与机组的接口方式

当调速器调节机组时，输入调速器的频率信号来自机组发电机的频率 f，调速器输出的主接力器直线机械位移 ΔY 作用机组水轮机的导叶开度（图 5-5）。因此这里需要解决如何将调速器的输入、输出与机组进行对接的问题。

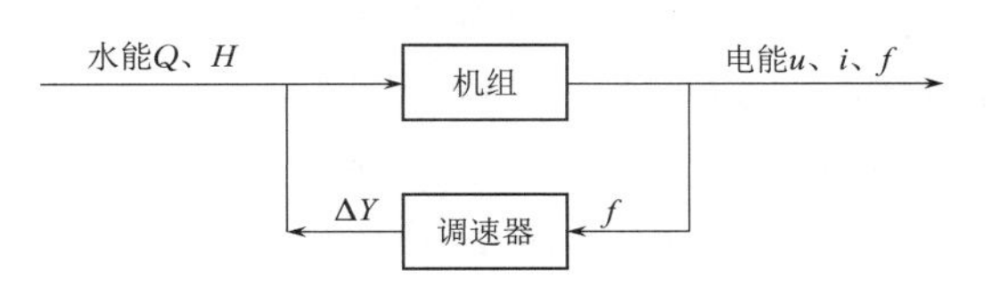

图 5-5　调速器与机组的对接

（一）发电机频率输入给调速器的方式

发电机频率信号输入给调速器的方式有残压测频、齿盘测频和磁钢测频三种方法。残压测频是从发电机机端电压互感器低压侧的交流电压信号中获取频率信号，然后由微机调速器内的测频模块进行数字测频。齿盘测频和磁钢测频是利用与发电机主轴一起旋转的齿盘经光敏三极管或磁钢转换成频率信号，然后由微机调速器内的测频模块进行数字测频。

（二）调速器输出机械位移给导水机构的方式

1. 中小型调速器输出机械位移给导水机构的方式

无论立式水轮机还是卧式水轮机，中小型调速器都是通过调速轴转动的转角位移（小于 60°）来带动水轮机导水机构推拉杆来回移动的。图 5-6 为调速轴与推拉杆的连接方式。其中，图 5-6（a）为卧式水轮机卧式调速轴与推拉杆的连接方式，调速轴 4 为卧式布置，调速轴两端各有一个径向滑动轴承，拐臂 5 与双头推拉臂 3 布置在两个径向滑动轴承的中间，拐臂与调速轴为轴孔配合键连接，双头推拉臂与调速轴也是轴孔配合键 6 连接，双头推拉臂两端分别与两根推拉杆 2 用圆柱销 1 铰连接，调速器输出的主接力器活塞杆与拐臂用圆柱销 7 铰连接。当调速器输出的主接力器活塞直线机械位移 ΔY 来回推拉拐臂时，拐臂带动调速轴来回转动，调速轴带动双头推拉臂来回转动，双头推拉臂带动两根推拉杆来回移动，两根推拉杆带动控制环来回转动，控制环带动所有导叶同步动作（参见图 3-35），从而调节导水机构导叶开度及进入转轮的水流量。有的小型机组调速器卧式布置的调速轴上只有一个滑动轴承（参见图 5-7 中的 1），这时的拐臂和双头推拉臂分别安装在径向滑动轴承的两侧。

（a）卧式调速轴

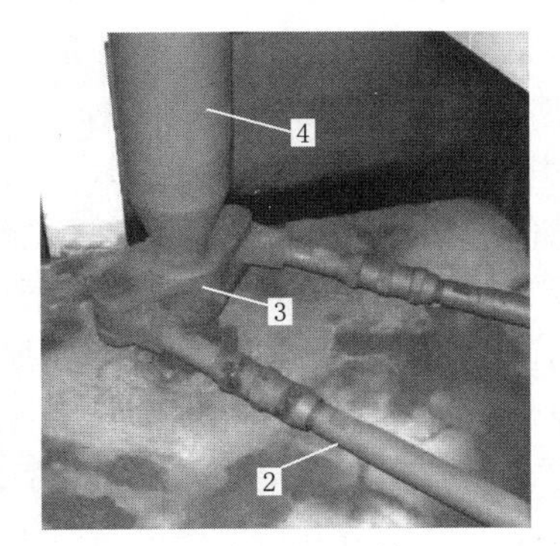

（b）立式调速轴

图 5-6　调速轴与推拉杆的连接方式

1、7—圆柱销；2—推拉杆；3—双头推拉臂；4—调速轴；5—拐臂；6—平键

如果将图 5-6（a）所示的卧式布置的调速轴顺钟向转 90°，并且大大加长拐臂与双头推拉臂之间调速轴的长度，就成为图 5-6（b）所示的立式水轮机的立式调速轴与推拉杆的连接方式，拐臂在上面的发电机层，双头推拉臂 3 在水轮机层。调速轴 4 的一个径向滑动轴承位于上面的发电机层，长长的调速轴从发电机层垂直穿过楼板到达水轮机层，在调速轴底

部为既能承受径向力又能承受立式调速轴重力的径向推力轴承。在上面发电机层调速轴顶部的拐臂与调速轴为轴孔配合键连接；在下面水轮机层的调速轴底部的双头推拉臂 3 与调速轴也是轴孔配合键连接，双头推拉臂两端分别与两根推拉杆 2 用圆柱销铰连接。

中小型机组的调速器只有一只主接力器，无论是卧式机组还是立式机组，都是用接力器活塞杆带动拐臂来回转动，拐臂带动调速轴来回转动，调速轴带动双头推拉臂来回摆动，双头推拉臂带动导水机构的两根推拉杆来回移动。这样，有个很大的问题就是带动调速轴转动的拐臂是圆弧运动，而带动拐臂转动的主接力器活塞和活塞杆是直线运动 ΔY，两者运动轨迹不一致。如果简单地将主接力器活塞杆与拐臂用圆柱销铰连接，因为运动轨迹不一致，运动时会卡死，所以在中小型机组的调速器中采用了大小滑块机构、摇摆式接力器、摇摆式活塞杆三种方法来解决运动卡死问题。

（1）大小滑块机构。图 5-7 为卧式调速轴水轮机的大小滑块机构。调速器柜内的主接力器活塞缸是固定不动的，在直线移动的主接力器活塞杆 3 与圆弧运动的拐臂之间设置了大小滑块机构。水平布置的调速轴安装在径向滑动轴承 1 孔内，在径向滑动轴承前面调速轴与拐臂轴孔配合键连接，在径向滑动轴承后面调速轴与双头推拉臂也是轴孔配合键连接。活塞杆与大滑块 5 刚性连接，来回直线位移的活塞杆带动大滑块 5 在圆形滑槽 6 内只能水平方向来回移动 ΔY，小滑块 4 在大滑块矩形滑槽内只能垂直方向上下移动，然后将拐臂与小滑块用圆柱销铰连接，当调速器主接力器输出活塞杆直线位移调节信号 ΔY 时，活塞杆通过大滑块带动小滑块水平方向来回移动，小滑块一边跟着大滑块水平方向来回移动一边在垂直方向上下移动，从而小滑块通过圆柱销带动拐臂圆弧转动，将活塞杆的直线位移转换成调速轴拐臂的圆弧运动。

如果将滑槽法兰盘 2 的固定螺栓全部退出，将滑槽逆时针方向转 90°后再将固定螺栓拧紧，调速轴就成为立式布置，拐臂相对滑槽的位置不变，但是拐臂从调速轴的侧面转到调速轴的顶部，加长的立式调速轴穿过发电机层的楼板到达水轮机层，双头推拉臂位于立式调速轴的底部［参见图 5-6（b）］，就成为立式调速轴大小滑块机构。

（2）摇摆式接力器。图 5-8 与图 5-6（a）是同一个设备不同两个方向的照片，将两个图结合分析。摇摆式接力器 4 的活塞杆 7 与拐臂 8 用圆柱销铰连接。由于整个主接力器放置在一个圆柱销的铰支座 5 上，摇摆式接力器以铰支座为中心可以上下自由摇摆。尽管摇摆式接力器的活塞在活塞缸内是直线移动 ΔY，活塞带动活塞杆也是直线移动，但是在活塞杆在推拉拐臂转动时，整个接力器活塞缸能根据拐臂转动时的运动圆弧自动上下摇摆做出角度调整。当开启腔信号油管 1 接压力油，关闭腔信号油管 2 接排油时，接力器活塞和活塞杆右移，活塞杆带动拐臂和调速轴 10 逆时针方向转动。当开启腔信号油管接排油，关闭腔信号油管接压力油时，主接力器活塞和活塞杆左移，活塞杆带动拐臂和调速轴顺时针方向转动。由于该调速器工作油压为 16MPa 的高油压，因此同样的操作力，主接力器的直径可以小得多。

（3）摇摆式活塞杆。图 5-9 为立式调速轴的摇摆式活塞杆的接力器。调速器柜内的接力器活塞缸 1 是固定不动的，但是活塞杆 3 通过圆柱销安装在活塞 5 的铰支座 4 上，活塞杆以铰支座为中心可以前后自由摇摆。尽管活塞在接力器活塞缸内是来回直线移动，但是在活塞杆通过圆柱销铰连接带动拐臂来回转动时，活塞杆能根据拐臂转动时的运动圆弧自动前后摆动做出角度调整。套筒 2 用螺栓 6 固定在活塞上与活塞一起直线移动，套筒与活塞缸端盖之间采用端盖密封，保证接力器缸不漏油。当接力器活塞左腔接压力油，右腔接排油时，活塞在缸内直线右移 ΔY，活塞带动活塞杆铰支座直线右移；当接力器活塞右腔接压力油，左腔接排油时，活塞在缸内直线左移 ΔY，活塞带动活塞杆铰支座直线左移。在活塞左右移动过程中，与拐臂铰连接的活塞杆以活塞上的铰支座为支点前后摇摆，带动拐臂圆弧来回转动，拐臂再带动立式调速轴来回转动。

图 5－7　卧式调速轴水轮机的大小滑块机构

1—径向滑动轴承；2—滑槽法兰盘；3—活塞杆；4—小滑块；5—大滑块；6—圆形滑槽

图 5－8　卧式调速轴的摇摆式接力器

1—开启腔信号油管；2—关闭腔信号油管；3—推拉杆；4—摇摆式接力器；5—铰支座；6—位移传感器；7—活塞杆；8—拐臂；9—滑动轴承；10—调速轴

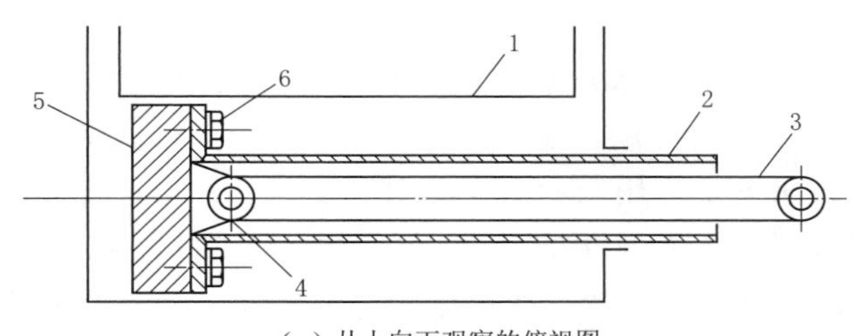

（a）从上向下观察的俯视图

（b）从前向后拍摄的照片

图 5－9　立式调速轴的摇摆式活塞杆的接力器

1—活塞缸；2—套筒；3—活塞杆；4—铰支座；5—活塞；6—螺栓

2. 大中型调速器输出机械位移给导水机构的方式

大中型机组的调速器取消了调速轴，水轮机层机坑内或水轮机廊道内的左右两个导叶接力器活塞杆直接推拉导水机构控制环的转动（取消了推拉杆），调速柜输出的调节信号油管与左右两个导叶接力器连接。

图 5－10 为大中型水轮机机坑内的右侧接力器布置图。右侧接力器 1 的活塞杆 2 直接与控制环用圆柱销铰连接，显然为了避免运动卡阻，接力器必须采用摇摆式活塞杆接力器（参见图 5－9）。

图 5－11 为大中型调速器水轮机机坑内的双接力器工作原理图。当来自发电机层调速柜导叶开度调节油压信号使得左侧接力器 1 的活塞左腔和右侧接力器 2 的活塞右腔同时接压力油，左侧接力器的活塞右腔和右侧接力器的活塞左腔同时接排油时，左右活塞杆带动控制环 5 顺时针方向转动，调节控制导叶关小。当来自调速器导叶开度调节油压信号使得左侧接力器的活塞左腔和右侧接力器的活塞右腔同时接排油，左侧接力器的活塞右腔和右侧接力器的活塞左

腔同时接压力油时，左右活塞杆带动控制环逆时针方向转动，调节控制导叶开大。图中可知，接力器活塞是直线运动，控制环是圆弧运动，为了避免运动卡阻，采用摇摆式活塞杆接力器。

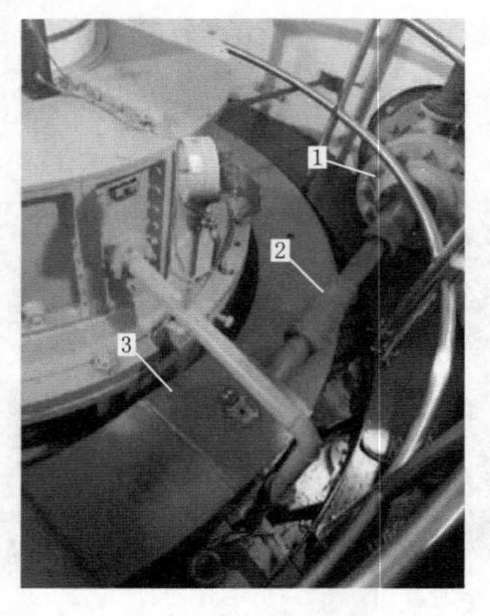

图 5-10　机坑内右侧接力器布置图

1—右侧接力器；2—右侧活塞杆；3—控制环

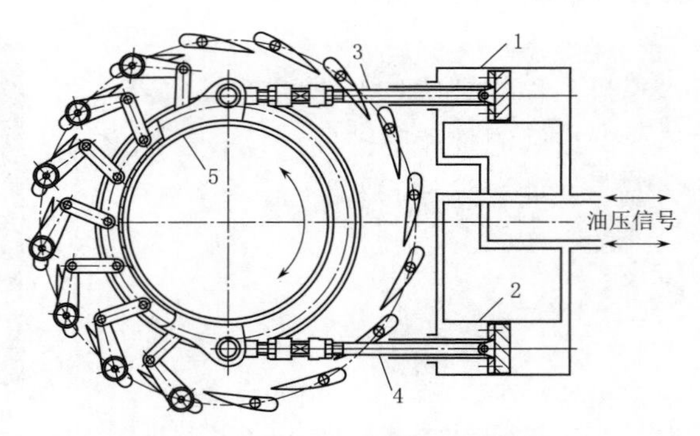

图 5-11　机坑内的双接力器工作原理图

1—左侧接力器；2—右侧接力器；3—左侧活塞杆；4—右侧活塞杆；5—控制环

六、水流量的作用

水轮机导叶打开后就有水流进入转轮，水轮机的水流量有两个作用，在机组并网之前，水流量推动转轮旋转，克服转动系统的机械摩擦阻力矩，建立机组转速。并网以后新增加的水流量用来带有功功率。图 5-12 为水轮机水流量作用示意图。由图 5-12（a）可知，并网前水流量从零开始增大的过程中，机组转速从零开始上升，当进入转轮的水流量增大到 Q_0 时，机组转速上升到额定转速 n_r，此时的水流量 Q_0 称为机组的空载流量，此时的导叶开度称空载开度。并网后水流量在空载流量 Q_0 的基础上继续增大，机组转速不再上升，而是发电机有功功率 N 输出从零开始增大，当进入转轮的水流量增大到额定流量 Q_r 时，发电机输出额定有功功率 N_r。由图 5-12（b）可知，当由于机械或电气设备事故，发电机断路器甩负荷跳闸时，发电机输出有功功率瞬间为零，如果水流量不在短时间内迅速减小的话，则本来用来带有功功率的工作流量 Q_r-Q_0 立即转用为建立新增的机组转速，造成机组飞车，最

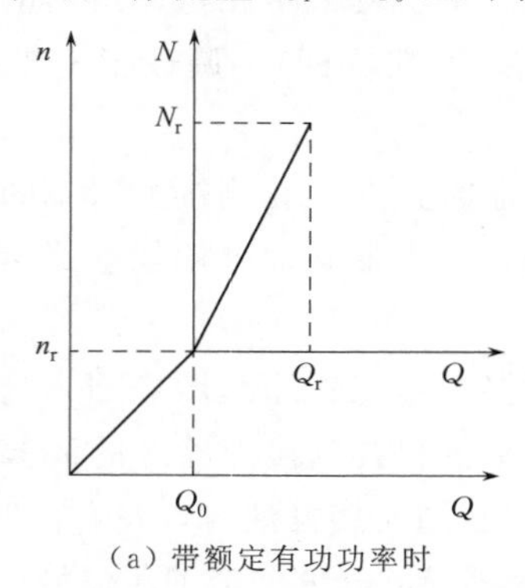

（a）带额定有功功率时

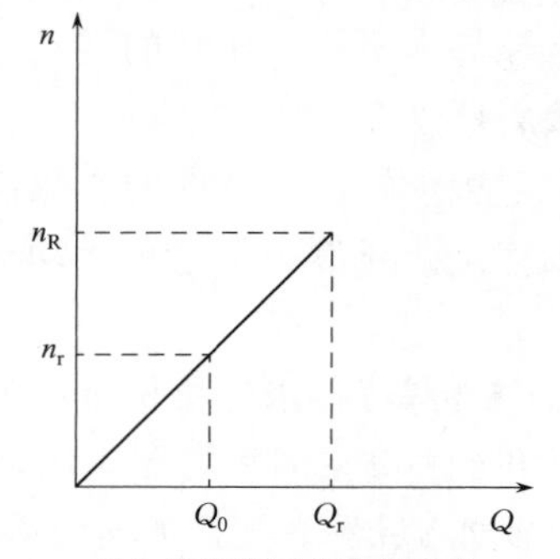

（b）甩负荷后水流量不变

图 5-12　水轮机水流量作用示意图

终机组转速上升到飞逸转速 n_R。

例如，AX 水电厂机组空载额定转速 $n_r=1000$r/min 时，水轮机空载流量 $Q_0=0.324m^3/s$。当发电机带额定有功功率 $N_r=5000$kW 时，水轮机额定流量 $Q_r=4.05m^3/s$，说明水流量 $4.05m^3/s$ 中的 $0.324m^3/s$ 用来建立机组转速，$3.726m^3/s$ 用来带有功功率，如果断路器甩负荷跳闸后水流量保持不变，则 $4.05m^3/s$ 水流量全用来建立机组转速，必定造成机组过速飞车。

水轮机工作流量还与水轮机工作水头有关，当水轮机工作水头高于设计水头时，额定转速时需要的空载流量和额定有功功率时的额定流量减少，导叶空载开度也减小；当水轮机工作水头低于设计水头时，额定转速时需要的空载流量和额定有功功率时的额定流量增大，导叶空载开度也增大。

七、微机调速器布置形式

1. 调速柜、接力器和油压装置三者一体布置

图 5-13 为卧式调速轴中小型调速器。调速柜、接力器和油压装置布置在同一个机座上，机座 6 的上面是微机调速柜 2，柜内是为一体化 PLC 模块、触摸屏等自动控制部分及电液转换装置，机座前的下面是接力器，机座后的上下是产生压力油的油压装置，其中机座后上面是油泵电动机和压力油箱 1，下面是回油箱。压力油箱（或储能器）向接力器提供操作导水机构的压力油。接力器活塞输出直线位移 ΔY 带动大滑块在滑槽内移动，大滑块带动小滑块（参见图 5-7 中的 5、4）在大滑块的滑槽内移动，小滑块带动拐臂转动，拐臂带动水平布置的调速轴转角位移［参见图 5-6（a）中的 4］，调速器输出的是调速轴的转角位移，适用对中小型卧式反击式水轮机的调节和中小型水斗式水轮机的调节。

图 5-13　卧式调速轴中小型调速器

1—压力油箱；2—调速柜；3—滑槽；4—手自动切换阀；5—手轮；6—机座

将卧式调速轴的滑槽法兰盘的螺栓全部松开退出，将滑槽逆时针方向转 90°后再将螺栓全部旋入拧紧，就成为立式调速轴中小型调速器，垂直布置的调速轴穿过发电机层的楼板到达水轮机层［参见图 5-6（b）］，调速器输出的是调速轴的转角位移，适用中小型立式反击式水轮机的调节。

2. 调速柜、油压装置两者一体布置

采用摇摆式接力器时，必须将接力器移出调速器机座外（参见图 5-8），调速柜和油压装置还是在同一个机座上，调速柜输出的是两根高压橡胶信号油管（参见图 5-8 中的 1、2）。两根高压橡胶信号油管通过摇摆式接力器带动调速轴的转角位移，适用对中小型卧式反击式水轮机调节。

3. 调速柜、油压装置和接力器三者分开布置

大中型混流式机组的单一调节调速器的调速柜和油压装置分开布置在发电机层，调速柜输出两根信号油管到水轮机层的水轮机机坑左右两只导叶接力器（参见图 5-11）。大中型轴流转桨式机组的双重调节调速器的调速柜和油压装置分开布置在发电机层（与混流式机组一样），调速柜输出四根信号油管，其中两根信号油管到水轮机层的水轮机机坑左右两只导

叶接力器（与混流式机组一样），另外两根信号油管到发电机层发电机顶部的轴端受油器（参见图 3-100），轴端受油器再将油压调节信号送入转轮体内的桨叶接力器。大中型贯流转桨式机组的双重调节调速器的调速柜和油压装置分开布置在操作层（参见图 3-95 中 47），调速柜输出四根信号油管（与轴流转桨式机组一样），其中两根信号油管到水轮机廊道左右两只导叶接力器（参见图 3-81），另外两根信号油管到灯泡体内的受油器（参见图 3-84 和图 3-87），受油器再将油压调节信号送入转轮体内的桨叶接力器（与轴流转桨式机组一样）。图 5-14 为 FX 水电厂 50000kW 立式混流式机组在发电机层的调速柜 2 和油压装置 3 的布置照片。由于机组容量大，导水机构要求的调节功大，调节过程中耗油量也大，因此油压装置中的压力油箱 1（高 2.7m，直径 1m）比中小型调速器的压力油箱（参见图 5-13 中的 1）大得多。虽然机组很大，但是自动化配置基本一样，因此调速柜 2 与中小型调速器的调速柜差不多大。调速柜上部为一体化 PLC 模块、触摸屏等自动控制部分，下部是伺服电机电液转换装置。

图 5-14　50000kW 机组调速柜和油压装置

1—油压装置的压力油箱；2—调速柜；3—油压装置

图 5-15 为 50000kW 立式机组水轮机层水轮机机坑内布置照片，两个接力器布置在机坑底部的左右两个水平洞内，发电机层调速柜内的伺服电机电液转换装置输出的两根信号油管 1（钢管），分别接水轮机层水轮机机坑内的左侧接力器和右侧接力器，左侧活塞杆 2 与右侧活塞杆（被主轴挡住了）一起推拉控制环 3 转动（参见图 5-11），调节控制水轮机导叶开度。

图 5-16 为 FX 水电厂水轮机机坑内的左右接力器布置。其中左右接力器 1 和 5 分别水平安装在水轮机机坑底部，来自发电机层调速柜内的伺服电机电液随动装置输出的两根信号油管 4 分别与左右侧接力器连接，左右侧活塞杆推拉控制环 3 转动，调节控制水轮机导叶开度。

图 5-15　50000kW 立式机组水轮机层水轮机机坑内布置照片

1—信号油管；2—左侧活塞杆；3—控制环；4—水导轴承；5—水轮机主轴

图 5-16　水轮机机坑内的左右接力器布置

1—右侧接力器；2—水导轴承；3—控制环；4—信号油管；5—左侧接力器

八、调速器的机械手动操作机构

对于小型调速器要求在油压消失的事故条件下能转为机械手动操作，因此配有机械手动操作机构。在有机械手动操作机构的调速器中的主接力器活塞前后两侧都有活塞杆，活塞前面的活塞光杆穿出活塞缸带动拐臂转动，拐臂带动调速轴转动，调速轴带动水轮机导水机构调节流量，活塞后面的活塞光杆穿出活塞缸并伸出机座，伸出机座的活塞杆上是加工了梯形大螺纹的螺杆（图 5-17），在螺杆 1 上旋入外面为圆柱体的大螺母 3，外圆柱体的前面直径大后面直径小，直径小的圆柱体上滑动配合套上一个有圆弧凹槽的滑环 2，然后将手轮 5（参见图 5-13 中的 5）与大螺母直径小的圆柱体轴孔配合键连接，因此滑环被夹在大直径圆柱体和手轮中间，滑环两个端面各有一个滚珠推力轴承 4，滑环、大螺母和手轮三者成为一个在螺杆上螺旋进螺旋退整体，但是滑环在大螺母上可以自由转动。

图 5-17　机械手动机构装配
1—螺杆；2—滑环；3—大螺母；
4—滚珠推力轴承；5—手轮

调速器油压正常时，转动手轮必须将大螺母退至螺杆最尾部，不影响接力器活塞和活塞杆全行程轴向移动调节导叶开度。当调速器油压消失事故发生失去操作力时，立即以最快速度手动顺时针方向转动手轮，使得手轮、大螺母、滑环在螺杆上一边转动一边左移动前进，最后大螺母和滑环一起进入调速器机座上的大孔中（参见图 5-13），然后用插销插入滑环的圆弧凹槽内（参见图 4-15 中的 8），将大螺母和滑环与调速器机座锁定在一起，使得大螺母和滑环只能转动不能轴向移动，将手自动切换阀（参见图 5-13 中的 4 和图 4-15 中的 14）转 90°，将活塞缸内活塞两侧油路直通，关闭总油阀，此时再手动转动手轮，大螺母转动，滑环不动，螺杆、活塞杆和活塞在手轮操作下轴向移动，成为机械手动操作水轮机导水机构。

当调速器油压恢复正常需要从机械手动切换成自动时，先将手自动切换阀回转 90°，使活塞左右两腔隔绝，拔出锁定插销，逆时针方向转动手轮将大螺母退至螺杆最尾部，打开总油阀，在触摸屏上将调速器就切换到自动。当机组容量比较大时，机械手动需要操作力也比较大，手动无法进行机械手动操作，因此机组容量比较大的调速器没有机械手动机构，一旦调速器油压消失，机组只得甩负荷紧急停机，调速器利用仅存的事故低油压紧急关闭导叶。

第三节　电网频率调整

电网中的负荷无时无刻不在变化，如果电网中的机组出力不做出及时调整，将引起电网频率波动超过允许值。电网频率调整虽然靠电网调度对负荷可预测的变化趋势的判断来调度机组的进入或退出电网，但对不可预测的瞬间负荷变化还是要靠电网中机组的调速器进行自动调节。

一、调速器的特性

由于输入调速器的频率变化信号 Δf 的单位是“Hz”，调速器主接力器输出机械位移

ΔY 的单位是“cm”，为了避免在建立输出与输入关系式时遇到的不同单位换算的麻烦，在定性分析中习惯将调速器的输入、输出信号全部用没有单位的相对值表示，频率（或转速）变化相对值为

$$x=\frac{\Delta f}{f_r}\times 100\%=\frac{\Delta n}{n_r}\times 100\%$$

式中　f_r——额定频率，与额定转速 n_r 对应，Hz；

　　Δf——频率变化绝对值，与转速变化绝对值 Δn 对应。

主接力器位移相对值为

$$y=\frac{\Delta Y}{Y_M}\times 100\%$$

式中　Y_M——主接力器最大行程，cm；

　　ΔY——主接力器位移绝对值，cm。

运行中调速器的重要任务是保证机组转速始终等于额定转速，转速等于额定转速时，$\Delta f=\Delta n=0$，转速变化相对值为

$$x=\frac{0}{f_r}\times 100\%=\frac{0}{n_r}\times 100\%=0$$

当额定转速 n_r 时，转速没有变化（$\Delta n=0$），所以额定转速时的转速变化相对值 $x=0$，规定用符号“x_0”表示额定转速时的转速变化相对值。因为后面定性分析全部采用相对值，所以有时“相对值”三字常常被省略。

当输入调速器的转速 x 发生变化时，调速器输出接力器位移跟着变化，进行自动调节。调速器输出 y 与输入 x 的调节规律有比例（P）规律调速器、比例-积分（PI）规律调速器和比例—积分—微分（PID）规律三种，不同调节规律的调速器有不同静态特性和动态特性。静态特性反映调速器每次调节结束重新稳定后，输出 y 与输入 x 的关系，与时间 t 无关。动态特性反映调速器从一个静态过渡到另一个静态调节的过渡过程，与时间 t 有关。了解调速器的不同特性，可以了解不同特性调速器调节的机组所具有的不同的机组特性，从而了解不同特性的机组在电网中的不同地位和作用，加深理解电网频率调整的原理和方法。

（一）P 规律调速器的特性

1. 静态特性曲线

比例（P）规律调速器输出接力器位移 y 与输入转速信号 x 之间的特性方程为

$$y=-\frac{1}{b_P}x \tag{5-1}$$

式中负号表示调节方向：当转速上升，$x>0$ 时主接力器位移 $y<0$，表示关小导叶或喷针；当转速下降，$x<0$ 时主接力器位移 $y>0$，表示开大导叶或喷针。比例规律调速器的特性方程是一个线性函数，根据数学函数与图像知识可知，每一个函数都可以在 x、y 坐标平面上画出函数所对应的图像。在调速器静态特性分析中将纵坐标命名为 x 坐标，横坐标命名为 y 坐标，然后根据静态特性方程式（5-1）在 x、y 坐标平面上得到图 5-18 左边过坐标系原点的斜线，斜线的斜率为 b_P。在调速器静态特性定性分析时，习惯把纵坐标移到最左边，横坐标移到最下面，如右边图形，得到 P 规律调速器静态特性曲线。这种平移的坐标线没有改变静态特性输出 y 与输入 x 的关系。由图 5-18 可知，输入调速器的频率信号最

小（x_{min}）时，主接力器位移在全开位置（$y=100\%$）；输入调速器的频率信号为额定频率（x_0）时，主接力器在空载位置（$y_空$）；输入调速器的频率信号最大（x_{max}）时，主接力器位移在全关位置（$y=0$）。调速器输出主接力器位移 y 与输入转速信号 x 为一一对应的比例关系。

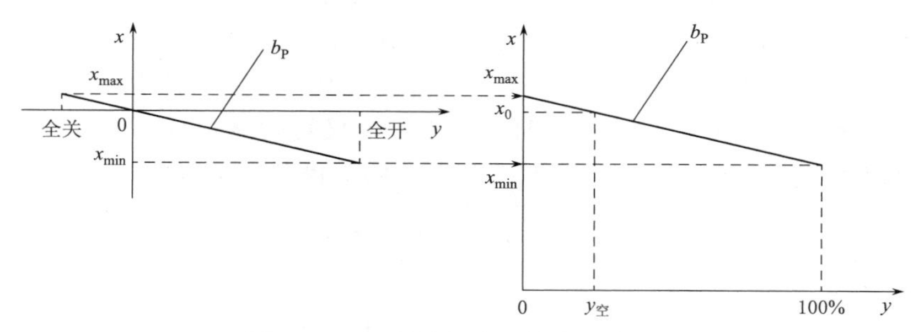

图 5-18　P 规律调速器静态特性曲线

这里讨论的调速器是在实验室里，输入调速器的频率信号 x 是实验室的频率发生器人为提供的，因此出现了输入调速器的最大频率信号 x_{max} 时，主接力器位移在 $y=0$ 时全关位置。实际运行的调速器如果主接力器位移在 $y=0$ 的全关位置，也就是说导叶全关，进入水轮机转轮的水流为零，转速应该为零，而不是最大频率信号 x_{max}。所以，实际运行的调速器只要主接力器位移小于空载位置，进入转轮的水流量就小于空载流量，机组不是开机过程中的转速上升就是停机过程中的转速下降。因此主接力器位移小于空载位置时的调速器静态特性曲线对实际运行机组来讲毫无意义。但是这不影响在实验室对调速器静态特性的讨论和分析。

2. 永态转差系数 b_P 的含义

b_P 是坐标图形曲线的斜率。图 5-19 为永态转差系数 b_P 含义示意图，由图可知，同样的主接力器位移 y_2-y_1，b_P 越大，静态特性曲线越陡，每次调节结束后的静态转速偏差 x_1-x_2 越大；b_P 越小，静态特性曲线越平，每次调节结束后的静态转速偏差 x_1-x_2 越小。说明 P 规律调速器调节前后不消失的静态转速偏差是由 b_P 引起的，因此称 b_P 为永态转差系数，规定 b_P 在 0～10%范围内可调。

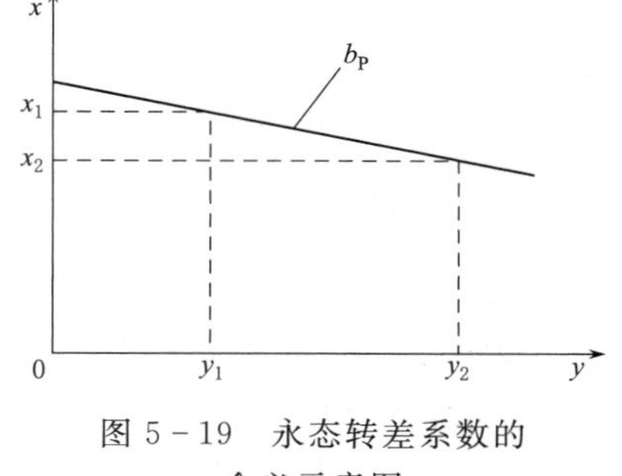

图 5-19　永态转差系数的含义示意图

3. 动态特性

根据 P 规律调速器输出接力器位移 y 与输入转速信号 x 之间的特性方程可知，特性方程中没有时间变量 t，这说明在动态过渡过程中，输出 y 对输入 x 的响应不需要时间，是瞬间响应，而且输出 y 与输入 x 每时每刻保持比例 b_P 关系。这种动态称比例特性。理想调节系统输出可以瞬间响应，实际调节系统总是有惯性的，输出不可能是瞬间响应，输出响应在时间上总有滞后。

4. 静态特性

每次调节结束后，主接力器位移 y 都在新的位置，从特性曲线可知，对应的稳态转速肯定不是原来转速。说明每次调节前后都存在静态转速偏差，这种静态特性称有差特性。

（二）PI 规律调速器的特性

1. 积分的概念

如果一个人是以匀速 v 走路，速度 v 为常量，走路的时间 t 为变量。这个人在 t 时间内走的路程 S 等于速度乘时间，即 $S=vt$。如果一个人是以变速 v 走路，速度 v 有时快有时慢，速度 v 为变量，走的时间 t 也为变量，数学计算中两个变量不能直接相乘，需用积分的方法。这个人变速走路的路程必须用积分的方法计算。具体思路是认为在极短的时间 $\mathrm{d}t$ 内，近似认为速度 v 为常量，那么在极短的时间 $\mathrm{d}t$ 内走的极短的路程 $\mathrm{d}S=v\mathrm{d}t$，然后把许多个极短路程 $\mathrm{d}S$ 加在一起（积分在一起），变速 v 走路的路程 S 等于速度 v 对时间的积分，即

$$S=\int v\mathrm{d}t \tag{5-2}$$

2. 静态特性曲线

PI 规律调速器输出接力器位移 y 与输入转速信号 x 之间的特性方程为

$$y=-\left(\frac{1}{b_{\mathrm{t}}}x+\frac{1}{b_{\mathrm{t}}T_{\mathrm{d}}}\int x\mathrm{d}t\right)=y_1+y_2 \tag{5-3}$$

PI 规律调速器的输出主接力器位移比 P 规律调速器的输出主接力器位移增加了积分部分 y_2。

调节过程中转速 x 是变量，时间 t 也是变量，因此式中积分部分 y_2 是转速 x 对时间 t 的积分。只要输入调速器的转速不回到额定转速，x 就回不到零，积分部分 y_2 一直在变大或变小，主接力器位移不是开大就是关小。什么时候 $x=\boldsymbol{x}_0$（x_0 在数值上等于 0），积分部分 y_2 不再变化，主接力器 y 可以在任意位置稳定下来。也就是说 PI 规律调速器的输出 y 与输入 x 不再有一一对应的关系。输出 y 与输入 x 只有一个关系 $x=\boldsymbol{x}_0$ 时，输出 y 可以任意个。只有水平线才能做到一个纵坐标 x 有任意个横坐标 y。所以 PI 规律调速器的静态特性是一条水平线（图 5-20）。

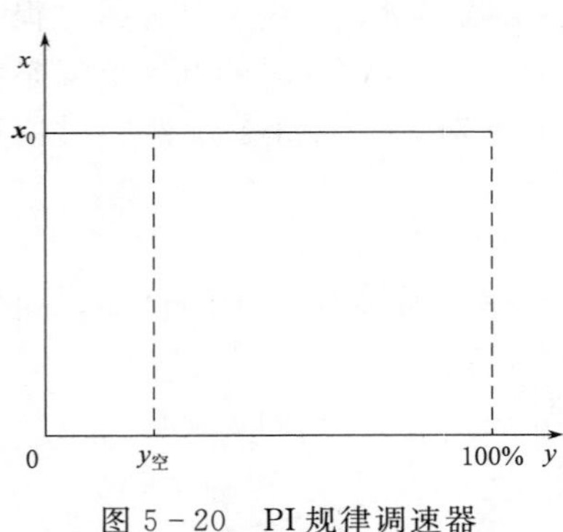

图 5-20　PI 规律调速器静态特性曲线

3. 动态特性

根据 PI 规律调速器输出接力器位移 y 与输入转速信号 x 之间的特性方程可知，PI 规律调速器比 P 规律调速器多了一项与时间 t 有关的积分部分，因此据 PI 规律调速器的动态为比例-积分特性。

4. 静态特性

只要转速 x 不等于额定转速，主接力器不是开到底就是关到底，什么时候转速等于额定转速，什么时候主接力器停止位移。每次调节结束后，主接力器位移 y 在新的位置，转速还是原来转速。说明调节前后没有静态转速偏差，这种静态特性称无差特性。

5. 暂态转差系数 b_{t} 的含义

b_{t} 是式中比例部分的比例系数 $1/b_{\mathrm{t}}$ 的分母，b_{t} 的含义与永态转差系数 b_{P} 相似，但是因为是无差特性，所以由 b_{t} 产生的转速偏差是暂时的，每次调节结束进入稳态后，b_{t} 产生的转速偏差都会按指数规律消失，因此，b_{t} 称暂态转差系数，规定 b_{t} 在 0～100％范围内可调。

6. 缓冲时间常数 T_d 的含义

缓冲时间常数 T_d 表示暂态转差系数 b_t 的转差作用按指数规律消失的速率（注意，不是 b_t 消失的时间），规定 T_d 在 0～20s 范围内可调。

（三）PID 规律调速器的特性

1. 微分的概念

在物理已知，速度与时间比值称为加速度，如果一个人是变速 v 走路，速度 v 有时快有时慢，速度 v 和时间 t 都为变量，那么加速度 a 也是变加速度。如果在极短的时间 $\mathrm{d}t$ 内速度变化值为 $\mathrm{d}v$，则变速运动在 $\mathrm{d}t$ 内的加速度为

$$a=\frac{\mathrm{d}v}{\mathrm{d}t} \tag{5-4}$$

在数学上称变加速度等于速度对时间的微分。

2. 静态特性曲线和静态特性

PID 规律调速器输出主接力器位移 y 与输入转速信号 x 之间的特性方程为

$$y=-\left(\frac{1}{b_t}x+\frac{1}{b_tT_d}\int x\mathrm{d}t+T_n\frac{\mathrm{d}x}{\mathrm{d}t}\right)=y_1+y_2+y_3 \tag{5-5}$$

PID 规律调速器的输出主接力器位移比 PI 规律调速器的输出主接力器位移增加了微分部分 y_3。如果输入转速信号变化值为 $\mathrm{d}x$，将转速变化值 $\mathrm{d}x$ 与转速变化的时间 $\mathrm{d}t$ 的比值 $\mathrm{d}x/\mathrm{d}t$ 称为转速变化的加速度。主接力器位移微分部分 y_3 与转速变化加速度 $\mathrm{d}x/\mathrm{d}t$ 成正比，正比系数为微分时间常数 T_n。

无论调速器重新稳定以后转速 x 为何值，稳定以后的转速加速度 $\mathrm{d}x/\mathrm{d}t$ 肯定为零，也就是说，PID 规律调速器稳定以后微分部分 $y_3=0$，重新稳定以后 PID 规律调速器的特性方程与 PI 规律调速器的特性方程完全一样，因此 PID 规律调速器的静态特性曲线与 PI 规律调速器静态特性曲线一样，也是一条水平线，见图 5-21。PID 规律的静态特性也是无差特性。

3. 动态特性

只要调速器输入转速信号 x 在变化，就有加速度 $\mathrm{d}x/\mathrm{d}t$，主接力器位移中就有微分部分 y_3。因此据 PID 规律调速器的动态为比例—积分—微分特性。

大家知道运动场上百米赛跑的运动员起跑瞬间速度是最小，但是加速度是最大。如果用 PID 规律的调速器去调节机组，意味着机组在 t_0 时刻转速 x 发生突变（图 5-22）瞬间，转速变化 $\mathrm{d}x$ 最小，但转速变化的加速度 $\mathrm{d}x/\mathrm{d}t$ 最大，在 t_0 时刻接力器位移关导叶或开导叶的微分调节作用 y_3 最大，调速器对机组转速调节作用也最大。矫枉必须过正，在 t_0 瞬间导叶甚至适当关过头或开过头一点，对后续的调节过程只有好处没有坏处。

机组转速变化越剧烈，变化瞬间的加速度 $\mathrm{d}x/\mathrm{d}t$ 越大，主接力器位移微分部分 y_3 的调节作用越大。说明微分部分在机组转速突变瞬间，对转速变化严重的程度具有超前的预见性，这对减小机组转速波动的过调量（t_1 时刻出现的转速变化最大值）、波动次数和调节时间都有好处，因此 PID 规律是调节性能最好的一种调节规律。此结论适用任何调节系统。

二、水轮机调节系统的特性

水轮机调节系统的静态特性是研究机组频率与机组出力之间的关系，机组出力就是发电

机出力，用相对值 p 表示。调速器和机组连接后构成水轮机调节系统，调速器在调节系统中作为调节装置，机组作为被调对象。在调节系统中调速器的输出主接力器机械位移 ΔY 作用机组水轮机的导水机构，输入调速器的转速信号来自机组的发电机，也就是说机组频率 x 就是调速器的输入频率。

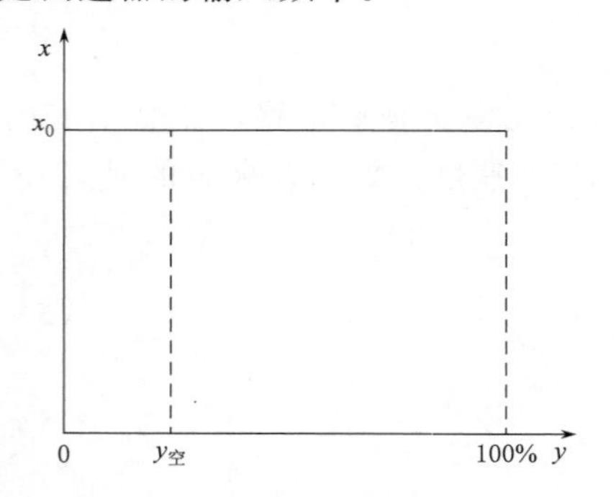

图 5-21　PID 规律调速器静态特性曲线

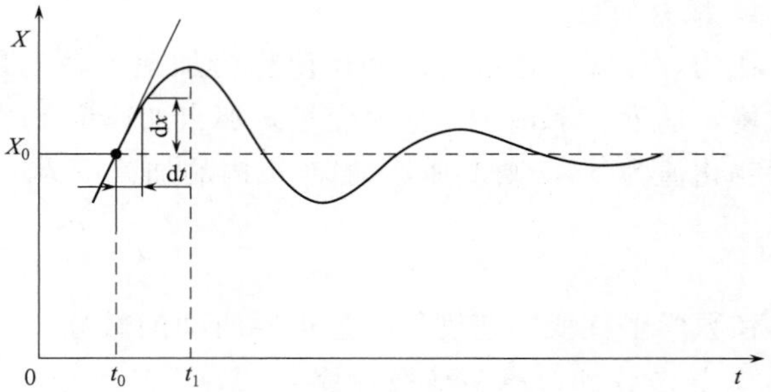

图 5-22　机组转速波动过程曲线

(一) P 调节规律机组的特性

1. 静态特性曲线

主接力器位移 y 越大，进入转轮的水量越大，机组出力 p 也越大。假设机组出力 p 与主接力器位移 y 是一一对应的线性关系，比例系数为 k_P。同时，已知 P 规律调速器输入 x 与调速器输出主接力器 y 为一一对应的线性比例关系，比例系数为 b_P。因此，机组出力 p 与机组转速 x 也是一一对应的比例关系（图 5-23），比例系数为 $e_P=k_Pb_P$，e_P 为机组调差率，调整了 b_P 也就是调整了 e_P。

图中 5-23 的上半部分是 P 规律调速器的静态特性曲线，下半部分是 P 规律机组的静态特性。当主接力器位移在 $y=100\%$ 的全开位置时，对应的机组出力 $p=100\%$，当主接力器位移在空载位置 $y_{空}$ 时，对应的机组出力 $p=0$。调速器主接力器位移小于空载位置 $y_{空}$ 时，对机组来讲是处于停机或开机过程，因此调速器主接力器位移小于空载位置 $y_{空}$ 的静态特性曲线对机组来讲毫无意义。

2. P 规律机组的特点

P 规律机组静态特性曲线有以下特点：

(1) 机组出力调整前后存在静态转速偏差——有差特性。

(2) 单机运行时，随着机组出力的增加，机组的重新稳定以后静态转速逐步下降；随着机组出力的减少，机组的重新稳定以后静态转速逐步上升，所以不能单机运行。

(3) 永态转差系数 b_P 越大，同样的机组出力变化调整前后的静态转速偏差越大。

(二) PI 调节规律机组的特性

1. 静态特性曲线

图 5-24 上面是 PI 规律调速器的静态特性曲线，下面是 PI 规律机组的静态特性。根据调速器的无差静态特性曲线可知，无论主接力器位移 y 在什么位置，只要调速器转速等于原来转速，主接力器位移 y 可以在任何位置稳定下来。由于一个主接力器位移 y 对应有一个机组出力 p，所以只要机组转速等于原来转速，机组可以在任意出力稳定下来。因此 PI

规律机组的静态特性也是无差特性。

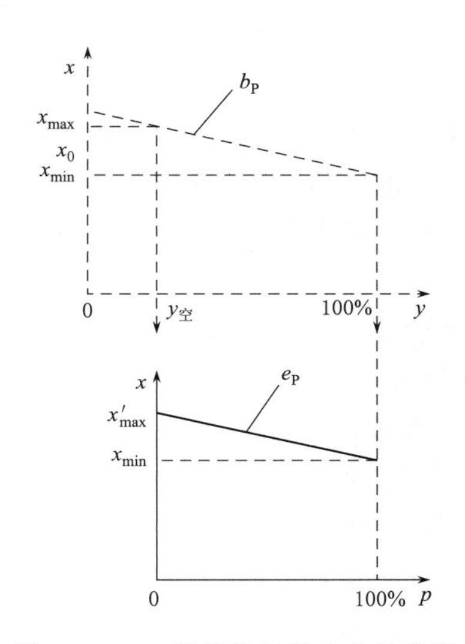

图 5-23　P 规律机组静态特性曲线

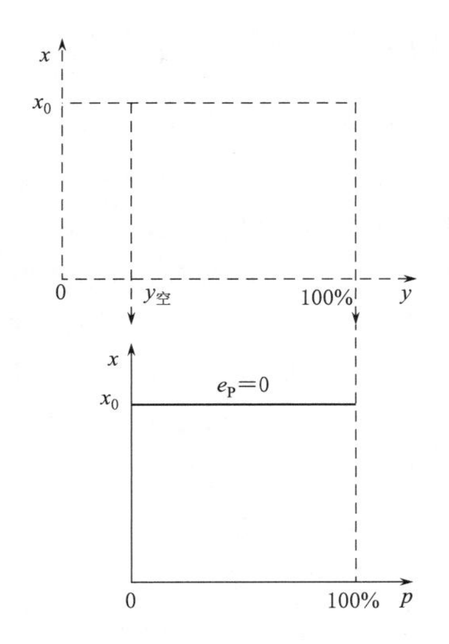

图 5-24　PI 规律机组静态特性曲线

当主接力器位移在 $y=100\%$的全开位置，对应的机组出力 $p=100\%$，当主接力器位移在空载位置 $y_空$时，对应的机组出力 $p=0$。调速器主接力器位移小于空载位置 $y_空$时，机组处于停机或开机过程，因此调速器主接力器位移小于空载位置 $y_空$ 的静态特性对机组毫无意义。

2. PI 规律机组的特点

PI 规律机组静态特性曲线有以下特点：

(1) 机组出力调整前后没有静态转速偏差——无差特性。

(2) 无论机组出力如何变化，机组的重新稳定以后静态转速不变，可以单机运行。

(3) 无差特性机组可以认为永态转差系数 $b_P=0$ ($e_P=0$)。

(三) PID 调节规律机组的特性

1. 静态特性曲线和特点

因为 PID 规律调速器的静态特性曲线与 PI 规律调速器的静态特性曲线相同，所以 PID 规律机组的静态特性曲线与 PI 规律机组的静态特性曲线也完全一样，也是无差特性。

2. PID 与 PI 动态特性比较

由于 PID 调速器调节规律中的微分部分 dx/dt 对转速变化严重的程度具有超前的预见性，调速器在转速突变瞬间就迅速而强烈地做出调节，从图 5-25 可以看出，在同样的负荷波动条件下，PID 规律比 PI 规律机组的转速过调量减小了，波动次数减少了，调节时间缩短了，说明 PID 调节规律机组

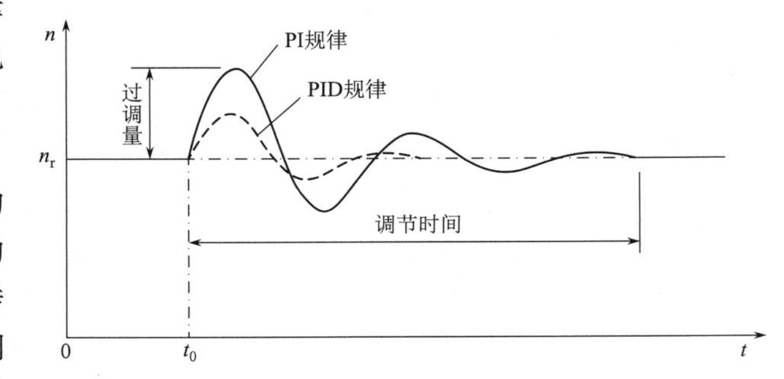

图 5-25　PID 机组与 PI 机组的动态过程比较

的动态特性比 PI 调节规律机组的动态特性好。

三、调速器参数对调节系统的影响

永态转差系数 b_P 越大，机组出力调整前后的静态转速偏差越大，b_P 越小则相反；暂态转差系数 b_t 越大，机组稳定性越好，速动性越差，b_t 越小则相反；缓冲时间常数 T_d 越大，机组稳定性越好，速动性越差，T_d 越小则相反；微分时间常数 T_n 越大，机组过调量减小，波动次数减少，调节时间缩短，T_n 越小则相反。

机组稳定性和速动性是一对矛盾，往往稳定性好的机组，对变化负荷响应的速动性要差一点。对变化负荷响应的速动性好的机组，往往稳定性要差一点。单机带一片负荷时，希望机组的稳定性好一点。并网运行的电网中的骨干大型机组，希望稳定性好一点，而电网中的中小型机组希望机组并网之前稳定性好一点，利于快速并网，并网以后又希望机组的速动性好一点，利于对电网的变化负荷做出快速响应。现代微机调速器已经能够实现同时满足并网前后的变参数运行。

永态转差系数 b_P 是由电网调度指令性给定的，不能随意变动。其他三个参数必须在现场由有经验的工程技术人员根据实际机组转动系统的机械惯性、压力管路的水流惯性等进行反复调整，最后得到一组最佳组合的参数数据。任何事物不是绝对的，当 b_t、T_d 和 T_n 参数过大或过小，会出现与预期相反的后果，因此，调速器的参数整定是一项十分复杂和技术性较强的工作。

四、电网频率调整

（一）电网中负荷及机组的分类

电力生产的产、供、销同时进行，每时每刻电网发电总功率必须严格等于用电总负荷。但是用电负荷进出电网是随意性的和不可预见性的，因此必须采取一套完整科学的电网机组调度方法和电网频率调整方法来保证电网频率的稳定。

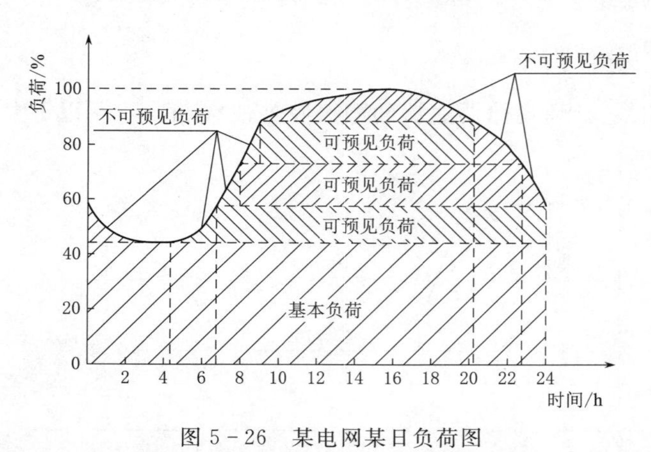

图 5-26 某电网某日负荷图

1. 电网的负荷分类

电网负荷在一天 24h 内起伏变化很大，白天用电负荷高，晚上用电负荷低。如图 5-26 可见下午 16：00 用电负荷最高，称这天负荷的“峰”，凌晨 3：00 用电负荷最低，称这天负荷的“谷”。尽管每天电网的负荷起伏很大，但是还是可以根据负荷起伏变化的特点把电网负荷分成三类不同性质的负荷。

（1）基本负荷。电网在一天 24h 内的起伏变化中，用户最低负荷的规模应该是知道的。这类负荷称电网的基本负荷。基本负荷主要有 24h 不能停工的工矿企业，例如，炼钢厂的高炉、玻璃厂、水泥厂的炉窑等负荷，还有大量的不确定的和变化的个体用户。电网越大，基本负荷越大。基本负荷决定了日负荷的“谷”。

（2）可预见负荷。可预见负荷是由人们正常生活生产规律产生的。电网在一天24h内的起伏变化中，在某一个时段，负荷变化的趋势应该是知道的。例如图中早晨6：45的负荷肯定比4：15的负荷高，晚上22：45的负荷肯定比20：10的负荷低，这类负荷称电网的可预见负荷。可预见负荷用户对象是不确定的和变化的，例如4：15—6：45期间，负荷增增减减都有，但是大家准备起床上班，肯定是增的多减的少，20：10—22：45期间，负荷减减增增都有，但是大家准备下班睡觉，肯定是减的多增的少。

（3）不可预见负荷。电网在一天24h内的起伏变化中，知道4：15以后的负荷增增减减的变化趋势是增大，但是4：15以后的某一个时刻的精准负荷是不可预见的。知道20：10以后的负荷减减增增的变化趋势是减小，但是20：10以后的某一个时刻的精准负荷是不可预见的。

2. 电网的机组分类和应用

随着水电、火电、风电、太阳能发电、核电等各类发电厂的能源来源不同，其发电时在电网中所表现的能源特性也不一样，这就决定了它们在电网中的地位和作用也不一样。

（1）基荷机。火电厂的能源来自煤炭燃烧的锅炉，热惯性大，电网要求火电厂机组增加出力时，因锅炉燃烧响应慢产汽不够，电网要求火电厂机组减少出力时，因锅炉燃烧响应慢产汽太多，所以火电厂对电网要求出力变化调整响应较慢。核电厂的能源来自核反应堆，频繁要求核电厂机组增减出力，意味着频繁增强或减弱核反应强度，这对核反应堆是不安全的。由此可见，火电厂、核电厂机组装机容量大，在电网中属于骨干机组，但是调节性能差，对电网负荷变化响应慢，最好带固定不变的额定负荷，频繁调整出力或进出电网，既不经济也不安全。用这类电厂的机组来承担电网中的基本负荷，这类机组称基荷机。

（2）调峰机。水电厂的能源来自水库的水流，进入水轮机的水流调节快速、简单、方便。因此中小型水电厂机组在电网中调节性能较好，增减负荷和进出电网灵活方便。用这类电厂的机组来承担电网中的可预见负荷，这类机组称调峰机。

（3）调频机。大型特大型水电厂在电网中调节性能较好，装机容量大使得承担变化负荷能力强。用这类电厂的机组来承担电网中的不可预见负荷，保证电网频率稳定，这类机组称调频机。

（二）有差特性机组的应用

1. 有差特性机组并列运行

以图5-27所示三台机组并列的小电网为例，因为每一台机组的静态特性曲线都是倾斜线，每一台机组的静态特性曲线与表示网频的水平线只有一个交点，因此只要电网频率不变，每台机组在电网中的承担的负荷很明确，这对有成千上万台机组的电网来讲非常重要。当用电负荷变化引起电网频率波动时，每一台机组会按预先设定好的机组调差率e_P自动增加或减少出力。例如，电网用电负荷增加ΔN，根据每台机组静态特性曲线图中大小两个相似三角形的对应边比例关系可得三台机组出力都会自动增加ΔN_1、ΔN_2、ΔN_3，即

$$\Delta N_1=\frac{\Delta f}{e_{P1}};\quad \Delta N_2=\frac{\Delta f}{e_{P2}};\quad \Delta N_3=\frac{\Delta f}{e_{P3}}$$

$$\Delta N=\Delta N_1+\Delta N_2+\Delta N_3 \tag{5-6}$$

保证了电网机组总增加出力与电网总增加负荷的随时平衡。由于三台机组都是有差特

性，因此重新稳定以后的频率肯定不是原来的频率，比原来频率低 Δf，根据图形可知，机组调差率 e_P 越大，静态特性曲线越陡，对电网变化负荷的承担量 ΔN 越小（例如 2 号机），机组调差率 e_P 越小，静态特性曲线越平，对电网变化负荷的承担量 ΔN 越大（例如 3 号机）。每台机组分派到的变化负荷是非常明确的，不会出现大家抢负荷或推负荷。

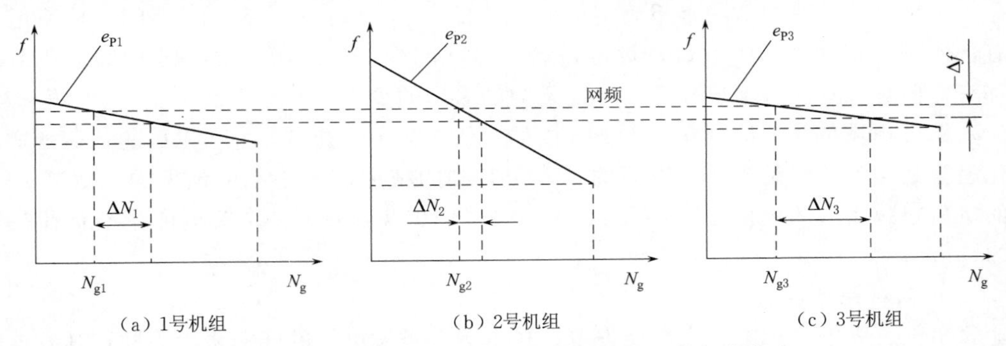

图 5-27 有差特性机组并列运行时机组间的负荷分配

2. 有差特性机组的优点

(1) 在电网中对负荷的承担量明确。

(2) 在电网中对变化负荷的承担量明确，承担量与 b_P 成反比。

3. 有差特性机组的缺点

只要机组自动参与了调节，机组重新稳定后的频率肯定不是原来频率。

4. 有差特性机组的应用

有差特性机组不能单机带负荷运行，如果单机带负荷运行，那么随着负荷的增加，机组稳态转速越来越低，随着负荷的减小，机组稳态转速越来越高，这显然是不允许的。

有差特性机组在电网中作为调峰机运行，按电网调度命令进入或退出电网，承担电网中的可预见负荷。b_P 由调度指令性给定。如果调度给本机组的 b_P 小，说明本机组在电网中的地位高，当电网负荷发生波动时，调度希望本机组多承担变化负荷。如果调度给本机组的 b_P 大，说明本机组在电网中的地位低，当电网负荷发生波动时，调度希望本机组少承担变化负荷。

（三）无差特性机组的应用

1. 无差特性机组并列运行

以图 5-28 所示三台机组并列的小电网为例，因为每台机组的静态特性曲线都是水平线，每一台机组的静态特性曲线与表示网频水平线没有明确的交点，因此，每台机组在电网中承担的负荷并不明确，这对有成千上万台机组的电网来讲是绝对不允许的，会出现机组间不断地在抢负荷或推负荷，造成电网频率波动和机组运行不稳定。

2. 无差特性机组的优点

无差特性机组的优点是在机组的出力范围内，无论带多少负荷，机组重新稳定后的转速肯定是原来转速。

3. 无差特性机组的缺点

(1) 同一电网中有两台或两台以上并列运行时，对负荷的承担量不明确。

(2) 同一电网中有两台或两台以上并列运行时，对变化负荷的承担量不明确。

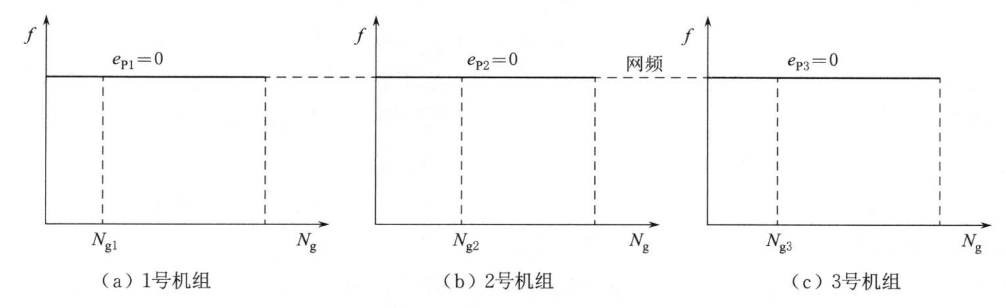

图 5-28　无差特性机组并列运行时机组间的负荷分配

4. 无差特性机组应用

无差特性机组能单机运行。无差特性机组在电网中作为调频机运行，承担电网中的不可预见负荷。但是一个电网只能有一台 $b_P=0$ 无差特性的调频机。

(四) 电网的二次调频原理

1. 电网调度得当时的一次调频原理

(1) 不可预见负荷增加。根据某电网某日负荷图，在早晨 6：45 以后，不可预见负荷的变化趋势是逐步增加的，电网调度应在 6：45 前命令第一批调峰机组 2 号机进入电网［图 5-29 (a)］，调峰机组 2 号机进入电网后在人为增负荷时，调频机组在自动减负荷，将调频机组的负荷转移到调峰机组 2 号机上，调度采用指令第一批调峰机组进入电网的方法，总能使调频机组处于 15%的浅负荷状态，此时调频机组对不可预见负荷增的调节容量为 85%。

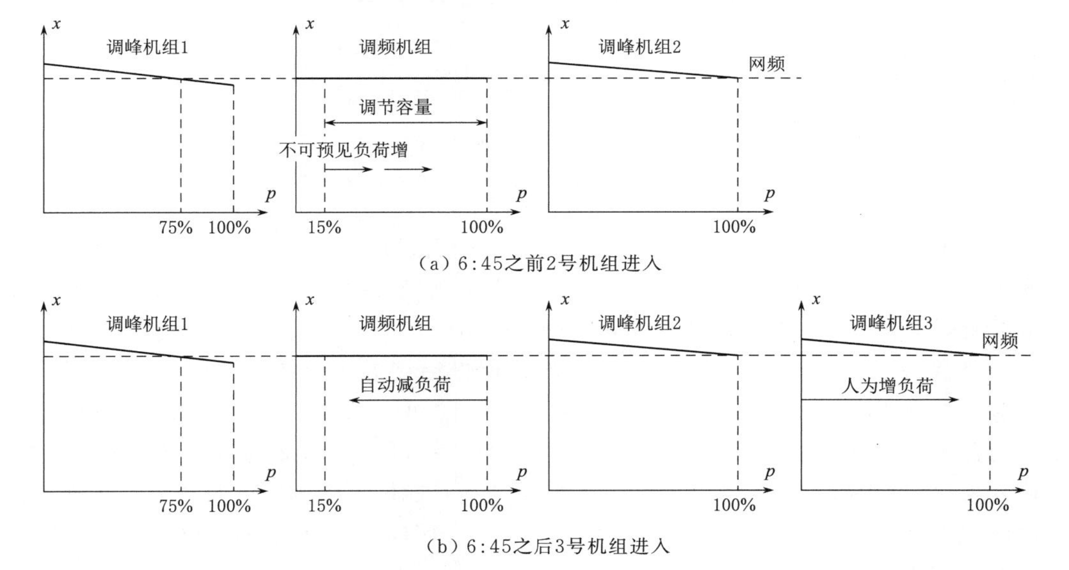

图 5-29　不可预见负荷增加时的电网频率调整原理

在 6：45 以后电网中不可预见负荷有增有减，但总的趋势是增，这些增负荷多、减负荷少的不可预见变化负荷全由调频机组承担，因为调频机组的静态特性是无差特性，所以每次调节结束后网频不变。随着时间的推移，调频机组的出力不断增加，可以承担不可预见负荷增的调节容量越来越小，当调频机组所带的负荷慢慢接近机组能承受的最大负荷时。电网调度再命令第二批调峰机组 3 号机进入电网 [图 5 - 29 (b)]，调峰机组 3 号机并入电网后在人为增负荷时，调频机组在自动减负荷，将调频机组的负荷再次转移到调峰机组 3 号机上，调度采用指令第二批调峰机组进入电网的方法，总能使调频机组再次处于 15%浅负荷状态，使调频机组始终保持足够的调节容量来承担下一个时段不断增加的不可预见增负荷。

(2) 不可预见负荷减少。根据某电网某日负荷图，在 20：10 以后，不可预见负荷的变化趋势是逐步减少的，电网调度应在 20：10 前命令第一批调峰机组 3 号机退出电网 [图 5 - 30 (a)]，调峰机组 3 号机退出电网前在人为减负荷时，调频机组在自动增负荷，将调峰机组 3 号机的负荷转移到调频机组上，调度采用指令第一批调峰机组退出电网的方法，总能使调频机组处于接近 100%的满负荷状态，此时调频机组相对 15%的浅负荷，对不可预见负荷减的调节容量接近 85%。

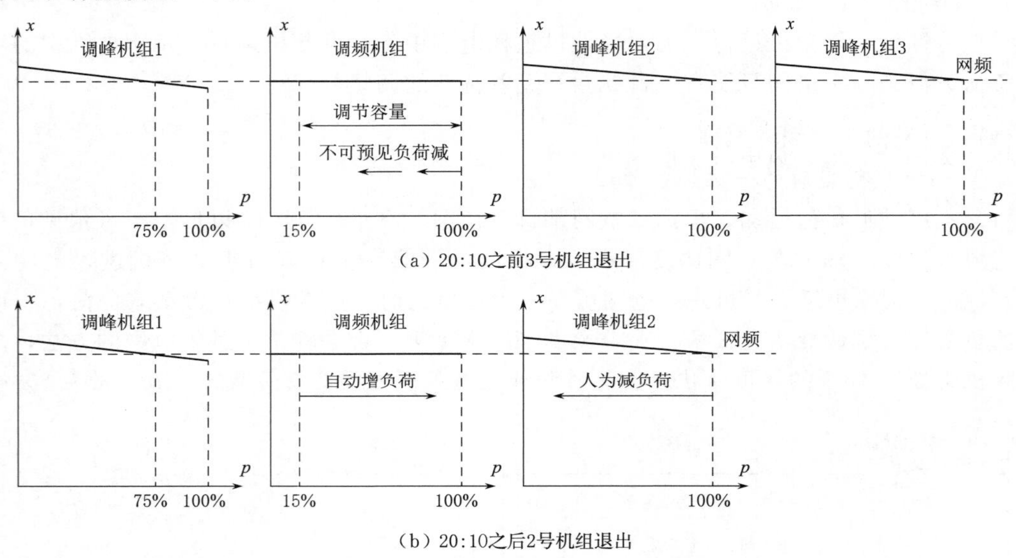

图 5 - 30　不可预见负荷减少时的电网频率调整原理

在 20：10 以后电网中不可预见负荷有减有增，但总的趋势是减，这些减负荷多、增负荷少的不可预见变化负荷全由调频机组承担，因为调频机组的静态特性是无差特性，所以每次调节结束后网频不变。随着时间的推移，调频机组的出力不断减少，可以承担不可预见负荷减的调节容量越来越小，当调频机组所带的负荷慢慢接近机组能承受的最小负荷（例如 15%）时。电网调度再次命令第二批调峰机组 2 退出电网 [图 5 - 30 (b)]，调峰机组 2 退出电网前在人为减负荷时，调频机组再自动增负荷，将调峰机组 2 的负荷转移到调频机组上，调度采用指令第二批调峰机组退出电网的方法，总能使调频机组再次处于接近满负荷状态，使调频机组始终保持足够的调节容量来承担下一个时段不断减少的不可预见减负荷。

2. 调频机组的调节容量

调频机组的装机容量为定值，但调节容量不断在变，而且永远是不断变小。早上和晚上调节容量减小的方向也不一样，早上调频机组处于浅负荷状态，表明有足够的增负荷调节容量；晚上调频机组处于满负荷状态，表明有足够的减负荷调节容量。这就需要调度的水平，控制好足够的调节容量以随时承担不可预见的变化负荷。

调频机组的容量相对电网容量必须足够大，否则承担不可预见变化负荷的能力不够，保持电网频率不变的能力下降。随着现代电网的容量越来越大，调频机组的容量相对电网容量越来越小。当调频机组的容量不够大时，一个电网中可以采用多台机组作为调频机组，这时这些调频机的机组调差率 e_P 不能为零，一般取 e_P＝0.8％～1.5％。尽管这些调频机组已经变成稍微有点有差特性，但是在电网中它们的 e_P 最小，所以对不可预见变化负荷的承担最积极，它们引起的电网频率变化 0.8％～1.5％在允许范围内。当整个电厂在电网中担任调频任务时，该电厂称为调频电厂。

3. 调度不当时的二次调频原理

只要调度得当，变化负荷小于调频机组调节容量时，变化负荷全由调频机组承担，调节结束后网频不变；如果调度不当，造成变化负荷大于调频机组调节容量时，调频机组无法承担的部分负荷，电网中所有调峰机组都会自动积极承担，承担量与 b_P 成反比，进行一次调频。一次调频调节结束后的网频肯定发生变化，再由调度命令调峰机组进入或退出电网，将网频拉回到原来频率，进行二次调频，因此二次调频是对调度不当失误的补救措施。

（五）对电网频率没有调节能力的电源

由于太阳能发电、风电等新能源发电功率无法调节，因此新能源发电属于对电网频率没有调节能力的电源。而且其功率受气候影响很大，具有间歇性、随机性，如果随意进出电网会对电网频率扰动很大，极大地破坏电网频率的稳定。随着我国新能源发电的高速发展，此类问题越发严重。为了减小新能源发电功率不稳定对电网频率的不利影响，电网为新能源发电配套的大型、超大型储能电站应运而生。在电网中新能源发电能力强造成电网频率上升时，电网中的储能电站作为负荷进行吸收储能；在电网中新能源发电能力弱造成电网频率下降时，电网中的储能电站作为电源进行输出放电，相当于给电网安装了一个巨大的“充电宝”，从而缓减了新能源发电对电网的不利影响。随着可再生能源在电网中的比重的不断增加，针对电网频率稳定的主要还是要靠大型抽水蓄能电站，我国已经建成并网的抽水蓄能电站总装机容量已达 2773 万 kW，成为世界第一，而且继续在不断发展。

五、低压机组在电网中的作用

由于低压机组的频率和出力调整装置是手动、电动或油压装置，单机运行和并网之前由运行人员决定机组频率，并网后由运行人员决定所带负荷，因此机组不存在什么调节规律、静态特性和动态特性。当电网频率波动时，机组出力不会自动作出调整。因此，电网中这类机组越多，调频机组的负担越重，电网调度的压力越大。

第四节 微机调速器

微机调速器由微机调节器和电液随动装置两大部分组成。微机调节器是微机调速器的电气部分。电液随动装置是微机调速器的机械液压部分。

一、微机调节器的结构种类

1. 微机调节器的种类

经历几十年的应用实践，微机液压型调速器的微机调节器逐步被可编程控制器（PLC）、工业控制机（IPC）、可编程微机控制器（PCC）三大控制器占据。其中，PLC 已进入国际化、标准化、系列化、规模化、网络化，在工业过程控制中起主导地位。

2. 微机调节器的结构

微机调节器的结构有单微机和双微机结构，中小型调速器常采用单微机结构，设备投资较少。大型调速器常采用双微机结构，互为备用，设备投资较大。

3. 微机调节器的作用

微机调节器的作用是为机组转速测量、开机停机操作、参数测量和显示、对转速偏差或功率偏差进行PID运算、故障诊断、与上位机通信。微机调节器最后输出的是反映调节导叶开度的电调节信号，由机械液压放大器进行调节信号的转换和放大，执行对导叶开度的调节控制。

二、PLC可编程控制器的微机调节器

PLC可编程控制器是一种技术比较成熟的数字电子产品，积木式的模块化结构，使用和扩展方便，现在已被大量使用在工业控制中。可编程控制器的CPU性能较强，可选范围广，无论是小型机还是大型机，都使用通用的处理结构、梯形图逻辑及功能块、宏指令编程、通用指令系统，包括数学运算、数据传送（DX）、矩阵和特殊应用功能指令，提供多种高性能的通信网络，允许多种控制器和其他装置相互连接，增强应用控制和交换能力。每个公司的产品不管其控制的点数多少，硬件性能如何，在结构上都是一致的。如大、小机互换（假如储存容量足够）可以方便地更新控制器硬件，而不必重新编写控制逻辑软件，因此可编程控制器微机调节器目前已广泛地应用在水电厂的微机调速器中。

（一）PLC模块形式

PLC的模块形式有单一功能组合模块和一体化专用模块两种形式。

1. 单一功能组合模块

单一功能组合模块有开关量输入模块（开入）、模拟量输入模块（模入）、开关量输出模块（开出）、模拟量输出模块（模出）、中央处理器模块（CPU）和电源模块六种。可以根据被控对象的实际需要，取六种模块中的几种或全部进行组合。同一种模块点数不够的话，可以采用两块、三块等，但CPU只能一块。在机组现地控制单元（机组LCU）和公用现地控制单元（公用LCU）中的PLC要求组态灵活、方便，广泛常采用单一功能组合模块。

2. 一体化专用模块

一体化专用模块集开关量输入、输出，模拟量输入、输出和CPU为一体，是专门为特定需求的计算机控制设计制作的。微机调速器、微机励磁调节器和微机直流系统常采用一体化PLC专用模块。

微机调速器一体化PLC专用模块中的CPU是最新开发的新一代可编程控制器的中央处理器。输入、输出点数可根据需要自由选择，最多可达192点。输入中断4点可以使用，输入ON开始到程序执行以100μs应答。最小设定值0.5ms的定时中断程序，最多可达3个。多功能模块的3个输入点（IN04/05/06），可用作高速计数器。由于命令处理速度高及共同处理的高速化，大幅度缩短了扫描时间。多功能模块还有一个RS485通信接口端子，可以与上位机计算机通信（ModbusRTU通信协议），多功能模块与上位机之间用光缆连接，实现自动发电控制（AGC），接受上位机的远动控制；一个外围设备接口端子，可以与可编程智能终端显示器（触摸屏）连接，多功能模块与可编程智能终端显示器之间用多绞线连接，

人机界面友好，可以在机旁操作。

（二）CPU软件结构原理

图5-31是中央处理器CPU对水轮机导叶调节控制部分的软件原理框图，为了使原理框图简化易懂，CPU的其他部分的功能在图中没有显示。值得提醒的是虚线框内CPU的所有功能都是由计算机软件程序来实现的，而不是电路来完成的。输入给CPU的外部信号有机组的实际频率、电网的实际频率、机组的实际功率和运行人员的给定频率、给定功率，其中给定频率只有在机组安装或检修后调试时，在没有并网的条件下由调试人员在中控室主机通过键盘输入供调试用的。给定功率是在每次正常运行并网成功后，由运行人员在中控室主机通过键盘输入的要求机组自动带上的有功功率。而机组的实际频率取自发电机机端电压互感器或齿盘或磁钢，电网的实际频率取自主变低压侧母线电压互感器，机组的实测功率取自发电机功率变送器，反映导叶实际开度的导叶反馈取自接力器的位移传感器，所有这些模拟量信号必须全都进行A/D（模/数）转换成CPU能读懂的数字量信号。CPU输出的数字量调节信号ΔU必须进行D/A（数/模）转换成0～10V的直流电压模拟量信号，才能成为导叶调节电液随动装置能接受并执行的模拟量电压调节信号。为了使原理框图简化易懂，这些A/D和D/A转换在图中没有反映。比例系数$K_P=0.01\sim20$可调，积分系数$K_I=0.01\sim101/s$可调，微分系数$K_D=0\sim10s$可调。比例系数也称增益系数或放大倍数。

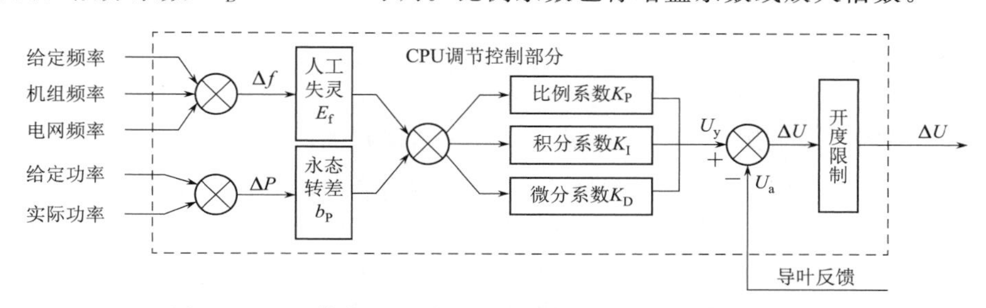

图5-31　一体化PLC的CPU调节控制部分软件原理框图

（三）一体化PLC的CPU程序执行次序

机组从开始转动到并网带上负荷，一体化PLC的CPU按次序执行以下程序：

（1）开机程序：当运行人员下达开机命令后，CPU执行的是开机程序，由微机调节器按预先设定好的转速上升曲线最快最稳地将导叶开度从零向空载开度逼近，机组转速从零向额定转速逼近。

（2）频率自动调节程序：当机组转速上升90%额定转速时，CPU开始执行频率自动调节程序，微机调节器的数字测频开始工作，同时测量机组频率和电网频率，根据两者的频率偏差Δf经PID运算得到频率调节的导叶开度要求值U_y，如果反映导叶开度实际值的反馈信号$U_a<U_y$，差值电压$\Delta U=+$，输出作用电液随动装置调节控制导叶开大，机组频率上升；如果反映导叶开度实际值的反馈信号$U_a>U_y$，差值电压$\Delta U=-$，输出作用电液随动装置调节控制导叶关小，机组频率下降。使机组频率始终跟踪电网频率。

（3）CPU执行程序临时中断，由自动准同期装置将机组并入电网，运行人员在中控室用键盘输入给定功率，并鼠标点击“确认”。

（4）功率自动调节程序：CPU执行的是功率自动调节程序。微机调节器的数字测功开始工作，同时测量运行人员输入的给定功率和机组的实际功率，根据两者的功率偏差 ΔP 经 PID 运算得到功率调节的导叶开度要求值 U_y，因为此时机组的实际功率为零，对应的反映导叶开度实际值的反馈信号 U_a 必定小于要求值 U_y，必定有差值电压 $\Delta U=+$，输出作用电液随动装置调节控制导叶开大，机组实际功率从零开始增大，直到实际功率等于给定功率，至此开机完成。

（四）不同参数下的调速器特性

1. 静态特性

永态转差系数 b_P 设置不为零时，调速器按 PID 规律对机组进行调节，但因为永态转差系数 b_P 的存在，机组最终还是按有差特性运行。永态转差系数 b_P 设置为零时，其他参数设置不为零时，调速器按 PID 规律对机组进行调节，机组是按无差特性运行。

2. 动态特性

不同的 PID 参数，能得到机组不同的动态特性，应在现场机组动态调试时，根据动态过渡过程的实测曲线决定各参数的大小。机组并网前总希望机组稳定性好一点，并网后总希望速动性好一点。由于 CPU 采用软件实现控制方法的形成，因此可以根据机组特征和不同的工况，连续、适时地改变调节参数，实现变参数控制方法，确保调节系统稳定并具有良好的调节品质。

（五）人工失灵

只有调频机组无法承担的部分变化负荷才由调峰机组分配承担（与 b_P 成反比）。人工失灵是人为设置的调速器工作失灵区，在需要调峰机组承担的变化负荷比较小时，网频波动也较小，此时电网并不希望电网中所有的调峰机组都参与调节。如果较小的负荷变化，所有的调峰机组都参与调节，反而会造成电网频率的不稳定，因此有时电网调度会要求有些不太重要的调峰机组投入人工失灵。当自动调速器投入人工失灵 $E_f=\pm\Delta f$ 后，调峰机组的静态特性曲线变成由三段线组成的一条折线，如图 5-32 所示。中间这条线为垂直线。当电网频率波动小于 $50\pm\Delta f$ 时，该机组带固定负荷 P_0 不变，不参与电网负荷调节，也就是说，对电网频率波动的自动调节功能“失灵”了；当电网频率波动大于 $50\pm\Delta f$ 时，该机组按正常的 e_P（b_P）参与电网调节。例如，调峰机组投入人工失灵 $\Delta f=\pm0.1$Hz，那么变化负荷引起电网频率在 49.9～50.1Hz 之间波动时，该调峰机组带原来负荷 P_0 不变，表现为人工失灵。当电网频率下降到低于 49.9Hz 或上升至高于 50.1Hz 时，该调峰机组按预先设定的 e_P（b_P）参与对电网变化负荷的承担量。

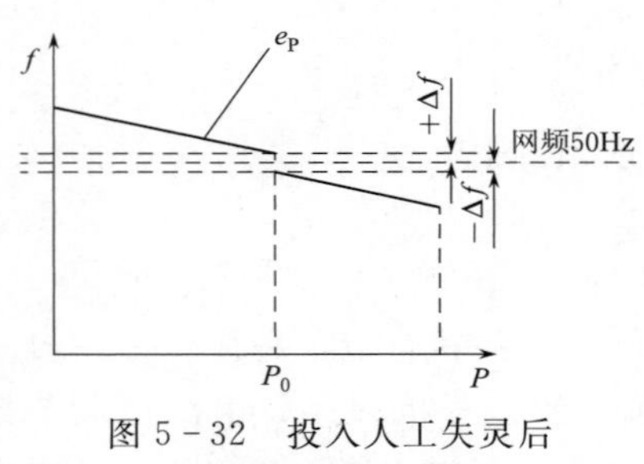

图 5-32　投入人工失灵后的机组静态特性

（六）导叶开度限制

同一台机组当水库水位不同时，发电机额定出力时的导叶开度是不一样的。水库水位越高，发电机额定出力时的导叶开度越小（例如 90%开度）；水库水位越低，发电机额定出力时的导叶开度越大（例如 110%开度）。由于调速器具有一次调频的能力，当电网频率下降时会自动开大导叶，增加机组出力，维持网频不变或减小网频下降。如果水库在最高水位时，电网频率下降造成调速器自动开大导叶到110%开度，意味着发电机出力大于额定出力，发电机过载。为了防止调速器自动调节过程中发电机过载，应根据每天或近一段时期的水库水位，设定导叶限制开度。不同的水库水位不同的机组，对应的导叶限制开度是不一样的，一般在机组运行一段时间，根据实际运行的数据记录，自然就会得到本机组不同水库水位对应的导叶限制开度数据，作为今后运行中设置或修改导叶开度限制的依据。设置导叶限制开度后，一旦导叶开度等于限制开度，CPU不再输出增大导叶开度的调节信号ΔU，但是只要有比限制开度小的调节需求，CPU恢复正常输出导叶开度调节信号ΔU。

（七）输入和输出接口

微机调节器的CPU必须得到机组实时、正确的信息，才能按预先设定的程序对机组进行可靠、无误的控制。得到机组实时正确的信息对微机调速器PLC来说就是输入，对机组进行可靠无误的控制对微机调速器PLC来说就是输出。

1. 微机调节器PLC的输入

无论传统控制还是计算机控制，都需要对被控对象进行信息采集，称自动控制的输入。自动控制的输入信号有开关量输入信号和模拟量输入信号两大类。微机调节器PLC输入开关量有开机、停机、增有功功率、减有功功率和发电机断路器位置等，输入模拟量有导叶实际开度、发电机实际有功功率等。

2. 微机调节器PLC的输出

无论传统控制还是计算机控制，都需要对被控对象进行控制，称自动控制的输出。自动控制的输出信号有开关量输出信号和模拟量输出信号两大类。微机调节器PLC输出开关量有手/自动切换、模块故障、锁定投入和锁定拔出等，输出模拟量有对导叶开度调节信号ΔU。

微机调节器的CPU接收的所有输入信号必须经过专门的处理，变换成CPU能够读懂的信息；CPU送出的所有输出信息必须经过专门的处理，变换成被控对象能够执行的信号。无论是整体式专用一体化PLC模块，还是分体式单一功能PLC模块；无论是微机调速器，还是微机励磁调节器、微机直流系统、微机继电保护，乃至全厂计算机监控，CPU输入、输出接口的信息处理工作原理基本相同。

（八）终端显示原理

终端显示是人机对话窗口，可进行指令给定，参数修改、功能切换和工况显示。现在最流行的是可编程智能触摸屏显示终端。只要微机调速器一接通电源，触摸屏上立即跳出主菜单，如图5-33所示。该画面主要由“工况显示”“机旁操作”“修改密码”“模式选择”“修改参数”“故障显示”“事件记录”“语言选择”等操作按钮组成。

用手触摸“工况显示”按钮，跳出下级菜单（图5-34），显示机组实时的工况、频率和导叶开度。在屏幕左边显示的是停机等待、开机、空载、负载、停机、导叶自动、导叶手动等工况指示。例如：当调速器在自动状态且断路器闭合并且机组发电时，“负载”和“导叶自动”这两个长方块以亮蓝色显示，其他为长方块暗色；屏幕的中间是数字式的机组频率、导叶开度指示，实时显示当时的机组频率、导叶开度。屏幕的右边是电网频率指示，实时显示当时的电网频率；屏幕右下角是“返回”按钮；触摸该按钮，返回主菜单。

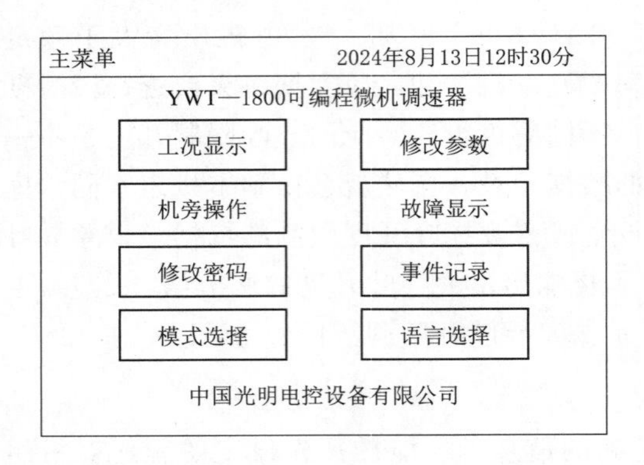

图 5－33　操作主菜单

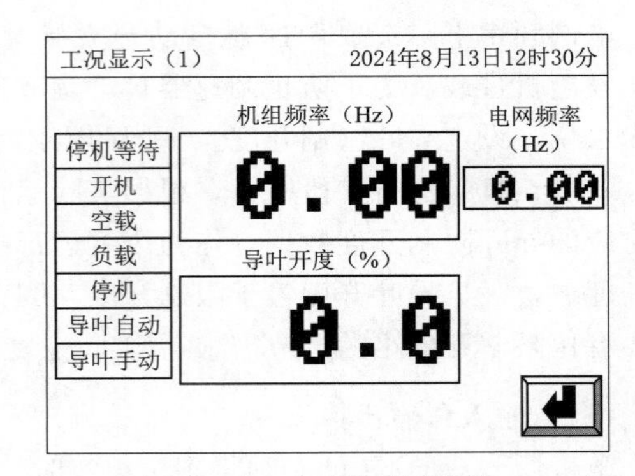

图 5－34　工况显示菜单

在主菜单上用手触摸“机旁操作”按钮，跳出菜单，如图 5－35 所示。在机旁操作菜单中，显示机组现在的工况及主要运行参数。在图像的上方是停机等待、开机、空载、负载、停机工况指示。屏幕中间是频率给定、机组频率、开度限制、功率给定、PLC 输出、导叶开度。每个数据均以棒形图和数字两种方式显示，实时直观地反映各种变量，为操作者提供参考信息，以方便操作。屏幕下方是“频给增”“频给减”“功给增”“功给减”“自动”“手动”操作按钮。屏幕右方是“返回”“开限增”“开限减”操作按钮。用手触摸“开限增”“开限减”可增加或减少导叶的开度限制值。

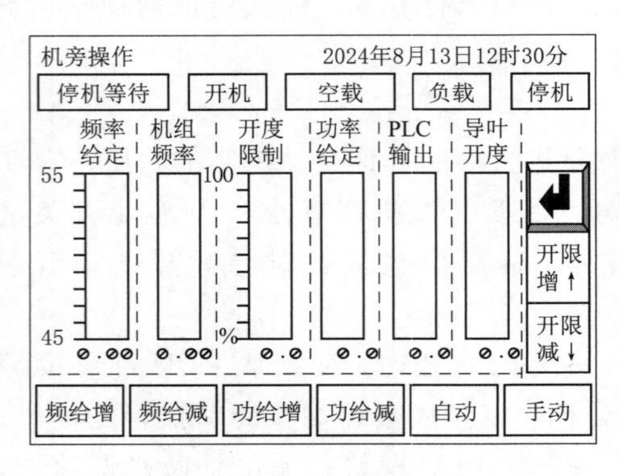

图 5－35　机旁操作菜单

用手触摸“返回”按钮返回主菜单，在主菜单上触摸“修改参数”按钮，跳出下菜单，要求输入正确密码后才会进入下菜单修改参数，没经授权的人是无法进入参数修改菜单的。在主菜单上触摸“故障显示”按钮，跳出下菜单，显示当前机组故障，在此不再一一介绍。

（九）常用的软件配置

在 CPU 内需要存入专用的软件才能对输入 CPU 的信息进行全面的分析，得出合理的结论，作出正确的控制。

1. 基本软件配置

基本软件配置包括：①实时变结构、变参数适应式调节程序；②实时诊断程序；③监控程序。

2. 功能增强型软件配置

功能增强型软件配置包括：①上位机功率控制软件；②按水位优化参数软件；③按水头选择启动开度、空载开度和不良工况限制区软件；④按水头控制调节软件。

（十）调试和维护诊断的硬、软件配置

1. 硬件配置

硬件配置包括：①显示终端计算机；②MX—80 打印机；③专用 EPROM 写入器。

2. 软件配置

软件配置包括：①智能化调试软件包；②维护诊断软件包。

三、微机调节器的功能

1. 基本功能

（1）频率测量与调节功能。

（2）频率跟踪功能。

（3）自动调整与分配负荷的功能。

（4）负荷调整功能。

（5）开停机操作功能。

（6）紧急停机功能。

（7）主要技术参数的采集和显示功能。

（8）手动操作功能。

（9）自动运行工况到手动运行工况的无条件和无扰动切换功能。

2. 特殊功能

（1）在线故障诊断功能。

（2）离线诊断功能。

（3）容错控制功能。

（4）计算机辅助试验功能。

（5）事故记录功能。

（6）上位计算机通信功能。

四、比例阀微机调节器

水电厂常用的微机调速器有控制电机微机调速器、比例阀微机调速器和数字阀微机调速器三种，三种微机调速器的微机调节器原理基本相同，这里只介绍比例阀微机调速器的微机调节器原理。微机调节器由测频与电源转换模块、一体化 PLC 模块两个模块组成。

（一）测频与电源转换模块

图 5－36 为测频与电源转换模块电气原理图。测频与电源转换模块是将测频回路和电源转换回路组装成一个模块，其中测频回路的任务是对机组和电网的频率信号进行测量，在发电机同期并网操作过程中提供机组频率信号和电网频率信号。电源转换回路的任务是根据电气部分不同的用户，将交流或直流电源电压转换成不同电压等级的直流电源。

1. 测频部分

（1）发电机残压测频。残压测频是在发电机转子励磁没有投入的条件下，只要机组开始转动，利用转子磁极的剩磁在定子机端电压互感器付方产生残压（大约 0.3V）就开始进行测频。当机组转速上升的 95%额定转速励磁投入后，机端电压互感器付方电压达到 100V 左右的全压，残压测频自动转为全压测频，残压测频与全压测频本质上没有区别。

图 5－37 为数字测频原理图。图中单向箭头表示信号传递，后面元件只能接收前面元件送来的信号，后面元件不能对前面元件进行对话查询。图中双向箭头表示后面元件与前面元件之间传递信息，两元件相互之间可以进行对话查询。机频输入来自发电机机端电压互感器

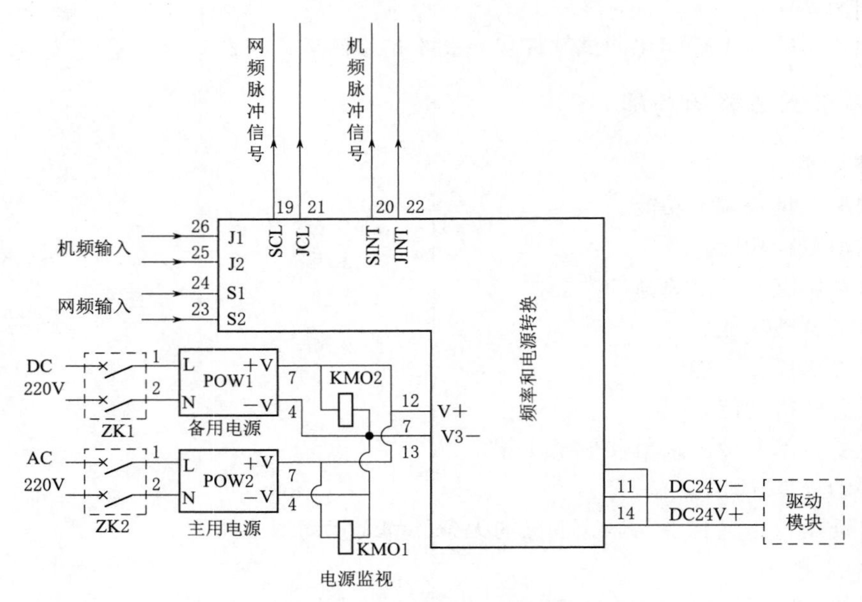

图 5-36　测频与电源转换模块电气原理图

电压 0.3～120V，反应机组频率的交流电压信号，网频输入来自主变低压侧母线电压互感器电压 80～120V，反应电网频率的交流电压信号。两路完全一样的数字测频回路将两路交流电压的频率信号分别转换成机频脉冲信号和网频脉冲信号，两路脉冲信号一起送往后面的一体化 PLC 模块。只有在发电机并网同期操作时才需要同时对发电机测频和电网测频，一旦发电机并入电网，电网测频通道就退出工作。因为两个测频通道的测频原理完全一样，因此只对机组测频通道原理进行介绍。

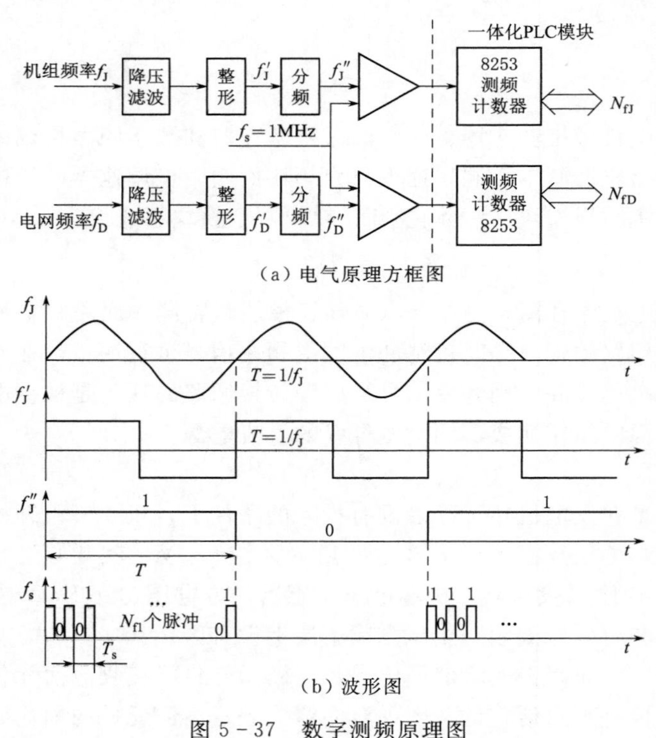

图 5-37　数字测频原理图

来自发电机机端电压互感器的交流电压频率信号 f_J 输入测频模块后，由降压滤波电路内的小互感器降压成弱电压信号并滤去高次谐波，然后送到整形电路整形成同频率的正负交变的矩形波 f_J'，矩形波的周期 T 等于被测频率的周期，即 $T=1/f_J$。

矩形波 f_J'再经过分频电路降频，降频后的正负交变矩形波的频率是被测交流电频率 f_J 的 1/2，那么降频后单向矩形波的周期是被测交流电周期的两倍（$2T$）。再利用二极管单向导通原理，保留正半周，去掉负半周，转换成为一个周期 T 为高电位、一个周期 T 为低电位的单向脉冲波 f_J''。被测机组频率信号 f_J 的周期 T 等于高电位脉冲的宽度，$T=1/f_J$。

如果把高电位当作逻辑信号的“1”，低电位当作逻辑信号的“0”，那么从逻辑信号的角度来看，分频电路一个周期输出高电位逻辑信号 $f_J''=$“1”，一个周期输出低电位逻辑信号 $f_J''=$“0”。每个 CPU 内都有时钟脉冲 f_s，时钟脉冲的频率 $f_s=10^6$Hz，则周期 $T_s=10^{-6}$s，也就是说，时钟脉冲 f_s 每秒钟高电位、低电位跳变 10^6 次，时钟脉冲输出高电位逻辑信号 $f_s=$“1”，时钟脉冲输出低电位逻辑信号 $f_s=$“0”。将分频电路逻辑信号 f_J''与时钟脉冲逻辑信号 f_s 一起送入与门电路，如图 5-38 所示。已知与门电路输入输出的逻辑关系为只要输入端有一个为“0”，无论其他输入端是“1”还是“0”，与门电路输出始终为“0”。只有输入端全部为“1”，与门电路输出才为“1”。为此可以理解成分频电路输出 $f_J''=$“1”高电位时与门开启，时钟脉冲的频率 f_s 鱼贯而入通过与门电路，与门电路输出为“10101010……”跳变的一串时钟脉冲；分频电路输出 $f_J''=$“0”低电位时与门关闭，无论时钟脉冲“10101010……”如何跳变，与门电路输出始终为“0”。所以 $f_J''=$“1”高电位时，鱼贯而入通过与门电路的时钟脉冲的个数，即

$$N_{fJ}=T/T_s=f_s/f_J$$

N_{fJ} 个脉冲送入后面的 8253 可编程测频计数器进行计数，显然

机组频率 $f_J=50$Hz 时，通过与门电路的时钟脉冲的个数 $N_{fJ}=f_s/f_J=1000000/50=20000$（个）。

机组频率 $f_J<50$Hz 时，通过与门电路的时钟脉冲的个数 $N_{fJ}=f_s/f_J>20000$（个）。

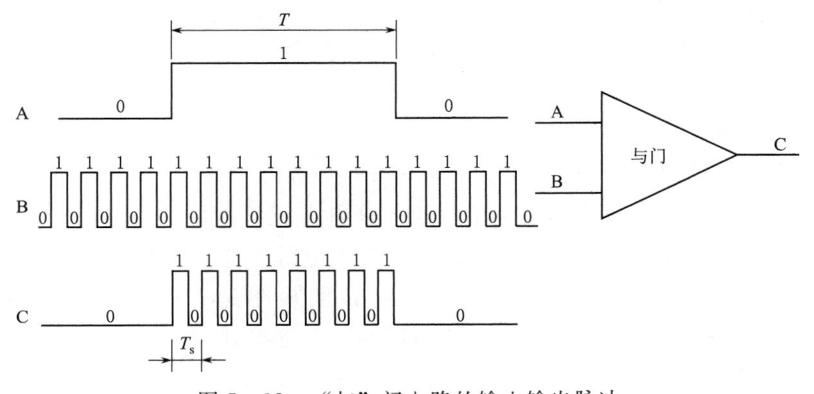

图 5-38 “与”门电路的输入输出脉冲

机组频率 $f_J>50$Hz 时，通过与门电路的时钟脉冲的个数 $N_{fJ}=f_s/f_J<20000$（个）。知道了计数器 8253 内时钟脉冲的个数 N_{fJ}，也就知道了被测频率，即

$$f_J=f_s/N_{fJ}=1000000/N_{fJ}\ \text{(Hz)}$$

例如，读取 8253 计数器内时钟脉冲的个数 $N_{fJ}=20038$，则机组频率 $f_J=f_s/N_{fJ}=1000000/20038=49.91$（Hz）；读取 8253 计数器内时钟脉冲的个数 $N_{fJ}=19912$，则机组频率 $f_J=f_s/N_{fJ}=1000000/19912=50.22$（Hz）。

分频电路输出高电位 $f_J=$“1”时，允许时钟脉冲 f_s 通过“与”门电路，“与”门电路后面的计数器不断地在计数，计数器内的数字不断在变化，此时是不允许一体化 PLC 的

CPU（中央处理器）来读取数字，否则会得到错误数字；分频电路输出低电位 $f_J''=$ "0" 时，与门电路关闭，时钟脉冲 f_s 无法通过与门电路，与门电路后面的计数器内数字保持不变，等待 CPU 通过数据总线来读取数字。这样就做到 CPU 来读取数字时计数器不计数，CPU 不来读取数字时计数器计数，保证读取数字的正确性。

（2）发电机齿盘测频。在发电机碳刷滑环下面的主轴圆周上安装一个像齿轮一样的齿盘，在齿盘上下分别安装光源和光敏三极管，当齿盘随着发电机主轴一起旋转时，齿盘上的齿每遮断一次光源，光敏三极管就截止（集电极高电位）、饱和（集电极低电位）一次，通过耦合电容输出一个正负交变的矩形波信号，对不同的机组转速选择搭配好合适的齿盘齿数，完全可以做到发电机额定转速时，光敏三极管输出的矩形波频率为 $f_J'=50\text{Hz}$。例如对额定转速为 250r/min 的发电机选择齿盘齿数 12，额定转速时光敏三极管每分钟送出 250×12＝3000（个）正负交变的矩形波，则额定转速时矩形波的频率为 3000/60＝50（Hz）。也就是说，光敏三极管输出矩形波频率反映了发电机频率 f_J。将光敏三极管输出的矩形波 f_J 送入图 5－37 中整形电路输入端，用电子开关切换作为残压测频在发电机机端电压互感器断线时的备用通道。大中型调速器的发电机测频普遍既有残压测频又有齿盘测频。

（3）发电机磁钢测频。将齿盘测频的光源和光敏三极管换成一个永久磁钢作为铁芯的线圈，当齿盘随着发电机主轴一起旋转时，齿盘上的齿靠近永久磁钢，磁阻减小，线圈中的磁通 Φ 增大，当齿离开永久磁钢时，磁阻增大，线圈中的磁通 Φ 减小。"动磁生电"，变化磁通 $\Delta\Phi$ 在线圈中产生感应电动势，感应电动势在线圈两端的电压频率等于发电机频率 f_J。齿盘测频的安全可靠取决于光源和光敏三极管的安全可靠，而磁钢测频纯粹是基于"动磁生电"的基本物理现象，比齿盘测频还要安全可靠。磁钢测频同样可以作为发电机残压测频备用通道。有的水电厂发电机测频干脆只用最安全可靠的磁钢测频，停用残压测频。

2. 电源转换部分

来自交流厂用电的 220V 交流电源经空气开关 ZK1，由开关电源模块 POW1 转换成 24V 的直流电源，作为微机调节器的主用电源；来自直流厂用电的 220V 直流电源经空气开关 ZK2，由开关电源模块 POW2 转换成 24V 的直流电源，作为微机调节器的备用电源。主用电源和备用电源同时输出 24V 直流电，电源转换功能是在模块内实现双路开关电源 POW1、POW2 输出的 DC 24V 电源的热备用切换，保证调速器电气部分的供电可靠性。以及通过 DC-DC 转换器将 DC 24V 电源转换为＋5V 电源供信号变换回路用电和转换为－10V 电源供导叶反馈电位器用电（参见图 5－77）。电源监视继电器 KMO1、KMO2 用来监视电源，两个电源中只要有一个中断，对应继电器线圈失电，该继电器在一体化 PLC 开关量输入回路的接点断开，告知一体化 PLC 主用电源或备用电源消失。图 5－39 为开关电源模块照片。

图 5－39 开关电源模块照片

（二）一体化 PLC 模块

图 5－40 为一体化 PLC 模块电气原理图，工作电源为直流 DC 24V，一体化 PLC 模块是

集开关量输入、输出、模拟量输入、输出和 CPU 为一体的专用模块，带有 14 点开关量输入，10 点开关量输出，两路模拟量输入，一路模拟量输出，两个通信接口。一体化 PLC 模块是微机调节器的核心模块，其作用为对输入开关量、模拟量和数字量进行信息采集；对转速偏差 Δf 或功率偏差 ΔP 进行 PID 运算，对机组运行进行调节控制，对机组进行开机、停机的操作控制和手自动切换。

1. 开关量输入

当一体化 PLC 开关量输入回路常开接点 K1 闭合时，CPU 进入并网前的自动开导叶开机升速程序，当一体化 PLC 开关量输入回路常开接点 K2 闭合时，CPU 进入断路器跳闸退出电网后的自动关导叶停机减速程序。当一体化 PLC 开关量输入回路常开接点 K3 闭合时，告知 CPU，发电机断路器在合闸位置。当一体化 PLC 开关量输入回路常开接点 K4 闭合时，CPU 进行并网前的调转速升或并网后调有功功率增。当一体化 PLC 开关量输入回路常开接点 K5 闭合时，CPU 进行并网前的调转速降或并网后调有功功率减。当一体化 PLC 开关量输入回路常开接点 SB1 闭合，告知 CPU，调速器处在油压手动操作状态。当主用电源和备用电源中只要有一个电源消失，电源监视继电器 KMO1 和 KMO2 在一体化 PLC 开关量输入回路的两个串联接点中就有一个断开，告知 CPU，有一个电源消失，运行人员应立即检查处理。当一体化 PLC 开关量输入回路常开接点 K6 闭合，告知 CPU，主接力器被液压锁定阀锁定在全关位置。

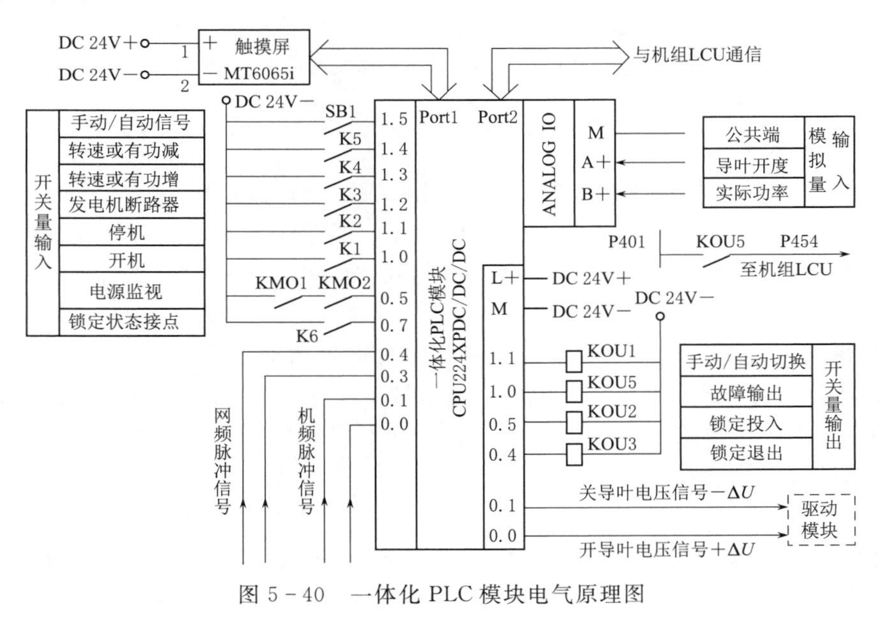

图 5-40　一体化 PLC 模块电气原理图

2. 频率信号输入

（1）同期并网合闸前。一体化 PLC 的 CPU 每隔一个周期 T 分别从机组测频计数器 8253 读取表示发电机频率的机组脉冲的个数 N_{fJ}，从电网测频计数器 8253 读取表示电网频率的电网脉冲的个数 N_{fD}。经 CPU 运算求得机组频率，即 $f_{\mathrm{J}}=1000000/N_{\mathrm{fJ}}$；求得电网频率，即 $f_{\mathrm{D}}=1000000/N_{\mathrm{fD}}$；则 CPU 可以计算得到机组频率 f_{J} 与电网频率 f_{D} 的频率偏差（$\Delta f=f_{\mathrm{J}}-f_{\mathrm{D}}$）。

(2) 单机带负荷运行。单机运行带负荷前，需要运行人员设置给定频率 f_G（一般 $f_G=50Hz$），则一体化 PLC 的 CPU 可以计算得到机组频率 f_J 与给定频率 f_G 的频率偏差

$$\Delta f=f_J-f_G$$

3. 模拟量输入

反映导叶实际开度的模拟量电压反馈信号 $U_a=0\sim-10V$（来自主接力器位移传感器），作为实际导叶开度负反馈信号供一体化 PLC 的 CPU 进行调节导叶开度用。反映机组实际有功功率 P_J 的标准电模拟量信号 4～20mA 来自功率变送器，作为实际有功功率负反馈信号供一体化 PLC 模块中的 CPU 进行调节有功功率用。因为一体化 PLC 模块内数据处理全部是数字量，因此所有模拟量输入一体化 PLC 模块后必须先将模拟量转换成数字量（A/D 转换）。

4. 频率自动调节

如果是并网运行，并网前机组转速上升 95％额定转速时投入数字测频回路，一体化 PLC 的 CPU 对机组频率 f_J 和电网频率 f_D 的频率偏差 Δf 进行 PID 运算，根据频率偏差值对导叶开度进行调节，使并网前机组频率 f_J 始终跟踪电网频率 f_D。尽管还没有并网，但始终保持机组频率与电网频率的差值 $\Delta f=0$，由自动准同期装置并网。

如果是单机带负荷运行，一体化 PLC 的 CPU 对运行人员的给定频率 f_G 和机组实际频率 f_J 的频率偏差 Δf 进行 PID 运算，根据频率偏差值对导叶开度进行调节，使带负荷前机组频率 f_J 始终跟踪给定频率 f_G。尽管还没有带负荷，但始终保持机组频率与给定频率的差值 $\Delta f=0$，由运行人员操作手动合上断路器带上负荷，因为是单机带一片负荷，所以不用同期操作，单机带一片负荷极少遇到。

5. 功率自动调节

并网后运行人员输入的给定功率 P_G，一体化 PLC 的 CPU 对运行人员的给定功率 P_G 和机组实际功率 P_J 的功率偏差 ΔP 进行 PID 运算，根据功率偏差值对导叶开度进行调节，使机组实际功率 P_J 等于给定功率 P_G，始终保持功率偏差 $\Delta P=0$。

6. 导叶开度自动调节原理

无论是并网前的频率自动调节还是并网后的功率自动调节，一体化 PLC 的 CPU 每次 PID 运算后都会得到对导叶开度要求值的电压信号 U_y，然后 CPU 对导叶开度要求值的电压信号 U_y（$0\sim+10V$）与反映导叶开度实际值的电压信号 U_a（$0\sim-10V$）进行比较，得到的差值电压信号为

$$\Delta U=U_y-U_a \tag{5-7}$$

差值电压 ΔU 才是真正对导叶开度进行调节的电压调节信号。当导叶开度的要求值 U_y 大于导叶开度的实际值 U_a 时，差值电压 ΔU 为“＋”，表示导叶实际开度小于导叶要求开度，差值电压 ΔU 作用电液随动装置调节控制导叶开大，直到 $\Delta U=0$；当导叶开度的要求值 U_y 小于导叶开度的实际值 U_a 时，差值电压 ΔU 为“－”，表示导叶实际开度大于导叶要求开度，差值电压 ΔU 作用电液随动装置调节控制导叶关小，直到 $\Delta U=0$。ΔU 有正有负，U_y 永远为正值，U_a 永远为负值，由于 U_a 是从调节系统的末端导叶实际开度反向送回到调节系统的首端与导叶开度的要求值 U_y 进行比较，所以 U_a 称负反馈信号。

7. 模拟量输出

采用比例阀的一体化 PLC 模块模拟量输出信号有 0.0 和 0.1 两个输出端。当 CPU 运算

得到差值电压为$+\Delta U$时，0.0输出端输出模拟量电压调节信号$+\Delta U$，作用驱动模块输出调节开大导叶，直到$\Delta U=0$；当CPU运算得到差值电压为$-\Delta U$时，0.1输出端输出模拟量电压调节信号$-\Delta U$，作用驱动模块输出调节关小导叶，直到$\Delta U=0$。因为一体化PLC模块内数据处理全部是数字量，所以所有一体化PLC输出的模拟量在输出前必须先将数字量转换成模拟量（D/A转换）。

8. 开关量输出

比例阀微机调节器电气原理总图如图5-41所示。当手动/自动切换按钮在“自动”位置时，一体化PLC的CPU指定开关量输出端1.1输出高电位，输出继电器KOU1线圈得电，KOU1在驱动模块的电源回路常开接点闭合，驱动模块工作电源投入，驱动模块开始工作。当手动/自动切换按钮在油压“手动”位置时，一体化PLC的CPU指定开关量输出端1.1输出低电位，输出继电器KOU1线圈失电，KOU1在驱动回路的电源回路常开接点断开，驱动回路工作电源消失，驱动模块停止工作，允许运行人员油压手动操作。

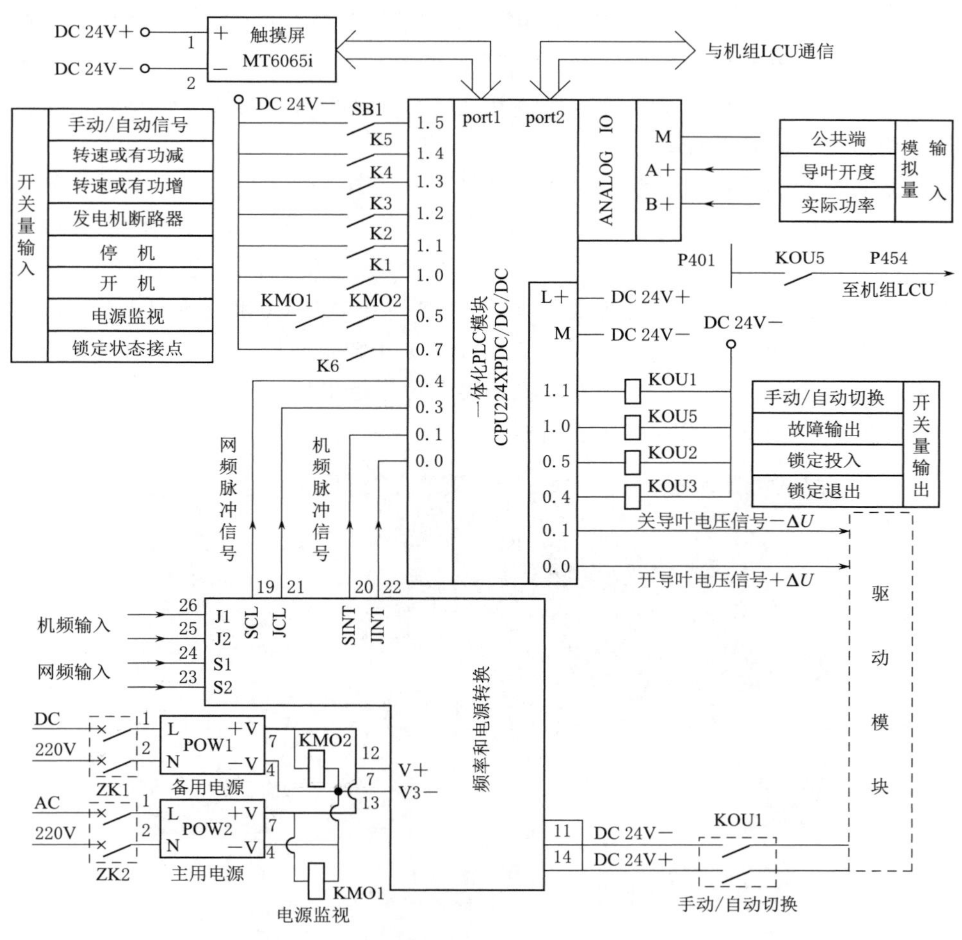

图5-41　比例阀微机调节器电气原理总图

当一体化PLC模块自身发生故障时，一体化PLC的CPU指定开关量输出端1.0输出高电位，输出继电器KOU5线圈得电，在机组LCU的PLC开关量输入回路P454的常开接点 KOU5 闭合，告知机组 PLC，调速器一体化 PLC 模块出现故障。

每次停机后，一体化 PLC 的 CPU 指定开关量输出端 0.5 输出高电位，输出继电器 KOU2 线圈得电，在电磁锁定阀投入线圈 SDFR 回路的常开接点 KOU2 闭合，电磁锁定阀投入线圈得电，主接力器锁定投入，防止停机后万一调速器油压消失，主接力器失去油压造成导叶在水压作用下自行开启，发生机组低速转动的事故。每次开机前一体化 PLC 的 CPU 指令开关量输出端 0.4 输出高电位，输出继电器 KOU3 线圈得电，在电磁锁定阀退出线圈 SDFC 回路的常开接点 KOU3 闭合，电磁锁定阀退出线圈得电，主接力器锁定退出，允许主接力器位移打开导叶。

9. 通信及显示

一体化 PLC 模块有两路通信接口，与机组 LCU 的 PLC 通信接口 port2 一般空着不用，因此调速器 PLC 与机组 PLC 之间没有通信，故在机组 LCU 的 PLC 的触摸屏上不能进入微机调速器的工作界面。但是微机调速器 PLC 与机组 PLC 用开关量联系。

一体化 PLC 的 CPU 通过 RS485/232 接口 port1 与微机调速器触摸屏通信，在微机调速器触摸屏上显示调速器和机组的主要参数及运行状态，通过触摸屏可方便地修改整定调速器的各调节参数，并把修改后的参数进行保存并记忆。在触摸屏上可以方便地进行机旁人工开机、停机、增负荷、减负荷操作（参见图 5-33～图 5-35）。

图 5-42 为比例阀微机调节器和驱动模块照片。与图 5-41 相比，除了操作继电器和驱动模块以外，所有的元件完全对应。图 5-42 中标号 1 是 CPU224XP 一体化 PLC 模块；标号 2 是电源监视继电器 KMO1、KMO2；标号 3 是手动/自动切换继电器 KOU1；标号 4 是模块故障输出继电器 KOU5；标号 5 是直流电源空气开关 ZK1 和交流电源空气开关 ZK2；标号 6 是比例阀驱动模块 DR-244；标号 7 是频率电压转换模块；标号 8 是开机继电器 K1；标号 9 是停机继电器 K2；标号 10 是发电机断路器位置继电器 K3；标号 11 是增速或增有功继电器 K4；标号 12 是减速或减有功继电器 K5。

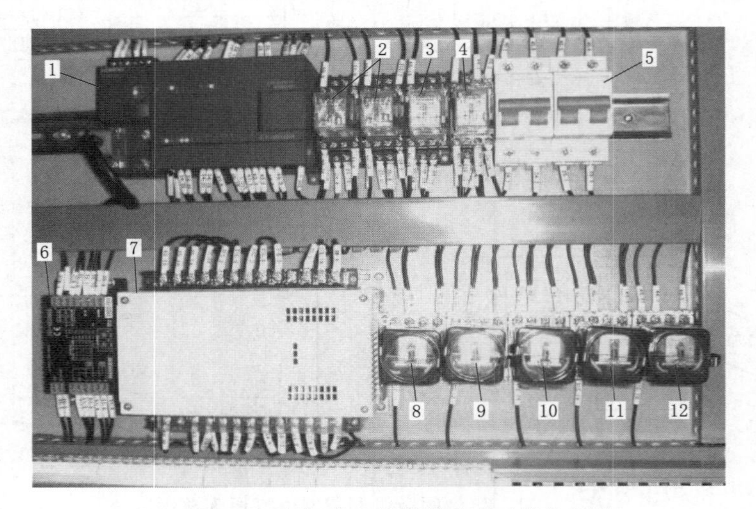

图 5-42　比例阀微机调节器和驱动模块照片

1—一体化 PLC；2—KMO1、KMO2；3—KOU1；4—KOU5；5—ZK1、ZK2；6—驱动模块；7—频率和电压转换模块；8—开机继电器 K1；9—停机继电器 K2；10—断路器位置继电器 K3；11—增速继电器 K4；12—减速继电器 K5

(三) 比例阀微机调速器操作回路

图 5-43 为比例阀微机调速器操作回路。K1～K6 和 SB1 共七只操作继电器将十一个输入开关量转换成七个开关量输入给一体化 PLC 开关量输入回路。其余三只 SDFR、SDFC 和 STF 是线圈，其中 SDFR、SDFC 是主接力器锁定阀投入、退出的两只线圈，STF 是紧急事故停机电磁阀线圈。

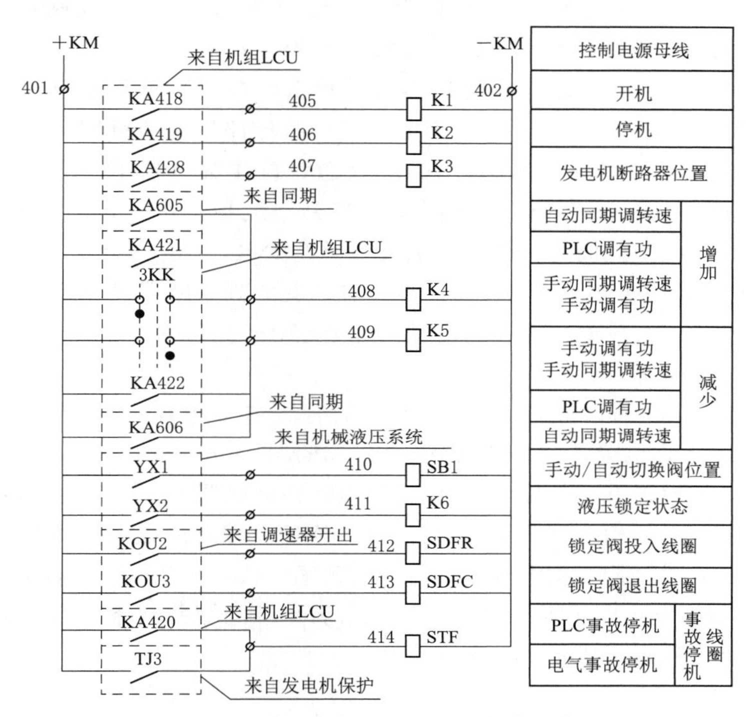

图 5-43 比例阀微机调速器操作回路

1. 机组 LCU 控制❶

当进行机组 LCU 自动开机时，运行人员在中控室主机的操作员工作站显示屏上鼠标点击“开机”按钮，机组 PLC 的 CPU 走自动开机流程，机组 LCU 的 PLC 开关量输出继电器 KA418 线圈得电，在回路 405 中的常开接点 KA418 闭合，操作继电器 K1 线圈得电，在一体化 PLC 开关量输入回路中的常开接点 K1 闭合，调速器进入开机程序，导叶开度从全关开始开大，机组转速从零开始上升逼近额定转速；当转速上升到额定转速的 95%时，微机励磁调节器投入励磁电流，建立机端电压，然后由自动准同期装置进行自动准同期并网。并网后，运行人员在中控室主机的操作员工作站上键盘输入需要带的有功功率和无功功率，机组 LCU 的 PLC 开关量输出继电器 KA421 线圈得电，在回路 408 中的常开接点 KA421 闭合，操作继电器 K4 线圈得电，在一体化 PLC 开关量输入回路中的常开接点 K4 闭合，导叶进一步开大，发电机带上指定的有功功率。与此同时，励磁系统作用励磁电流进一步增大，发电机带上指定的无功功率。

❶ 参见张美燕、方勇耕主编的《水电厂电气设备》中的图 5-26。

当进行机组LCU自动停机时，运行人员在中控室主机的操作员工作站显示屏上鼠标点击“停机”按钮，机组PLC的CPU走自动停机流程，机组LCU的PLC开关量输出继电器KA422线圈得电，在回路409中的常开接点KA422闭合，操作继电器K5线圈得电，在一体化PLC开关量输入回路中的常开接点K5闭合，导叶关小到空载开度，发电机有功功率减小到零。与此同时，励磁系统作用励磁电流减小到空载励磁电流，发电机无功功率减小到零，机组处于空载运行。然后机组LCU的PLC开关量输出继电器作用断路器跳闸，机组退出电网。机组LCU的PLC开关量输出继电器KA428、KA419线圈同时得电，在回路407中的常开接点KA428闭合，操作继电器K3线圈得电，在一体化PLC开关量输入回路中的常开接点K3闭合，告知一体化PLC的CPU，发电机断路器已经跳闸，允许调速器进一步关小导叶。在回路406中的常开接点KA419闭合，操作继电器K2线圈得电，在一体化PLC开关量输入回路中的常开接点K2闭合，导叶从空载开度进一步关小到全关，机组从空载额定转速减速到零。与此同时，励磁系统进入逆变灭磁，励磁电流迅速降为零。请注意，KA428对一体化PLC的CPU告知非常重要，如果发电机断路器没有跳闸，提前将导叶关小，会造成电网倒送电，发电机变成电动机，这是绝对不允许的。

2. 手动准同期并网❶

并网前运行人员在机组LCU屏柜前左手顺时针方向或逆时针方向点动轮流45°转动转速调整开关3KK，进行机组转速手动调节，3KK在回路408中的常开接点和回路409的接点轮流点动闭合，继电器K4或K5线圈轮流得电，在调速器PLC开关量输入回路中的常开接点K4、K5轮流闭合，向一体化PLC轮流输入增速、减速的点动开关量信号，根据组合同期表的指针指示，手动调节发电机频率与电网频率一致。与此同时，右手转动电压调整开关2KK，手动调节发电机电压等于电网电压。当满足准同期并网条件时，手动转动断路器合闸开关将断路器合闸，将机组并入并网。

3. 自动准同期并网❷

当进行自动准同期并网时，自动准同期装置NTQ的开关量输出继电器KA605、KA606的线圈轮流得电，在回路408中的常开接点KA605和回路409中的常开接点KA606轮流点动闭合，操作继电器K4、K5线圈轮流得电，在一体化PLC开关量输入回路中的常开接点K4、K5轮流闭合，向一体化PLC轮流输入增速、减速的点动开关量信号，自动调节发电机频率与电网频率一致。与此同时，自动准同期装置自动调节发电机电压等于电网电压。当满足准同期并网条件时，自动准同期装置输出继电器KA604线圈得电，在断路器合闸回路常开接点KA604闭合，作用断路器合闸，将机组并入并网。

4. 手自动切换

(1) 手自动切换阀硬切换。当手自动切换阀切换油路在“手动”位置时（注意：不是机械手动），原来自动时的油路退出，油压手动的油路投入。液压系统中监视油压手动油路的压力信号器在回路410中的常开接点YX1闭合，操作继电器SB1线圈得电，在一体化PLC开关量输入回路中的常开接点SB1闭合，告知一体化PLC的CPU，运行人员在进行油压手动操作。这种手自动切换阀硬切换的方法基本淘汰，因此操作继电器SB1基本不用。

---

❶ 参见张美燕、方勇耕主编的《水电厂电气设备》中的图4-44。

❷ 参见张美燕、方勇耕主编的《水电厂电气设备》中的图4-47。

（2）在触摸屏上点击按钮软切换。当需要自动切换油压手动时，在触摸屏上点击“手动”按钮（参见图5-35），一体化PLC开关量输出继电器KOUI线圈得电，在驱动模块电源回路的接点KOUI断开（参见图5-41），驱动模块电源消失停止工作，然后运行人员直接用手点动按开侧比例阀铁芯开大导叶或直接用手点动按关侧比例阀铁芯关小导叶。

运行人员在油压手动操作期间，作为自动的一体化PLC的CPU的所有运算照样运行，使得“自动”始终跟踪油压“手动”，在油压“手动”切换成自动时，只需在触摸屏上点击“自动”按钮，驱动模块电源回路的接点KOUI闭合，驱动模块电源投入开始工作，就能将手动无扰动切换成自动。这种无扰动切换非常重要，假如自动切换手动时，主接力器在80%开度的位置，由于手动操作使得主接力器可能移动到40%开度位置，如果自动没有跟踪手动，自动还停留在80%开度的状态，那么手动切回到自动时，主接力器会从手动的40%开度位置突然开大到自动的80%开度位置，这种冲击对机组是绝对不允许的。

5．事故停机

当任何一个轴承温度高于70℃或调速器油压低于事故油压时，机组LCU的PLC开关量输出继电器KA420线圈得电，在回路414中的常开接点KA420闭合；当发电机继电保护作用断路器事故跳闸时，发电机保护模块在回路414常开接点TJ3闭合。两个开关量任何一个闭合都能使事故停机电磁阀STF线圈得电，事故停机电磁阀STF不经过一体化PLC的CPU，直接作用调速器的机械液压系统紧急关闭导叶，机组事故停机。

6．紧急停机

当事故停机中剪断销剪断，或电气转速信号器140%转速接点动作，或电气转速信号器失灵后机械转速信号器150%转速接点动作，或运行人员拍打紧急停机按钮JSB。机组进入紧急停机流程，机组紧急停机时在动水条件下紧急关闭主阀，其他流程与事故停机完全一样。

五、配压阀的作用和类型

配压阀的作用通过活塞的机械位移对流体回路进行切换，将配压阀活塞的机械位移信号转换成流体的压力（或流量）信号。配压阀后面必须接接力器，由接力器将流体压力（或流量）信号再次转换成力和行程大得多的接力器活塞强大的机械位移ΔY。配压阀后面没有接力器的话，配压阀毫无意义。接力器前面没有配压阀的话，接力器也毫无意义，因此配压阀与接力器永远是一起出现。

配压阀切换的流体回路可以是油路、气路或水路，实际中被用来切换油路更多，所以通常认为压力信号就是油压信号。油压信号变化与流量信号变化是一致的，油压越高流量肯定越大，油压越低流量肯定越小。按驱动配压阀活塞位移的力的不同分液动阀和电磁阀两大类，液动阀用液压力驱动配压阀活塞的位移，电磁阀用电磁力驱动配压阀活塞的位移。显然液压力肯定比电磁力大，所以大直径的配压阀较多采用液动阀。

按配压阀输出给接力器去执行的控制方式不同分比例阀和开关阀两大类，比例阀输出给接力器是连续变化的油压信号或连续变化的流量信号，由接力器转换成连续的机械位移ΔY，接力器执行连续式调节控制。开关阀输出给接力器是要么压力油信号、要么排油信号，两个截然相反的油压信号，由接力器转换成机械位移要么开到底、要么关到底，接力器执行开关式操作控制。

(一) 比例阀

输入比例阀活塞位移的驱动力是连续变化的模拟量信号，比例阀的输出的油压（或流量）信号也是连续变化的模拟量信号，而且比例阀输出油压（或流量）信号与输入机械位移信号是一一对应的线性比例关系，“比例阀”的名称由此而得。

1. 主配压阀

主配压阀工作原理图如图 5-44 所示，其中的一根活塞杆上下布置的上活塞盘直径比下活塞盘直径大，两个活塞盘中间永远接压力油，由于大活塞盘面积比小活塞盘面积大，因此向上作用的液压力大于向下作用的液压力，两个液压力差是作用活塞杆永远有一个企图向上位移的液压力，这种活塞称差动活塞。主配压阀应用在控制电机微机调速器中作为两级液压放大中的第二级的配压阀。

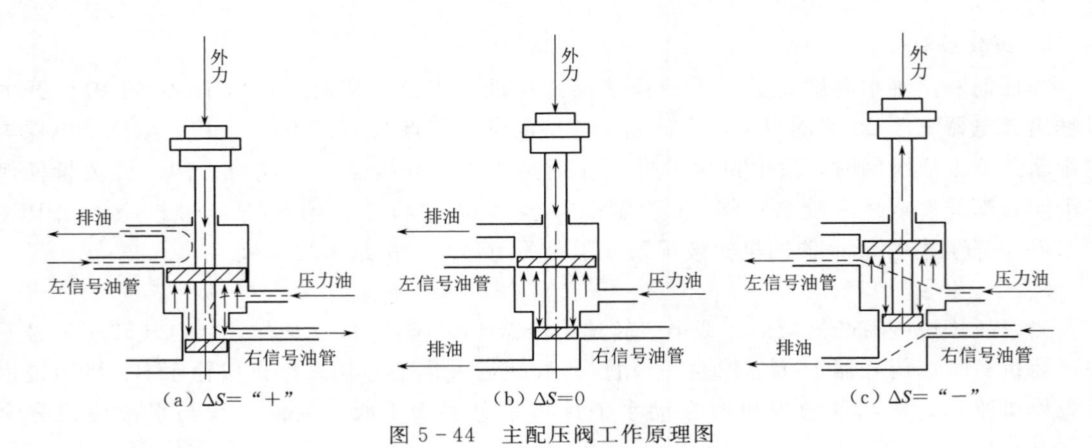

图 5-44 主配压阀工作原理图

主配压阀的活塞杆顶部作用一个永远向下的外力与差动活塞向上的液压力平衡，每次调节结束后，在外力作用下，差动活塞都回到中间位置 $\Delta S=0$，这时两个活塞盘正好把左、右信号油管的孔口堵住，主配压阀左、右信号油管既不接压力油也不接排油［图 5-44 (b)］。当向下作用活塞杆顶部的外力变大时，差动活塞下移，差动活塞机械位移 $\Delta S=$ ＋，主配压阀的右信号油管接压力油，左信号油管接排油［图 5-44 (a)］。当向下作用活塞杆顶部的外力变小时，差动活塞上移，差动活塞机械位移 $\Delta S=-$，主配压阀的左信号油管接压力油，右信号油管接排油［图 5-44 (c)］。

作用活塞杆顶部的外力大小是连续变化的，因此输入主配压阀的机械位移 ΔS 也是连续变化的，输出信号油管的油压强弱也是连续变化的，所以左、右信号油管输出油压的极性反映输入机械位移 ΔS 的方向，左、右信号油管输出油压强弱反映输入机械位移 ΔS 的大小，输出油压信号与输入机械位移 ΔS 有一一对应的比例关系。主配压阀成功地将机械位移调节信号 ΔS 线性比例地转换成油压调节信号。主配压阀后面必须接两根信号油管的主接力器，执行连续式调节控制。

主配压阀是一种三位四通调节阀，三位指的是活塞在上部位置为“关”位，在中间位置为“中间位”，在下部位置为“开”位。四通指的是左信号油管、右信号油管、压力油管、排油管。

2. 引导阀

在两级液压放大中的第一级液压放大输入机械位移 ΔL_y 的力往往很小，不得不将配压阀的活塞直径做得很小，重量很轻。这种直径较小的活塞称针塞。引导阀应用在控制电机微机调速器中作为两级液压放大中的第一级的配压阀。

图 5－45 为引导阀原理图，每次调节结束后针塞都回到原来位置 $\Delta L_y = 0$，针塞下面的活塞盘正好把信号油管堵住，信号油管既不接压力油也不接排油。当输入机械位移使针塞在下移时 $\Delta L_y = +$，信号油管接压力油，当输入机械位移使针塞在上移时 $\Delta L_y = -$，信号油管接排油。

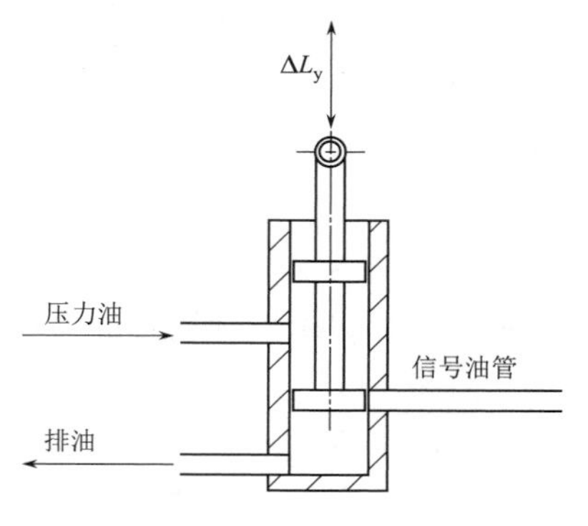

图 5－45　引导阀原理图

输入引导阀针塞的机械位移 ΔL_y 是连续变化的，输出信号油管的油压强弱也是连续变化的，因此信号油管输出油压的极性反映输入机械位移 ΔL_y 的方向，信号油管输出油压强弱反映输入机械位移 ΔL_y 的大小，输出油压信号与输入机械位移 ΔL_y 有一一对应的比例关系。引导阀成功地将机械位移调节信号 ΔL_y 线性比例地转换成油压调节信号。引导阀后面必须接一根信号油管的接力器，这类接力器在调速器液压放大器中称辅助接力器，执行连续式调节控制。引导比例配压阀是一种三位三通调节阀，三位指的是针塞在上部位置为“关”位，在中间位置为“中间位”，在下部位置为“开”位。三通指的是信号油管、压力油管、排油管。

3. 电磁比例阀

图 5－46 为电磁比例阀原理图，在调速器中常简称比例阀。一根活塞杆上有 4 个水平布置的活塞盘，活塞缸内两端各一个复位弹簧，正因为有两只复位弹簧，所以每次调节结束后，活塞在复位弹簧作用下都回到中间位置，中间两个活塞盘正好把左、右信号油管的孔口堵住，左、右信号油管既不接压力油也不接排油。当左线圈有电流调节信号时，右线圈肯定没有电流调节信号，左线圈产生的电磁力带动比例电磁铁和活塞左移，左复位弹簧被压缩，左信号油管 A 孔口打开接压力油 P，右信号油管 B 孔口打开接排油 T；当右线圈有电流调节信号时，左线圈肯定没有电流调节信号，右线圈产生的电磁力带动比例电磁铁和活塞右移，右复位弹簧被压缩，右信号油管 B 孔口打开接压力油 P，左信号油管 A 孔口打开接排油 T。流过线圈的电流是连续变化的，电流越大，活塞偏移中间位置的位移越大，孔口打开越大，输出油压信号越强（或流量越大）；电流越小，活塞偏移中间位置的位移越小，孔口打开越小，输出油压信号越弱（或流量越小）。电磁比例阀成功地将电流调节信号转换成油压（或流量）调节信号，电磁比例配压阀后面必须接需要两根信号油管的主接力器，执行连续式调节控制。

电磁比例阀是一种三位四通调节阀，三位是活塞在左边位置为“关”位，在中间位置为“中间位”，在右边位置为“开”位。四通是左信号油管、右信号油管、压力油管、排油管。在液压原理图中用图右边符号表示，符号两边各一个“M”图形表示液压阀内左右各有一只复位弹簧。

（二）开关阀

输入开关阀的是突然变化的开关量信号，开关阀的输出也是压力（或流量）突然变化的开关量信号，“开关阀”的名称由此而得。开关阀应用在开关式操作控制中，例如主阀的打开或关闭，技术供水总阀的打开或关闭，风闸的投入或退出。

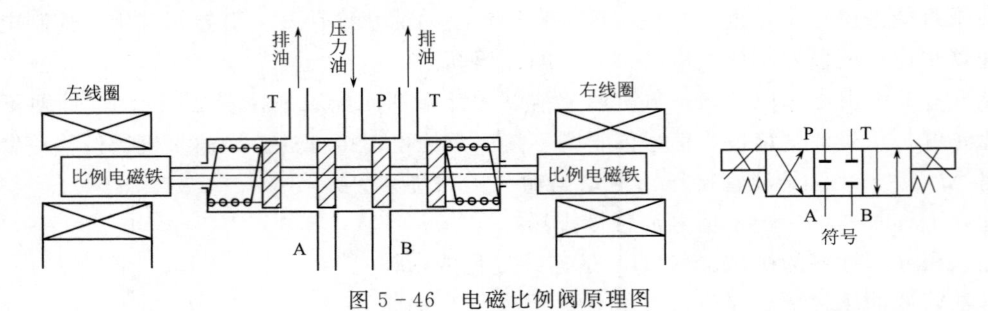

图 5-46 电磁比例阀原理图

1. *液动开关阀*

液动开关阀用控制油管的油压产生的液压力切换被控油路，由于操作力大，可切换较大管径的回路。

(1) 两位四通液动开关阀。图 5-47 为两位四通液动开关阀原理图。用控制油管的液压力作为驱动活塞位移的动力，一根活塞杆上四个水平布置的活塞盘，当右控制油管突变成压力油、左控制油管突变成排油时，活塞迅速左移到左极限位，左信号油管 A 突变接压力油 P，右信号油管 B 突变接排油 T [图 5-47 (a)]；当左控制油管突变成压力油、右控制油管

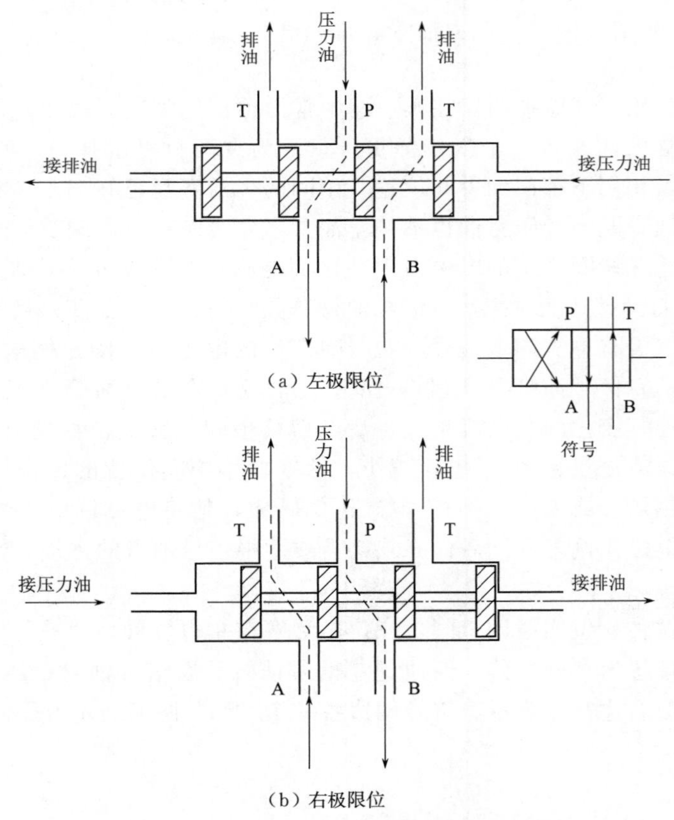

图 5-47 两位四通液动开关阀原理图

突变成排油时，活塞迅速右移到右极限位，右信号油管 B 突变接压力油 P，左信号油管 A 突变接排油 T [图 5-47 (b)]。两位指的是“左极限”位、“右极限”位。四通指的是左信号油管、右信号油管、压力油管、排油管，在液压原理图中用图右边符号表示。两位四通液动开关阀后面必须接两根信号油管的接力器，执行开关式操作控制。

(2) 三位四通液动开关阀。三位四通液动开关阀原理图如图 5-48 所示，三位四通液位开关阀比两位四通液动开关阀增加了左右两只复位弹簧，因此每次操作结束后，活塞在复位弹簧作用下都回到中间位置；中间两个活塞盘正好把左、右信号油管的孔口堵住，左、右信号油管既不接压力油也不接排油。

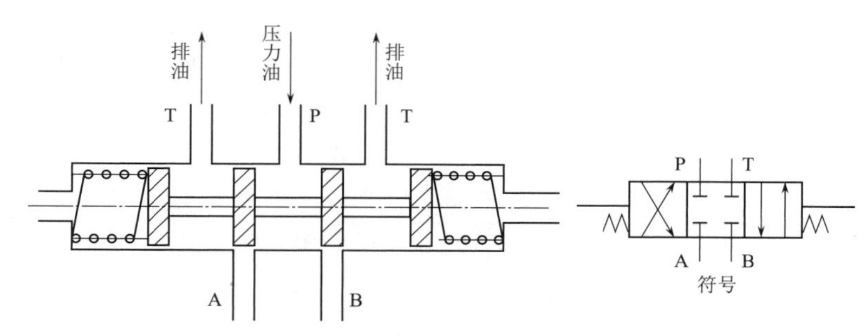

图 5-48 三位四通液动开关阀原理图

当三位四通液动开关阀右控制油管突变成压力油、左控制油管突变成排油时，活塞迅速左移到左极限位，左复位弹簧被压缩，左信号油管 A 突变接压力油 P，右信号油管 B 突变接排油 T；当三位四通液动开关阀左控制油管突变成压力油、右控制油管突变成排油时，活塞迅速右移到右极限位，右复位弹簧被压缩，右信号油管 B 突变接压力油 P，左信号油管 A 突变接排油 T。三位指的是“左极限”位、“中间”位、“右极限”位，四通指的是左信号油管、右信号油管、压力油管、排油管，在液压原理图中用图右边符号表示，符号两侧的“M”形表示阀内两侧有两只复位弹簧。三位四通液动开关阀后面必须接两根信号油管的接力器，执行开关式操作控制。

2. 电磁开关阀

电磁开关阀用线圈产生的电磁力切换回路，由于电磁操作力小，只能切换管径较小的回路。常见的电磁空气阀都属于电磁开关阀。电磁开关阀有活塞水平移动和活塞垂直移动两大类，活塞水平移动的电磁开关阀又有两位四通电磁开关阀和三位四通电磁开关阀两种形式，活塞垂直移动的电磁开关阀又有两位三通电磁开关阀和两位四通电磁开关阀两种形式。

(1) 活塞水平移动的两位四通电磁开关阀。两位四通电磁开关阀线圈通的是时间短暂、电流较大且稍纵即逝的脉冲电流。图 5-49 为活塞水平移动的两位四通电磁开关阀原理图。以电磁力作为驱动活塞位移的动力，一根活塞杆上四个活塞盘，当左线圈输入突变的脉冲电流时，右线圈肯定没有电流，活塞快速左移到左极限位，左信号油管 A 突变接压力油 P，右信号油管 B 突变接排油 T [图 5-49 (a)]；当右线圈输入突变的脉冲电流时，左线圈肯定没有电流，活塞快速右移到右极限位，右信号油管 B 突变接压力油 P，左信号油管 A 突变接排油 T [图 5-49 (b)]。在液压原理图中用图右边符号表示，符号两侧个一条斜线表示阀两侧各有一只线圈。两位指的是“左极限”位和“右极限”位，四通指的是左信号油管、右信号油管、压力油管、排油管，两位四通液动开关阀后面必须接两根信号油管的接力

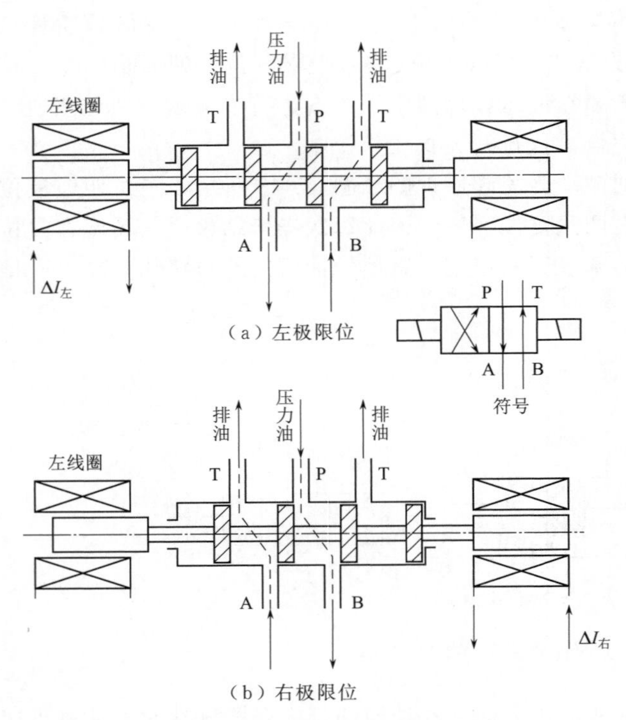

图 5-49　两位四通电磁开关阀原理图

器，执行开关式操作控制。

(2) 活塞水平移动的三位四通电磁开关阀。图 5-50 为活塞水平移动的三位四通电磁开关阀原理图，三位四通电磁开关阀比两位四通电磁开关阀增加了左右两只复位弹簧，因此每次操作结束，活塞在复位弹簧作用下都回到中间位置，中间两个活塞盘正好把左、右信号油管的孔口堵住，左、右信号油管既不接压力油也不接排油。当左线圈接输入突变的恒定电流（不是脉冲电流）时，右线圈肯定没有电流，活塞迅速左移到左极限位，左复位弹簧被压缩，左信号油管 A 突变接压力油 P，右信号油管 B 突变接排油 T；当右线圈输入突变的恒定电流（不是脉冲电流）时，左线圈肯定没有电流，活塞迅速右移到右极限位，右复位弹簧被压缩，右信号油管 B 突变接压力油 P，左信号油管 A 突变接排油 T。三位指的是“左极限”位、“中间”位、“右极限”位，四通指的是左信号油管、右信号油管、压力油管、排油管（图 5-50 中的符号），三位四通液动开关阀后面必须接两根信号油管的接力器，执行开关式操作控制。因为恒定电流一旦消失，活塞立即回复到中间位置，“开”或“关”的油压信号立即消失，所以这种开关阀很少被采用。

三位四通电磁开关阀与三位四通电磁比例阀符号有微小区别。从原理图上看，三位四通电磁开关阀与三位四通电磁比例阀结构相似，不同的是三位四通电磁开关阀左右线圈输入的是恒定电流信号，而三位四通电磁比例阀左右线圈输入的是连续变化的电流调节信号，电磁比例阀的比例铁芯由特殊材料制成。

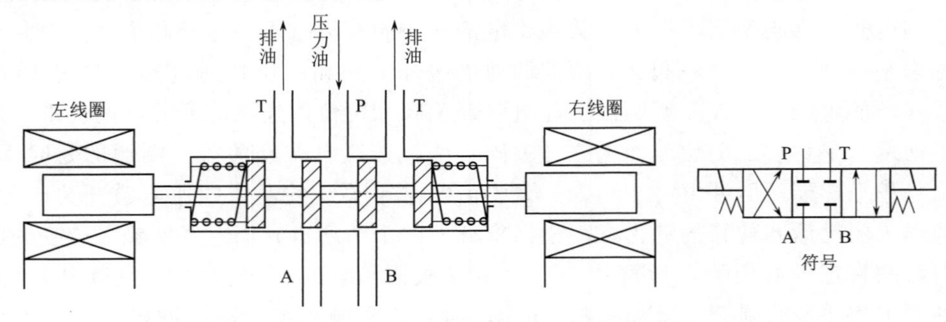

图 5-50　三位四通电磁开关阀原理图

(3) 吸合/脱钩双线圈电磁开关阀。图 5-51 为活塞垂直移动的吸合/脱钩双线圈两位三通电磁开关阀，吸合线圈通稍纵即逝的脉冲电流时，电磁力大于活塞自重，电磁力作用活塞上移并被钩住，在上极限位，即便是吸合线圈断电，活塞也不会复归，信号油管接排油［图

5-51 (b)]；脱钩线圈通稍纵即逝的脉冲电流时，活塞脱钩，在活塞自重作用下活塞跌落复归到下极限位，信号油管接压力油 [图 5-51 (a)]；其中的符号为液压元件与前面不同的另一种符号表示方法。

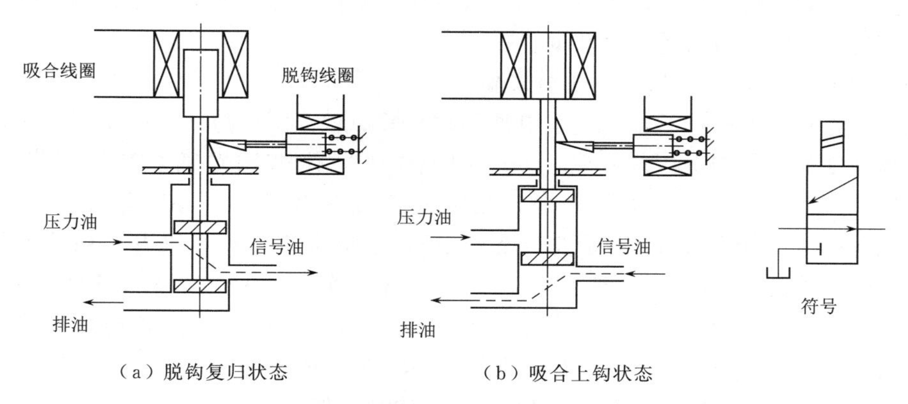

图 5-51 吸合/脱钩双线圈两位三通电磁开关阀

图 5-52 为活塞垂直移动的吸合/脱钩双线圈两位四通电磁开关阀。吸合/脱钩双线圈电磁开关阀的优点是吸合线圈和脱钩线圈都只需极短时间的脉冲电流就能切换被控回路，因此适用需要一种状态长时间运行的场合，线圈维持这种状态不需要电流，使得线圈既省电又不会发热。

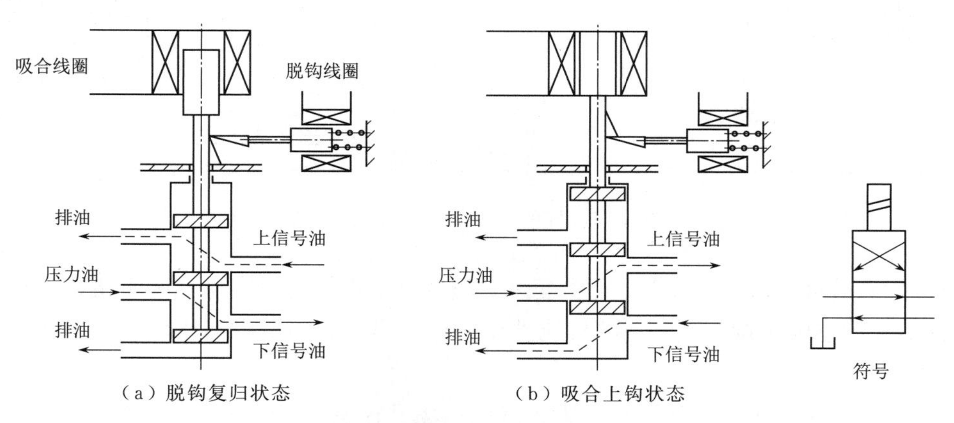

图 5-52 吸合/脱钩双线圈两位四通电磁开关阀

六、电液随动装置

调速器最后带动水轮机导水机构转动的是直线机械位移调节信号 ΔY，直线机械位移的力乘以行程称调速器的调节功，例如 YWT—600 微机调速器，调节功为 600kg·m，也就是说该调速器输出 ΔY 的调节功能将 600kg 的物体提高 1m，已知该调速器接力器输出机械位移 ΔY 最大行程为 25cm，意味着该调速器输出 ΔY 的调节功能将 2400kg 的物体提高 0.25m。如何将一体化 PLC 输出的电压调节信号 ΔU 转换并放大成调节功足够大的机械位移调节信号 ΔY？微机调速器有控制电机电液随动装置、比例阀电液随动装置和数字阀电液随动装置三种。

（一）控制电机电液随动装置

水电厂微机调速器的控制电机有步进电机和伺服电机两种，步进电机是通过改变脉冲个数来改变转子转动角度，而伺服电机是通过改变脉冲时间长短来改变转子转动角度。两种控制电机后面的机械液压放大器基本相同。

1. *有反馈杠杆的步进电机电液随动装置*

图 5－53 为有反馈杠杆的步进电机电液随动装置原理框图，应用在中小型调速器中。反映导叶实际开度的负反馈电压信号 U_a（0～－10V）与一体化 PLC 的 CPU 计算得到的导叶开度要求值 U_y（0～＋10V）进行比较，输出差值电压调节信号 ΔU 给驱动模块。如果 $\Delta U=+$，表明导叶实际开度小于要求开度，ΔU 通过驱动模块、步进电机和接力器，调节控制开大导叶，直到 $\Delta U=0$；如果 $\Delta U=-$，表明导叶实际开度大于要求开度，ΔU 通过驱动模块、步进电机和接力器，调节控制关小导叶，直到 $\Delta U=0$。电液随动装置首先对电压调节信号 ΔU 进行电/机转换，将电压调节信号 ΔU 转换成微小的机械位移调节信号 ΔL_y，再由液压放大器将微小的机械位移调节信号 ΔL_y 放大成强大的机械位移调节信号 ΔY，带动水轮机导水机构调节导叶开度。

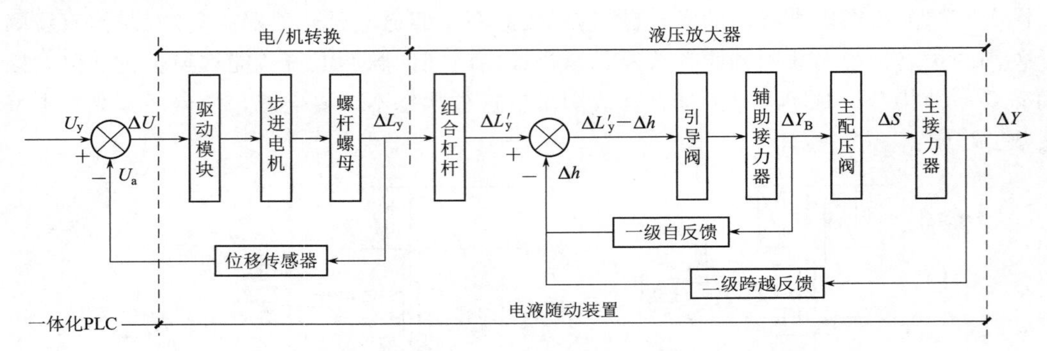

图 5－53　有反馈杠杆的步进电机电液随动装置原理框图

（1）电/机转换装置。电/机转换装置由驱动模块、步进电机、螺杆螺母机构和位移传感器四部分组成。将电压调节信号 ΔU 按线性比例地转换为力和行程都比较小的机械位移调节信号 ΔL_y。

1）步进电机驱动模块。图 5－54 为步进电机驱动模块电气原理图。CA 是步进电机 A—CA、$\bar{A}$—CA 两个定子绕组的公共端，CB 是步进电机 B—CB、$\bar{B}$—CB 两个定子绕组的公共端。当需要自动切换成油压手动时，在触摸屏上点击“手动”按钮，一体化 PLC 开关量输出继电器 KOUI 线圈得电（参见图 5－41），驱动模块电源回路的接点 KOUI 断开，驱动模块电源消失停止工作，然后运行人员直接用手转动步进电机的转子就可以开大导叶或关小导叶。在需要油压手动切换成自动时，只需在触摸屏上点击“自动”按钮，一体化 PLC 开关量输出继电器 KOUI 线圈失电，驱动模块电源回路的接点 KOUI 闭合，驱动模块电源投入开始工作，就能无扰动切换成自动。图 5－55 为步进电机驱动模块照片，图中 CA、CB 分别是步进电机两个绕组的为公共端，形成 A—CA、$\bar{A}$—CA、B—CB、$\bar{B}$—CB 4 个定子绕组。

2）步进电机工作原理。步进电机是一种将脉冲电流调节信号的脉冲个数转换成步进电机转子转角位移调节信号的控制电机。由驱动模块提供脉冲电流信号，每输入一个脉冲电流，步进电机的转子就转过一个最小角度 θ，这种转子转角的一步一步转角位移与普通电机转子的匀速转动是不一样的，因此称步进电机。步进电机有反应式、永磁式和混合式三种，反应式步进电机是目前应用最广泛的步进电机，图 5－56 为反应式步进电机照片。

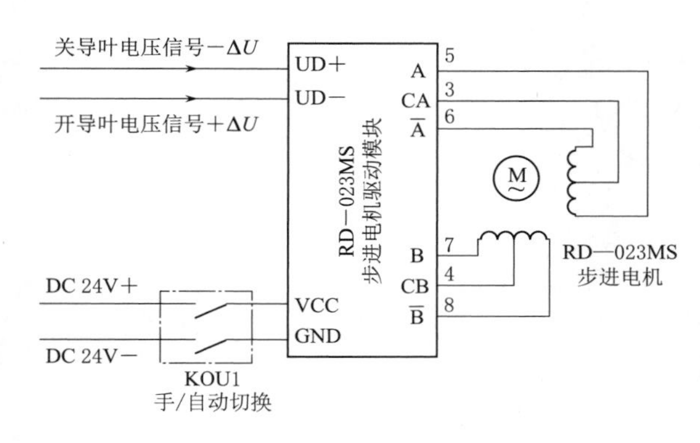

图 5－54　步进电机驱动模块电气原理图

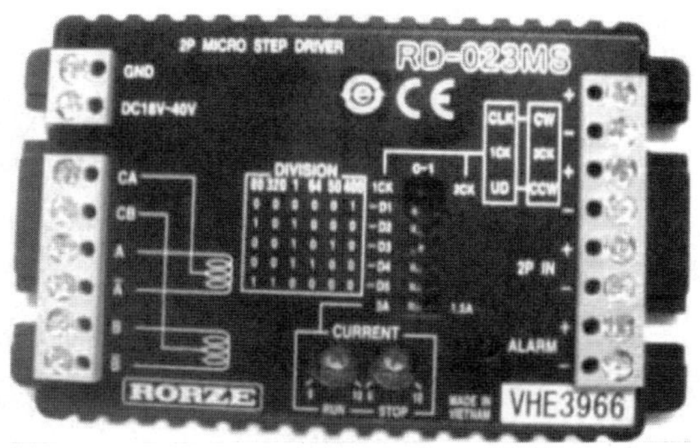

图 5－55　步进电机驱动模块照片

为了作图方便分析简单，下面以最简单的三绕组六个铁芯步进电机为例，介绍步进电机工作的基本原理。用导磁材料制成的定子内壁有六个凸出的定子磁极，相隔 180°的两个定子磁极上绕制同一个 A 相绕组（图 5－57），相隔 180°的两个定子磁极上绕制同一个 B 相绕组，相隔 180°的两个定子磁极上绕制同一个 C 相绕组，三个绕组的铁芯相互相隔 120°。三相绕组的三个末端 $\bar{A}$、$\bar{B}$、$\bar{C}$ 并在一起作为一个公共端 $\overline{ABC}$，驱动模块输出的四个端子 A、B、C、$\overline{ABC}$ 分别接步进电机的三相定子绕组和公共端，驱动模块轮流向三相绕组提供脉冲电流。同样的一只三绕组六个铁芯的步进电机按运行方式不同分有三拍运行方式和六拍运行方式两种型式。

图 5－56　反应式步进电机照片

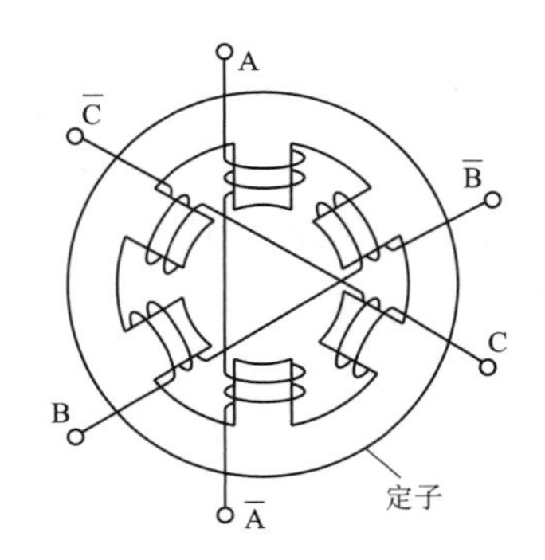

图 5－57　定子三绕组绕制

图 5－58 为三拍运行的三绕组六个铁芯的步进电机工作原理图。转子也用导磁材料制成，转子上有 1、2、3、4 共四个凸出的磁极，转子磁极上没有线圈。由图可见，当 A 相绕组通脉冲电流时，B、C 相绕组没有电流，转子磁极 1、3 在定子磁极 A、$\bar{A}$ 两个磁场吸引力作用下，位于图 5－58（a）位置；当 B 相绕组通脉冲电流时，C、A 相绕组没有电流，转子磁极 2、4 在定子磁极 B、$\bar{B}$ 两个磁场吸引力作用下，逆时针方向转过角度 $\theta=30°$，位于图 5－58（b）位置；当 C 相绕组通脉冲电流时，A、B 相绕组没有电流，转子磁极 1、磁极 3 在定子磁极

C、$\bar{C}$两个磁场吸引力作用下，逆时针方向转过角度 $\theta=30°$，位于图 5－58（c）位置。以此类推。

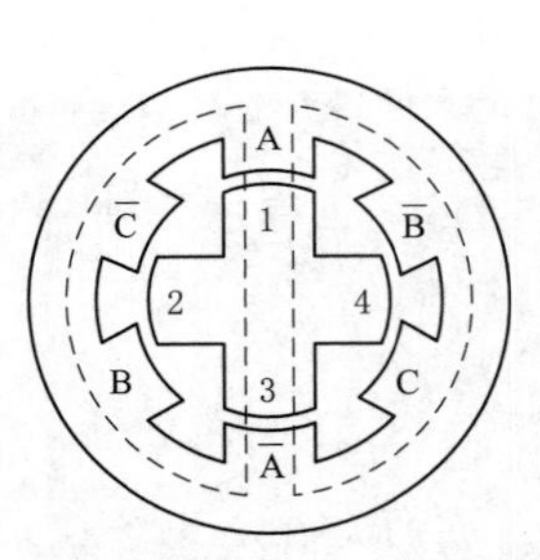

（a）A相通电，B、C相不通电

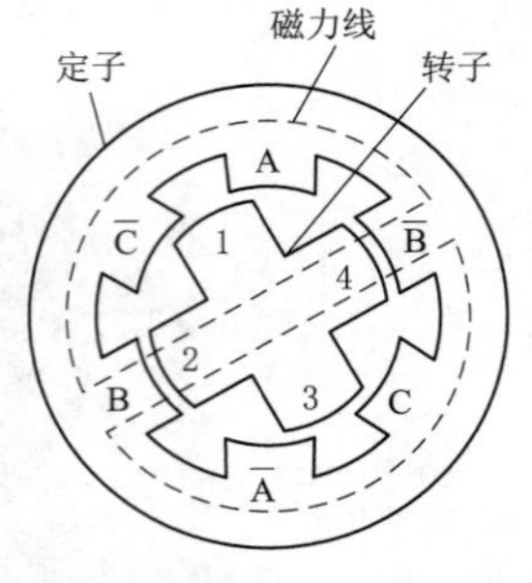

（b）B相通电，C、A相不通电

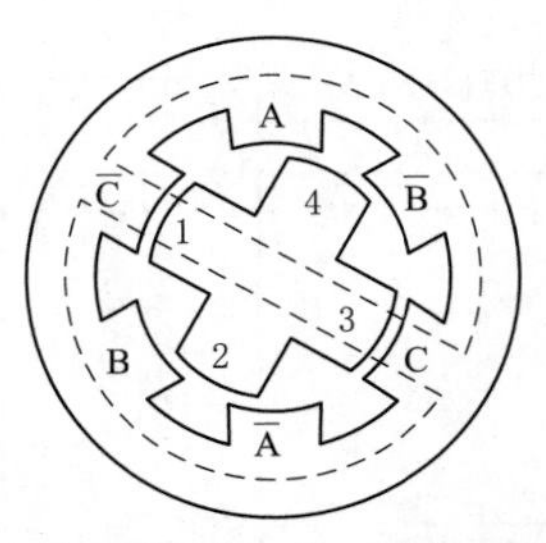

（c）C相通电，A、B相不通电

图 5－58　三拍运行的三绕组六个铁芯的步进电机工作原理图

按 A—B—C—A……的正相序对三相定子绕组轮流加脉冲电流，转子就逆时针方向步进转动，作用液压放大器开大导叶；按 A—C—B—A……的反相序对三相定子绕组轮流加脉冲电流，转子就顺时针方向步进转动，作用液压放大器关小导叶。对三相绕组轮流送入 12 个脉冲电流，转子正好转过 360°。每转 360°，每个转子磁极受磁场拉力作用的次数称步进电机的“拍”，显然这种工作方式的步进电机的拍数为 12/4＝3 拍。

图 5－59 为六拍运行的三绕组六个铁芯的步进电机工作原理图。与三拍运行相同的定子和转子，当 A 相绕组通脉冲电流时，B、C 相绕组没有电流，转子磁极 1、磁极 3 在定子磁极 A、$\bar{A}$两个磁场吸引力作用下，位于图 5－59（a）位置；当 A、B 两相绕组同时通脉冲电流时，C 相绕组没有电流，转子磁极在定子磁极 A、$\bar{A}$、B、$\bar{B}$四个磁场吸引力作用下，逆时针方向转过 15°，位于图 5－59（b）位置；当 B 相绕组通脉冲电流时，C、A 相绕组没有电流，转子磁极 2、磁极 4 在定子磁极 B、$\bar{B}$两个磁场吸引力作用下，逆时针方向转过 15°，位于图 5－59（c）位置；当 B、C 两相绕组同时通脉冲电流时，A 相绕组没有电流，转子磁极在定子磁极 B、$\bar{B}$、C、$\bar{C}$四个磁场吸引力作用下，逆钟向转过 15°；当 C 相绕组通脉冲电流时，A、B 相绕组没有电流，转子磁极 1、磁极 3 在定子磁极 C、$\bar{C}$两个磁场吸引力作用下，逆时针方向转过角度；当 C、A 两相绕组同时通脉冲电流时，B 相绕组没有电流，转子磁极在定子磁极 C、$\bar{C}$、A、$\bar{A}$四个磁场吸引力作用下，逆时针方向转过角度……以此类推。

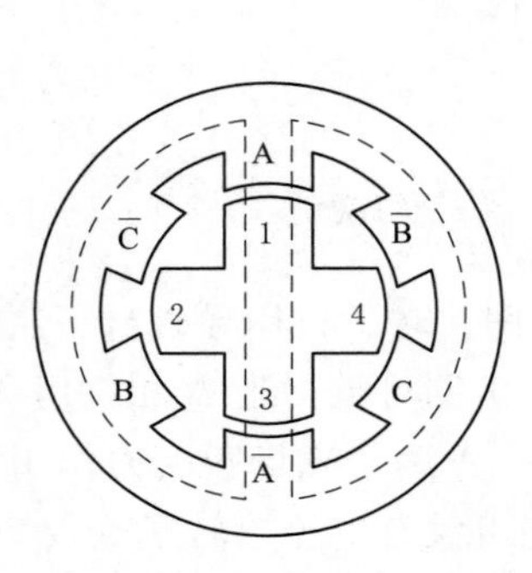

（a）A相通电，B、C相不通电

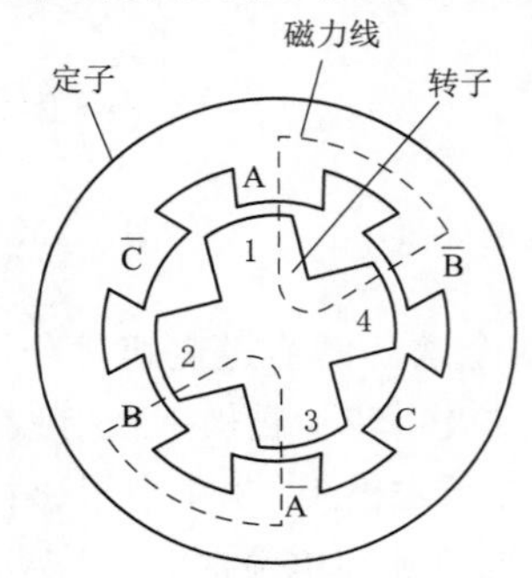

（b）A、B相通电，C相不通电

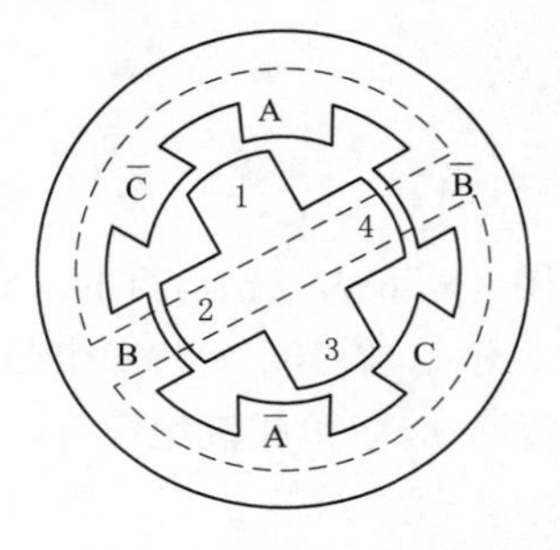

（c）B相通电，C、A相不通电

图 5－59　六拍运行的三绕组六个铁芯的步进电机工作原理图

按 A—AB—B—BC—C—CA……的正相序对三相定子绕组轮流加脉冲电流，转子就逆时针方向步进转动，作用液压放大器开大导叶。按 A—AC—C—CB—B—BA……的反相序对三相定子绕组轮流加脉冲电流，转子就顺时针方向步进转动，作用液压放大器关小导叶。对三相绕组轮流送入 24 个脉冲电流，转子正好转过 360°。显然这种工作方式的步进电机的拍数为 24/4=6 拍。

脉冲电流低电流时为零，高电流时为 2A，能确保每送来一个脉冲电流，转子可靠转动一个角度 θ，每次脉冲电流作用后转子转动的角度 θ 称“步长”，步长 θ 越小，每次脉冲电流作用后转子转动的角度越小，调节精度越高。两相混合式步进电机的步长可小到 $\theta=1.8°$。

因此六拍运行的步进电机调节精度比三拍运行的步进电机调节精度高。转子每秒钟转过的角度 Φ 与脉冲电流的频率和步长成正比。

$$\Phi=f_{\mathrm{m}}\theta \quad \mathrm{rad/s} \tag{5-8}$$

式中　f_{m}——脉冲电流的频率，次/s。

输入步进电机定子绕组的脉冲电流频率越高，转子每秒钟转动的角度 Φ 越大，步进电机的转角位移调节信号 Φ 越大；输入步进电机定子绕组的脉冲电流频率越低，转子每秒钟转动的角度 Φ 越小，步进电机的转角位移调节信号 Φ 越小。输入步进电机脉冲电流的频率表示导叶开度调节的大小，输入步进电机脉冲电流的相序表示导叶开度调节的方向。步进电机输出转子转角的大小表示导叶开度调节的大小，步进电机转子转动的方向表示导叶开度调节的方向。步进电机成功地将脉冲电流调节信号转换成转子转角机械位移调节信号。

3）螺杆螺母机构。步进电机输出的是电机轴的转角机械位移调节 Φ，而液压放大器的输入信号必须是直线机械位移信号。所以螺杆螺母机构的作用是将转角机械位移调节 Φ 转换成直线机械位移调节信号 ΔL_{y}。

图 5-60 为滚珠螺杆螺母照片，将滚珠螺母 1 限位成不能转动只能移动，而滚珠螺杆 2 只能转动不能移动。因此当滚珠螺杆来回转动时，滚珠螺母只能在螺杆上下移动，从而将滚珠螺杆的转角机械位移 Φ 转换成滚珠螺母的直线机械位移 ΔL_{y}。平时家中见到的螺母螺栓的螺纹断面形状都是三角形，而滚珠螺杆螺母的螺纹断面做成矩形，从而使得滚珠螺杆螺母的螺纹螺旋面像儿童公园螺旋滑梯的螺旋面，并且在螺杆与螺母两个螺纹螺旋面之间均匀布满滚珠，将螺杆与螺母之间螺纹螺旋面的滑动摩擦转变为滚动摩擦，可以大大减小螺杆螺母之间转动的机械摩擦阻力，提高将转角机械位移 Φ 转换成直线机械位移 ΔL_{y} 的灵敏度。螺杆转动一圈 360°时螺母在螺杆上的直线位移称螺距 S，螺母直线机械位移信号 ΔL_{y} 与步进电机转子及螺杆转角机械位移 Φ 的关系式为

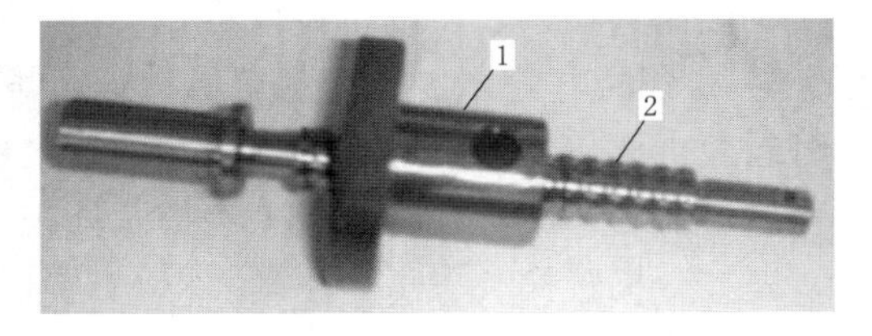

图 5-60　滚珠螺杆螺母照片
1—滚珠螺母；2—滚珠螺杆

$$\Delta L_{\mathrm{y}}=\frac{\Phi}{360°}S \tag{5-9}$$

4）位移传感器。位移传感器的作用是将滚珠螺母的机械位移信号 ΔL_{y} 线性比例地转换

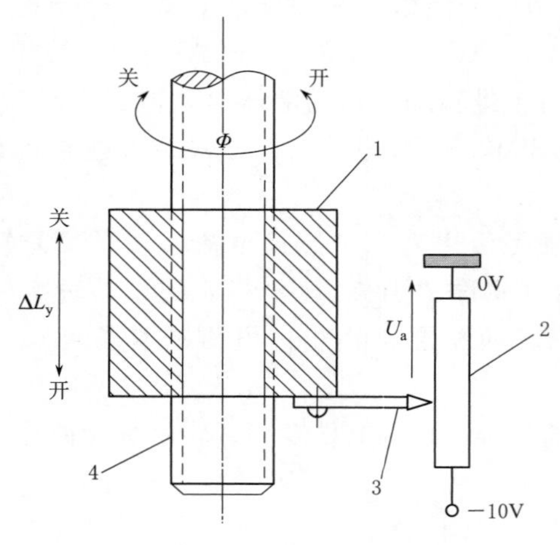

图 5-61　滑杆式电位器原理图
1—滚珠螺母；2—滑杆电位器；
3—动触头；4—滚珠螺杆

成负反馈电压信号 U_a。位移传感器的种类有很多，水电厂广泛采用的是价格便宜结构简单的滑杆式电位器，图 5-61 为滑杆式电位器原理图。滑杆式电位器就是一只 1kΩ 有动触头电阻器（参见图 3-92），在 1kΩ 的电阻体两端加上 −10V 标准直流电压，滑杆式电位器的动触头 3 与滚珠螺母 1 连接在一起。当滚珠螺杆顺时针方向转动使得滚珠螺母和滑杆式电位器动触头一起上移 ΔL_y 到最上面位置时，ΔL_y 经后面液压放大器线性比例放大后的机械位移 ΔY 带动导水机构的导叶在全关位置，滑杆式电位器动触头对地电压 $U_a = 0$V。当滚珠螺杆逆时针方向转动使得滚珠螺母和滑杆式电位器动触头一起下移 ΔL_y 到最下面位置时，ΔL_y 经后面液压放大器线性比例放大后的机械位移 ΔY 带动导水机构的导叶在全开位置，滑杆式电位器动触头对地电压 $U_a = -10$V。负反馈电压 U_a 与滚珠螺母直线机械位移 ΔL_y 为一一对应的线性比例关系，即

$$U_a = \alpha_s \Delta L_y \tag{5-10}$$

式中　α_s——电/机转换装置的负反馈系数。

滑杆式电位器成功地将滚珠螺母机械位移信号 ΔL_y 线性比例地转换成电压负反馈信号 U_a。从滚珠螺母直线位移 ΔL_y 引出的电压负反馈信号 U_a 作为电/机转换装置的负反馈信号用电缆送回到一体化 PLC 模拟量输入回路（参见图 5-41 中“导叶开度”），严格地讲这里的 U_a 不是导叶反馈，应该是“滚珠螺母反馈”或“电/机转换装置反馈”，但是由于后面带动导水机构导叶转动的液压放大器输出的机械位移 ΔY 与滚珠螺母机械位移 ΔL_y 为一一对应的线性比例关系，所以也可以将 U_a 理解为导叶反馈。由于电位器有接触的移动点，在动触头与 1kΩ 的电阻体接触点上容易磨损及堆积污垢，影响反馈电压信号的精确度，因此这是引起微机调速器故障的常见原因之一，大中型调速器的位移传感器常采用无接触的电感式位移传感器，那就不存在触点上磨损及堆积污垢的问题。

5）电/机转换装置工作原理。电/机转换装置是一个自成体系的电/机线性比例转换器，将电压调节信号 ΔU 线性比例地转换成微小的机械位移调节信号 ΔL_y，电/机转换装置的输出机械位移 ΔL_y 每次重新稳定不动的必备条件是输入 $\Delta U=0$，一体化 PLC 输出电压调节信号 $\Delta U=0$ 的必备条件是

$$|U_y| = |U_a| \tag{5-11}$$

每次调节都是导叶开度要求值 U_y 先变化，使得 $\Delta U \neq 0$，经过调节后导叶开度实际值 U_a 跟着变化，重新达到 $\Delta U=0$，经过这么一个调节过程，输出 ΔL_y 到达新的位置。而且电压信号 U_a 永远是削弱调节信号 ΔU 的，所以称 U_a 为负反馈。每次重新稳定后 $U_y = U_a$，根据式（5-10），每次重新稳定后电/机转换装置的输出直线机械位移

$$\Delta L_y = \frac{1}{\alpha_s} U_a = \frac{1}{\alpha_s} U_y = K_s U_y \tag{5-12}$$

$$K_s = \frac{1}{\alpha_s}$$

式中　K_s——信号转换传递系数。

信号转换传递系数 K_s 是一个比例系数，因此电/机转换装置是一个线性比例转换装置。

(2) 两级液压放大器。由于电/机转换装置输出的直线机械位移调节信号 ΔL_y 的力和行程（功）太小，调节功远不够用来调节水轮机导水机构，因此必须对 ΔL_y 的力和行程进行放大。步进电机有反馈杠杆的电液随动装置的液压放大器由两级液压放大器组成。两级液压放大器也是一个自成体系的力和行程放大装置，输入液压放大器的信号是步进电机输出的滚珠螺母微小的机械位移 ΔL_y，经过两级液压放大器放大后输出是强大的机械位移 ΔY，输出机械位移 ΔY 的行程比输入机械位移 ΔL_y 增大了上百倍，输出机械位移 ΔY 的调节力比输入机械位移 ΔL_y 增大了上万倍。

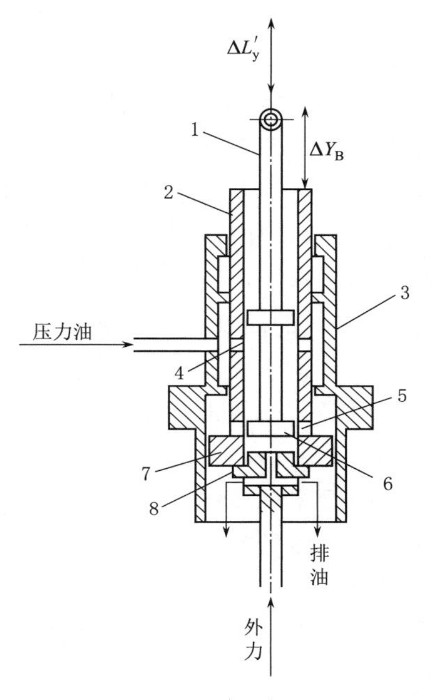

图 5-62　第一级液压放大原理图

1—针塞；2—辅助接力器活塞杆；3—辅助接力器活塞缸；4—中排孔；5—下排孔；6—下活塞盘；7—辅助接力器活塞盘；8—主配活塞杆

1) 第一级液压放大器。第一级液压放大器由引导阀、辅助接力器和自反馈组成。图 5-62 为第一级液压放大原理图，辅助接力器活塞缸 3 内的辅助接力器活塞杆 2 为空心的厚壁管。辅助接力器活塞杆的空心厚壁管上开了上、下两排孔，每排两只孔。辅助接力器活塞杆内孔装有两个活塞盘的针塞 1，空心的活塞杆和针塞构成引导阀（参见图 5-45）。在针塞两个活塞盘中间的管壁中排孔 4 经辅助接力器活塞缸上的缸壁通孔永远接压力油。辅助接力器活塞盘 7 下方的主配压阀活塞杆 8 始终对辅助接力器活塞向上作用一个外力。主配压阀活塞杆头部的轴向孔、径向孔永远接排油。每次调节结束后，针塞下活塞盘 6 正好把辅助接力器活塞杆下排孔 5 堵住，使得辅助接力器活塞盘上腔既不接压力油也不接排油，辅助接力器活塞上腔成为一个油压肯定比压力油低比排油高的密闭油腔，该油压在辅助接力器活塞盘上产生向下的液压力与辅助接力器活塞杆向上的外力平衡，此时辅助接力器活塞位移 $\Delta Y_B = 0$，针塞位移 $\Delta L'_y = 0$。

当输入机械位移使引导阀针塞向上 $\Delta L'_y = -$，针塞活塞盘上移使得辅助接力器活塞盘上腔与排油侧的孔口打开，辅助接力器活塞盘上腔经主配压阀活塞杆头部的轴向孔、径向孔向外排油，辅助接力器活塞盘上腔压力下降，在外力作用下，辅助接力器活塞跟着针塞上移 $\Delta Y_B = -$，辅助接力器活塞上移使得排油侧孔口关小，当辅助接力器活塞向上位移 $\Delta Y_B = \Delta L'_y$ 时，针塞下活塞盘重新把排油侧孔口关闭，辅助接力器活塞上腔重新既不接压力油也不接排油，辅助接力器活塞稳定在上部新的位置。当输入机械位移使引导阀针塞向下 $\Delta L'_y = +$，针塞活塞盘下移使得辅助接力器活塞盘上腔与压力油侧的孔口打开，压力油经孔口进入辅助接力器活塞上腔，辅助接力器活塞盘上腔压力上升，辅助接力器活塞向下的液压力大于外力，辅助接力器活塞跟着针塞下移 $\Delta Y_B = +$，辅助接力器活塞下移使得压力油侧孔口关小，当辅助接力器活塞向下位移 $\Delta Y_B = \Delta L'_y$ 时，针塞下活塞盘重新把压力油侧孔口关闭，辅助接力器活塞上腔重新既不接压力油也不接排油，辅助接力器活塞稳定在下部新的位置。

每次调节输入机械位移 $\Delta L_{y}'$使辅助接力器活塞上腔与外界的孔口开大，而输出机械位移 ΔY_{B} 后又使辅助接力器活塞上腔与外界的孔口关小。每次输出信号都是削弱输入信号，所以辅助接力器活塞的位移对针塞来讲属于负反馈。这种不需要专门反馈元件的反馈称自反馈。辅助接力器活塞像“跟屁虫”那样始终紧紧跟着针塞上下移动，所以辅助接力器活塞又称随动活塞。第一级液压放大器输入是引导阀针塞的机械位移 $\Delta L_{y}'$，输出是辅接活塞的位移 ΔY_{B}。由于每次重新稳定后都是 $\Delta Y_{B}=\Delta L_{y}'$，因此第一级液压放大器行程没有放大，但是辅接活塞位移 ΔY_{B} 的力量比针塞位移 $\Delta L_{y}'$的力量大成百上千倍，实现了力的放大。

2）第二级液压放大器。由于第一级液压放大的输出机械位移 ΔY_{B} 的行程没有放大，对导水机构的调节功也远远不够大，因此必须进行第二级液压放大。图 5-63 为步进电机有反馈杠杆的电液随动装置结构原理图，第二级液压放大器由主配压阀 14、主接力器 17、反馈杆 20 和组合杠杆 3 构成。由于主配压阀活塞的上活塞盘直径比下活塞盘直径大，作用上下两个活塞盘液压力的合力方向向上，使得主配压阀活塞杆 13 始终有一个外力向上顶住辅助接力器 10 的活塞，因主配压阀活塞杆始终与辅助接力器活塞永远紧紧顶在一起，主配压阀活塞紧紧跟着辅助接力器活塞上下移动，因此第一级液压放大器辅助接力器活塞位移输出 ΔY_{B} 就是第二级液压放大器主配压阀活塞杆的位移输入 ΔS，并且有

$$\Delta S=\Delta Y_{B}=\Delta L_{y}'$$

由于主配压阀活塞与辅助接力器活塞永远紧紧顶在一起，使得第二级液压放大的负反馈信号无法送到第二级液压放大器输入端的主配压阀活塞上，因此不得不采取将第二级液压放大的负反馈信号通过反馈杆 20、组合杠杆 3 送到第一级液压放大的输入端针塞 6 上，第二级液压放大这种方式的负反馈称为跨越负反馈，从反馈的原理上讲，这是没有问题的。组合杠杆是用两颗螺栓 5 将两根钢板合并一起组合而成，在两根钢板之间夹了滚珠螺母 4，滚珠螺母两侧水平方向分别与两块钢板用圆柱销铰连接，组合杠杆左端与第一级液压放大器输入端的引导阀针塞用圆柱销铰连接，组合杠杆的右端与从第二级液压放大输出端引回的反馈杆用圆柱销铰连接。

设驱动模块送来脉冲电流调节信号使得步进电机 2 转子顺时针方向转动，滚珠螺杆 8 跟着顺时针方向转动带动滚珠螺母上移，两级液压放大器前置输入调节信号 ΔL_{y} 向上位移，组合杠杆的 B 点上移到 B′点［图 5-64（a）］，则组合杠杆绕 C 点顺时针方向转动，A 点上移到 A′点，真正输入第一级液压放大器针塞的有效调节信号是针塞向上位移 $\Delta L_{y}'=-$，针塞在上部位置使得辅助接力器活塞上腔接通排油，辅助接力器活塞上腔压力下降，辅助接力器活塞跟随针塞上移到上部位置 $\Delta Y_{B}=\Delta L_{y}'=-$，与辅助接力器塞紧紧顶在一起的主配压阀活塞也跟着上移到上部位置 $\Delta S=\Delta Y_{B}=\Delta L_{y}'=-$。主配压阀活塞上移使得左信号油管接压力油，右信号油管接排油，主接力器活塞 16 左侧压力上升，右侧压力下降，在活塞两侧压力差作用下，主接力器活塞向右移动，输出机械位移 ΔY 作用关小导叶。与此同时，右移的主接力器活塞杆 15 上的反馈锥体 18 也右移，反馈锥体上的反馈滚轮 19 和反馈杆上移，反馈杆的 C 点上移向 C′点靠近，组合杠杆以 B′点为中心逆钟向转动，迫使在上部位置的针塞从 A′下移向原来位置 A 点靠近［图 5-64（b）］，在上部位置的辅助接力器活塞上腔反过来接通压力油，辅助接力器活塞上腔压力上升，辅助接力器活塞、主配压阀活塞杆跟着针塞下

移，向原来位置靠近。随着辅助接力器活塞下移，左右信号油管孔口关小，当跨越反馈信号作用针塞向下的反馈信号 Δh 等于步进电机输入针塞向上的调节信号 $\Delta L'_{y}$时，针塞从 A′下移回到原来位置 A 点，辅助接力器活塞跟着针塞下移回到原来位置，主配压阀活塞重新回到中间位置 $\Delta S=0$，但是经过这么一个过程，主接力器活塞却在新的位置稳定下来不动，主接力器位移 ΔY 的力和行程比电/机转换装置输出位移 ΔL_{y} 的力和行程要大得多，从而实现了对力和行程的两级液压放大。驱动模块送来脉冲电流调节信号使得步进电机转子逆时针方向转动，两级液压放大器的动作与上面相反。

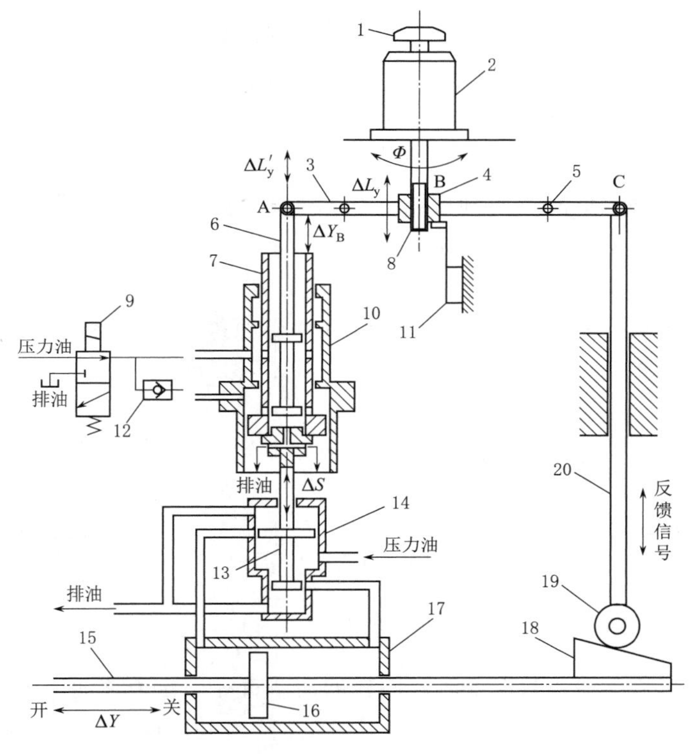

图 5-63 有反馈杠杆的步进电机电液随动装置结构原理图

1—油压手动旋柄；2—步进电机；3—组合杠杆；4—滚珠螺母；5—组合螺栓；6—针塞；7—辅助接力器活塞杆；8—滚珠螺杆；9—事故停机电磁阀 STF；10—辅助接力器；11—位移传感器；12—逆止阀；13—主配压阀活塞杆；14—主配压阀；15—主接力器活塞杆；16—主接力器活塞；17—主接力器；18—反馈锥体；19—反馈滚轮；20—反馈杆

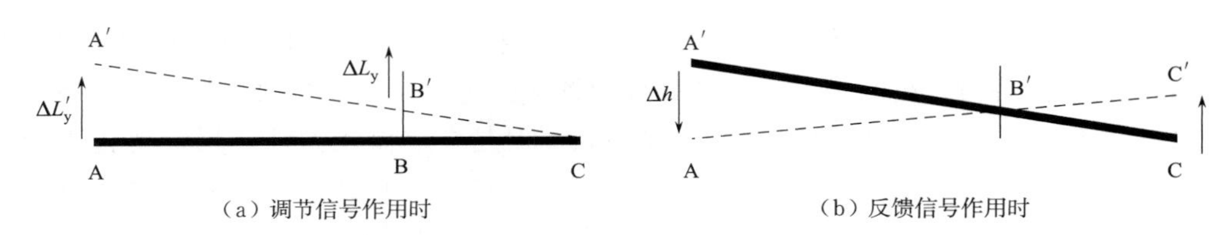

图 5-64 组合杠杆信号传递原理图

每次调节都是调节信号先出现，反馈信号后出现，经历这么一个过程，重新稳定以后的液压放大器输入机械位移 ΔL_{y} 和输出机械位移 ΔY 都在新的位置，而针塞位移 $\Delta L'_{y}$、辅助接力器活塞位移 ΔY_{B} 和主配压阀活塞位移 ΔS 都在原来位置。

根据图 5－64 可知，直角三角形 A′、A、C 与直角三角形 B′、B、C 是相似三角形，根据相似三角形对应边成比例的关系，得

$$\frac{\Delta L'_y}{\Delta L_y}=\frac{AC}{BC}$$

式中　AC——A 点与 C 点之间的几何长度；

BC——B 点与 C 点之间的几何长度。

所以两级液压放大器的输入有效调节信号为

$$\Delta L'_y=\Delta L_y\frac{AC}{BC}$$

每次调节结束后主接力器活塞在新的位置重新稳定的必备条件是主配压阀活塞必须回到中间位置，即配压阀活塞位移为

$$\Delta S=0$$

否则主接力器活塞不是向左开到底就是向右关到底。跨越反馈通道的输入机械位移为 ΔY，输出机械位移为 Δh，跨越负反馈系数为

$$\alpha_P=\Delta h/\Delta Y$$

要使主配压阀活塞、辅助接力器活塞和针塞回到原来位置，跨越负反馈对 A 点的反馈位移量 Δh 必须等于调节对 A 点的有效机械位移量 $\Delta L'_y$，即

$$\Delta h=\Delta L'_y$$

根据以上两个公式，可得两级液压放大器的输出机械位移 ΔY 与输入机械位移 ΔL_y 的行程放大关系为

$$\Delta Y=\frac{1}{\alpha_P}\Delta h=\frac{1}{\alpha_P}\Delta L'_y=\frac{1}{\alpha_P}\frac{AC}{BC}\Delta L_y=K_P\Delta L_y$$

式中　K_P——两级液压放大器的行程放大倍数，$K_P=\frac{1}{\alpha_P}\frac{AC}{BC}$。

行程放大倍数与负反馈系数成反比。同样的活塞直径，压力油的压力越高，输出机械位移 ΔY 移动的力越大。同样的压力油压力，活塞直径越大，输出机械位移 ΔY 移动的力越大。因此，液压放大器对力的放大倍数与负反馈系数毫无关系，仅与接力器活塞面积的大小及油压的高低有关。

（3）事故停机。图 5－63 中事故停机电磁阀 9（STF）是一个有复归弹簧的单线圈两位三通开关阀。正常运行时，事故停机电磁阀线圈没电，在复归弹簧作用下，事故停机电磁阀右侧接左侧压力油，压力油畅通无阻地从左向右经过事故停机电磁阀上面一路到达引导阀针塞两个活塞盘中间待命，随时准备进入辅助接力器活塞上腔。尽管事故停机电磁阀下面一路逆止阀 2 [图 5－65（a）] 接辅助接力器活塞上腔，但是在左侧压力油作用下逆止阀始终关闭，丝毫不影响辅助接力器的正常工作。当机组 LCU 或发电机继电保护发出事故停机开关量时，事故停机电磁阀 STF 线圈得电（参见图 5－43），事故停机阀迅速切换油路使右侧接左侧的排油 [图 5－65（b）]，第一级液压放大器压力油消失，但是第二级液压放大器的压力油没有消失，主配压阀差动活塞向上顶着辅助接力器活塞上移，逆止阀立即打开，辅助接力器上腔的油经逆止阀从右向左畅通无阻地全部排出，辅助接力器活塞和主配压阀活塞大幅度紧急上移，主接力器活塞大幅度紧急右移，作用导叶紧急关闭。

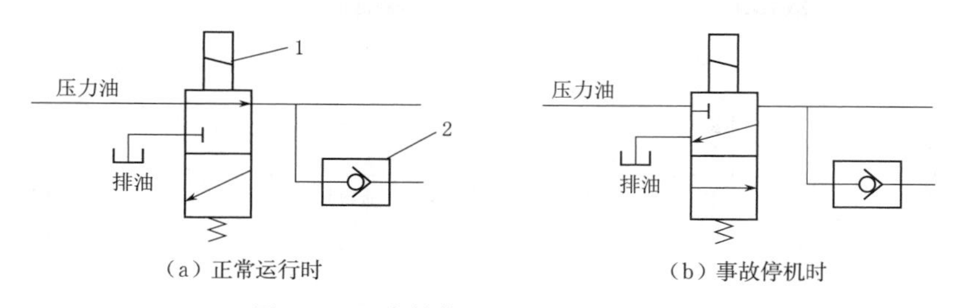

(a) 正常运行时　　(b) 事故停机时

图 5-65　事故停机电磁阀工作原理图

1—事故停机电磁阀；2—逆止阀

(4) 油压手动操作。图 5-66 为有反馈杠杆的步进电机电液随动装置照片，组合杠杆 5 是用两颗螺栓 4 将两根钢板合并一起组合而成，在两根钢板之间夹了滚珠螺母，滚珠螺母两侧水平方向分别与两块钢板用圆柱销铰连接，组合杠杆左端与第一级液压放大器输入端的引导阀针塞 6 用圆柱销铰连接，组合杠杆的右端与从第二级液压放大输出端引回的反馈杆 7 用圆柱销铰连接。位移传感器 3 将滚珠螺母的上下直线位移 ΔL_y 转换成 0～－10V 负反馈电压送回到一体化 PLC 模拟量输入端（参见图 5-41）。

图 5-66　有反馈杠杆的步进电机电液随动装置照片

1—旋柄；2—步进电机；3—位移传感器；4—螺栓；5—组合杠杆；6—针塞；7—反馈杆

当调速器电气部分出现故障时，在微机调速器触摸屏上点击油压“手动”按钮（参见图 5-35），驱动模块电源消失停止工作，然后打开调速器控制柜的门，手动转动步进电机转子轴顶端的旋钮 1，人为手动使步进电机的转子转动，则螺杆机构的滚珠螺母上下移动 ΔL_y，就可以进行油压手动操作导叶开度。将图 5-66 与图 5-63 对照比较，利于提高识图能力。

2. *无反馈杠杆的伺服电机电液随动装置*

有反馈杠杆的步进电机电液随动装置中跨越负反馈中的杠杆跟其他零件连接全部采用圆柱销与孔的铰连接，销与孔之间必定有间隙。在传递调节机械位移信号和跨越负反馈机械位移信号过程中，会出现机械位移信号传递过程中的位移死区，降低了调节的灵敏度和准确性，因此对调节性能要求较高的大中型机组采用无反馈杠杆的伺服电机电液随动装置。

图 5-67 为无反馈杠杆的伺服电机电液随动系统原理框图，与有反馈杠杆的步进电机电液随动装置原理框图比较，步进电机改成了伺服电机，并且取消了反馈杠杆，用一只跨越负反馈位移传感器取代了反馈杠杆。负反馈位移传感器将反映导叶开度的主接力器输出机械位移 ΔY 转换成 0～－10V 的电压负反馈信号 U_a，跨过两级液压放大器和电/机转换装置，直接送入一体化 PLC 模块的模拟量输入回路，这种从最末端引回到最首端的负反馈对调节稳定性和准确度是很有利的。螺杆螺母机构中的滚珠螺母直接带动引导阀活塞上下机械位移 ΔL_y，再进行两级液压放大。

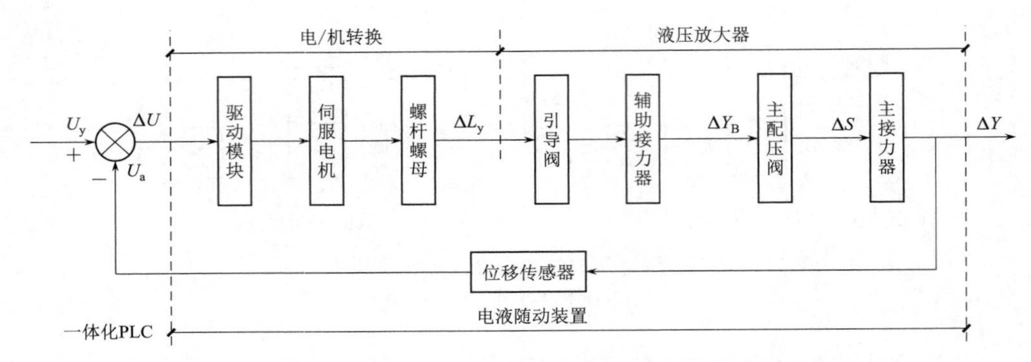

图 5-67 无反馈杠杆的伺服电机电液随动装置原理框图

图 5-68 为 ZX 水电厂 4500kW 贯流转桨式水轮机双重调节微机调速器的两个无反馈杠杆伺服电机电液随动装置的电/机转换装置，左右两装置完全一样，左边为调节导叶开度的电/机转换装置，右边为调节转轮桨叶角度的电/机转换装置。伺服电机 1 将脉冲调节信号转换成滚珠螺杆的转角位移调节信号，螺杆螺母机构 3 内的滚珠螺母将转角机械位移调节信号转换成上下直线机械位移调节信号 ΔL_y，滚珠螺母上下直线机械位移直接带动引导阀针塞 4 上下机械位移 ΔL_y，取消了反馈杠杆。转动手动操作手柄 2 相当于手动转动滚珠螺母，使得滚珠螺母上下直线位移，可以进行油压手动操作。无反馈杠杆的伺服电机电液随动系统广泛应用在大中型调速器中。

图 5-68 双重调节电/机转换装置

1—伺服电机；2—手动操作手柄；3—螺杆螺母机构；4—引导阀针塞

（二）采用标准液压元件的电液随动装置

标准液压元件的优点是静态无油耗，油管直径大，油路切换的驱动力大，因此对油质要求较低。用标准液压元件取代主配压阀。取消了杠杆就没有机械位移信号传递过程中杠杆销孔间隙的位移死区，提高了调节的灵敏度和准确性。液压部分全部采用标准化液压元件和插装阀组，阀组元件之间的连接油管全部像地道那样加工在厚实的阀组基座内部，外部看不到连接元件之间的油管，因此液压部分结构紧凑、干净整洁、集成度高、安装简单。液压元件都是国家系列产品，批量生产，互换性好、维护方便。缺点是因为只有一级液压放大，输出机械位移的调节功不是很大，因此只能应用在中小型微机调速器中。

1. 比例阀电液随动装置

图 5-69 为比例阀电液随动装置原理框图。反映导叶实际开度的负反馈电压信号 U_a（0～－10V）与一体化 PLC 的 CPU 计算得到的导叶开度要求值 U_y（0～＋10V）进行比较，输出差值电压调节信号 ΔU 给驱动模块。如果 ΔU＝＋，表明导叶实际开度小于要求开度，ΔU 通过驱动模块、比例阀和接力器，调节控制开大导叶，直到 ΔU＝0；如果 ΔU＝－，表明导叶实际开度大于要求开度，ΔU 通过驱动模块、比例阀和接力器，调节控制关小导叶，直到 ΔU＝0。电液随动装置首先对电压调节信号 ΔU 进行电/液转换，将电压调节信号

ΔU 转换成油压调节信号，再由液压放大器将油压调节信号转换并放大成强大的机械位移调节信号 ΔY，带动水轮机导水机构调节导叶开度。

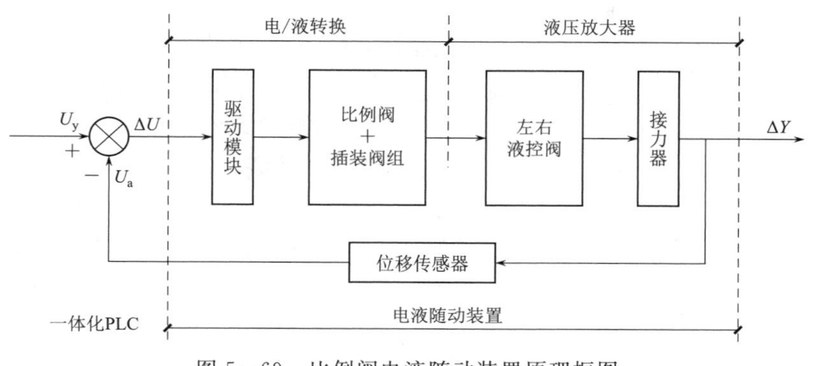

图 5-69 比例阀电液随动装置原理框图

(1) 比例阀驱动模块图。图 5-70 为比例阀驱动模块电气原理图（参见图 5-42 中的 6)。当一体化 PLC 模块输出给比例阀驱动模块开导叶电压调节信号 $+\Delta U$ 时，驱动模块对电压调节信号进行功率放大并转换成电流调节信号 ΔI，从开导叶输出端 “open1” 3、4 端输出给比例阀 “开” 侧线圈，比例阀作用液压放大器开大导叶。当一体化 PLC 模块输出给比例阀驱动模块关导叶电压调节信号 $-\Delta U$ 时，驱动模块对电压调节信号进行功率放大并转换成电流调节信号 ΔI，从关导叶输出端 “close1” 1、2 端输出给比例阀 “关” 侧线圈，比例阀作用液压放大器关小导叶。当微机调速器从自动切换成油压手动后，KOU1 接点断开，驱动模块的 24V 的电源切除，驱动模块因失去电源而停止工作，然后运行人员可以进行现地手动直接操作比例阀，进行导叶开度的油压手动操作。

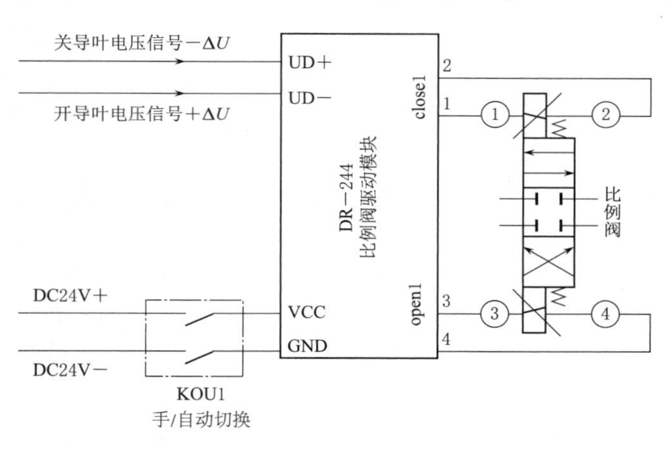

图 5-70 比例阀驱动模块电气原理图

(2) 比例阀结构原理。电磁比例阀是一种双线圈三位四通调节阀的标准液压元件。比例阀的作用是将电流调节信号转换成油压调节信号。比例阀左右线圈中的铁心采用特殊的比例电磁铁。比例阀左右线圈都没电流时 $\Delta I=0$，活塞在 “中间” 位左右信号油管同时既不接压力油也不接排油。当比例阀左线圈有电流 $0<\Delta I_{左}<I_{max}$ 时，右线圈肯定没电流 $\Delta I_{右}=0$，比例电磁铁和活塞左移在 “关” 位 [图 5-71 (a)]，左信号油管接压力油，右信号油管接排油。电流 $\Delta I_{左}$ 越大，活塞左移 $\Delta L_{左}$ 越大，信号油管的孔口打开越大，左压右排油压信号越强；电流 $\Delta I_{左}$ 越小，活塞左移 $\Delta L_{左}$ 越小，信号油管的孔口打开越小，左压右排油压信号越弱。当比例阀右线圈有电流 $0<\Delta I_{右}<I_{max}$ 时，左线圈肯定没电流 $\Delta I_{左}=0$，比例电磁铁和活塞右移在 “开” 位 [图 5-71 (b)]，右信号油管接压力油，左信号油管接排油。电流

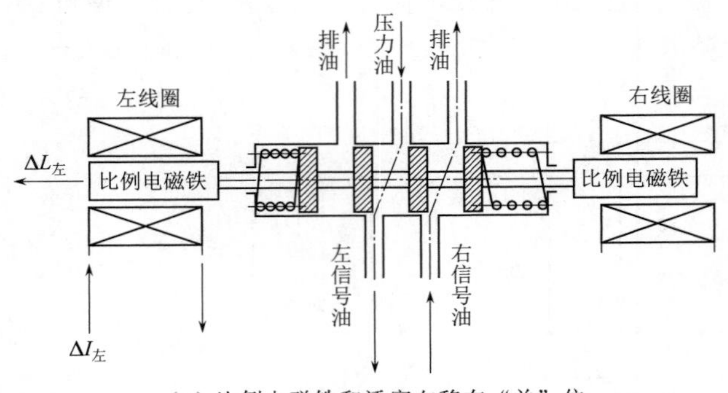

（a）比例电磁铁和活塞左移在“关”位

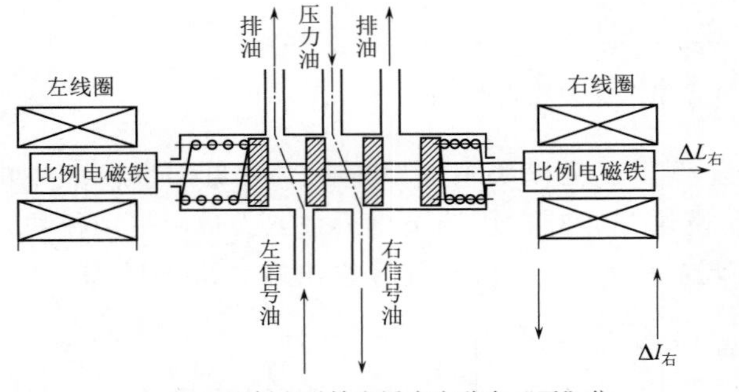

（b）比例电磁铁和活塞右移在“开”位

图 5－71　电磁比例阀的调节位

$\Delta I_{右}$越大，活塞右移 $\Delta L_{右}$越大，信号油管的孔口打开越大，右压左排油压信号越强；电流 $\Delta I_{右}$越小，活塞右移 $\Delta L_{右}$越小，信号油管的孔口打开越小，右压左排油压信号越弱。输入比例阀线圈电流的大小表示调节的大小，电流输入比例阀左线圈还是右线圈表示调节的方向。比例阀输出油压信号的强弱表示调节的大小，比例阀两根输出信号油管是左压右排还是左排右压表示调节的方向。比例阀成功地将电流调节信号转换成油压调节信号。

将左线圈输入电流 $\Delta I_{左}$与活塞左移 $\Delta L_{左}$的关系曲线和右线圈输入电流 $\Delta I_{右}$与活塞右移 $\Delta L_{右}$的关系曲线画在一个坐标平面上，得电磁比例阀电流与铁芯位移的静态特性曲线（图 5－72），输入电流 $\Delta I_{右}$与活塞位移为线性比例关系，因此称为比例阀。

（3）液控逆止阀。图 5－73 为单个液控逆止阀工作原理图。液控逆止阀是受油压控制的开关阀，液控逆止阀有控制油路和被控油路两个独立的油路。当控制油路不接压力油时，液控逆止阀正向导通［图 5－73（a）］，反向截止［图 5－73（b）］。当控制油路接压力油时，液控逆止阀正向导通，反向也导通［图 5－73（c）］。在液压原理图中用图 5－73 右边符号表示。

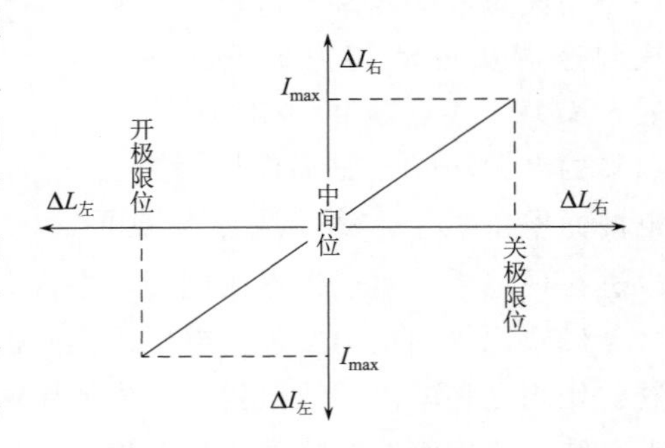

图 5－72　比例阀静态特性曲线

图 5－74 为两个液控逆止阀控制信号油路原理图，两个液控逆止阀 3 分别安装在比例阀与接力器之间的左右信号油管 1 中间，每一个液控逆止阀的控制油管 2 接在另一根信号油管上。当比例阀没有调节时，左右信号油管同时既不接压力油，也不是接油［图 5－74（a），用图中点划线表示］，控制油管压力油消失，左右液控逆止阀同时反向截止，接力器左右两腔与比例阀隔绝；当比例阀调节输出左信号油管为压力油、右信号油管为排油时［图 5－74（b），用图中实线表示压力油，虚线表示排油］，左液控逆止阀正向导通，此时右液控逆止阀的控制油管为压力油，因此右液控逆止阀反向也导通，左右液控逆止阀同时打开，保证比例阀与接力器之间的油路畅通无阻；当比例阀调节输出右信号油管为压力油、左信号油管为排油时［图 5－74（c），用图中实线表示压力油，虚线表示排油］，右液控逆止阀正向导通，此时左液控逆止阀的控制油管为压力油，因此左液控逆止阀反向也导通，左右液控逆止阀同时打开，保证比例阀与接力器之间的油路畅通无阻。由此可见，左右液控逆

止阀的作用是在比例阀没有调节信号油压时，保证接力器左右两腔对外密闭没有渗漏油，活塞不会漂移。

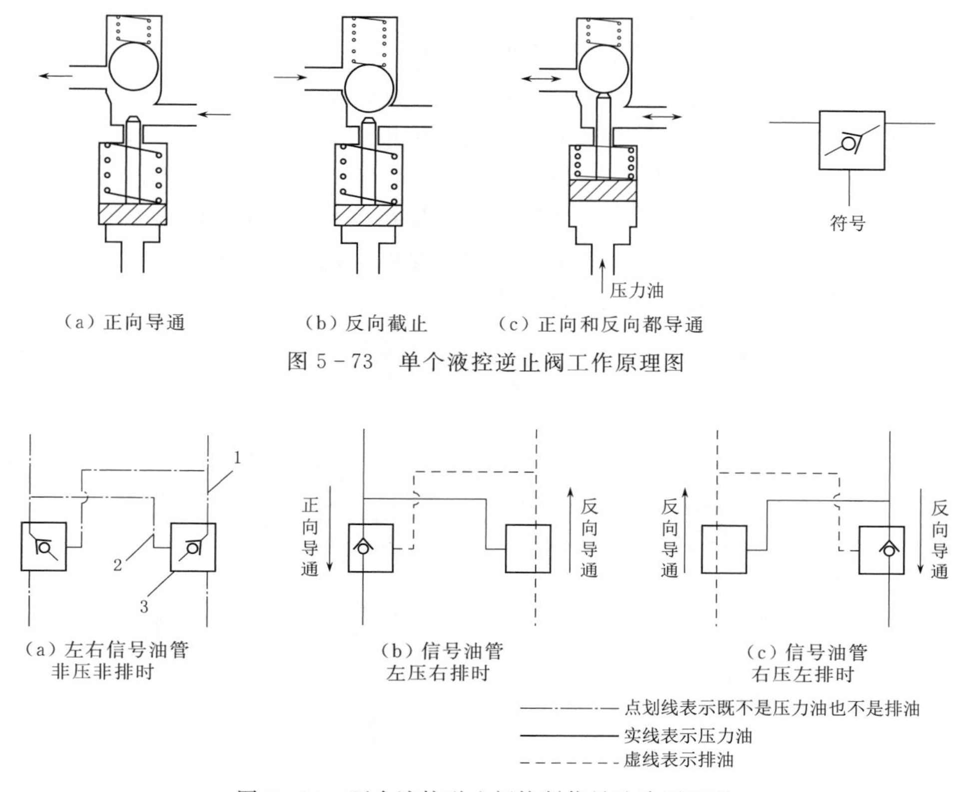

图 5-73 单个液控逆止阀工作原理图

图 5-74 两个液控逆止阀控制信号油路原理图

1—信号油管；2—控制油管；3—液控逆止阀

(4) 单向节流阀。图 5-75 为单向节流阀原理图。单向节流内节流阀 1 与逆止阀 2 并联，当流体从上向下流动时，逆止阀正向导通，流体同时从节流阀和逆止阀流过，节流阀的节流作用无法体现。当流体从下向上流动时，逆止阀反向截止，所有流体必须从节流阀流过，节流阀起节流作用。调整节流孔的开度，可以改变节流效果。节流孔开度越小，流体流过遇到的阻力越大，流速越慢，节流效果越明显；节流孔开度越大，流体流过遇到的阻力越小，流速越快，节流效果越不明显。

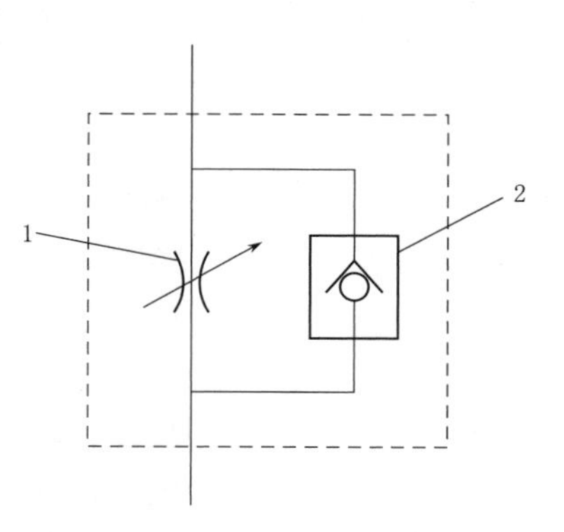

图 5-75 单向节流阀原理图

1—节流阀；2—逆止阀

(5) 比例阀电液随动装置。图 5-76 为比例阀电液随动装置原理图。当比例阀左线圈输入电流调节信号 $\Delta I_{左}$ 时，活塞在左电磁铁的作用下向左移动 $\Delta L_{左}$，比例阀左信号油管接压力油、右信号油管接排油，左右液控逆止阀同时打开，主接力器左腔接压力油，右腔接排油，主接力器活塞杆输出右移机械位移调节信号 ΔY，调节控制导叶关小；当比例阀右线圈输入电流调节信号 $\Delta I_{右}$ 时，活塞在右电磁铁的作用下向右移动 $\Delta L_{右}$，比例阀右信号油管接压力油、左信号油管接排油，左右液控逆止阀同时打开，主接力器活塞右腔接压力油，左腔接排油，主接力器活塞杆输出左移机械位移调节信号 ΔY，调节控制导叶开大。位移传感器电位器将反映导叶开度的主接力器活塞杆机械位移 ΔY 转换成 0～－10V 的负反馈电压信号 U_a，送入一体化 PLC 的模拟量输入回路。当左右线圈同时不通电流时，比例阀的两个活塞盘正好把左右信号油管的孔口堵住，使得左右信号油管同时既不接压力油也不接排油，但是比例阀活塞与信号油管孔口之间不可避免地存在渗漏油，如果没有左右液控逆止阀，接力器活塞的位置可能会发生抖动或漂移，由于此时左右液控逆止阀同时关闭，保证接力器活塞左右两侧与比例阀之间可靠隔绝，保证在没有调节信号时接力器活塞的位置稳定不动。其实只要电磁比例阀质量足够好，渗漏油足够小，取消液控逆止阀后电液随动装置照样可以正常工作，所以液控逆止阀在此是锦上添花。

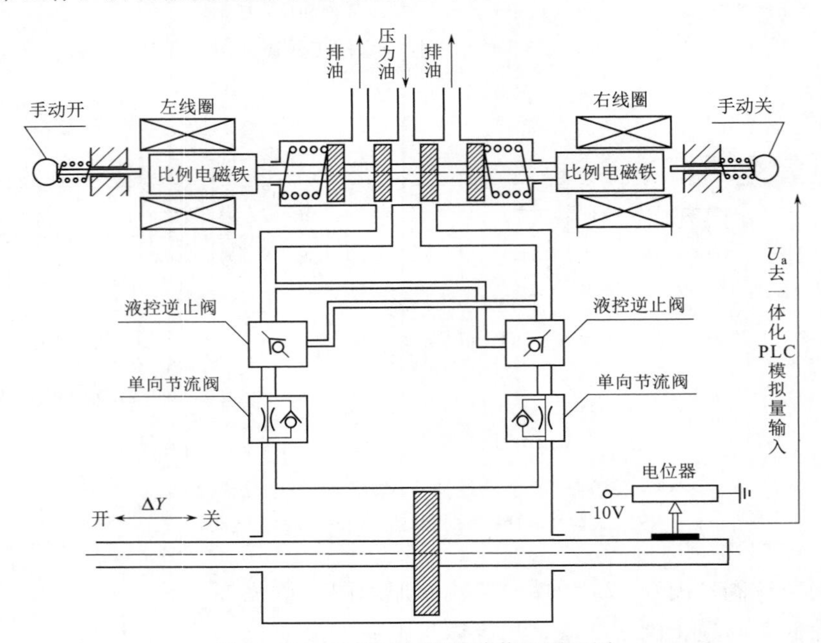

图 5－76　比例阀电液随动装置原理图

关导叶时接力器左边接压力油，右边接排油，左边单向节流阀内的逆止阀正向导通，右边单向节流阀内的逆止阀反向关闭，因此排油必须经节流孔通过，调节右边单向节流阀的节流孔开度，可以调节导叶最快关闭时间。开导叶时接力器右边接压力油，左边接排油，右边单向节流阀内的逆止阀正向导通，左边单向节流阀内的逆止阀反向关闭，所有排油必须经节流孔通过，调节左边单向节流阀的节流孔开度，可以调节导叶最快开启时间。

图 5－77 为 CX 水电厂调速器比例阀液压随动装置原理图。当机组负荷较大幅度突减要求较大幅度关小导叶时，电磁比例阀 3 暂时不动作，由一体化 PLC 先输出开关量信号给电磁开关阀 1 右线圈得电，活塞右移到右极限位，电磁开关阀输出右信号油管为压力油，左信号油管为排油，推动液动开关阀 2 活塞快速左移到左极限位，液动开关阀输出左信号油管为接压力油，右信号油管为接排油，接力器左腔接来自液动开关阀的压力油，右腔经液动开关阀接排油，由于液动开关阀活塞的操作力大及油管直径大，因此快速输出油量大，使得接力器活塞快速右移带动导叶向关小的目标位置快速移动。当接力器活塞和导叶开度接近关小的

目标位置时，电磁开关阀和液动开关阀同时复归退出工作，一体化 PLC 再输出模拟量调节信号给电磁比例阀，由比例阀进行小幅度 PID 规律调节导叶开度到目标位。当机组负荷较大幅度突增要求较大幅度开大导叶时，电磁比例阀暂时不动作，由一体化 PLC 先输出开关量信号给电磁开关阀左线圈得电，活塞左移到左极限位，电磁开关阀输出左信号油为压力油，右信号油管为排油，推动液动开关阀活塞快速右移到右极限位，液动开关阀输出右信号油管为接压力油，左信号油管为接排油，接力器右腔接来自液动开关阀的压力油，左腔经液动开关阀接排油，由于液动开关阀活塞的操作力大及油管直径大，因此快速输出油量大，使得接力器活塞快速左移带动导叶向开大的目标位置快速移动。当接力器活塞和导叶开度接近开大的目标位置时，电磁开关阀和液动开关阀同时复归退出工作，一体化 PLC 再输出模拟量调节信号给电磁比例阀，由比例阀进行小幅度 PID 规律调节导叶开度到目标位。

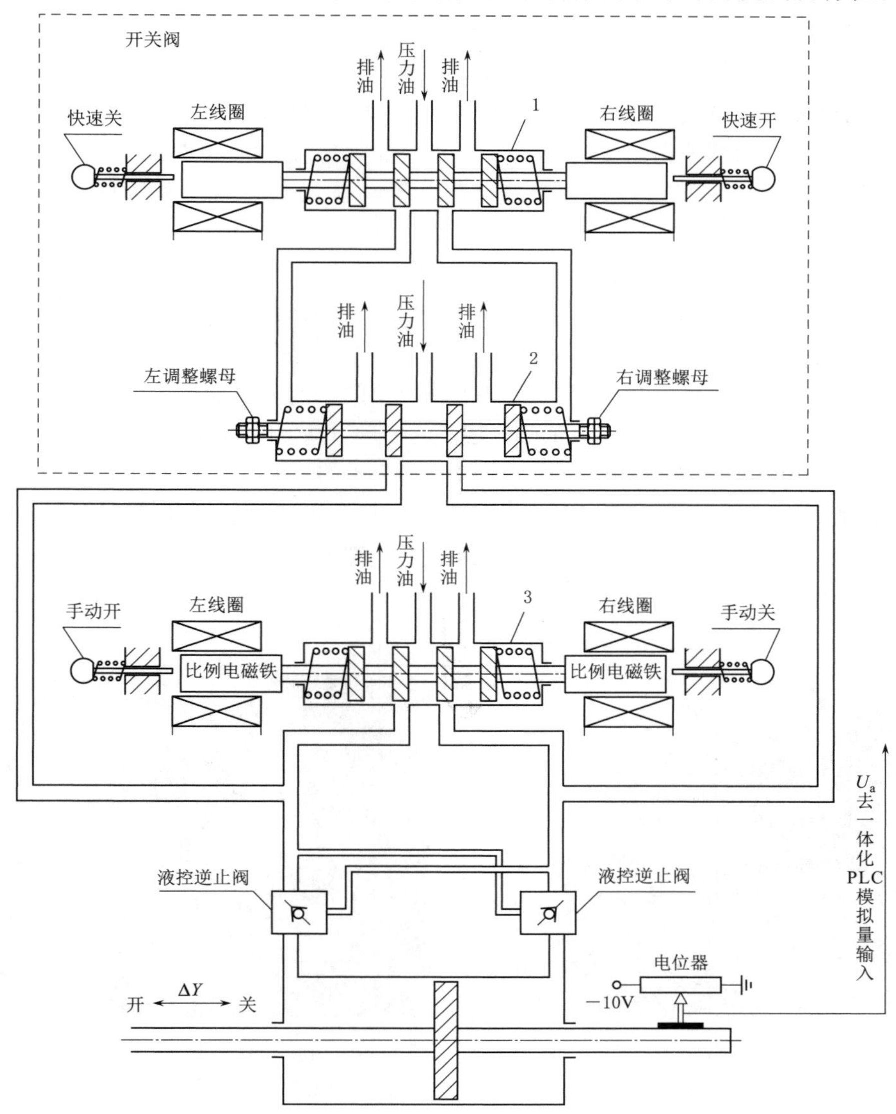

图 5-77　CX 水电厂调速器比例阀液压随动装置原理图

1—电磁开关阀；2—液动开关阀；3—电磁比例阀

这种机组负荷大幅度变化时，先由开关阀作出快速响应，后由比例阀 PID 调节精确到位的方法，既提高了调节的速动性，又保证了调节的稳定性，只有采用了现代微机调速器技术，才可能实现这种调节方式。当机组负荷较小幅度变化时，一体化 PLC 输出模拟量调节信号给电磁比例阀，由比例阀进行 PID 调节，开关阀不工作。

顺时针方向转动左调整螺母，液动开关阀活塞的右极限位越小，信号油管内压力油的流速越慢，接力器最快开启时间越长；逆时针方向转动左调整螺母，液动开关阀活塞的右极限位越大，信号油管内压力油的流速越快，接力器最快开启时间越短。顺时针方向转动右调整螺母，液动开关阀活塞的左极限位越小，信号油管内压力油的流速越慢，接力器最快关闭时间越长；逆时针方向转动右调整螺母，液动开关阀活塞的左极限位越大，信号油管内压力油的流速越快，接力器最快关闭时间越短。为了保证紧急停机时压力钢管水锤压力不超过规定值，导叶最快关闭时间 T_s 一般调整在 5～7s。

手动按电磁开关阀的“快速开”手柄或“快速关”手柄，可以手动快速开大导叶或快速关小导叶。机组发生事故时，电磁开关阀可以作为紧急停机电磁阀，右线圈紧急长时间得电，导叶紧急关闭。当调速器自动失灵时，在调速器触摸屏上点击“手动”按钮，驱动模块工作电源消失停止工作，然后打开调速器柜门，手动按比例阀的“手动开”手柄或“手动关”手柄，可以油压手动操作。

图 5 - 78 为 CX 水电厂调速器三个液压阀照片，与图 5 - 77 的三个液压阀完全对应。图 5 - 79 因为调速器调节功比较小，流经开关阀的油流量比较小，省去一个液动开关阀（不影响工作），同时取消了电磁比例阀两侧的油压手动手柄，改成专门的油压手动开关阀 5，手动开关阀其实是一个用手柄 2 切油路的三位四通开关阀，当需要油压手动时，只需将手柄来回推到“开位”或“关位”，推手柄的角度越大，手动开关阀的活塞偏移中间位置越大，接力器开大或关小的运动速度越快（相当于对图 5 - 77 中的电磁开关阀用手柄左右拨动活塞位移）。松开手柄后在两侧回复弹簧作用下活塞自动回到中间位置。所有液压元件全部安装在一个阀组基座上，取消了液压元件之间的连接油管，结构紧凑，简洁干净。滤油器 2 前后压差大于 0.2MPa 就应该进行清污。

图 5 - 78　CX 水电厂调速器三个液压阀照片

1—电磁开关阀；2—滤油器；3—快速开手柄；4—液动开关阀；5—最快关闭时间调整螺母；6—手动开手柄；7—电磁比例阀

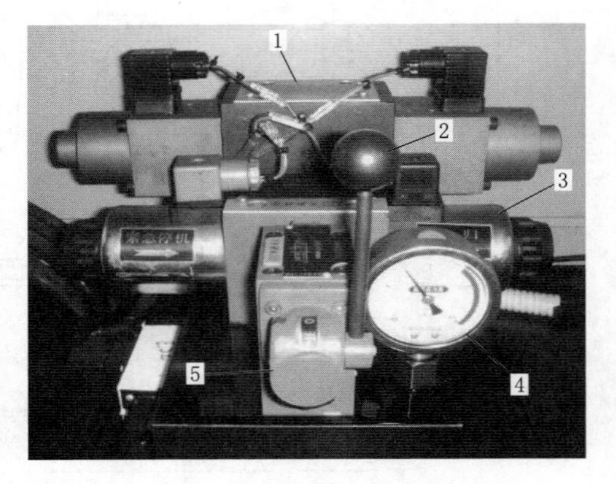

图 5 - 79　比例阀电液随动装置阀组液压元件

1—电磁比例阀；2—手柄；3—电磁开关阀；4—压力表；5—手动开关阀

(6) 比例阀调速器液压系统。图 5-80 为设计院提供的比例阀微机调速器液压系统原理图，是用液压元件的符号组成的单线图，是工作中常见的液压系统图工程图纸。微机调速器液压系统包括油压装置和电液随动装置两部分。油压装置专为电液随动装置提供压力稳定、油量足够的压力油，两台油泵 4 互为备用，轮流工作，向储能器 2 供油，三只电接点压力表 1 根据储能器的压力送往机组 LCU 开关量输入回路，机组 LCU 开关量输出回路输出开关量控制油泵电动机的启动和停止，并在油压过高和过低时报警，保证储能器的油压在规定范围内。当油泵故障该停不停造成压力过高时，安全阀 7 开启，将压力油排回到回油箱 8，使压力不再上升，保证储能器的安全。

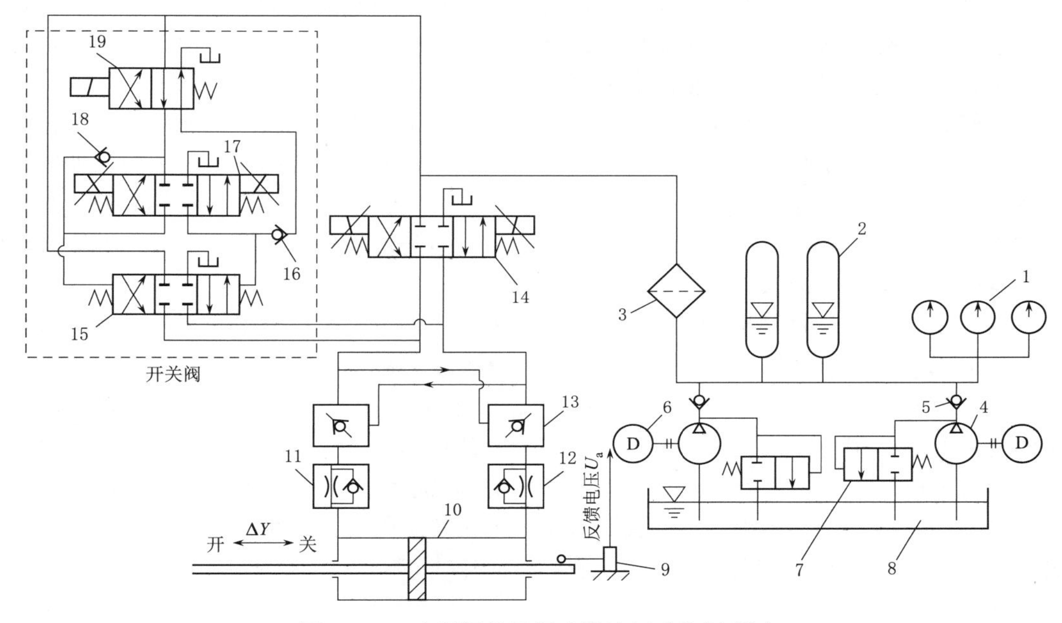

图 5-80 比例阀微机调速器液压系统原理图

1—电接点压力表；2—储能器；3—滤油器；4—油泵；5、16、18—逆止阀；6—电动机；7—安全阀；8—回油箱；9—位移传感器；10—接力器；11—最快开启时间调整阀；12—最快关闭时间调整阀；13—液控逆止阀；14—电磁比例阀；15—液动开关阀；17—电磁开关阀；19—紧急停机电磁阀

电液随动装置由开关阀和比例阀两部分组成。当机组负荷较大幅度突减要求较大幅度关小导叶时，电磁比例阀 14 暂时不动作，由一体化 PLC 先输出开关量信号给电磁开关阀 17 右线圈得电，活塞右移到右极限位，电磁开关阀输出的右信号油为压力油，左信号油管为排油，推动液动开关阀 15 活塞快速左移到左极限位，液动开关阀输出的左信号油管为接压力油，右信号油管为接排油，接力器左腔接来自液动开关阀的压力油，右腔经液动开关阀接排油，使得接力器带动导叶开度能快速向关小的目标位置移动。当接力器活塞和导叶开度接近关小的目标位置时，电磁开关阀和液动开关阀同时复归退出工作，一体化 PLC 再输出模拟量调节信号给电磁比例阀，由比例阀进行小幅度 PID 规律调节接力器和导叶开度到目标位。当机组负荷较大幅度突增要求较大幅度开大导叶时，电磁比例阀暂时不动作，由一体化 PLC 先输出开关量信号给电磁开关阀左线圈得电，活塞左移到左极限位，电磁开关阀输出的左信号油为压力油，右信号油管为排油，推动液动开关阀活塞快速右移到右极限位，液动

开关阀输出的右信号油管为接压力油，左信号油管为接排油，接力器右腔接来自液动开关阀的压力油，左腔经液动开关阀接排油，使得接力器带动导叶开度能快速向开大的目标位置移动。当接力器活塞和导叶开度接近开大的目标位置时，电磁开关阀和液动开关阀同时复归退出工作，一体化 PLC 再输出模拟量调节信号给电磁比例阀，由比例阀进行小幅度 PID 规律调节接力器和导叶开度到目标位。既提高了调节的速动性，又保证了调节的稳定性。当机组负荷较小幅度变化时，一体化 PLC 输出模拟量调节信号给电磁比例阀，由比例阀进行 PID 调节，开关阀不工作。

正常运行时，紧急停机电磁阀没有动作，逆止阀 16 右边经紧急停机电磁阀接排油，油压已经最低了，逆止阀左边不论是压力油还是排油，逆止阀始终是反向截止。逆止阀 18 右边经紧急停机电磁阀接压力油，油压已经最高了，逆止阀左边不论是压力油还是排油，逆止阀始终是反向截止。当机组发生事故需要紧急停机时，紧急停机电磁阀 19 线圈得电，紧急停机电磁阀右信号油管接压力油，左信号油管接排油，两只逆止阀同时正向导通，跨过电磁开关阀，直接作用液动开关阀活塞快速左移到左极限位，液动开关阀输出的左信号油管为压力油，右信号油管为排油，接力器紧急右移，快速关闭导叶。调整最快关闭时间调整阀 12 内节流孔口的开度，可以调整导叶最快关闭时间，一般为 5～7s。位移传感器 9 将接力器的机械位移信号转换成－10～0V 负反馈电压信号 U_a 送入一体化 PLC。

安全阀的工作原理如图 5－81 所示。当油泵出口压力小于压力上限时，压力油对活塞向右的作用力小于弹簧力对活塞向左的作用力，活塞在左极限位，油泵出口压力油与回油箱不通［图 5－81（a)］；当油泵故障该停不停油泵出口压力油压力开始大于压力上限时，压力油对活塞向右的作用力开始大于弹簧力对活塞向左的作用力，活塞开始向右移动，孔口缓慢打开，油泵出口开始向回油箱排油［图 5－81（b)］。油泵出口压力油压力下降，活塞右移孔口自动关小，活塞左右移动能自动找到一个平衡位置，保证油泵出口压力不再上升。调整弹簧的压紧度，可以调整安全阀开始放油减压的压力油压力。安全阀用图中右边的符号表示。

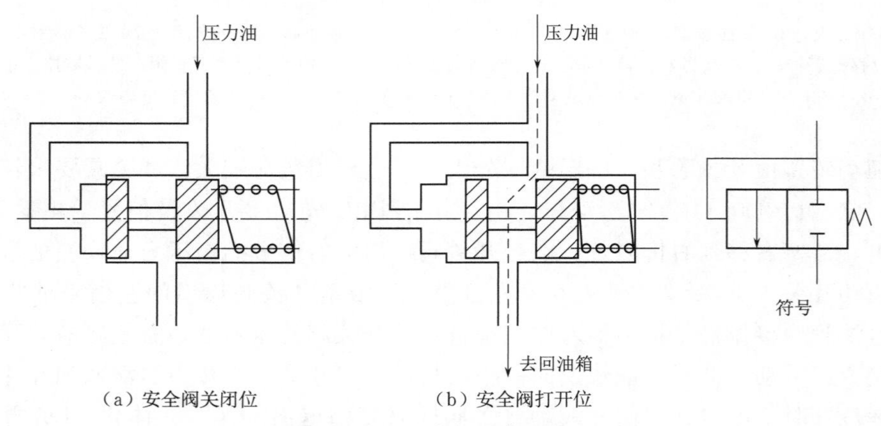

图 5－81　安全阀工作原理图

2. 数字阀电液随动装置

图 5－82 为数字阀电液随动装置原理框图。反映导叶实际开度的负反馈电压信号 U_a（0～－10V）与一体化 PLC 的 CPU 计算得到的导叶开度要求值 U_y（0～＋10V）进行比

较，输出差值电压调节信号 ΔU 给驱动模块。如果 $\Delta U=+$，表明导叶实际开度小于要求开度，ΔU 通过驱动模块、数字阀和接力器，调节控制开大导叶，直到 $\Delta U=0$。如果 $\Delta U=-$，表明导叶实际开度大于要求开度，ΔU 通过驱动模块、数字阀和接力器，调节控制关小导叶，直到 $\Delta U=0$。电液随动装置首先对电压调节信号 ΔU 进行电/液转换，将电压调节信号 ΔU 转换成油压调节信号，再由液压放大器将油压调节信号转换并放大成强大的机械位移调节信号 ΔY，带动水轮机导水机构调节导叶开度。

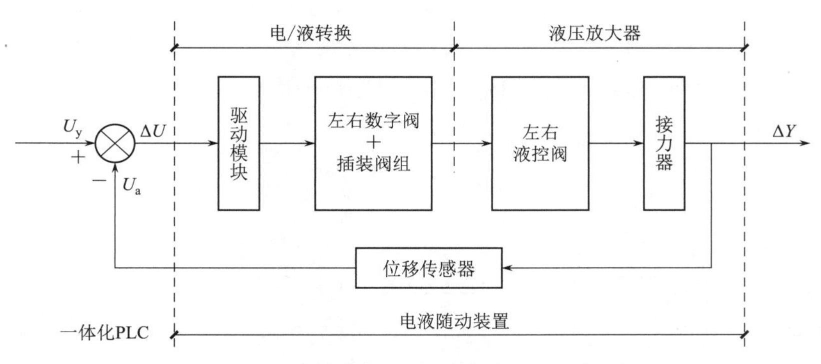

图 5-82　数字阀电液随动装置原理框图

(1) 数字阀驱动模块。图 5-83 为数字阀驱动模块电气原理图。当一体化 PLC 模块输出给数字阀驱动模块开导叶电压调节信号 $+\Delta U$ 时，驱动模块对电压调节信号进行功率放大并转换成电流调节信号 ΔI，从开导叶输出端“open1”1、2 端输出给“开”侧数字阀，数字阀作用液压放大器开大导叶。当一体化 PLC 模块输出给数字阀驱动模块关导叶电压调节信号 $-\Delta U$ 时，驱动模块对电压调节信号进行功率放大并转换成电流调节信号 ΔI，从关导叶输出端“close1”3、4 端输出给“关”数字阀，数字阀作用液压放大器关小导叶。

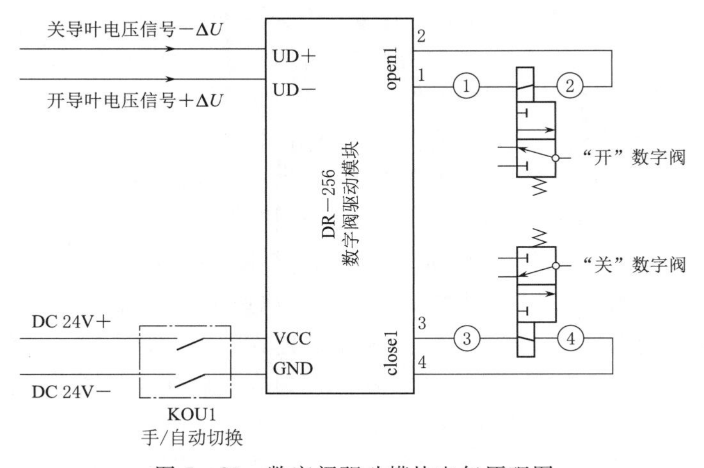

图 5-83　数字阀驱动模块电气原理图

当自动切换成油压手动时，在触摸屏上点击“手动”按钮，驱动模块电源消失停止工作，然后运行人员直接用手点动按开侧数字阀铁芯开大导叶，或直接用手点动按关侧数字阀铁芯关小导叶。在油压手动切换成自动时，只需在触摸屏上点击“自动”按钮，驱动模块电源回路的接点 KOUI 闭合，驱动模块电源投入开始工作，就能无扰动切换成自动。

（2）数字阀结构原理。数字阀是一种单线圈两位三通开关阀的标准液压元件。按理讲开关阀只能进行跳变性的开关式操作控制，不能进行连续性的调节控制。但是事物是辩证的，作为开关阀的数字阀与液控逆止阀巧妙配合，就能够实现连续性的调节控制。图 5－84 为数字阀结构原理图，阀芯为圆球形，与之对应的两边的阀座是两个半圆的球窝形。当线圈没有脉冲电流 $\Delta I=0$ 时，阀芯在弹簧力作用下，在右极限位，信号油管接排油［图 5－84（a)］。当线圈有脉冲电流 $\Delta I=2\text{A}$ 时，阀芯克服弹簧力，在左极限位，信号油管接压力油［图 5－84（b)］。在液压原理图中用右边符号表示。当线圈通入一串 0～2A 跳变的脉冲电流时，信号油管快速跳变交替接通压力油和排油，因此这种开关阀单独工作是无法实现连续性调节控制的。

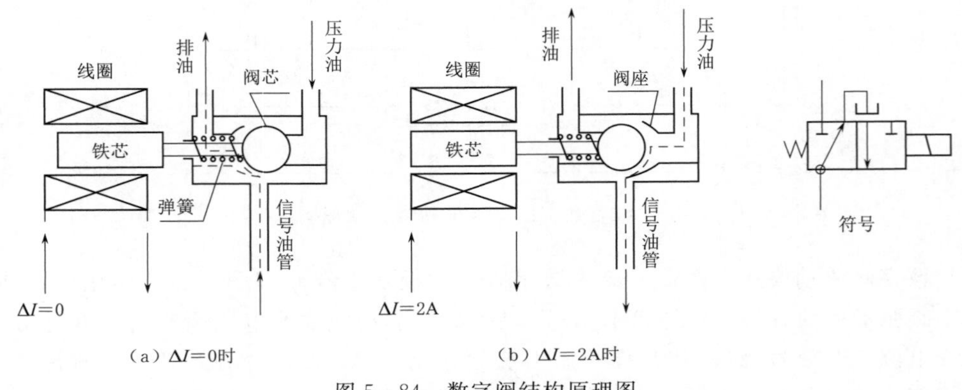

图 5－84　数字阀结构原理图

（3）数字阀的三个名称。因为数字阀的阀芯是圆球形，所以有的生产厂家称其为电磁球阀。因为数字阀在工作时，线圈通入的是一串 0～2A 跳变的脉冲电流，阀芯快速在左右极限位置切换，所以有的厂家称其为快速开关阀。因为脉冲电流大电流时用“1”表示，无电流时用“0”表示，所以大部分厂家称其为“数字阀”。但是称其为“数字阀”是不合适的，因为学习逻辑电路和数字电路时已经知道，当“1”和“0”作为符号来表示两种截然不同的状态时，这时的“1”称逻辑“1”，这时的“0”称逻辑“0”。当“1”和“0”作为二进制计数的两个符号来表示数字时，这时的“1”称数字“1”，这时的“0”称数字“0”。显然图 5－85 中的“1”是代表有电流的逻辑“1”，“0”是代表无电流的逻辑“0”。数字阀、电磁球阀和快速开关阀这三个名称表示的是同一种阀，其中最不靠谱的名称是“数字阀”，最名副其实的名称是“快速开关阀”，因为它确实是一个快速开与关的开关阀。

（4）数字阀电液随动装置。图 5－86 为两个分体式的左右数字阀，左数字阀 3 和右数字阀 2 跟其他元件全部安装在阀组基座 1 上。有的调速器采用外形是两个一体式的数字阀，其实内部还是左数字阀和右数字阀两个独立结构。

图 5－87 为数字阀电液随动装置原理图。当左右数字阀同时没有脉冲电流时，左右数字阀信号油管同时接排油，左右液控逆止阀同时关闭，接力器活塞左右两侧与外界隔绝，保证接力器的位置稳定不动。当左数字阀脉冲电流为 $\Delta I=2\text{A}$ 时，左数字阀信号油管接压力油，左右液控逆止阀同时打开，接力器活塞左腔进压力油，右腔接排油，接力器活塞微小右移关；左数字阀脉冲电流为 $\Delta I=0\text{A}$ 时，左信号油管接排油，左右液控逆止阀同时关闭，接力

器活塞在右移关的新位置停止不动。左数字阀在一串脉冲电流作用下，左数字阀阀芯不断在左右极限位来回快速移动做开关动作，但是由于有了液控逆止阀的巧妙配合，保证了接力器活塞左腔脉冲压力油只进不出，右侧脉冲排油只出不进，接力器不断右移，输出关导叶的机械位移调节信号 ΔY。当右数字阀脉冲电流为 $\Delta I=2\text{A}$ 时，右数字阀信号油管接压力油，左右液控逆止阀同时打开，接力器活塞右腔进压力油，左腔接排油，接力器活塞微小左移开；右数字阀脉冲电流为 $\Delta I=0\text{A}$ 时，右信号油管接排油，左右液控逆止阀同时关闭，接力器活塞在左移开的新位置停止不动。右数字阀在一串脉冲电流作用下，右数字阀阀芯不断在左右极限位来回快速移动做开关动作，但是由于有了液控逆止阀的巧妙配合，保证了接力器活塞右腔脉冲压力油只进不出，左侧脉冲排油只出不进，接力器不断左移，输出开导叶的机械位移调节信号 ΔY。由于脉冲频率比较高，接力器缸的容积比较大，对脉冲压力油具有抑制脉动的效果，这种脉冲压力油造成的 ΔY 的脉冲移动，几乎感觉不出来。在这里的液控逆止阀不再是锦上添花，而是必不可少。

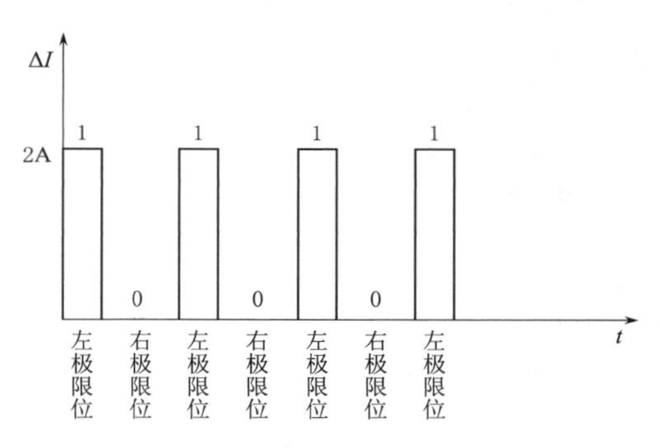

图 5-85 脉冲电流的逻辑符号

图 5-86 两个分体式的左右数字阀

1—阀组基座；2—右数字阀；3—左数字阀

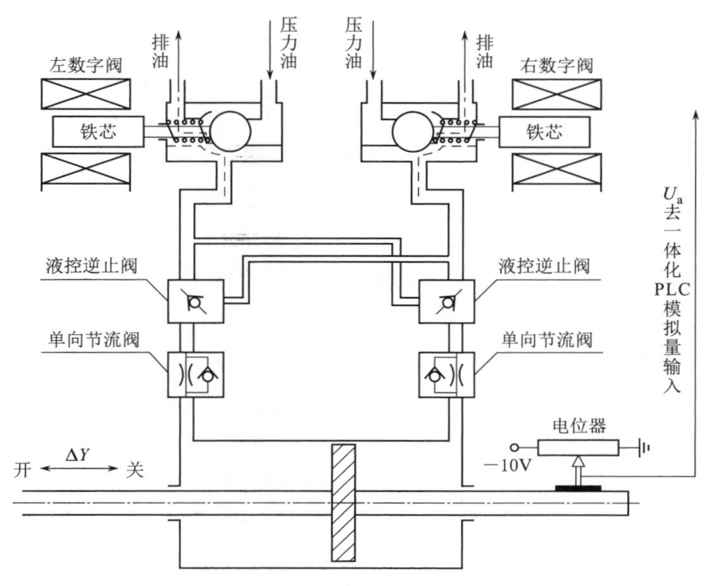

图 5-87 数字阀电液随动装置原理图

关导叶时接力器左边接压力油，右边接排油，左边单向节流阀内的逆止阀正向导通，右边单向节流阀内的逆止阀反向关闭，调节右边单向节流阀的节流孔开度，可以调节导叶最快关闭时间。开导叶时接力器右边接压力油，左边接排油，右边单向节流阀内的逆止阀正向导通，左边单向节流阀内的逆止阀反向关闭，调节左边单向节流阀的节流孔开度，可以调节导叶最快开启时间。

图 5-88 为脉冲电流宽度变化示意图，脉冲电流的周期 $T=200$ms 恒定不变，脉宽 T_x 在 5～200ms 可调，脉宽 T_x 正比于电压调节信号 ΔU。ΔU 越小，脉宽 T_x 越小，脉冲电流出现 2A 的时间越短，ΔU 越大，脉宽 T_x 越大，脉冲电流出现 2A 的时间越长。脉宽最小是 5ms，最大是 200ms。当脉宽 $T_x=5$ms 时［图 5-88（a）］，数字阀阀芯在关极限位与开极限位之间快速移动，在开极限位的时间为 5ms，在关极限位的时间为 195ms，信号油管输出脉冲压力油的时间最短，输出压力油流量最小，接力器活塞每秒钟的机械位移量 ΔY 最小。当脉宽 $T_x=200$ms 时［图 5-88（d）］，数字阀阀芯停留在开极限位不动，信号油管一直输出压力油，输出压力油流量最大，接力器每秒钟的机械位移 ΔY 最大。输入数字阀线圈的脉冲电流脉宽表示接力器输出机械位移 ΔY 调节的大小，脉冲电流输入左数字阀还是右数字阀表示接力器输出机械位移 ΔY 调节的方向。

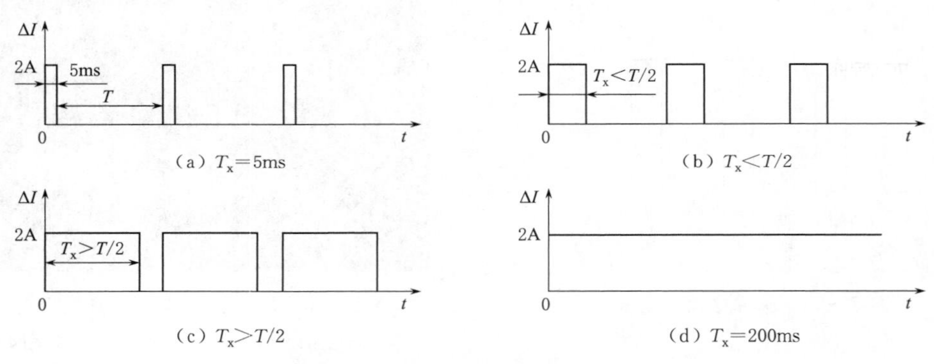

图 5-88 脉冲电流脉宽变化示意图

（5）数字阀微机调速器液压系统。图 5-89 为设计院提供的数字阀调速器液压系统图。包括油压装置和电液随动装置两部分，油压装置工作原理与比例阀油压装置工作原理一样。

运行中负荷突变需要大幅度调节导叶开度时，一体化 PLC 先输出开关量给电磁开关阀 16 的左线圈或右线圈，接力器活塞在腔接压力油右腔排油或右腔接压力油左腔排油，接力器活塞快速右移或左移，操作控制导叶开度的快速开或快速关，当导叶即将接近目标开度时，电磁开关阀退出工作，一体化 PLC 再输出模拟量给左右数字阀 15 进行 PID 规律的导叶开度调节控制，这样既提高了调节的速动性，又保证了调节的稳定性。事故停机电磁阀 14 是一个双线圈两位四通电磁开关阀，正常运行没有调节时，压力油经事故停机电磁阀到达左右数字阀待命，右数字阀信号油管接排油，左数字阀信号油管经事故电磁阀接排油，所以左右液控逆止阀关闭。事故停机时，事故停机电磁阀的投入线圈得电，油路发生切换，左数字阀信号油管原来经事故停机电磁阀接排油切换成经事故停机电磁阀接压力油，左右液控逆止阀同时打开，压力油经事故停机电磁阀、左数字阀进入接力器 10 活塞左侧，接力器活塞右侧经右数字阀接排油，接力器活塞快速右移到全关位置，紧急关闭导叶。这就是为什么正常运行没有调节时左数字阀经事故电磁阀接排油的原因。

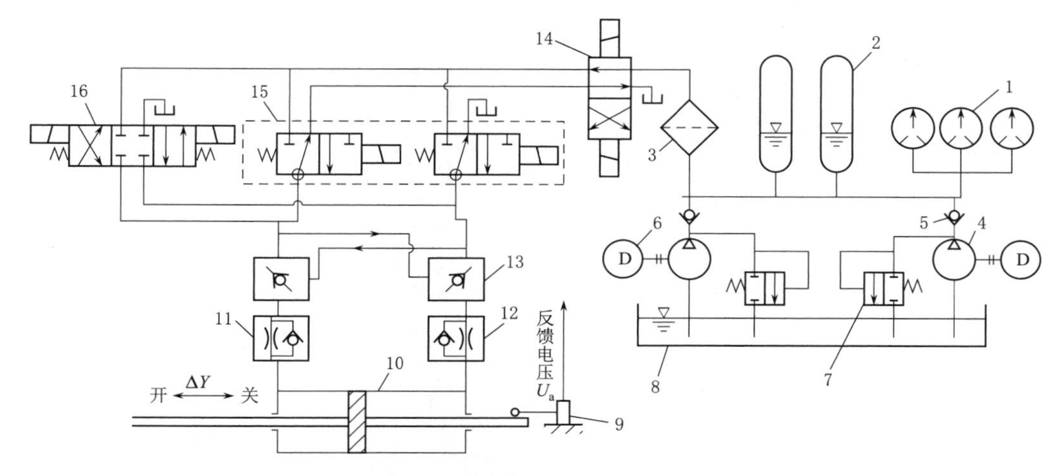

图 5-89　数字阀调速器液压系统图

1—电接点压力表；2—储能器；3—滤油器；4—油泵；5—逆止阀；6—电动机；7—安全阀；8—回油箱；9—位移传感器；10—接力器；11—左节流阀；12—右节流阀；13—液控逆止阀；14—事故停机电磁阀；15—左右数字阀；16—电磁开关阀

七、双重调节微机调速器

根据负荷变化调节导叶开度 a_0 的单一调节的微机调速器，多应用在混流式机组、水斗式机组和轴流定桨式机组中。双重调节微机调速器应用在轴流转桨式机组和贯流转桨式机组中，双重调节微机调速器在根据负荷变化调节导叶开度 a_0 的同时，还能根据导叶开度 a_0 变化和水库水位 H 变化调节转轮桨叶角度 φ。在导叶开度 a_0 和水库水位 H 变化很大范围内，桨叶角度 φ 跟着变化，始终使水流进入转轮时对桨叶头部的冲角较小，水流损失较小，水轮机效率较高，通过水轮机转轮模型试验可以得到水流进入转轮对桨叶头部冲角最小的桨叶角度 φ 与导叶开度 a_0 的最佳协联关系 $\varphi=f(a_0)$ 及桨叶角度 φ 与库水位 H 的最佳协联关系 $\varphi=f(H)$，编制成桨叶角度最佳协联调节程序存入桨叶调节一体化 PLC 的 CPU 内。使运行中的桨叶角度 φ 与导叶开度 a_0 和水库水位 H 保持最佳协联关系，水轮机在很大出力变化范围内（对应是很大导叶开度 a_0 变化范围内）和库水位 H 在很大变化范围内，水轮机效率都比较高。

图 5-90 为伺服电机双重调节微机调速器电液随动装置原理框图，双重调节微机调速器有两个电液随动装置，其中两个电/机转换装置相同。对导叶调节的电液随动装置与前面介绍的伺服电机单一调节调速器完全一样（参见图 5-67）。导叶接力器的直线位移 ΔY 反映导叶实际开度 a_0，负反馈位移传感器将导叶接力器机械位移 ΔY 转换成电压信号，一路作为导叶负反馈信号 U_a 输入导叶调节一体化 PLC，另一路作为桨叶调节信号导叶开度 a_0 输入桨叶调节一体化 PLC，水库水位变化通过水位传感器作为桨叶调节信号 H 输入桨叶调节一体化 PLC。桨叶接力器的直线位移 ΔY 反映桨叶实际角度 φ，负反馈位移传感器将桨叶接力器机械位移 ΔY 转换成电压信号，作为桨叶负反馈信号 U_φ 输入桨叶调节一体化 PLC。桨叶电液随动装置比导叶电液随动装置多了一个受油器，桨叶主配压阀必须通过受油器才能将油压调节信号送入旋转中的桨叶接力器。

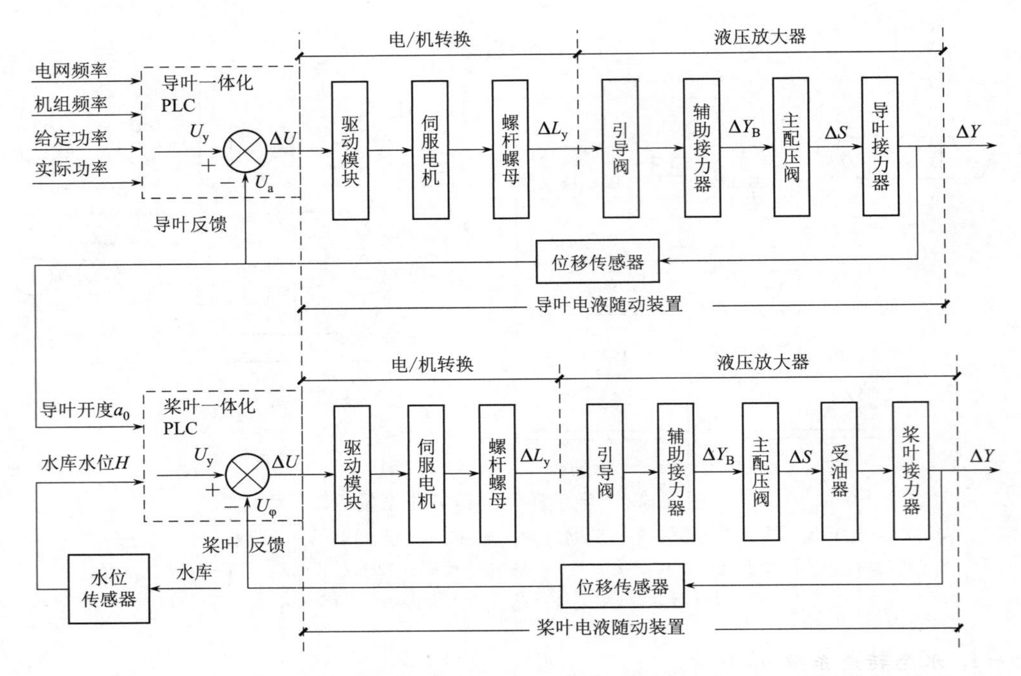

图 5-90　伺服电机双重调节微机调速器电液随动装置原理框图

第五节　低压机组操作装置

低压机组的水轮机一般不用调速器，而是采用没有自动调节功能的手动操作机构，手动操作机构有机械手动、电动两种形式，执行的是完全按照运行人员意志的连续式的操作控制。手动操作机构的作用是并网前调频率，并网后调出力。

图 5-91 为反击式低压机组手动/电动两用操作机构。因为电动机 2 的转速较高，不能直接带动调速轴 8 转动，必须经过齿轮箱 3 和蜗轮蜗杆 5 两次减速。减速箱内最上面的小齿轮与电动机轴为轴孔配合键连接，最下面的大齿轮与蜗杆轴孔配合键连接，中间齿轮同时与上、下、大、小齿轮啮合，蜗杆与蜗轮啮合（参见图 3-43），蜗轮与调速轴为轴孔配合键连接，调速轴与推拉臂 7 为轴孔配合键连接，推拉臂与推拉杆 6 圆柱销铰连接。当电动机正反向转动时，带动调速轴跟着正反转动，调速轴通过推拉臂带动推拉杆来回移动，从而调节导叶开度。因为调速轴转角 60°就能将导叶从最大开度关小到全关，或从全关打开到最大开度，因此没有必要采用图 3-43 中 360°的完整蜗轮，只需采用 90°的部分蜗轮，称扇形蜗轮，如图 5-92 所示。

中间齿轮的齿轮轴穿出齿轮箱箱体，齿轮轴端面加工有十字凹槽，手轮 4 中心孔套在齿轮轴上可以自由转动，手轮中心孔端面加工有十字凸键（参见图 4-34 中的 8），当需要机械手动操作时，必须将手轮推向箱体，将手轮中心孔端面上的十字凸键推入齿轮轴的十字槽内，然后就可以转动手轮，手轮通过中间齿轮带动大齿轮和蜗杆转动，就可以手动调节导叶开度。每次手动操作结束，应将手轮退出十字槽，避免电动操作时手轮跟着转动伤及运行人员。手动操作只能在现地操作，而电动操作可以在远方操作。

图 5-91　手动/电动两用操作机构

1—温度表；2—电动机；3—齿轮箱；4—手轮；5—蜗轮蜗杆；6—推拉杆；7—推拉臂；8—调速轴

图 5-92　扇形蜗轮

习　题

一、判断题（在括号中打√或×，每题 2 分，共 10 分）

5-1. 永态转差系数 b_P 越大，同样的机组出力调整前后的静态转速偏差越小。（　　）

5-2. 运行机组调速器的永态转差系数 b_P 可根据电厂需要自己调整。（　　）

5-3. 所有配压阀的输出油压信号都必须由接力器转换成机械位移信号。（　　）

5-4. 按配压阀执行的控制方式不同分比例阀和数字阀两大类。（　　）

5-5. 当手动油压操作导叶开度时，一体化 PLC 模块“自动”始终跟踪“手动”。（　　）

二、选择题（将正确答案填入括号内，每题 2 分，共 30 分）

5-6. 并网运行时发电机（　　）。

A. 负荷由本机组决定，频率由本机组决定

B. 负荷由调频机组决定，频率由调频机组决定

C. 负荷由调频机组决定，频率由本机组决定

D. 负荷由本机组决定，频率由调频机组决定

5-7. （　　）的调速器是最好的一种调节规律。

A. P 调节规律　　B. PI 调节规律　　C. PID 调节规律　　D. 上述三种规律

5-8. 如果不设置导叶开度限制的话，（　　），发电机可能过载。

A. 由于调速器具有一次调频的能力，当电网频率上升时

B. 由于调速器具有二次调频的能力，当电网频率下降时

C. 由于调速器具有一次调频的能力，当电网频率下降时

D. 由于调速器具有二次调频的能力，当电网频率上升时

5-9. （　　）规律调速器的静态特性是有差特性。

A. P　　B. PI　　C. PID　　D. 上述三种

5-10. （　　）规律调速器调节机组的话，具有机组转速不回到原来转速誓不罢休的顽强精神。

A. P 和 PI　　B. PI 和 PID　　C. PID 和 P　　D. 上述三种

5－11. 在同样的负荷波动条件下的动态特性，（　　）机组的过调量减少、调节时间缩短，波动次数减少。

A. PID 规律比 PI 规律　　B. PI 规律比 P 规律

C. P 规律比 PID 规律　　D. 上述三种规律

5－12. 以下（　　）述说是正确的。

A. 有差特性机组能单机运行，无差特性机组能单机运行

B. 有差特性机组不能单机运行，无差特性机组不能单机运行

C. 有差特性机组不能单机运行，无差特性机组能单机运行

D. 有差特性机组能单机运行，无差特性机组不能单机运行

5－13. 以下（　　）述说是正确的。

A. 调度得当的话，既不需要一次调频，也不需要二次调频

B. 调度得当的话，不需要一次调频，需要二次调频

C. 调度得当的话，需要一次调频，不需要二次调频

D. 调度得当的话，既需要一次调频，也需要二次调频

5－14. 除了（　　），其他三种是同一种阀的三个不同名称。

A. 调节阀　　B. 开关阀　　C. 模拟阀　　D. 比例阀

5－15. 数字测频的分频电路输出 f_J'' 一个周期 T 为高电位，一个周期 T 为低电位是为了保证做到（　　），保证读取数字的正确性。

A. CPU 通过总线来读取数字时的周期计数器计数

B. CPU 不来读取数字时的周期计数器不计数

C. CPU 通过总线来读取数字时的周期计数器计数，CPU 不来读取数字时的周期计数器不计数

D. CPU 通过总线来读取数字时的周期计数器不计数，CPU 不来读取数字时的周期计数器计数

5－16. 当一体化 PLC 的 CPU 计算得到的导叶开度要求值 U_y 大于导叶开度实际值 U_a 时，差值电压 ΔU 为“＋”，（　　），直到 $\Delta U=0$。

A. 表示导叶实际开度小于要求开度，差值电压 ΔU 作用电液随动装置调节控制导叶开大

B. 表示导叶实际开度大于要求开度，差值电压 ΔU 作用电液随动装置调节控制导叶关小

C. 表示导叶实际开度小于要求开度，差值电压 ΔU 作用电液随动装置调节控制导叶关小

D. 表示导叶实际开度大于要求开度，差值电压 ΔU 作用电液随动装置调节控制导叶开大

5－17. 当数字阀与（　　）配合工作时，数字阀成为既有电磁开关阀的开关功能，又有电磁比例阀的调节功能。

A. 液控阀　　B. 逆止阀　　C. 液控逆止阀　　D. 上述三种

5－18. 以下（　　）述说是正确的。

A. 网频测量没有残压测频有齿盘测频　　B. 网频测量有残压测频没有齿盘测频

C. 网频测量有残压测频也有齿盘测频　　D. 网频测量没有残压测频也没有齿盘测频

5-19. 比例阀的电液随动系统紧急停机时的接力器经过（　　），使接力器关闭腔紧急接压力油、开启腔紧急接排油。

A. 电磁开关阀　　B. 液动开关阀　　C. 左右数字阀　　D. 电磁比例阀

5-20. 数字阀、电磁球阀和快速开关阀这三个名称中（　　）。

A. 最不靠谱的名称是数字阀，最名副其实的名称是电磁球阀

B. 最不靠谱的名称是电磁球阀，最名副其实的名称是数字阀

C. 最不靠谱的名称是快速开关阀，最名副其实的名称是数字阀

D. 最不靠谱的名称是数字阀，最名副其实的名称是快速开关阀

三、填空题（每空 1 分，共 30 分）

5-21. 中小型机组的调速器采用__________机构、摇摆式______和摇摆式__________三种方法将主接力器活塞的直线位移调节信号 ΔY 带动圆弧运动的拐臂转动。

5-22. 有差特性机组在电网中作为________机运行，按________指令进入或退出电网，承担电网中的__________负荷。

5-23. 微机调节器专用模块由________________模块和____________模块组成。

5-24. 输入一体化 PLC 模块的模拟量有反映导叶实际开度的来自主接力器位移传感器的电模拟量信号 $U_a=$__________V，供调节导叶________用。有反映机组实际有功功率的来自功率变送器的标准电模拟量信号________mA，供并网后调节机组____________用。

5-25. 步进电机驱动模块对差值电压调节信号 ΔU 进行________放大并转换成__________正比于 ΔU 的____________调节信号 ΔI。

5-26. 数字阀驱动模块对差值电压调节信号 ΔU 进行________放大并转换成__________正比于 ΔU 的____________调节信号 ΔI。

5-27. 为保证紧急停机时压力钢管水锤压力不超过规定值，导叶最快关闭时间 T_s 调整在________s，喷针最快关闭时间调整在________s。

5-28. 电液随动装置接受一体化 PLC 的输出______调节信号，放大并转换成力和行程足够大的____________，调节控制________机构。

5-29. 比例阀电液随动装置能在机组负荷大幅度变化时，先由________阀作出快速响应，后由________阀 PID 调节到位的方法，既提高了调节的________性，又保证了调节的________性。

5-30. 双重调节微机调速器在根据负荷调节导叶开度的同时，还得根据____________和__________调节桨叶角度 φ，使桨叶角度 φ 与导叶开度和库水位保持____________关系。

四、简答题（5 题，共 30 分）

5-31. 简述水轮机调节的任务。（4 分）

5-32. 简述有差特性机组的优缺点。（6 分）

5-33. 写出电网的二次调频原理。（8 分）

5-34. 什么电源对电网频率没有调节能力？如何减轻对电网的不利影响？（6 分）

5-35. 运行人员发出开机令到自动准同期装置将机组并入电网前，微机调速器执行哪两个程序？（6 分）

第六章　水电厂辅助设备

水电厂辅助设备是为水轮发电机组正常运行提供辅助性技术服务的，相对作为主机的水轮发电机组，水电厂辅助设备又称辅机。水电厂辅助设备包括水轮机主阀、油系统、气系统和水系统。水电厂辅助设备品种繁多、油气水系统管网复杂，是日常运行维护的主要任务。

中小型立式机组水电厂厂房分发电机层和水轮机层两个楼层；大中型水电厂的立式机组水电厂厂房分发电机层、电缆层和水轮机层三个楼层，很有必要设置油、气、水系统的管网，可以使运行维护大大方便；卧式机组水电厂的水轮机和发电机在同一个厂房平面上，油、气、水的提供很容易实现，因此卧式机组水电厂油、气、水系统简单得多，很多卧式机组水电厂不设油、气、水系统的管网。

第一节　水轮机主阀

位于压力钢管末端和蜗壳进口断面或喷嘴进口断面之间的阀门称水轮机主阀。河床式水电厂的水轮机离水库进水口很近，水头低、流量大，使得进口面积为矩形且很大。采用混凝土蜗壳引水室的机组蜗壳进口断面是一个很大的矩形。明槽引水室的水轮机进水是一条引水明渠。这三种水轮机进口不设也无法设主阀，而是设上游进水闸门。

一、主阀的作用

主阀的直径就是压力钢管的直径，因此体积庞大，外形笨重，造价较贵。但是由于有无法替代的作用，因此压力管路末端采用压力钢管的水轮机进口都设主阀。其主要作用如下：

(1) 当由一根压力钢管同时向两台或两台以上机组供水时，每台水轮机进口必须设主阀，这样当一台机组检修时，关闭该机组的主阀，其他机组能照常工作。例如在图 6-1 中，当 1 号机组需要检修时，只需关闭 1 号机组的主阀，2 号机组照常运行。

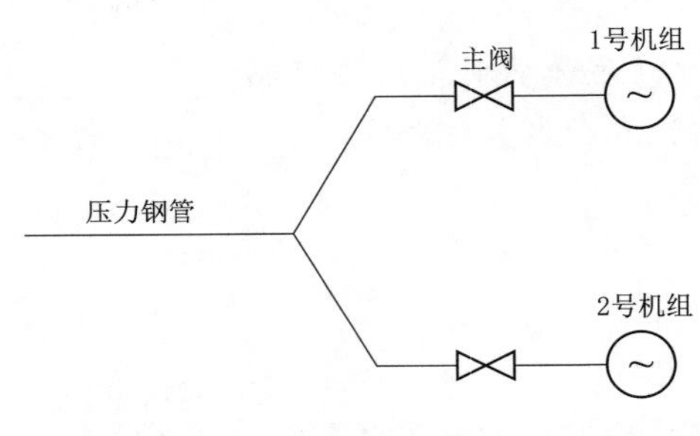

图 6-1　一根压力钢管向两台机组供水

(2) 导叶全关时的漏水不可避免，当较长时间停机时关闭主阀可减少导叶漏水量。由于导叶的叶型泡在水流流道内，为了减少水流损失，导叶的叶型做成头部厚、尾部薄的流线型。但从结构上讲，头部厚尾部薄是很不合理的，尾部很容易发生变形，当导叶尾部发生变形后，导叶全关后与相邻导叶头尾相碰时，导叶立面会出现部分接触，部分没有接触，没有接触部分的立面间隙就出现漏水。当导叶全关后的漏水量大于 5% 额定流量时，会使得停机后机组无法停转，此时必须关闭主阀。

(3) 水电厂机组由于启停快，在电网中经常作为事故备用机组。当压力管道较长时，设置主阀可以保持压力管道始终充满压力水，机组处于热备用状态，可减少机组开机充水准备时间。单管长距离向单机供水如图6-2所示。当单管长距离向机组供水，如果只设上游进水闸门1不设主阀5，机组检修时必须关闭上游闸门并放空压力管路里面的水。机组检修完毕必须用充水阀2向压力管路3充水，当压力管路中的水充满后，在静水条件下才能打开上游闸门。如果不充水强行打开上游闸门，一方面上游闸门操作机构容易过载损坏；另一方面蜂拥而入的压力水会使得管路中的空气一下无法排出而被急剧压缩，导致发生压力管路末端斜洞和下平洞的钢管爆管事故。浙江某水电厂发生过此类重大恶性爆管事故。一条长3.5km、直径3.6m的压力管路，充水时间将近20h，这对电网的备用机组快速启动显然是无法接受的。设置了主阀5，机组检修时只需关闭主阀，检修完毕用旁通阀4向水轮机蜗壳6充水，蜗壳只需几分钟就能充满水，在静水条件下打开主阀，从而大大节省开机准备时间。

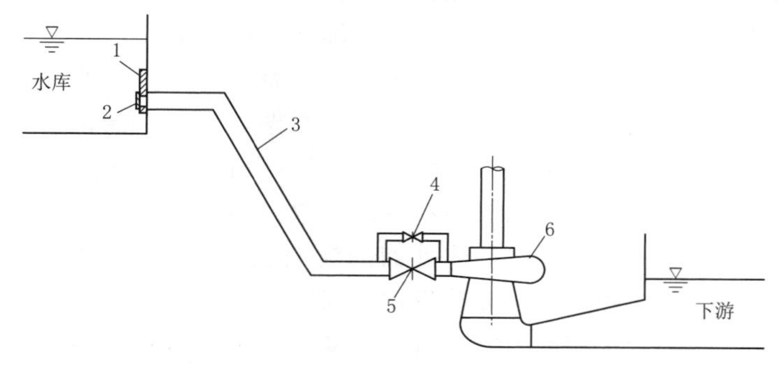

图6-2 单管长距离向单机供水

1—上游闸门；2—充水阀；3—压力管路；4—旁通阀；5—主阀；6—蜗壳

（4）主阀的最主要作用是作为机组防飞逸的后备保护。当机组事故停机又遇到导叶拒动时，机组发生飞逸（飞车），此时主阀在动水条件下90s内关闭主阀，防止事故扩大。

二、主阀的开关条件

（1）正常运行时主阀必须在静水条件下打开和关闭，即主阀关闭时应先关导叶，后关主阀；导叶打开时，应先开主阀，再开导叶。由于导叶的漏水不可避免，因此主阀关闭后的主阀下游侧蜗壳内的水经导叶漏水完全排空成为空气，因此每次开阀前必须打开旁通阀向蜗壳充水，当主阀两侧压力一样后，保证在水流静止条件下再打开主阀。如果不向蜗壳充水，主阀上游侧为压力水，主阀下游侧为空气，在主阀前后压差很大的情况下强行打开主阀，会造成主阀操作机构过载，过大的操作力将损坏主阀操作机构。

（2）发生飞逸时，不得而已才允许动水关阀，在动水条件下主阀快到全关位置时，撞击力很大，因此对主阀损伤很大，事后必须仔细检查主阀是否损坏。

三、主阀布置形式

处于主阀内部流道中切断水流的部件称为活门，根据活门转动的转轴布置形式不同，主阀分为横轴布置和竖轴布置两种型式。横轴布置主阀的活门转轴为水平布置，活门的重量由两侧的径向轴承均匀承担，水流中的泥沙沉淀对轴承没有影响，但主阀的宽度尺寸较大。竖轴布置主阀的活门转轴为垂直布置，活门的所有重量完全靠底部的径向推力轴承承担，水流中的泥沙容易在底部轴承沉淀，加重径向推力轴承的磨损。

四、主阀的类型和结构

（一）蝶阀

蝶阀活门的形状像一个运动员抛投的圆盘铁饼形，在活门的直径方向配上转轴，形似蝴蝶，所以称蝴蝶阀，简称蝶阀。图 6－3 为竖轴布置的蝶阀活门，上面主视图中心线左边没有剖切，看到的是活门外部结构，中心线右边为半剖视图，所以看到铁饼形活门 3 内部是空心结构，采用空心结构即可减轻活门重量，对强度影响不大。铁饼形活门与转轴 1 为轴孔配合圆柱横销 2 连接，上下两根圆柱横销沿转轴直径方向穿过转轴，将转轴与活门连为一体。露出活门上面一段转轴称活门长轴，露出活门下面一段转轴称活门短轴。图 6－4 为横轴布置的蝶阀开关位置示意图，在管状阀体两侧壁面上各安装了一个铜轴瓦，分别作为活门短轴和活门长轴的两个径向滑动轴承，径向滑动轴承用润滑脂润滑。活门长轴穿出管状阀体壁厚露出阀体外面，在阀体外面的活门长轴端部与拐臂为轴孔配合键连接，在阀体外面转动拐臂，拐臂带动活门长轴转动，活门长轴带动处于水流流道中的活门转动到全关位置后，活门转轴两侧的活门外缘圆周线上的两条圆弧与阀体内壁圆弧之间肯定有间隙，所以必须采取有效的活门密封措施进行活门全关时的圆周密封止水。

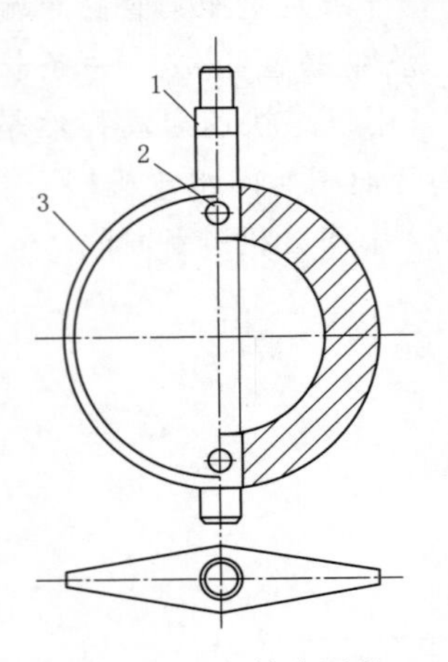

图 6－3　竖轴布置的蝶阀活门

1—转轴；2—横销；3—铁饼形活门

1. 活门密封装置

根据活门全关时的圆周密封方法不同，有压紧式活门圆周密封和空气围带式活门圆周密封两种形式。

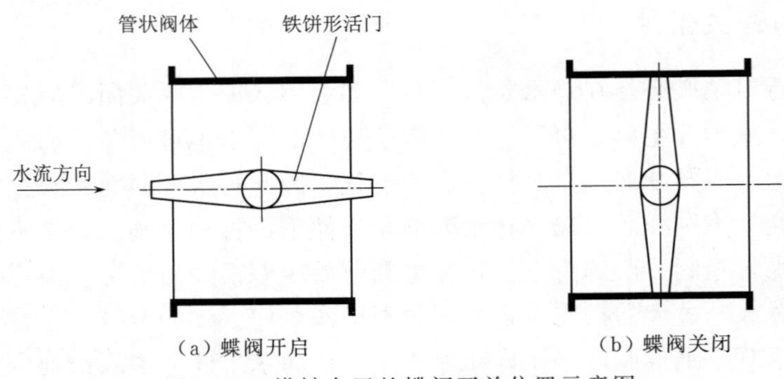

图 6－4　横轴布置的蝶阀开关位置示意图

（1）压紧式活门圆周密封。压紧式活门圆周密封的密封件有橡皮条、橡皮板和软金属三种。图 6－5 为橡皮条压紧式活门圆周密封，活门转轴 1 水平横轴布置，铁饼形活门 2 为空心结构，每根断面形状为“O”形的橡皮条 5 的长度与转轴两侧活门的圆周线弧长相等，将两根“O”形橡皮条分别镶入活门两侧的圆周线上的凹槽内，再分别盖上环形压环 4，用螺钉 3 将环形压环紧紧压紧在橡皮条上。要求压紧后包括橡皮条在内的活门直径比阀体内径大 2～3mm，当主阀活门逆钟向关闭到 80°左右时，橡皮条已经开始接触到阀体内壁，再继续关闭活门的话，橡皮条就紧紧压在阀体内壁上，用橡皮条达到密封止水的目的。为了避免粗糙的阀体内壁磨损橡皮条，降低全关时活门止水效果，在与橡皮条接触的阀体内壁 7 用 2mm 不锈钢板作内衬。水头较高时，橡皮条容易被强大的水压冲刷掉，因此也可以用图 6-6 中的橡皮板或软金属板 1 作为密封件。压紧式活门圆周密封全关时靠密封件对阀体内壁的压紧力止水，还是不可避免地存在少量漏水。

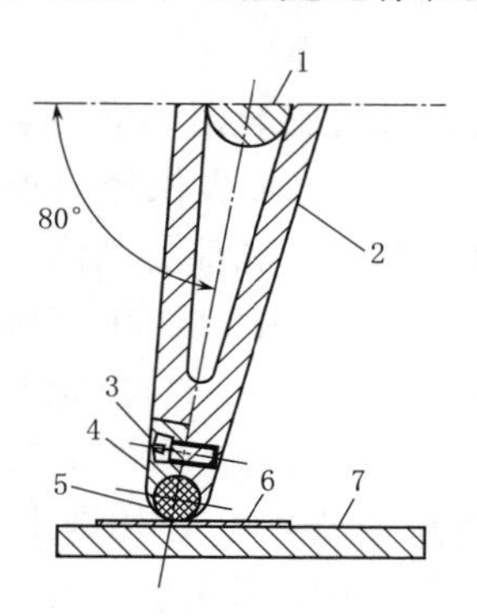

图 6-5　橡皮条压紧式活门圆周密封

1—活门转轴；2—铁饼形活门；3—螺钉；4—环形压板；5—“O”形橡皮条；6—不锈钢内衬；7—阀体内壁

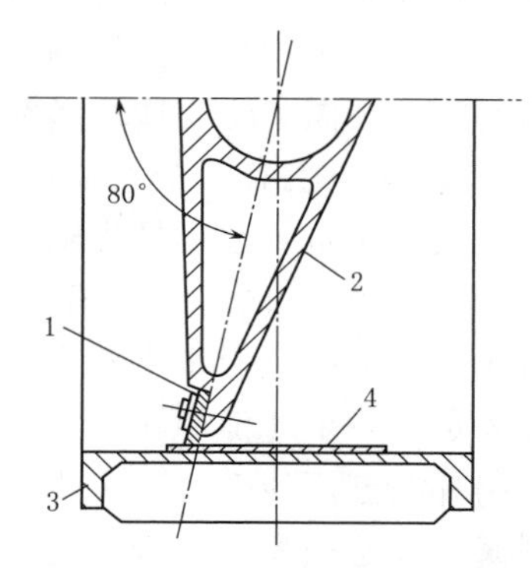

图 6-6　板式压紧式活门圆周密封

1—橡皮板或软金属板；2—铁饼形活门；3—阀体；4—不锈钢内衬

（2）空气围带式活门圆周密封。在水头较高的水电厂，压紧式活门圆周密封的橡皮条、橡皮板容易被水冲走或撕裂，密封件不断与阀体内壁摩擦也会使密封止水效果下降。因此采用没有摩擦的空气围带式活门圆周密封，如图 6-7 所示，在两个铜轴瓦两侧的阀体 2 的内壁两个圆弧段上分别开一条圆弧凹槽，在每条凹槽内镶入橡胶空气围带 5，每一根橡胶空气围带如同半根自行车内胎，大家知道自行车内胎的断面是薄壁形橡胶，而空气围带的断面是厚壁“凸”形橡胶，每一根橡胶空气围带的背后有一个如同自行车内胎充气气门一样的围带充气门 1，充气门穿出阀体壁到达阀体的外面。在阀体内每一根橡胶空气围带用弧形压板 3 压紧，螺钉 4 再将弧形压板紧紧压在空气围带上，使得阀体内壁只有“凸”形空气围带的舌头露出阀体内壁表面。关闭活门前必须保证橡胶空气围带内没有压缩空气，当活门 6 转 90°到达全关位置后，活门外圆与橡胶空气围带“凸”形舌头之间仍有 0.5～1mm 间隙。然后再从阀体外面的充气门充入压缩空气，被弧形压板压在凹槽内的橡胶空气围带充气膨胀，无路可走的围带只有露出内壁的“凸”形舌头向外弹出，从而紧紧抱紧活门外圆，达到密封止水的目的。特别注意，每次打开活门前必须先将空气围带中的压缩空气放掉，使围带“凸”形舌头缩进阀体内才能转动活门，否则强行转动活门会将把橡胶围带撕破。围带式活门圆周密封结构复杂，操作烦琐，但全关时密封止水效果好。

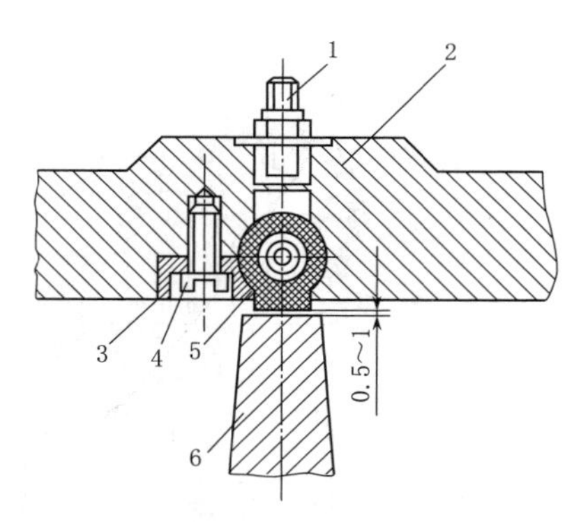

图 6-7　空气围带式活门圆周密封

1—充气门；2—阀体；3—弧形压板；4—螺钉；5—橡胶空气围带；6—活门

2. 蝶阀的优缺点及适用场合

蝶阀的优点是结构简单、体积较小、重量较轻，启闭方便。由于蝶阀全开时活门处于水流流道中间，对水流有一定的阻力。所以蝶阀的缺点是全开时水损大，全关时漏水大。蝶阀适用在 200m 水头以下的水电厂。

3. 蝶阀主要结构

图 6 - 8 为全开状态的竖轴布置铁饼形活门蝶阀结构图，手动/电动两用操作。图 6 - 8（a）是垂直水流方向从蝶阀前面向后面投影的主视图，主视图左边没有剖切，看到的是蝶阀外部结构，右边进行了剖切，能看到蝶阀内部结构。图 6 - 8（b）是正对水流方向从蝶阀的左面向右面看的左视图。空心铁饼形活门 5 与活门转轴为轴孔配合圆柱横销连接，底部活门短轴 14 在管状阀体 6 上有一个下轴瓦 13，下轴瓦内孔给活门短轴提供径向轴承，下轴瓦端面还得承受活门的重量，起到推力轴承的作用。泥沙容易在活门底部的阀体沉淀，对下轴瓦产生磨损。活门长轴 10 向上穿出阀体，在阀体上也有一个上轴瓦 11，在上轴瓦上面必须设置密封，防止阀体内的压力水沿着上轴瓦间隙渗漏阀体外。活门长轴与蜗轮 9 为轴孔配合键连接，顶部固定了一个与活门转轴一起转动的指针 8，用来指示阀体内的活门开度。活门转轴两侧的活门外缘圆周线上安装了止水密封件 12。旁通阀 4 经旁通管 15 连接活门上下游两侧，每次开阀之前必须先打开旁通阀，从活门上游侧向活门下游侧充水，当活门上下游两侧的压力一样时才能打开活门，从而保证在静水条件下开启活门。蜗杆 2 头部套着手轮 1，在现地可以手动转动操作手轮，手轮带动蜗杆转动，蜗杆带动蜗轮（参见图 3 - 43）转动，蜗轮带动活门转轴转动，活门转轴带动阀体流道内的活门转动，进行蝶阀打开和关闭的操作。电动机 3 转动时经齿轮减速箱 7 减速后带动蜗杆转动，可以远方电动进行蝶阀打开和关闭的操作。

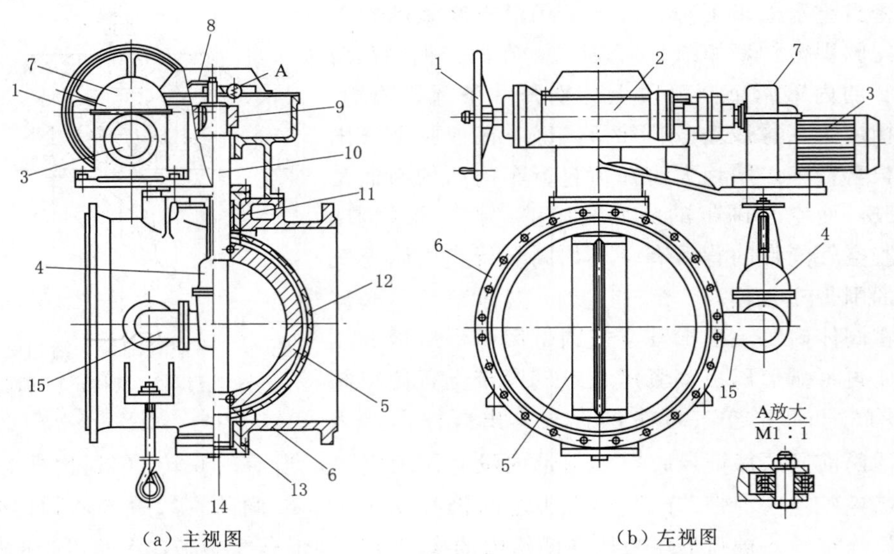

图 6 - 8　全开状态的竖轴布置铁饼形活门蝶阀结构图

1—手轮；2—蜗杆；3—电动机；4—旁通阀；5—活门；6—管状阀体；7—齿轮减速箱；8—指针；9—蜗轮；10—活门长轴；11—上轴瓦；12—密封件；13—下轴瓦；14—活门短轴；15—旁通管

图 6 - 9 为出厂前的横轴布置的铁饼形活门蝶阀，如果铁饼形活门继续逆时针方向转的话，即将到达全关位置。在管状阀体 1 右壁面上有一个活门短转轴轴承 2，左壁面有一个活门长转轴轴承 3。随着蝶阀工作水头的增高，要求活门全关时挡水的强度增大，势必得增加

活门的厚度，从而使得全开时活门对水流流动的阻力增加。为此在较高水头使用的蝶阀采用框架形活门。图 6－10 为出厂前全开位置横轴布置的框架形活门蝶阀，活门全开时水流可以从框架的空格中流过，水头损失小。全关时框架结构挡水的强度大，框架形活门的蝶阀适用高于 100m 水头的水电厂。管状阀体 3 上游侧与压力钢管末端连接，下游侧与伸缩节连接。横轴布置蝶阀在活门全关后，在活门上游侧的底部容易沉淀泥沙，对压紧式活门圆周密封的橡胶会产生磨损。

图 6－9　横轴布置的铁饼形活门蝶阀

1—管状阀体；2—短转轴轴承；3—长转轴轴承；4—铁饼形活门

图 6－10　横轴布置的框架形活门蝶阀

1—框架形活门；2—短转轴轴承；3—管状阀体

（二）球阀

球阀只有横轴布置，没有竖轴布置。球阀活门可以理解成是跟压力钢管一样的一段钢管，因此称管状活门。图 6－11 为横轴布置球阀开关位置示意图，图 6－11（a）是活门全开时的状态，管状活门的轴线与压力钢管的轴线重合，水流畅通无阻地从左向右流过球阀，就像晚上坐火车穿过隧洞，乘客一点感觉都没有。图 6－11（b）为管状活门转了 90°后的球阀全关时的状态，球缺形止漏盖在左边压力水作用下压紧在球状阀体下游侧的孔口上，达到密封止水的目的。为了给管状活门在阀体内提供转动 90°的空间，阀体中间部分不得不成为一个球形，“球阀”的名称由此而得。

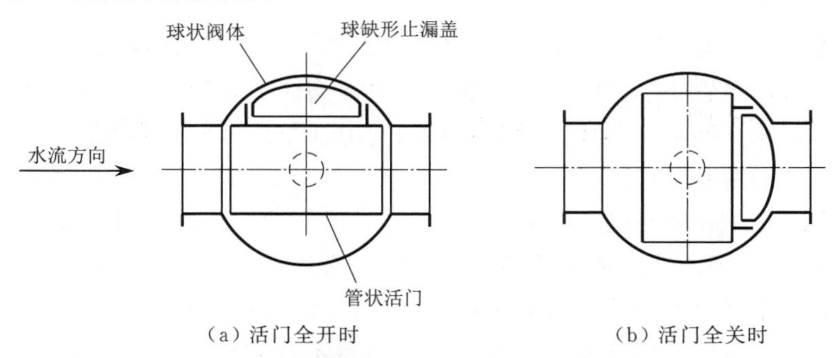

图 6－11　横轴布置球阀开关位置示意图

1. *活门结构*

图 6－12 为全开位置时的球阀活门结构图，图 6－12（a）是垂直水流方向从活门前面向后面投影的主视图，可以看到活门的上下左右结构形状，但是看不到活门前后的结构形状。图 6－12（b）是顺着水流方向从活门左面向右面投影的左视图，可以看到活门上下前后结构形状，但是看不到活门左右的结构形状。因此两个图必须结合在一起观看联想。

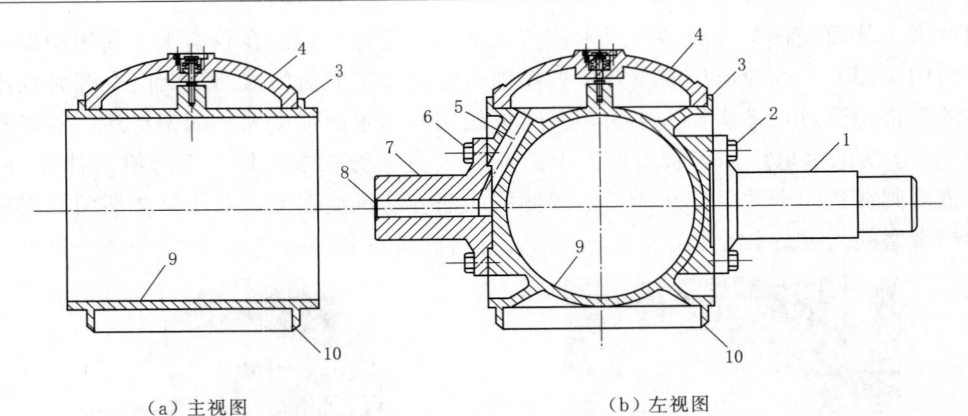

(a) 主视图　　　　　　　　　　　　(b) 左视图

图 6-12　全开位置时的球阀活门结构图

1—活门长轴；2、6—螺栓；3—活塞缸；4—止漏盖；5—斜向泄压孔；
7—活门短轴；8—轴向泄压孔；9—活门本体；10—检修密封缸

活门本体 9 外部是有上下左右前后面的长方体。活门本体的左右是一个与压力钢管直径一样大的通孔，前面用螺栓 2 将活门长轴 1 与活门本体连接，后面用螺栓 6 将活门短轴 7 与活门本体连接，上面是一个很浅的活塞缸 3，活塞缸底部靠近后面有一个斜向泄压孔 5 与活门短轴内的轴向泄压孔 8 连通，下面是一个很浅的检修密封缸 10。球缺形止漏盖 4 很短的圆柱体像活塞一样放置在很浅的活塞缸内。活门全开时在蝶形弹簧片作用下，止漏盖被紧紧压在活塞缸的底部。

图 6-13 为止漏盖在活塞缸内的定位图。将螺杆 8 旋入活塞缸中心底部阀体上的螺孔内，用并紧螺母 6 并紧螺杆，将螺杆与活门本体连为一体。再将止漏盖 5 放入活塞缸内，螺杆从止漏盖中间的通孔内穿出，然后在螺杆上套入四片两两对合的蝶形弹簧片 9（如同将家中蘸米醋的小碟子中心开孔），再套入垫片 4，旋入螺母 3，使蝶形弹簧片受压变形，将止漏盖紧紧压在活塞缸的底部，最后用埋头螺栓 1 将盖板 2 封住孔口。

2. *活门密封装置*

图 6-14 为活门全关位置时的球阀结构图，从图中可以看到活门从全开位置顺钟向转 90°到达全关位置以后，尽管止漏盖已经非常靠近地对准阀体下游侧孔口，但是水流还是会从上下前后绕过活门，从止漏盖与阀体下游侧孔口的间隙漏走。因此必须设法将止漏盖从活塞缸内弹出压紧在阀体下游侧孔口上。

(1) 工作密封。工作密封是在球阀全关以后投入的，位于阀体 11 下游侧孔口的不锈钢工作密封环 10 用螺栓固定在阀体下游侧孔口。管状活门 3 从全开位置顺钟向转 90°后到达全关位置，止漏盖 8 正好对准阀体下游侧工作密封环，因为止漏盖在蝶形弹簧片的作用下缩进在活塞缸 7 的底部，所以活门转向关闭过程中止漏盖不会剐擦到阀体下游侧的工作密封环，但是止漏盖与工作密封环之间的间隙有大量漏水。

每次管状活门到达全关位置后关闭与轴向泄压孔、斜向泄压孔连接的球阀外部的卸压阀，活塞缸内成了与外界不通的密闭空间。球阀的上游侧是压力钢管，下游侧是蜗壳和导叶。由于导叶的漏水是不可避免的，因此止漏盖与工作密封环之间的间隙始终有漏水水流在流动，由于间隙很小，漏水的水流很急，在间隙前后出现压力差，止漏盖上游侧压力高，下游侧压力低。压力是无缝不入的，压力水从止漏盖与活塞缸之间滑动配合的间隙渗入活塞缸内，作用止漏盖内向下游侧的水压力增大，当作用止漏盖内的水压力大于蝶形弹簧片 9 的弹簧力时，止漏盖就从活塞缸的底部向下游侧移动，从活塞缸内弹出，紧紧压在工作密封环上，工作密封投入，而且水库水位越高，水压力越大，止漏盖压得越紧，密封效果越好，完全可以做到滴水不漏。蝶形弹簧片的预压力不能太大，否则水压力就克服不了弹簧力造成止漏盖在活塞缸的缸底不动，工作密封无法投入。如果导叶不漏水或漏水很小的话，止漏盖与工作密封环之间间隙漏水的水流不急，止漏盖前后的压差无法形成，因此当球阀全关后工作密封无法投入时，可以稍微打开一点导叶，人为增大导叶漏水量也就增大了止漏盖前后的压差。

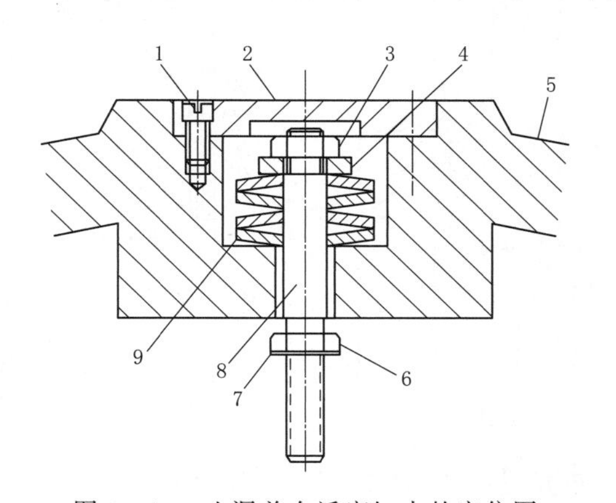

图 6－13　止漏盖在活塞缸内的定位图

1—埋头螺栓；2—盖板；3—螺母；4、7—垫片；5—止漏盖；6—并紧螺母；8—螺杆；9—蝶形弹簧片

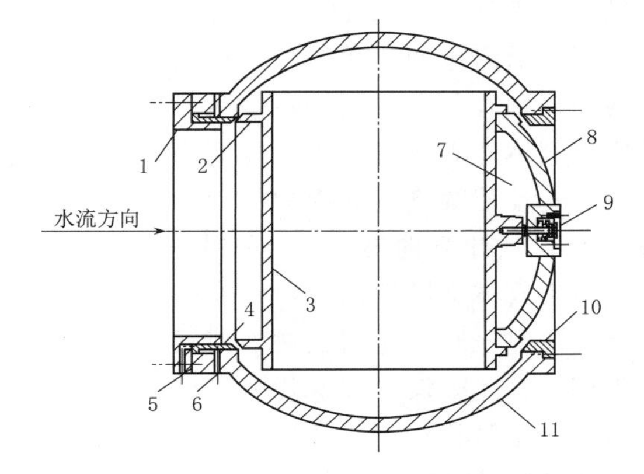

图 6－14　活门全关位置时的球阀结构图

1—缸内环；2—检修密封缸；3—管状活门；4—环状活塞；5—密封投入腔；6—密封退出腔；7—活塞缸；8—止漏盖；9—蝶形弹簧片；10—工作密封环；11—阀体

特别注意，每次打开球阀前必须先打开外部卸压阀，将活塞缸内压力水的压力经斜向卸压孔、轴向泄压孔释放成无压水，作用止漏盖的水压力消失，止漏盖在碟形弹簧片的弹簧力作用下退缩到活塞缸底部，然后逆钟向转动活门打开球阀。如果卸压阀不打开，强行转动活门，会把工作密封环的接触面拉毛或损坏球阀操作机构。

(2) 检修密封。检修密封是球阀全关以后需要检修工作密封时投入的。检修密封用水压操作，缸内环 1 的外柱面与阀体上游侧孔口内壁面形成的环状空间成为环状活塞 4 的活塞缸。图 6－15 为检修密封局部图，一般的活塞是圆盘形，这里的环状活塞 2 是圆环形。当密封投入腔 6 接压力水，密封退出腔 4 接排水时，环状活塞在活塞缸内向下游侧移动，紧紧压在管状活门的检修密封缸 3 上，检修密封投入；当密封退出腔接压力水，密封投入腔接排水时，环状活塞环在活塞缸内向上游侧移动，检修密封退出。

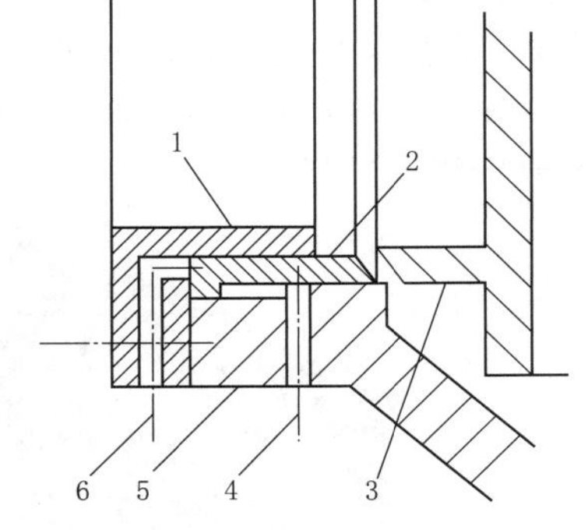

图 6－15　检修密封局部图

1—缸内环；2—环状活塞；3—检修密封缸；4—退出腔；5—阀体；6—投入腔

3. 球阀的优缺点及应用

球阀的优点是全开时水损小，全关时漏水小，可以做到滴水不漏。作为一个阀门这两个优点是非常重要的；缺点是体积大、重量重，结构复杂，价格昂贵，启闭不便。球阀适用在 200m 水头以上的水电厂。

4. 球阀的主要结构

图 6-16 为直径 1000mm 球阀结构图，活门位于全关状态，图中活门没有设置检修密封。管状活门 2 的内径为 1000mm，与阀体 1 的两侧孔口直径 1000mm 相同。阀体上游侧的压力钢管直径和下游侧的伸缩节直径都是 1000mm，因此球阀全开时，水流流过球阀时几乎没有任何阻力，水头损失很小。活门短轴法兰盘和活门长轴法兰盘分别用螺栓与活门前后两侧连接。活门短轴和活门长轴在阀体壁面上分别有各自的铜轴瓦，活门长轴穿出阀体外面与拐臂为轴孔配合键连接，转动拐臂将阀体内的活门从全开位置顺时针方向转 90°，止漏盖 3 正好对准阀体下游侧的孔口。关闭球阀外面的泄压阀，止漏盖在内部压力水作用下，克服蝶形弹簧片的预压力向球阀下游侧移动，紧紧压在工作密封环 4 上。每次开阀前先打开旁通阀，压力钢管的压力水经旁通管进水口 5、旁通阀和旁通管出水口 6 向蜗壳充水。当活门上下游两侧压力一样时再打开球阀外面的泄压阀，止漏盖在蝶形弹簧片的作用下向上游侧移动，工作密封退出，才能逆时针方向转动活门 90°到全开位置。

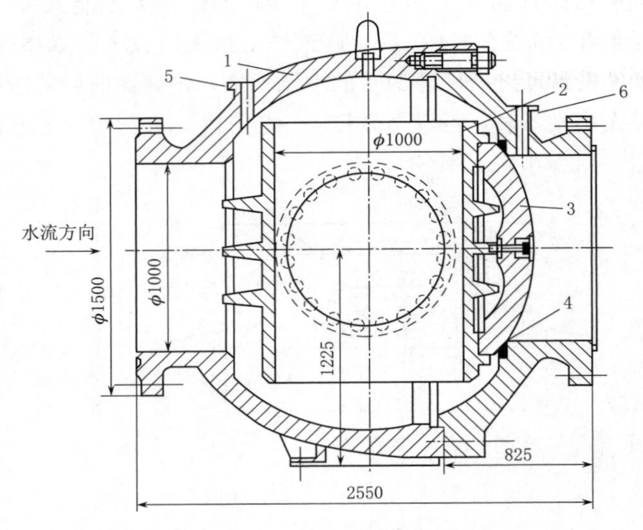

图 6-16　直径 1000mm 球阀结构图
1—阀体；2—活门；3—止漏盖；4—工作密封环；5—旁通管进水口；6—旁通管出水口

图 6-17 为球阀立体剖视图，油压操作。图的右上角是球阀上游侧的压力钢管，左下角是球阀下游侧的伸缩节，图中球阀处于全关状态，因此管状活门内孔 1 的轴线与阀体 3 的轴线垂直，止漏盖 4 紧紧压在阀体下游侧工作密封环的孔口，而且水库水位越高，压得越紧。图 6-18 为出厂前的球阀，采用油压操作。刮板式接力器 3 体积小结构复杂，比较少见，图中球阀处于全关状态，止漏盖 2 正对阀体下游侧孔口。

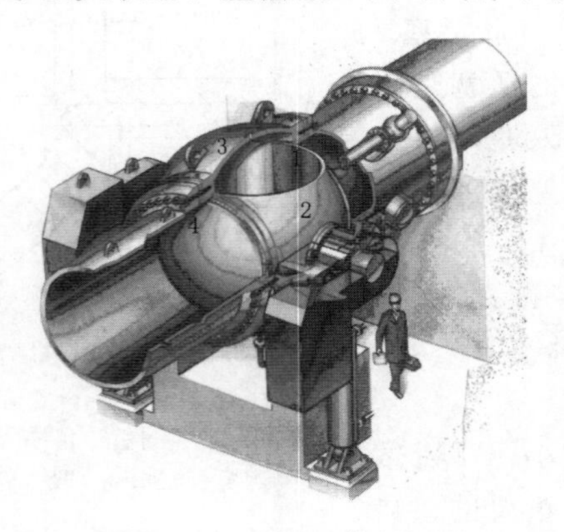

图 6-17　球阀立体剖视图
1—活门内孔；2—活门外部；3—阀体；4—止漏盖

图 6-18　出厂前的球阀
1—阀体；2—止漏盖；3—刮板式接力器

图 6-19 为 WX 水电厂球阀安装照片，采用油压操作。球阀 1 的左侧接压力钢管末端，右侧接伸缩节 3。伸缩节右侧接蜗壳进口段 6。旁通阀向蜗壳充水时，空气阀 4 将蜗壳中的空气排走，当溢水管 5 冒水时，说明蜗壳已经充满水。这个球阀比较特别，工作密封与检修密封完全一样，都是用水压操作的（参见图 6-15），因此没有球缺形止漏盖，也就没有斜向泄压孔、轴向泄压孔和活门短轴轴承 8、端盖 9 上的泄压阀。活门长轴从长轴轴承 2 穿出球阀外面，拐臂与长轴轴端轴孔配合键连接拐臂，用油压操作的接力器带动拐臂转动（参见图 6-33 中 2、4），拐臂再带动活门长轴和活门转动。检修蜗壳时，应先关闭球阀，再打开导叶将蜗壳大部分水自流排入下游，最后打开检修放水阀 7，将蜗壳内无法自流排走的水排入厂房最低处的集水井。

图 6-19　WX 水电厂球阀安装照片

1—球阀；2—长轴轴承；3—伸缩节；4—放气阀；5—溢水管；6—蜗壳进口段；7—检修放水阀；8—短轴轴承；9—端盖

（三）闸阀

闸阀的原理与农村引水渠道上闸门的原理一样，只不过闸门的形状是长方形，闸阀的闸门是圆盘形，“闸阀”的名字由此而得，闸阀的闸门称“活门”。图 6-20 是闸阀开关位置示意图。管状阀体的中间有一个驼峰体，转动大螺母，螺杆和圆盘形活门一起上移，圆盘形活门进入驼峰体内，水流畅通无阻地流过闸阀［图 6-20（a）］；反方向转动大螺母，螺杆和圆盘状活门像闸门一样一起下移切断水流［图 6-20（b）］。

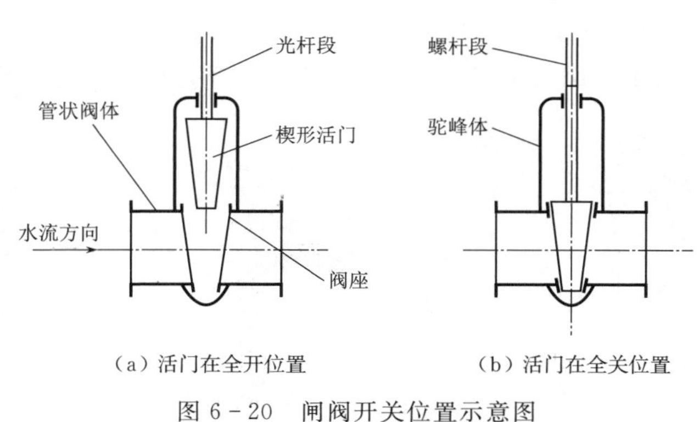

（a）活门在全开位置　（b）活门在全关位置

图 6-20　闸阀开关位置示意图

1. 活门的类型

闸阀盘状活门从上向下切断水流的方法决定了闸阀全关时不需要专门的密封止水装置。图 6-21 为闸阀活门结构图，闸阀全关时，靠螺杆垂直向下的压紧力，通过活门的形状或结构转为向两侧阀座的压紧力，达到止水密封的效果。例如，楔形单活门［图 6-21（a）］进入楔形阀座后，将螺杆进一步向下压，活门两侧的圆平面紧紧压在两侧的楔形阀座上，实现止水密封，这种活门结构简单，但对活门与阀座楔形锥度的配合精度要求高。楔式双活门［图 6-21（b）和图 6-21（c）］由两片向外倾斜的活门组成，当活门进入楔形阀座后，螺杆进一步向下压，两片活门同时向两侧分开，紧紧压在阀座上，实现止水密封。这种活门结构复杂，但对活门与阀座楔形锥度的配合精度要求不高。平行式双活门［图 6-21（d）］由两片相互平行的活门组成，活门进入平行阀座后，螺杆进一步向下压，螺杆头部的顶锥推动两片活门同时向两侧水平移动，紧紧压在两侧阀座上，实现止水密封。活门与阀座的相对位移较小，不易擦伤磨损，但结构复杂。

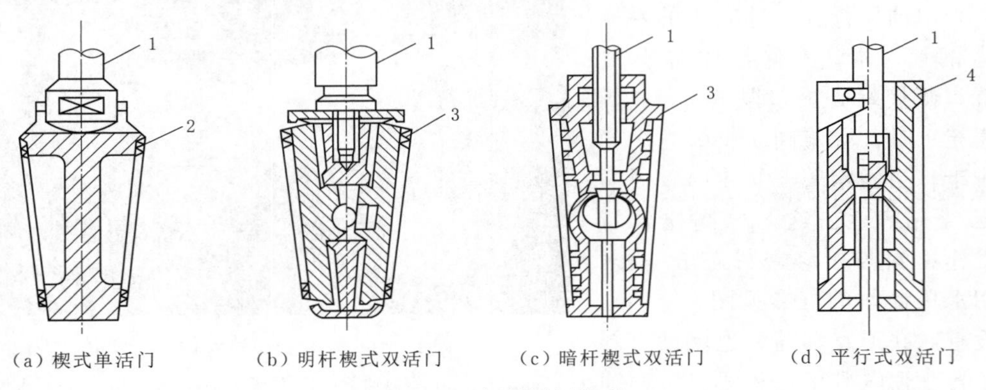

图 6-21　闸阀活门类型

1—螺杆；2—楔形单活门；3—楔形双活门；4—平行双活门

2. 闸阀的优缺点及应用

闸阀的高度尺寸较大，假如闸阀的直径是 0.5m，那么放置活门的驼峰高度起码大于 0.5m，螺杆长度起码大于 0.5m，因此闸阀的高度是管径的 3～4 倍。而且闸阀靠螺母转动带动螺杆和活门上下移动，远不如蝶阀和球阀的活门转动活门启闭时间短。因此闸阀的缺点是高度尺寸大，启闭时间长，活门提升的操作力大。闸阀的优点是全开时水损小，全关时漏水小，不需要专门的活门密封装置。适用压力钢管管径 500mm 及以下的低压机组水电厂。

3. 闸阀的主要结构

图 6-22 为明杆结构的闸阀总装视图，电动操作。阀杆 4 穿出驼峰体 7，驼峰体以上的阀杆暴露在外，因此称“明杆”，阀杆下面是光杆、上面是螺杆，螺杆上套着只能转动不能轴向移动的大螺母，蜗轮内孔与大螺母轴孔配合键连接，蜗杆与蜗轮啮合，转动操作手轮 1 或电动机 2 都可以带动蜗杆转动，蜗杆带动蜗轮及大螺母转动，大螺母带动阀杆上下移动，从而带动活门 6 上升躲进驼峰体开阀放水或下降切入流道关阀断流。图 6-23 为暗杆结构的闸

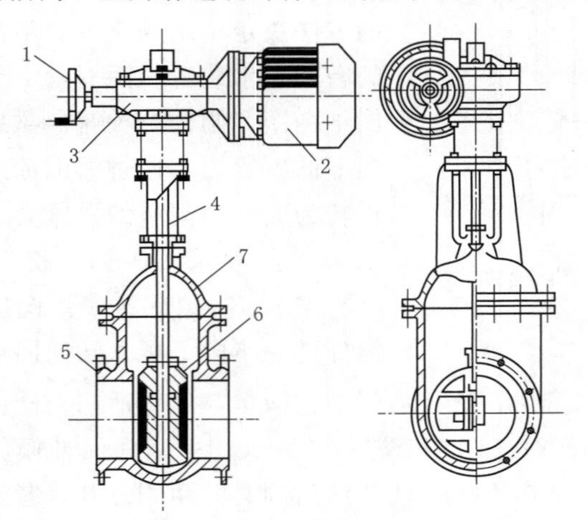

图 6-22　明杆结构的闸阀总装视图

1—操作手轮；2—电动机；3—蜗轮蜗杆机构；
4—阀杆；5—阀体；6—活门；7—驼峰体

图 6-23　暗杆结构的闸阀照片

1—操作手轮；2—电动机；3—电器箱；
4—驼峰体；5—阀体

阀照片，驼峰体4以上的阀杆被罩在锥形套内，因此称“暗杆”。现地转动操作手轮1或远方操作电动机2都可以打开闸阀或关闭闸阀。

五、主阀的操作机构

主阀只有全开、全关两种状态，不得部分开启，因此操作机构执行的是开关式操作控制。主阀的活门打开和关闭的操作方式有机械手动、电动和油压三种形式。当主阀直径较小时，需要的操作力也较小，可以采用手动/电动两用，手动只能现地操作，而电动可以实现远方操作。当主阀直径较大时，需要的操作力也较大，必须采用油压操作。蝶阀和球阀的活门打开和关闭需要操作机构转动活门，闸阀活门的打开和关闭需要操作机构升降活门，显然操作升降活门要费力耗时得多。

（一）主阀手动/电动两用操作机构

1. 蝶阀手动/电动操作机构

蝶阀手动/电动操作机构与反击式低压机组手动/电动操作机构基本相同，也是电动机通过减速箱和蜗轮蜗杆两次减速。不同的是反击式低压机组手动/电动操作机构的蜗轮与调速轴为轴孔配合键连接，调速轴工作最大转角为60°，采用90°的扇形蜗轮。而蝶阀手动/电动操作机构的蜗轮与活门转轴为轴孔配合键连接，活门从全关到关闭角度为90°，采用120°扇形蜗轮。

图6-24为蝶阀手动/电动操作机构。因为在竖轴活门的主阀顶部比较容易安装固定蜗轮蜗杆机构，所以主阀蜗轮蜗杆操作机构只用在竖轴布置的主阀中。操作电动机1转动，经齿轮减速箱2减速后带动蜗杆罩3内的蜗杆水平轴线转动，蜗杆带动蜗轮罩7内的扇形蜗轮垂直轴向转动，扇形蜗轮带动活门打开或关闭蝶阀。固定在活门转轴上的指针8前部针尖指示活门全开和全关的位置，在指针指在全开位置时的指针尾部设置了一个全开行程开关5，在指针指在全关位置时的指针尾部设置了一个全关行程开关4。电动操作开阀过程中，当活门转到全开位置时，指针尾部触碰全开行程开关，行程开关送出全开开关量信号给蝶阀PLC开关量输入模块，PLC开关量输出模块输出开关量信号作用电动机停转；电动操作关阀过程中，当活门转到全关位置时，指针尾部触碰全关行程开关，行程开关送出全关开关量信号给蝶阀PLC开关量输入模块，PLC开关量输出模块输出开关量信号作用电动机停转。操作手轮6转轴上的小齿轮与蜗杆轴端齿轮啮合，转动手轮同样可以使蜗杆转动，机械手动操作蝶阀打开或关闭。所有的主阀上游侧都是与压力钢管10连接，下游侧都是经伸缩节与水轮机进口断面连接。技术供水的取水口11设在主阀上游侧的压力钢管末端，保证主阀关闭后技术供水不中断。

图6-24 蝶阀手动/电动操作机构

1—电动机；2—齿轮减速箱；3—蜗杆罩；4—全关位行程开关；5—全开位行程开关；6—操作手轮；7—蜗轮罩；8—指针；9—蝶阀阀体；10—压力钢管；11—技术供水取水口

2. 闸阀手动/电动操作机构

闸阀的蜗轮与大螺母为轴孔配合键连接，大螺母永远被锁定在机架上只能转动不能轴向移动。蜗杆必须快速转很多转，蜗轮才转一转，与蜗轮轴孔配合键连接的大螺母必须快速转动好多转，才能把活门提升打开闸阀或下降关闭闸阀，所以取消了减速箱，而且蜗轮不再是部分圆心角的扇形蜗轮，而是 360°的完整蜗轮（参见图 3－43）。由电动机直接带动水平轴线的蜗杆转动，蜗杆带动垂直轴线的蜗轮和大螺母一起转动，大螺母带动螺杆和活门上下移动，手动/电动操作的主阀在电动机操作到位后由该位置上的行程开关来作用电动机停机的。电动操作简单易行，干净没有油污，但是电动操作的缺点是对于阴暗潮湿位置处的行程开关很容易生锈失灵，造成操作到位后电动机该停不停，发生蜗轮的齿被打断或电动机过载烧毁事故。因此应定期检查电动机操作的行程开关的动作可靠性和安全性。

（二）主阀油压操作机构

由于球阀的活门比较重，因此都采用油压操作。对于直径比较大的蝶阀，因其需要的操作力比较大，也采用油压操作。主阀油压控制和调速器油压控制中都有配压阀和接力器。由于主阀接力器输出的机械位移 ΔY 只需对主阀进行全开、全关开环式操作控制，不需要从接力器位移 ΔY 中引出负反馈信号。而调速器接力器输出的机械位移 ΔY 必须对导叶开度在全开与全关之间某个位置进行精确调节控制，因此必须从接力器位移 ΔY 中引出负反馈信号。主阀的油压操作机构是通过接力器带动拐臂转动，拐臂再带动蝶阀或球阀的活门转动。采用油压操作的主阀活门转轴必须是横轴布置，以便在主阀边上或地面上安装接力器。摇摆式接力器或摇摆式活塞杆都可以解决接力器活塞直线运动与拐臂圆弧运动的运动轨迹不一致导致运动卡死的问题。

1. 摇摆式接力器

根据接力器摇摆的铰支座位置不同分有缸底铰支座摇摆和缸顶铰支座摇摆两种形式。根据油压作用活塞不同分有双向油压作用和单向油压作用。

（1）缸底铰支座双向油压作用。图 6－25 为活塞缸底部铰支座双向油压作用的摇摆式接力器工作原理图。拐臂 4 与活门长轴 3 为轴孔配合圆柱键 2 连接，接力器 13 是一个以活塞缸底部铰支座摇摆的双向油压作用接力器，有两根信号油管，一根是顶部油管 11，另一根是底部油管 14。接力器活塞缸的底部用圆柱销 15 安装在铰支座 5 上，活塞杆 10 端部与拐臂用圆柱销 9 铰连接，整个接力器以铰支座为支点可以自由摇摆，因为工作时整个接力器摇摆，所以两根油管必须采用高压橡胶软管。

图 6－25（a）为主阀活门 1 在全关位置，开阀前先通过旁通阀向蜗壳充水，充水完毕由两位三通电磁开关阀将锁定油管由压力油切换成排油，因为锁定投入退出需要的油量很小，所以采用吸合/脱钩双线圈两位三通电磁开关阀（参见图 5－51）。在锁定弹簧 7 恢复力作用下活塞和插销 8 左移，活门锁定退出拐臂圆柱面上的全关位置锁定孔，然后由两位四通电磁开关阀将接力器的底部油管由排油切换成压力油，顶部油管由压力油切换成排油，因为主阀活门全关全开需要的油量很大，所以采用活塞水平移动的两位四通电磁开关阀（参见图 5－49）。在接力器缸内的活塞 12 直线上移，活塞经活塞杆带动拐臂逆钟向转动开大活门，与此同时，整个接力器以底部铰支座为支点自由摆动［图 6－25（b)］。当活门到达全开位置后，两位三通电磁开关阀将锁定油管由排油切换成压力油，锁定弹簧受压，在油压作用下插销右移插入拐臂圆柱面上的全开位置锁定孔内，活门被锁定在全开位置。图 6－25（c）为主阀

在全开位置，关闭主阀前两位三通电磁开关阀先将锁定油管由压力油切换成排油，在锁定弹簧作用下活塞和插销左移，锁定弹簧释放，活门锁定退出拐臂圆柱面上的全开位置锁定孔。然后由两位四通电磁开关阀将接力器的底部油管由压力油切换成排油，顶部油管由排油切换成压力油，活塞在接力器缸内直线下移，活塞经活塞杆带动拐臂顺钟向转动关小活门，整个接力器以铰支座为支点自由摆动［图 6-25（b）］。当活门到达全关位置后，两位三通电磁开关阀将锁定油管由排油切换成压力油，锁定弹簧受压，在油压作用下锁定插销右移插入拐臂圆柱面上的全关位置锁定孔内，活门被锁定在全关位置。摇摆式接力器巧妙解决了直线运动的活塞与圆弧运动拐臂的连接问题。

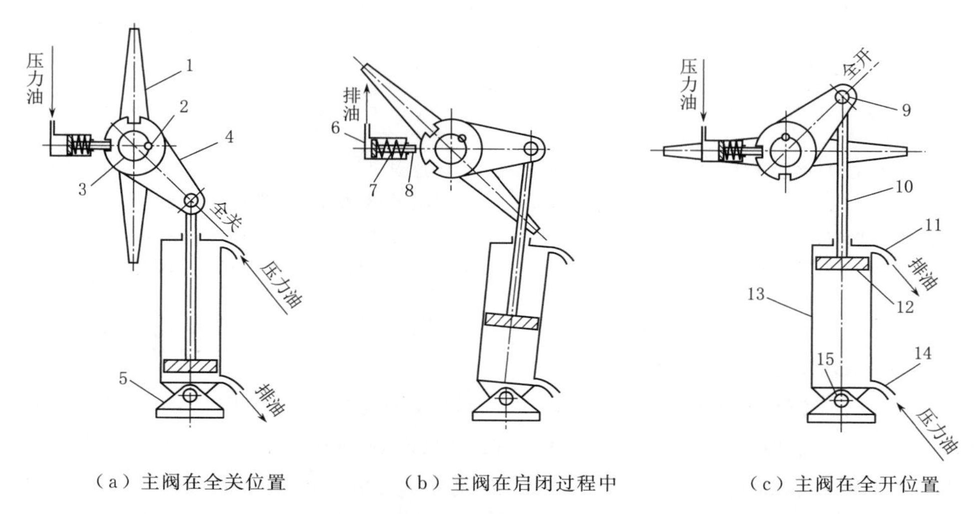

（a）主阀在全关位置　（b）主阀在启闭过程中　（c）主阀在全开位置

图 6-25　活塞缸底部铰支座双向油压作用的摇摆式接力器工作原理图

1—活门；2—圆柱键；3—活门长轴；4—拐臂；5—铰支座；6—锁定；7—锁定弹簧；8—插销；9、15—圆柱销；10—活塞杆；11—顶部油管；12—活塞；13—接力器；14—底部油管

（2）缸底铰支座单向油压作用。图 6-26 为活塞缸底部铰支座单向油压作用的摇摆接力器工作原理图，必须配重锤作为关闭主阀的动力。接力器 14 是一个以活塞缸底部铰支座摇摆的单向作用接力器，只有一根采用高压橡胶软管的底部油管 15。拐臂 10 的臂上固定了一个吊耳 4，拐臂末端有一个笨重的重锤 6。活塞杆 12 的头部与吊耳用圆柱销 11 铰连接。活门打开靠油压，活门关闭靠重锤。

开阀时先退出锁定，然后两位三通电磁开关阀将接力器底部油管接压力油，活塞杆一方面带动拐臂逆钟向转动开大活门 1，另一方面把重锤高高举起，把压力油的压能转换成重锤的位能［图 6-26（c）］。关阀时先退出锁定，然后两位三通电磁开关阀将接力器底部油管接排油，重锤的位能释放，在重锤自重作用下带动拐臂顺钟向转动关闭活门［图 6-26（a）］。靠重锤自重关闭的主阀也称液压重锤阀，在现代水电厂被广泛采用。虽然笨重的重锤使设备体积庞大，但是液压重锤阀的优点是如果在关阀过程中发生油压突然消失事故时，不需要提供操作能量，靠重锤自重迅速关闭主阀，保证机组可靠安全停机，防止事故扩大。

图 6-27 为出厂前的缸底铰支点的大型液压重锤蝶阀。活门接力器 4 采用单向油压作用的接力器，只有一根底部油管。接力器用圆柱销安放在铰支座 5 上，整个接力器以铰支为支点可以自由摇摆。当单向作用接力器底部油管接压力油时，将重锤 1 高高举起，同时将蝶阀

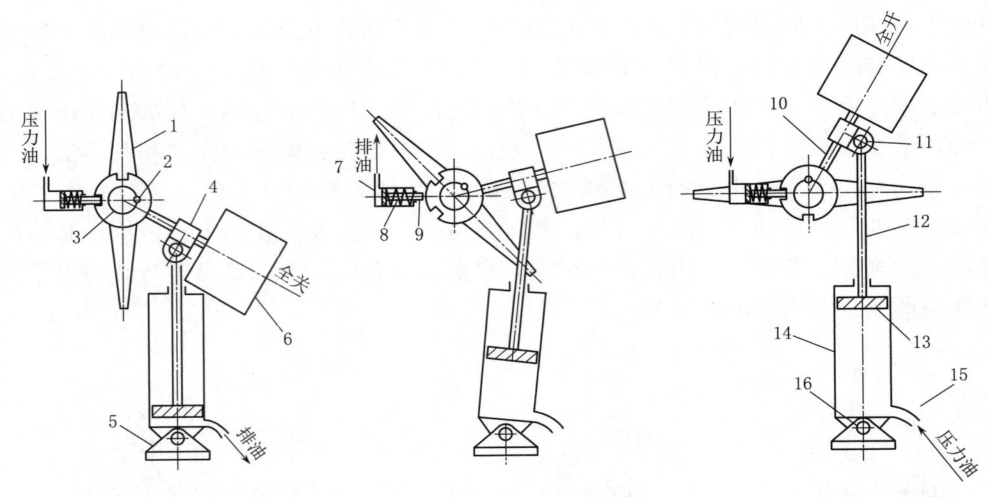

图 6－26　活塞缸底部铰支座单向油压作用的摇摆接力器工作原理图

1—活门；2—圆柱键；3—活门长轴；4—吊耳；5—铰支座；6—重锤；7—锁定；8—锁定弹簧；9—锁定插销；10—拐臂；11、16—圆柱销；12—活塞杆；13—活塞；14—接力器；15—底部油管

活门 3 打开到全开位置。当接力器底部油管接排油时，在重锤的自重作用下重锤带动拐臂、活门顺时针方向转 90°，活门关闭。

（3）缸顶铰支座双向油压作用。图 6－28 为缸顶铰支座双向油压作用的接力器工作原理图。接力器 14 是一个以活塞缸顶部铰支座摇摆的双向作用接力器，有两根油管，一根是底部油管 7，另一根是顶部油管 6。活塞缸的顶部用圆柱销 13 安装在铰支座 12 上，整个接力器以铰支座为支点可以自由摇摆。活塞杆 11 端部与拐臂 10 用圆柱销 5 铰连接。

图 6－27　出厂前的缸底铰支点的大型液压重锤蝶阀

1—重锤；2—阀体；3—蝶阀活门；4—活门接力器；5—铰支座

图 6－28（a）为主阀在全开位置，关闭主阀前首先两位三通电磁开关阀将锁定油管由压力油切换成排油，锁定弹簧释放，在锁定弹簧 9 作用下活塞和锁定插销 8 上移，活门锁定退出拐臂圆柱面上的锁定孔。然后由两位四通电磁开关阀将接力器的顶部油管由压力油切换成排油，底部油管由排油切换成压力油，活塞在接力器缸内直线左移，活塞经活塞杆带动拐臂顺钟向转动关小活门，整个接力器以铰支座为支点自由摆动。当活门到达全关位置后，两位三通电磁开关阀将锁定油管由排油切换成压力油，锁定弹簧受压，在油压作用下锁定插销下移插入拐臂圆柱面上的另一只锁定孔内，活门被锁定在全关位置。图 6－28（b）为主阀在全关位置，充水完毕开启主阀前，两位三通电磁开关阀首先将锁定油管由压力油切换成排油，在锁定弹簧作用下锁定退出。然后由两位四通电磁开关阀将接力器的底部油管由压力油切换成排油，顶部油管由排油切换成压力油，活塞在接力器缸内直线右移，活塞经活塞杆带动拐臂逆钟向转动开大活门，整个接力器以铰支座为支点自由摆动。当活门到达全开位置后，两位三通电磁开关阀将锁定油管由排油切换成压

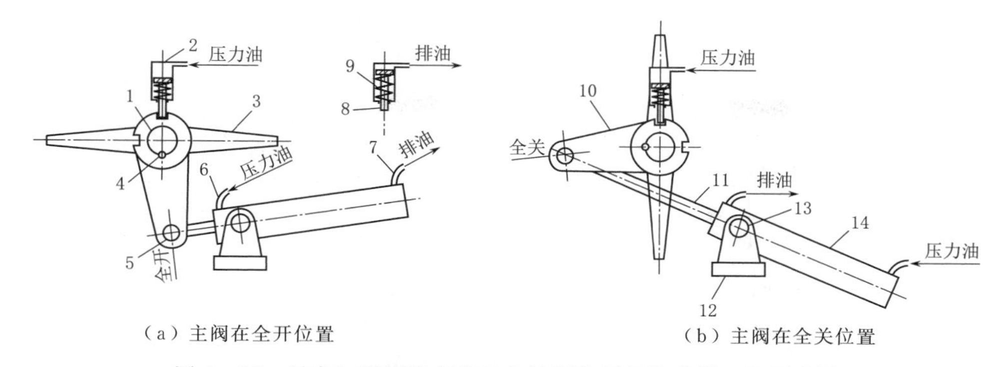

（a）主阀在全开位置　　　　（b）主阀在全关位置

图 6-28　活塞缸顶部铰支座双向油压作用的接力器工作原理图

1—活门长轴；2—锁定；3—活门；4—圆柱键；5、13—圆柱销；6—顶部油管；7—底部油管；8—锁定插销；9—锁定弹簧；10—拐臂；11—活塞杆；12—铰支座；14—接力器

力油，锁定落下，活门被锁定在全开位置。从而巧妙解决了直线运动的活塞与圆弧运动的拐臂的连接问题。

图 6-29 为缸顶铰支座双向油压接力器操作机构，图中状态为主阀 1 开启状态，右侧是来自水库的压力钢管 3，水流从右向左流过主阀。活塞杆 9 与拐臂 11 用圆柱销 10 铰连接，以活塞缸顶部支点摇摆的接力器 5 经圆柱销 7 安装在铰支座 6 上。当底部油管 4 接压力油，顶部油管 8 接排油时，活塞杆带动拐臂和主阀内的活门顺钟向转动，主阀关闭，接力器顶部以铰支座为支点自由摆动；当顶部油管接压力油，底部油管接排油时，活塞杆带动拐臂和主阀内的活门逆钟向转动，主阀开启，接力器顶部以铰支座为支点自由摆动。每次打开主阀前必须先打开旁通阀，压力钢管的水经旁通管 2、旁通阀向主阀下游侧的蜗壳充水，当主阀上下游两侧压力一样时才能打开主阀。

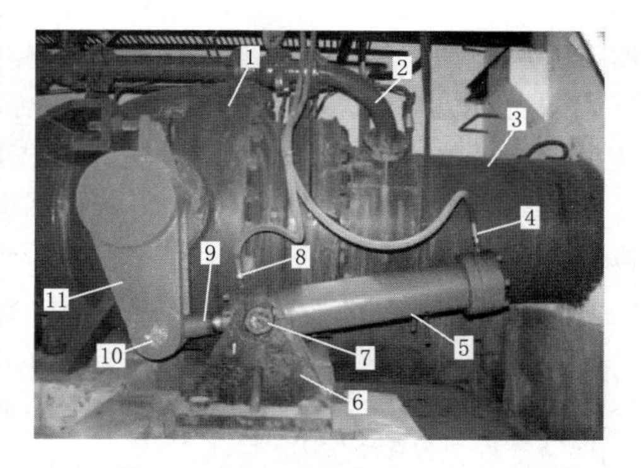

图 6-29　缸顶铰支座双向油压接力器操作机构

1—主阀；2—旁通管；3—压力钢管；4—底部油管；5—接力器；6—铰支座；7、10—圆柱销；8—顶部油管；9—活塞杆；11—拐臂

（4）缸顶铰支座单向油压作用。图 6-30 为缸顶铰支座单向油压作用的接力器工作原理图，必须配重锤作为关闭主阀的动力。接力器 7 是一个以活塞缸顶部支点摇摆的单向作用接力器，只有一根采用高压橡胶软管的底部油管 8。拐臂 2 的臂上安装了一个吊耳 3，拐臂末端有一个笨重的重锤 1，因此也是一种液压重锤式阀。

图 6-30（a）为主阀在全关位置，充水完毕开启主阀前锁定的两位三通电磁开关阀，首先将锁定 11 油管由压力油切换成排油，锁定弹簧 10 释放，锁定插销 9 退出锁定孔，活门锁定退出；然后由接力器的两位三通电磁开关阀将接力器的底部油管由排油切换成压力油，活塞在接力器缸内直线上移，活塞经活塞杆 13 带动拐臂顺钟向转动开大活门 12，并把重锤高高举起，整个接力器以铰支座 14 为支点自由摆动。当活门到达全开位置后，锁定的两位三通电磁开关阀将锁定油管由排油切换成压力油，锁定落下，活门被锁定在全开位置。图 6-

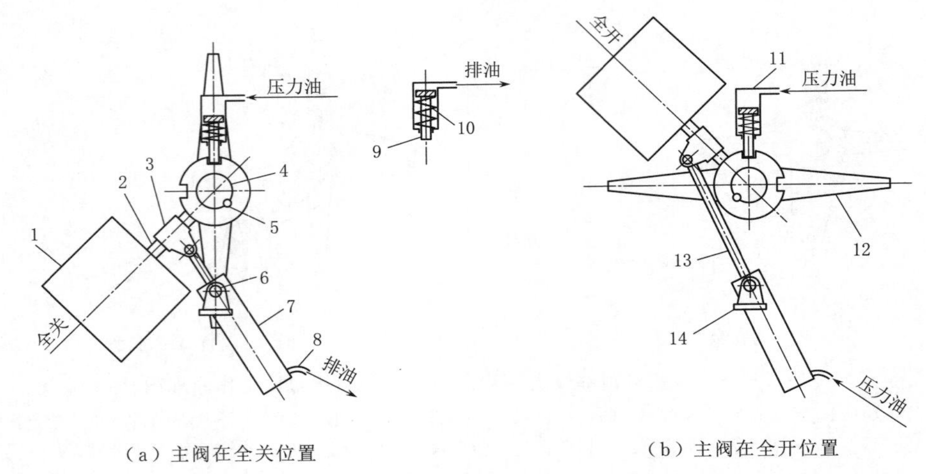

（a）主阀在全关位置　　（b）主阀在全开位置

图 6-30　缸顶铰支座单向油压作用的接力器工作原理图

1—重锤；2—拐臂；3—吊耳；4—活门长轴；5—圆柱键；6—圆柱销；7—接力器；8—底部油管；9—锁定插销；10—锁定弹簧；11—锁定；12—活门；13—活塞杆；14—铰支座

30（b）为主阀在全开位置，关闭主阀前首先由锁定两位三通电磁开关阀将锁定油管由压力油切换成排油，活门锁定退出。然后由接力器的两位三通电磁开关阀将接力器的底部油管由压力油切换成排油，在重锤自重作用下活塞在接力器缸内直线下移，活塞经活塞杆带动拐臂逆钟向转动关小活门，整个接力器以铰支座为支点自由摆动。当活门到达全关位置后，锁定的两位三通电磁开关阀将锁定油管由排油切换成压力油，锁定落下，活门被锁定在全关位置。

图 6-31　缸顶铰支座单向油压作用的液压重锤阀

1—重锤；2—拐臂；3—吊耳；4—蝶阀活门；5—蝶阀阀体

图 6-31 为缸顶铰支座单向油压作用的液压重锤阀。接力器采用单向油压作用。蝶阀阀体 5 内的蝶阀活门 4 处于全开状态。拐臂 2 上的吊耳 3 与接力器的活塞杆用圆柱销铰连接，拐臂末端有一个笨重的重锤 1。当关阀时接力器的底部油管由压力油切换成排油，重锤靠自重下落关闭活门，切断水流。总结发现，接力器只有一根油管时，活塞单向作用油压，肯定是液压重锤阀。

2. 摇摆式活塞杆

采用摇摆式活塞杆的接力器必须是两根油管，活塞双向作用油压。图 6-32 为活塞杆摇摆的接力器工作原理图。活塞 16 上面安装固定了铰支座 15，摇摆式活塞杆 5 的下端用圆柱销 14 安装在铰支座上，活塞杆以铰支座为支点可以自由摇摆（与图 5-9 的接力器相同）。套筒 13 用螺栓固定在活塞上，套筒与活塞缸 6 之间形成了接力器的关闭腔。活塞杆的上端与拐臂 3 用圆柱销 12 铰连接。图 6-32（a）为主阀在全关位置；图 6-32（b）为主阀在启闭过程中；图 6-32（c）为主阀在全开位置。活塞缸固定安装在主阀旁边的地面上，因为活塞缸不摇摆，所以顶部油管 7 和尾部油管 8 都采用硬质钢管。锁定与前面不同之处是锁定相反，当锁定油管接排油时，锁定弹簧 10 释放，锁定插销

11在弹簧作用下插入拐臂3上的锁定孔，活门被锁定；当锁定油管接压力油时，锁定弹簧受压，锁定插销退出锁定孔，活门锁定退出。

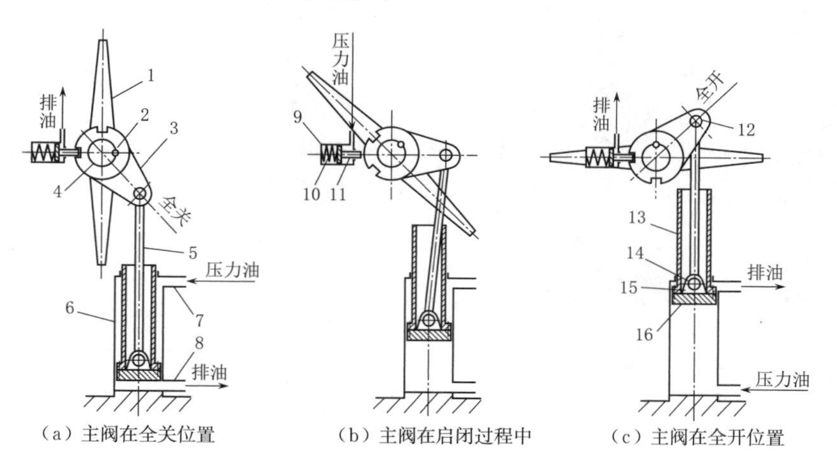

图6-32　活塞杆摇摆的接力器工作原理图

1—活门；2—圆柱键；3—拐臂；4—活门长轴；5—摇摆式活塞杆；6—活塞缸；7—顶部油管；8—底部油管；9—锁定；10—锁定弹簧；11—锁定插销；12、14—圆柱销；13—套筒；15—铰支座；16—活塞

图6-33为EX水电厂球阀活塞杆摇摆接力器，在球阀1旁边的地面安装了固定不摇摆的接力器4，摇摆式活塞杆与拐臂2圆柱销铰连接，因为接力器不摇摆，所以顶部油管3和底部油管5都采用硬质钢管材料。今后如果在现场见到主阀油压操作接力器是固定不摇摆的，则肯定是活塞杆摇摆，否则无法工作。

图6-33　活塞杆摇摆接力器

1—球阀；2—拐臂；3—顶部油管；4—接力器；5—底部油管

3. *主阀操作油压装置及控制*

主阀油压操作需要配置产生压力油的油压装置，主阀的油压装置与调速器的油压装置基本相同，液压图可以参见图5-80中右边油压装置部分。因为主阀操作时耗油量比较大，所以主阀油压装置中的压能储存装置还是采用传统的大容积的压力油箱，而不是小容积的储能器。主阀油压操作控制需要用到的自动化元件有行程开关、电磁开关阀等，接受主阀PLC控制。

六、主阀附件

（一）旁通阀

主阀关闭时间较长时，蜗壳内的水会从导叶间隙漏走，造成主阀上游侧是来自水库的压力水，主阀下游侧的蜗壳内是无压的空气，如果此时在强大的压力差下强行打开主阀，一方面水流的啸叫声和震动声很大；另一方面主阀操作力很大，可能损坏主阀操作机构。因此旁通阀的作用是在主阀活门打开前向蜗壳充水，使得主阀能在静水条件下开启。当主阀开启后，与主阀并联的旁通阀已经不起作用了，此时的旁通阀可以关闭也可以不关闭。但是在主阀关闭后，旁通阀必须关闭，否则压力钢管的压力水会通过旁通阀到达蜗壳并从导叶漏走。

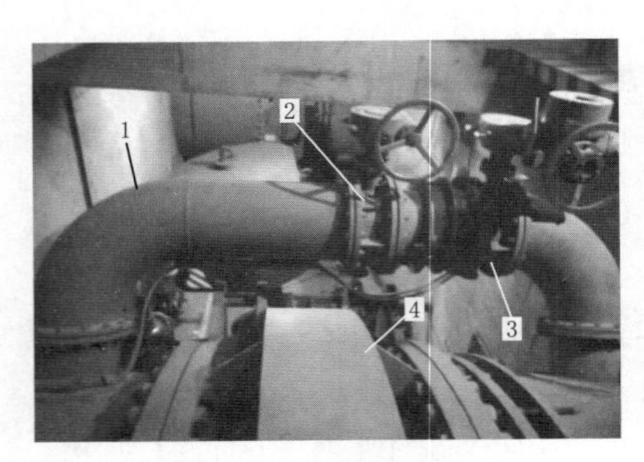

图 6-34　旁通阀与旁通管
1—旁通管；2—检修阀；3—旁通阀；4—主阀

图 6-34 为旁通阀与旁通管，主阀 4 左边接来自水库的压力钢管，右边接水轮机蜗壳前面的伸缩节。在主阀上下游两侧连接与主阀并联的旁通管 1，旁通管的管路上接旁通阀 3。旁通阀电动操作，检修阀 2 手动操作。在主阀活门没打开之前先打开旁通阀，从左边主阀的上游侧向右边主阀下游侧充水，直到蜗壳被水充满，活门两侧压力一样后才能打开主阀。旁通阀可以现地手动操作也可以远方自动化的电动操作或油压操作。如果在主阀关闭后再关闭检修阀，就可以拆卸维护旁通阀，因此检修阀只需手动操作。旁通阀打开前，两侧同样有强大的压力差，但是旁通阀的直径为 100mm，比主阀直径小得多，因此作用旁通阀的总压力不会很大，强行打开旁通阀操作力不会很大，啸叫声和震动声也不会很大。

如果主阀是蝶阀，则旁通阀采用小蝶阀；如果主阀是球阀，则旁通阀采用小球阀。但是，旁通小球阀的结构与主阀球阀的结构完全不同。旁通小球阀结构与自来水管路上的球阀相同，活门是一个可以转动的圆球，圆球上有一个通孔，当通孔轴线转动到与旁通管轴线重合时，旁通阀小球阀开启；当通孔轴线转动到与旁通管轴线垂直时，旁通小球阀关闭。

（二）伸缩节

主阀安装在压力钢管末端与金属蜗壳进口段之间，因为压力钢管末端与金属蜗壳进口段都是金属制造，并且在建造厂房时提前预埋浇注在混凝土中，如果两者的间距预留得太大的话，主阀安装时吊入主阀连接后会漏水。如果两者的间距预留得太小的话，主阀安装时无法吊入主阀。再说压力钢管和蜗壳进口段的热胀冷缩还会引起预留间距的微小变化。因此在主阀与蜗壳进口段之间必须安装一个长度调整方便并能自动微小伸缩的伸缩节，既能方便吊入或拆卸主阀，又能自动弥补预埋压力钢管和蜗壳进口段热胀冷缩引起的微小间距变化。伸缩节有填料密封伸缩节和波纹管伸缩节两种类型。

1. 填料密封伸缩节

填料密封伸缩节的密封原理与水轮机主轴密封中的填料密封完全一样，但是水轮机主轴填料密封中的水轮机主轴是旋转的，而伸缩节被填料密封的两根管路都是静止不动的。图 6-35 为填料密封伸缩节结构图。左边是蜗壳进口段 9，右边是主阀阀体 1。伸缩细管 4 与主阀阀体用连接螺栓 2 刚性连接，伸缩粗管 7 与蜗壳进口段用螺栓 8 刚性连接。粗细两段伸缩管之间的环状空间中用石棉盘根 6 填实，并用压环 3 压紧保证滴水不漏，但是两段伸缩管在轴线方向可能热胀冷缩引起微小移动。

安装主阀时，先把主阀上游侧端面与压力钢管末端螺栓连接，再把伸缩粗管和压环一起套在伸缩细管上，把伸缩细管与主阀下游侧端面螺栓连接，把套在伸缩细管上的伸缩粗管与蜗壳进口段螺栓连接，将主阀位置调整完毕后，在伸缩细管与伸缩粗管环状空间内放入石棉盘根，螺栓将压环死死压紧盘根。每次拆卸主阀时，先松开螺栓退出压环，再松开伸缩细管与主阀阀体的连接螺栓，就可以把伸缩细管推进伸缩粗管里面，最后松开主阀阀体与上游侧压力钢管末端的连接螺栓，就可轻松吊出主阀。

2. 波纹管伸缩节

波纹管伸缩节用具有一定弹性很厚的复合材料制成。目前最普遍采用的复合材料有玻璃纤维增强聚酯树脂、玻璃纤维增强环氧树脂和碳纤维增强环氧树脂。从性能上讲，碳纤维增强环氧树脂最好，玻璃纤维增强环氧树脂次之。图 6－36 为 XX 水电厂的波纹管伸缩节照片，伸缩节的中间为能轴向收缩的波纹段 2，外圆柱面上固定了六对吊耳 4，每对吊耳之间有一根收紧螺栓 5。安装时先将主阀上游侧与压力钢管 1 末端法兰盘螺栓连接，调整好主阀安装位置。然后分别转动波纹管伸缩节六根收紧螺栓两端的螺母，六根收紧螺栓同时合力将伸缩节的长度缩短，将缩短的伸缩节安装吊入主阀下游侧与蜗壳进口段之间，伸缩节法兰盘上的螺栓孔分别对准主阀法兰盘和蜗壳进口段法兰盘的螺栓孔，在螺栓孔内穿入法兰连接螺栓，一边旋紧法兰盘连接螺栓，一边旋松收紧螺栓两端的螺母，直到法兰盘连接螺栓完全拧紧，收紧螺栓两端的螺母完全放松为止。拆伸缩节的程序与上述相反。根据波纹管伸缩节的安装位置，波纹管伸缩节的壁厚强度起码应该能承受发生水锤压力时的最高水压。波纹管伸缩节结构和安装比填料密封伸缩节简单方便，是一种新型伸缩节。

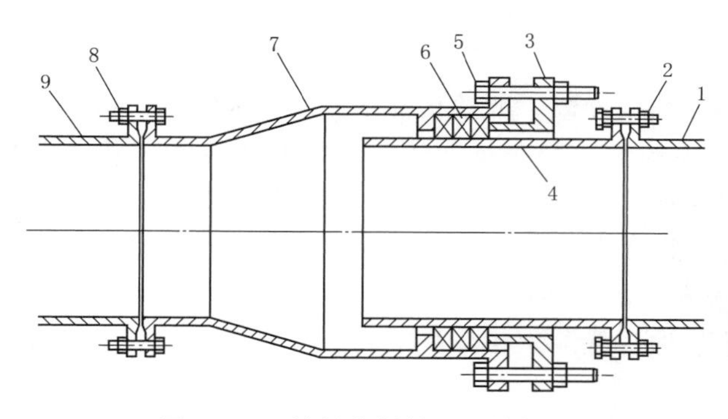

图 6－35　填料密封伸缩节结构图

1—主阀阀体；2—连接螺栓；3—压环；4—伸缩细管；5—压紧螺栓；6—石棉盘根；7—伸缩粗管；8—连接螺栓；9—蜗壳进口段

图 6－36　XX 水电厂的波纹管伸缩节照片

1—主阀阀体；2—波纹段；3—蜗壳进口段；4—吊耳；5—收紧螺栓

第二节　水 电 厂 油 系 统

水电厂大量使用的稀油分绝缘油和透平油两大类，现代水电厂绝缘油的用户只有一个主变压器，主变压器检修的排油、供油和油处理基本由供电部门进行，因此水电厂的油系统指的是透平油系统。机组需要透平油润滑轴承，透平油还作为油压装置传递动力的介质，由于立式机组水电厂设备需要透平油用油的量比较大，上下楼层不方便，因此为了检修前排油和检修后供油方便，常常将用油设备、供油设备、滤油设备和储油设备用管路连接成一个系统称透平油系统，简称油系统，可大大减轻检修前排油和检修后加油的工作量及劳动强度。

一、油系统的组成

油系统由油泵、滤油机、储油桶、用油用户、连接管路、控制阀门和自动化元件等组成。由于除了检修，正常运行中很少加排油，因此正常运行中的油系统设备操作较少，自动化程度不高，基本靠手动操作。

二、油的用途

在高压机组的滑动轴承内透平油用来润滑和冷却轴承摩擦面，减小转动阻力。在油压装置内透平油用来作为传递压能的介质。低压机组的轴承多数用的是润滑脂或机油，因此不设油系统。

绝缘油在变压器内起原付方线圈之间的绝缘、线圈与外壳之间的绝缘和线圈与铁芯之间的绝缘。绝缘油的绝缘性能越好，它们之间的间距越小，变压器的体积可以做得越小。绝缘油还可以将变压器的线圈和铁芯的热量带走，用绝缘油冷却线圈和铁芯，用空气或水冷却绝缘油。现在很多10kV小容量变压器甚至35kV中型降压变压器采用环氧树脂绝缘的干式变压器，终身免维护，不再需要绝缘油了。但是作为高压机组发电厂出口的升压变压器，因为主变容量较大，发热量较大，还是采用绝缘油作为绝缘和散热介质。

三、透平油系统设备

（一）油处理设备

常见的透平油系统的油处理设备有油桶、油泵、滤油机。图6-37为水电厂透平油系统油处理设备。机组检修时，各用油用户中的污油经总排油管1自流到污油桶4内。油处理时，将滤油机进油橡皮管3与污油桶底部阀门连接，滤油机出油橡皮管9与净油桶5底部阀门连接，启动压力滤油机8，将污油桶内的污油过滤后存入净油桶。机组检修完毕，启动油泵7，经1号总供油管2、2号总供油管6向各用油用户供油。

图6-38为水电厂透平油系统油泵供油装置。三相异步电动机6带动油泵5将净油桶1内的净油加压后经1号供油管4、2号供油管3向用油用户供油。图6-39为压力滤油机，压力滤油机内部也有一台油泵，机组检修时从各个轴承油槽排的污油经压力滤油机过滤后仍可继续使用，压力滤油机的油泵将污油桶内的污油从滤油机的进口压入，经过滤纸过滤后的净油从出口流出，滤纸应定期更换。

图6-37　水电厂透平油系统油处理设备

1—总排油管；2—1号总供油管；3—滤油机进油橡皮管；4—污油桶；5—净油桶；6—2号总供油管；7—油泵；8—压力滤油机；9—滤油机出油橡皮管

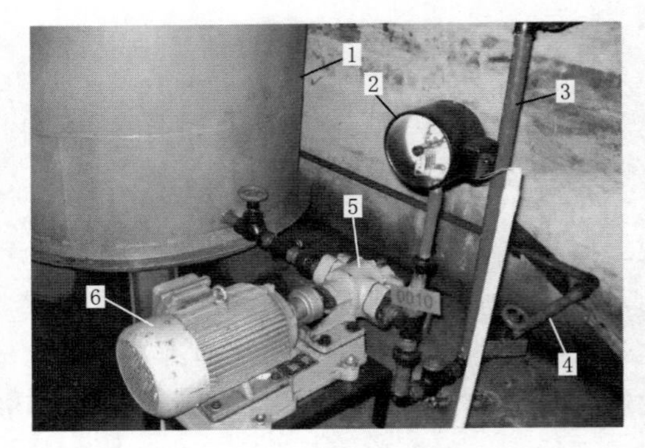

图6-38　透平油系统油泵供油装置

1—净油桶；2—电接点压力表；3—2号总供油管；4—1号总供油管；5—油泵；6—电动机

（二）透平油系统的用油用户

1. 立式机组轴承用油

立式机组轴承用油有上导轴承用油、下导轴承用油和水导轴承用油。每一个立式机组轴承都有一个专门用来容纳透平油的油槽，也称为油盆。图 6－40 为还没安装的立式机组上机架。上机架主要由油槽 2 和四周的四条横臂 1 组成，油槽靠四条横臂安装在发电机定子外壳上，而发电机定子外壳安装在发电机机坑的混凝土上，发电机机坑位于水轮机机坑上面，水轮机机坑浇注在厂房基础上。油槽底板中心有一个能穿过发电机主轴的通孔，通孔上用电焊焊接了一个挡油筒 3，发电机主轴可以从挡油筒中穿出（参见图 2－19 中的 1）。

图 6－39　压力滤油机

图 6－41 为上机架油槽内部结构，其中油槽内的上导轴承推力瓦和径向瓦都还没有安装。向油槽注油时，只要油槽内的透平油的油位不高于挡油筒 1 的筒口，轴承油槽就不会漏油。推力瓦安放在抗重螺钉 2 上（参见图 2－19 中的 4），整个机组转动系统的重量和作用转轮的轴向水推力由推力头传递给推力瓦，推力瓦传递给抗重螺钉，抗重螺钉传递给上机架，上机架经四条横臂传递给发电机定子外壳，发电机定子外壳传递给发电机机坑，发电机机坑传递给水轮机机坑，水轮机机坑传递给厂房基础上。因为这台机组的推力瓦的体内有“M”形迂回通冷却水的流道，所以环状冷却供水管 3 上有八个孔，用软管分别与八块推力瓦的进水孔连接，环状冷却排水管 4 上也有八个孔，用软管分别与八块推力瓦的出水孔连接，用冷却水直接冷却推力瓦，冷却效果非常好。

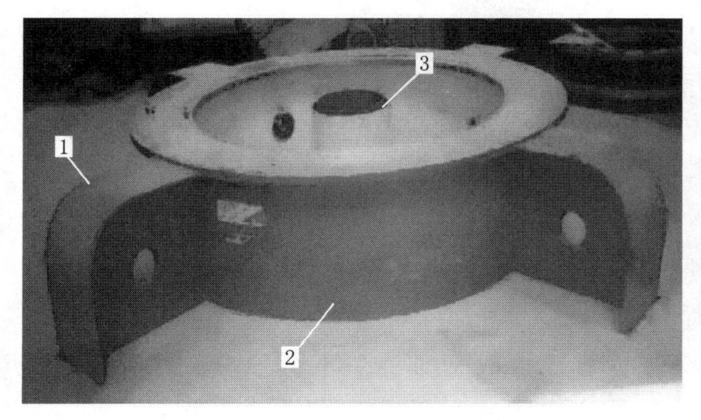

图 6－40　还没安装的立式机组上机架

1—横臂；2—油槽；3—挡油筒

图 6－41　上机架油槽内部结构

1—挡油筒；2—抗重螺钉；3—冷却进水管；4—冷却排水管

图 6－42 为安装到位的立式机组上机架，上面安装碳刷滑环 2，可以将发电机转子励磁电流经碳刷、滑环和主轴内孔送到旋转工作的转子。机械式转速信号器 1 是电气转速信号器故障时的后备保护。

立式机组下机架的形状与上机架基本一样，也是由油槽和 4 条横臂组成。不同之一是下

图6-42 安装到位的立式机组上机架
1—机械式转速信号器；2—碳刷滑环；
3—横臂；4—油盆

机架油槽内只布置径向轴承没有推力轴承，因此在下机架油槽的底板上干干净净，没有安放推力瓦的抗重螺钉；不同之二是上机架油槽的挡油筒是电焊焊接在油槽底板上的，而下机架油槽的挡油筒是永远套在发电机主轴上，在现场将下机架安装定位后用螺栓将油槽和挡油筒组装在一起。

图6-43为正在吊装的下机架，下机架通过横臂3安装在发电机定子6下面的发电机机坑上，在吊装下机架之前，必须将四个刹车用的风闸1安装在下机架上，风闸随下机架一起穿过定子内孔进入定子下方。图中油槽5内没看见挡油筒，这是因为挡油筒永远套在发电机主轴上（参见图2-23中的3），只有在下机架安装到位，在吊入套着挡油筒的发电机转子，才能在现场将挡油筒与油槽组装在一起。四只风闸活塞的上腔全部与风闸复归环管2连接，下腔全部与风闸投入环管4连接，当四个风闸下腔同时接通压缩空气时，四个风闸的闸板同时上移顶住发电机转子的轮辐，进行机组刹车制动。

上机架油槽和下机架油槽都装有排油管、溢油管和加油管。排油管装在油槽的底部，轴承检修时打开油槽外面的排油阀，将油槽内的透平油自流排放到位置较低的水轮机层油处理室内的污油桶里，等待油处理。油槽底部向上装有管口比挡油筒孔口略微低一点的溢油管，当检修完后加油时不小心油位过高时，透平油会自流从溢油管流回到厂房位置最低处的回油箱内，保证油位不会高过挡油筒孔口。加油管装在油槽圆柱形壁面中上部，轴承检修完毕，打开油槽外面的加油阀，再启动油处理室的油泵，将油处理室内位置较低的净油桶内的新油或处理过的油打入位置较高的上机架油槽和下机架油槽内。

图6-43 立式机组下机架吊装
1—风闸；2—复归环管；3—横臂；
4—投入环管；5—油槽；6—发电机定子

水导轴承采用转动油盆时，转动的油盆上无法安装排油管、溢油管和加油管，检修时靠人工手动排油和加油。好在转动油盆的容积不会很大，需要的加排油量不会很多。水导轴承采用固定油盆时，因为水导轴承的位置往往比油库的位置还低，无法自流排油、溢油，所以检修时也采用人工手动排油和加油。

2. 卧式机组轴承用油

卧式机组的用油用户有前导轴承用油、后导轴承用油和水导轴承都用油。卧式机组轴承的轴承座安装在机组的机架上或直接安装在厂房地面的混凝土基础上。卧式机组滑动轴承按润滑油循环方式不同分润滑油内循环滑动轴承和润滑油外循环滑动轴承。极大部分卧式机组轴承采用润滑油内循环。在转速1500r/min的大容量卧式机组，轴承摩擦发热量比较大，需要润滑油的供油量和流速比较大，否则无法将轴承摩擦面的热量带走，只得采用润滑油外循环油泵供油。

图 6－44 为 MX 水电厂 5000kW、1500r/min 高转速卧式机组的润滑油外循环径向推力轴承，润滑油泵从外部轴承回油箱里抽取润滑油强行通过筒状油冷器，经油冷器冷却后的冷油从轴承顶部径向瓦进油管 1、推力瓦进油管 2 进入轴承，分别润滑冷却径向瓦和推力瓦，从轴瓦摩擦面流出来的热油自由下落从轴承座底部，经回油管 3 自流回到机组轴承外面的回油箱进入再次循环。进入油冷器冷却铜管内的是冷水，从油冷器冷却铜管内流出的是热水；进入油冷器冷却铜管外的是热油，流出油冷器冷却铜管外的是冷油。

3. 油压装置用油

（1）油压装置的作用和组成。接力器工作时不但输出力还输出行程，力和行程的乘积就是调节功或操作功，功又等于能。油压装置的作用是向接力器提供压力平稳流量足够的压力油，使接力器有足够的压能做功。油压装置中的储能装置是压力油箱或储能器。由于气体的压缩性比油的压缩性大得多，气体可以储存较多的压能，因此压力油箱或储能器内必须有 1/3 油和 2/3 气，保证在全厂失电的情况下还有足够的压能提供给接力器关闭导叶或关闭主阀，避免事故扩大。

（2）油压装置的类型及应用场合。水电厂油压装置有不需要补气和需要补气两种类型，不需要补气的压能储存装置是储能器，需要补气的压能储存装置是压力油箱。水电厂调速器油压装置的供油对象是向接力器提供调节导叶开度的压力油，主阀油压装置的供油对象是向接力器提供操作主阀启闭的压力油。

4. 不需要补气的油压装置

图 6－45 为不需补气的油压装置。储能器 1 的上部是充有惰性气体氮气橡胶气囊，氮气是不易燃易爆的安全气体，橡胶气囊内的氮气与油不直接接触，因此氮气不会溶解到油里，运行中就不需要补气。在储能器工作压力范围内，保证储能器内 1/3 的油，2/3 的橡胶气囊。不需要补气的油压装置由储能器 1、电接点压力表 2、油泵电动机 3 和回油箱 4 组成。调

图 6－44　润滑油外循环径向推力轴承

1—径向瓦进油管；2—推力瓦进油管；3—回油管

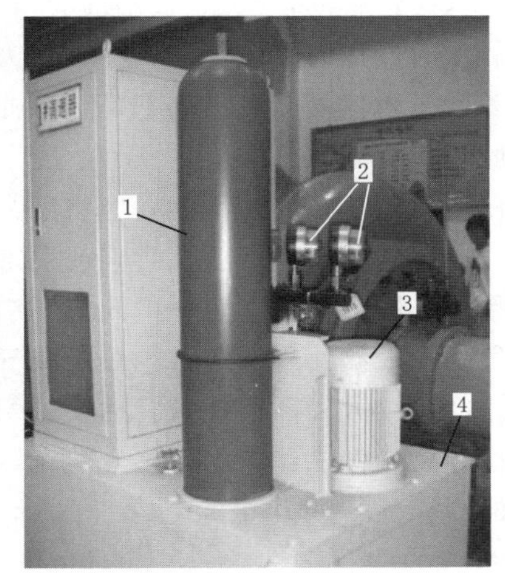

图 6－45　不需补气的油压装置

1—储能器；2—电接点压力表；3—油泵电动机；4—回油箱

速器运行时，随着接力器调节导叶开度需要储能器不断输出压力油，储能器的压力逐步下降，橡胶气囊慢慢膨胀，当压力下降到下限压力时，电接点压力表送出开关量信号给机组PLC的开关量输入回路，机组PLC开关量输出回路输出开关量，作用油泵电动机启动，将回油箱内的无压油打入储能器，随着储能器内的压力逐步上升，橡胶气囊慢慢压缩，当压力上升到上限压力时，电接点压力表送出开关量信号给机组PLC的开关量输入回路，机组PLC开关量输出回路输出开关量，作用油泵电动机停止。由于橡胶气囊不可能做得很大，橡胶气囊的膨胀压缩也不可能很大，因此储能器的容积有限，能提供的压力油量也有限，采用储能器不补气的油压装置只能用在中小型调速器中。采用储能器的优点是省掉了专门为补气而配置的高压空压机和高压储气罐。

(1) 储能器的氮气充装。储能器安装或检修后需要用氮气瓶向橡胶气囊进行氮气充装，在储能器充油前先把氮气充入橡胶气囊内，氮气充装需用专门的充气工具才能进行。充气工具既可以进行橡胶气囊的充气，也可以用于橡胶气囊的排气和气压测定。如果氮气瓶中的压力不能满足储能器高压状态下的充气，可用氮气增压装置进行增压充气。储能器充油前的氮气充气压力取储能器正常工作压力的60%～70%。氮气充装应注意严禁向储能器充入氧气及其他易燃易爆气体和腐蚀性气体，充装氮气时应缓慢进行，以防冲破储能器内的橡胶气囊。

(2) 储能器的维护和检查。储能器安装启用后，应当即检查有无漏气，以后每周检查橡胶气囊气压一次；一个月以后，每月检查一次；半年以后，每半年检查一次；一年以后，每年检查一次。定期检查可以确保最佳使用状态，可及早发现渗漏，及时修复。

橡胶气囊的气压测量有两种方法：一种是用充气工具测量，用充气工具测量气压，每次会放跑少量的氮气；另一种是利用油压装置现有的设备测量，不会放跑氮气。将图6-45中的电接点压力表和压力信号器退出控制回路使其不起作用，同时关闭储能器底部的总油阀，手动启动油泵，看着电接点压力表黑针（反映实际压力），将储能器的压力打到额定压力（应小心压力过高），然后少许打开放油阀，将储能器中的压力油缓慢放回到回油箱，电接点压力表黑针缓慢移动，指示值缓慢减小，认真观测压力表黑针移动速度，当储能器中的压力油即将放尽时，压力迅速下降到零，压力表的黑针由缓慢移动突然迅速回落到零。由于电接点压力表和压力信号器测量的都是压力油的压力，因此压力表中突然变零时的压力就是储能器内橡胶气囊中的氮气压力。

(3) 油压装置较长时间停用时，应将压力油维持在气囊首次充气的压力以上，关闭相关所有的闸阀，避免气囊长期膨胀，影响使用寿命。

(4) 如果油泵频繁打油，表明橡胶气囊中氮气太少，应检查储能器顶部的充气阀是否漏气。如果漏气是充气阀漏气引起，则更换充气阀。如果充气阀处冒油，表明气囊破损，应更换橡胶气囊。橡胶气囊和高压橡胶管的使用寿命为3年，应定期更换。

(5) 在拆开检修储能器之前必须先放完压力油，再用充气工具放掉橡胶气囊中的氮气，才能拆卸储能器。

5. 需要补气的油压装置

需要补气的调速器油压装置与主阀油压装置的工作原理和配置完全相同。需要补气的油压装置中的储能装置是压力油箱。这对于大直径、大容积的储能器橡胶气囊在制造工艺上是困难的，因此在耗油量较大的大中型水电厂和双重调节的轴流式机组、贯流式机组的调速器油压装置仍然采用直径和容积不受限制的需要补气的压力油箱。油压操作的主阀接力器操作时耗油量比较大，全部都采用需要补气的压力油箱。需要补气的油压装置主要由压力油箱、回油箱、油泵、电接点压力表和补气管组成。这类水电厂必须配备高压空气压缩机和高压储气罐。

图 6-46　需补气的调速器油压装置
1—压力油箱；2—电接点压力表；3—油泵电动机；4—补气管；5—回油箱

（1）调速器需要补气的油压装置。图 6-46 为需补气的调速器油压装置，两台油泵 3 轮流工作互为备用。该调速器压力油箱 1 的工作压力为 2.5MPa。由于压力油箱内的空气与油直接接触，在高压状态下的空气会比大气压力状态下更多地溶解到油里面，跟着压力油的输出流出压力油箱，经过接力器工作过的油流入无压的回油箱 5，在常压下溶解在油中的多余空气会溢出，这样空气不断地溶入溢出，使得压力油箱内的空气越来越少，无法保证 2/3 空气的比例，因此运行一段时间后，运行人员如果发现压力上限时油位计指示油位偏高，说明压力油箱的空气偏少，应手动打开补气阀，将来自高压储气罐的压缩空气经补气管 4 向压力油箱补入压缩空气。

（2）主阀需要补气的油压装置。图 6-47 为需补气的主阀油压装置，主阀油压装置安装在水轮机层靠近主阀的位置。压力变送器 1 负责向机组 LCU 提供压力油箱压力的模拟量信号，电接点压力表 3 通过主阀 PLC 自动控制两台油泵电动机 6 轮流工作，保证压力油箱 2 的压力在规定范围内。当较长时间停机时，主阀关闭落下锁定后，应关闭压力油箱上的供油阀 5，减少泄漏油。因为压力油箱内的压力很高，所以油位计 7 采用很厚的封闭的有机玻璃管制作，供运行人员观看压力油箱内的油位，当压力上限油位高于 1/3 时，说明空气少于 2/3，需要手动操作补气阀 4 向压力油箱补气。回油箱 9 安装在水轮机层的楼板下面的凹坑里，因为回油箱内是无压油，所以采用开敞式的浮子油位计 8，供运行人员观看回油箱内的油位是否正常，如果发现回油箱油位经常偏低，就需要从油库里的净油桶向回油箱补油。图 6-48 为立式机组厂房的水轮机层球阀和油压装置布置图，水轮机层的顶部是发电机层的楼板 1，混凝土制作的厚壁圆桶形发电机机坑 2 是压在混凝土制作的厚壁圆桶形水轮机机坑 4 上，混凝土制作的厚壁圆桶形水轮机机坑是压在厂房基础上。位于发电机层的调速器输出调速轴 5 的转角位移，调速轴垂直穿过发电机层楼板到达水轮机层，操作水轮机机坑内的水轮机导水机构，根据负荷调节导叶开度或开停机。

四、水电厂透平油系统原理

（一）立式机组水电厂透平油系统

立式机组电厂的用油分发电机层和水轮机层上下两层，机组轴承和油压装置的用油量大，机组检修时如果靠人工排油、加油劳动强度大，因此有必要设置油系统，将用油用户、油库和油处理设备用管路连接成一个有机的系统，通过切换各个控制阀门和启动油处理设备，可以方便省力地实现排油、加油、滤油及运行中的添加油。

图 6-47　主阀油压装置

1—压力变送器；2—压力油箱；
3—电接点压力表；4—补气阀；5—供油阀；
6—油泵电动机；7、8—油位计；9—回油箱

图 6-48　水轮机层球阀和油压装置布置图

1—发电机层楼板；2—发电机机坑；3—压力油箱；
4—水轮机机坑；5—调速轴；6—主阀；7—水轮机层

立式机组水电厂透平油系统的用油用户有位于发电机层上机架的上导轴承、位于发电机机坑下机架的下导轴承、位于水轮机层水轮机机坑内的水导轴承、位于发电机层的调速器油压装置、位于水轮机层的主阀油压装置、位于厂房屋顶下桥式起重机轨道尽头的添油箱（又称重力加油箱）、位于低于水轮机层的主阀坑地面的溢油箱（漏油箱）。布置在水轮机层的油处理室内一般配置一只净油桶、一只运行油桶、一台油泵和一台压力滤油机，通过切换闸阀和连接管路与用户连接。

图 6-49 为立式机组水电厂透平油系统原理图，该水电厂有 1 号机、2 号机两台水轮发电机组。油处理室内有油泵、压力滤油机，油库内有一只存放检修排油的运行油桶（又称污油桶）和一只存放新油或过滤后干净油的净油桶。特别提醒，图中油处理室与油库位于水轮机层一墙之隔的两个房间（不是图示的上下两间）。上导轴承的溢油阀 24、下导轴承的溢油阀 27、添油桶的溢油阀 22 和溢油箱上的总溢油阀 36 四只阀门常开，以便用户油位偏高时自动溢油到溢油箱，其余所有阀门常闭。

1. 新油注入净油桶

运油车开进发电机层，将运油车上的出油管活接头与厂房角落地面上的活接头连接，将压力滤油机上进油、出油的两个活接头分别与阀 4、5 的两个活接头连接，开阀 1、3、5、4、15，打开运油车上出油管的阀门，启动压力滤油机，将运油车的新油经过过滤后送入净油桶。

如果新油不需要过滤，只需将阀 4、5 的两个活接头直接连接，再开阀 1、3、5、4、15，由于发电机层的运油车位置比水轮机层净油桶高，新油自流进入净油桶。

2. 净油桶的油注入用油用户

将油泵上的进油、出油两个活接头分别与阀 4、5 的两个活接头连接，再开阀 11、5、4、2、16、17、30，启动油泵，净油桶中的油经过滤油器，开阀 20，将油送入添油箱；开阀 29，将油送入水导轴承（该水导轴承采用固定油盆）；开阀 35，将油送入主阀油压装置回油箱；开阀 33，将油送入调速器油压装置回油箱；开阀 26，将油送入下导轴承；开阀 23，将油送入上导轴承。

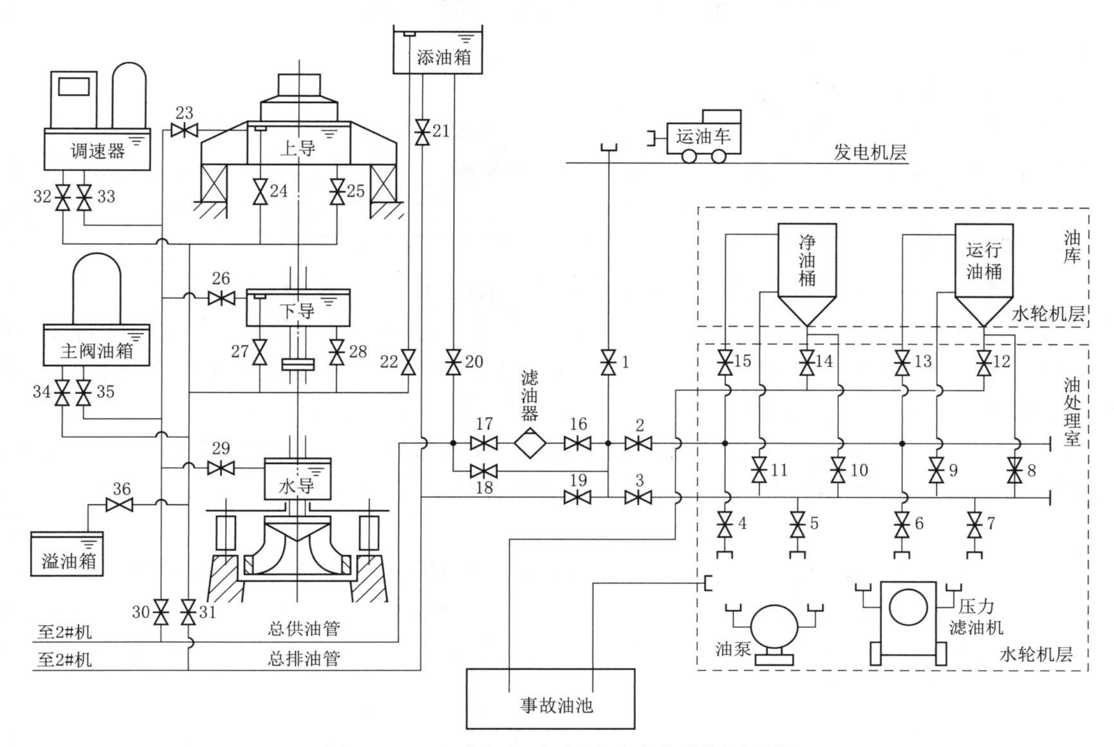

图 6-49 立式机组水电厂透平油系统原理图

3. 运行油桶的油注入用油用户

运行油桶的油必须过滤后才能注入用油用户。将油泵上的进油、出油两个活接头分别与阀 4、5 的两个活接头连接，再开阀 9、5、4、2、16、17、30，启动油泵，运行油桶中的油经过滤网。与净油桶的油注入用油用户一样，分别送往用油用户。

4. 运行油桶的油经过滤后注入净油桶

将压力滤油机上进油、出油的两个活接头分别与阀 6、7 的两个活接头连接，再开阀 8、7、6、15，启动压力滤油机，将运行油桶中的油过滤后送入净油桶。

5. 运行油桶的油自循环过滤

将压力滤油机上进油、出油的两个活接头分别与阀 6、7 的两个活接头连接，再开阀 8、7、6、13，启动压力滤油机，将运行油桶底部的油放出经过滤后送回到运行油桶上部，进行循环过滤。

6. 机组检修时的排油

检修排油前必须将溢油箱上的阀 36 关闭，否则大量的排油会自流到溢油箱。然后将油泵上的进油、出油两个活接头分别与阀 4、5 的两个活接头连接，再开阀 13、4、5、3、19、31，启动油泵，开阀 21，将添油箱的油抽回到运行油桶；开阀 32，将调速器油压装置回油箱的油抽回到运行油桶；开阀 34，将主阀油压装置回油箱的油抽回到运行油桶；开阀 28，将下导轴承的油抽回到运行油桶；开阀 25，将上导轴承的油抽回到运行油桶。

由于上导轴承、下导轴承、调速器油压装置回油箱和添油箱的位置都比运行油桶的位置高，因此不使用油泵靠自流也能排油，但是排油速度太慢，将延长机组检修时间，用油泵抽油可以减少检修排油时间。水导轴承由于位置较低，用油量较少，检修时靠人工用手提小油桶手工排油。

7. 无法再使用的污油排出厂外

将运油车上的出油管活接头与厂房角落地面上的活接头连接，再将油泵上的进油、出油两个活接头分别与阀4、5的两个活接头连接，开阀8、5、4、2、1，启动油泵，将运行油桶中无法再使用的污油排出，用运油车拉走。

8. 添油箱向用油用户添加油

在正常运行中，由于油的渗漏、蒸发会使用油用户中的油位逐渐下降，当油位下降到一定值时，必须向用油用户添加油。需要添加油时开阀20、30，然后开阀29，添油箱靠油的自重向水导轴承添加油；开阀35，添油箱靠油的自重向主阀油压装置回油箱添加油；开阀33，添油箱靠油的自重向调速器油压装置回油箱添加油；开阀26，添油箱靠油的自重向下导轴承添加油；开阀23，添油箱靠油的自重向上导轴承添加油。添加桶又称重力加油箱，有了重力加油箱，平时根据具体情况，可以随时添加油，不必每次启动油泵。

9. 事故排油

当油库发生火灾时，紧急关闭油库防火铁门，使油桶与空气隔离，打开油库顶部的灭火喷水淋蓬喷水灭火，然后迅速打开位于油库隔壁油处理室中的事故排油阀12、14，将油桶中的油自流排入事故油池。因为一旦油库着火，人员无法进入，为此事故排油阀12、14必须安装在油库隔壁的油处理室。

10. 溢油自流

上导轴承、下导轴承和添油箱中都有一个溢油口，对应的3只溢油阀24、27和22在正常运行时为常开阀，在厂房最低位置的主阀坑内设溢油箱，总溢油阀36也常开。当上导轴承中的油位高于溢油口时，多余的油经阀24自流到溢油箱。当下导轴承中的油位高于溢油口时，多余的油经阀27自流到溢油箱。当添油箱中的油位高于溢油口时，多余的油经阀22自流到溢油箱。

11. 溢油箱排油

当溢油箱中的油位达到上限时，需要进行溢油箱排油。将油泵上的进油、出油两个活接头分别与阀4、5的两个活接头连接，关阀24、27、22，再开阀13、4、5、3、19、31，启动油泵，将溢油箱中的油抽回到运行油桶。

12. 滤油器检修

机组安装或检修后所有供油都是从净油桶取出，经滤油器再次过滤。当供油期间正好遇到滤油器堵塞需要检修时，关阀16、17，开旁路阀18，供油不经滤油器，走旁路阀供油。

净油桶和运行油桶中的油静止存放时间较长后，油中的杂质和水分都自然沉淀在油桶的底部，净油桶和运行油桶的出油管都位于油桶的中下部，能保证放出的油杂质和水分较少。净油桶和运行油桶的放油管都位于油桶的最底部，能保证油处理时，首先放出的是杂质和水分较多的油。油管外面必须涂规定颜色的油漆，称为色标，压力油管涂红色，排油管和漏油管涂黄色。

（二）卧式机组水电厂透平油系统

卧式机组水电厂的用油用户在同一个厂房平面上，卧式机组装机容量一般不大，轴承用油量也不大，人工加排油方便，因此没有必要采用固定的油系统管路和各种切换阀，油系统设备很简单。

卧式机组水电厂透平油系统用户有机组的后导轴承、前导轴承用油和水导轴承、调速器油压装置用油。如果主阀是用油压操作的话，就还有主阀油压装置用油。卧式机组水电厂透平油系统的油处理设备也很简单，一般是一只净油桶、一只运行油桶和一台移动式压力滤油机，因为压力滤油机内有一台油泵，所以压力滤油机也可起油泵作用。

五、水电厂绝缘油

现代水电厂已广泛采用六氟化硫断路器和真空断路器，因此，绝缘油用户只有主变压器一个。最多在升压站的主变旁设一只主变压器检修时用来临时存放绝缘污油的运行油桶。所以水电厂是没有绝缘油系统的。绝缘油对油质要求很高，不能与透平油掺和，否则会降低绝缘强度的。主变压器检修时，如果绝缘需要滤油，可以将透平油系统的滤油机用汽油清洗干净，对绝缘油进行滤油。当然也可以将绝缘油送到电力部门的油处理中心代为滤油。现在大部分的水电厂将主变检修全部委托电力部门，水电厂对绝缘油不需配备任何设备。

第三节　水电厂气系统

水电厂气系统指的是压缩空气系统，在使用气压操作的地方都可以用油压操作，但是压缩空气能储存输送更多的压能，使用压缩空气干净、方便，没有油污。将用气用户、供气设备、储气设备用管路和阀门连接成一个系统称气系统。

一、气系统的组成

气系统主要由空气压缩机（空压机）、气水分离器、储气罐、用气用户、连接管路、阀门、电磁空气阀、压力信号器和安全阀等组成。

二、压缩空气的用气用户

水电厂气系统分为0.7MPa的低压气系统和2.5MPa及以上的高压气系统。低压气系统的用气用户有机组停机制动用气、空气围带充气和调相压水用气，其中机组停机制动用气每个水电厂都有。采用压力油箱的水电厂高压气系统的用气用户为压力油箱充气补气。

1. 机组停机制动用气

采用滑动轴承的机组，靠润滑油的黏滞力和转速将润滑油不断地强行挤进轴瓦瓦面与转动的主轴或推力头镜板之间，形成有一层薄薄的油膜（约0.05mm厚）润滑和冷却摩擦面。机组停机导叶关闭后，尽管水流已经中断，但是由于转动系统的巨大惯性，机组转动系统是慢慢地降低转速直到停转。当转速低到一定程度，润滑油无法挤进滑动轴承摩擦面，轴瓦瓦面与转动的主轴或推力头镜板之间成为干摩擦，造成烧瓦事故。因此在机组转速下降到额定转速30%左右，必须投入压缩空气作为动力的风闸刹车制动，将机组转动系统的转速立即降为零。刹车制动用气的压力在0.4～0.7MPa。

2. 调相压水用气

水电厂在枯水期有时机组需要按照电网调度的指令进行调相运行，调相运行就是将空闲的机组启动起来并入电网，再关闭导叶切断水流，成为电网提供电能的空转同步电动机运行，此时再增大励磁电流，同步电机消耗少量的有功功率 P，发出大量的无功功率 Q。为了减少机组空转的阻力，减小调相运行时的有功功率消耗，需要在水轮机顶盖上向水中的转轮空间充气压水，将转轮脱离水体在空气中转动，减少转轮阻力。转轮在空气中空转比在水中空转可减小有功功率的消耗达 90%。显然充气压水的气压不需要很高，但须大于转轮空间的水压。

3. 空气围带风动工具用气

采用空气围带的主阀在主阀关闭后需要向空气围带充气投入密封止水。采用空气围带的主轴检修密封，在机组停机检修时需要向空气围带充气投入密封止水。使用压缩空气作为动力的风动砂轮、风动铲刀等在尾水管、蝶阀坑等潮湿环境中使用比较安全，不会触电。使用压缩空气作为气流的吹扫头机组检修时吹扫灰尘，省力方便。运用吹扫头反冲技术吹扫供水取水口的堵塞物，简单易行。以上用气用户的气压 0.7MPa 足够了。

4. 压力油箱充气补气

需要补气的油压装置中的压力油箱需要高压压缩空气，新安装或检修后的压力油箱首次充气，在运行中发现压力油箱的油气比例不正常时，需要人工进行手动补气。

三、气系统主要设备

1. 空压机与储气罐

空压机气缸内活塞的工作原理与汽车气缸内活塞的工作原理正好相反，汽车气缸内活塞的工作原理是汽油爆燃产生气体膨胀，推动活塞运动。空压机是电动机带动活塞运动，压缩气缸内的空气。空压机运行时启停频繁，空气压缩产生的高温加上活塞高速往复运动摩擦产生的高温使得气缸温度达 200℃左右，如果不及时对气缸进行冷却的话，活塞会卡死。水电厂的空压机气缸冷却有水冷却和风冷却两种方式。

图 6-50 为空压机与储气罐布置图，布置在水轮机层。两台风冷式空压机互为备用。空压机的电动机 13 在带动活塞压缩气缸 10 内空气的同时带动网罩 11 内的风叶 12 转动，风叶送出的冷风直接吹扫并冷却气缸。两台空压机互为备用，每一台空压机送出的压缩空气经各自的出气管 9，经共同的储气罐进气管 5 进入储气罐 4，为防止空压机停机无压时，储气罐的压缩空气向空压机回流倒灌，在空压机与储气罐之间安装了逆止阀 7。当一台空压机需要检修时，可关闭该台空压机的小闸阀 6，不影响另一台空压机正常工作。储气罐出气管 3 把压缩空气送往各个用气用户处。储气罐底部会沉淀压缩空气中的水分和杂质，需要定期手动打开排污阀，将储气罐底部的水分和杂质经排污管 8 排到集水井中。

图 6-50 空压机与储气罐布置图

1—安全阀；2—电接点压力表；3—储气罐出气管；4—储气罐；5—储气罐进气管；6—小闸阀；7—逆止阀；8—排污管；9—空压机出气管；10—气缸；11—网罩；12—风叶；13—电动机

储气罐上部装有电接点压力表和压力变

送器。储气罐不断向用气用户输送压缩空气，因此储气罐内压缩空气的压力总是不断下降的。当储气罐内压缩空气的压力下降到下限压力时，电接点压力表2内送往公用PLC开关量输入回路的下限压力接点闭合，公用PLC开关量输出回路输出开关量作用工作空压机启动，将压缩空气打入储气罐内，随着工作空压机的打气，储气罐的压力上升。当储气罐的压力上升到上限压力时，电接点压力表内送往公用PLC开关量输入回路的上限压力接点闭合，公用PLC开关量输出回路输出开关量作用工作空压机停止。电接点压力表通过公用PLC控制空压机启停，始终使储气罐保持在压力变化的允许范围内。当工作空压机故障该启动不启动，储气罐的压力下降到过低压力时，电接点压力表内的过低压力接点闭合，公用PLC作用备用空压机启动，将压缩空气打入储气罐内。当工作空压机故障该停止不停止，储气罐内的压力上升到过高压力时，电接点压力表内的过高压力接点闭合，公用PLC作用音响系统喇叭响报警，同时安全阀1自动打开，将部分压缩空气排出储气罐外面，避免储气罐爆炸。压力传感器向公用LCU送出模拟量信号，告知储气罐的实际压力。

压力油箱、储能器和储气罐的安全阀结构原理基本相同，安全阀的整定压力不宜过高，否则万一工作泵该停不停时会危及压力容器的安全。安全阀每年应试验一次，检测安全阀的开启压力是否正确。

2. 气水分离器

水中有空气，空气中有水，这是一种自然现象。当空气被压缩以后，本来在空气中分布间距较大的水分子之间的间距变小了，相互接触出现水珠，如同一块已经绞干的湿毛巾，再使劲绞紧后还是会出现水珠一样，另外空气中肯定有尘埃杂质。气水分离器的作用是将压缩空气中的水分和杂质进行分离。

图6-51　气水分离器
1—出气管；2、3—闸阀；4—进气管；5—气水分离器；6—排污管

图6-51为气水分离器，由于水分和杂质的比重比气体大得多，利用离心原理进行气水分离。压缩空气从进气管4沿着气水分离器5下部圆桶的圆周切线方向进入气水分离器，比重大的水分和杂质受到的离心力大，被远远地甩在靠圆桶内壁上，而比重小的压缩空气集聚在气水分离器上部盖帽中，从出气管1流出。被分离出来的水分和杂质沿内壁下滑，集聚在圆桶底部，定期打开排污阀，气水分离器中的水分和杂质经排污管6、排污阀后排到集水井中。关闭闸阀2、3，可以检修或更换气水分离器。

四、蝶阀空气围带密封操作

图6-52为蝶阀空气围带密封操作原理图，图示为围带处于自动接通排气退出状态。电磁空气阀3是一个双线圈两位三通电磁开关阀，有吸合线圈和脱钩线圈两个线圈。在电磁空气阀的切换下，空气围带11不是接通主供气管送来的压缩空气就是接通排气。压力表1是供运行人员操作前观看压缩空气压力是否正常。如果在空气围带没有排气的情况下转动活门打开蝶阀的话，抱紧在活门外缘的空气围带将被撕裂损坏，因此在自动操作时用压力信号器5来自动监视空气围带内是否有压缩空气，如果空气围带内有压缩空气的话，压力信号器送出开关量信号，告知蝶阀PLC不允许开启蝶阀。所有元件全部安装在蝶阀边上的蝶阀操作柜内。

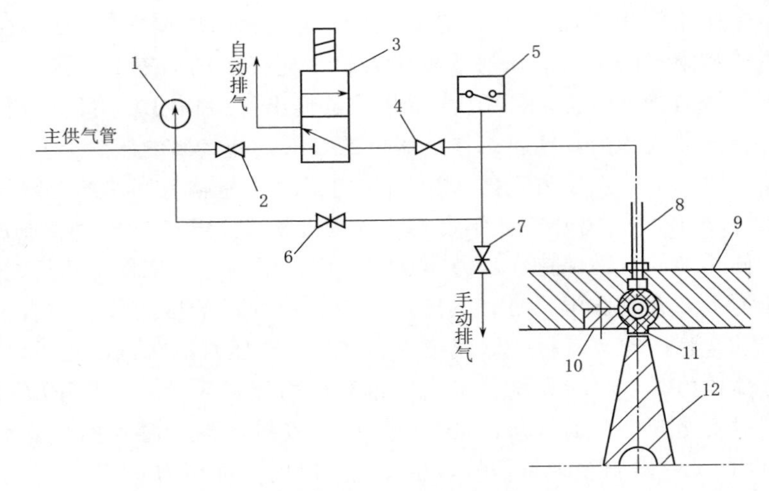

图 6-52　蝶阀空气围带密封操作原理图

1—压力表；2、4、6、7—小闸阀；3—电磁空气阀；5—压力信号器；8—围带充气嘴；9—蝶阀阀体；10—弧形压板；11—空气围带；12—蝶阀活门

1. 自动操作

设蝶阀由蝶阀 PLC 控制自动操作，自动操作时必须将小闸阀 2、4 打开，小闸阀 6、7 关闭。当蝶阀关闭活门转到全关位置后，反映蝶阀活门位置的行程开关发出开关量信号给蝶阀 PLC 开关量输入回路，开关量输出回路输出开关量信号给电磁空气阀，电磁空气阀吸合线圈得脉冲电，活塞上移并被钩住，吸合线圈失电但活塞还是在上部位置。来自主供气管的压缩空气经过小闸阀 2、电磁空气阀和小闸阀 4 对空气围带充气，空气围带紧紧抱住活门外缘，大大减小蝶阀关闭时的漏水量。蝶阀开启前，当旁通阀向蜗壳充水使得活门两侧水压压差为零后，差压信号器发出开关量信号给蝶阀 PLC 开关量输入回路，开关量输出回路输出开关量信号给电磁空气阀，电磁空气阀脱钩线圈得脉冲电，活塞脱钩下落，空气围带经小闸阀 4 和电磁空气阀排气，空气围带退出密封状态。

2. 手动操作

蝶阀关闭前，将小闸阀 2、4、6、7 全部关闭，当蝶阀活门转到全关位置后，根据蝶阀活门开关位置指示确认蝶阀已在全关位置，然后手动打开小闸阀 6，来自主供气管的压缩空气对空气围带充气，空气围带紧紧抱住活门外缘；蝶阀开启前，将小闸阀 2、4、6、7 全部关闭，当差压表指示旁通阀向蜗壳充水后活门两侧水压压差为零后，然后手动打开小闸阀 7，空气围带向外排气。

五、主轴检修密封空气围带操作

当水轮机转轮安装位置低于下游尾水位时，机组停机后主轴密封漏水较大，设主轴检修密封，在机组较长时间停机时投入检修密封，可以大大减小主轴密封的漏水量。图 6-53 为主轴检修空气围带密封操作架操作原理图。自动操作和手动操作原理与蝶阀空气围带密封操作原理相同。与转轮连接螺栓 13 连接的水轮机主轴法兰盘 14 上面有一个不锈钢薄板制成防护罩 9，机组停机后水轮机主轴和防护罩都不转动。安装在顶盖 15 上的空气围带 11 沿着主轴径向团团围住主轴法兰盘，当空气围带被充入压缩空气后，空气围带紧紧抱住主轴法兰盘外柱面，达到减小漏水量的目的。同样，每次开机前必须将空气围带内的压缩空气排走，用压力信号器5来检测空气围带内的压力，围带没排气时不允许开机。

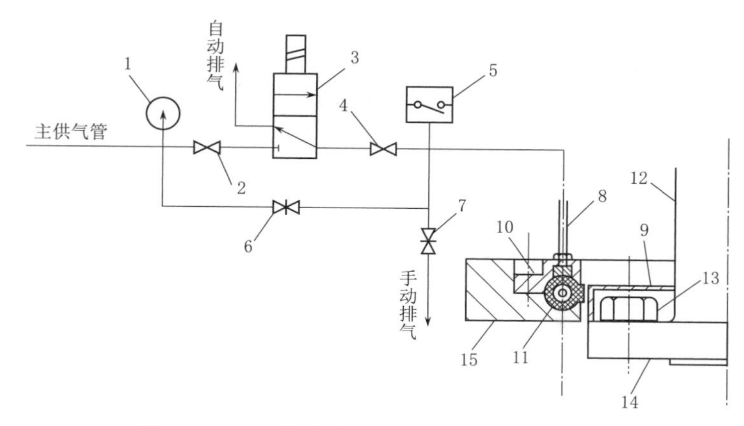

图6-53 主轴检修空气围带密封操作原理图

1—压力表；2、4、6、7—小闸阀；3—电磁空气阀；5—压力信号器；8—围带充气嘴；9—防护罩；10—环形压板；11—空气围带；12—水轮机主轴；13—连接螺栓；14—法兰盘；15—顶盖

六、风闸刹车制动操作

1. 风闸

风闸的作用是当机组转速下降到额定转速30%左右时，投入风闸对机组转动系统进行刹车制动，防止机组发生烧瓦事故。图6-54为立式机组风闸。活塞缸2内有可上下移动的活塞，当风闸投入气管4接压缩空气，风闸复归气管3接排气时，活塞带着胶木板1上移，胶木板顶住正在旋转的发电机转子轮辐摩擦刹车。当风闸复归气管接压缩空气，风闸投入气管接排气时，活塞带着胶木板下移，胶木板脱离与发电机转子轮辐的接触，风闸刹车退出。在活塞向下移动到达风闸退出位置时，带动位置导杆5也向下移动，碰触行程开关6，行程开关内的接点闭合或断开，向机组PLC送出风闸投入或复归的开关量信号。

图6-54 立式机组风闸

1—胶木板；2—活塞缸；3—复归气管；4—投入气管；5—位置导杆；6—行程开关

立式机组的四个风闸垂直安装在下机架上（参见图6-43），刹车制动时，在压缩空气作用下，四个风闸的胶木板同时上移，顶住正在旋转的发电机转子轮辐下圆环面摩擦刹车。卧式机组的两个风闸水平安装在飞轮底部的两侧，刹车制动时，在压缩空气作用下，两个风闸的胶木板同时相向移动，夹紧飞轮轮辐两侧圆环面摩擦刹车。每次制动刹车后必须将风闸退出复归，以便下次开机启动机组。否则再次启动机组会造成机组转动系统带着刹车转动，这是绝对不允许的。为了在风闸制动刹车后可靠复归，采用风闸投入和风闸退出双操作架。

2. 立式机组风闸制动刹车双操作架

图 6－55 为立式机组风闸制动刹车双操作架操作原理图。由于采用了风闸投入、复归双操作架，所以与围带密封操作架不同，这里的电磁空气阀 3 是一个单线圈两位三通开关阀。四只风闸 14 活塞上腔同时与风闸复归环管 15 连接，下腔同时与风闸投入环管 16 连接。风闸投入操作架的气管经三通旋阀 8 与风闸投入环管连接，风闸复归操作架的气管直接与风闸复归环管连接。

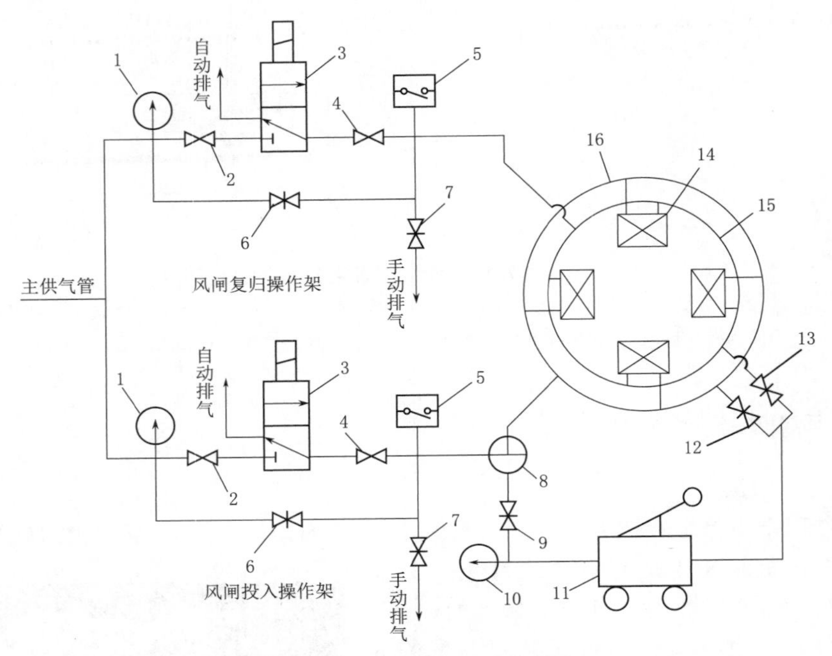

图 6－55　立式机组风闸制动刹车双操作架操作原理图

1、10—压力表；2、4、6、7—小闸阀；3—电磁空气阀；5—压力信号器；8—三通旋阀；9—充油阀；11—手摇油泵；12、13—排油阀；14—风闸；15—复归环管；16—投入环管

（1）自动操作。当机组停机转速下降到额定转速 30％左右时，电气转速信号器输入机组 PLC 开关量输入回路接点闭合，机组 PLC 开关量输出回路输出开关量，风闸投入电磁空气阀 3 线圈得电，活塞切换，来自主供气管的压缩空气经电磁空气阀、三通旋阀、风闸投入环管，使四只风闸活塞下腔同时接压缩空气，四只风闸活塞同时上移，顶住发电机转子轮辐进行刹车制动。延时 120s 后自动认为转速为零，电磁空气阀线圈失电，风闸投入电磁空气阀复归，四只风闸活塞下腔接排气。与此同时，机组 PLC 开关量输出回路输出开关量，风闸复归电磁空气阀 3 线圈得电，活塞切换，来自主供气管的压缩空气经电磁空气阀、风闸退出环管使四只风闸活塞上腔同时接压缩空气，四只风闸活塞同时下移，保证风闸可靠复归。经延时后电磁空气阀失电，风闸复归电磁空气阀复归。四只风闸活塞上腔同时接排气。自动操作结束，四只风闸的上腔和下腔全部接排气。

由于刹车胶木板在制动过程中不断变薄，风闸位移的距离也发生变化，因此应在刹车胶木板磨损到一定数值，及时将风闸上的行程开关的位置向上调整。在更换新的刹车胶木板时，再将行程开关调整到原来位置。风闸应每周至少检查一次，观察外观有否异常，螺栓有否松动。

(2) 手动操作。手动操作前打开测温制动屏下部柜门，将双操作架上所有小闸阀全部关闭。观察测温制动屏上的频率表，当发现机组转速下降到额定转速30%（15Hz）左右时，打开风闸投入操作架上的小闸阀6，来自主供气管的压缩空气经三通旋阀、风闸投入环管使四只风闸活塞下腔同时接压缩空气，四只风闸活塞同时上移，顶住发电机转子轮辐进行刹车制动。直到机组停转为止；然后，关闭小闸阀6，打开小闸阀7，四只风闸下腔同时接排气。与此同时，打开风闸复归操作架上的小闸阀6，来自主供气管的压缩空气经风闸退出环管使四只风闸活塞上腔同时接压缩空气，四只风闸活塞同时下移，保证风闸可靠复归。经延时后关闭小闸阀6，打开小闸阀7，四只风闸上腔同时接排气；最后，关闭小闸阀7，手动操作结束。打开两只电磁空气阀两侧小闸阀，为自动操作做好准备。图6-56为发电机机旁的测温制动屏内的风闸制动刹车双操作架。

图6-56　测温制动屏内的风闸制动刹车双操作架

3. 风闸顶转子

立式机组停机时间较长时，在机组启动前必须顶转子，否则长时间静止负重的机组，推力轴承的推力瓦瓦面润滑油已被挤干，直接启动机组的话，推力瓦由于短时间的干摩擦容易烧瓦。顶转子操作时将图6-55中三通旋阀8顺时针方向转90°，使风闸投入环管与气系统脱离并与手摇油泵11接通。打开充油阀9，手动操作手摇油泵，将压力油经风闸投入环管注入四个风闸活塞的下腔，在压力油的作用下，四个风闸一起上移顶住发电机转子轮辐，然后顶起整个机组转动系统，使推力瓦面充分接触润滑油，保持2min后释放手摇油泵压力油的压力，关闭充油阀，风闸下移复归。打开排油阀12、13，放尽风闸投入环管内剩油，将三通旋阀逆时针方向转回90°，打开阀6，用压缩空气吹尽风闸投入环管内剩油，最后关闭排油阀12、13。目前已基本采用电动油泵，无须人工手摇油泵。

七、水电厂气系统原理

图6-57为立式机组水电厂气系统原理图，该水电厂有1号机、2号机两台水轮发电机组。主阀采用油压操作，主阀和调速器采用需要补气的压力油箱，所以该水电厂有2.5MPa的高压气系统和0.7MPa的低压气系统。

1. 高压气系统

高压气系统设置了两台高压空压机，互为备用。高压空压机出气口设温度信号器1，在空压机出气温度过高时，意味着气缸温度过高，发开关量信号给公用PLC开关量输入回路，开关量输出开关量信号作用空压机停机。从空压机出来的压缩空气经过气水分离器2分离后经小闸阀、逆止阀到达高压储气罐1QG。气水分离器和高压储气罐底部都有一只手动排污阀，定期人工手动排放气排污。高压储气罐上的压力信号器2YX通过公用PLC控制两台高压空压机启动和停止。安全阀3在高压储气罐压力过高时自动打开放气，防止高压储气罐爆炸。运行中如果发现调速器压力油箱或主阀压力油箱油位总高于1/3时，打开补气阀手动补气。如果发现调速器压力油箱或主阀压力油箱油位总低于1/3时，将三通旋阀5顺时针方向转90°，打开放气阀手动放气。放气结束将三通旋阀逆钟向转回到原来位置，当然放气操作很少。因为补气、放气操作很少，所以全部手动操作。

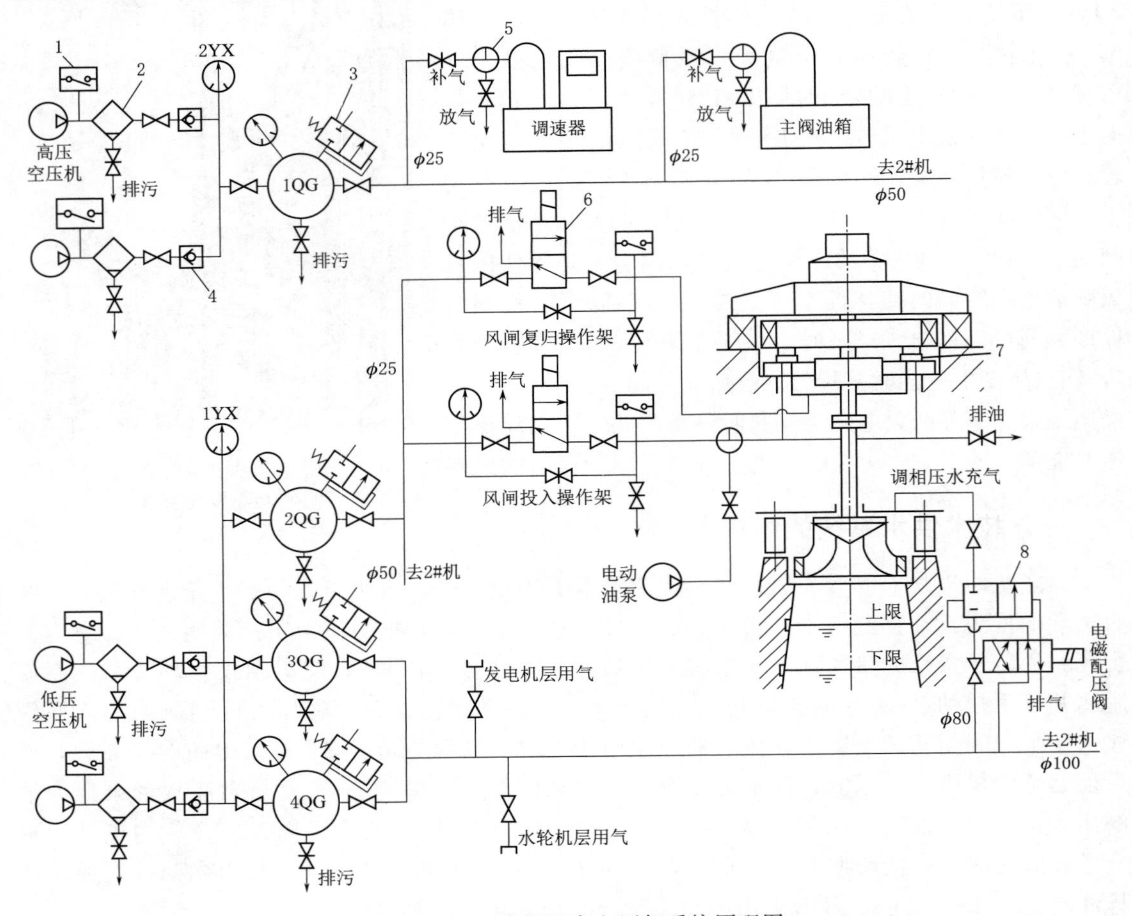

图6-57　立式机组水电厂气系统原理图

1—温度信号器；2—气水分离器；3—安全阀；4—逆止阀；5—三通旋阀；6—电磁空气阀；7—风闸；8—气动阀

2. 低压气系统

低压气系统的两台低压空压机和三只低压储气罐运行方式与高压气系统一样，不再重述。低压储气罐2QG专门用来向风闸刹车制动供气，风闸7的投入和复归双操作架保证风闸可靠复归，投入电磁空气阀和复归电磁空气阀6接受机组PLC控制，自动操作风闸的投入和复归。将三通旋阀顺时针方向转90°可以电动油泵顶转子。

低压储气罐3QG、4QG并联一起用来向调相压水供气。因为调相压水充气量较大，充气管直径达80mm，要求气路通断切换的操作力较大，所以采用切换力较小的电磁配压阀（开关阀）切换较大的气动阀8（结构与液动阀的相同）。尾水管壁面上的水位信号器有上限水位和下限水位两个探头。调相运行开始时，导叶虽然已经关闭，但是转轮还是泡在水中转动，此时上下限水位探头都泡在水中，水位信号器送出开关量信号给机组PLC开关量输入回路，PLC开关量输出回路输出开关量信号，两位四通电磁配压阀（开关阀）吸合线圈得电，电磁配压阀切换气路使得气动阀活塞右边接压缩空气，左边接排气，调相压水充气的气路接通，压缩空气从顶盖进入转轮空间将水向下游压低，转轮露出水面，在空气中转动，大大减小调相运行的有功功率消耗。当压缩空气将尾水管内的水位压到下限水位探头露出水面时，水位信号器再次送出开关量信号给机组 PLC 开关量输入回路，PLC 开关量输出回路输出开关量信号，电磁配压阀脱钩线圈得电，电磁配压阀复归，使得气动阀左边接压缩空气，右边接排气，调相压水充气的气路断开停止充气。由于导叶漏水是不可避免的，使得尾水管水位缓慢上升，当尾水管水位回升到上限水位探头再次淹没时，水位信号器又送出开关量信号，电磁配压阀和气动阀又动作压水充气，周而复始。

第四节　水 电 厂 水 系 统

水电厂水系统分供水系统和排水系统两大类，供水系统又分技术供水、消防供水和生活供水，其中以技术供水为主，消防供水和生活供水常从技术供水干路上获取。排水系统又分为渗漏排水和检修排水。技术供水是水电厂最主要也是最重要的部分，将用水设备、供水设备、滤水设备和控制阀门用管路连接成一个系统称水系统。

一、技术供水系统的组成

技术供水的水压在 0.15～0.3MPa，一般在 0.2MPa（约 20m 水柱高）左右足够了，如果水压太高，油冷却器（简称油冷器）和空气冷却器（简称空冷器）的铜管焊接处可能会出现渗漏水。技术供水的水源有上游取水和下游取水两种，当水电厂水轮机工作水头在 20～50m 时，技术供水可以直接从压力钢管末端或水库坝前取水，水压太高的话，可以用减压阀减压。当水电厂水轮机工作水头大于 50m 时，如果还是用减压阀减压后使用，一方面减压困难，减压阀容易损坏；另一方面减压造成水能浪费，采用水泵把发电后下游的水抽上来使用，经济上是可行的。

下游取水的技术供水系统主要由供水泵、滤水器、差压信号器、用水用户、水压表、示流信号器和连接管路组成。对技术供水的运行可靠性要求较高，机组开机前就应该先投入技术供水，在机组停机没停转前，技术供水不得中断，运行过程中需要对供水的水压、水流监测进行实时监测，所以技术供水的自动化程度也较高。所有技术供水的用户使用后的热水全部自流排入下游尾水。

二、技术供水的用水用户

1. 轴承油冷器用水

机组轴承摩擦发热使得瓦温油温上升，长期油温过高一方面容易发生烧瓦事故，另一方面会加速润滑油的老化、碳化，润滑效果下降。因此用通有冷却水的油冷器冷却润滑油，再用润滑油冷却轴承摩擦面。有的轴承的径向分半瓦背后设置水流能“M”形迂回流动的水箱（参见图 2-11 中的 6），有的推力瓦的体内有“M”形迂回通水的流道，用冷却水直接冷却轴瓦，冷却效果更好。

2. 发电机空冷器用水

发电机运行中，输出的电流同样流过定子线圈的导线，导线电阻会产生热量（铜损），定子铁芯在交变磁场内也会发热（铁损），这些热量不及时带走的话，会造成发电机线圈温度过高，导线绝缘老化，绝缘效果下降，严重时会造成绝缘击穿。用通有冷却水的空冷器冷却空气，用空气冷却发电机线圈和铁芯。

3. 水冷式空压机冷却用水

采用水冷却的空气压缩机，如同汽车气缸一样，在气缸四周分布了可以通水流的小孔，用冷却水直接冷却气缸，冷却效果比风冷式空气压缩机好得多。

4. 橡胶水导轴承润滑冷却用水

采用橡胶瓦的水导轴承需要用无沙粒、无油污的清洁水作为轴承的润滑冷却水，否则沙粒会陷在橡胶瓦面，持续对主轴磨损。油污会加速橡胶老化，缩短橡胶瓦寿命。橡胶的散热性能很差，短时间断水马上就会发热、膨胀、烧瓦，因此需要两个相互独立的供水源，互为备用。

三、技术供水系统设备

（一）技术供水滤水设备

无论上游取水还是下游取水，都必须经过过滤后才能使用。图 6-58 为全厂技术供水取水标准配置，正常运行时水流从检修阀 4、滤水器 5、电磁液动阀 6 和检修阀 7 到达全厂总供水管 8，水经过滤水器过滤后达到技术供水的水质要求。电磁液动阀又是全厂总供水阀，采用电磁开关阀切换水路，再用水压切换总供水阀。数显式压差信号器测量的是滤水器进出口的水压差，当水压差大于 0.35MPa 时说明滤水器杂物太多了需要排污。可以人工手动排污也可以自动排污。当滤水器或电磁液动阀故障需要检修时可以临时关闭两只检修阀，打开旁路阀 1，水流不经过滤水器，从旁路阀、旁路管 3 直接到达总供水管。冷却水短时间不过滤问题不是很大。

（二）技术供水的用水设备

1. 卧式机组用水设备

（1）轴承油冷器。卧式滑动轴承冷油桶内的油冷器（参见图 2-42 中的 12）由数十根铜管排并列成圆桶状，分别与两边的端盖焊接，图 6-59 为卧式滑动轴承冷油桶内的油冷器，由于油冷器管排根数比较少，进出水端盖 3 内用隔板分隔成两腔，进水腔有进水口 4，出水腔有出水口 5，回水端盖 1 没有隔板。假设铜管排 2 为三十根，来自技术供水管的冷水从进水口进入进出水端盖的进水腔，分十五路流过十五根管排到达对面回水端盖后马上又分十五路流过另外十五根管排流回到进出水端盖的出水腔。从出水口流出的热水靠余压自流排入下游尾水池。铜的导热性能好，铜管排泡在充满流动润滑油的冷却桶内，用水冷却铜管排，用铜管排冷却润滑油。首次安装油冷器时，都要对油冷器进行水压试验，检查焊缝处有否渗漏水。

图 6-60 为卧式机组轴承外的油冷器进出水管，冷却水从进水管 7 进入轴承油冷器 2，经热交换后的热水从出水管 6 流出。每一个油冷器在出水管上必须装一个示流信号器 5，在出水中断或减小时，送出开关量信号给机组 PLC 开关量输入回路，作用水流中断故障报警，运行人员必须立即前往处理。每一个油冷器在进水管上必须装一个压力表 3，可供运行人员巡检时观察冷却水压是否正常，闸阀 4 供运行人员看着压力表调整油冷器进水水压，一般调整在 0.15～0.2MPa 之间。

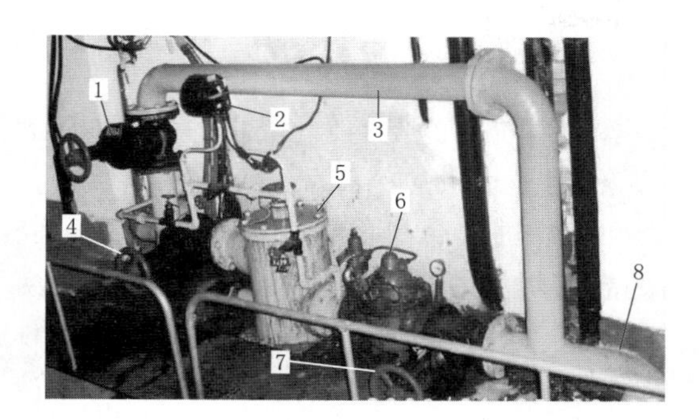

图 6-58　全厂技术供水取水标准配置

1—旁路阀；2—压差信号器；3—旁路管；4、7—检修阀；5—滤水器；6—电磁液动阀；8—全厂总供水管

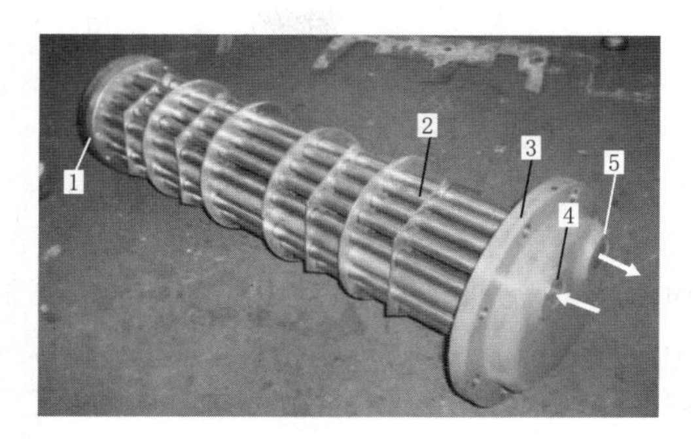

图 6-59　卧式滑动轴承冷油桶内的油冷器

1—回水端盖；2—管排；3—进出水端盖；4—进水口；5—出水口

（2）卧式发电机空冷器。容量稍大一点的发电机，都把发电机内部与外部封闭隔离，在封闭的发电机内部用空冷器对空气进行冷却，再用流动的空气冷却发电机线圈和铁芯。图 6-61 是卧式发电机空气循环流动路径。整个发电机被密闭在定子外壳和发电机机坑 10 构成的空间内，发电机转子旋转时，左风叶 6 强迫空气向右，右风叶 7 强迫空气向左，两股空气在发电机内部不得不四面八方辐射向外径向流过定子铁芯的风沟 8，对定子线圈 3 和定子铁芯 1 进行冷却。从定子铁芯外围四面八方辐射流出来的热风进入定子外壳内壁上的环状风道 2 内，环状风道在发电机底部有一个向下对着发电机机坑的大方孔，在发电机轴线方向的机坑左右各垂直安装一个空冷器 9。从大方孔中流出的热风分成左右两路，沿水平方向流过垂直放置的左右空冷器，流进空冷器的是热风，流出空冷器的是冷风，冷风被左右风叶推

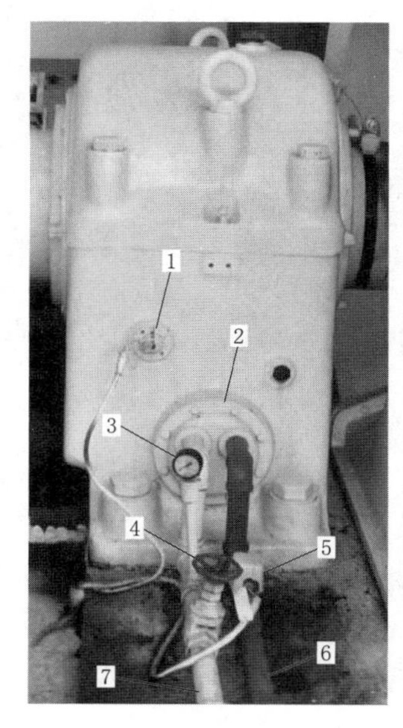

图 6-60　油冷器进出水管

1—温度传感器；2—油冷器；3—压力表；4—闸阀；5—示流信号器；6—出水管；7—进水管

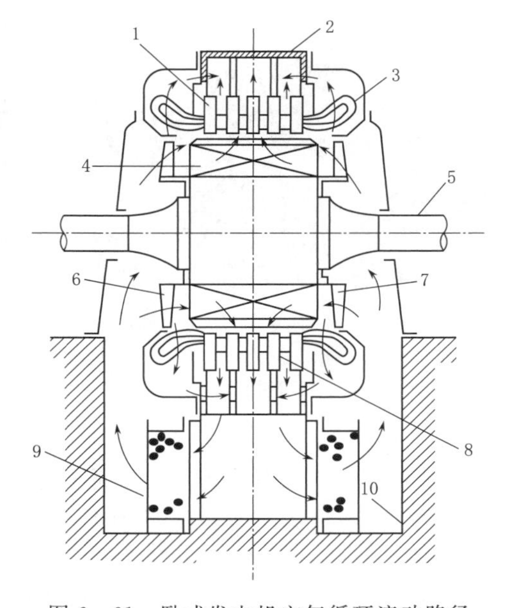

图 6-61　卧式发电机空气循环流动路径

1—定子铁芯；2—环状风道；3—定子线圈；4—转子线圈；5—发电机主轴；6—左风叶；7—右风叶；8—风沟；9—空冷器；10—发电机机坑

动，重新进入发电机内部再次冷却发电机线圈和铁芯，周而复始，重复循环，空气流动的动力是跟着发电机转子一起旋转的左右风叶。

有的卧式机组在发电机机坑里只有一个水平放置的比较大的空冷器（图 6-62），从大方孔垂直向下流出的热风自上而下流过铜管排 4，从铜管排出来的冷风分成左右两路，被左右风叶推动，重新进入发电机内部，对发电机线圈和铁芯进行冷却，周而复始，重复循环。回水端盖 5 分隔成两个大腔，每个大腔各与 50%的管排焊接，进出水端盖 2 分隔成左右两个小腔和中间一个大腔，中间的大腔与 50%的管排焊接，进水口 1 连通的小腔与 25%的管排焊接，出水口 3 连通的小腔与剩下的 25%管排焊接。来自技术供水的冷水从进水口进入空冷器，来回四次成"M"形路径流过管排，每次流过 25%的管排，对铜管排外的热风进行冷却后，热水从出水口离开空冷器。从出水口流出的热水靠余压自流排入下游尾水池。

2. 立式机组用水设备

(1) 立式机组轴承油冷器。立式机组的轴承油盆内没有像卧式机组那样将油冷器封闭起来的冷油桶，立式机组轴承油冷器是直接泡在轴承油盆内的润滑油里（参见图 2-22 中的 7），图 6-63 为 20000kW 立式机组上导轴承油冷器。整个油冷器由左油冷器和右油冷器由两个完全一样的油冷器并联组成。每一个油冷器的结构原理跟卧式机组轴承油冷器基本一样。用隔板将左进出水端盖内上下分隔成左进水室 7 和左出水室 8，用隔板将右进出水端盖内上下分隔成右进水室 9 和右出水室 10。左回水端盖 1 内没有分隔，右回水端盖 2 也没有分隔。来自技术供水的冷水从进水口 11 进入后分成左右两路流过左、右上管排 3、5，然后分别从左、右下管排 4、6 流回，经出水口 12 流出热水。

图 6-62　水平放置的卧式发电机空冷器

1—进水口；2—进出水端盖；3—出水口；4—管排；5—回水端盖

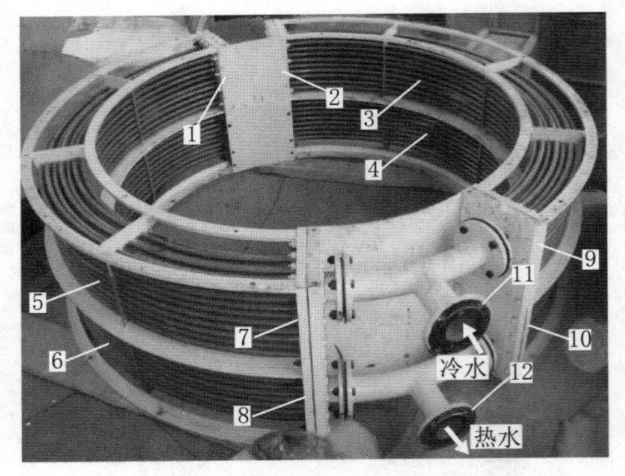

图 6-63　立式机组上导轴承油冷器

1—左回水端盖；2—右回水端盖；3—右上管排；4—右下管排；5—左上管排；6—左下管排；7—左进水室；8—左出水室；9—右进水室；10—右出水室；11—进水口；12—出水口

下导轴承只有径向瓦没有推力瓦，因此下导轴承油盆比上导轴承油盆小，油冷器结构基本相同，只是管排根数要少一些（参见图 2-23 中的 7）。固定油盆的水导轴承径向瓦与下导轴承径向瓦结构一样，但是油盆比下导轴承油盆还要小，管排根数更少。采用转动油盆的水导轴承上油箱不转动（参见 2-24 中的 5），因此上油箱内可以布置油冷器。图 6-64 为转动油盆水导轴承油冷器，位于下面的转动油盆跟着水轮机主轴 1 转动，利用斜油沟或毕托管泵油作用将转动油盆内的润滑油提升到不转动的上油箱 2，热油与油冷器 3 热交换成冷油后再次跌落到转动油盆里。图 6-65 为转动油盆水导轴承油冷器进出水管，冷却水从进水管 5

进入上油箱 6 内的油冷器，经热交换后的热水从出水管 4 流出。出水管上的示流信号器 1 在出水中断或减小时，送出开关量信号给机组 PLC 开关量输入回路，作用水流中断故障报警，运行人员必须立即前往处理。在进水管上的压力表 3 可供运行人员巡检时观察冷却水压是否正常，小闸阀 2 供运行人员看着压力表调整油冷器进水水压，一般调整在 0.15～0.2MPa 之间。

图 6-64　转动油盆水导轴承油冷器

1—水轮机主轴；2—上油箱；3—油冷器

图 6-65　转动油盆水导轴承油冷器进出水管

1—示流信号器；2—小闸阀；3—压力表；4—出水管；5—进水管；6—上油箱

(2) 立式发电机空冷器。图 6-66 为立式发电机空气循环流动路径。图形显示的是发电机剖视图的左边部分。整个发电机被密闭在发电机机坑 8 构成的空间内，发电机转子旋转时，上风叶 3 强迫空气向下，下风叶 9 强迫空气向上，两股空气在发电机内部不得不向外辐射，径向流过定子铁芯的风沟，对定子线圈 4 和定子铁芯 7 进行冷却。钢板制成的定子外壳上均布 4～6 个矩形窗口，每个窗口被空冷器罩住。从定子铁芯外围四面八方辐射流出来的热风被迫流过空冷器，从空冷器出来的冷风在上下风叶推动下分成上下两路，重新进入发电机内部，对发电机线圈和铁芯进行冷却，周而复始，重复循环，空气流动的动力是跟着发电机转子一起旋转的上下风叶。

将图 6-62 水平布置的卧式发电机空冷器改成垂直布置，就成为图 6-67 的立式发电机空冷器，图 6-67 中两个图表示的是同一个设备两个不同方向投影的视图，左图为主视图，是设备从前向后看到的投影，右图为左视图，是设备从左向右看到的投影。从发电机定子铁芯辐射径向流出来的热风，不得不进入定子外壳窗口上空冷器的铜管排 2，热风与铜管排进行热交换，进入铜管排的是热风，离开铜管排的是冷风。流进空冷器进水口 3 的是冷水，来回四次成“M”形迂回流过管排，流出空冷器出水口 5 的是热水。从铜管排出来的冷风在发电机转子上下风叶推动下分成上下两路，重新进入发电机内部，冷却发电机线圈和铁芯。

四、消防供水

水电厂往往位于深山老林和交通不便的地方，万一发生火灾，指望城里的消防车来灭火，那真的是“远水救不了近火”。因此对于水电厂的消防灭火必须立足于自救。消防供水必须水源可靠、水量充足、水压足够，设置消防供水的原则是宁可养兵千日不用，不可用兵一时没有。消防供水的水压不得低于 0.2MPa（20m 水柱高），大部分水电厂的消防供水从上游取水的技术供水干管上获取，这种消防供水以水库作为水源，应该说是全天候的、非常安全可靠的。但是如果技术供水是从上游取水的压力钢管末端取水的话，在压力钢管检修时消防水源消失，这是绝对不允许的，因为检修时更容易发生火灾险情，这时可以采用一台消防水泵从下游取水作为消防供水的后备水源。消防供水的用水用户有消火栓和发电机灭火两个。

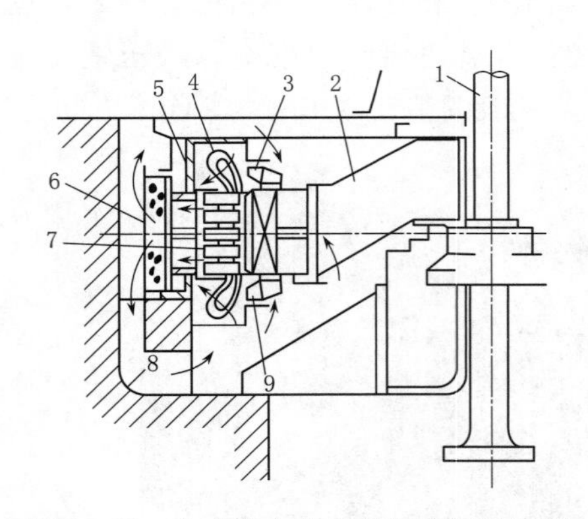

图6-66 立式发电机空气循环流动路径

1—发电机主轴；2—发电机转子；3—上风叶；4—定子线圈；5—定子外壳；6—空冷器；7—定子铁芯；8—发电机机坑；9—下风叶

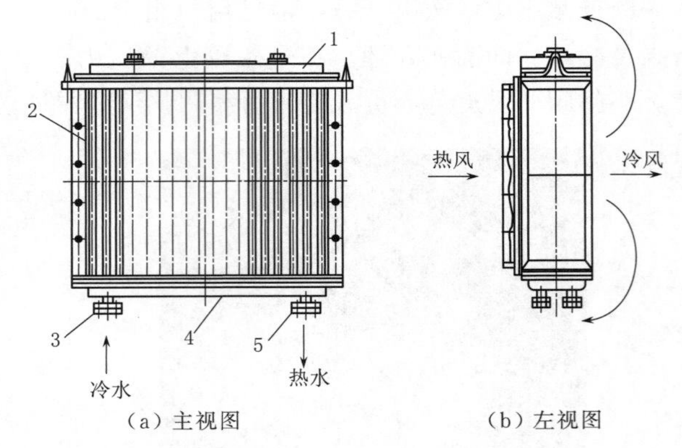

图6-67 立式发电机空冷器

1—回水端盖；2—管排；3—进水口；4—进出水端盖；5—出水口

1. 消火栓

消火栓接上水带和水枪后，灭火人员可以灵活移动，迅速快捷靠近火源，针对性地喷射着火点，所以在所有工矿企业、公共场所都必须配备消火栓。同理，在水电厂所有地方必须均布消火栓，消火栓布置的原则是要求水枪射流能喷射到全厂任何一个角落。也就是说，如果某个地方水枪射流喷射不到，说明这个地方应该增设一个消火栓。

2. 发电机灭火

多年实践证明，发电机进水后，只要进行充分干燥处理，仍能正常使用，所以发电机发生火灾的话，采用水灭火。图6-68为立式发电机灭火环管布置图，图示的是发电机剖视图右边的一部分。在发电机定子铁芯6的外围上方布置一根上环管1，上环管向下开了许多能向下喷水的小孔。下方布置一根下环管10，下环管向上开了许多能向上喷水的小孔。当发电机着火时，立即跳开断路器和灭磁开关，在确定机端没有电压的情况下，手动接上水管活接头，然后打开水源闸阀，消防水经灭火供水管8向上下环管供水，上下环管同时向转子、定子喷水灭火。

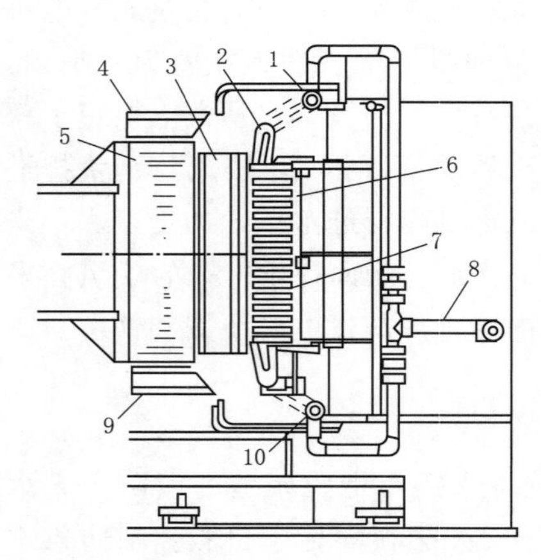

图6-68 立式发电机灭火环管布置图

1—上环管；2—定子线圈；3—转子线圈；4—上风叶；5—转子铁芯；6—定子铁芯；7—风沟；8—灭火供水管；9—下风叶；10—下环管

发电机灭火时要注意以下事项：

(1) 投入灭火喷水前必须确定断路器已经跳闸，灭磁开关已经跳闸，并拉开隔离开关或将真空断路器转移到隔离位，否则可能发生带电喷水触电身亡的恶性事故。

(2) 灭火喷水没停止之前，转子不能停转，否则会造成喷水多的部位转子温度低，喷水少的部位转子温度高。转子冷热不匀会造成转子变形，干燥后再次运行旋转时振动加大，严重的话造成转子报废。为此发电机发生火灾时，断路器跳闸，调速器紧急关闭导叶。这时运行人员应手动将导叶稍微开启，维持转子低速转动。

（3）灭火结束烟气没有完全散去前，运行人员不得进入发电机机坑。因为发电机绝缘材料燃烧时会释放有毒气体。

（4）发电机灭火水源必须在发生火灾时手动接活接头，平时必须断开，以防误操作带电喷水。

五、水电厂供水系统原理

1. 取水口

水系统的取水口有上游取水和下游取水两种方式，上游取水又有坝前取水和压力钢管末端取水两种。厂房离大坝比较远的话，压力钢管末端取水更为方便。图 6-69 为压力钢管末端取水的立式机组水电厂供水系统原理图，该水电厂有 1 号机、2 号机两台水轮发电机组。供水系统包括技术供水和消防供水两大部分。供水系统的水源分别取自两台水轮机主阀前的压力钢管末端两个取水口，互为备用可保证供水的可靠性。取水口滤网布置在压力钢管断面向上 45°处，如果取水口的滤网布置在压力钢管断面顶部，则停机期间水中的悬浮物会积聚在顶部，容易堵塞取水口。如果取水口的滤网布置在压力钢管底部，水中泥沙沉淀，也容易堵塞取水口。

从压力钢管取出的水经逆止阀 2 和滤水器 3 过滤后送到全厂技术供水总管，两个并联滤水器一个是工作滤水器，另一个作为备用滤水器，或者一个排污时另一个工作。停机时将气系统在水轮机层的活接头与水系统的冲污活接头 1 连接，可以用压缩空气倒冲取水口滤网的堵塞污物。如果水库水位偏高，超过冷却器铜管焊接处的耐压上限，应在压力钢管取水口出口处增设减压阀。如果水库水位过高，会造成减压阀经常损坏失效，而且高压水大幅度减压用来供水，水能浪费，干脆改为下游水泵取水。用高压水发电，用电带动水泵下游取水，这在经济上还是划算的。

2. 技术供水

每台机组的技术供水投入或退出由各自的电磁配压阀（开关阀）和液动阀 8 控制，每次开机前，机组 PLC 送来开关量信号，两位四通电磁配压阀吸合线圈得电，液动阀右边接压力水，左边接排水，液动阀接通，机组技术供水投入。每次停机机组停转后，机组 PLC 送来开关量信号，电磁配压阀脱钩线圈得电，电磁配压阀复归，液动阀左边接压力水，右边接排水，液动阀断开，机组技术供水退出。当电磁配压阀或液动阀故障需要检修时，可以关闭液动阀两侧的闸阀，手动打开旁通闸阀 9，机组技术供水临时从旁通闸阀走。

机组技术供水分别送上导轴承 12 内的油冷却器、下导轴承 14 内的油冷却器、水导轴承 15 内的油冷却器和发电机空气冷却器 13，经过热交换后的热水靠余压自流排入下游。根据进水压力表 11 调节进水闸阀 10，将冷却水压力调整在 0.15～0.2MPa（15～20m 水柱高）。如果冷却水中断，示流信号器 16 送出开关量给机组 PLC 开关量输入回路，作用报警，运行人员应立即前往处理。技术供水干管还得向检修间提供检修清洗水，向水冷式空压机提供冷却水，向打扫卫生提供冲污清洗水。

3. 消防供水

正常运行期间的消防供水总管的水取自技术供水总管，全厂合理均布若干个消防栓。当

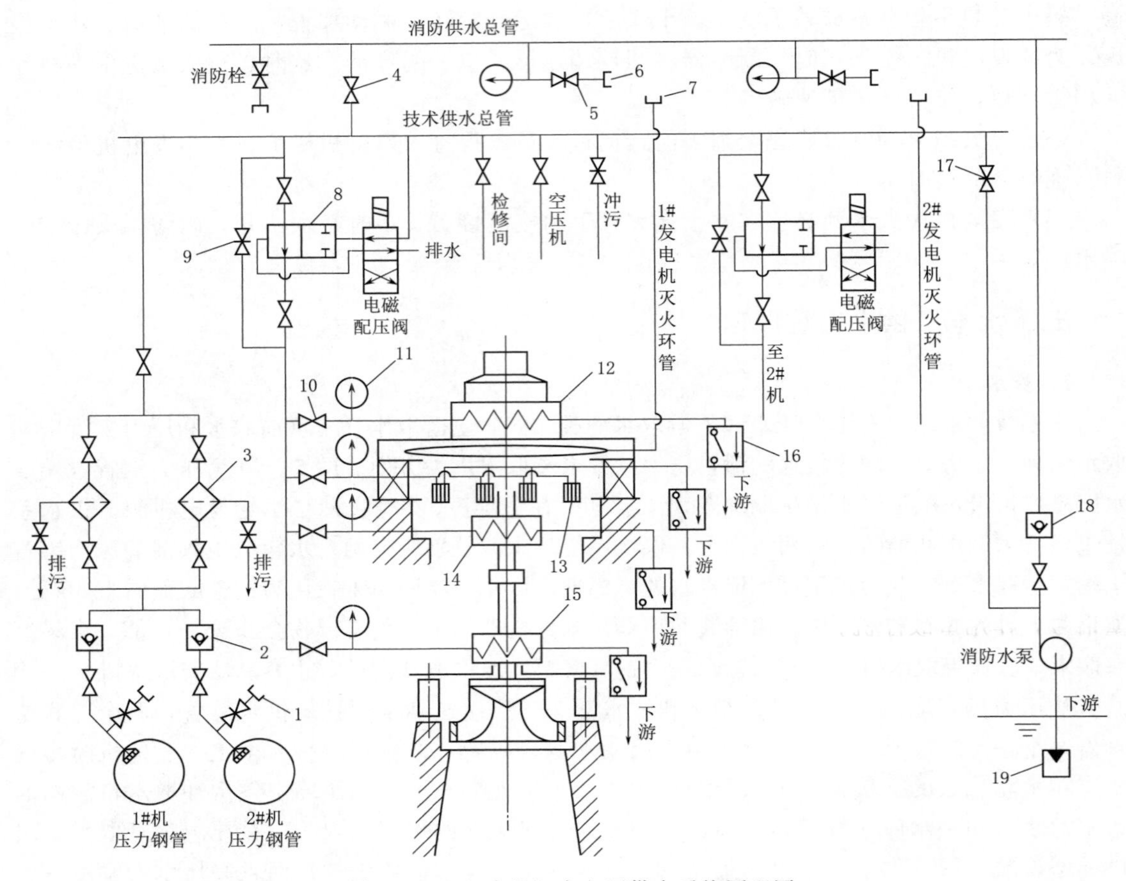

图 6-69　立式机组水电厂供水系统原理图

1—冲污活接头；2、18—逆止阀；3—滤水器；4—消防供水总阀；5—灭火闸阀；6—发电机灭火活接头；7—灭火环管活接头；8—液动阀；9—旁通闸阀；10—进水闸阀；11—压力表；12—上导轴承；13—空气冷却器；14—下导轴承；15—水导轴承；16—示流信号器；17—充水阀；19—底阀

发电机发生火灾时，在确定发电机没有电压的情况下，将该发电机灭火环管活接头 7 与发电机边上的灭火箱内的发电机灭火活接头 6 连接，然后打开发电机灭火闸阀 5，上下灭火环管同时对发电机喷水灭火。每次发电机灭火后，必须将两个活接头断开，把发电机灭火闸阀关闭，防止误操作带电喷水。

两台机组的水电厂一般都是从水库引出一条直径较大的压力管路，到厂房附近再用分叉管分为两根直径较小的压力钢管向两台机组供发电用水（参见图 6-1）。当直径较大的压力管路检修维护时，两台机组的压力钢管水源同时消失，技术供水总管和消防供水总管水源也同时消失，检修期间工作面多，是比较容易发生火灾的。此时如果发生火灾应立即关闭消防供水总阀 4，打开充水阀 17，用技术供水管网内残剩的水向消防水泵叶轮室充水（残剩水量足够充水），然后紧急启动消防水泵，抽取下游的水进行灭火。离心式消防水泵起码每个月启动一次，防止长时间不启动，电动机受潮，紧急需要启动时拒动。离心式水泵的缺点是抽水前水泵叶轮室内必须充满水，但是水泵长时间不动，水泵叶轮室内的水会经底阀 19 渗漏流尽，因此启动前必须向叶轮室充水。

水电厂较多采用将电磁配压阀与液动阀组装在一起就成为水压操作的电磁液动阀如图6－70所示。其结构紧凑，操作方便；水流从右向左流动。当电磁配压阀1动作将阀盘上腔通向左侧用水用户的泄水孔关闭时，来自右侧全厂技术供水干管的压力水作用阀盘上腔向下的水压力上升，克服阀盘向上的弹簧力，阀盘向下关闭液动阀，机组技术供水水流中断。当电磁配压阀动作将阀盘上腔通向左侧用水用户的泄水孔打开时，阀盘上腔水压力消失，在弹簧作用下，阀盘向上打开水压液动阀，机组技术供水投入。向上拉手柄2或向下压手柄，同样可以起到电磁配压阀的作用，因此操作手柄可以手动打开或关闭电磁液动阀。

图6－71为水电厂机组技术供水总阀的标准配置。机组总进水管1的水流来自全厂技术供水总管。每次开机前，机组PLC开关量输出回路送出开关量信号，电磁液动阀吸合线圈得电，作用电磁液动阀4打开，机组技术供水自动投入，水流从进水管、常开阀3、电磁液动阀4、常开阀5到达机组总供水管7，向机组油冷器和空冷器供水。每次机组停机刹车停转以后，机组LCU中的PLC开关量输出回路送出开关量信号，电磁液动阀脱钩线圈得电，电磁液动阀复归关闭，机组技术供水自动退出。当电磁液动阀故障时，关闭电磁液动阀两侧的常开阀，打开旁路阀2，机组技术供水手动投入。关闭旁路阀，机组技术供水手动退出。当机组技术供水水压下降或消失时，电接点压力表6向机组PLC开关量输入回路送入开关量信号，作用事故停机。

图6－70　水压操作电磁液动阀

1—电磁配压阀；2—手柄；3—水压液动阀

图6－71　机组技术供水总阀的标准配置

1—机组总进水管；2—旁路阀；3、5—常开阀；4—电磁液动阀；6—电接点压力表；7—机组总供水管

六、排水系统

1. 渗漏排水系统

渗漏排水对象是靠自流无法流到下游的低能水，例如主轴密封渗漏水，导叶轴渗漏水，主阀转轴渗漏水，厂房水下部分墙壁壁面渗漏水，厂房内生活生产污水。所有的渗漏水全部自流汇集到比水轮机层还要低的厂房位置最低处的渗漏集水井里，用渗漏排水泵将集水井中的水排入下游。图6－72为离心泵渗漏排水系统。两台离心式水泵4轮流工作，互为备用。当集水井3水位上升到启动水位时，水位信号器6送出开关量信号给公用PLC开关量输入回路，PLC开关量输出回路输出开关量信号作用工作水泵启动排水，集水井中的水经排水管1排入下游。当集水井水位下降到停泵水位时，水位信号器送出开关量信号给公用PLC开关量输入回路，PLC开关量输出回路输出开关量作用工作水泵停机。当集水井水位上升

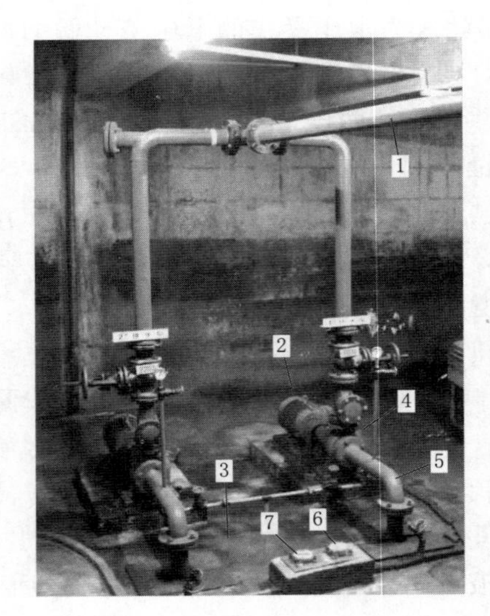

图 6-72　离心泵渗漏排水系统
1—排水管；2—电动机；3—集水井；
4—离心式水泵；5—吸水管；
6—水位信号器；7—水位变送器

到启动水位，工作水泵由于故障不启动时，集水井水位继续上升到偏高水位，水位信号器送出开关量信号给公用 PLC 开关量输入回路，PLC 开关量输出回路输出开关量信号作用备用水泵启动排水同时故障报警。当由于事故造成渗漏来水量激增，一台水泵排水但集水井水位还是上升到过高水位时，水位信号器送出开关量信号给公用 PLC 开关量输入回路，PLC 开关量输出回路输出开关量信号作用两台水泵同时排水并事故报警。由于集水井位于厂房最低处，往往处于下游水位高程以下，尽管排水管管口位于下游水位以上，但是万一发生特大洪水时洪水位淹没排水管管口，有可能引起下游洪水经排水管倒灌集水井造成水淹厂房，已经有水电厂发生此类事故，因此在洪水期间应特别注意。

水位变送器 7 实时送出反映集水井实际水位的模拟量信号给公用 PLC 模拟量输入回路，供显示屏数字显示集水井水位。因为离心式排水泵每次启动前需要向底阀充水，比较麻烦，所以现在有的水电厂采用潜水泵作为渗漏排水泵，由于潜水泵的叶轮永远泡在水中，因此启动时不需要充水。

2. 立式机组检修排水

检修排水的任务是在机组检修时排出水轮机流道内靠自流无法排走的低能水。压力管路和水轮机流道内需要检修时，先关闭上游闸门，再打开下游闸门、导叶和主阀，自流放尽流道内能自流排走的水。但是流道内有一部分水是无法自流排走的，这时再关闭下游闸门。立式机组在水轮机流道内位置最低的尾水管底板上有一个下陷的小小的检修集水坑，水轮机检修时向检修集水坑投放移动式潜水泵，只要排尽检修集水坑里的水，就能排尽流道内所有靠自流无法排走的水。

有的水电厂在尾水管底板集水坑与渗漏集水井之间连接一根装有检修排水长柄阀的检修排水管，检修排水时打开检修排水长柄阀，将水轮机流道内无法自流排走的水流入渗漏集水井中，再用渗漏排水泵将渗漏集水井中的水排入下游。表面上看省去了检修排水泵，检修排水操作简单方便，但是有很大的安全隐患，如果在机组运行中，有人误操作将检修排水长柄阀打开，源源不断的尾水管中的水进入渗漏集水井，容易发生水淹厂房事故。为了安全起见，应该将检修排水长柄阀锁住。

七、卧式机组水电厂水系统

卧式机组水电厂的机组和大部分设备都位于下游水位以上，因此不需要渗漏排水和检修排水。所有机电设备几乎全在同一厂房平面上，技术供水的取水口和用水用户相距很近，使得技术供水系统管路又短又简单。消防用水也很简单，厂房内布置若干个消火栓即可，因为卧式发电机暴露在厂房地面以上，所以卧式机组的发电机灭火不设灭火环管，发电机着火时，在确定发电机没有电压后，用水枪或灭火器直接喷射灭火。

水电厂规定在发电机层的厂房墙壁上必须有油气水系统模拟图，便于运行人员随时对照系统设备和系统原理。水电厂油气水系统管路中压力油管外涂色标为红色，回油管外涂色标为黄色，气管外涂色标为白色，技术供水管外涂色标为天蓝色，排水管外涂色标为草绿色，消防水管外涂色标为橘红色。

第五节　贯流式水电厂油气水系统

由于贯流式机组属于低水头大流量机组，厂房直接建造在大坝一端的河床中，水轮机进口直接面对水库，上游进口采用平板闸门，因此油系统和气系统没有主阀用户。由于贯流式水轮机的工作水头远远低于轴流式和混流式水轮机，贯流式机组布置型式和厂房结构与轴流式机组、混流式机组差别很大，使得贯流式机组的油气水系统与其他反击式水轮发电机组的油气水系统有很大不同。为此本节以 SX 水电厂的四台 4500kW 灯泡贯流转桨式机组油气水系统实际的工程图纸为例，介绍灯泡贯流转桨式机组的水电厂油气水系统。读者应尽快学会识读实际工程图纸。

一、贯流式水电厂油系统

贯流式机组的轴承位于空间狭小的灯泡体内，为了减小机组轴承的体积，节省灯泡体内的宝贵空间，贯流式机组的轴承的润滑油不得不采用外循环润滑油系统。

图 6－73 为 SX 水电厂灯泡贯流转桨式机组油系统原理图。每台机组的油系统独立自成系统，因此整个机组油系统的运行全部由机组 PLC 控制。图示为 1 号机的油系统原理图。SX 水电厂灯泡贯流式机组布置型式为两支点机组，靠近发电机转子的发导轴承由径向轴承和双向推力轴承组成，靠近水轮机转轮的水导轴承为单纯的径向轴承，整个灯泡体安放在混凝土导流墩上（参见图 3－95）。

1. 机组轴承润滑

灯泡贯流式机组轴承润滑油靠机组轴承高位油箱与机组轴承之间的落差从轴承顶部自流进入轴承，再靠机组轴承与机组轴承回油箱之间的落差自流回到机组轴承回油箱的。正常运行时，电动阀 13 常开。位于厂房顶部的高程为 51.90m 的机组轴承高位油箱（容积 $2m^3$）相对机组轴线高程 33.50m 大约 18.5m 的落差压力，润滑油自流经阀 12、13、14 到达轴承进油管。经阀 16、节流阀、示流信号器进入水导轴承，润滑冷却径向轴承摩擦面。经阀 17、18、节流阀、示流信号器进入发导轴承的双向推力轴承的两侧，润滑冷却双向推力轴承摩擦面。经阀 19、节流阀、示流信号器进入发导轴承的径向轴承，润滑冷却径向轴承摩擦面。调节节流阀的开度可以调节进入轴承的润滑油流量，从而调整轴瓦温度。示流信号器监视轴承润滑油的流动，机组开机前如果电动阀 13 没有打开，轴承润滑油没有投入，示流信号器发开关量信号给机组 PLC，不允许开机。运行中一旦油流中断，示流信号器发开关量信号给机组 PLC，作用紧急停机。

水轮机轴线高程 33.50m。在整个水轮机流道下面与水轮机流道垂直方向有一条供检修人员和运行巡视人员工作的水轮机廊道，水轮机廊道地面高程 27.40m，从轴承摩擦面流出的热油相对水轮机廊道内机组轴承回油箱（容积 $3.9m^3$）大约 6.1m 的落差压力，经流量信号器、轴承回油总管自流到机组轴承回油箱。流量信号器监视轴承润滑油的流量，运行中轴

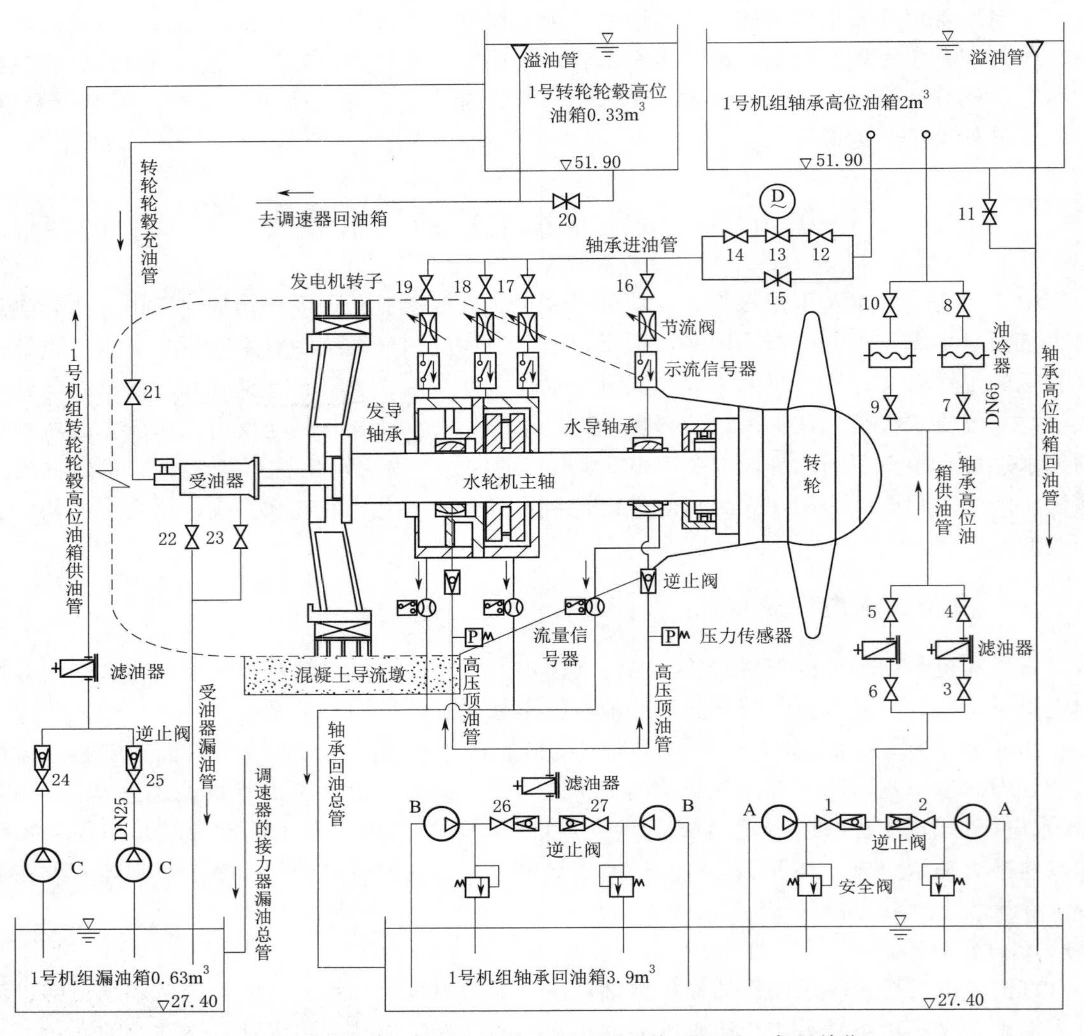

图 6-73　SX 水电厂灯泡贯流转桨式机组油系统原理图（高程单位：m）

承润滑油的流量小于规定值时，发开关量信号给机组 PLC 作用报警。

润滑油泵 A、滤油器和油冷器都是一主一备，但是润滑油泵由机组 PLC 自动轮流担任工作泵，而滤油器和油冷器是手动定期切换工作。当机组轴承高位油箱油位下降到下限油位时，油位信号器发开关量信号给机组 PLC 开关量输入回路，PLC 开关量输出回路输出开关量信号作用润滑油工作泵启动，抽取机组轴承回油箱的回油，经阀 2（或 1），顶开逆止阀，经阀 3（或 6）、滤油器、阀 4（或 5）、阀 7（或 9）、油冷器、阀 8（或 10），到达机组轴承高位油箱。当机组轴承高位油箱油位上升到上限油位时，油位信号器发开关量信号给机组 PLC 开关量输入回路，PLC 输出开关量信号作用润滑油工作泵停机，滤油器对润滑油进行过滤，油冷器对润滑油进行冷却。串联在油泵出口管路上的冷油器外形为一个长圆柱形的冷油桶，进入铜管排的是热油，流出铜管排的是冷油，进入冷油桶的是冷水，流出冷油桶的是热水。安装在油泵出口处的安全阀能在油泵出口压力过高时自动打开，将油流直接引回到回油箱，防止油泵电动机过载。如果机组轴承高位油箱油位过高时，透平油经溢油管自流回到机组轴承回油箱。当机组轴承高位油箱需要检修时，打开常闭阀 11，放空机组轴承高位油箱的全部透平油到机组轴承回油箱。

2. 转轮轮毂充油

SX 灯泡贯流转桨式机组采用的转轮是有压轮毂油的贯流转桨式转轮（参见图 3－49 和图 3－87），转轮轮毂（转轮体）必须始终充满一定压力的透平油。位于厂房顶部的高程为 51.90m 的转轮轮毂高位油箱（容积 0.33m^3）依靠大约 18.5m 的落差压力，经阀 21 和轴端受油器的细信号油管，向转轮轮毂始终充满一定压力的透平油，保证流道的压力水不能渗漏进入轮毂内的透平油系统。来自调速器的油压调节信号进出受油器时会产生渗漏油，受油器的渗漏油经阀 22、23 自流回到水轮机廊道内的机组漏油箱（容积 0.63m^3）。调速器其他渗漏油也经漏油总管全部自流到机组漏油箱。

轮毂油泵 C 一主一备自动轮流担任工作泵，轮毂充油的耗油量很小，当转轮轮毂高位油箱油位下降到下限油位时，油位信号器发开关量信号给机组 PLC 开关量输入回路，PLC 开关量输出回路输出开关量信号作用轮毂油工作泵启动，抽取机组漏油箱的回油，经阀 24（或 25），顶开逆止阀，经滤油器到达转轮轮毂高位油箱。当转轮轮毂高位油箱油位上升到上限油位时，油位信号器发开关量信号给机组 PLC 开关量输入回路，PLC 开关量输出回路输出开关量信号作用轮毂油工作泵停机，滤油器对润滑油进行过滤。如果转轮轮毂高位油箱油位过高时，透平油经溢油管自流回到机组漏油箱。当转轮轮毂高位油箱需要检修时，打开阀 20，放空转轮轮毂高位油箱的全部透平油到调速器回油箱。

3. 启动顶转子

机组转动系统的所有重量通过主轴全部压在两个径向轴承的下轴瓦上，当停机时间较长时，下轴瓦与主轴之间的油膜已经被挤干，如果直接启动机组，轴瓦发生干摩擦烧瓦事故。为此，每次启动机组之前，必须先启动高压顶油泵，微微顶起主轴，在主轴和轴瓦之间形成油膜。高压顶油泵 B 一主一备自动轮流担任工作泵，高压油经阀 2（或 27），顶开逆止阀，经滤油器到达两个径向轴承下轴瓦的瓦面，顶起整个机组转动系统形成轴瓦表面的油膜，然后再启动机组，当机组转动系统的转速上升到额定转速 95%时停止高压顶油泵的工作。数显式压力传感器用来监视并数字显示顶转子的油压，向机组 PLC 送出模拟量信号。

二、贯流式水电厂气系统

贯流式水电厂气系统与混流式、轴流式水电厂气系统基本一样，不同的是卧式混流式机组停机时，在飞轮两侧水平方向的两个风闸的闸板同时相向移动，对飞轮轮辐进行夹紧刹车，而贯流式机组停机时，在发电机转子轮辐一侧水平方向的四个风闸的闸板同时单向移动，对转子轮辐进行刹车。

图 6－74 为 SX 灯泡贯流式机组水电厂气系统原理图，气系统全厂公用，因此气系统的高压空压机和低压空压机由公用 PLC 控制。贯流式机组属于低水头大流量机组，需要的操作功较大，接力器活塞的直径和行程都较大，接力器工作过程中耗油量较大，因此必须采用需要补气的压力油箱。

1. 高压气系统

两台流量 0.85m^3/min，压力 7MPa 的高压空压机一主一备轮流担任工作泵，高压储气罐上的三只电接点压力表通过公用 PLC 控制高压空压机的启动和停止，保证高压储气

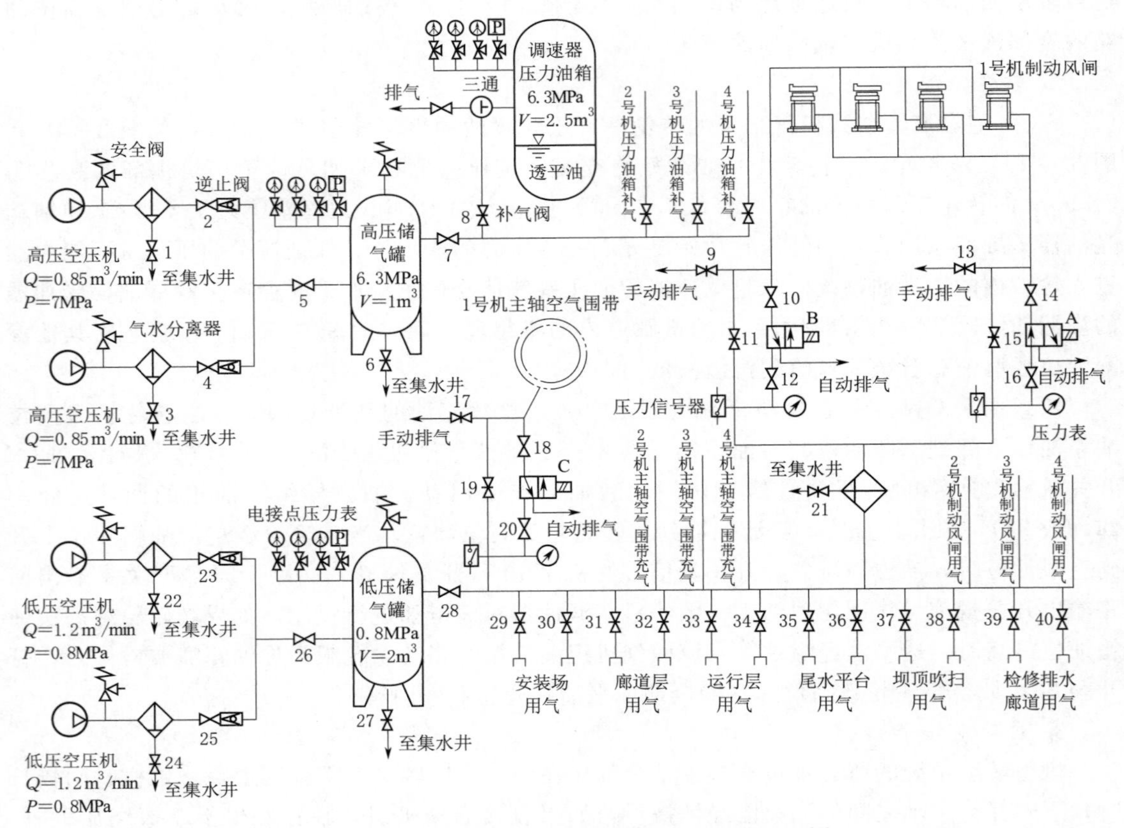

图 6-74　SX灯泡贯流式机组水电厂气系统原理图

罐（容积 $1m^3$）内的压力始终在6.3MPa左右。压力传感器“P”向公用PLC提供高压储气罐的压力信号，供中控室电脑屏幕显示压力数据。高压储气罐通过运行人员手动操作向调速器的压力油箱补气，保持压力油箱内1/3的油，2/3的空气，一般过3～4天就需要补气。如果巡检中发现调速器压力油箱油位老是偏高，可以手动打开补气阀8，向压力油箱适当补气，补气后关闭补气阀。如果巡检中发现调速器压力油箱油位老是偏低，可以手动逆钟向转动三通阀90°适当排气，排气后关闭排气阀并将三通阀转回到原来位置。

2. 低压气系统

两台流量 $1.2m^3/min$，压力0.8MPa的低压空压机一主一备，低压储气罐上的三只电接点压力表通过公用PLC控制低压空压机的启动和停止，保证低压储气罐（容积 $2m^3$）内的压力始终在0.8MPa左右。压力传感器“P”向公用PLC提供低压储气罐的压力信号。贯流式机组的主轴检修密封采用橡胶空气围带密封，停机后低压储气罐向主轴空气围带充气，投入主轴橡胶空气围带密封，使橡胶空气围带紧紧抱紧主轴法兰盘的外圆柱面，防止水轮机流道中的压力水进入灯泡体内。主轴橡胶空气围带充气可由机组PLC自动操作，也可现地手动操作。因为贯流式机组转速普遍较低，刹车制动转速应该高一点。SX水电厂机组额定转速136r/min，在停机过程中，当机组转速下降的额定转速40%（55r/min）时投入风闸制动刹车，采用投入复归的双操作架。机组刹车制动可由机组PLC自动操作，也可现地手动操作。安装场、水轮机廊道层、运行层、尾水平台、坝顶和检修排水廊道都设有给吹扫头供气的活接头。

空压机出口和储气罐顶部的机械式安全阀在压力高于设定值时，自动打开放气，保证空压机和储气罐不会压力过高损坏。气水分离器和储气罐底部应定期手动打开排污阀，将分离器分离出来的污水和储气罐底部沉淀的污水排入水轮机廊道内的渗漏集水井里。数显式压力传感器“P”向公用PLC送出储气罐压力的模拟量信号，供中控室电脑屏幕显示压力数据。

三、贯流式水电厂水系统

1. 供水水源

贯流式水电厂往往处于河流的中下游，甚至在江河的入海口，水库水位较低，坝前取水的压力达不到技术供水的水压要求，因此贯流式水电厂技术供水采用水泵抽取下游河床的水。图6-75为SX灯泡贯流式机组水电厂技术和生活供水水源系统图。所有八台离心式水泵全部从取水总管上取水，取水总管从下游有三个取水口取水。来自消防水箱的水经三个充水阀对取水总管和八台离心式水泵的叶轮室进行启动前充水。

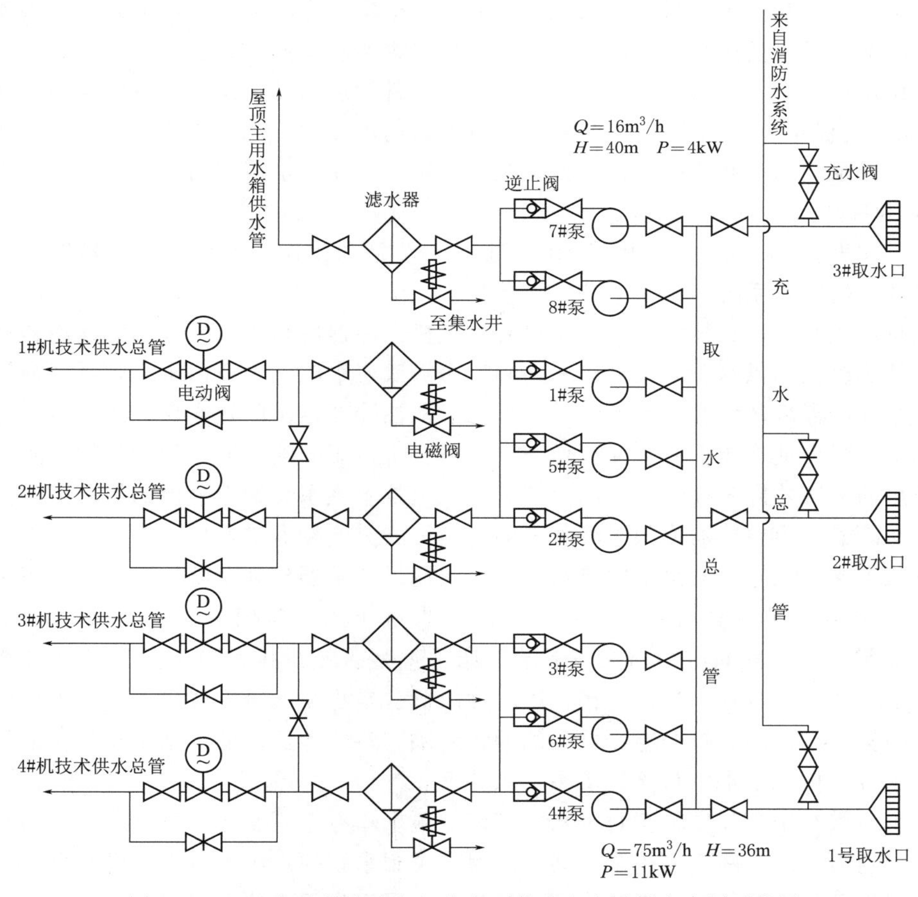

图6-75　SX灯泡贯流式机组水电厂技术和生活供水水源系统图

(1) 技术供水水源。1＃、2＃、5＃三台技术供水泵同时向1＃机、2＃机提供技术供水，两主一备，其中：1＃机组开机前由1＃机组PLC控制1＃供水泵启动供水；2＃机组开机前由2＃机组PLC控制2＃供水泵启动供水，当工作泵故障或供水水压不足时，机组PLC

启动5#备用泵同时报警。3#、4#、6#三台技术供水泵同时向3#机、4#机提供技术供水，两主一备，3#机组开机前由3#机组PLC控制3#供水泵启动供水，4#机组开机前由4#机组PLC控制4#供水泵启动供水，当工作泵故障或供水水压不足时，机组PLC启动6#备用泵同时报警。因为这里的工作泵、备用泵不是轮流工作，所以对5#、6#备用泵应定期手动启动，防止长期不动造成电动机受潮，当需要备用启动时拒动。

滤水器的排污阀用电磁阀自动定期排污，滤水器排出的污水自流至渗漏集水井。每台技术供水泵的流量75m^3/h，扬程36m，功率11kW。每台水泵出口设有逆止阀，防止工作水泵向备用水泵倒灌水。送往每一台机组的技术供水总管由带旁路阀的电动阀控制技术供水投入或退出，技术供水电动阀由该机组PLC控制。每次开机前必须先开启机组技术供水电动阀，投入该机组的技术供水。每次机组停机结束机组停转后，才能关闭机组技术供水电动阀。当电动阀故障或检修时，手动关闭电动阀两侧的闸阀，打开旁路阀，可以手动操作投入或退出机组技术供水。

（2）生活供水和主轴密封供水水源。贯流式水电厂厂房附近一般很少有山体供建造高位水箱，采用离心式生活供水泵全部经取水总管从下游取水口抽取下游河床的水送往厂房屋顶上面的主用水箱。7#、8#两台生活供水泵一主一备轮流担任工作泵，每台生活供水泵的流量16m^3/h，扬程40m，功率4kW。屋顶主用水箱内的水位信号器经过公用PLC自动控制生活供水工作泵的启动和停机，保证屋顶主用水箱水位在规定范围内。

2. 供水用户

图6-76为SX灯泡贯流式机组水电厂技术和生活供水用户系统图。技术供水和生活供水为两个独立的管路系统。

（1）技术供水用户。技术供水的用户有发电机空冷器冷却水和机组轴承油冷器冷却水两个用户。从机组技术供水总管上分出一路到厂房最底层水轮机廊道内机组轴承回油箱边上的油冷器，由油冷器冷却水管外面的轴承润滑油，从油冷器排出的热水靠余压经流量信号器排到下游尾水。两个油冷器平时只需工作一个，另一个备用的油冷器两侧的闸阀关闭。只是在夏季最炎热的天气才同时投入两个油冷器。从机组技术供水总管上分出的另一路到灯泡体内的发电机空冷器，由空冷器冷却水管外面的空气。三只空冷器进水口头头相连、出水口尾尾相连为并联关系，从空冷器排出的热水靠余压经流量信号器排到下游尾水。两个流量信号器分别监视油冷器和空冷器的冷却水量，当冷却水量小于规定值时，发开关量信号给机组PLC作用报警。洪水期间应特别关注下游河床水位是否淹没排水口，如果排水口淹没在下游水位以下，会造成冷却水排水不畅，影响油冷器、空冷器的冷却效果。空冷器检修时，关闭空冷器两侧的常开阀，打开空冷器两侧的常闭阀，将空冷器内的剩余水自流排入混凝土支墩上的集水坑，再从集水坑自流到渗漏集水井里。

（2）生活供水用户和主轴密封供水。厂房屋顶水箱有主用水箱和备用水箱，两只混凝土水箱容积分别为8m^3，两只水箱全厂共用。屋顶主用水箱的水源来自生活供水泵的主用水箱供水管，屋顶备用水箱的水源来自管理区自来水，用卫生间坐便器老式水箱中的浮球阀自动控制备用水箱的水位。两只水箱水位过高时，通过溢流口排至屋顶排水沟。屋顶主用水箱的用水用户与屋顶备用水箱的用水用户完全一样，有水轮机填料主轴密封、厂房内洗涤池和卫生间用水、集水井深井泵启动前轴承润滑用水。每一个用水用户都有两只电磁阀，正常运行时生活供水和主轴密封润滑冷却水由主用水箱供水，当主用水箱检修或无法供水时，由每一

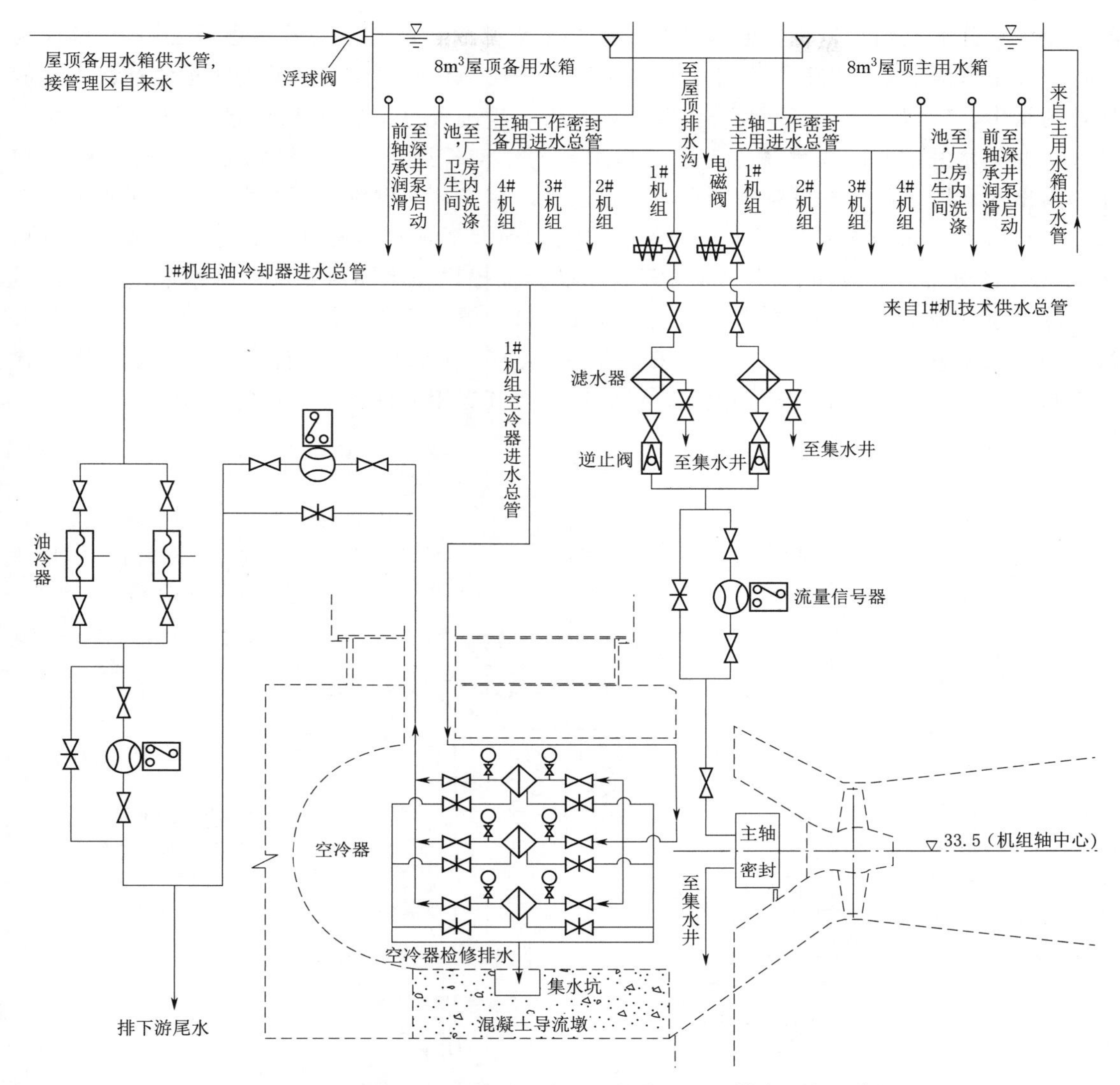

图 6－76　SX 灯泡贯流式机组水电厂技术和生活供水用户系统图

个用户的电磁阀切换到备用水箱供水。

SX 水电厂灯泡贯流式机组的主轴工作密封采用石棉盘根填料密封，运行中需要提供冷却水冷却润滑盘根与主轴表面的摩擦面。来自屋顶水箱的水靠高程差的压力自流经过电磁阀、滤水器、逆止阀、流量信号器到达灯泡体内的水轮机主轴填料密封，冷却润滑后的热水靠自流至水轮机廊道内的渗漏集水井。流量信号器监视主轴填料密封的冷却润滑给水量，当给水量小于规定值时，发开关量信号给机组 PLC，由机组 PLC 切换到备用水箱并作用报警。

四、贯流式水电厂排水系统

1. 渗漏排水

图 6－77 为 SX 灯泡贯流式机组水电厂渗漏排水系统图。全厂所有靠自流无法到达下游

的渗漏水全部汇集到水轮机廊道内的左右渗漏集水井内，由水位信号器通过公用PLC控制两台深井泵（潜水泵）将渗漏集水井内的水排至下游。深井排水泵的叶轮永远泡在集水井最低处的水中，所以不需要像离心式供水泵那样启动前充水。但是从检修廊道的井盖高程26.6m到集水井的井底高程19m，深井排水泵的转轴长达7m多，转轴上设有多个橡胶轴瓦，露出水面以上部分的橡胶轴瓦在深井泵启动之前必须向橡胶轴瓦充水，否则橡胶轴瓦干摩擦发热烧瓦。来自屋顶主用水箱的深井泵启动前润滑水经电磁阀2到达电磁阀3、4前，在深井泵启动前，电磁阀3或4自动开启向橡胶瓦提供轴承润滑水，一旦水泵进入正常运行，深井泵的吸水管中自然有水，电磁阀3或4自动关闭。流量信号器用来监视润滑水的流量，润滑水流量不达到规定值，发出开关量信号给公用PLC，不允许启动深井泵。当屋顶主用水箱水流消失时，电磁阀2关闭，电磁阀1打开启用屋顶备用水箱的水。

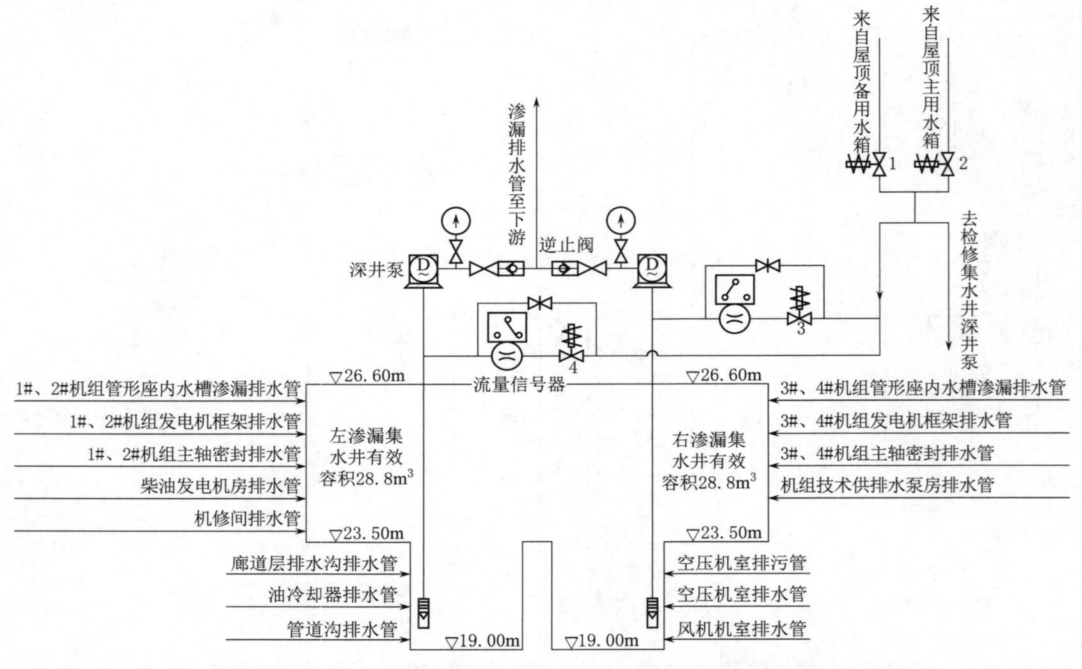

图6-77　SX灯泡贯流式机组水电厂渗漏排水系统图

2. 检修排水

贯流式机组的流道全部在下游水位以下，检修时无法自流排走的水体巨大，为此贯流式机组设置了专门的检修排水廊道和检修集水井。机组需要检修时，以最快的速度将水轮机流道内无法自流排走的水放入检修排水廊道和检修集水井里，然后再用检修排水泵排入下游，从而大大节省了检修准备时间。检修集水井全厂机组公用，检修集水井的容积只能每次承担一台机组的检修排水。

图6-78为SX灯泡贯流式机组水电厂检修排水系统图，在水轮机廊道（高程27.5m）下面有一条检修排水廊道（高程23.7m）和检修集水井。假设1#机组水轮机流道需要检修或维护，先将1#机组的导叶打到全关位置，此时水轮机流道被切割成进水流道和出水流道两部分，然后落下上游进水闸门和下游尾水闸门，再打开进水流道和出水流道的底部与水轮机廊道之间的常闭阀2和3，打开常闭阀2和3，将水轮机流道内的水快速排入水轮机廊道

下面的检修排水廊道，再由检修人员操作检修排水深井泵将检修排水廊道和左、右检修集水井（高程 19m）内的水排入下游（正常水位高程 40.04m）。特别提醒，如果在运行中误操作打开常闭阀 2 或 3，水轮机流道的水会源源不断地进入检修排水廊道，造成水淹水轮机廊道和深井泵的重大事故。

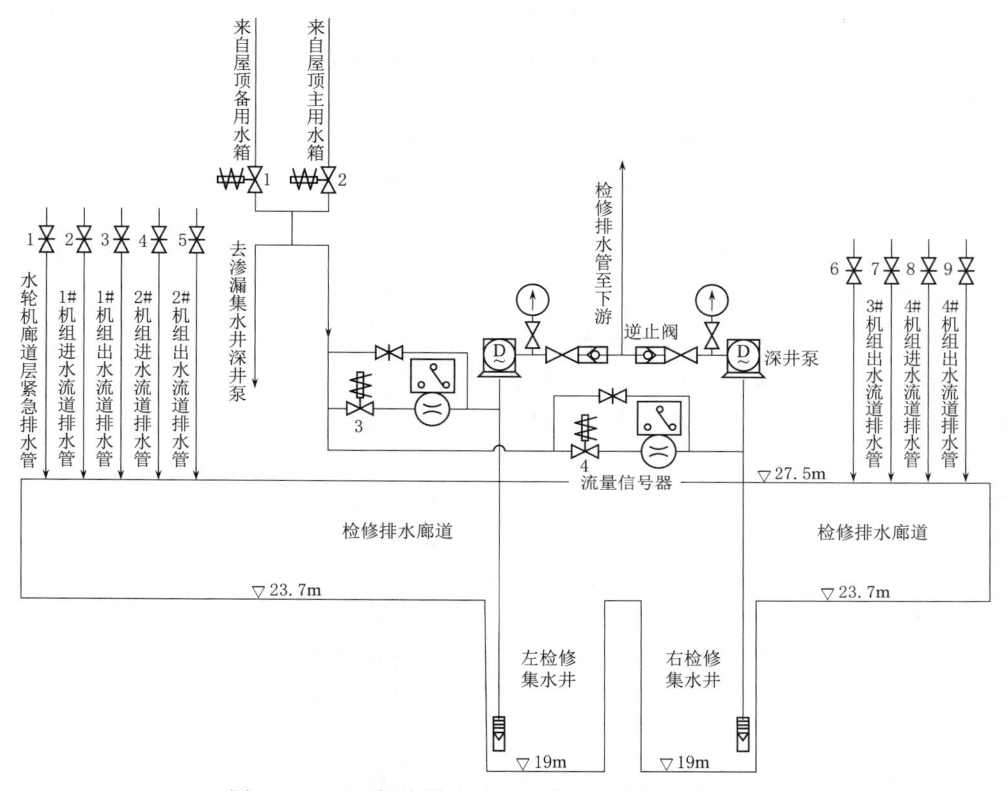

图 6-78　SX 灯泡贯流式机组水电厂检修排水系统图

水轮机流道中的直通式引水室和尾水管全部预埋在混凝土中。在直通式引水室和尾水管中间的座环外环、导水外环和转轮室都位于从最底部的水轮机廊道上升到最顶部的地面安装场的矩形检修井中（参见图 3-95 中的 46），这意味着人在水轮机廊道中工作时，头顶为水轮机座环外环、导水外环和转轮室金属部件。为此，在水轮机廊道地面与检修排水廊道之间设置了紧急排水阀 1，当发生座环外环、导水外环和转轮室金属部件破裂喷水时，可立即紧急停机，落下上下游闸门切断来水，然后打开紧急排水阀，将金属部件破裂喷水在水轮机廊道内的积水迅速排入检修排水廊道，再紧急启动检修深井泵将水排入下游。

习　　题

一、判断题（在括号中打√或×，每题 2 分，共 10 分）

6-1. 蝶阀活门采用围带密封时，活门从全开到全关的转动角度为 80°。　（　　）

6-2. 因为旁通阀的直径比主阀直径小得多，在压力水作用下能强行打开。　（　　）

6-3. 主阀油压操作装置比调速器油压调节装置少一个负反馈。　（　　）

6-4. 液压重锤阀属于双向油压作用的接力器。（　　）

6-5. 水轮机主轴的填料密封必须滴水不漏，伸缩节的填料密封必须少量漏水。（　　）

二、选择题（将正确答案填入括号内，每题2分，共30分）

6-6.（　　）水轮机进口不设主阀，其他所有的水轮机进口都设主阀。

A. 河床式水电厂　B. 混凝土蜗壳引水室　C. 明槽引水室　D. 上述三种

6-7.（　　）结构简单、体积较小、重量较轻，启闭方便。但是全开时水损大，全关时漏水大。

A. 蝶阀　B. 球阀　C. 闸阀　D. 上述三种阀

6-8.（　　）在全关投入工作密封后，水库水位越高密封效果越好，完全可以做到滴水不漏。

A. 蝶阀　B. 球阀　C. 闸阀　D. 上述三种阀

6-9. 球阀的泄压阀关闭后，（　　）。

A. 蝶形弹簧片被压缩，球缺形止漏盖退缩

B. 蝶形弹簧片被压缩，球缺形止漏盖弹出

C. 蝶形弹簧片被释放，球缺形止漏盖退缩

D. 蝶形弹簧片被释放，球缺形止漏盖弹出

6-10.（　　）的活门打开和关闭需要操作机构转动活门。

A. 蝶阀和球阀　B. 球阀和闸阀　C. 闸阀和蝶阀　D. 上述三种阀门

6-11. 阴暗潮湿位置处主阀（　　）的行程开关很容易生锈失灵，造成主阀活门开或关到位后该停不停，发生设备损坏事故。

A. 机械手动操作　B. 电动操作　C. 油压操作　D. 上述三种操作

6-12. 主阀油压操作中采用了（　　）来解决直线运动的活塞带动圆弧运动的拐臂的卡死问题。

A. 大小滑块机构和摇摆式活塞缸　B. 摇摆式活塞缸和摇摆式活塞杆

C. 摇摆式活塞杆和大小滑块机构　D. 上述三种方法

6-13. 储气罐上的压力传感器向（　　）。

A. 公用PLC送出开关量信号　B. 公用PLC送出模拟量信号

C. 机组PLC送出开关量信号　D. 机组PLC送出模拟量信号

6-14.（　　）手动操作时，必须将电磁空气阀两侧的小闸阀关闭。

A. 风闸制动刹车　B. 蝶阀空气围带密封

C. 主轴检修空气围带密封　D. 三者

6-15. 示流信号器动作时向（　　），告知机组轴承冷却水中断。

A. 公用PLC送出开关量信号　B. 公用PLC送出模拟量信号

C. 机组PLC送出开关量信号　D. 机组PLC送出模拟量信号

6-16. 当滤水器进出口的压差表的压差大于（　　）时，滤水器需要排污了。

A. 0.15MPa　B. 0.25MPa　C. 0.35MPa　D. 0.45MPa

6-17. 机组技术供水带旁路比全厂技术供水带旁路少（　　）。

A. 差压信号器和滤水器　B. 滤水器和电磁液动阀

C. 电磁液动阀和差压信号器　D. 上述三者一起

6－18. SX水电厂灯泡贯流式机组轴承润滑油靠（　　）进入轴承顶部的。

A. 润滑油泵产生的压力

B. 机组轴承高位油箱与机组轴承之间的落差

C. 机组轴承与机组轴承回油箱之间的落差

D. 机组轴承高位油箱与机组轴承回油箱之间的落差

6－19.（　　）向转轮轮毂始终充满一定压力的透平油，保证流道的压力水不能渗漏进入转轮体轮毂内的透平油系统。

A. 轮毂油泵　　B. 润滑油泵

C. 转轮轮毂高位油箱　　D. 机组轴承高位油箱

6－20. 两支点灯泡贯流式机组停机时，（　　）。

A. 四个风闸同时垂直向上对发电机转子轮辐进行刹车

B. 四个风闸同时水平向左对发电机转子轮辐进行刹车

C. 飞轮两侧的两个风闸同时垂直相向对飞轮轮辐进行刹车

D. 飞轮两侧的两个风闸同时水平相向对飞轮轮辐进行刹车

三、填空题（每空1分，共30分）

6－21. 主阀关闭时应先关________，后关________；导叶打开时应先开________后开________。开主阀前必须先向________充水。

6－22. 围带式活门密封在活门到达全关位置后围带________，打开活门前必须围带先________。

6－23. 根据活塞缸摇摆的支点位置不同分有活塞缸______摇摆和活塞缸____________摇摆两种形式。根据油压作用活塞不同分有____________作用和____________作用。

6－24. 伸缩节有____________伸缩节和__________伸缩节两种类型。

6－25. 低压气系统的用气用户有机组__________用气、__________用气和______用气。

6－26. 每一只储气罐顶部必须装________阀，底部装________阀，罐体上部必须装______________表或____________器。

6－27. 每一个空冷器或油冷器冷却水进口必须装一只__________，出口必须装一只____________。

6－28. 水电厂油气水系统管路中压力油管色标为______色，回油管色标为______色，气管色标为______色，技术供水管色标为________色，排水管色标为________色，消防水管色标为________色。

6－29. 离心式供水泵启动前必须向__________充水，深井泵（潜水泵）启动前必须向____________提供润滑水。

四、简答题（5题，共30分）

6－30. 主阀最主要的作用是什么？（5分）

6－31. 液压重锤阀的优点是什么？（6分）

6－32. 有的卧式机组轴承润滑油为什么采用外循环？贯流转桨式机组轴承润滑油为什么也采用外循环？（8分）

6－33. 压力油箱或储能器中为什么必须保持1/3的油，2/3的气？（6分）

6－34. 贯流式机组为什么要设置专门的检修排水廊道和检修集水井？（5分）

第七章　运行规程与安全管理

动力设备运行的依据是运行规程，运行规程是电厂生产管理、运行和检修人员都必须遵循的行动准则，是动力设备安全运行的制度保证。动力设备运行安全的特点是机电设备与人体接触密切、频繁，一旦出事，后果严重。但是，动力设备发生故障和事故，前兆明显，容易观察，因此必须用运行规程在制度上将动力设备的故障和事故消灭在萌芽中。运行规程是行业先辈们长期工作实践的总结，有的甚至是付出鲜血和生命得到的经验教训，任何人不得以任何理由违反运行规程。动力设备运行安全的内容是设备安全和人身安全，人身安全是第一位的。

第一节　动力设备运行规程

一、总则

第 1 条　每台水轮机应按厂内规定次序进行编号，并将序号明显地标明在水轮机的外壳上，其号码应与发电机编号相对应。

第 2 条　水轮机应按水头的不同，在蜗壳进口装设压力表，在尾水管进口装设真空表。

第 3 条　立式机组水轮机层与发电机层的中控室应装有联系装置。

第 4 条　立式机组发电机层、电缆层和水轮机层应配有灭火装置。

第 5 条　每台水轮机应有自己的技术档案，其内容包括：

(1) 水轮机的安装、维护、使用说明书及随机供给的技术文件和产品图纸。

(2) 安装、试验、交接和验收记录。

(3) 历次大、小修的项目及检修后的技术数据（如迷宫间隙、轴承间隙、螺栓拧紧力、汽蚀、导叶间隙等）。

(4) 有关水轮机运行、事故处理记录。

第 6 条　每台水轮机应有适当的备品、备件，一切备品、备件应存放在仓库内，并进行定期保养，以防生锈、腐烂。

二、机组运行的基本要求

第 7 条　水轮机可按铭牌数据长期连续运行。

第 8 条　机组不得低转速长时间转动，停机过程中转速低于规定值时应投入制动刹车停转。

第 9 条　机组各滑动轴承透平油温低于 5℃时，机组不允许启动，油温低于 10℃时应停止供给冷却水，油温控制在 5～55℃之间。

第 10 条　机组各轴承瓦温的温度一般不超过 60℃，最高不得超过 70℃。当轴瓦温度到达60℃时，应发出故障报警信号；当轴瓦温度超过70℃时，应发出机组事故跳闸信号，并作用机组甩负荷跳闸事故停机。

第11条　轴承油冷器冷却水温度应在5～40℃之间，冷却水的压力一般根据各自水头不同而有所不同，但以0.15～0.2MPa为宜。

第12条　停机时各轴承油面高度应在油位标准线附近。

第13条　机组各部摆度及振动值应在容许范围之内（按厂家规定）。

第14条　机组的制动刹车装置应正常，其制动刹车气压应为0.4～0.7MPa，制动刹车转速应视机组的额定转速高低而异，一般在额定转速的25%～35%时开始制动（转速高的机组取低值，转速低的机组取高值）；从制动开始至停止转动的制动时间一般不得超过2min，冲击式水轮机反向喷嘴制动时间最长不得超过5min。

第15条　备用机组条件：

(1) 机组具备开机条件，机组开机准备灯亮。

(2) 主阀全开（贯流式机组上、下游闸门全开）。

(3) 主阀控制回路正常，阀门位置正确。

(4) 制动刹车系统正常，风闸全部退出，指示灯亮，气压在0.4～0.7MPa。

(5) 各油槽（盆）油位、油质合格。

(6) 保护及自动装置投入正常。

(7) 各动力电源及交直流操作电源投入。

(8) 机组油、气、水系统处于准备状态。

(9) 技术供水系统阀门位置正确。

(10) 油压装置工作状态，油压正常，微机调速器在停机状态。

(11) 导叶全关，接力器锁锭拔出。

第16条　开机准备条件（开机准备灯亮）：

(1) 机组无事故。

(2) 主阀全开。

(3) 风闸全部退出复归。

(4) 发电机断路器在“分”位。

(5) 灭磁开关在“合”位（因为前次正常停机是不跳灭磁开关的）。

第17条　机组开机准备灯灭未查明原因前禁止开机。

第18条　未经值长同意，不得在备用机组上进行影响其备用的工作。

第19条　机组在下列情况下严禁启动：

(1) 主阀未全打开。

(2) 主要的水力机械保护装置之一失灵，未经技术主管同意。

(3) 机组冷却水系统不能正常供水。

(4) 制动气压低于0.4MPa或制动刹车装置及回路因故退出运行，短时不能恢复时。

(5) 油压装置不能维持正常油压，微机调速器工作失灵。

(6) 油温低于5℃。

(7) 开机条件不具备。

(8) 机组各部轴承油位、油质不合格。

第 20 条　机组自动开机，遇自动装置不良，应查明原因后再行启动，特别情况可手动开机。

第 21 条　机组自动停机，遇自动装置不良，可手动停机，停机后需查明原因，通知维修处理。

第 22 条　机组停机时遇下列情况应改手动制动刹车：

(1) 测速装置及回路故障。

(2) 转速信号器故障及转速信号器校验后的第一次停机。

(3) 制动刹车回路及制动刹车电磁空气阀故障。

(4) 试验工作需要时。

第 23 条　机组各种故障及事故信号未做记录前，不能任意复归。

第 24 条　机组开、停机后应注意对主要设备进行一次检查。

第 25 条　在开机过程中，空转时间尽量缩短。增减负荷时，注意不要在机组振动区停留。

第 26 条　机组新投产或检修后第一次开机，运行人员应对推力轴承和导轴承瓦温变化进行监视。

第 27 条　油、气、水系统检修后应做相应的充油、充水、充气试验，检查油、气、水系统完好。

第 28 条　当机组发生高转速制动刹车停机后，应联系检修人员对风闸、制动环进行全面检查。

第 29 条　机组制动刹车系统压力不得低于 0.4MPa。

第 30 条　技术供水有自动和手动两种运行方式，正常应放在自动位置运行。

第 31 条　机组进行以下工作时必须关主阀：

(1) 打开蜗壳。

(2) 微机调速器油压装置无油压。

(3) 主阀控制回路及操作回路检修。

(4) 机组大小修。

(5) 机组轴承排油。

(6) 导叶开闭试验及转动部分有人工作。

三、开停机操作

第 32 条　自动开机：

(1) 机组具备开机条件。

(2) 中控室上位机发开机令。

(3) 监视自动装置动作正常。

(4) 监视机组转速上升正常，电压上升正常。

(5) 机组自动准同期并网。

(6) 运行人员键盘输入有功、无功给定值并点击“确认”。

(7) 监视机组自动带有功功率、无功功率增至给定值。

(8) 检查机组各部正常，微机调速器运行正常。

第 33 条　自动停机：

(1) 中控室上位机发停机令。

(2) 监视自动装置动作正常，转速正常下降。

(3) 机组停稳后，检查机组各部正常。

第34条　油压手动方式开机：

(1) 机组具备开机条件。

(2) 手动投入机组技术供水，检查机组各部水压正常。

(3) 在微机调速器触摸屏上点击“手动”按钮。

(4) 将调速器开度限制调整到“空载”位置（防止空载过速），油压手动将导叶开至空载位置。

(5) 通过励磁调节器手动起励，监视机组电压上升至额定电压（注意防止过压）。

(6) 通过调速器油压手动调节机组转速，通过励磁调节器手动调节机组电压。

(7) 满足同期并网条件时，通过手动准同期装置并网。

(8) 机组并网后，通过调速器油压手动将机组有功功率增至所需值，通过励磁调节器手动将机组无功功率增至所需值。

第35条　油压手动方式停机：

(1) 在微机调速器触摸屏上点击“手动”按钮。

(2) 用微机调速器手动将机组有功负荷减至“零”，用励磁调节器手动将机组无功功率减至“零”。

(3) 手动跳开发电机断路器，机组与电网解列后，用微机调速器手动将导叶关至“零”；用励磁调节器手动将励磁电流减至“零”。

(4) 监视机组转速下降至30%左右时，手动投入风闸制动刹车，检查制动刹车正常。

(5) 2～3min后，检查机组已停稳，转速至零。

(6) 手动投入复位风闸，检查风闸下落，指示灯亮。

(7) 手动关闭机组技术供水阀，检查机组各部无水压指示。

(8) 检查机组各部正常，开机准备灯亮。

四、运行中注意事项

第36条　在同样的运行工况下，机组轴承温度比原先升高2～3℃时，应检查轴承润滑油的油位是否正常，冷却水的水压水量是否正常，测量机组摆动，查明原因，及时处理。

第37条　正常运行中，机组轴承油面异常升高或是发油混水信号（有的水电厂没有油混水信号器）时，应查明油温是否升高，冷却水水压水量是否正常，检查油中是否进水，并汇报技术主管。

第38条　运行中注意各轴承温度变化，观察技术供水水压及流量的变化。

第39条　机组在运行中发现下列现象之一时应立即停机检查：

(1) 突然的撞击、振动或摆度加大。

(2) 推力轴承或各导轴承温度突然升高，油面发生不正常升高或降低。

(3) 发电机定子温度突然升高或出现绝缘焦味。

(4) 出现不正常异音。

五、机组运行中检查

第40条　微机调速器及油压装置检查：

(1) 微机调速器主菜单指示正常，各切换开关在相应运行位置。

(2) 各电源、运行监视灯正常。

(3) 微机调速器运行稳定，各电磁阀无异常声音，位置正常，无漏油现象。

(4) 各阀门及管路接头不漏油及喷油。

(5) 微机调速器电气回路各整定开关在正常位置。

(6) 微机调速器滤油器前后压差正常（小于0.2MPa)。

(7) 压力油箱或储能器油位、油色、油温、油压正常，油气比例正常。

(8) 回油箱油位正常。

(9) 两台油泵的切换开关均在"投入"，启动时无剧烈振动，安全阀、减压阀、逆止阀无异音，油泵主备用轮流工作切换正常。

(10) 各管路阀门位置正常，无漏油、无发热现象。

(11) 压力油箱或储能器表计良好。

(12) 压力油泵交流接触器无异音，启动时无跳动。

第41条　机旁盘检查：

(1) 制动刹车系统在自动位置，电磁空气阀正常，无漏气现象，阀门位置正常，气压正常。

(2) 各表计指示正常，接线完好。

(3) 各继电器完好，状态正确，接点无抖动，无黏接。

(4) 各指示灯指示正确，各切换开关位置正确。

(5) 控制回路电源开关位置正确，熔丝完好。

第42条　发电机及风洞（发电机机坑内空气流动的路径）检查：

(1) 发电机（立式）上机架等的摆度，振动在正常范围内。

(2) 上部风洞无异味，定子线棒端部抽头无异常。

(3) 空气冷却器无漏水，无结露，风温均匀。

(4) 上导和下导油面合格，油色正常，无漏油，甩油现象。

(5) 风闸闸板无异常。

(6) 发电机引线无发热，螺丝无松动。

(7) 滑环表面不发黑，碳刷不过热、不发卡、无跳动、无碳沫堆积和油污，火花不大。

(8) 风洞内照明充足。

(9) 灭火装置完好。

(10) 油、水、气管路无异常。

第43条　水轮机层及水轮机机坑检查：

(1) 水轮机回转声音正常，水轮机机坑内灯光充足，无杂物，无异味。

(2) 导叶剪断销及接线完好。

(3) 导叶拐臂、连杆间无杂物。

(4) 导叶轴承套筒不漏水，轴销无上移现象。

(5) 水导轴承油槽油位、油质正常，无过热，无漏油现象。
(6) 各管路阀门位置正确，无漏水、漏油、漏气现象。
(7) 主轴密封正常，渗漏水正常。
(8) 各部冷却水水压正常，示流器指示正常。
(9) 水轮机振动、摆动在正常范围内。
(10) 各自动化元件接线完好，动作时无跳动。
(11) 冷却水供水运行正常，操作控制回路正常。
(12) 机组技术供水滤水器运行正常。
(13) 各动力电源空气开关位置正常，切换开关位置正常。
(14) 主阀操作机构正常，控制回路正常，切换开关位置正常，指示灯正确。
(15) 主阀油压装置操作机构无异常，油箱油位、油质正常。
(16) 消防水正常，管路各部无异常。
(17) 渗漏排水泵运行正常，控制回路无异常，渗漏集水井水位正常。
第 44 条 主阀坑及尾水管进人孔检查：
(1) 主阀位置正确。
(2) 各阀门位置正确，阀门管路无漏水、漏油。
(3) 主阀油压装置回油箱油位正常，阀门位置正确。
(4) 漏油箱油位正常，阀门位置正确。
(5) 地面无积水。
(6) 蜗壳伸缩节无异常振动和噪声。
(7) 蜗壳排水阀在关闭位置。
第 45 条 遇下列情况应对机组进行机动性检查：
(1) 在试运行阶段，应每 4h 进行一次全面性检查，每 2h 进行一次一般性检查。
(2) 机组事故或系统的严重冲击时。
(3) 运行工况改变时。
(4) 隐患缺陷未消除。
(5) 检修后第一次投入运行。
(6) 过负荷运行。
(7) 汛期、泄洪期间。
(8) 异常运行方式。

六、机组试验操作

第 46 条 机组甩负荷试验：
(1) 油压装置工作正常。
(2) 过速保护投入。
(3) 微机调速器在自动位置。
(4) 机组并入电网后，按试验要求按额定负荷的 25%、50%、75%、100%逐次跳发电机断路器甩负荷，监视机组转速变化和蜗壳水压变化及过速保护动作情况。如转速上升或蜗壳水压变化符合机组规范要求，可依次进行下一工况甩负荷试验。如发现异常，应由维修进行处理后再做下一工况甩负荷试验。

(5) 如发现转速上升至140%的额定转速，过速保护尚未动作停机，应立即手动按紧急停机按钮停机。

(6) 试验时应有专人配合。

(7) 试验结束后，做好防转动措施，对机组进行全面检查。

第47条　接力器全行程试验：

(1) 主阀在全关位置，蜗壳无水压。

(2) 机组转动部分无人、无杂物。

(3) 微机调速器油压装置正常，两台压油泵切换开关在“自动”位置。

(4) 检查紧急停机电磁阀在复归位置。

(5) 检查微机调速器在油压“手动”位置。

(6) 开启压力油箱或储能器总油阀，手动拔出接力器锁锭。

(7) 操作微机调速器开、关导叶数次，直至排出微机调速器液压系统内全部残留空气。

第48条　机组过速试验：

(1) 机组处于试验状态。

(2) 主阀操作系统位置正常。

(3) 微机调速器切油压“手动”。

(4) 微机调速器有专人监视。

(5) 打开导叶开度，使机组转速缓慢上升。

(6) 监视保护动作时的转速，若转速至整定值保护未动作，用微机调速器压回导叶开度使转速至额定值，待查明原因后，再做试验，若保护动作，监视停机正常，主阀动作正常。

(7) 试验中应注意监视各油槽（盆）油位，机组摆度，轴瓦温度，冷却水压等有关参数。

(8) 试验结束，停机后做好防转动措施和内部检查措施，对机组进行全面检查。

(9) 检查主阀系统正常。

第49条　调速器低油压保护试验：

(1) 主阀油压装置工作正常，主阀控制电源投入正常。

(2) 机组带满负荷。

(3) 将两台压力油泵切换开关放“切除”位。

(4) 检查压力油箱排气阀在关位（储能器没有排气阀）。

(5) 开启压油力油箱或储能器排油阀排油，降压到事故油压，事故低油压保护动作事故停机。

(6) 监视机组停机正常。

(7) 油压装置恢复正常。

(8) 如降压到事故油压保护未动作，根据试验要求关闭压力油箱或储能器排油阀，恢复油压或停机，调高事故油压保护动作压力后再重做试验。

七、机组停复役操作

第50条　机组大修安全措施：

（1）主阀全关，主阀油压装置的压力油箱总油阀关闭，主阀操作电源拉开，油泵切换开关放“切”位，拉开油泵动力电源。

（2）蜗壳排水阀开启，检查蜗壳无水压。

（3）机组技术供水阀关闭，风闸和空气围带供气阀关闭，轴承供油阀关闭。

（4）导叶打至全开，微机调速器油泵停役。

（5）微机调速器交直流电源拉开。

（6）压力油箱或储能器排油降压，各部油槽（盆）、油箱排油。

（7）启动检修排水泵排水，监视排水正常。

第51条　机组大修复役：

（1）收回所有检修工作票。

（2）检查各进人孔已封闭，蜗壳排水阀关闭。

（3）上导、下导、水导轴承各油槽（盆）充油完毕，油面正常并记录。

（4）制动刹车系统恢复正常。

（5）油压装置恢复正常。

（6）机组、调速器交直流电源投入正常。

（7）微机调速器恢复正常，接力器锁锭投入。

（8）顶转子操作完毕（氟塑料推力瓦机组不用顶转子），检查机组各部正常。

（9）调节机组技术供水各部水压正常，然后关闭机组总冷却水的电磁液动阀。

（10）主阀控制操作回路正常，油泵切换开关位置、阀门位置及操作回路正常。

（11）开启旁通阀向蜗壳充水，并开启蜗壳排气阀（有的是自动排气阀），排气完毕后关闭蜗壳排气阀，检查蜗壳水压正常，各进人孔及其他部位无漏水。

（12）主阀开启正常。

（13）接力器锁锭拔出，检查机组各部正常。

（14）微机调速器切自动，机组恢复备用。

八、微机调速器运行规程

第52条　微机调速器的永态转差系数 b_P 未经生产技术负责人同意不得任意变动。

第53条　微机调速器的电源应有可靠的保证。

第54条　微机调速器的油压装置工作油压应按调速器的型号，在说明书规定范围内调节。

第55条　微机调速器压力油箱或储能器的油气比例为2/3气和1/3为油。并装有用有机玻璃管指示的油位计、压力表及装有显示油压过低的信号装置。

第56条　操作微机调速器前必须检查调速器接力器的锁锭位置。

第57条　微机调速器操作方式分油压手动（简称手动）和自动。

第58条　微机调速器有以下功能：

（1）开机，停机，并网，调频，增减有功功率，紧急停机和手动油压操作。

（2）并网前机组自动跟踪电网频率，如网频信号故障则自动切换到频率给定开机。

（3）油压手动操作具有实现手动开、停机、事故停机，手动调节负荷和机组频率，可随时无扰动地切换到自动状态。

(4) 能采集并显示微机调速器的主要参数：如机组频率、电网频率、导叶开度、微机调节器输出和整定等。

(5) 有完善的通信功能，方便地实现与上位机的通信（多数不用通信，而是用开关量联系）。特有的小电网调节规律，使小电网运行无须人员干预。

(6) 有故障自诊断功能，微机调节器能实时监视自身组成模块，一旦自身发生故障能立即诊断，并以数字状态显示指出故障部件。

(7) 采用 UPS 供电，在厂用电消失时，能保持机组运行工况并发出报警信号。

第 59 条 微机调速器由厂用交流 220V 和厂用直流 220V 供电，当厂用电消失时，UPS 还能维持调速器工作 30min 以上，并发出报警声，当厂用电消失 30min 以上，应该把调速器切为油压手动运行方式或停机。

第 60 条 无论在任何工况，只要有停机令，就会使机组停机，导叶关至全关，微机调速器进入停机等待，机组处于备用状态。

第 61 条 无论微机调速器处于自动还是油压手动运行，当接到事故停机信号时，紧急停机电磁阀不经一体化 PLC，直接作用于机械液压随动装置，立即关闭导叶使机组停机。

第 62 条 微机调速器交直流供电即使同时消失，机械液压随动装置自保持原状态不变。

第 63 条 微机调速器电气部分故障时，接力器应维持原开度不变，此时可用进行油压手动操作。

第 64 条 微机调速器滤油器前后压差不得大于 0.2MPa，大于 0.2MPa 后必须对滤油器清污。

第 65 条 微机调速器机油压手动开机时，应监视机组频率达到 45Hz 以上时，才能将调速器切至自动位置运行。正常运行情况下，微机调速器电气部分可自动跟踪油压手动，在切至自动时不需作任何调整，可实现无条件、无扰动切换。

第 66 条 微机调速器设有下列信号：机组频率故障，电网频率故障，导叶反馈、滤油故障，DC 220、AC 220V、RS232、数据存储器故障，电池低电压，扫描时间超限等故障。

第 67 条 微机调速器遇下列情况之一者应切至油压手动运行：

(1) 微机调节器或控制回路发生故障时。

(2) 提供测频信号的电压互感器及回路发生故障时。

(3) 试验工作需要时。

(4) 厂用电短时不能恢复时。

(5) 微机调速器运行不稳定时。

九、油系统运行规程

第 68 条 机组滑动轴承和微机调速器一般用 32＃、46＃汽轮机油（透平油）；油应无杂质、水分，不能与其他油混合使用。

第 69 条 油要存放在油库内，并有专门油桶。

第 70 条 变压器用油要定期进行油的耐压试验和过滤处理，重要的变压器用油还要进行简化试验，不同牌号的变压器油不能混合使用。

第 71 条 油库要远离厂房、宿舍，并备有良好、齐全的灭火设备。油库着火时应立即关闭油库铁门，将油桶与空气隔绝，打开灭火喷水设备，打开事故排油阀。其他地方的油着火时，应用泡沫灭火器及砂子灭火，绝不能用水灭火。

第72条　油处理设备（滤油机）要专用，不要用过滤汽油的滤油机去过滤变压器油。如要过滤变压器油，必须先将滤油机清洗干净。

第二节　动力设备故障事故处理

一、机组故障处理

第73条　机组机械故障时，电铃响，光字牌亮，值班人员应根据光字牌显示情况，查明原因及时处理，故障消除后复归故障信号回路，将发生故障时间与经过情况，汇报值长，并详细记录在记录簿上。

第74条　机组有以下水力机械故障信号：

（1）推力、上导、下导、水导轴承温度升高。

（2）推力、上导、下导、水导油温升高。

（3）空气冷却器进出风温升高。

（4）回油箱、压力油箱或储能器油位不正常。

（5）剪断销剪断。

（6）压力油箱或储能器油压偏低。

（7）轴承油槽（盆）油混水。

（8）推力、上导、下导、水导、空气冷却器冷却水不正常。

（9）定子、转子温度升高。

（10）推力、上导、下导、水导油槽（盆）油面不正常。

第75条　上导、推力、下导、水导轴承轴瓦及油温异常升高：

（1）现象：轴瓦温度比正常指示升高2℃以上并继续升高，油温亦随之升高。

（2）处理：①用温度巡检仪校对温度是否真正升高；②检查油位、油色是否正常，有无漏油；③检查冷却水进水水压是否正常；④测量机组摆度有无增大及异常变化；⑤检查轴承内有无异声；⑥通知维修人员；⑦若温度继续上升，应汇报值长，联系调度停机处理。

第76条　轴承油槽（盆）油位升高、降低或油混水：

（1）根据光字信号判断是何部位轴承的油位异常。

（2）检查轴承的实际油位是否过高或过低。

（3）检查油槽（盆）进、排油阀有否关严。

（4）检查油槽（盆）、管路及各阀门有无漏油。

（5）检查冷却水压是否正常。

（6）发现油位升高，应检查油色、油温及轴承温度，如对油质有怀疑时，应通知维修人员取油样。

（7）如油位过低，严密监视轴承温度，加强油位监视，并设法加油。

（8）如检查均无异常，则通知维修人员在停机时调整油槽油位或调整油位信号装置。

第77条　机组压力油箱或储能器油压升高或降低：

（1）压力油箱或储能器油压异常升高：①若压力油泵未停，则应立即将切换开关放

“切”位，如仍不能停泵，将压油泵动力电源开关拉开；②打开排油阀排油至正常油压，注意监视油气比例。

(2) 压力油箱或储能器油压异常下降：①若两台油泵均未启动，则应检查切换开关是否都在“自动”位，空气开关是否在合上，控制回路熔丝是否正常，可手动启动油泵，将油压打至正常；②若两台油泵同时启动，应检查回油箱油位是否太低，安全阀减载阀是否动作，阀门、管路是否漏油或跑油所致；③一时不能恢复油压正常，在油压允许的情况下联系停机，否则应操作主阀断水停机，通知维护人员处理。

第78条　开停机未完成信号：

(1) 检查是否误发信号。

(2) 查明未完成原因，并设法处理。

第79条　空冷器进出冷热风及线圈温度升高：

(1) 校对温度是否真正升高。

(2) 查明是哪个空冷器温度升高，空冷器有无堵塞及漏水。

(3) 检查空冷器进、排水阀开度是否适当，如水压过低，调整冷却水压。

(4) 调整水压后无效，应监视温度上升情况，适当减负荷，通知维护处理。

(5) 如属测温系统故障，通知维护处理。

第80条　回油箱油面不正常：

(1) 检查压力油箱或储能器、回油箱油面是否正常，判断是否误发信号。

(2) 检查管路阀门是否正常，有无漏油、跑油，并设法处理。

(3) 如是油位过低，通知维护人员加油。

第81条　运行中导叶剪断销剪断：

(1) 若因断线原因造成误动时，应将电源拉开，通知维护处理。

(2) 若查明剪断销剪断，应根据机组摆度大小、振动情况确定是否停机，停机后通知维护处理。

(3) 在未修复期间，尽量不变动负荷，必要时可以限制开度，加强对微机调速器的监视，并测量水导摆度。

二、水力机械保护及机械事故处理

第82条　机组设有以下水力机械事故保护：

(1) 机组轴承温度过高。

(2) 微机调速器事故低油压。

(3) 机组过速140%，电气过速保护动作。

(4) 电气过速保护拒动，机组过速150%，机械过速保护动作。

(5) 事故停机剪断销剪断。

(6) 机组轴承冷却水中断。

第83条　当机组机械部分发生事故时，有停机冲击声，报警声，光字信号亮，值班人员应根据信号提示进行以下处理：

(1) 专人监视自动装置动作，如自动装置失灵，手动帮助。

(2) 如果关主阀停机，应检查主阀在全关，导叶是否全关。

(3) 发生事故后，应做到全面检查，并记录事故、故障信号。

(4) 处理完毕，复归事故故障光字回路。

(5) 事故处理完毕后，将事故发生的经过情况汇报值长，并详细记录在异常记录本上。

第 84 条　轴承温度过高（70℃）停机：

(1) 监视自动装置动作正常，如自动失灵则手动停机。

(2) 停机后，检查轴承油位油色变化情况。

(3) 查明原因，通知维修人员处理。

第 85 条　机组过速到电气转速信号器 140%动作，机械转速信号器 150%动作：

(1) 监视自动装置动作正常，如自动失灵手动停机。

(2) 检查主阀在全关，导叶全关。

(3) 机组全面检查，如机组无异常，微机调速器正常，打开主阀恢复正常，经值长及技术主管同意，可开启机组至空载，测摆度正常，无异音，可再次并网发电。

(4) 如有异常，停机通知维护处理。

第 86 条　事故停机中剪断销剪断：

(1) 监视自动装置动作正常，如自动失灵改手动操作。

(2) 检查主阀在全关，导叶全关。

(3) 监视机组自动制动刹车正常，机组停稳后，做好安全措施，通知维护处理。

第 87 条　微机调速器事故低油压：

(1) 监视保护动作正常。

(2) 若压力油泵自动未启动，立即手动启动。

(3) 若大量跑油引起，应将油泵切换开关放“切”，关主阀停机。

(4) 监视机组制动刹车正常。

(5) 机组停稳后，应查明原因，通知维护处理。

第 88 条　推力、上导、下导、水导轴承冷却水，空冷器冷却水中断：

(1) 根据信号光字牌，判明冷却水中断的部位。

(2) 检查冷却水压是否正常，是否误发信号。

(3) 检查各阀门位置是否正常。

(4) 检查滤水器是否堵塞。

(5) 检查主供水电磁液动阀是否正常。

第 89 条　发电机着火：

(1) 现象：①发电机有严重冲击，保护动作；②盖板不严密处有烟冒出，有绝缘焦味。

(2) 处理：①机组未自动停机，应立即按紧急停机按钮停机；②确认发电机无电压后，做好安全措施，由值长下令喷水灭火，并立即通知当地消防部门。

第 90 条　压力钢管爆破：

(1) 现象：①有严重的喷水声或大量的水进入厂房；②机组出力下降，机组振动。

(2) 处理：①确认钢管爆破，迅速关闭上游进水闸门；②通知有关人员进行抢救和处理；③做好厂房内的电源的隔离措施；④组织一切人力物力进行抢险。

第 91 条　遇下列情况之一时，值班人员可按紧急停机按钮：

(1) 确认发电机着火时。

(2) 机组过速到140%以上导叶不能关闭时。

(3) 发电机转动部分发出持续的特大异声或撞击声时。

(4) 有严重危及设备和人身安全的情况时。

(5) 蜗壳伸缩节连接处破裂。

第三节　动力设备安全管理

一、水轮机设备安全管理

1. 机组飞车

当机组甩负荷跳闸后，又遇到调速器故障或导叶、喷针被异物卡住造成拒动，机组转速上升的极限值。其中最大水头、满负荷时发生飞车的飞逸转速最高。飞车的后果是发电机转子上的铁芯、线圈将承受巨大的离心力，使设备遭到破坏甚至零件飞出伤人。防止飞车的措施：

(1) 当转速达到额定转速的140%时，电气式转速信号器会作用主阀或上游进水闸门在动水条件下在90s内紧急关闭，切断水流，防止事故扩大。

(2) 发电机轴顶部的机械式转速信号器作为电气式转速信号器的后备保护，当电气式转速信号器故障拒动时，机械转速信号器150%额定转速时动作。

应经常检查转速信号器机构是否灵活，机械式转速信号器在水轮机厂家已经调试好，自己不能随意调整，如需重新整定动作转速，必须送回水轮机厂家。

2. 机组振动

机组振动将引起瓦温上升，噪声增大，甚至无法运行，严重时会发生烧瓦事故。引起振动的原因有以下方面：

(1) 水轮发电机组的轴线不垂直或水轮机轴线与发电机轴线不同心。机组安装和检修中，应严格控制主轴摆度在安装规范的要求内。先用千分表测摆度。

(2) 发电机定子和转子之间磁拉力不平衡会引起机组振动，如果确定振动是磁拉力不均匀引起的，应严格控制发电机定子三相不平衡电流的差值不超过运行规程的要求。如果振动仍不减轻，则应检查发电机气隙偏差是否超过安装规范的要求，气隙偏差超出规范时，应重新调整发电机转子的中心位置。振动与负荷大小也有关。

(3) 水流对转轮的水力作用不均匀会引起机组振动。如果确定振动是水力作用不均匀引起的，应检查导叶尾部开口偏差和转轮叶片头部开口偏差是否超过水轮机制造规范规定的要求，开口偏差超出规范时，应用砂轮打磨使其趋向一致。转轮迷宫间隙不均匀将产生水力压力脉动，是引起水轮机振动的常见现象，机组安装或检修时应严格控制迷宫间隙偏差不超过安装规范要求值。振动与导叶开度也有关。

(4) 水轮机空腔汽蚀会引起机组振动，如果确定振动是空腔汽蚀引起的，应避开汽蚀严重的运行区域或向尾水管补气。振动与补气量有关。

(5) 水轮发电机组转动系统的质量分布不均匀会引起机组振动，如果确定振动是质量分布不均匀引起的，必须在现场做动平衡试验加以校正。前面四项处理无效后，最后才怀疑质量分布不均匀。

(6) 冲击式水轮机转轮突然振动，噪声增大。首先检查喷嘴是否被异物部分堵塞，引起射流分散造成转轮的震动。如果是喷嘴被异物部分堵塞，可以将折向器投入，再将喷嘴开到最大，利用水流自己冲走。如果此法无效，只得停机拆开喷嘴检查。如果不是喷嘴被异物部分堵塞，应该检查水斗式转轮的斗叶是否出现裂缝或断裂，斜击式转轮的叶片是否断裂。如果是斗叶或叶片裂缝断裂，可以进行补焊或更换转轮。

3. 轴承温度过高

水轮发电机组的轴承瓦面材料大部分采用熔点很低但耐磨的巴氏合金，近几年开始在推力轴承中采用氟塑料瓦面的塑料瓦。轴瓦对温度的要求很高，稍有不慎就会发生烧瓦事故。轴瓦温度到达 60℃时，自动装置报警；轴瓦温度到达 70℃时，自动装置作用发电机甩负荷，机组事故停机。实际运行中经常由于轴承温度偏高，不得不限制机组出力或停机检查，因此轴承温度是影响机组运行安全的重要因素。当机组轴承温度不正常上升或上升过快时，首先应检查轴承油位是否正常，冷却水压、水流是否正常，再检查瓦温上升是否由于机组振动引起的，找出引起瓦温上升的原因后再逐一处理解决。

低压机组常采用油脂润滑或机油润滑的滚动轴承，对水斗式水轮机或斜击式水轮机，水轮机主轴上的两个轴承位于机座两侧，机座内由于转轮在空气中高速旋转及部分空气被水流带走，使得机壳内出现真空，将轴承内的润滑脂或润滑油吸干成为干摩擦，引起轴承温度上升，应及时打开机座下的补气阀，防止机壳内出现真空。

4. 转动部件防护

卧式水轮机的飞轮必须加防护罩，以防人体接近时长发、衣服卷入发生人身危险，有很多小机组的飞轮是没有防护罩的，则必须用栅栏隔离，防止人体接近。水轮机与发电机的连轴法兰必须位于人体部位不易触及的位置，并且在连轴法兰的连接螺栓外露部分加防护罩，防止伤人。有的低水头低压机组的水轮机通过三角皮带增速后带动发电机转动，三角皮带也应加装防护罩。

5. 主轴密封漏水

水轮机主轴密封漏水严重是影响水轮机安全运行的常见现象。对立式水轮机，主轴密封漏水严重的话，会发生水导轴承进水或低压吸油事故。例如某水电厂立式机组长期主轴密封漏水严重，导致水淹水导轴承转动油盆下半部，转动油盆内出现低压，发生将转动油盆内的润滑油全部吸干的事故。对卧式水轮机，主轴密封漏水严重的话，会发生厂房进水事故。因此，在主轴密封安装、检修时应严格要求达到安装质量要求。

6. 折向器拒动

冲击式水轮发电机组发生甩负荷跳闸时采取投入折向器快速切断射流的方法保证机组不过速，应经常检查折向器动作是否灵活，低压机组的折向器常用电磁铁操作的脱钩机构控制，应定期检查折向器脱钩机构是否锈涩和卡阻，定期人为操作折向器动作。

7. 调压阀拒动

对于无压引水式水电站，为减小机组甩负荷时的水击压力上升值，常采用在压力管路末端钢管上安装一个调压阀，在甩负荷导叶紧急关闭时，调压阀紧急打开，降低水击压力上升值。如果调压阀长时间不动作，有可能紧急停机时由于锈蚀而拒动，危及压力管路的安全，应定期检查调压阀是否锈涩和卡阻，定期人为打开调压阀放水。

二、调速器设备安全管理

（1）调速器是机组运行的自动控制器，如果调速器突然自动失灵，机组将失去控制。因此在发现机组出力或频率大幅度摆动时，应立即将调速器切换成油压手动，在对调速器处理无效的情况下再用油压手动停机。现代微机调速器能在自动失灵后，自动保持机组运行状态不变，由运行人员决定是继续运行还是停机检查。

（2）调速器压力油是调速器操作水轮机的动力源，油压下降将造成机组运行不稳定。油压下降到故障油压时，自动装置会报警，运行人员应立即将调速器转为油压手动，并检查油压装置是否漏油、堵塞，油泵电动机是否拒动，如一时无法恢复油压，则用油压手动将机组停下来。

（3）在无调速器的水轮机，常采用手电动两用操作装置操作水轮机，应将手轮置于退出位置，防止电动操作时手轮在传动机构带动下突然转动伤人。

（4）调速器中的压力油箱或储能器都属于高压容器的危险设备，是水电厂设备和人身的安全隐患。压力过高的保护装置是机械式安全阀，安全阀的整定压力不宜过高，每年应试验一次安全阀的开启压力是否正确。如果不正确，应重新调试，调试方法为看着压力表由低压向高压调。

（5）调速器油压消失时，应尽快想办法恢复油压，立即将油泵切换到手动打油，手动打油不成功应立即检查油泵电动机的电源、熔断器及是否缺相。

三、主阀设备安全管理

主阀的主要作用是在机组发生飞车事故时，紧急关闭主阀切断水轮机的水流，使机组停下来，防止事故扩大。主阀只有全开和全关两种工况，一般情况下只能在静水条件下打开或关闭，只有发生飞车事故在不得已的情况下才允许动水条件下紧急关闭，主阀动水关闭对主阀的破坏是比较大的。影响主阀安全运行的主要因素有主阀的行程开关失灵。

（1）电动操作的主阀自动开关的位置靠行程开关控制，但是主阀的安装位置比较低，周围空气潮湿，因此主阀启闭应特别关注行程开关是否锈蚀失灵。实际水电厂常发生行程开关失灵，主阀到达全关或全开位置时，电动机仍不停止，发生蜗轮的齿被打断或电动机烧毁的事故。因此应注意主阀行程开关的动作是否正确，尽量在主阀旁手动开关主阀，或在主阀全开、全关位置上再各并联装置一只行程开关，作为另一只的后备保护。

（2）主阀坑周围必须有护栏防止人员跌入坑底，在主阀坑爬梯进出处的护栏缺口必须用活动链条封住，防止人员误入缺口跌落坑底。主阀坑工作场地狭小，潮湿，应有良好的照明，防止发生人体碰伤和触电事故。

四、油、气、水系统设备安全管理

水电厂的油、气、水系统设备用来向机组提供润滑油、机组制动用气和冷却水等技术服务，保证机组的正常安全运行。

（1）机组轴承润滑、冷却用的油和油压装置传递压能用的油都是透平油，立式机组每一个轴承油槽都有供油阀、排油阀和溢油阀，运行中供油阀和排油阀应该常闭，溢油阀应该常开。运行中应防止供油阀、排油阀误操作。如果立式机组运行中误操作将油槽供油阀打开会造成油盆甩油；运行中误操作将油槽排油阀打开会造成缺油烧瓦。被油污染的地面特别是楼梯台阶，必须立即清洗干净，防止人员滑倒伤人。

(2) 气系统主要用来向机组停机时的风闸刹车装置提供压缩空气。用空压机产生压缩空气，然后储存在储气罐内。空压机的工作温度高达200℃以上，工作条件比较差，空压机用的是耐高温的空压机油，应经常检查空压机油的油位是否正常，气缸的冷却效果是否良好。气缸温度过高时，不允许启动空压机，否则会发生活塞或气缸拉毛事故。储气罐属于高压容器的危险设备，是水电厂设备和人身的安全隐患。压力过高的保护装置是机械式安全阀，安全阀的整定压力不宜过高，每年应试验一次安全阀的开启压力是否正确。如果不正确，应重新调试，调试方法为由低压向高压调。

机组停机必须用气系统的风闸刹车，低压卧式机组严禁用木板等其他方法制动刹车，以免操作不当对人体造成伤害。机组没有完全停转前不得触摸转动部件。

(3) 水系统主要任务是向机组轴承油冷却器和发电机空气冷却器提供冷却水，称技术供水。技术供水的水源必须可靠，应能保证在机组尚未转动前投入，机组完全停转后关闭。技术供水的用户经常由于供水管中的污物堵塞造成供水量下降甚至中断，这时自动装置中的示流信号器会发信号报警，运行人员应立即处理，若一时无法解决，应停机处理。

渗漏排水泵拒动是造成水淹厂房的重要原因，应经常检查集水井水位信号器工作是否正常，工作泵和备用泵应该轮换工作，备用泵投入是否可靠。

五、起重设备安全管理

水电厂设备检修时需要吊装、移位发电机转子、机架、主轴、转轮等单个机电设备的部件，这些部件体积大，重量重，部件精细，经不起碰撞、冲击，设备检修时比较容易发生设备和人身安全事故，因此水电厂起重设备的运行安全也是非常重要的。中小型水电厂常用的起重设备有扒杆手动葫芦、单梁电动葫芦和双梁桥式起重机。

(1) 正式提升重物前应确认各钢丝绳受力相等。再将被吊重物吊离地面2～3cm，检查重物的重心平稳后才开始起吊。提升重物不得忽快忽慢，移动重物不得前后晃动。移动时重物上不得站人，重物下不得有人。

(2) 应正确判断钢丝绳的新旧程度，对磨损、弯曲、变形、锈蚀和断丝的钢丝绳应降级使用或报废，不恰当地使用钢丝绳会造成断绳及重物坠落，发生设备和人身安全事故。应严格保证起吊重物的重量不超过起重设备的额定起重量。

(3) 扒杆手动葫芦用在人力起重场合，常用的扒杆手动葫芦有人字扒杆手动葫芦和三脚扒杆手动葫芦两种，其中人字扒杆手动葫芦常用在卧式机组安装检修时的转子串心。应充分考虑扒杆的刚度和杆脚与地面的摩擦情况，严防负重时扒杆失衡或杆脚打滑。应经常检查和保养葫芦的制动器，保持葫芦的自锁可靠，防止起重过程中重物下滑。拉动链条时用力应均匀，不可过快过猛，以免额外增大重物的惯性力。

(4) 单梁电动葫芦的行车速度较快，水平移动时容易发生重物摆动现象，因此移动重物时应充分考虑重物摆动对周边设备和人员的影响。

(5) 双梁桥式起重机必须有专门上岗证的人员才能操作，应定期检查卷扬机电动机、抱闸设备是否工作正常，电气控制回路、接触器性能是否良好，防撞缓冲器是否起作用。轨道两端的行程限位开关是桥式起重机的重要保护装置，应定期检查试验装置的性能。由于重物与桥式起重机司机距离较远，因此，地面指挥人员与司机的手势沟通、配合默契是设备和人员安全的重要保证。

(6) 钢丝绳与设备构件的棱角接触时，必须垫木板、管子皮、麻袋、胶皮板或其他柔软垫物，防止棱角对钢丝绳的损伤。

第四节　水电厂引水管路安全管理

对于坝式水电站，厂房距离上游水库不远，引水的压力管路不会太长，一般不易出现安全问题；对于引水式水电站，压力管路从上百米到几千米，管路中巨大水体的惯性对压力管路的运行安全可能会构成很大的威胁。

从水库大坝到水电厂厂房的引水分为两部分：一部分一般是坡降为 1/1000 左右的水库到厂房后山顶上的上平段；另一部分是厂房后山顶到山脚厂房的下降段。上平段由有压隧洞、无压隧洞或引水明渠等组成，位置高压力小，一般不易发生大的安全问题。上平段后面的下降段高程急剧下降，下降到进入厂房前转为下平段，进入厂房后与主阀连接。下降段的压力管路，随着高程下降，管内压力逐步升高，因此到下平段时，管内压力已经比较高，故下降段的压力管路是影响水电厂运行安全的重要因素。

根据布置方式不同，下降段分布置在山坡上的明管布置和布置在山体内的暗管布置两种；根据管路的材料不同分钢管和水泥管两种。暗管采用钢管，明管有钢管和水泥管两种型式。采用无压隧洞加引水明渠或只采用引水明渠引水时，经压力前池接下降段压力管路的水电站称无压引水式水电站；采用有压隧洞紧接下降段压力管路的水电站称有压引水式水电站。

一、引水明渠的安全管理

应经常巡回检查引水明渠的渠底基岩是否稳定，渠道有否裂缝、漏水，及时清除山上滑坡进入渠道的泥石，及时清除渠道缝隙生长出来的杂草。对引水明渠所在山坡下方有村庄和农户，如果明渠塌方，倾泄而下的渠水对下方村庄和农户来讲就是洪水，因此应确保明渠的结构稳定牢固。

压力前池和引水明渠上的溢水缺口应设在山坡下方没有村庄、农户的位置，防止机组紧急停机时溢出的水流下泄危及山下村民安全。

二、闸门开启时的压力管路安全管理

对有压引水式水电站，上平段和下降段加起来可达几百至几千米，上游进水闸门开启之前，必须用充水管将整个压力管路充满，在静水条件下开启上游进水闸门。如果在不充满水条件下强行开启上游进水闸门，一方面水库水压作用使得闸门提升摩擦力大大增加，可能引起电动机过载烧毁；另一方面汹涌而入的水流将压力管路中来不及排出的空气挤压到下降段内，当压力大到一定值时会发生气体爆管，已经发生过电站几百米下降段钢管内气体爆管的特大恶性事故。

三、主阀动水关闭时的压力管路安全管理

机组飞车时主阀动水紧急关闭，对压力管路是严峻的考验，如果没有一定的措施，轻则

引起压力钢管变形，重则导致压力钢管炸毁，发生水淹厂房危及运行人员生命安全的恶性事故。为减轻主阀紧急动水关闭引起的压力管路压力上升值，对有压引水式水电站常在上平段末端设释放压力的调压井；对无压引水式水电站常在下平段设释放流量的调压阀。

(1) 调压井是一个直径为3～6m、垂直对准靠近厂房山上上平段中心线的深井，当主阀紧急关闭时，井内水位会上下几十米的波动，释放压力，是一种可靠安全的防止压力管路水锤压力过高的好方法，但是投资大，工程量大。调压井的井口既要保证井内水位起伏时空气进出畅通，又要防止山上动物或山民不慎误入井内。井口离地面低的要加防护盖或护栏，离地面高的上井口爬梯应有关闭措施，防止无关人员爬上井口（图7-1）。

(2) 调压阀是一个由压力油或弹簧控制的、水平垂直对准压力钢管水平段中心线的放水阀。当导叶或主阀紧急关闭造成压力钢管压力上升到设定值时，调压阀自动打开放水到下游，是一种投资省、简单易行的防压力管路过压的好方法，但最担心的是调压阀在该打开时拒动。因此，平时应经常检查调压阀是否锈蚀、卡涩，手动试验开阀放水。

四、明管布置的压力管路安全管理

压力管路沿着山坡一路下降进入到厂房内，称明管布置的压力管路。明管布置的压力管路有压力钢管和钢丝网水泥管两种管材，显然压力钢管的明管能承受更高的水压，而且管身不会渗漏水，但造价高。低压机组水电厂广泛采用价格便宜的钢筋水泥管。明管不是用金属抱箍固定搁置在混凝土支墩上就是预埋固定在混凝土镇墩里，一条明管架设在若干个支墩和镇墩上，埋设在镇墩中的明管显然要比搁置在支墩上的明管稳固得多，但是镇墩需要较多的混凝土，造价也高。一条明管起码要设上、中、下三个镇墩来稳定整条压力管路。图7-2为HX水电厂厂房和水泥管的明管布置压力管路。

图7-1　调压井井口

图7-2　明管布置压力管路

(1) 应经常检查支撑明管的支墩和镇墩的岩基是否松动或塌陷。支墩、镇墩的埋石混凝土有否剥落、开裂。

(2) 应经常检查支墩上的钢筋抱箍有否锈蚀，螺栓有否松动，并对已经没有抱紧力的抱箍应及时更换。

(3) 应经常检查伸缩节有否漏水，水泥管接头处的密封是否良好。如果发现水泥管的管身有渗漏水，渗漏水将导致水泥管壁内的预应力钢丝网锈蚀腐烂，这段水泥管的寿命已经不长，应尽快更换。

（4）应经常检查压力管路两侧的山体有否松动、滑坡现象，有否山水冲刷支墩和镇墩基础的现象。

第五节　水电厂防汛安全管理

水电厂是水电站专门用来水力发电的建筑物，水电厂的防汛涉及范围较小，造成的不良后果没有水库大坝严重，但是厂房内有大量的机电设备，价格昂贵，很多设备不能进水。因此厂房和机电设备在汛期应有一定的防汛措施。

一、厂房防汛安全管理

水电站厂房建筑物一般都是用混凝土从开挖岩石基础上建造起来的整体框架结构，厂房的防汛主要是防止尾水倒灌和雷击。厂房防汛安全应从以下方面展开：

（1）汛前应检查厂房防洪墙有否裂缝、倒塌或缺口，如有则应及时修复并保证防洪墙不漏水。防洪墙的防洪门和厂房大门的防洪门是否准备好足够的木闸板和沙包等主要防洪物资，以备下游洪水位升高时阻挡洪水进入厂房内，应保证防洪门使用时密封可靠。在汛期任何人不得动用防洪物资。

（2）厂房地面高程较低的立式机组厂房，水轮机层的位置已接近下游尾水，为了通风和采光，往往在水轮机层的下游侧墙上开有通风采光圆孔。从防汛的角度，这是一个安全隐患，在洪水来临前应及时关闭。有的电厂由于半夜突发洪水，水轮机层的通风孔没有关闭，造成水淹厂房重大事故。

（3）汛前应对厂房进行全面检查，对破损的窗户应及时修复，破碎的窗玻璃及时补装，防止台风暴雨刮入室内，危及电气设备的安全。对渗漏的屋顶、墙面也要进行维修，消除雨水对设备的威胁。

（4）洪水期间厂房水下部分的渗漏水会大量增加，应备有可移动的排水泵，一般采用潜水泵，以便在出现厂内积水或水淹水轮机层造成渗漏排水泵被淹时，迅速投入移动排水泵排水，防止水位上升殃及发电机，造成事故扩大。

（5）靠近山脚的厂房，在暴雨洪水期间应尽量远离厂房山体侧窗口，以免山体松动，飞石下落砸碎窗户玻璃伤人。

（6）对沿河边进出厂房的公路应检查路基有否移位、塌落、掏空现象，在洪水位较高时应注意路面有否裂缝、凹陷，防止地基被洪水掏空突然塌方事故。对沿山脚进出厂房的公路应防止山体滑坡滚石伤人。

（7）对需过河进出厂房的电厂，洪水期间应准备充足的生产易耗品和食品、药品等生活必需品，保证在进厂公路被淹时，被困人员的生产、生活需要。

（8）汛期雷电较多，汛期前应检查厂房房顶避雷网和厂区避雷针的接地电阻是否符合规定值。

（9）应制定厂房防洪应急预案，以便能在突发洪水时，有条不紊地应对和处理各种险情。对特大洪水，应设计好设备停用方案和人员撤离路线。

（10）对下游河床水位主要由水轮机下泄流量决定的水电厂，在下游河床中央有孤岛的地方应竖立明显标志告示电厂发电时河流水位上涨的危险。非电网调度要求，尽量不要紧急开机快速带负荷，以防下游水位上升过快使得在河床中央卵石滩的游玩或钓鱼人员来不及撤离，被水流围困甚至发生人员伤亡事故，已有不少水电厂发生类似人员伤亡事故。

二、机电设备防汛安全管理

水电厂每年的主要工作时间在汛期，全年的产值和经济效益也是在汛期。因此，减少汛期水库弃水，确保汛期水电厂机电设备的安全运行，多发电抢发电，是提高全年发电量的重要手段。

(1) 汛前必须完成所有机电设备的检修和维护，确保汛期机组能连续、满负荷地安全运行。应备足发电生产的易耗品和常用的备件，以便在机电设备发生小故障时，以最短的时间抢修、更换，以免出现停机等待的被动焦急局面。

(2) 在水库泄洪期间，机组满负荷发电也可以减轻泄洪压力，因此，洪水期间，机组应处于热备用状态，随时准备启动发电，协助泄洪。

(3) 靠近山脚的升压站，应密切关注山上是否有树木、石块滑入升压站，损坏高压设备或造成短路。暴雨期间空气湿度很大，不得进入升压站。

(4) 水电厂集水井位置很低，当下游洪水位过高时，有可能洪水经渗漏排水泵的排水管倒灌到集水井，造成水淹厂房事故。因此洪水期间应及时关闭渗漏排水泵的出水阀门。

(5) 机组冷却水靠自流排入下游，当下游洪水位过高时，会造成机组冷却水排水不畅，对机组的冷却效果下降，引起轴承温度和发电机温度上升，此时应调高技术供水的压力。

(6) 洪水期间常出现线路跳闸，外界电源消失，这时应保证电厂至少有一台机组能正常发电，以维持厂用电和抗洪抢险的需要。

(7) 汛前检查一次电气回路上的所有避雷器是否性能良好，需要调试或更换的应及时更换，不能拖延到汛期。

(8) 汛期空气潮湿，应注意高压电气的安全距离，在雷暴天气，尽量不进行倒闸操作。应检查所有设备外壳的接地是否良好有效。汛期厂房内湿气较重，停机时间较长时，启动机组前应测量发电机和主变压器的绝缘电阻，达不到规范要求时，还需通直流电干燥后再启动。

三、汛期上下楼梯安全管理

汛期空气潮湿，楼梯湿滑，特别是立式机组厂房水轮机层到集水井的楼梯基本在下游水位以下，容易打滑摔倒。所有的楼梯必须要有手扶的栏杆，所有上下楼梯的人一律靠右行并手扶栏杆（有的企业规定上下楼梯不扶栏杆要罚款）。对破损的楼梯台阶应及时修复，对油污的楼梯台阶及时清洗。

习　题

一、判断题（在括号中打√或×，每题2分，共10分）

7-1. 机组各滑动轴承透平油温应控制在5～55℃之间。　（　）

7-2. 当机组发生高转速制动刹车停机后，应联系检修人员对电磁空气阀进行全面

检查。（　　）

7－3. 机组滑动轴承和微机调速器一般用32号、46号汽轮机油（透平油）。（　　）

7－4. 水电厂高压容器危险设备包括压力油箱、储能器和储气罐。（　　）

7－5. 如果发现水泥明管的管身有渗漏水，可以继续使用。（　　）

二、选择题（将正确答案填入括号内，每题2分，共30分）

7－6. 轴承油冷器冷却水的温度和压力（　　）为宜。

A. 应在10～50℃之间，0.30～0.5MPa　　B. 应在10～40℃之间，0.25～0.4MPa

C. 应在5～50℃之间，0.20～0.30MPa　　D. 应在5～40℃之间，0.15～0.20MPa

7－7. 下列（　　）不是机组严禁启动的条件。

A. 主阀未全打开

B. 主要的水力机械保护装置之一失灵

C. 机组冷却水系统不能正常供水

D. 制动气压0.4MPa正常，制动刹车装置及回路正常

7－8. 机组进行（　　）工作时不必关主阀。

A. 打开蜗壳或主阀控制回路及操作回路检修　　B. 励磁装置检修

C. 导叶开闭试验及转动部分有人　　D. 机组轴承排油

7－9. 机组在运行中发现（　　）现象时应立即停机检查：

A. 突然的撞击、振动或摆度加大

B. 推力轴承或各导轴承温度突然升高，油面发生不正常升高或降低

C. 发电机定子温度突然升高或出现绝缘焦味

D. 上述三种情况之一时

7－10. 运行中遇到（　　）时，值班人员可按紧急停机按钮。

A. 确认发电机着火时　　B. 机组过速到140%以上导水叶不能关闭时

C. 有严重危及设备和人身安全的情况时　　D. 上述三种情况之一时

7－11. 微机调速器遇（　　）应切至油压手动运行：

A. 微机调节器或控制回路发生故障时

B. 提供测频信号的电压互感器及回路发生故障时

C. 试验工作需要时

D. 上述三种情况之一时

7－12. 机组安装或大修后的试验内容有（　　）。

A. 甩负荷试验及过速试验　　B. 接力器全行程试验

C. 调速器低油压保护试验　　D. 上述三种试验都得进行

7－13. 水电厂压力容器上的机械式安全阀（　　）应试验一次开启压力是否正确。

A. 每周　　B. 每月　　C. 每季　　D. 每年

7－14. 起吊重物时（　　）。

A. 提升不得忽快忽慢，移动不得忽快忽慢

B. 提升不得忽快忽慢，移动不得前后晃动

C. 提升不得前后晃动，移动不得忽快忽慢

D. 提升不得前后晃动，移动不得前后晃动

7－15.（　　）必须有专门上岗证的人员才能操作。

A. 扒杆手动葫芦起重　　B. 单梁电动葫芦起重

C. 双梁桥式起重机　　D. 上述三种

7－16. 厂房的防汛主要是防止（　　）。

A. 水库泄洪和机组事故　　B. 机组事故和尾水倒灌

C. 尾水倒灌和雷击　　D. 雷击和水库泄洪

7－17. 防洪墙的防洪门和厂房大门的防洪门的主要防洪物资是（　　）。

A. 灭火器和排水泵　　B. 排水泵和木闸板

C. 木闸板和沙包　　D. 沙包和灭火器

7－18. 汛期多发电抢发电提高全年发电量的重要手段为（　　）。

A. 减少水库漏水，确保水库大坝安全运行　B. 减少水库放水，确保闸门管路安全运行

C. 减少水库漏水，确保机电设备安全运行　D. 减少水库弃水，确保机电设备安全运行

7－19. 明管布置压力管路（　　）。

A. 不是用金属抱箍搁置在混凝土支墩上就是用金属抱箍搁置在混凝土镇墩上

B. 不是预埋在混凝土支墩里就是预埋在混凝土镇墩里

C. 不是用金属抱箍搁置在混凝土支墩上就是固定预埋在混凝土镇墩里

D. 不是固定预埋在混凝土支墩里就是用金属抱箍搁置在混凝土镇墩上

7－20. 一条明管起码要设（　　）镇墩固定定位整条压力管路。

A. 一个　　B. 二个　　C. 三个　　D. 四个

三、填空题（每空1分，共30分）

7－21. 机组大修需要运行人员落实安全措施包括主阀在________位置，蜗壳排水阀在________位置，机组技术供水电磁液动阀在________位置，风闸和空气围带供气阀在________位置，导叶打至________位置，压力油箱或储能器进行________，启动________泵排水。

7－22. 水电厂运行安全的内容是________安全和________安全，其中________安全是第一位的。

7－23. 应定期检查折向器脱钩机构是否________和________，定期人为操作________动作。

7－24. 在主阀坑爬梯进出处的护栏缺口必须用________封住，防止人员误入缺口跌落坑底。

7－25. 立式机组运行中误操作将轴承油槽（盆）供油阀打开会造成________甩油，误操作将排油阀打开会造成________。

7－26. 渗漏排水泵拒动是造成水淹厂房的重要原因，应经常检查集水井________工作是否正常，工作泵和备用泵应该________工作，________投入是否可靠。

7－27. 正式提升重物前应确认各钢丝绳________，再将被吊重物吊离地面________cm，检查重物的________后才开始起吊。

7－28. 起重移动重物时重物上不得________，重物移动的路线下不得________。

7－29. 如果明渠塌方，倾泻而下的渠水对下方村庄和农户来讲就是________。

7－30. 如果在不充满水条件下强行开启上游进水闸门会发生压力钢管内________

的特大恶性事故。

7－31. 调压井的井口要保证井内水位起伏时________进出畅通，上井口的爬梯应有________措施，防止无关人员爬上井口。

7－32. 汛期前应检查厂房房顶________和厂区________的接地电阻是否符合规定值。

四、简答题（5题，共28分）

7－33. 机组开机准备条件为哪五方面？（5分）

7－34. 机组水力机械发生哪六项事故时机组的保护动作机组事故停机？（6分）

7－35. 对沿河边进出厂房的公路防汛检查有哪些内容？（6分）

7－36. 厂房防洪的应急措施有哪些内容？（5分）

7－37. 汛前机电设备应提前做哪些准备？（6分）

习题参考答案

第一章

一、判断题

1－1. ×；1－2. √；1－3. ×；1－4. √；1－5. ×。

二、选择题

1－6. A；1－7. B；1－8. C；1－9. B；1－10. A；1－11. C；

1－12. B；1－13. C；1－14. A；1－15. C；1－16. D；1－17. C；

1－18. A；1－19. D；1－20. B。

三、填空题

1－21. 坝，引水，特殊。1－22. 坝后，河床。

1－23. 无压引水，有压引水。1－24. 调压阀，调压井，最快关闭。

1－25. 立式，卧式，直接，间接。

1－26. 混流，轴流，贯流，水斗，斜击。

1－27. 刚性，弹性。1－28. 过渡，编号，单配。

1－29. 四支点，三支点，二支点。

1－30. 齿轮，皮带。1－31. 滑动。

四、简答题

1－32. 答：当机组甩负荷紧急停机时，导叶或喷针以最快速度关闭，由于管内巨大水体的惯性会使得压力管路压力急剧上升，使得压力管路末端的压力远远超过正常工作水头，这种压力称水锤压力或水击压力。

1－33. 答：保持水轮机流道、导叶和转轮叶片的流线型及表面光洁度；减小转动部件与固定部件的间隙，减小漏水量；提高机组轴承的润滑冷却性能，减小机械摩擦阻力，都可以提高水轮机的效率。

1－34. 答：水电厂常用的防飞逸后备保护有①机组发生飞逸时在动水条件下紧急关闭主阀；②机组发生飞逸时动水条件下紧急关闭上游进水闸门。

1－35. 答：①翼型汽蚀使叶片表面金属剥落，流线型破坏，转轮效率下降，寿命减短。翼型汽蚀危害最普遍。②空腔汽蚀将引起机组出力摆动，机组轴向振动，甚至整个厂房振动，严重时能使机组无法运行。空腔汽蚀危害最大。

1－36. 答：运行中减轻气蚀的措施有①尾水管十字架或短管补气；②避开水轮机汽蚀严重的区域；③尽量不在低水头、低负荷工况下运行。

第二章

一、判断题

2－1. √；2－2. √；2－3. ×；2－4. ×；2－5. ×。

二、选择题

2-6. D；2-7. B；2-8. C；2-9. A；2-10. B；2-11. B；2-12. B；2-13. C；
2-14. B；2-15. A；2-16. A；2-17. A；2-18. B；2-19. A；2-20. C。

三、填空题

2-21. 径向，推力，滚动，滑动。

2-22. 分半径向，推力，推力。

2-23. 巴氏合金，氟塑料，橡胶。

2-24. 油，水。2-25. 筒式，分块。2-26. 滚动，转动。

2-27. 滚动，缺口，刮板。

2-28. 径向，双向推力，径向双向推力，上，下。

2-29. 主轴，转轮，接触，不接触。2-30. 转动惯量，最大。

四、简答题

2-31. 答：当推力头随主轴一起旋转时，推力头倒喇叭形内孔中的润滑油也跟着一起旋转，在离心力作用下，倒喇叭形内孔内的油面成为抛物面，抛物面顶部的润滑油会沿着喇叭形的顶部四只斜油孔向上流动，源源不断地润滑位于油面以上的双列滚珠径向轴承。

2-32. 答：如果润滑冷却水有油污，油污会使橡胶老化变形。如果润滑冷却水含砂量大，砂粒会陷入筒式橡胶瓦表面，对水轮机主轴的表面产生长期磨损。

2-33. 答：为了给其他设备布置腾出灯泡体内有限宝贵的空间，贯流灯泡式机组的轴承润滑油全部采用外循环，轴承座不再有存储润滑油的空间，使轴承体积大大减小。

2-34. 答：接触密封的优点是能做到点水不漏，缺点是有机械摩擦损失。实际中必须保持少量漏水，以便润滑冷却接触密封摩擦面，接触密封适用在主轴的密封。

2-35. 答：①接触密封的转动部件与固定部件之间经耐磨柔性密封件接触，靠耐磨柔性密封件将转动部件与固定部件之间的漏水间隙堵死，能做到点水不漏，但是有机械摩擦损失；②不接触密封的转动部件与固定部件之间不接触，靠增加漏水流道上的水流阻力来减小漏水量，不能做到点水不漏，没有机械摩擦损失。

第三章

一、判断题

3-1. √；3-2. √；3-3. ×；3-4. ×；3-5. √。

二、选择题

3-6. D；3-7. D；3-8. C；3-9. B；3-10. B；3-11. A；3-12. A；3-13. B；
3-14. D；3-15. C；3-16. C；3-17. D；3-18. B；3-19. D；3-20. A。

三、填空题

3-21. 引水，导水，工作，泄水。

3-22. 单，开口，主副。

3-23. 叉头，耳柄，立面间隙。3-24. 实心，空心，空心。

3-25. 径向，轴向，斜向。3-26. 转轴，定轴。

3-27. 转环，挂环。

3-28. 无压渗漏油，有压轮毂油，无操作架，有操作架。

3-29. 小，大，轻。3-30. 真空破坏。3-31. 轴承，轴端。

四、简答题

3-32. 答：①反击式水轮机导水部件一般由推拉杆、控制环、连杆、拐臂、导叶、顶盖、底环、套筒和剪断销九个部件组成；②其中推拉杆、控制环、连杆和拐臂四个部件带动导叶转动。

3-33. 答：剪断销的作用是当被卡导叶的操作力大于正常操作力1.3～1.4倍时，该剪断销被剪断，被卡导叶退出导叶转动机构，其他导叶继续关闭，避免发生机组飞车事故。

3-34. 答：运行中可以根据水轮机工作水头和发电机出力两个参数直接在运转特性曲线图上查出该工况的水轮机效率和汽蚀情况，指导水轮机尽量运行在效率高、汽蚀轻的区域。

3-35. 答：①将水流平稳地引向下游；②回收转轮出口水流的位能；③部分回收转轮出口水流的动能。

3-36. 答：当贯流转桨式机组的工作水头比较高时，应该采用转轮体内为有压轮毂油，抵御流道中的水进入转轮体内。

第四章

一、判断题

4-1. √；4-2. ×；4-3. √；4-4. √；4-5. ×。

二、选择题

4-6. B；4-7. C；4-8. A；4-9. A；4-10. C；4-11. A；4-12. D；4-13. A；
4-14. D；4-15. D；4-16. A；4-17. B；4-18. B；4-19. C；4-20. C。

三、填空题

4-21. 300，汽蚀，振动，水斗式。

4-22. 转轮，喷嘴，折向器，机壳，折向器，喷针。

4-23. 导向架，弯管段。

4-24. 双头推拉臂，液压放大器，协联动作。

4-25. 调速轴，喷针，协联机构。

4-26. 锁定，逆，旋阀，打开。

4-27. 顺，锁定插销，旋阀，关闭。

4-28. 喷针，调节，折向器，操作。4-29. 手动，电动。

四、简答题

4-30. 答：冲击式水轮机的缺点是射流中心到下游尾水的水流位能无法回收，白白丢失。射流冲击转轮斗叶的力为间断式的脉冲力，斗叶容易出现疲劳破坏，根部易出现裂缝。

4-31. 答：折向器的作用是机组甩负荷时，以最快的速度切入射流，将射流偏引到下游不再冲击转轮，保证了机组转速上升不高。而喷针可以缓慢关闭喷嘴，保证了压力钢管压力上升不高。

4-32. 答：水斗式高压机组的折向器有协联机构退出、投入和开关式接力器退出、投入两种方式。

4-33. 答：优点是水流从灯泡体的上下前后流过流线型良好光滑的灯泡体，取消了弯管段和喷针杆，水流损失比较小。缺点是由于喷针调节机构全部处于流道内的灯泡体内，机构复杂，维护检修不便。

4-34. 答：由于尾水流出机壳时会席卷空气排入下游，造成机壳内空气压力下降，尾水上抬，涌浪波及转轮，产生对转轮的阻力。同时当机壳两侧装有滑动轴承时，机壳内空气压力下降还会将轴承内的稀油吸干，发生烧瓦事故。因此，应对机壳补入空气，保持机壳内的正常大气压力。

第五章

一、判断题

5-1. ×；5-2. ×；5-3. √；5-4. ×；5-5. √。

二、选择题

5-6. D；5-7. C；5-8. C；5-9. A；5-10. B；5-11. A；5-12. C；5-13. A；5-14. B；5-15. D；5-16. A；5-17. C；5-18. D；5-19. B；5-20. D。

三、填空题

5-21. 大小滑块，接力器，活塞杆。

5-22. 调峰，调度，可预见。

5-23. 测频与电源转换，一体化 PLC。

5-24. −10～0，开度，4～20，有功功率。

5-25. 功率，频率，脉冲电流。

5-26. 功率，脉冲宽度，脉冲电流。

5-27. 5～7，15～30。5-28. 电，机械位移，导水。

5-29. 开关，比例，速动，稳定。

5-30. 导叶开度 a_0，库水位 H，最佳协联。

四、简答题

5-31. 答：水轮机调节的任务是根据机组所带的负荷变化及时调节进入水轮机的水流量，使输入水轮机的水流功率与发电机的负荷功率保持一致，保证机组的转速不变或在规定的范围内变。

5-32. 答：①在电网中对负荷的承担量明确；②在电网中对变化负荷的承担量明确，承担量与 b_P 成反比；③只要机组自动参与了调节，机组重新稳定后的频率肯定不是原来频率。

5-33. 答：当变化负荷小于调频机组的调节容量时，变化负荷全由调频机组承担，调节结束后网频不变。当变化负荷大于调频机组的调节容量时，调频机组无法承担的部分负荷，电网中所有调峰机组都会自动积极参与调节，积极性与 b_P 成反比，进行一次调频。一次调频调节结束后的网频肯定变，再由调度命令调峰机组进入或退出电网，将网频拉回到原来值，进行二次调频。

5-34. 答：①由于风电场、太阳能发电的风能和太阳能无法调节，所以风电场、太阳能发电属于对电网频率没有调节能力的电源；②在电网中新能源发电能力强造成电网频率上升时，电网中的储能电站作为负荷进行吸收储能，在电网中新能源发电能力弱造成电网频率下降时，电网中的储能电站作为电源进行输出放电。

5-35. 答：①当运行人员发出开机令后，微机调速器 CPU 执行开机程序，按预先设定好的转速上升曲线向额定转速逼近；②当机组转速上 90%额定转速时，CPU 开始执行频率自动调节程序，微机调节器的数字测频开始工作，同时测量机组频率和电网频率，根据两者

的频率偏差 Δf，按 PID 调节规律调节机组频率。

第六章

一、判断题

6－1. ×；6－2. √；6－3. √；6－4. ×；6－5. ×。

二、选择题

6－6. D；6－7. A；6－8. B；6－9. B；6－10. A；6－11. B；6－12. B；6－13. B；
6－14. D；6－15. C；6－16. C；6－17. A；6－18. B；6－19. C；6－20. B。

三、填空题

6－21. 导叶，主阀，主阀，导叶，蜗壳。

6－22. 充气，放气。

6－23. 底部支点，顶部支点，双向油压，单向油压。

6－24. 填料密封，波纹管。

6－25. 停机制动，空气围带，调相压水。

6－26. 安全，排污，电接点压力，压力传感。

6－27. 压力表，示流信号器。

6－28. 红，黄，白，天蓝，草绿，橘红。

6－29. 叶轮室，橡胶轴瓦。

四、简答题

6－30. 答：主阀最主要的作用是作为机组防飞逸的后备保护。当机组发生飞逸时，主阀在动水条件下 90s 内关闭主阀，防止事故扩大。

6－31. 答：液压重锤阀的优点是发生全厂失电等重大事故时，压力油箱或储能器油压消失，不需要提供操作能量，锁定接力器失压靠弹簧作用退出，活门接力器失压，靠重锤自重关闭活门，保证机组可靠安全停机，防止事故扩大。

6－32. 答：①在转速 1500r/min 的大容量卧式机组，轴承摩擦发热量比较大，需要润滑油的供油量和流速比较大，必须采用润滑油外循环油泵供油；②贯流式机组的轴承位于空间狭小的灯泡体内，为了减小机组轴承的体积，节省灯泡体内的宝贵空间，贯流式机组的轴承的润滑油不得不采用外循环润滑油系统。

6－33. 答：因为气体可以储存较多的压能，因此压力油箱内必须是 1/3 的油，2/3 的气。保证在全厂失电的情况下还有足够的压能提供给接力器关闭导叶或关闭主阀，避免事故扩大。

6－34. 答：机组需要检修时，以最快的速度将水轮机流道内无法自流排走的水放入检修排水廊道和检修集水井里，然后再用检修排水泵排入下游，从而大大节省了检修准备时间。

第七章

一、判断题

7－1. √；7－2. ×；7－3. √；7－4. √；7－5. ×。

二、选择题

7－6. D；7－7. D；7－8. B；7－9. D；7－10. D；7－11. D；7－12. D；7－13. D；
7－14. B；7－15. C；7－16. C；7－17. C；7－18. D；7－19. C；7－20. C。

三、填空题

7-21. 全关，开启，关闭，关闭，全开，排油降压，检修排水。

7-22. 设备，人身，人身。7-23. 锈涩，卡阻，折向器。

7-24. 活动链条。7-25. 油盆，缺油烧瓦。

7-26. 水位信号器，轮换，备用泵。

7-27. 受力相等，2～3，重心平稳。

7-28. 站人，有人。7-29. 洪水。7-30. 气体爆管。

7-31. 空气，关闭。7-32. 避雷网，避雷针。

四、简答题

7-33. 答：开机准备条件为机组无事故，主阀在全开位置，风闸在退出位置；机组断路器在“分”位置；灭磁开关在“合”位置。

7-34. 答：①机组轴承温度过高；②微机调速器事故低油压；③机组过速140%，电气过速保护；④电气过速保护拒动，机组过速150%，机械过速保护；⑤事故停机剪断销剪断；⑥机组轴承冷却水中断。

7-35. 答：对沿河边进出厂房的公路应检查路基有否移位、塌落、掏空现象，在洪水位较高时应注意路面有否裂缝、凹陷，防止地基被洪水掏空突然塌方事故。

7-36. 答：应制定厂房防洪应急预案，以便能在突发洪水时，有条不紊地应对和处理各种险情。对特大洪水，应设计好设备停用方案和人员撤离路线。

7-37. 答：汛前必须完成所有机电设备的检修和维护，确保汛期机组能连续、满负荷地安全运行。应备足发电生产的易耗品和常用的备件。